Springer-Lehrbuch

Springer

Berlin
Heidelberg
New York
Barcelona
Hongkong
London
Mailand
Paris
Singapur
Tokio

Werner Buselmaier   Gholamali Tariverdian

Human-
genetik

zweite, völlig
neu bearbeitete
Auflage

Mit 363 Abbildungen
und 144 Übersichten

 Springer

Professor Dr. rer. nat. habil. WERNER BUSELMAIER
Universität Heidelberg
Institut für Humangenetik
Im Neuenheimer Feld 328
D-69120 Heidelberg

Priv.-Doz. Dr. med. GHOLAMALI TARIVERDIAN
Universität Heidelberg
Institut für Humangenetik
Im Neuenheimer Feld 328
D-69120 Heidelberg

ISBN 3-540-63430-4 Springer-Verlag Berlin Heidelberg New York

Die Deutsche Bibliothek – CIP-Einheitsaufnahme
Buselmaier, Werner:
Humangenetik / Werner Buselmaier ; Gholamali Tariverdian. –
2., völlig neu bearbeitete Aufl. – Berlin ; Heidelberg ; New York ; Barcelona ; Hongkong ; London ; Mailand ;
Paris ; Singapur ; Tokio : Springer, 1999
  (Springer-Lehrbuch)
  ISBN 3-540-63430-4

Herstellung: PRO EDIT GmbH, D-69123 Heidelberg
Satz: Hagedorn Kommunikation, D-68519 Viernheim
Umschlaggestaltung: design + production GmbH, D-69121 Heidelberg
Zeichnungen: Peter Lübke, Grafik für Wissenschaft und Technik, D-67157 Wachenheim
Druck: Konrad Triltsch, Druck und Verlagsanstalt GmbH, D-97070 Würzburg

SPIN 10551184   15/3135–5 4 3 2 1 0 – Gedruckt auf säurefreiem Papier

Unserem langjährigen Lehrer
Professor Dr. med. Dr. h.c. Friedrich Vogel
gewidmet

Vorwort

Die 2. Auflage dieses Lehrbuches orientiert sich inhaltlich, wie bereits die Erstauflage von 1991, eng am Gegenstandskatalog „Humangenetik" für den Ersten Abschnitt der Ärztlichen Prüfung. Aufgrund der unglaublich dynamischen Entwicklung, in der sich die molekulare Humangenetik gegenwärtig befindet, ist in der aktuellen Auflage in weiten Teilen eine völlige Neuformulierung entstanden.

Das Humangenomprojekt – das wohl bisher ehrgeizigste und umfassendste Großforschungsprojekt der Menschheitsgeschichte – wird bereits Anfang des nächsten Jahrtausends dazu führen, daß die Basensequenz des kompletten menschlichen Genoms gelesen sein wird. Damit hat sich die Humangenetik zu der am schnellsten fortschreitenden Teildisziplin der Medizin und zu ihrer führenden theoretischen Grundlagenwissenschaft entwickelt.

Der vorliegende Text versucht, diesem Aktualitätsanspruch gerecht zu werden. Die Autoren haben daher auch den klassischen Aufbau, zuerst die theoretischen Grundlagen der verschiedenen Teilbereiche des Faches und dann die praktischen Anwendungen abzuhandeln, geändert, zugunsten einer zusammenfassenden Darstellung der Klinischen Genetik in Theorie und Praxis im mittleren Teil des Buches. Insofern weicht die Reihenfolge auch von der des Gegenstandskataloges ab, die Lehrinhalte sind jedoch in allen Einzelheiten berücksichtigt.

Über eine Lernhilfe für Studenten hinausgehend wendet sich der klinisch-genetische Teil auch an den niedergelassenen Gynäkologen und Pädiater. Für die praktische ärztliche Tätigkeit sollen hier Hinweise gegeben werden, die umgekehrt den studentischen Lesern Probleme aus der Praxis des Faches aufzeigen können.

Dem Text wurde ein Glossarium der verwendeten Fachausdrücke angegliedert.

Autoren und Verlag erhoffen sich Hinweise, Empfehlungen und kritische Beurteilungen des Textes von studentischer Seite und von seiten der Fachkollegen, die entscheidend zu Verbesserungen in künftigen Auflagen beitragen können. Für positive Kollegen-Kritik der ersten Auflage möchten wir uns ausdrücklich bedanken.

Herzlich danken möchten die Autoren ihren wissenschaftlichen Lehrern und hier vor allem Herrn Prof. Dr. med. Dr. h. c. F. Vogel für viele Diskussionsbeiträge, für die kritische Durchsicht des Manuskripts und für die Überlassung zahlreicher Abbildungen. Unser ganz besonderer Dank gilt dem Verlag mit Frau A. C. Repnow und Frau R.-M. Doyon im Lektorat sowie dem Hersteller Proedit und hier vor allem Frau M. Litterer und Herrn B. Hilger. Unser Dank gilt auch den Kolleginnen und Kollegen des Instituts für Humangenetik der Universität Heidelberg und hier besonders Herrn Dr. D. Hager und Frau Dr. A. Jauch für ihre wissenschaftliche Unterstützung. Ebenso danken möchten wir Herrn Dr. W. Reichert vom Institut für Rechts- und Verkehrsmedizin für seine Durchsicht des entsprechenden Kapitels. Für die schwierige Erfassung des Textes sind wir Frau A. Neundorf und der Ehefrau eines der Autoren (W. B.), für das Lesen von Korrekturbögen Frau M. Tariverdian zu großem Dank verpflichtet.

Eine große Unterstützung war für W. B. bei der Niederschrift des größten Teils seines Manuskriptes die Gemeinde Döşemealti/Antalya, Türkei und hier vor allem Bürgermeister Sadi Küçükbaşkan. Durch seine Abschirmung und Betreuung und die Freundlichkeit der dortigen Umgebung konnte die Konzentration aufgebracht werden, das Manuskript zielgerecht voranzubringen.

Heidelberg, im Sommer 1998

WERNER BUSELMAIER
GHOLAMALI TARIVERDIAN

Inhaltsverzeichnis

Zur Didaktik

Das vorliegende Buch stellt für die Humangenetik wichtige Fakten kurz und über-
sichtlich dar. Folgende Symbole sollen
dem Leser zur besseren Orientierung
dienen und das Lernen erleichtern:

! Merksätze

1.1 Aufbau und Funktion des Genoms

1.1.1 Universalität der genetischen Grundlagen

Das Vorhandensein von *Nukleinsäure* ist ein universelles Charakteristikum der belebten Natur. Ohne Nukleinsäure gibt es auf unserem Planeten kein Leben, ja man kann das Nukleinsäuremolekül als die Grundsubstanz bezeichnen, die Leben definiert. Von einigen Virusfamilien abgesehen, die *Ribonukleinsäure (RNA)* enthalten, ist es immer die *Desoxyribonukleinsäure (DNA)*, die die genetische Information eines Organismus beinhaltet. Dies gilt sowohl für die niederen Protisten, wie Bakterien und Blaualgen, die aus prokaryontischen Zellen aufgebaut sind, als auch – ausgehend von den höheren Protisten – für alle höheren Pflanzen und Tiere bis zum Menschen. Wissenschaftliche Erkenntnisse, die auf der Ebene der Nukleinsäure von Mikroorganismen (zu Mikroorganismen zählt man niedrige und höhere Protisten sowie Viren und Viroide) gewonnen wurden, haben daher in der Regel auch Gültigkeit für den Menschen. Die Molekularbiologie hat uns in den letzten Jahrzehnten einen revolutionären Erkenntniszuwachs beschert. Ihr Verdienst ist es, daß überwiegend an Mikroorganismen erarbeitete Grundlagen heute und in naher Zukunft zu völlig neuen Diagnose- und Therapiemöglichkeiten auf DNA-Ebene geführt haben bzw. noch führen werden. Dabei zeigt sich die Universalität der DNA und des *Triplet-Raster-Codes*. Am eindrucksvollsten demonstriert dies die Gentechnologie, bei der DNA von Eukaryonten auf Prokaryonten und umgekehrt übertragen werden kann, über praktisch alle Art-, Gattungs- und Familiengrenzen hinweg.

Universalität des genetischen Codes

Sucht man nach Erklärungen für die Universalität des genetischen Codes, so ist wohl am einleuchtendsten, daß jede Spezies immer Proteine bilden muß, unabhängig vom Ausmaß der Veränderungen, die sie im Laufe der Evolution durchläuft. Die Proteinbildung, seien es Enzyme, Hormone, Rezeptoren oder Strukturproteine, ist aber vom präzisen Einbau der 20 Aminosäuren an der richtigen Stelle abhängig. Jede Mutation, die eine neue Kodierung für eine bestimmte Aminosäure schaffen würde, würde unmittelbar alle Proteine betreffen, in denen die Aminosäure vorkommt. Würde der Code für eine Aminosäure (z. B. Valin) zufällig in den einer anderen geändert (z. B. Leucin), so würde die entsprechende t-RNA diese Aminosäure in der Polypeptidkette falsch positionieren, bzw. sie würde mit der t-RNA für die richtige Aminosäure um die Position konkurrieren. Dies hätte (im Beispiel Valin mit Leucin) für viele Proteine gleichzeitig drastische Konsequenzen mit *letalen Auswirkungen*. Mutationen haben also (dies zeigt uns auch die Analyse der Aminosäuresequenzen mutierter Proteine) meistens nur einzelne Aminosäuresubstitutionen

Übersicht 1.1. Unterschiede in der Translation einzelner m-RNA-Kodons zwischen dem universellen Code und Mitochondrien

m-RNA			Aminosäuren		
Kodon	Pro- und Eukaryontische Zellen	Hefe	Mitochondrien		
				Drosophila	Säuger
AUA	Isoleucin	Methionin	Methionin	Methionin	
AGA, AGG	Arginin	Arginin	Serin (AGA)	Stop-Kodon	
CUA	Leucin	Threonin	Leucin	Leucin	
UGA	Stop-Kodon	Tryptophan	Tryptophan	Tryptophan	

in einzelnen Proteinen zur Folge. Dies läßt aber den genetischen Code unberührt.

Der starke Selektionsdruck auf Konstanz des genetischen Codes wird auch dadurch bestätigt, daß dort, wo die Universalität für das evolutionäre Überleben nicht notwendig ist, tatsächlich abgewichen werden kann. Dies ist der Fall bei einigen mitochondrialen m-RNA-Kodons (Übersicht 1.1). Da der Proteinsyntheseapparat der Mitochondrien nur einige wenige Proteine herstellt, ist die Veränderung des Codes tolerabel. Ja es scheint sogar eine ausgesprochene Ökonomie im Wechsel einzelner Kodons zu liegen, da in einigen Fällen zwei Kodons, die unterschiedliche Bedeutung haben, so verändert werden, daß sie für dieselbe Aminosäure kodieren.

Das Beispiel der Mitochondrien zeigt auch, daß biologisch *mehr als ein* genetischer Code möglich ist. Wurde aber quasi im „Evolutionsstamm" ein Code „eingeführt", so muß dieser zwangsläufig „eingefroren" werden und erhält damit Universalität.

Diese Aussage wird auch dadurch nicht geschmälert, daß man in jüngster Zeit Abweichungen vom universellen Code sogar in der Kern-DNA von Ziliaten und im Genom einer Gruppe von Prokaryonten, den Mykoplasmen, gefunden hat. Sie stellen eine Ausnahme dar in einer Regel, die sich sonst bisher überall bestätigt hat.

Der genetische Code wurde nur einmal entwickelt

Es ist heute unstrittig, daß alle lebenden Organismen von einer einzigen lebenden Zelle abstammen, die vor mehreren Milliarden Jahren entstanden sein muß. Ihre Konzeption war so erfolgreich, daß sie im Kampf um die Vermehrung alle anderen frühen Entwicklungen besiegte und die Führung in der Evolution übernahm. Andere Schlüsse können aus der Ähnlichkeit aller lebenden Organismen nicht gezogen werden. Der entscheidende zweite Schub für die Evolution kam dann mit der Entwicklung der eukaryonten Zellen aus ihren prokaryontischen Vorläufern. Sie erst machte den entscheidenden Schritt von kleinen, relativ einfach strukturierten Zellen bis zu hochkomplexen Organismen möglich. Dieser Weg ist heute durch neu entwickelte Techniken, die es erlauben, DNA-Sequenzen in großer Menge zu bestimmen und artübergreifend zu vergleichen, nachvollziehbar. So hat man Beziehungen zwischen den Organismen aus den Nukleotidsequenzen der Gene für die ribosomale RNA der kleinen Ribosomenuntereinheit ableiten können, die in eindrucksvoller Weise den Gang der Evolution aufzeigen. Es handelt sich bei diesen Genen um *hochkonservierte Sequenzen*, die so stabil sind, daß man phylogenetische Beziehungen messen kann, die sich über das ganze Spektrum der heute lebenden Orga-

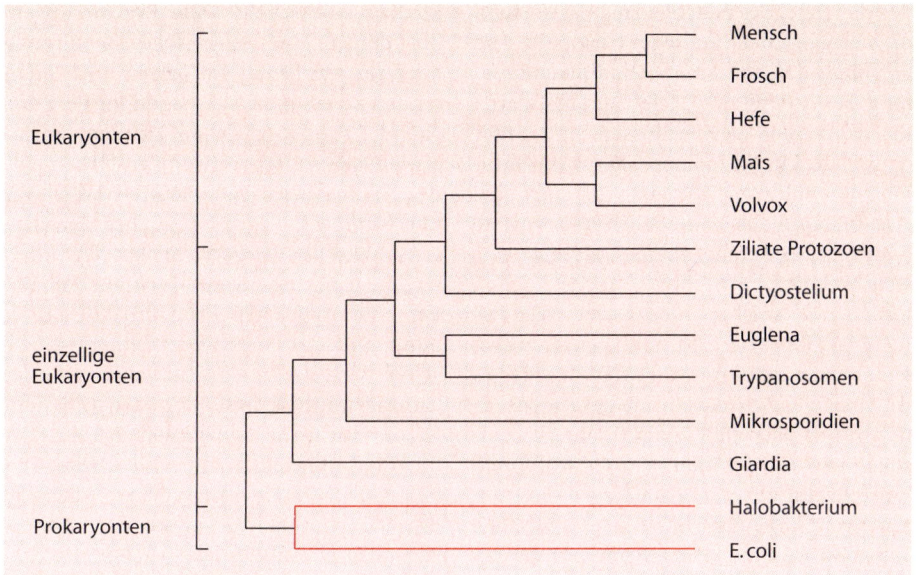

Abb. 1.1. Die Evolution der Organismen nachgewiesen aus den Nukleotidsequenzen der Gene für die ribosomale RNA der kleinen Ribosomenuntereinheit

nismen erstrecken. Danach sind Tiere, Pflanzen und Pilze relativ spät in der Geschichte der Eukaryontenzelle aus einem gemeinsamen Vorfahren entstanden (Abb. 1.1). Methoden wie diese, also der Vergleich hochkonservierter Sequenzen, bei denen Mutationen wegen ihrer wesentlichen Funktion sofort zum Totalausfall des betroffenen Individuums führen und die sich deshalb in der Evolution nur sehr langsam verändern, versprechen künftig tiefe Einblicke in das Evolutionsgeschehen. Kombiniert man diese mit Sequenzvergleichen rasch evolvierender DNA-Abschnitte, die uns Einblicke in nähere Verwandtschaftsbeziehungen erlauben, so sollte die Evolutionsgeschichte in einer Ganggenauigkeit nachvollziehbar werden, die alle bisherigen Vorstellungen übertrifft. Gleichzeitig ist dies aber auch ein Beispiel dafür, wie eng unsere eigenen Gene mit denen niedriger Organismen verwandt sind.

Das Humangenomprojekt

Die Sequenzierung des gesamten menschlichen Genoms mit einer Genauigkeit von 99,99 % gehört wohl zu den bisher ehrgeizigsten Vorhaben der gesamten Menschheitsgeschichte. Die Fortschritte des Projekts, als dessen offizieller Start der 1. Oktober 1990 gilt, übertreffen alle bisherigen Erwartungen. Das Ziel, die Gesamtsequenz bis zum Jahre 2005 vorzulegen, wird wahrscheinlich übertroffen werden, und viele Wissenschaftler nehmen heute an, daß die Sequenzierung im Jahre 2002 oder 2003 abgeschlossen sein wird.

Neben der Tatsache, daß bereits jetzt eine große Anzahl von Genen identifiziert werden konnte, deren Funktionsstörung zu menschlichen Krankheiten führt und daß deren Zahl täglich zunimmt, war es eine wichtige Entscheidung, von vornherein nicht nur menschliche Genome in das *Humangenomprojekt* mit einzubeziehen. So wurden die Genome von Bakterien, das der Hefe, des Fadenwurms Caenorhabditis elegans, der Taufliege Drosophila und der Maus aufgenommen. Die Entschlüsselung des kompletten Hefe-Genoms wurde im April 1996 abgeschlossen und unter dem Titel „Life with 6.000 Genes" im Oktober 1996 publiziert. Bereits jetzt stellt sich eine erstaunliche und ebenso unerwartete Beobachtung heraus, nämlich die enge Verwandtschaft zwischen menschlichen Genen und solchen niedrigerer Organismen. So gibt es bei Drosophila ein Gen *eyeless*, dessen Struktur aufgeklärt wurde. Es ist über weite Strecken mit dem menschlichen Gen *aniridia* identisch, obwohl zwischen uns und der Taufliege 480 Millionen Jahre Evolutionsgeschichte liegen. Es stellt sich weiter heraus, daß das menschliche Gen das fehlende Fliegengen funktionell ersetzen kann und bei der Fliege Fliegenaugen induziert. Das Gen *APC*, das in mutierter Form zu Dickdarmkrebs beim Menschen führt und das mit dem Zelladhäsionsmolekül β-Catenin wechselwirkt, findet sich über Sequenzdatenbanken ebenfalls bei Drosophila wieder. Nur war dort bereits bekannt, daß es über eine Proteinkinase in die Wachstumsregulation bestimmter Zellen eingreift. So war es aufgrund der vorliegenden Befunde bei Drosophila möglich, eine gut fundierte Theorie für die Veranlagung zum Dickdarmkrebs zu entwickeln, die nun wissenschaftlich geprüft werden kann.

Gerade die spannenden Befunde des Genomprojekts zeigen eindringlich, wie tief der Mensch selbst in dem biologischen Gefüge verwurzelt ist, und daß Erkenntnisse, die an völlig anderen Organismen gewonnen werden, oft überraschende Relevanz für uns selbst und unser Krankheitsgeschehen besitzen.

Vom Phänotyp zum Genotyp – von Genotyp zum Phänotyp

Das Fachgebiet der Humangenetik hat sich zu einer Schlüsseldisziplin für die gesamte Medizin entwickelt. Viele Erkrankungen, bei denen eine genetische Beteiligung oder gar Auslösung vor Jahren noch nicht einmal zu erahnen war, haben ihr verursachendes Prinzip in Genen. Denken wir nur als Beispiel an das vor wenigen Jahren entdeckte Brustkrebsgen *BRCA1*. Dabei war und ist teilweise auch heute noch der klassische Weg der Erforschung von Krankheiten, die ihre Ursachen in Genen haben, der der phänotypischen Erfassung, Beschreibung und der Verifikation einer genetischen Ursache über Stammbaum- oder Chromosomenanalyse. Der nächste Schritt ist die Suche nach kausalen Erklärungsmöglichkeiten auf Genproduktebene. Der letztendlich letzte Schritt einer kausalen Beziehung ist die Auffindung der molekularen Ursache auf Genebene. Heute ist dieser Weg auch umgekehrt gangbar. Man verzeichnet mit der Methode der positionellen Klonierung und Folgetechniken (s. Kap. 1.3.3) Erfolge mit unglaublicher Geschwindigkeit, nämlich über die Identifikation und Sequenzierung von Genen Näheres über das Krankheitsgeschehen zu erfahren. Das Humangenomprojekt zeigt uns hier eindrucksvolle Beispiele. Dies alles verdeutlicht uns die Humangenetik als angewandte Wissenschaft und als Bereich der Grundlagenforschung. Sie analysiert die gesamte genetische Information auf der Ebene der DNA genauso wie auf Patientenebene.

1.1.2 Das Eukaryontengenom

Bei der Besprechung des Eukaryontengenoms setzen die Autoren Kenntnisse über die Struktur der DNA voraus. Weiterhin sollte die Replikation und der genetische Code verstanden sein. Die Übersicht 1.2 soll noch einmal die grundsätzlichen biologischen Aufgaben des Erbmaterials ins Gedächtnis rufen, die Übersicht 1.3 den strukturellen Aufbau der DNA. Der eigentliche Ablauf der Replikation mit den betei-

Übersicht 1.2. Biologische Aufgaben des Erbmaterials

Replikation	Präzise Replikation während der Zellverdoppelung
Speicherung	Speicherung der gesamten notwendigen biologischen Funktion
Weitergabe	Weitergabe der Information an die Zelle
Stabilität	Aufrechterhaltung der Strukturstabilität, um Erbänderungen (Mutationen) zu minimieren

Übersicht 1.3. Der strukturelle Aufbau der DNA

Doppelhelix	2 Polynukleotidstränge sind zu einer Doppelschraube (Doppelhelix) umeinandergewunden
Polarität	Die Stränge besitzen eine gegenläufige Polarität. Die $5'- \rightarrow 3'$-Richtung des einen Stranges verläuft entgegengesetzt zu der seines Partners
Basenpaarung	Es besteht eine spezifische Basenpaarung. A = T und G ≡ C
Drehsinn	Die Doppelhelix ist rechts gewendelt, mit etwa 10 Nukleotidpaaren je Windung
Stabilität	Hydrophobe Bindungen beieinanderliegender Basen schaffen den Zusammenhalt

Übersicht 1.4. Ablauf der Replikation mit den beteiligten Polymerasen

Enzym/Protein	Biologischer Schritt
Helikase	Entwindung der Doppelhelix
Topoisomerasen	Entspannung der verdrillten Doppelhelix und Setzung von Einzelstrangbrüchen, als die Rotation weiterleitende Gelenke
DNA-Bindungsprotein	Stabilisierung der einzelsträngigen DNA
Primase (RNA-Polymerase)	Synthese einer kleinen Primer-RNA
DNA-Polymerase α (bei Bakterien Polymerase III)	Durchführung der eigentlichen Replikation durch Kettenverlängerung in $5' \rightarrow 3'$-Richtung. Lagert Desoxyribonukleosidtriphosphate komplementär zu den zu kopierenden Basen an
DNA-Polymerase β (bei Bakterien Polymerase I)	Abbau der RNA-Primer und Reparatur (Exonuklease-Aktivität) falsch eingesetzter Basen
DNA-Ligase	Verbindung der DNA-Fragmente zu einem einheitlichen Strang
	Replikation mitochondrialer DNA
DNA-Polymerase γ	Durchführung der Replikation ausschließlich in Mitochondrien
DNA-Polymerase δ	Funktion unklar

ligten Polymerasen ist in Übersicht 1.4 dargestellt. Schließlich kann der Aufbau des genetischen Codes zur Wiederholung der Übersicht 1.5 entnommen werden.

Art des Codes	Triplet-Raster-Code mit 4 Basen, welche 64 Möglichkeiten für 20 Aminosäuren ergeben
Degeneration	Überwiegend logisch; schafft durch Variabilität in der Kodierung eines Triplets Toleranz für spontane Mutationen
Stop-Kodons	UAA, UAG und UGA
Start-Kodons	AUG und GUG

Aufbau der Gene – Gen-Definition

Vergleicht man die Nukleotidsequenz eines Gens bei Prokaryonten mit der Aminosäuresequenz eines Proteins, so stellt man fest, daß die Reihenfolge der Nukleotide des Gens genau mit der Aminosäurefolge im Protein korrespondiert.

Die Länge der DNA-Sequenz des Gens hängt also direkt von der Länge des Proteins ab, für das es kodiert. Besitzt ein Protein n Aminosäuren, so müssen 3n Basenpaare dafür kodieren. Tatsächlich hielt man diesen Aufbau, der aus der Analyse von Prokaryonten-Genen hergeleitet war, lange Zeit für den allgemein gültigen. Eine Generation von Medizin- und Biologiestudenten lernte als schlagwortartige Definition: *ein Gen – ein Enzym* oder später erweitert: *ein Gen – ein Protein*.

1977 wurde jedoch, als man technisch durch die Entdeckung der Restriktionsenzyme soweit war, auch Eukaryontengene zu untersuchen, dieses einfache Genkonzept erschüttert.

Das β-*Globulin* war das erste Gen von Eukaryonten, das ausführlich untersucht wurde. Überraschenderweise entdeckte man durch elektronenmikroskopische Aufnahmen von Hybridmolekülen zwischen β-Globulin, genomischer DNA und copy-DNA (c-DNA), die mit Hilfe des Enzyms Reverse Transkriptase aus m-DNA erstellt wurde, Schleifenbildungen. Diese wurden durch DNA-Regionen verursacht, die offensichtlich in der c-DNA nicht vorhanden waren (vorausgesetzt die c-DNA stellt tatsächlich eine identische Kopie der m-RNA dar). Beim β-Globingen fand man zwei solche Regionen, die innerhalb der kodierenden Regionen lagen und drei Sequenzen des zugehörigen Proteins bzw. der entsprechenden m-RNA unterbrachen. Dies war die Entdeckung der *unterbrochenen Gene* bei Eukaryonten.

In der Zwischenzeit hat man in vielen Genen von Eukaryonten solche Unterbrechungen entdeckt, die man jedoch bisher nie bei typischen Prokaryonten fand. Allerdings konnte man vor kurzem bei einem T_4-Phagen unterbrochene Gene nachweisen. Es ist daher nicht unwahrscheinlich, daß auch ihre prokaryontischen Wirte solche Gene enthalten, die man bisher nur noch nicht entdeckt hat.

Jedenfalls ist dieser Genaufbau für den Menschen die Regel. Nur sehr wenige menschliche Gene haben keine Unterbrechungen und diese sind in der Regel sehr klein. Insgesamt gibt es bei menschlichen Genen erhebliche Größenunterschiede (Übersicht 1.6 und 1.7).

Man hat die Sequenzen, die in der m-RNA vorhanden sind, als *Exons* definiert und solche, die dort fehlen, als *Introns*, wobei Exon- und Intronlängen sehr unterschiedlich sind. In menschlichen Genen sind Exons durchschnittlich 170 bp lang. Dabei ist die Exonlänge unabhängig von der Länge des Gens. Man kennt auch einige sehr große Exons. In der Regel übertrifft die Länge der Introns die der Exons um ein Vielfaches. Bei großen Genen ist der Exongehalt sehr gering. Auf dem Wege zwi-

Übersicht 1.6. Größenunterschiede und durchschnittliche Exon- und Introngrößen einiger menschlicher Gene (Nukleotide $\times$ 1000)

Genprodukt	Gengröße	m-RNA Größe	Anzahl der Exons	Anzahl der Introns	durchschnittliche Größe Exons (bp)	Introns (kb)
β-Globin	1,6	0,6	3	2	150	0,49
Insulin	1,4	0,4	3	2	155	0,48
Faktor VIII	186	9	26	25	375	7,10
Dystrophin	2400	17	79	>500	180	30,00

Übersicht 1.7. Menschliche Gene (eine Auswahl), die nicht durch Introns unterbrochen sind

alle 37 Mitochondriengene	
Histongene	
viele Gene für kleine RNA, so die meisten t-RNA-Gene	
Hormonrezeptorgene:	$S-HT_{1B}$-Serotonin-Rezeptor Dopamin-Rezeptoren D1 und D5 Angiotensin-II-Typ-1-Rezeptor α2-adrenerger Rezeptor Formylpeptidrezeptor
Hodenspezifische Expressionsmuster, wie:	Phosphoglyceratkinase (PGK2) Glycerinkinase (GK) Gen der myc-Familie (MYCL2) Pyruvatdehydrogenase E1a (PDHA2) Glutamatdehydrogenase (GLUD2)

schen Information auf DNA-Ebene und Genexpression muß also noch ein Prozeß dazwischengeschaltet sein, den wir mindestens bisher bei Prokaryonten nicht beobachten. Von der DNA wird eine Kopie in Form von RNA abgelesen, die genau die Sequenz im Genom wiedergibt. Man hat diese RNA auch als **heterogene nukleäre RNA (hn-RNA)** bezeichnet. Diese hn-RNA kann allerdings nicht direkt für die Proteinproduktion herangezogen werden; sie ist ein Rohling, der erst noch durch die Exzision der Introns zurechtgeschnitten werden muß. Man hat diesen Vorgang als *„splicing"* (deutsch: Spleißen) bezeichnet. Das Ergebnis des Spleißens ist dann eine m-RNA, die aus einer Reihenfolge von Exons zusammengesetzt ist. Dabei werden die Exons immer in derselben Reihenfolge hintereinander geordnet, in der sie in der DNA auftreten (s. Kap. 1.2.1).

Die ursprüngliche Gen-Definition wurde aber nicht nur durch den komplizierteren Aufbau der Eukaryontengene erschüttert. Man fand auch bei Pro- und Eukaryonten, bei diesen allerdings selten, einige Gene, die überlappen und sogar Gene in Genen, die bei der Translation die Synthese mehrerer Polypeptide steuern. Auch hat man in den letzten Jahren einige große menschliche Introns gefunden, in denen komplette kleine Gene enthalten sind. Allerdings werden diese meist von den beiden verschiedenen Strängen transkribiert.

Nicht jedes Gen wird an Ribosomen translatiert. Translatiert werden nur Gene, von denen eine m-RNA gebildet wird. Ausschließlich transkribiert werden dagegen Gene für t-RNA und für r-RNA.

Man könnte zusammenfassend ein Gen als den Abschnitt der DNA definieren, der zwischen einem Transkriptionsstart *(Promotor)* und einem Transkriptionsende *(Terminator)* liegt. Diese Definition auf der Basis der Transkriptionseinheit stimmt tatsächlich für viele Gene. Sie wird jedoch dann mangelhaft, wenn mehrere Gene in einer Transkriptionseinheit, gesteuert durch einen Promotor, abgelesen werden. Wir sehen also, daß man heute auf eine klare und griffige Gendefinition verzichten muß. Man kann letztlich ein Gen nur folgendermaßen definieren:

> **!** Ein Gen ist ein Abschnitt der DNA, der ein funktionelles Produkt kodiert.

In den meisten Fällen ist dies eine Polypeptidkette (Abb. 1.2).

Bedeutung der Introns

Kommen wir noch einmal zu den „unterbrochenen" Genen der Eukaryonten zurück und fragen nach dem Sinn dieser in Exons fragmentarisch angeordneten Information.

Leider ist man auf Spekulationen angewiesen, da experimentelle Belege, ja sogar Hinweise, fehlen. Möglicherweise könnten unterbrochene Gene Vorteile für evolutionäre Veränderungen bieten. Wir wissen, daß die DNA aufgrund verschiedener Mechanismen erstaunlich flexibel ist. So können DNA-Bereiche von einem chromosomalen Ort ausgeschnitten und in einen anderen eingesetzt werden, oder sie können zwischen homologen Genen ausgetauscht werden. Solche Prozesse könnten dann gefährlich werden, wenn sie Gene zerstören. Kommt jedoch der Austausch von DNA innerhalb der Introns vor, so ist die potentielle Zerstörung von Informationen limitiert. Eine andere Möglichkeit ist, daß der Austausch von Introns und ihre Rearrangierung im Laufe der Zeit dem Aufbau neuer Gene dient.

Diese Überlegungen schreiben den Introns nur eine indirekte Funktion zu. Es gibt viele Molekularbiologen, die der Meinung sind, daß Introns einfach Nukleotidsequenzen ohne jegliche Funktion

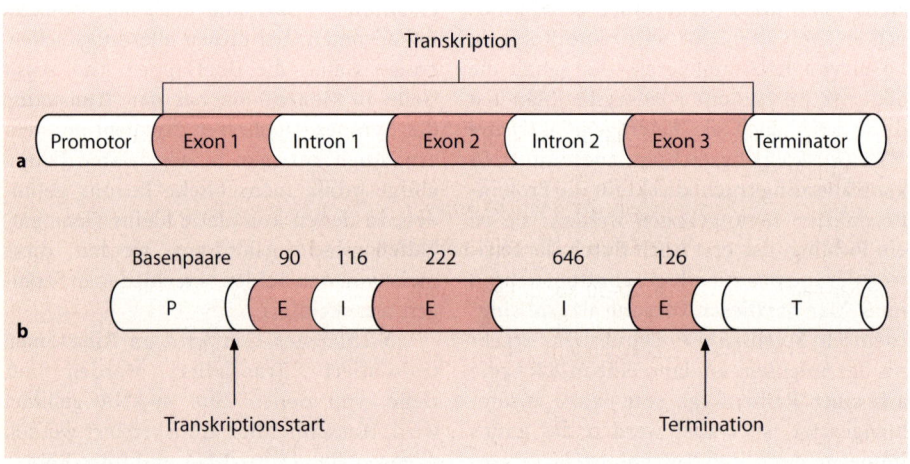

Abb. 1.2. a Modellvorstellung zum Aufbau eines Eukaryontengens; **b** β-Globingen des Menschen mit 3 Exons und 2 Introns

sind. Diese Meinung beruht auf folgenden Tatsachen:

- Alle bisher untersuchten Introns beginnen mit derselben Sequenz von zwei Basen, nämlich G-T und enden mit A-G. Damit sind Beginn und Ende klar für das Ausschneiden markiert.
- Mutationen in Basensequenzen nahe oder innerhalb der Intron-Exon-Grenzen führen zu m-RNAs, die kein funktionsfähiges Protein bilden.
- Minigene, künstlich konstruiert aus den Exons mit einem Promotor, werden häufig genauso effizient exprimiert wie natürliche Gene aus dem Zellkern. Letztere Aussage muß jedoch insofern relativiert werden, als sich bei der experimentellen Übertragung von Genen in sog. transgene Mäuse herausgestellt hat, daß eine Intron-Exon-Sequenz bessere Chancen hat, tatsächlich auch exprimiert zu werden. Die Gründe hierfür sind allerdings unbekannt.

Es sieht aber bisher dennoch so aus, als ob die Funktion der Introns für die Genexpression weitgehend irrelevant ist. Andererseits wurden aber in wenigen Fällen regulatorische DNA-Sequenzen beschrieben, die innerhalb eines Introns eines Gens liegen. Auch konnte in jüngster Zeit mehrfach gezeigt werden, daß Introns katalytische Fähigkeiten besitzen, die in ihrem eigenen Ausschneiden resultieren. So gibt es bei Pilzen, aber auch bei anderen Organismen Introns, die sich selbst aus einem Vorläufer r-RNA-Transkript herausschneiden und die losen Enden der Exons zusammenfügen. Mindestens kann aus diesen Beschreibungen abgeleitet werden, daß nach der Entdeckung von *katalytischer RNA* die Annahme, alle biochemischen Reaktionen würden von Proteinen katalysiert, relativiert werden muß.

Einige Introns wurden auch innerhalb von Promotor- und Enhancer-Regionen entdeckt, welche Gene ein- und abschalten. So könnten Introns auch als Rezeptoren für bestimmte Hormone dienen, die einzelne Gene während bestimmter Entwicklungsphasen aktivieren und in anderen Phasen deaktivieren. Durch die Separierung der Exons für viele verschiedene Proteine in Antikörpergenen schaffen die Introns Flexibilität und ermöglichen Rearrangements von multiple-kodierenden Regionen, die zur Produktion von mehr als 18 Millionen verschiedener Antikörpermoleküle notwendig sind (Übersicht 1.8).

Übersicht 1.8. Menschliche Gene

Anzahl der Gene im Genom	Kerngenom: 65.000–80.000 Mitochondriengenom 37
Gendichte	ca. ein Gen pro 40–45 kb im Kerngenom ca. ein Gen pro 0,45 kb im Mitochondriengenom
Gengröße	10–15 kb mit erheblicher Variationsbreite
Genabstand	ca. 20–30 kb im Kerngenom
Exonanzahl	sehr variabel von 1 Exon bis zu vielen (Beispiel Dystrophin-Gen 79 Exons)
Exongröße	durchschnittlich 170 bp, einige extrem lange Exons wurden gefunden
Introngröße	korreliert mit der Größe des Gens (Beispiele zwischen 0,5 kb und 30 kb)
Größe der m-RNA	ca. 2,2 kb mit erheblicher Variationsbreite

Kontrollelemente menschlicher Gene

Die riesige Anzahl miteinander agierender Gene erfordert in höheren eukaryontischen Genomen bzw. beim Menschen ein ausgeklügeltes Kontrollsystem. Das wesentlichste Kontrollsystem, das ein Gen sozusagen einschaltet, ist sein *Promotor.* Promotoren sind die Initiatoren der Transkription. Sie liegen in der Regel strangaufwärts vom Gen, oft wenig vom Transkriptionsstart entfernt. Ihr Charakteristikum ist eine Kombination kurzer Sequenzen, die von *Transkriptionsfaktoren* (s. Kap. 1.2.1) erkannt werden. Weiterhin findet man bei bestimmten Genen häufig etwas strangaufwärts von den Promotoren (ca. 1 kb von der Transkriptionsstartstelle entfernt) sog. *Response-Elemente (REs).* Es handelt sich dabei um Gene, deren Expression von externen Faktoren, wie Hormonen, Wachstumsfaktoren oder internen Signalmolekülen wie dem cAMP, gesteuert werden. Bindet der entsprechende Signalfaktor an ein solches RE-Element, so kann eine starke Genexpression ausgelöst werden. Die Transkription eukaryontischer Gene kann durch positive Kontrollelemente, die *Enhancer,* verstärkt werden. Man findet sie bei vielen menschlichen Genen. Negative Kontrollelemente sind dagegen die *Silencer.* Sie können die Transkriptionsaktivität von Genen unterdrücken, wobei ihr Wirkmechanismus bisher nicht gut verstanden ist.

Gene und Pseudogene

Neben den aktiven und funktionstüchtigen Genen gibt es viele *Pseudogene.* Sie entstehen oft bei der Entwicklung von Genfamilien und sind Nukleinsäuresequenzen, die über weite, jedoch nicht über alle Bereiche einem vollwertigen Gen entsprechen. Sie werden aber in der Regel weder transkribiert noch translatiert. (Es gibt einige Beispiele transkribierter Pseudogene, auf die jedoch hier nicht weiter eingegangen werden soll.)

> **!** Pseudogene sind nicht mehr funktionierende Gene, die ursprünglich durch Genduplikation entstanden sind und anschließend durch Mutationen z. B. Deletionen modifiziert wurden.

Sie bilden sozusagen den „Mülleimer der Evolution". Aber so wie manche Schriftsteller Fragmente sammeln, auch dann, wenn sie nicht sofort sinnvoll verwendbar sind, so entledigt sich auch das Genom dieser Gene nicht. Vermutlich erwies sich im Laufe der Evolution das Sammeln der Pseudogene als nützlicher als eine „Müllbeseitigung". Denn sie können im Sinne einer Weiterentwicklung modifiziert werden, um wieder transkribiert und zu einem neuen veränderten Protein translatiert zu werden.

Single-copy-Sequenzen und repetitive DNA

Gene für die Produktion von Strukturproteinen, Transportproteinen, Hormonen, Rezeptoren, Enzymen, regulatorischen Proteinen, usw. liegen – von Pseudogenen, die ja nicht translatiert werden, einmal abgesehen – in der Regel als sogenannte *Single-copy-Sequenzen* vor. Der Mensch besitzt viele Tausende dieser Single-copy-Sequenzen. Von einfach mendelnden Erbgängen mutierter Gene, die von Variationen im Bereich des normalen bis zu schweren Erbkrankheiten reichen, kennen wir zumindest die Defektzustände von etwa 9.000 Genen. Jährlich wird von Victor McKusick von der Johns Hopkins School of Medicine ein aktualisierter Katalog dieser Gene herausgegeben. Davon wurden bereits viele chromosomal lokalisiert. Dies führt uns zu der Frage: Wie viele Gene besitzt der Mensch und in welcher Relation stehen diese zum Gesamt-DNA-Gehalt einer Zelle?

Im Gegensatz zu den Verhältnissen bei Prokaryonten übersteigt beim Menschen die Menge genomischer DNA bei weitem die geschätzte Zahl von Single-copy-Sequenzen. Der Mensch besitzt ungefähr $3-3,5 \times 10^9$ Nukleotidpaare (haploides Genom). Ein durchschnittliches menschliches Gen hat etwa 20.000–50.000 Basenpaare. Davon sind, wie wir aus neuen Daten wissen, 90 % Introns oder nicht kodierend. Geht man rechnerisch von 20.000 Basenpaaren aus und berücksichtigt die genannten 90 % nicht verwertbarer Information, so besteht ein durchschnittliches kodierendes Gen aus 2.000 Basenpaaren. Dies bedeutet, daß das menschliche Genom mindestens 1,5 Millionen Genen Platz bietet, wenn es wie das der Prokaryonten konstruiert wäre. Aber:

> **!** Alle vorhandenen Daten deuten darauf hin, daß das menschliche Genom 65.000–80.000 Gene enthält.

Die Erklärung für dieses Mißverhältnis besteht darin, daß der größte Teil der menschlichen DNA nicht für Single-copy-Sequenzen zur Verfügung steht. Der Hauptteil der DNA kodiert nicht für Proteine, sondern wird für Introns und *repetitive DNA-Sequenzen* verbraucht.

Repetitive DNA-Sequenzen sind solche, bei denen multiple identische oder nahezu identische Kopien von DNA-Basensequenzen vorliegen. DNA-Restriktionsfragmentanalysen zeigen die Existenz von repetitiver DNA in allen Eukaryonten.

Unter den repetitiven DNA-Sequenzen im Genom finden sich solche Sequenzfamilien, die funktionstüchtige Gene umfassen, und andererseits gibt es viele repetitive Sequenzen, die nicht Genen angehören. Als erste ist hier die *RNA-kodierende Genfamilie* zu nennen. Sie gehört zu den am stärksten repetitiven im Genom. Es handelt sich um redudante Gene für 4 Typen von DNA für r-RNA. Die Gene für die 18s-, die 5,8s- und die 28s-Fraktion sind beim Menschen in den Nukleolus-Organizer-Regionen der Chromosomen 13–15 sowie 21 und 22 zu finden (satellitentragende Chromosomen). Sie liegen in Wiederholungseinheiten von 45 kb Länge, wovon jeweils 13 kb Transkriptionseinheit ein einziges langes RNA-Vorläufermolekül darstellt. Weiterhin sind benachbarte nicht transkribierte sog. *Spacer* enthalten. 60 solcher Tandemwiederholungseinheiten liegen bei den 5 erwähnten Chromosomen vor. Der 4. Typ von DNA für r-RNA sind die Gene für die 5s-Fraktion. Sie befinden sich nahe dem Telomer von Chromosom 1 in einer großen Genfamilie. Zusammen macht die r-RNA Genfamilie ca. 0,4 % der DNA-Menge des menschlichen Genoms aus. Eine weitere Gruppe von eng verwandten Genfamilien ist die für die verschiedenen t-RNAs. Es handelt sich hier um ungefähr 1.300 Gene. Familien für repetitive DNA-Sequenzen, die nicht Genen angehören und nicht transkribiert werden, sind durch einzelne Wiederholungseinheiten oder Tandemwiederholungen gekennzeichnet, die verstreut zwischen anderen DNA-Sequenzen liegen. Man unterteilt hier in *Satelliten-DNA, Minisatelliten-DNA* und *Mikrosatelliten-DNA*.

Die *Satelliten-DNA* erhielt ihren Namen, weil sie durch Cäsiumchlorid-Dichtegradientenzentrifugation isoliert werden konnte. Man findet hier beim Menschen neben einem DNA-Hauptpeak mehrere Nebenpeaks oder Satellitenpeaks (nicht zu verwechseln mit Chromosomensatelliten). Sie besteht aus langen Reihen zwischen 100 kb und einigen Megabasen (Mb) von sich tandemförmig wiederholenden kurzen Sequenzen. Diese DNA bildet den größten Teil des Heterochromatins im Genom, besonders an den Zentromeren. Manche Familien von Satelliten-DNA bestehen aus sehr einfachen Wiederholungsmotiven, dann gibt es Familien, in denen sich Wiederholungsmotive zu Wiederholungsmotiven höherer Ordnung gliedern. Weiterhin kann man α- oder *Alphoid-*

Satelliten-DNA, die tandemförmige Wiederholung von 171 bp aufweist, unterscheiden. Sie beträgt ungefähr 3–5 % der DNA jedes Chromosoms. Eine andere Satelliten-Familie wird als *β-Satelliten* bezeichnet, auch sie findet sich im Zentromerbereich.

Die *Minisatelliten-DNA* besteht aus mittelgroßen Folgen von tandemförmigen Sequenzwiederholungen. Dabei sind die Sequenzwiederholungen äußerst vielgestaltig. Die Bedeutung dieser hypervariablen Minisatelliten ist noch unklar. Man hat sie schon als „hot spot" für homologe Rekombinationen bezeichnet. Auf jeden Fall ist diese Form der DNA, wie später beschrieben, gut verwendbar zur Personenidentifizierung. Man findet sie gehäuft in Telomerregionen.

Zu den *Mikrosatelliten* zählt man Sequenzen von kleinen Tandemwiederholungen einfacher Sequenzen von meist 1 bis 4 (-6) bp. Sie sind über das gesamte Genom verteilt. Häufig werden Mikrosatelliten in Abschnitten zwischen den Genen, in Introns und in seltenen Fällen in kodierenden Bereichen gefunden. Auch sie sind als Anwendungsgebiet dieses Grundlagenwissens für die Personenidentifikation hoch interessant geworden. Neben diesen Familien von Satelliten-DNA gibt es zwei wichtige Familien verstreut liegender hochrepetitiver DNA. Es ist dies einerseits die *Alu-Familie* mit kurzen verstreut liegenden Sequenzelementen, auch als *„short interspersed nuclear elements"* (SINEs) bezeichnet. Andererseits gibt es die *Kpn-Familie* mit langen verstreuten Sequenzelementen, die sog. *„long interspersed nuclear elements"* (LINEs). Die Alu-Wiederholungen finden sich etwa alle 4 kb im Genom, alle etwa 50 kb tritt eine Kpn-Sequenz auf. Die Alu-Sequenzen sind hauptsächlich im Euchromatin, man findet sie häufig in den nicht kodierenden Abschnitten von Genen, vor allem in Introns. Folglich sind sie oft in Primärtranskripten von Genen enthalten. Wahr-

scheinlich sind Alu-Einheiten in der Evolution durch RNA-vermittelte *DNA-Transposition* entstanden (also RNA-vermittelte DNA-Umlagerung). Funktionell ist über die Alu-Sequenzen nichts bekannt, man vermutet aber, daß die ungleiche Rekombination durch sie unterstützt wird. Auch die Kpn-Sequenzen sind vorwiegend im Euchromatin angesiedelt und fehlen in kodierenden Bereichen. Auch sie sind in nicht kodierenden Bereichen von Genen vorhanden und daher auch in Primärtranskripten. Die Familie besteht aus 50.000–100.000 verteilten Wiederholungen. Wie in der Alu-Familie gibt es auch in der Kpn-Familie Mitglieder aktiv transponierender Elemente, also solche, die aktiv in andere Bereiche des Genoms springen. Es sind starke Sequenzähnlichkeiten mit bekannten Genen von *Transposons*, die für reverse Transkriptase kodieren, vorhanden, sowie für andere retrovirale Proteine. Die Funktionen, auch ob es überhaupt welche gibt, der Sequenzen der Kpn-Familie sind unbekannt. (Übersicht 1.9)

Es kommt vor, daß DNA-Transposition zu genetisch bedingten Erkrankungen führen kann. So gibt es seltene Fälle von Hämophilie A, die durch den Einbau einer Kpn-Sequenz in ein Exon des Gens für Faktor VIII entstanden sind. Auch gibt es Beschreibungen, nach denen der Einbau einer Alu-Sequenz in das Gen für Faktor IX bzw. für Neurofibromatose Typ 1 zu Hämophilie B bzw. Neurofibromatose führte.

Zusammenfassend läßt sich also feststellen:

● Das menschliche Genom besitzt viel mehr DNA als aufgrund der Anzahl der Gene zu erwarten wäre.

● Nur etwa 3 % der DNA kodiert für Proteine. Der Rest sind Introns, Pseudogene und repetitive DNA-Sequenzen.

● Die repetitiven DNA-Sequenzen lassen sich in Sequenzfamilien einteilen, die

Übersicht 1.9. Repetitive DNA-Klassen, die nicht Genen angehören

Klasse	Wiederholungs- länge bp	Lokalisation auf Chromosomen
Tandemwiederholungen		
Satelliten DNA	5–48	bei den meisten, möglicherweise allen Chromo- somen im Heterochromatin des Zentromers sowie in anderen heterochromatischen Bereichen
α-(Alphoid)-DNA	171	im Heterochromatin des Zentromers auf allen Chromosomen
β-Familie	68	im Heterochromatin des Zentromers der Chromosomen 1,9,13,14,15,21,22 und Y
Minisatelliten	6–24	bei allen Chromosomen, oft im Telomerbereich
Mikrosatelliten	1–4(–6)	alle Chromosomen
verstreut liegende Sequenzwiederholungen		
Alu-Familie	280 (oft kürzer)	Euchromatin Giemsa-negative Banden
Kpn-Familie	1400	Euchromatin Giemsa-positive Banden

funktionstüchtige Gene enthalten, vor allem für r-RNA und t-RNA und in solche, die nicht Genen angehören.

- Zu den nicht kodierenden repetitiven Familien gehören die Satelliten, die Minisatelliten, die Mikrosatelliten, die SINE- und die LINE-Familie.
- Zu der SINE- und der LINE-Familie gehören bewegliche genetische Elemente, die sog. Transposons.

Aufbau eines Chromosoms

Bisher wurde die Organisation der DNA im Genom behandelt, nun wollen wir sehen, wie die DNA in **Chromosomen** verpackt ist. Zwei gegenläufige DNA-Moleküle bilden eine Doppelhelix. Das **Chromatin** besteht aus einer spezies-spezifischen Anzahl solcher DNA-Doppelstränge und wird während der Mitose im Lichtmikroskop in verdichteter Form als Chromosomen sichtbar (Abb. 1.3).

Einzelne eukaryontische Chromosomen sind im Interphasekern nicht sichtbar. Die DNA-Fäden besitzen einen Durchmesser von 2 nm und eine durchschnittliche Länge von 5 cm in einem menschlichen Chromosom. Würde man alle menschlichen Chromosomen aneinanderreihen und lang ausgestreckt messen, so ergäbe dies einen Faden von ca. 2 m Länge. Bei einem Kerndurchmesser von ca. 5 μm muß also ein starkes Ordnungsprinzip existieren.

Isoliert man das Chromatin aus Zellkernen und untersucht es chemisch, so findet man neben DNA (und einer kleinen Menge RNA) zwei Hauptklassen von Proteinen:

- fünf verschiedene Typen von basischen Histonen (H1, H2A, H2B, H3, und H4) und
- eine heterogene Gruppe von Nicht-Histonproteinen,

die z. B. eine Anzahl von Enzymen enthält. Die Histone sind für die strukturelle Orga-

Abb. 1.3. Metaphasechromosom des Chinesischen Hamsters. (Nach Stubblfield 1973)

nisation der Chromosomen offenbar die wichtigere Gruppe von Proteinen. Sie enthalten viele basische Aminosäuren und haben daher durch ihre positive Ladung eine hohe Affinität zur negativen Ladung der DNA. Dabei bilden die Histone H2A, H2B, H3 und H4 an den Polen abgeflachte Proteinkugeln, Oktamere aus den Dimeren der vier verschiedenen Histone. Jede Proteinkugel ist von dem DNA-Faden mit 1,75 Linkswindungen, was 146 Basenpaaren entspricht, umwickelt. Man bezeichnet einen solchen Komplex als *Nukleosomencore.* Der fünfte Typ von Histon, H1, ist außerhalb dieser Nukleosomencoren gelagert und mit DNA variierender Länge (15–100 Basenpaare) assoziiert. Diese DNA(*spacer*) verbindet ein *Nukleosom* mit dem anderen und wird somit als *Linker-DNA* bezeichnet. Fortlaufende Einheiten von ca. 200 Basenpaaren bilden einen Faden mit einem Durchmesser 10 nm.

Auch die H1-Histone verkürzen den DNA-Faden weiter, indem mit ihrer Hilfe mehrere Nukleosomen helikal aufgedreht werden. Dies führt zu einer Chromatinfaser von etwa 30 nm Durchmesser. Diese Chromatinfaser wird wiederum in Schlaufen

gelegt, wobei jede Schlaufe etwa 75 kb DNA enthält. Die Schlaufen sind an ein zentrales Gerüst aus sauren Nichthistonproteinen geheftet. Das Gerüst enthält das Enzym Topoisomerase II, das in der Lage ist, die beiden DNA-Stränge des DNA-Doppelstranges wieder zu entwinden. Die Topoisomerase II und andere Proteine des Chromatins bindet an AT-reiche Sequenzen. Man nennt diese Bereiche von mehreren hundert Basenpaaren mit einem AT-Anteil von über 65 % auch Gerüstkopplungsbereiche (*„scaffold attachment regions", SARs*) und sie sind, was noch nicht letztlich geklärt ist, möglicherweise auch die Elemente, an denen die Chromatinschlaufen aufgehängt sind. Die so in Schlaufen aufgehängte Chromatinfaser wird durch Schleifenbildung weiter verkürzt. Diese weitere Aufwindung zu den Chromatiden eines Metaphasechromosoms führt schließlich zu etwa 10^{-5} der ursprünglichen Länge des DNA-Fadens (Abb. 1.4, Abb. 1.5).

Zusammenfassend läßt sich also festhalten, daß die DNA-Doppelhelix in den Chromosomen in mehrfach verdrillter Form vorliegt. Die genetische Information eines Organismus ist also auf verschiedene

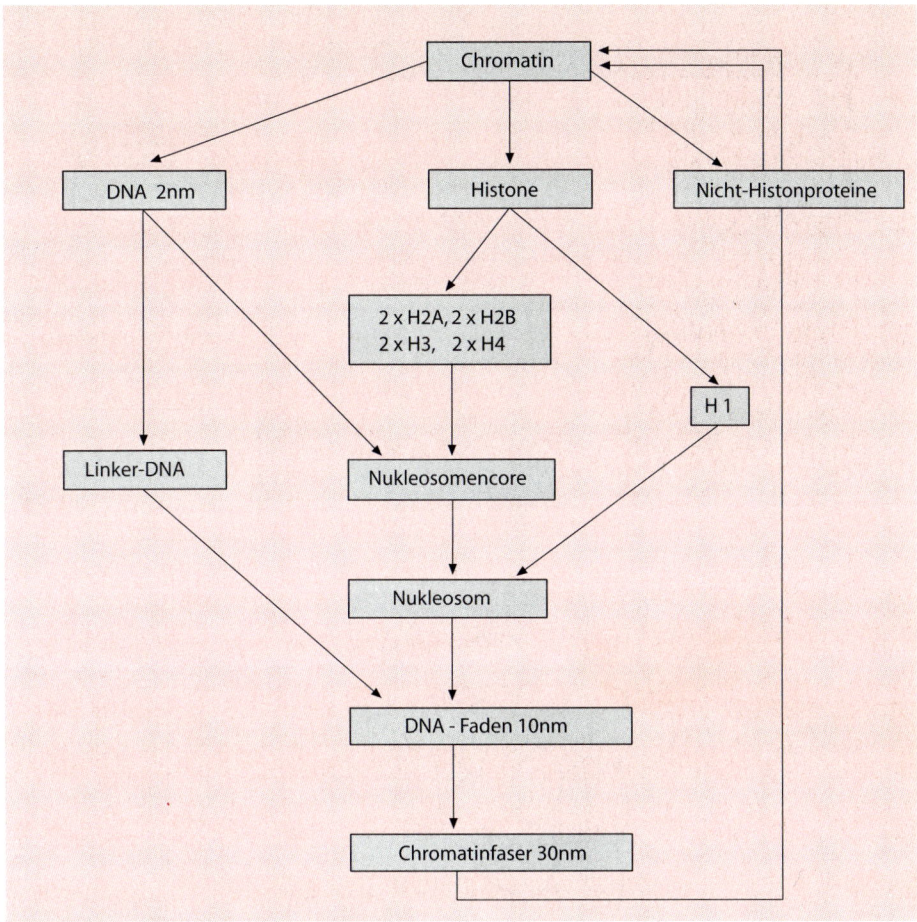

Abb. 1.4. Struktur des Chromatins

Verpackungseinheiten verteilt. Jede Verpackungseinheit enthält eine große Zahl von funktionellen Informationseinheiten, welche als *Gene* bezeichnet werden. Die Gene liegen in einer linearen Anordnung im Chromosom vor. Jedes Chromosom ist die Kopplungsgruppe für die in ihm befindlichen Gene. Gene, die auf großen Chromosomen weit voneinander entfernt liegen, werden so vererbt, als ob sie nicht gekoppelt wären, da sie normalerweise immer durch *Crossing-over-Prozesse* getrennt werden. Man spricht dann von *Syntänie.*

Prinzipien der Genlokalisation

Die Genlokalisation ist durch das Humangenomprojekt, das erste wissenschaftliche Großprojekt der Biologie, auf einem wissenschaftlich sehr hohen Niveau angelangt, und es ist schier unmöglich, im Rahmen dieses Buches einen auch nur annähernd vollständigen Methodenüberblick zu geben. Dies wäre Gegenstand eines eigenen Buches. Es sollen daher nur einige wichtige Methoden eher exemplarisch angesprochen werden.

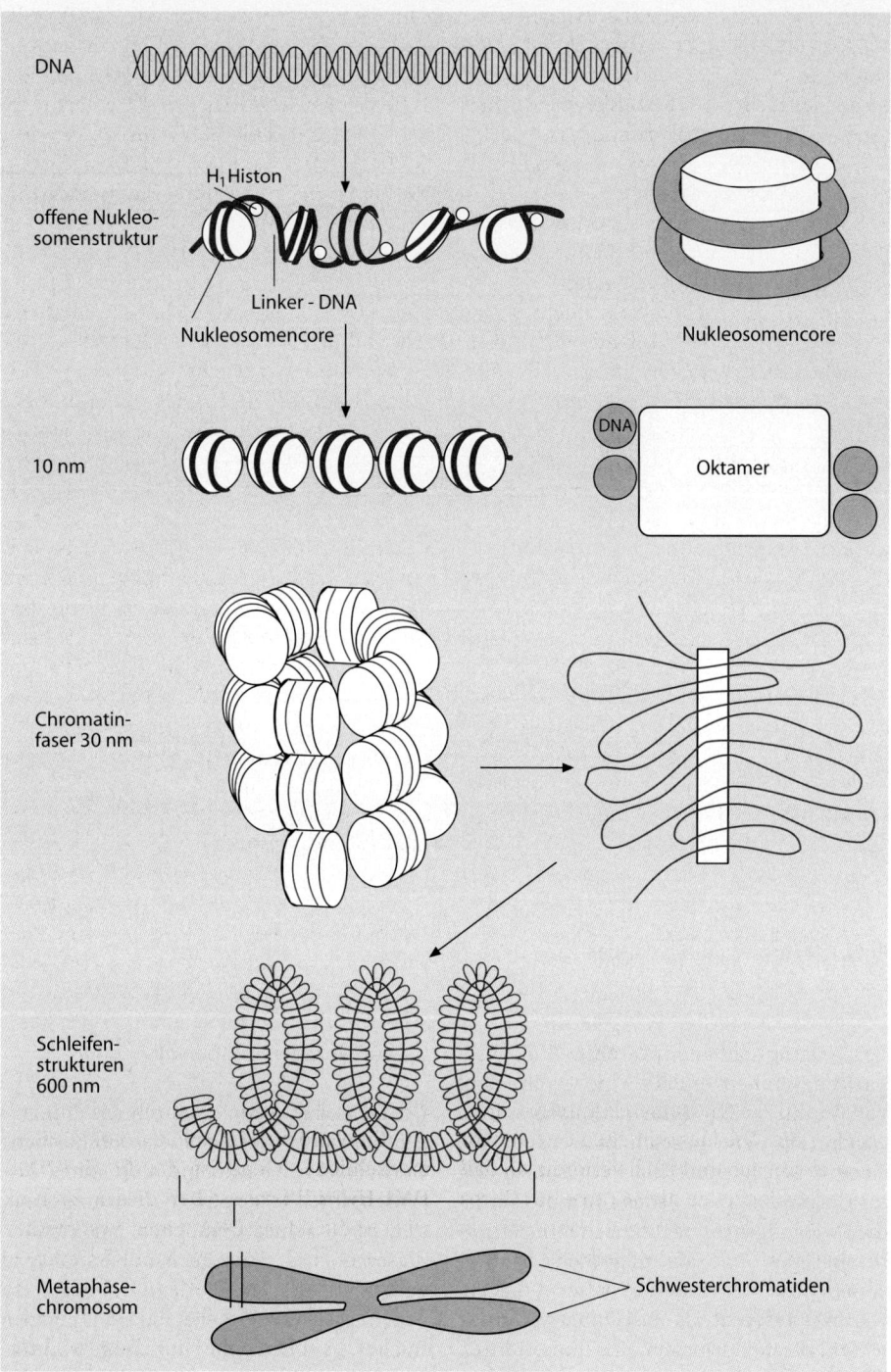

DNA

offene Nukleo-
somenstruktur

H₁ Histon

Linker - DNA

Nukleosomencore

Nukleosomencore

10 nm

DNA

Oktamer

Chromatin-
faser 30 nm

Schleifen-
strukturen
600 nm

Metaphase-
chromosom

Schwesterchromatiden

Abb. 1.5. Die Organisation der DNA im Metaphasechromosom

Grundsätzlich kann man zwischen der *physikalischen* und der *genetischen Kartierung* unterscheiden. Ein substantieller Anteil des Humangenomprojektes beschäftigt sich mit der Lokalisation von DNA-Sequenzen auf bestimmte „physikalische" Stücke von Chromosomen.

Verschiedene Methoden werden angewandt. Es ist seit langem bekannt, daß Zellen in der Zellkultur miteinander fusionieren können. Die Zellen verschmelzen miteinander über die Zellmembran, und es entstehen zunächst Zellen mit zwei Kernen. Bei der nächsten Mitose kommt es zur Mischung der Chromosomen beider Ursprungszellen. Es entsteht ein tetraploider Zellkern, der allerdings bei den nächsten Mitosen nach und nach überschüssige Chromosomen abgibt.

Vor ca. 30 Jahren konnte man diese Beobachtung experimentell systematisieren. Man stellte fest, daß bestimmte Viren die Rate der Zellfusion erheblich steigern können. Am häufigsten benutzt man dazu das *Sendaivirus* aus der Gruppe der Paramyxoviren, dessen Virusnukleinsäure vorher zerstört wird, um eine tödliche Infektion der Zelle zu verhindern. Die Fusionsaktivität wird hierdurch nicht wesentlich beeinflußt. Zur Lokalisation von menschlichen Genen benutzt man Fusionsprodukte menschlicher Fibroblasten oder Lymphozyten mit bestimmten Mauszell-Linien. Wir haben bereits erwähnt, daß bei fusionierten Zellen Chromosomen verlorengehen. Bei den Maus-Mensch-Zellhybriden bleibt der Mauschromosomensatz mit 2n = 40 Chromosomen immer vollständig erhalten. Die menschlichen Chromosomen gehen nach und nach verloren, so daß man in Hybridzellen nie 86 (40 + 46) Chromosomen findet, sondern meist 41–55 Chromosomen. Die übrigbleibenden menschlichen Chromosomen sind eine statistische Auswahl aus dem Chromosomensatz.

Dabei gibt es Methoden, den Verlust der menschlichen Chromosomen auch spezifisch zu selektieren. Die menschlichen Chromosomen lassen sich nun durch PCR-Reihenanalyse (s. Kap 1.3.1) mit chromosomenspezifischen Primern identifizieren. Isoliert man Hybridzellen mit verschiedenen menschlichen Chromosomensätzen, ist es möglich, ein Set von Hybridzellen zu erzeugen, mit dem man jede DNA-Sequenz spezifisch zuordnen kann. Dies kann wiederum mit der PCR-Methode geschehen oder mit radioaktiv markierten Hybridisierungssonden. Es gibt mehrere Abwandlungen dieser Methode, mit denen man entweder chromosomenspezifische Hybridzellen herstellen kann oder nicht ganze Chromosomen in den Hybridzellen vorfindet, sondern eine subchromosomale Kartierung mit Hilfe von Hybridzellen vornehmen kann, die nur Fragmente von menschlichen Chromosomen enthalten. Aber auch mit den subtilen Methoden aus diesem Bereich braucht man 100–200 Hybridzellen, um eine Karte für ein menschliches Chromosom zu erstellen, was in der Praxis für die Kartierung eines ganzen Genoms mit riesigen Mengen von Hybridzellen nicht durchführbar ist. Die neueste Entwicklung auf diesem Gebiet sind bestrahlungsinduzierte Hybride, die man auch als *Bestrahlungshybride* bezeichnet. Bei diesen Verfahren werden bei letaler Bestrahlung der Donatorzelle chromosomale Fragmente erzeugt, die anschließend auf Empfängerzellen übertragen werden. Eine Variante verwendet menschliche Fibroblasten als Ausgangsmaterial. Hiermit gelingt es mit 100–200 Hybridzellen vom ganzen Genom eine Karte mit ausreichender Auflösung zu erstellen.

Eine andere Methode zur Lokalisation menschlicher Gene ist die *In situ-DNA-DNA-Hybridisierung*. Bei dieser Technik wird radioaktive DNA unter bestimmten Bedingungen Metaphasechromosomen beigegeben. Die DNA bindet an Chromosomenabschnitte, an denen die komplimentären Sequenzen vorkommen. Zum Nachweis der am Chromosom gebundenen radioaktiven DNA verwendet man autoradiographische Methoden und wertet die Signale statistisch aus. In jüngster Zeit ist es gelungen, die Auflösung der In situ-Hybridisierung mit Fluoreszenzfarbstoffen *(FISH, Fluoreszenz-in situ-Hybridisierung)* erheblich zu steigern. Man verwendet DNA-Sonden, die durch modifizierte Nukleotide mit Reportermolekülen charakterisiert sind. An diese Reportermoleküle lassen sich fluoreszenzmarkierte Affinitätsmoleküle binden. Über Reportermoleküle mit verschiedenen Fluorophoren und mit technisch hochentwickelten Bildverarbeitungssystemen ist es möglich geworden, mehrere DNA-Klone gleichzeitig zuzuordnen. Die maximale Auflösung des Systems liegt bei Klonen von ungefähr 2 kb.

Die FISH-Technik hat in einer besonderen Form der Anwendung zum sog. *chromosome painting* geführt. Hier besteht die Sonden-DNA aus vielen verschiedenen DNA-Fragmenten, die von einem einzigen Chromosomentyp stammen. Man erhält solche Sonden durch eine Kombination aller DNA-Insertionsfragmente einer chromosomenspezifischen DNA-Bank. Nach Hybridisierung wird das Signal von vielen einzelnen Loki über das ganze Chromosom gebildet, und es fluoresziert das ganze Chromosom. Durch verschiedene Fluoreszenzmarker kann man alle Chromosomen und sogar Teilbereiche von ihnen in unterschiedlichen Farben markieren (s. Kap. 3.1 und Abb. 5.27).

Chromosome painting findet einen weiten Anwendungsbereich bei komplizierten chromosomalen Umlagerungen, die teilweise bei neu enstandenen Strukturveränderungen oder sehr häufig bei Tumoren vorzufinden sind.

Auch bei der FISH-Kartierung läßt sich die Auflösung durch Hybridisierung von DNA-Sonden an ausgestreckte Chromosomen, künstlich entspiralisierte DNA-Fasern oder an Interphase-Chromosomen, die entspiralisiert vorliegen, noch steigern.

Die bis jetzt beschriebenen Methoden zur physikalischen Kartierung haben Grenzen im Auflösungsvermögen im Bereich einiger Megabasen. Deshalb werden sie durch molekulare Kartierungsmethoden ergänzt, mit deren Hilfe die DNA in einem Bereich von einem Basenpaar bis zu mehreren Megabasen analysierbar ist. Dabei erhält man die genaueste Karte natürlich durch die direkte *Sequenzierung* der DNA. Eine gröbere Kartierung (etwa 0,1 kb bis über 1 MB) wird durch die *Restriktionskartierung* mit Restriktionsendonukleasen erreicht. Auf diese Weise kann man Restriktionskarten erstellen, in denen die Reihenfolge und die Abstände der Erkennungsstellen für mehrere Restriktionsendonukleasen eingetragen sind. Auch die vorher erörterten Mini- und Mikrosatelliten werden bei der Kartierung mit großem Erfolg eingesetzt. Zur Erstellung der endgültigen physikalischen Karte, also

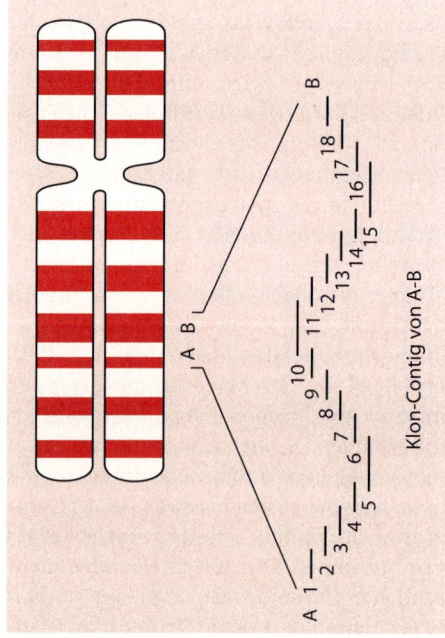

Abb. 1.6. Schematische Darstellung eines Klon-Contigs aus sich überlappenden DNA-Fragmenten (18 Klone)

Übersicht 1.10. Methoden der Genlokalisation (Genlokalisation mit Hilfe der Kopplungsanalyse siehe ausführlich Kap. 1.3.3)

Physikalische Kartierung	
Zellhybridisierungstechniken	Vorwiegend Maus-Mensch-Zellhybride. In den letzten Jahren sehr verfeinerte Methoden zur Kartierung
In situ-Hybridisierung (konventionell)	Radioaktiv markierte DNA's werden an Metaphasechromosomen hybridisiert. Häufigkeitsverteilungen nach Autoradiographie führen zur Lokalisation von Single-copy-Sequenzen
Fluoreszenz-In situ-Hybridisierung	In situ-Hybridisierung mit wesentlich gesteigertem Auflösungsvermögen zur Lokalisation von Single-copy-Sequenzen. Neue Anwendung der Methode beim chromosome painting zur Erkennung komplexer Strukturveränderungen, vorwiegend auch zur exakten Tumordiagnostik
Molekulare Kartierungsmethoden	Z. B. Restriktionskartierung, Kartierung der Mini- und Mikrosatelliten, Sequenzierung
Genetische Kartierung	Familiäre Kopplungsuntersuchungen

der Beschreibung der vollständigen Nukleotidsequenz, ist es bei der Moleküllänge beispielsweise eines ganzen Chromosoms notwendig, dieses in ein System sich ergänzender Klone (Einbringung eines Fragments in ein biologisches Vermehrungssystem) mit DNA-Fragmenten, die die gewünschte Sequenz völlig abdecken, aufzulösen. Dabei müssen sich die Klone überlappen, damit keine Lücken auftreten. Man bezeichnet dies als ein *Klon-Contig* (Abb. 1.6). Durch die Klonierung werden die DNA-Fragmente natürlich auf verschiedene Zellen verteilt, so daß die ursprüngliche Anordnung der Fragmente im Chromosom verloren geht. Mit geeigneten Methoden muß man dann diese Information über die Überlappung der Insertionsfragmente wiedergewinnen.

Im Gegensatz zu physikalischen Karten entstehen *genetische Karten* mit Hilfe von Familienuntersuchungen. Es wird die Segregation von Merkmalen in Familien über die Segregation von Allelen an zwei oder mehr Loki in der Meiose verfolgt. Dabei müssen die Merkmale auf Einzelgenmutationen zurückzuführen sein. Man bezeichnet solche Familienuntersuchungen als *Kopplungsanalysen* (s. Kap. 1.3.2). Bei der herkömmlichen genetischen Kopplungsanalyse nutzt man die Befunde aus der Stammbaumanalyse, um die genetische Kopplung zweier Loki zu untersuchen. Dies geschieht über die Ermittlung der Rekombinationshäufigkeit unter der Voraussetzung, daß zwei Loki um so wahrscheinlicher in der Meiose voneinander durch Crossing-over getrennt werden, je weiter sie auf einem Chromosom voneinander entfernt sind. Je seltener sie getrennt werden, desto näher liegen sie beisammen. Heute verwendet man für solche Kopplungsuntersuchungen häufig Mini- und Mikrosatelliten als Marker. Man benötigt nur ein paar hundert solcher Marker, die zufällig über das ganze Genom verteilt sind, um mindestens einen Marker zu finden, der eng mit einer vorgegebenen erblichen Erkrankung gekoppelt ist. Früher dienten in Kopplungsuntersuchungen vor allem Proteinpolymorphismen als Marker.

Im Vergleich von physikalischer und genetischer Karte gibt es Abweichungen im Kartenabstand. Dies hängt mit der nicht zufälligen Verteilung von Crossing-over-Prozessen zusammen.

Neben diesen überwiegend sehr modernen Methoden zur Lokalisation von Genen gibt es noch Methoden der klassischen Medizinischen Zytogenetik, die nicht unerwähnt bleiben sollen. An erster Stelle wären hier Chromosomenzuordnungen von Genen zu nennen, die auf mikroskopisch erkennbaren Chromosomenstrukturveränderungen beruhen. Durch Untersuchung von Gen-Dosis-Effekten kann man Rückschlüsse auf die Lage eines Gens ziehen, wenn ein Verlust oder eine Vermehrung eines bestimmten Chromosoms oder Chromosomensegments vorliegt.

Auch X-chromosomale Gene lassen sich nach einem ähnlichen Muster auffinden. Tritt ein Gendefekt oder eine Genvariante nur im männlichen Geschlecht auf, so ist eine Lage des dazugehörigen Genortes auf dem X-Chromosom wahrscheinlich, da im weiblichen Geschlecht der Effekt durch das intakte zweite X-Chromosom überlagert wird. Männlichen Individuen fehlt aber ein entsprechender Genort, da statt des homologen X-Chromosoms ein Y-Chromosom vorhanden ist (Übersicht 1.10).

1.1.3 Variabilität des Genoms

Sowohl bei translatierten Genen als auch in nicht translatierten Bereichen des Genoms findet man durch *Mutationen* entstandene Unterschiede in der Nukleotidsequenz.

Bei translatierten Genen spricht man dann von verschiedenen *Allelen*. Enzymvarianten, die auf verschiedenen Allelen desselben Genortes basieren, nennt man *Alloenzyme*. Existieren bezüglich eines Merkmals mit monogener Vererbung mindestens zwei Phänotypen, welche auf mindestens zwei Genotypen zurückzuführen sind, von denen keiner selten ist, d. h. mindestens mit einer Frequenz von 1–2 % vorkommt, so spricht man von einem *geneti-*

schen Polymorphismus. Oft findet man mehr als zwei Allele und mehr als zwei Phänotypen für einen einzigen Lokus. Allerdings sollten Polymorphismen nicht mit *seltenen genetischen Varianten* verwechselt werden.

Seltene genetische Varianten sind dadurch definiert, daß sie mit geringerer, meist weit geringerer Häufigkeit als 1–2 % vorkommen. Der erste genetische Polymorphismus, der überhaupt entdeckt wurde, war der der ABO Blutgruppen durch Landsteiner (1900). Mit Methoden der Elektrophorese entdeckte man dann ab den 50er Jahren weitere Polymorphismen vor allem für Serumproteine und später für Enzyme. Die meisten Polymorphismen basieren auf einem 2-Allelsystem, welches 2 Varianten desselben Proteins kodiert. Andere dagegen sind hoch kompliziert, wie das System des *Major Histocompatibility Complex* (*MHC*, deutsch: *Haupt-Histokompatibilitätskomplex*) mit multiplen Loki in einem komplexen System auf dem menschlichen Chromosom 6. Die Übersicht 1.11 zeigt einige der wichtigsten Polymorphismen. Einige Polymorphismen sind auch rassenspezifisch, d. h. sie existieren ausschließlich oder überwiegend in einer der drei Hauptrassen des Menschen.

Verschiedene Abschätzungen der auf Polymorphismen beruhenden genetischen Heterogenität wurden vorwiegend mit elektrophoretischen Methoden unternommen. Daraus wurde eine durchschnittliche Heterozygotierate pro Lokus von ca. 20 % errechnet. Dies ist ein beachtliches Ausmaß an Polymorphismus für translatierte Gene. Untersucht man jedoch Polymorphismen nicht auf der Genproduktebene, sondern direkt auf Ebene der DNA, was mit Methoden der *DNA-Sequenzanalyse* durch den Einsatz von *Restriktionsenzymen* und anderer molekularbiologischer Methoden möglich ist, so findet man ein noch weit größeres Ausmaß an Polymorphismus. Dies beruht auf der Tatsache, daß – wie weiter oben beschrieben – der größte Teil des

Übersicht 1.11. Einige wichtige menschliche Polymorphismen. (Gekürzt nach Vogel, Motulsky 1996)

Name	Hauptallele	Bemerkungen
Erythrozyten-Oberflächenantigene (Blutgruppen)		
ABO	A_1, A_2, B, O	
Diego	Di^a, Di^b	Allel Di^a nur bei Indianern und Mongoliden
Duffy	Fy^a, Fy^b, Fy^xFy	Fy ist häufig bei Negriden
Kell	K, k	
Kidd	Jk^a, Jk^b	
Lewis	Le^a, Le^b	
Lutheran	Lu^a, Lu^b	
MNSs	MS, Ms, NS, Ns	
Rhesus	C, c, Cw, D, d, E, e	
Xg	Xg^a, Xg	X-gekoppelt
Serumproteingruppen		
α_1-Antitrypsin	PI^{M1}, PI^{M2}, PI^{M3}, PI^S, PI^Z	Viele seltene Allele
Komplement-Komponente C3	C3F, C3S	Viele seltene Allele
Gruppenspezifische Komponenten	GC^{1F}, GC^{1S}, GC^2	Spezielle Varianten bei verschiedenen Populationen
Haptoglobin	HP^{1S}, HP^{1F}, HP^2	Viele seltene Allele
Immunglobuline	$G1m^3$, $G3m^5$, $G1m^1$, $G1m^{1,2}$	Kompliziertes System mit vielen seltenen Haplotypen
IGKC (Km)	Km^1, Km^3	Weitere Allele bekannt
Transferin	TF^{C1}, TF^{C2}, TF^{C3}, TF^B, TF^D	D-Varianten häufig bei Negriden
Enzyme der Erythrozyten		
Saure Erythrozytenphosphatase	$ACP1^A$, $ACB1^B$, $ACP1^C$	
Adenosindesaminase	ADA^1, ADA^2	
Adenylatkinase	$AK1^1$, $Ak1^2$	Einige andere seltene Allele bekannt
Esterase D	ESD^1, ESD^2	Seltene Varianten bekannt
Peptidase A	$PEPA^1$, $PEPA^2$	$PEPA^1$ vorwiegend bei Weißen $PEPA^2$ teilweise bei Negriden
Peptidase D	$PEPD^1$, $PEPD^2$, $PEPD^3$	$PEPD^3$ besonders bei Negriden
Phosphoglukomutase PGM1	$PGM1^{a1}$, $PGM1^{a2}$, $PGM1^{a3}$, $PGM1^{a4}$	Seltene Allele sind bekannt
PGM2	$PGM2^1$, $PGM2^2$	$PGM2^2$ nur bei Negriden
PGM3	$PGM3^1$, $PGM3^2$	Gekoppelt mit dem MHC-Lokus
Phosphoglukonatdehydrogenase	PGD^A, PGD^B	Seltene Allel bekannt
Andere Enzympolymorphismen		
Alkoholdehydrogenase	$ADH3^1$, $ADH3^2$	
Cholinesterase-1	$CHE1^U$, $CHE1^D$, $CHE1^S$	

Genoms nicht in die direkte Regulation oder Spezifikation von Genprodukten involviert ist. Mutationen in diesen nicht kodierenden Regionen der sog. Gendateien DNA haben folglich keinen phänotypischen Effekt und sind selektionsneutral.

Diese genetischen Polymorphismen in nicht kodierenden Regionen können als *DNA-Marker* eingesetzt werden, wenn sie sich auf der DNA in der Nähe eines Genlokus befinden, der in mutiertem Zustand zu einer genetischen Erkrankung mit einfach mendelndem Erbgang führt. Über *Kopplungsanalysen* ist es dann möglich, präklinisch und pränatal monogene Erkrankungen zu erkennen. Voraussetzung ist allerdings eine enge genetische Distanz zwischen Genlokus und DNA-Marker, um ein Crossing-over und damit Fehlinterpretationen auszuschließen (s. Kap. 1.3.2).

Die Anwendung dieser DNA-Marker zur Lokalisation eines Defektgens macht jedoch *Familienuntersuchungen* nicht überflüssig. Als Ergänzung der Kopplungsanalyse ist es notwendig, die Segregationsverhältnisse des Gens innerhalb der Familie zu untersuchen, um die geringe genetische Distanz zwischen Genlokus und DNA-Marker zu bestätigen und Heterogenität auszuschließen. Zum Ausschluß der Möglichkeit eines Crossing-overs werden häufig auch mehrere Polymorphismen benötigt, um das Gen entsprechend einzugrenzen. Heute stehen sehr viele über das ganze Genom verteilte DNA-Marker zur Verfügung. Sie tragen dazu bei, daß immer mehr genetische Erkrankungen mit einfach mendelndem Erbgang früh diagnostiziert werden können. Auch bei der Kartierung neuer Gene werden Polymorphismen erfolgreich verwendet.

In der forensischen Medizin haben sich durch den Einsatz von DNA-Markern ebenfalls neue Möglichkeiten ergeben, vor allem in Fällen ungeklärter Paternität (s. Kap. 13.2), aber auch bei der Identifizierung von Blut und Sperma. In der Kriminalistik ermöglicht der „genetische Fingerabdruck" eine zweifelsfreie Identifikation von Personen. Mögliche Datenschutzprobleme müssen bei der Erstellung bedacht und berücksichtigt werden.

Auf der Basis der hohen Frequenz genetischer Polymorphismen vor allem in Enzymen und der nicht kodierenden DNA könnte man annehmen, daß die meisten Gene hoch polymorph sind. Dies ist jedoch nicht der Fall, wenn man *Strukturproteine* betrachtet. Es mag daran liegen, daß Strukturproteine mit vielen anderen Proteinen interagieren. Es könnte einen Selektionsdruck gegen Mutationen zur Folge haben, da Konformationsänderungen nicht toleriert werden können.

> **!** Die Evolution erlaubt dort genetische Variabilität, wo sie nicht schadet oder sogar das evolutionäre Potential erhöht. Andere Bereiche, welche essentiell für das Überleben einer Art sind, werden konserviert.

DNA-Polymorphismen gibt es nicht nur im Zellkern, es gibt sie auch in den Mitochondrien. Mitochondrien werden bekanntlich ausschließlich über die Mutter vererbt. Sie sind nicht diploid, bei ihnen gibt es keine Meiose und folglich auch keine Rekombination. Daher sind mitochondriale Polymorphismen in der Populationsgenetik (s. Kap. 12) besonders nützlich. Sie können zur Untersuchung der Beziehung zwischen Populationen und zur Erforschung der Geschichte von Populationen, aber auch von Einzelpersonen (s. Kap. 13) herangezogen werden.

Zusammenfassend eröffnen genetische Polymorphismen (Übersicht 1.12) einerseits ein weites Feld diagnostischer Möglichkeiten, andererseits sind sie von großer Bedeutung sowohl für die weitere Aufklärung des menschlichen Genoms als auch der genetischen Herkunft des Menschen. Außerhalb der Medizin ließen sich

Übersicht 1.12. Genetische Polymorphismen

Definition:	Durch Mutationen entstandene Unterschiede in de Nukleotidsequenz homologer DNA-Bereiche
Folge:	Bei translatierten Genen *Allele*, bei Enzymen *Alloenzyme*
Frequenz:	Bei translatierten Genen mindestens 1–2 %, andernfalls handelt es sich um seltene genetische Varianten
Nachweis:	Biochemisch, vorwiegend mit Elektrophorese, oder mit molekular- biologischen Methoden
Klinisch-genetische Bedeutung:	Es können mit DNA-Markern über Kopplungsanalysen präklinisch und pränatal einfach mendelnde Erkrankungen nachgewiesen werden
Sonstige Bedeutung:	Bei der Analyse des menschlichen Genoms, aber auch in der forensischen Medizin und Kriminalistik

noch viele Möglichkeiten nennen, bei denen genetische Polymorphismen unseren Wissensstand bereichern können, z. B. in der zoologischen und botanischen Systematik (s. Kap. 1.1.1). Abschließend sei bezüglich der technischen Ausführung von Polymorphismusuntersuchungen auf das Kapitel 1.3 verwiesen.

1.2 Transkription und Translation der genetischen Information

1.2.1 Übertragung der genetischen Information von DNA auf RNA

Ribonukleinsäure unterscheidet sich von Desoxyribonukleinsäure grundsätzlich durch

- den Besitz von Ribose anstelle von Desoxyribose,
- den Einbau der Base Uracil anstelle von Thymin und
- Einsträngigkeit (RNA liegt niemals als zweisträngiges Molekül vor wie die DNA, wenn man von der Struktur der t-RNA einmal absieht).

In der Zelle gibt es jedoch nicht eine einzige einheitliche RNA, sondern verschiedene Typen von RNA, die völlig verschiedene Funktionen übernehmen. Man unterscheidet

- Messenger-RNA (m-RNA),
- Transfer-RNA (t-RNA) und
- ribosomale RNA (r-RNA).

Allen diesen RNA-Typen ist jedoch gemeinsam:

- Sie werden alle im Kern an der DNA gebildet, die Matrizenfunktion besitzt.
- Sie dienen alle der Umsetzung der genetischen Information in Polypeptidketten.
- Die DNA bestimmt die Synthese der RNA, die RNA die der Polypeptide. Hieraus entstehen letztlich die Proteine.
- Der Fluß der genetischen Information von der DNA über die RNA zum Polypeptid wird als das zentrale Dogma der Molekularbiologie bezeichnet. Kürzlich entdeckte man, daß eukaryontische Zellen, einschließlich Säuger und Mensch, nicht-virale DNA-Sequenzen besitzen, die für Reverse Transkriptase kodieren (ein Enzym, das RNA in DNA umschreiben kann). Da somit einige RNA-Sequenzen als Matrize für die DNA-Synthese fungieren können, was bewiesen ist, gilt die-

ses Dogma nicht mehr uneingeschränkt, da hier der Informationsfluß umgekehrt verläuft.

Messenger-RNA und Transkription

Die Messenger-RNA trägt, wie der übersetzte Name „Boten-RNA" bereits sagt, die genetische Information der DNA ins Plasma. Man nennt den Vorgang der Informationsübertragung von DNA auf m-RNA *Transkription.* Allerdings wird nur ein geringer Teil der gesamten DNA jemals transkribiert. Der Anteil der m-RNA an der gesamten RNA der Zelle beträgt etwa 3 %. Ihr Molekulargewicht ist sehr unterschiedlich und liegt in der Größenordnung von 100.000 bis einige Millionen (Übersicht 1.13).

Betrachten wir nun den Vorgang der Transkription etwas genauer: Die Biosynthese von Proteinen erfolgt im Zellplasma. Die Information über den Bau der Proteine, sozusagen die Konstruktionspläne, liegen jedoch in der DNA im Zellkern, ohne diesen jemals zu verlassen. Von diesen Originalplänen macht nun die Zelle eine Negativkopie in Form einer m-RNA. Dabei wird nur einer der beiden DNA-Stränge, der *Coding-Strang*, in RNA übersetzt. Die RNA-Polymerase unterscheidet, welcher der „sinnvolle" Matrizenstrang ist. Da die wachsende Kette komplementär zum Matrizenstrang ist, hat das Transkript dieselbe 5′ → 3′ -Orientierung wie der zur Matrize komplementäre Strang. Daher wird der Coding-Strang auch oft als *Gegensinnstrang* bezeichnet, der Nicht-Matrizenstrang oft als *Sinnstrang.*

Bei eukaryontischen Zellen ist die Transkriptionsgeschwindigkeit 1,8 kb/min. Es werden insgesamt drei unterschiedliche RNA-Polymerasen benötigt, um die unterschiedlichen RNA-Klassen zu synthetisieren. Gene, die für Polypeptide kodieren, werden zum überwiegenden Teil von der Polymerase II transkribiert. Allerdings können eukaryontische Polymerasen die Transkription nicht initiieren. Hierzu sind *Transkriptionsfaktoren* notwendig, die an die DNA binden und zwar an mehrere kurze Sequenzelemente in der direkten Nähe eines Gens. Sie sind die Erkennungsstellen für die Transkriptionsfaktoren, die dann der Polymerase den Weg weisen. Diese Erkennungssequenzen, die sich häufig stromaufwärts (oft weniger als 200 bp) von den kodierenden Sequenzen eines Gens befinden, also am Anfang des Gens und dort eine zusammenhängende Gruppe bilden, werden als *Promotoren* bezeichnet (s. hierzu auch Kap. 1.1.2). Weitere regulatorische Elemente sind die *Enhancer.* Während der Abstand der Promotoren von der Transkriptionsstartstelle relativ konstant ist, sind die Enhancer oft mehre Kilobasen davon entfernt. Promotoren werden niemals transkribiert, Enhancer dagegen können, wie z. B. bei den Immunglobulinen auch in Introns liegen. Sie binden regulatorische Proteine. Danach findet zwischen Promotor und Enhancer eine DNA-Schlaufenbildung statt, und die regulatorischen Proteine können mit dem an den Promotor gebundenen Transkriptionsfaktor und der RNA-Polymerase interagieren und die Transkription verstärken. Weiterhin gibt es *Silencer* mit der umgekehrten Funktion.

Übersicht 1.13. Die Vorteile der Transkription

Informations-übertragung	Die DNA verbleibt im Zellkern, die m-RNA überträgt die Information zum Bau der Proteine ins Zellplasma
Informationsselektion	Es werden, je nach Bedarf, nur bestimmte DNA-Abschnitte transkribiert
Informations-multiplikation	Durch mehrfaches Kopieren kann ein in größerer Menge benötigtes Enzym rasch ausreichend zur Verfügung gestellt werden

Sie befinden sich sowohl in der Nähe der Promotoren als auch innerhalb des 1. Introns.

Bei einigen Genen, die nur in bestimmten Zelltypen oder zu bestimmten Zellstadien exprimiert werden, enthält der Promotor immer eine **TATA-Box**, die auch etwas abgewandelt sein kann, ca. 25 bp stromaufwärts der Transkriptionsstartstelle. Promotoren für **Haushaltsgene**, Gene, die in der Mehrzahl aller Zellen exprimiert werden, sowie zahlreiche andere Gen-Promotoren besitzen keine TATA-Box. Hier findet man häufig eine **GC-Box**. Sie enthält Variationen der Consensus-Sequenz GGGCGG. Die **CAAT-Box** (etwa an der Position -80 vom Transkriptionsstartpunkt aus) ist ebenfalls bei Promotoren weit verbreitet und in der Regel der für die Wirksamkeit des Promotors bestimmende Faktor.

Die RNA-Polymerase wird durch die Bindung an die Transkriptionsfaktoren aktiviert und beginnt an einer bestimmten Stelle mit der RNA-Synthese. Häufig ist dies ein G- oder A-Nukleotid in definierter Entfernung vom Startkodon eines Gens.

Oft sind Gene, die transkribiert werden, durch sog. **CpG-Inseln** gekennzeichnet. Dies ist eine Abkürzung für die Kopplung von C mit G über eine 3′–5′-Phosphodiesterbindung. Es handelt sich hierbei um DNA-Bereiche von 1–2 kb Länge, in denen das Dinukleotid häufig vertreten ist, während es in der restlichen DNA wesentlich weniger oft zu finden ist. Die Cytosinreste in den CpG-Dinukleotiden können am Kohlenstoffatom 5 methyliert werden. Die Methylierung wird in der Regel als Transkriptionsverbot angesehen. Ist bei einem Promoter eine CpG-Insel methyliert, so ist normalerweise die Genexpression des dazugehörenden Gens unterdrückt (Abb. 1.7, Übersicht 1.14 und 1.15).

Die im Zellkern synthetisierte RNA ist wesentlich größer als die, die man im Zytoplasma an den Ribosomen findet. Es wird also eine sehr viel größere **Prekursorform** produziert, die dann durch das sogenannte

Übersicht 1.14. Der Ablauf der Transkription

Transkriptionsgeschwindigkeit	1,8 kb/min
RNA-Polymerasen	für die Transkription der verschiedenen RNA-Klassen: RNA-Polymerase I-III für die überwiegende Mehrheit der zellulären Gene: RNA-Polymerase II
Transkriptionsregulatoren	Promoter, Enhancer, Silencer und Transkriptionsfaktoren
Charakteristika von Promotoren	TATA-Box GC-Box CAAT-Box
Transkriptionsunterdrückung	Methylierung der DNA besonders 5-Methylcytosin

Übersicht 1.15. Die Consensus-Sequenz ausgewählter Promotorboxen, die von Transkriptionsfaktoren erkannt werden

Box	Consensus-Sequenz der DNA
TATA	TATAAA
GC	GGGCGG
CAAT	CCAAT

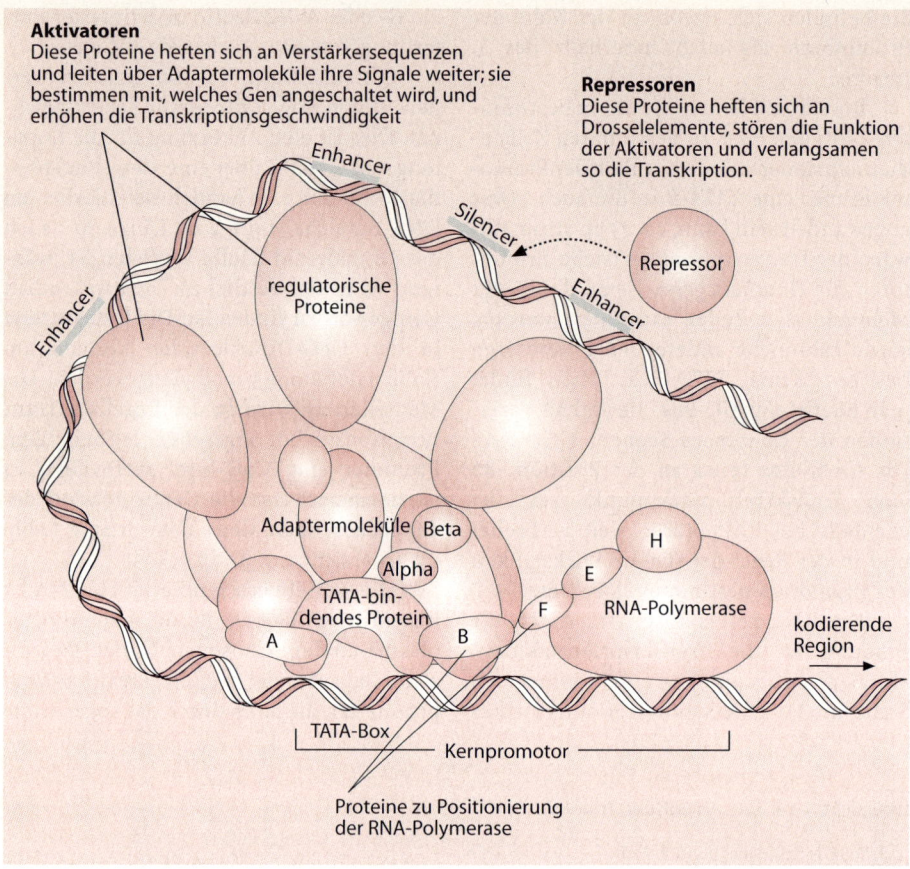

Aktivatoren
Diese Proteine heften sich an Verstärkersequenzen und leiten über Adaptermoleküle ihre Signale weiter; sie bestimmen mit, welches Gen angeschaltet wird, und erhöhen die Transkriptionsgeschwindigkeit

Repressoren
Diese Proteine heften sich an Drosselelemente, stören die Funktion der Aktivatoren und verlangsamen so die Transkription.

Enhancer

Silencer

Repressor

Enhancer

regulatorische Proteine

Enhancer

Adaptermoleküle Beta

H

Alpha

E

TATA-bin-dendes Protein

F

RNA-Polymerase

A

B

kodierende Region

TATA-Box

Kernpromotor

Proteine zu Positionierung der RNA-Polymerase

Abb. 1.7. Transkriptionsstart: Mehrere Transkriptionsfaktoren binden am Promotor direkt neben einem Gen und bringen die RNA-Polymerase in Startposition zur Transkribierung eines Gens

---

Processing im Verlauf des Transports vom Zellkern zum Zytoplasma, noch im Kern, zur endgültigen m-RNA zurechtgeschnitten wird (Abb. 1.8).

Processing der RNA

Man bezeichnet die Prekursorform in den verschiedenen Processing-Stadien als **hete-rogene nukleäre RNA (hn-RNA)**, weil die RNA-Moleküle in der Länge variieren. Von der hn-RNA stammt auch eine kleine nukleäre RNA, die **sn-RNA** (s = small), ab, die mit der Durchführung des **splicing**, welches wir weiter unten kennenlernen

werden, zu tun hat. Beim Menschen wurde man auf diese RNA durch **Autoantikörper** aufmerksam, die man bei Trägern von systemischem Lupus erythematodes nachweisen kann.

Das Processing (Übersicht 1.16) beinhaltet sowohl ein Wegschneiden als auch ein Anheften von Gruppen, die im primären Transkript nicht vorhanden waren. Bereits Sekunden nach Transkriptionsbeginn wird ein spezielles Nukleotid, das **7-Methyl-Guanosin** über eine Triphosphatbrücke an das 5'-Ende als **Cap** einer neuen m-RNA angefügt. Das Cap dient der Anheftung der m-RNA ans Ribosom.

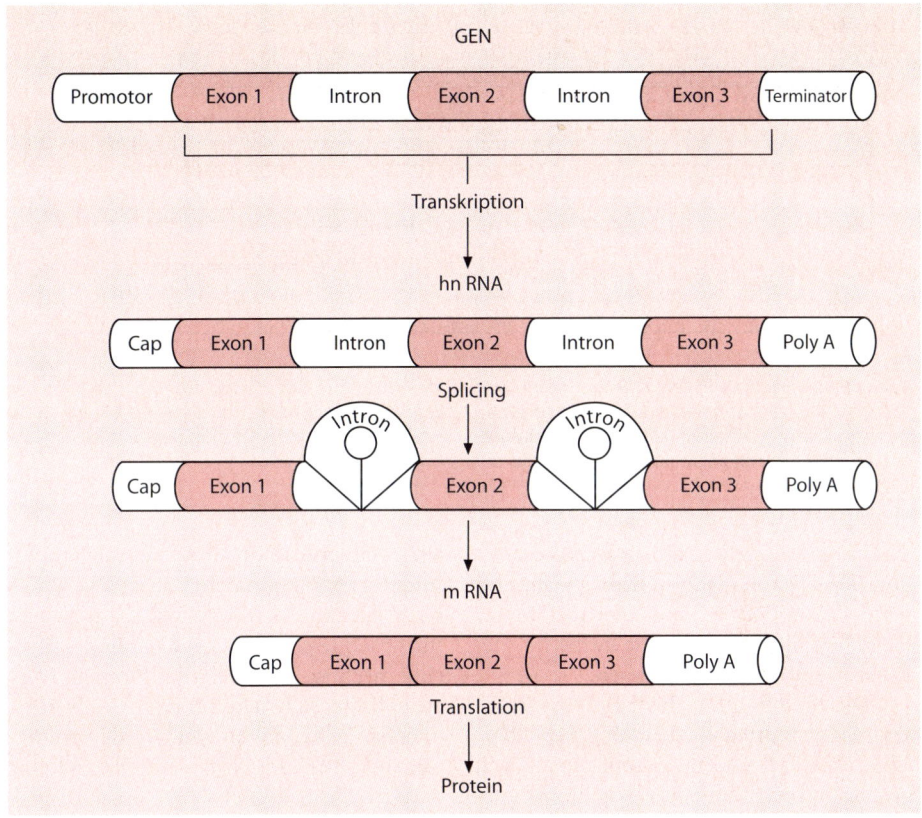

Abb. 1.8. Transkription eines Gens auf hn-RNA und „splicing" der hn-RNA zur translationsfähigen m-RNA. (Cap und Poly-A-Schwanz werden nicht translatiert)

Übersicht 1.16. Das Processing der m-RNA

Capping	Anheftung von 7-Methyl-Guanosin an das 5'-Ende, was für die spätere Fixierung der m-RNA an das Ribosom wichtig ist
Polyadenylierung	Anheftung eines Poly-A-Schwanzes
Splicing	Die Exons mit ihrer übersetzbaren Information werden von den dazwischen liegenden Introns, die nicht übersetzt werden, getrennt und zusammengeklebt

Danach folgt die weitere Anheftung von Nukleotiden an das 3'-Ende der Kette mit einer Geschwindigkeit von 30–50 Nukleotiden pro Sekunde. Direkt nach Beendigung dieser Kette wird eine Sequenz von Nukleotiden abgespalten und 100–200 AMP werden an das 3'-OH-Ende angeheftet. Dieser Vorgang, den man als *Polyadenylierung* bezeichnet, dient dem Schutz des primären Transkripts vor zytoplasmatischen Enzymen. Nach allen Untersuchungen fand man bis heute nur eine einzige m-RNA,

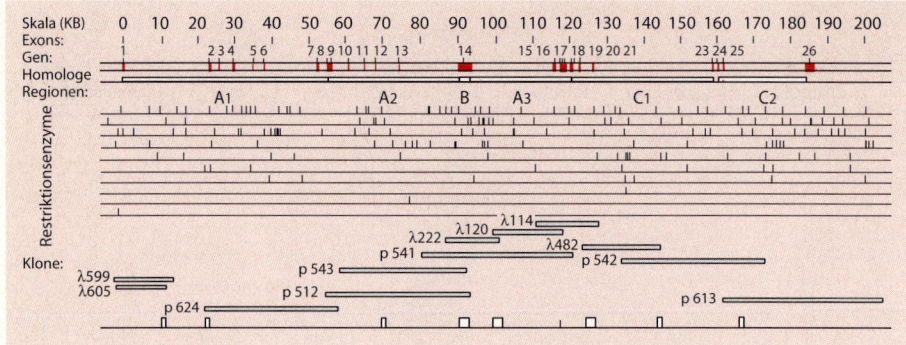

Abb. 1.9. Das Faktor-VIII-Gen. *Offener Balken* stellt das Gen dar, die *ausgefüllten Teile* entsprechen den 26 Exons. Weiterhin sind 10 Restriktionsenzyme mit Schnittstellen aufgetragen, die zur Identifikation des Gens führten. Die *grauen Balken* repräsentieren die DNA-Abschnitte in λ-Phagen (λ) und Cosmidklonen (p). (Nach Gitschier et al. 1984)

die im Kern nicht polyadenyliert und ohne Poly-A-Schwanz ins Zytoplasma entlassen wird. Es handelt sich um die m-RNA für Histonproteine, die nur eine kurze Überlebenszeit im Zytoplasma haben.

Die Modifikation des primären Transkripts dient offenbar dem längeren Überleben der mRNA im Zytoplasma. Nach genauer Betrachtung des Prekursormoleküls ließ sich zeigen, daß dieses im Zellkern im Durchschnitt ca. 5.000 Nukleotide lang ist, während die m-RNA im Zytoplasma nur ungefähr 1.000 Nukleotide umfaßt. Damit war klar, daß im Gegensatz zu Prokaryonten, keine direkte Abhängigkeit zwischen der Länge der DNA-Sequenz des Gens und der Länge des Proteins, für das es kodiert, besteht. Die Verkürzung des Primärtranskripts bedingt ein Zurechtschneiden der m-RNA vor der Translation. Diesen Vorgang, der der Entfernung der Introns dient, haben wir bereits als splicing angesprochen (Abb. 1.9).

Splicing der RNA

Introns beginnen immer mit einem GT und enden mit AG. Dies sind die beiden Stellen, an denen das Intron herausgeschnitten wird. Offenbar zeigen sie jedoch nicht allein ein Intron an, bzw. sie reichen zur Intronerkennung nicht aus. Es wurde noch eine dritte wesentliche konservierte Intronsequenz entdeckt, die für das Splicing wichtig ist, die sog. *„branch site"*. Sie befindet sich nahe am Ende des Introns, ungefähr maximal 40 Nukleotide vom terminalen AG-Ende entfernt. Das splicing läuft in 3 Schritten ab:

- Der 1. Schritt ist die Spaltung der 5′-gelegenen Exon-Intron-Grenze. (Donatorstelle).
- In einem 2. Schritt greift das G-Nukleotid an der Donatorstelle nukleolytisch ein A an der branch site an und es folgt eine Lassobildung.
- Der 3. Schritt ist die Spaltung der 3′-gelegenen Exon-Intron-Grenze (Akzeptorstelle), das Intron wird als Lasso freigesetzt und die Exonanteile werden zusammengespleißt.

Mehrere sn-RNA-Komplexe sind dabei die das splicing aufführenden Partikel. Sie bestehen aus an Proteine gebundene sn-RNA Molekülen und bilden die *Spliceosomen.* Diese binden an die Donatorstelle, die branch site und die Akzeptorstelle und führen das splicing durch (Abb. 1.10).

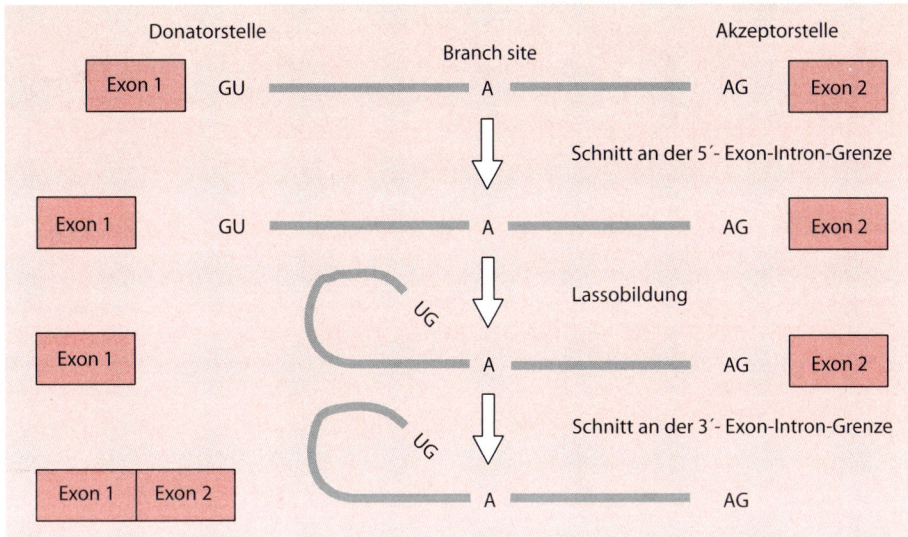

Abb. 1.10. Splicing der hn-RNA

Transfer-RNA

Die Transfer-RNA macht etwa 10 % der gesamten RNA der Zelle aus. Ihre Aufgabe besteht darin, aus dem Zellraum Aminosäuren aufzunehmen und an den Syntheseort der Polypeptidketten zu bringen, wo sie dann entsprechend der Matrizenvorschrift der m-RNA zusammengebaut werden.

t-RNA-Moleküle besitzen etwa die Form eines Kleeblatts (Abb. 1.11), sind aus 75–90 Nukleotiden aufgebaut und haben ein Molekulargewicht von etwa 30.000. Betrachtet man t-RNA verschiedener Organismen und verschiedener Aminosäurespezifität, so fällt bei allen bisher bekannten t-RNA-Spezies eine Reihe von Gemeinsamkeiten auf:

- Der Stiel des Kleeblattes hat am 3'-Ende der Nukleotidkette stets die Basensequenz 5' ... XCCA3'. Dabei bedeutet X an 4. Position vor dem Ende, daß hier in den einzelnen t-RNA-Spezies verschiedene Basen auf-

treten. An dieses 3'-Ende wird die für jede t-RNA spezifische Aminosäure angeheftet. Am 5'-Ende steht immer ein pG.

- Die mittlere Kleeblattschleife ist durch ein für die angeheftete Aminosäure charakteristisches Basentriplet gekennzeichnet. Dieses als **Antikodon** bezeichnete Basentriplet ist komplementär zu dem die entsprechende Aminosäure kodierenden Triplet auf der m-RNA und dient, wie wir später sehen werden, zum Ablesen der m-RNA-Matrize.

- Eine weitere Gemeinsamkeit aller t-RNA-Moleküle ist die Existenz einer großen Anzahl **seltener Basen** neben den vier Standardbasen. Da diese seltenen Basen keinen komplementären Partner finden können, garantieren sie die Einzelsträngigkeit der entsprechenden Regionen. Eine seltene Base, nämlich ψ, liegt in der TψC-Schleife, die eine wichtige Rolle bei der Anheftung der t-RNA an das Ribosom spielt. An der DHU-

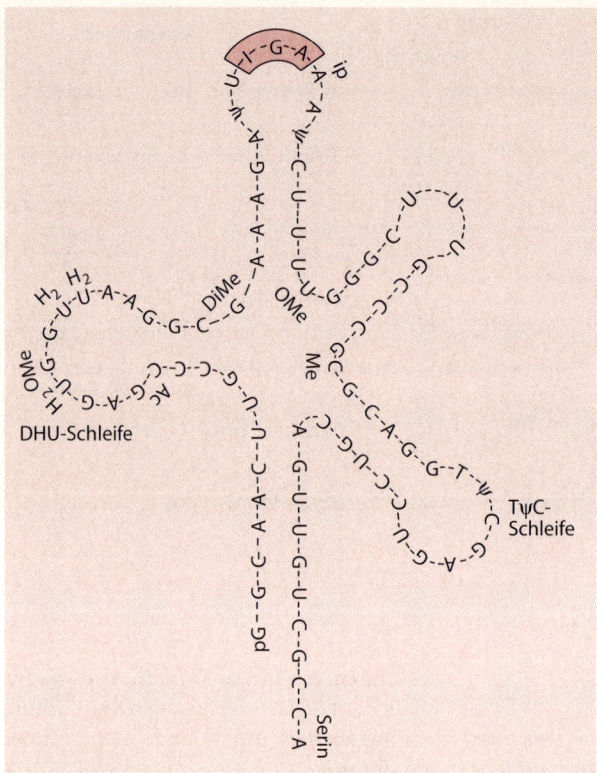

Abb. 1.11. t-RNA der Aminosäure Serin

Schleife finden wir die seltene Base Dihydroxy-Uridin. Diese Schleife ist hauptsächlich für die Anlagerung der t-RNA an die Synthetasen verantwortlich.

Processing der t-RNA. Ein ähnliches Processing, wie oben bei der m-RNA beschrieben, findet auch bei t-RNA-Molekülen statt. Das primäre Transkriptionsprodukt ist auch hier größer. Es werden zunächst mehrere t-RNAs in einem Molekül synthetisiert. Dieses wird dann in die einzelnen t-RNAs gespalten und die 5′ und 3′ terminalen Sequenzen werden durch Processing-Enzyme entfernt. Beim Menschen wird die t-RNA von ungefähr 60 t-RNA-Genen transkribiert. Die seltenen oder modifizierten Basen sind nicht im ursprünglichen Transkriptionsprodukt vorhanden, sie werden

im Zuge des Processing durch Umwandlung der gängigen Basen gebildet.

Kopplung der Aminosäuren an t-RNA. Wie erkennt eine bestimmte Aminosäure ihre t-RNA? Der erste Schritt ist die Aktivierung der Aminosäure mit Hilfe von Adenosintriphosphat (ATP), vermittelt durch das Enzym Aminoacyl-t-RNA-Synthetase. Für jede t-RNA existiert mindestens ein solches Enzym. Nun lagern sich die Aminosäuren und ATP zusammen. Es entsteht Aminoacyl-AMP, in dem der Aminosäurerest aktiviert ist, sowie Pyrophosphat. Als nächstes erkennt die Aminoacyl-t-RNA-Synthetase an der spezifischen Tertiärstruktur die Dihydroxy-Uridin-Schleife der zu ihr gehörenden t-RNA. Das Enzym richtet die t-RNA so aus, daß eine freie Hydroxy-Gruppe der Ribose des endständigen Adenosins in den

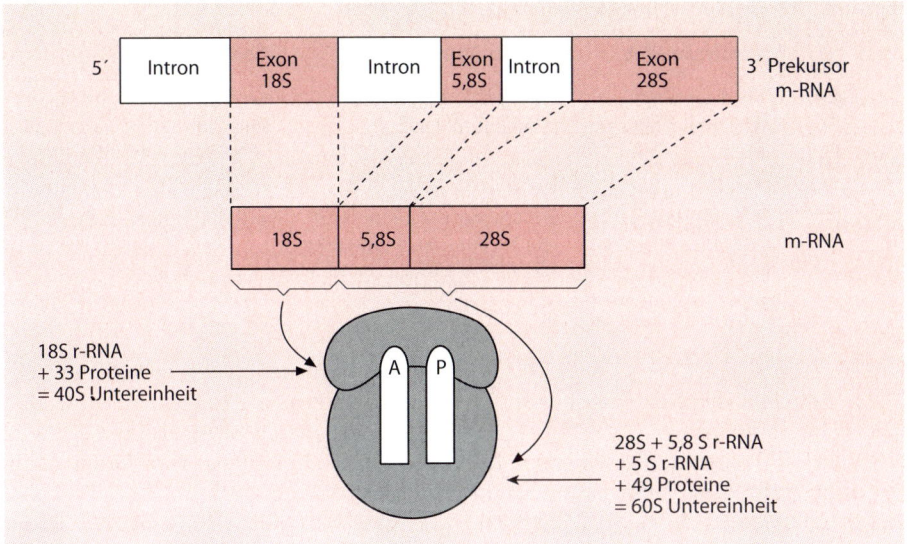

Abb. 1.12. Processing der r-RNA für Risosomen von Eukaryonten

Bereich des Aminoacyl-AMP gelangt. Schließlich wird der Aminosäurerest auf die Ribose des Adenosins der t-RNA unter Freisetzung von AMP übertragen, und die Synthetase löst sich für neue Reaktionsvermittlungen. Die Aminosäure ist an ihre t-RNA gekoppelt und kann mit Hilfe des Antikodons richtig in ein Polypeptid eingebaut werden.

Ribosomale RNA

Den größten Anteil an der gesamten RNA der Zelle hat mit 80–85 % die ribosomale RNA (r-RNA). Sie ist, wie der Name bereits sagt, ein Bestandteil der Ribosomen, die aus der r-RNA und aus Proteinen bestehen. r-RNA wird an Chromosomenabschnitten synthetisiert, an denen eine vielfach wiederholte Folge von Genorten für r-RNA vorliegt. Die große Zahl redundanter Gene für r-RNA ist wegen der großen Menge der benötigten r-RNA notwendig. Man bezeichnet die Chromosomenabschnitte, auf denen die Gene für r-RNA

lokalisiert sind, als *Nukleolusorganisatoren.*

Processing der r-RNA. Auch bei der r-RNA findet ein Processing aus Prekursormolekülen statt. Beim Menschen wird ein langes Primärtranskript mit einer 28S- einer 18S- und einer 5,8S-Einheit gebildet. Im ersten Schritt des Processing wird, enzymatisch vermittelt, ein Schnitt zwischen der 18S- und der 5,8S-Einheit durchgeführt und das Intron entfernt. Dann wird die 5,8S r-RNA an die 28S-Einheit gebunden, die zusammen mit ihr, sowie einer 5S r-RNA, die separat transkribiert wird, und 49 Proteinen die größere 60S-Untereinheit eines Ribosoms bildet. Die 40S-Untereinheit ist nur aus 18S r-RNA und 33 Proteinen aufgebaut. Zusammengefügt bilden beide Einheiten das 80S-Ribosom der Eukaryonten (Abb. 1.12 und Übersicht 1.17).

Bei Prokaryonten besteht die r-RNA in der 50S-Untereinheit aus 23S r-RNA und 5S r-RNA. In der 30S-Untereinheit kommt nur die 16S r-RNA vor.

	Messenger-RNA	Transfer-RNA	Ribosomale RNA
Genebene	Produktion einer größeren Prekursorform	Produktion mehrerer t-RNAs in einem Molekül	Produktion einer 28S r-RNA, einer 18S r-RNA, einer 5,8S r-RNA und einer 5S r-RNA
Processing	Capping und Polyadenylierung, Splicing von Introns und Exons	Spaltung in einzelne t-RNAs, Entfernung der terminalen Sequenzen und Bildung der seltenen Basen	Zusammenfügen zur 60S- und 40S-Untereinheit

1.2.2 Proteinbiosynthese-Translation

Die DNA ist Träger der genetischen Information, und diese Information ist in Nukleotidtriplets niedergelegt (Abb. 1.13). Da sich die genetische Information im Zellkern befindet, die Proteinbiosynthese aber im Plasma stattfindet, wird ein Mittler in Form der Messenger-RNA benötigt. Die Übertragung der Nachricht von der DNA auf die m-RNA haben wir als Transkription bezeichnet. Wir wollen nun beschreiben, wie die Information der m-RNA im Zellplasma in Proteine umgesetzt wird. Man bezeichnet diesen Vorgang im Gegensatz zur Transkription als *Translation* (Abb. 1.14).

Eine wesentliche Rolle bei der Translation spielen die Ribosomen. Sie sind das bindende Glied zwischen der m-RNA und der mit Aminosäuren beladenen t-RNA. Man kann sie als die „universellen Druckmaschinen" der Zelle bezeichnen.

Der Vorgang beginnt mit der Bildung des *Initiationskomplexes.* Die ribosomale

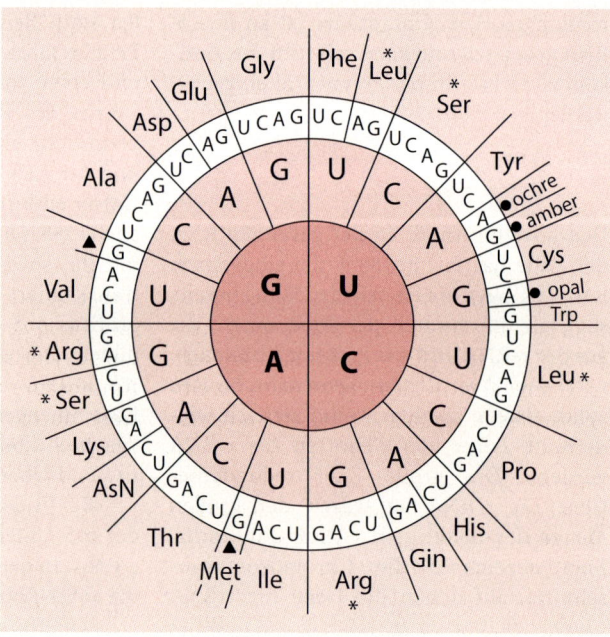

Abb. 1.13. Code-Sonne. (Nach Bresch und Hausmann 1972)

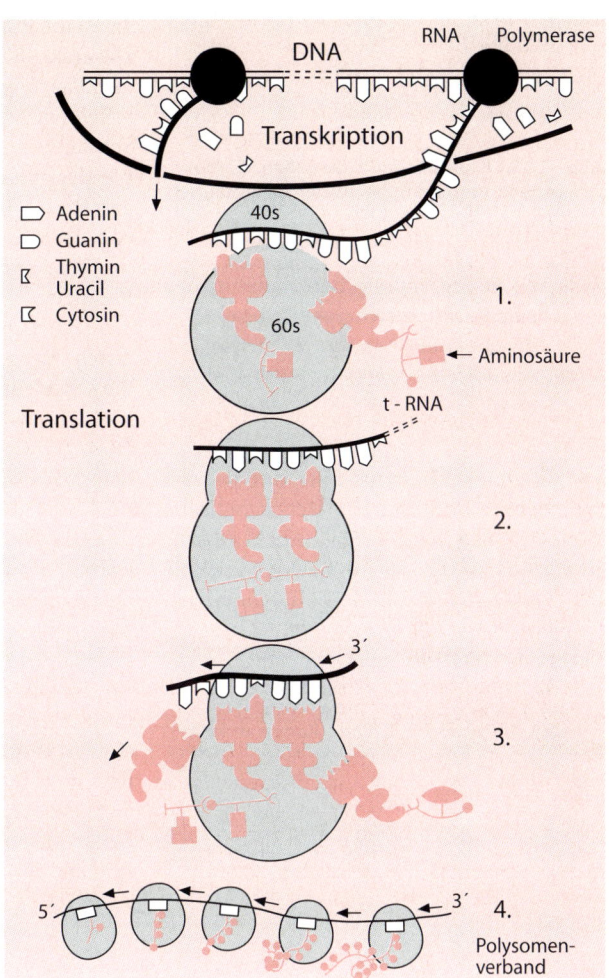

Abb. 1.14. Schema der Trankskription und der Translation. Es ist bei dieser Abbildung darauf hinzuweisen, daß das Processing der m-RNA der Übersicht halber nicht miteingezeichnet wurde

40S-Untereinheit erkennt das 5'-Cap unter Beteiligung von Proteinen. Sie sucht die m-RNA ab, bis sie auf das Startkodon AUG stößt, welches für Methionin kodiert. AUG muß aber in die richtige Sequenz eingelagert sein, um als „Start" erkannt werden zu können. Die häufigste Erkennungssequenz ist GCCA/GCCAUGG. Dabei ist offenbar das letzte G und das 3 Nukleotide vor AUG liegende G für die Kennung entscheidend. Anschließend werden die Aminosäuren nacheinander in die sich verlängernde Polypeptidkette eingebaut. Über

eine Peptidbindung wird jeweils die Aminogruppe der neu an den Translationskomplex herangebrachten Aminosäure mit der Carboxylgruppe der zuletzt eingebauten Aminosäure verknüpft. Dies wird katalysiert durch die große Untereinheit des Ribosoms mit Hilfe des Enzyms Peptidyltransferase, das integraler Bestandteil der großen Untereinheit ist. (Abb. 1.15) Dieser Vorgang wird solange fortgesetzt, bis die Polypeptidkette fertiggestellt ist und sich vom Ribosom trennt (Abb. 1.16).

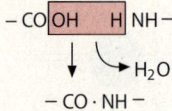

$$- CO \boxed{OH \quad H} NH -$$
$$\downarrow \quad \searrow H_2O$$
$$- CO \cdot NH -$$

Abb. 1.15. Peptidbindung zwischen Carboxyl-gruppe und Aminogruppe zweier Aminosäuren

> **!** Als Peptidbindung bezeichnet man eine Reaktion zwischen Carboxyl-gruppe und Aminogruppe zweier Aminosäuren unter Wasserabspal-tung.

Es gibt 64 Kodons, aber nur 20 verschiedene Aminosäuren. Der genetische Code ist also *degeneriert.* Auch gibt es nur etwas mehr als 30 t-RNA-Moleküle im Zytoplasma und in den Mitochondrien

Übersicht 1.18. Die Wobble-Hypothese

Base 5'-Ende t-RNA-Antikodon	Erkannte Base 3'-Ende Kodon m-RNA
A	nur U
C	nur G
G	C oder U
U	A oder G

22. Beide können die 64 Kodons erkennen. Die ersten beiden Positionen sind dabei bei der Paarung von Kodon-Antikodon entscheidend. In der 3. Position kann es zu Schwankungen kommen. Nach der *Wobble-Hypothese* sind auch G-U-Paarungen gestattet. (Übersicht 1.18) und es wird von der A-U- und G-C-Regel abgewichen.

Wie erkennt nun die Zelle, daß ein Polypeptid fertiggestellt ist? Das Ende der Polypeptidkette (*Termination*) wird durch *Nonsens-Kodonen*, also solche, die Stop bedeuten, angezeigt. Für im Kern kodierte m-RNA sind dies *UAA, UAG* und *UGA* (s. Code-Sonne Abb. 1.13), für in den Mitochondrien kodierte *UAA, UAG, AGA* oder *AGG* (s. Übersicht 1.1).

Die Stopkodonen der Kern-m-RNA werden als *amber, ochre* und *opal* bezeichnet. Den Bereich zwischen Start- und Stopkodon bezeichnet man als offenes Leseraster (*„open reading frame").*

Es gibt sowohl am 5'- als auch am 3'-Ende der m-RNA zwar transkribierte, aber *untranslatierte Sequenzen* (5'-UTS und 3'-UTS). Dabei sind die 5'-UTS in der Regel kürzer als 100 bp, die 3'-UTS normalerweise viel länger. Neben dem 5'-Cap spielen sie offenbar für die Auswahl der

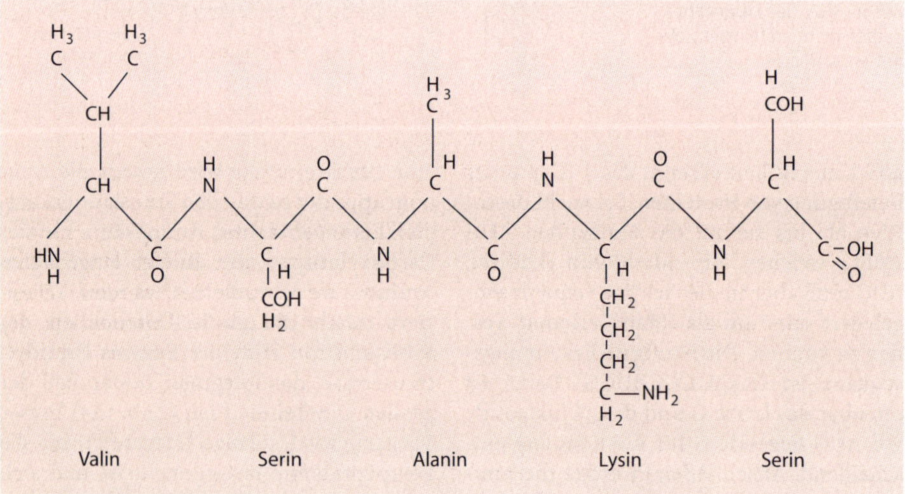

Abb. 1.16. Ausschnitt aus einer Polypeptidkette. (Nach Bresch und Hausmann 1972)

Übersicht 1.19. Der Ablauf der Translation

Bildung des Initiationskomplexes	40S-Untereinheit des Ribosoms erkennt 5'-Cap und sucht Startkodon AUG, welches in richtige Sequenz eingelagert ist (GCCA/GCCAUGG). Ribosom wird durch die große Untereinheit vervollständigt. Initiationsfaktoren (kleine Proteine) und Energie sind beteiligt.
Elongation	Wachstum der Polypeptidkette durch Verknüpfung der von t-RNA antransportierten richtigen Aminosäuren durch Peptidbindung unter Katalyse von Peptidyltransferase.
Termination	Ende der Polypeptidkette wird bei Kern-m-RNA durch die Stopcodonen UAA, UAG und UGA; bei mitochondrialer m-RNA durch UAA, UAG; AGA und AGG angezeigt. Die Nicht-Sinn-Kodonen führen zum Kettenabbruch.

m-RNA zur Translation eine entscheidende Rolle. Es gibt Hinweise dafür, daß sie als Translationsbeschleuniger wirken und eine hohe Effizienz der Translation bewirken. (Übersicht 1.19)

Wie der Abb. 1.14 zu entnehmen ist, wird die m-RNA bei der Translation meist nicht nur durch ein einziges Ribosom „gezogen", sondern aus „ökonomischen" Gründen durch mehrere nebeneinanderliegende Ribosomen, so daß an einem m-RNA-Strang gleichzeitig mehrere Polypeptidketten entstehen. Man bezeichnet den Verband zwischen m-RNA und mehreren Ribosomen als *Polysomenverband.* Wird die Polypeptidsynthese an einer m-RNA beendet, so lösen sich die Ribosomen wieder von dieser und stehen im Plasma für die Ablesung eines anderen Messengers und damit für die Produktion einer anderen Polypeptidkette zur Verfügung. Die Ribosomen sind also wirklich universelle Druckmaschinen der Zellen, in die eine beliebige m-RNA als Druckstock eingelegt werden kann (Übersicht 1.19).

Aus Untersuchungen an Bakterien weiß man, daß die m-RNA sehr kurzlebig ist. Ihre Halbwertszeit liegt etwa bei 100 sec. Die Halbwertszeit der m-RNA höherer Organismen ist ebenfalls relativ kurz, wenn sie auch mehrere Stunden beträgt. Was ist der bio-logische Sinn dieser kurzen Halbwertszeiten? Sie sind eine sehr ökonomische Einrichtung der Zelle. Eine Bakterienzelle z. B. unterliegt häufig Milieuveränderungen, die eine schnelle Adaption der Zelle erfordern. Eine schnelle Adaption erfordert aber einen schnellen Wechsel der Syntheseleistungen. Wäre die m-RNA langlebig, so würden über einen langen Zeitraum immer dieselben Enzyme gebildet (z. B. zum Abbau des Stoffs A), die vielleicht aufgrund eines Milieuwechsels nicht mehr gebraucht werden. Dafür können andere lebensnotwendige Enzyme (z. B. zum Abbau des Stoffs B) nicht gebildet werden. Ist die m-RNA jedoch kurzlebig, so werden an der DNA so lange neue m-RNA-Spezies zum Abbau von A transkribiert und in die Translation gegeben, wie der Stoff A im Milieu vorhanden ist. Fehlt der Stoff A plötzlich und muß stattdessen B abgebaut werden, so kann unter Kontrolle der DNA sofort m-RNA für B gebildet werden. Diese kann schnell translatiert werden, da die m-RNA für A, die die Ribosomen besetzt hält, schnell verdämmert und damit die Druckmaschine freigibt. Zellen höherer Organismen unterliegen nicht so rasch Milieuveränderungen wie Bakterien, somit ist es günstiger, daß die m-RNA höherer Organismen etwas langlebiger ist.

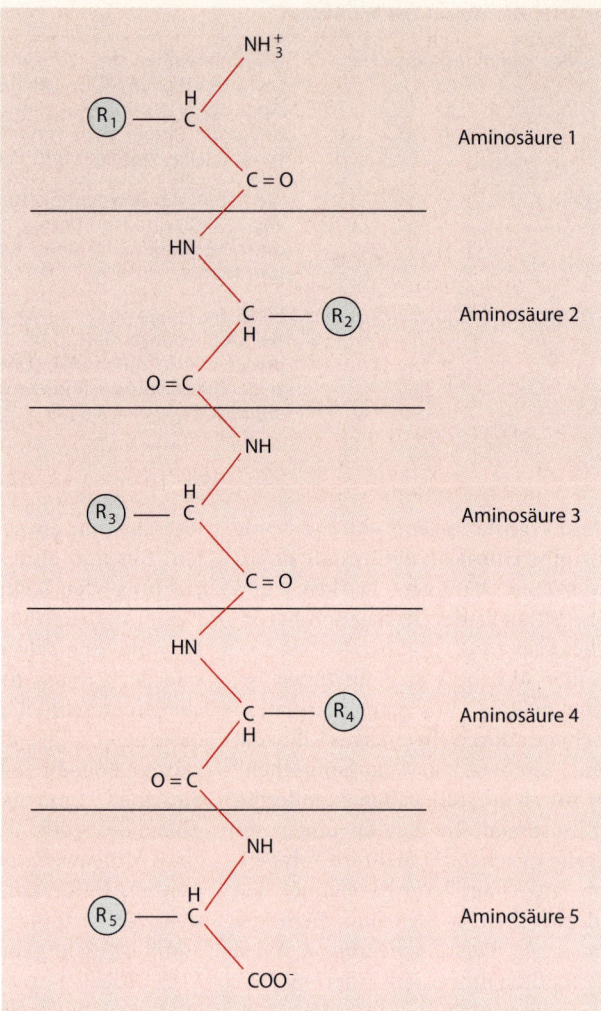

Abb. 1.17. Oligopeptid

1.2.3 Biologisch aktive Proteine

Proteine sind makromolekulare Polypeptidketten, die aus 20 verschiedenen Aminosäuren aufgebaut sind. Sie sind zweifellos die vielseitigsten molekularen Komponenten der Zellstruktur. Die Aminosäuren sind fast alle α-Aminosäuren, d. h. die Aminogruppe befindet sich an dem der Carboxylgruppe benachbarten α-C-Atom, welches noch ein Wasserstoffatom trägt und den für jede Aminosäure spezifischen Rest (R). Mit Ausnahme von Glycin ist das α-C-Atom asymmetrisch substituiert, so daß die Aminosäuren optisch aktiv sind. Sie gehören der L-Reihe an. Die Reihenfolge in der Polypeptidkette ist, wie wir wissen, genau festgelegt, und damit wird eine feste Sequenz der Reste als spezifische Funktionsträger festgelegt. Sie stehen seitlich der Hauptvalenzkette ab, die eine unspezifische ständige Wiederholung der Atome N–C–C–N … –C–C–N–C–C–N–C–C

beinhaltet (Abb. 1.17). Mehrere Polypeptidketten können durch Disulfidbrücken
zweier Zysteinmoleküle, die je eine SH-
Gruppe (= Sulfhydryl-Gruppe) tragen,
kovalent aneinander gebunden werden.
Eine Verzweigung von Polypeptidketten
ist allerdings durch die Art der Synthese
ausgeschlossen. Die genetische Information legt die Gestalt, die *Primärstruktur,*
der Proteinmoleküle fest, die sich bereits
bei der Synthese der Polypeptidkette bildet.

Denaturiert man diese Kettenkonfiguration z. B. durch eine pH-Wert-Verschie-
bung oder Hitze, so läßt sich durch die
Möglichkeit der Renaturierung belegen,
daß die Art der Kettenkonfiguration
durch die Aminosäuresequenz selbst festgelegt wird. Eine weitere Aufschiebung
oder Faltung zur *Sekundärstruktur* erfolgt
durch Nebenvalenzen (H-Brücken und
hydrophobe Effekte). Beispiele sind

- die α-Helix-Struktur, die durch Wasserstoffbrücken zwischen den Carbo-
  xylsauerstoffatomen und den Amino-
  stickstoffatomen entsteht, oder

- die Faltblatt-Strukturen, die auf H-
  Brücken zwischen gestreckten Polypeptidketten beruhen.

Häufig wechselt auch die Sekundärstruktur
entlang der Polypeptidkette eines Proteinmoleküls, oder es läßt sich kein festes Ordnungsprinzip erkennen. Durch diese verschiedenen Konfigurationsmöglichkeiten
werden *Domänen* im Proteinmolekül
erzeugt, die unterschiedliche Funktionen
erfüllen können (Abb. 1.18).

Als *Tertiärstruktur* bezeichnet man die
dreidimensionale Struktur des kompletten
Proteinmoleküls.

Besteht ein Protein (dies ist häufig der
Fall) aus mehreren Polypeptidketten in
einer räumlich komplizierten Anordnung,
so spricht man von der *Quartärstruktur*
eines Proteins. Als Beispiel sei hier an die
4 Ketten des allgemein bekannten Hämo-
globinmoleküls erinnert. Ein anderes Beispiel sind die Multienzymkomplexe von
Enzymproteinen. Die Polypeptidketten
einer Quartärstruktur werden durch
Nebenvalenzen gebunden und können in

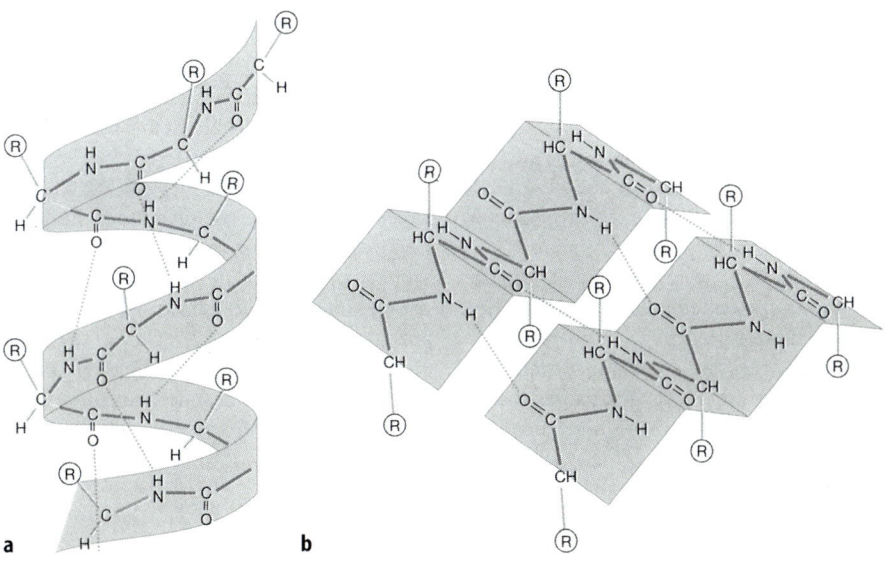

Abb. 1.18. a, b. Grundstrukturen von Polypeptiden. **a** α-Helix und **b** β-Faltblattstruktur. (Nach Hennig,
1995)

Primärstruktur:	Wird durch die genetische Information festgelegt
Sekundärstruktur:	Entsteht durch Absättigung von Nebenvalenzen (vor allem H-Brücken und hydrophobe Effekte) *Beispiele:* α-Helix, Faltblattstruktur, Entstehung von Domänen
Tertiärstruktur:	Dreidimensionale Struktur eines ganzen Proteinmoleküls
Quartärstruktur:	Aufbau aus mehreren Polypeptidketten in oft räumlich komplizierter Anordnung. Bindung erfolgt durch Nebenvalenzen oder Disulfidbrücken, die in Untereinheiten (Protomeren) = einzelne Polypeptidketten zerfallen können. Die Protomerenzahl kann festgelegt oder unlimitiert sein. *Beispiele:* Hämoglobinmolekül, Multienzymkomplexe, Capside; Aktin, Myosin, Fibrinfasern, Kollagenfibrillen, Mikrotubuli, Keratine
Funktion:	Wird allein durch die Struktur festgelegt

Untereinheiten (Protomeren) zerfallen. Dabei kann die Protomerenzahl genau festgelegt sein, wie z. B. in den oben erwähnten Multienzymkomplexen oder in Capsiden von Viren oder Phagen. In Strukturproteinen finden wir dagegen nichtlimitierte Quartärstrukturen, die entsprechend wachsen können. Beispiele hierfür sind

- die Muskelproteine Aktin und Myosin, aber auch
- Fibrinfasern,
- Kollagenfibrillen,
- Mikrotubuli oder
- Keratine.

Eine wichtige Gruppe von Proteinen, die Enzyme, besitzen ein aktives Zentrum zur Bindung und Veränderung des Substrats. Es ist die räumliche Gestaltung der Substratbindungsstelle, die den Enzymen ihre Spezifität verleiht.

Ein anderes Beispiel für durch ihre Konfiguration auf hochspezifische Aufgaben spezialisierte Proteine sind Proteine für zelluläre Transportmechanismen. So können Ionenporen und Tunnelproteine (die uns von den Antibiotika her bekannt sind und die auch als Transportvehikel für Zellmembranen diskutiert werden) durch Konfigurationsänderung aktiv Ionen einfangen und wieder entlassen bzw. durch Öffnen und Schließen Transporttunnel bilden (Übersicht 1.20).

Wir sehen also, daß bei Proteinen – beginnend bei der Primärstruktur bis hin zur Quartärstruktur – die Gestaltung der Struktur ein vielfältiges Funktionsprogramm festlegt, das allein auf der Struktur beruht und keine weiteren genetischen Steuerungsmechanismen benötigt (Abb. 1.19). Dabei ist es bis jetzt noch außerordentlich schwierig, die dreidimensionale Struktur theoretisch vorauszusagen. Bereits einfache Polypeptide zeigen oft eine äußerst komplexe Gestalt. Da viele Proteine aus zahlreichen Polypeptidketten zusammengestzt sind, werden Strukturprognosen noch schwieriger.

Glycin

a **b** | 1,5 nm |

Abb. 1.19 a, b. Strukturbeispiele von Proteinen. Die Struktur eines typischen Kollagen-Moleküls. **a** Ein Modell einer einzelnen α-Kette des Kollagens; jede Aminosäure ist durch eine Kugel dargestellt. Die Kette besteht aus etwa 1000 Aminosäuren und hat die Form einer linksgängigen Helix mit drei Aminosäuren je Windung, wobei Glycin an jeder dritten Position steht. Die α-Kette besteht also aus hintereinanderliegenden Tripeptiden mit der Sequenz Gly-X-Y, wobei X und Y für jede beliebige Aminosäure stehen (X ist allerdings häufig Prolin und Y Hydroxyprolin). **b** Ein Modell von einem Ausschnitt eines Kollagen-Moleküls, in dem drei α-Ketten umeinander gewunden sind und einen dreisträngigen, helikalen Faden bilden. Als einzige Aminosäure ist das Glycin klein genug, um im Innern der dreisträngigen Helix Platz zu finden. Gezeigt ist nur ein kurzer Molekülabschnitt. Das ganze Molekül ist 300 nm lang

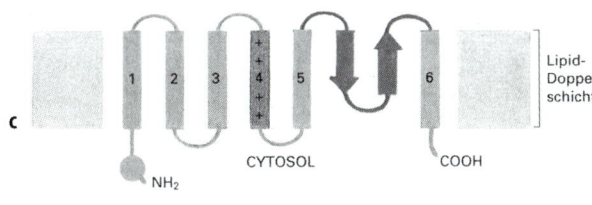

c

1 2 3 4 5 6

Lipid-Doppel-schicht

CYTOSOL   COOH

NH₂

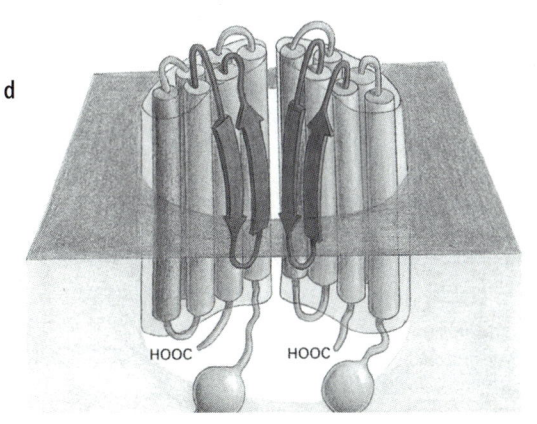

d

HOOC   HOOC

Abb. 1.19. c, d. Ein Modell für die Struktur eines spannungskontrollierten K⁺-Kanals. **c** Übersichtsbild, das die funktionellen Hauptdomänen der Polypeptidkette einer Untereinheit zeigt. Die sechs mutmaßlichen membranüberspannenden α-Helices sind mit 1 bis 6 numeriert. Vier solcher Untereinheiten, jede mit etwa 600 Aminosäuren, sind wahrscheinlich zur transmembranalen Pore zusammengesetzt; nur zwei davon sind in **d** gezeigt. Bei den spannungskontrollierten Na⁺ und Ca²⁺-Kanälen sind die vier Untereinheiten Abschnitte einer einzigen, sehr langen Polypeptidkette, aber sonst ist ihre Gesamtstruktur vermutlich sehr ähnlich. Die 20 Aminosäuren in der Region, die die Helices 5 und 6 miteinander verbindet, überspannen die Membran wahrscheinlich als zwei antiparallele β-Faltblätter und kleiden die Pore in der gezeigten Weise aus. Die vierte α-Helix besitzt an jeder dritten Position positiv geladene Reste, die diese α-Helix vermutlich zum *Spannungssensor* machen (nach Alberts et al. 1995)

1.3 DNA-Untersuchungen – diagnostische Anwendung beim Menschen

DNA-Untersuchungen haben breiteste Anwendungsgebiete in Forschung und Diagnose gefunden. Neben dem bereits erwähnten Humangenomprojekt werden DNA-Methoden in fast allen modernen Gebieten der Biologie und der Medizin eingesetzt. So ist beispielsweise – um nachfolgend einige Anwendungsbeispiele zu nennen – die *PCR-Methode* zu einem wichtigen Hilfsmittel zur Identifizierung von Krankheitserregern geworden. Rechtsmediziner nutzen sie, um aus biologischen Spuren geringsten Ausmaßes Personenidentifikationen durchführen zu können. In der Onkologie dienen DNA-Methoden der Tumordiagnostik. In der Biologie werden uns DNA-Methoden bisher kaum für möglich gehaltene Einblicke in die Systematik von Pflanzen und Tieren und in das Evolutionsgeschehen und damit in unsere eigene Abkunft erlauben. Ja selbst Historiker können, wie am Ende dieses Buches zu lesen ist, Zusammenhänge aufklären, bei denen man sonst wohl für immer auf Spekulationen angewiesen wäre.

DNA-Methoden erlauben uns auf biologischer Grundlage die Herstellung von Arzneimitteln, die sonst überhaupt nicht oder nur mit unvergleichlich höherem Aufwand erzeugt werden können. Es gibt wohl kaum mehr einen größeren Pharmahersteller, der nicht auf diese neuen Technologien setzen würde, und ein ansehnliches Pharmakaspektrum befindet sich bereits auf dem Markt. In der Tumortherapie wird es in den nächsten Jahren über DNA-Ansätze zu erheblichen Fortschritten kommen. Bei modernen Erkrankungen wie AIDS versprechen alleine solche Ansätze, wenn überhaupt, zum Durchbruch zu führen. DNA-Methoden werden es in Zukunft, zumindest für eine Reihe von Erkrankungen, die ihre Ursache in Genen haben, erlauben, lebenslange Therapien unnötig zu machen und Menschen auf dem Wege der somatischen Gentherapie zu heilen. Seit 1990 werden bei einzelnen Erkrankungen solche Verfahren bereits eingesetzt (s. Kap. 10), wenn auch zugegebenermaßen hier eine Reihe von Problemen nicht gelöst sind. (Übersicht 1.21) In der Humangenetik können in der diagnostischen Anwendung von DNA-Untersuchungen Genotypen und vor allem monogen bedingte Erkrankungen nachgewiesen werden, was vorwiegend für die Pränataldiagnostik von erheblicher Bedeutung ist.

Übersicht 1.21. Einige Beispiele für die Anwendung molekularbiologischer Methoden in der Medizin

Therapeutischer Bereich	*Produktion von Medikamenten und Wirkstoffen* Beispiele: Humaninsulin, Somatotropin, Interferone, TPA, Erythropoetin, G-CSF, GM-CSF, Interleukin 2, Faktor VIII, Glukagon-Hydrochlorid.
	Produktion von Impfstoffen Beispiel: Hepatitis-B-Impfstoff, Hämophilius-B-Impfstoff
	Somatische Gentherapie Beispiele: ADA-, TNF-, Faktor IX-, Interleukin 2-, Zystische Fibrose-, Gentransfer
Diagnostischer Bereich	*Genotypendiagnostik* Beispiele: Genetische Beratung und pränatale Diagnostik Diagnostik bei Infektionskrankheiten

1.3.1 Prinzipien der DNA-Analyse und Genotypendiagnostik

Restriktionsendonukleasen, DNA-Ligasen und Polymerasen

Es sollen nun zuerst die entscheidenden Enzyme beschrieben werden, die die molekularbiologischen Fortschritte überhaupt erst möglich gemacht haben bzw. möglich machen. Anschließend ist es wichtig, Kenntnisse von den in diesem Zusammenhang wichtigsten Methoden zu übermitteln und schließlich soll die Anwendung in der Medizinischen Genetik veranschaulicht werden.

Restriktionsendonukleasen wurden bei Bakterien entdeckt und aus diesen isoliert. Sie sind dort Bestandteile eines Systems zum Abbau fremder DNA. Die DNA von Bakterienstämmen ist im Durchschnitt etwa alle tausend Basenpaare methyliert. Dabei erfolgt die Methylierung innerhalb ganz bestimmter Nukleotidsequenzen, die durch Spiegelsymmetrie gekennzeichnet sind. Die Sequenz, die beispielsweise von dem E. coli-Enzym Eco RI – welches in der Molekularbiologie häufig verwendet wird – erkannt wird, weist in jeder Richtung ($5'\rightarrow3'$ oder $3'\rightarrow5'$) zur Mittelachse hin die gleiche Nukleotidsequenz auf:

> 5'-GAA*TTC-3'
> 3'-CTT A*AG-5'
> (* = Methylierung)

Fehlt diese Methylierung, so wird die DNA als fremd angesehen und geschnitten, in unserem Beispiel wie folgt:

> 5'-GAATTC-3'   –G..............AATTC–
>
>   ➡
>
> 3'-CTTAAG-5'   –CTTAA..............G–

Die Enzyme, die solche spezifischen Schnitte wie „molekulare Scheren" durchführen können, bezeichnet man als Restriktionsendonukleasen oder kürzer Restriktionsenzyme. Es gelang, viele solcher Restriktionsenzyme mit verschiedener Sequenzspezifität zu isolieren. Das liegt daran, daß fast jeder Bakterienstamm sein eigenes sequenzspezifisches Restriktionssystem besitzt. Bei manchen Restriktionsenzymen liegen die Schnittstellen in beiden Strängen an derselben Stelle, die von ihnen gebildeten Fragmente enden *stumpf* oder sie sind, wie in unserem Beispiel, *kohäsive* Einzelstränge, d. h. ein bis fünf Nukleotide gegeneinander versetzt. Man bezeichnet diese einsträngigen komplementären Enden auch als *„sticky ends"*. Die komplementäre Sequenz, die erkannt wird, ist in der Regel eine spezifische Sequenz von 4–8 Nukleotiden. Mit Hilfe der Restriktionsenzyme ist es also möglich, die hochmolekulare menschliche DNA in reproduzierbare Restriktionsfragmente (es sind dies 10^5–10^7) zu zerlegen.

DNA-Ligasen sind Enzyme, die Moleküle in einem Energie benötigenden Vorgang zusammenbinden (ligieren). Sie verknüpfen zwei DNA-Moleküle über eine Phosphodiesterbindung. Damit ermöglichen diese Enzyme also die Neukombination. Man kann nun DNA anderer Herkunft z. B. solche von Plasmiden, die die gleichen Erkennungsstellen für das Restriktionsenzym tragen, in gleicher Weise schneiden. Nach den Regeln der Basenpaarung lagern sich die „sticky ends" dann aneinander, wenn sie nur die richtige Basensequenz aufweisen, und die Ligasen legen die Verbindung zwischen den jeweils endständigen Nukleotiden. (Auch stumpfe Enden kann man ligieren, allerdings in einem etwas aufwendigeren Prozeß, auf den hier nicht eingegangen werden soll.) Es resultiert ein neues DNA-System, z. B. ein Plasmid mit menschlicher DNA. Auf diese Weise läßt sich ein interessierendes DNA-Fragment in pro- und eukaryontischen Vektoren in beliebig hoher Kopienzahl vermehren. Man bezeichnet dies als **Klonierung.** Damit ist es möglich, beliebige Genbanken (z. B. des gesamten menschlichen Genoms, gewebe- oder entwicklungsspezifische Banken, chromosomenspezifische Banken usw.) zu erstellen.

Polymerasen wurden in vorgehenden Abschnitten bereits angesprochen. Es sind die Enzyme, die sowohl einsträngige DNA als auch RNA kopieren können. Sie sind in dem gegebenen Zusammenhang vor allem wichtig für die Polymerase-Ketten-Reaktion (PCR).

Southern-blot-Hybridisierung, Polymerase-Ketten-Reaktion und andere in der Medizinischen Genetik wichtige Verfahren

Bei der *Southern-blot-Hybridisierung* erkennt man die gesuchten DNA-Sequenzen in einer Mischung von Fragmenten (nach Gewinnung durch Restriktionsverdau), die über eine Elektrophorese der Länge nach aufgetrennt wurden. Nach Denaturierung der DNA im Gel zur Einzelsträngigkeit, wird diese durch eine Kapillarmethode auf eine Trägermembran übertragen. Anschließend erfolgt die Hybridisierung mit einer Sonden-DNA und die Identifizierung der komplementären Bande(n) mittels Autoradiogramm oder durch Fluoreszenz (Abb. 1.20). Eine seit einigen Jahren existierende Methode zur Amplifikation (Vermehrung) eines definierten DNA-Bereiches, ist die *Polymerase-Ketten-Reaktion („polymerase chain reaction", PCR).* Diese DNA-Vermehrungstechnik kommt ohne Klonierung aus, und mit ihr können geringe Mengen einer Ziel-DNA (aus einer heterogenen Kollektion von DNA-Sequenzen) praktisch unbegrenzt vermehrt werden. Das Prinzip der Methode ist die zyklische Synthese spezifischer DNA-Sequenzen und zwar die gleichzeitige Vermehrung beider komplimentärer Stränge. Allerdings muß hierzu eine

Bedingung erfüllt sein: Die Sequenzen an den Enden des gewünschten Bereiches müssen bekannt sein. Dann kann man zwei kurze Starter-Oligonukleotide (*Primer*) synthetisieren, die sich an die Ziel-DNA anlagern und zwar an Strang und Gegenstrang. Diese Primer benötigen die DNA-Polymerase I zur Amplifikation. Man verwendet eine Polymerase aus Bakterien, die in heißen Quellen leben. Dieses Enzym ist thermostabil und wird daher durch Hitze nicht denaturiert. Der praktische Ablauf ist dann eine Trennung der DNA in Einzelstränge durch Erhitzung, Hybridisierung der Starter-Oligonukleotide für die Synthese der komplementären Nukleotidstränge und schließlich die Synthese der komplementären DNA-Stränge.

Nach diesem ersten Zyklus wird der nächste Zyklus durch Temperaturerhöhung zur erneuten Trennung der Einzelstränge eingeleitet, wobei hier die temperaturstabile Polymerase von Bedeutung ist, da sie diese Prozedur ohne Denaturierung übersteht. Nach Abkühlung lagern sich weitere Primer an die entsprechenden Stellen an, und eine zweite Syntheserunde wird durchgeführt usw. Insgesamt kann die Reaktion 30–40 Zyklen fortgesetzt werden, bei exponentieller Zunahme der DNA-Menge (Abb. 1.21).

Die PCR-Methode hat sich als die wichtigste methodische Neuerung seit der Klonierung selbst erwiesen. Ihr einziger Nachteil ist der, daß man zumindest die Sequenz der Startbereiche kennen muß. Die großen Vorteile der PCR liegen in der geringen Menge des benötigten Ausgangsmaterials (im Zweifelsfall nur eine einzige Zelle).

Eine schnelle Suche nach Punktmutationen, wobei Fragmente nicht länger als 200 bp sein dürfen, ist die Analyse von *Einzelstrang-Konformationspolymorphismen („single-strand conformational polymorphism analysis", SSCP oder SSCA).* DNA-Einzelstränge falten sich zurück und bilden komplexe Strukturen aus. Die Wanderung solcher Strukturen in einem

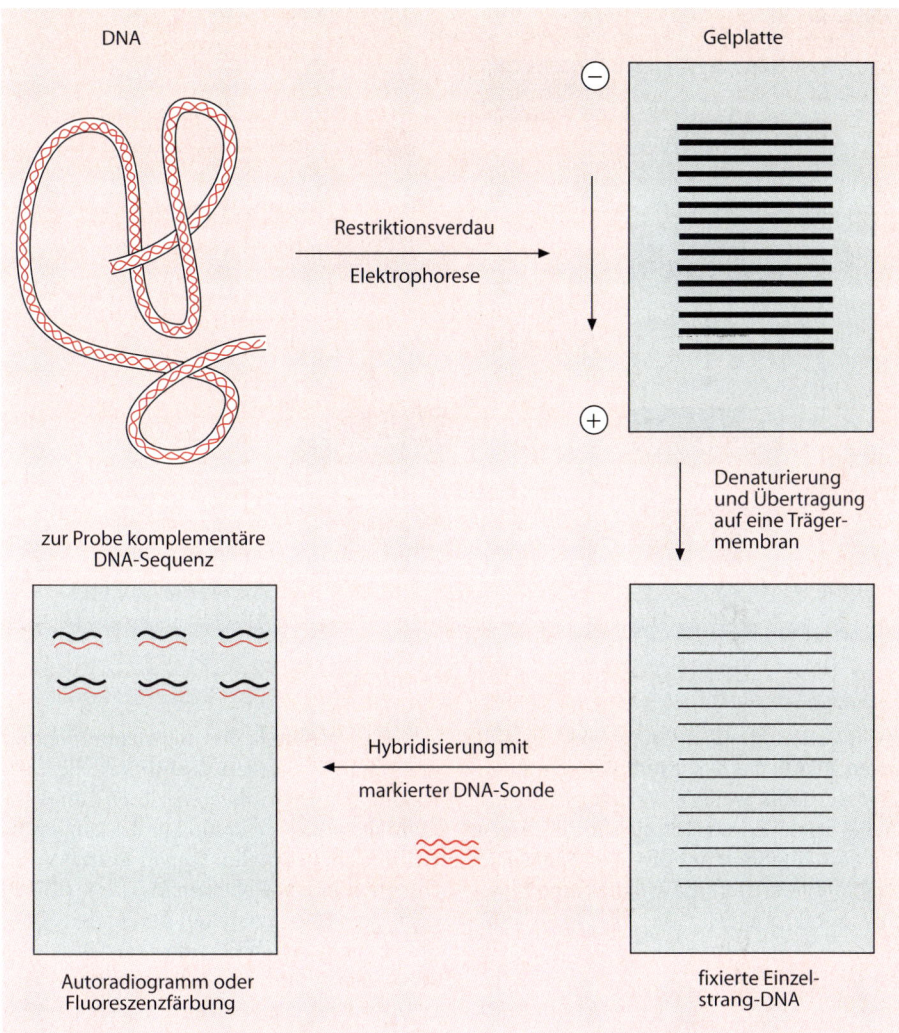

DNA   Gelplatte

Restriktionsverdau
Elektrophorese

zur Probe komplementäre
DNA-Sequenz

Denaturierung
und Übertragung
auf eine Träger-
membran

Hybridisierung mit
markierter DNA-Sonde

Autoradiogramm oder
Fluoreszenzfärbung

fixierte Einzel-
strang-DNA

Abb. 1.20. Southern-blot-Hybridisierung

nicht denaturierenden Gel hängt von Länge und Konformation ab, welche wiederum durch die DNA-Sequenz bedingt wird. Man benutzt amplifizierte DNA-Proben, denaturiert sie und lädt damit nicht denaturierendes Polyacrylamidgel. Durch veränderte Laufeigenschaften können Punktmutationen nachgewiesen werden.

Bei der *Gelelektrophorese mit Denaturierungsgradienten („denaturing gradient gel electrophoresis", DGGE)* wird Doppelstrang-DNA nach Amplifizierung auf Polyamidgelen aufgetrennt. Über einen Denaturierungsschritt der Doppelstrang-DNA durch Temperatur- oder chemischen Gradienten, der zeitlich abhängig ist von der Basenzusammensetzung, kommt es zur Auftrennung. Der Vorteil der Methode ist ihre hohe Empfindlichkeit, ein Nachteil von SSCP und DGGE ist, daß die Position

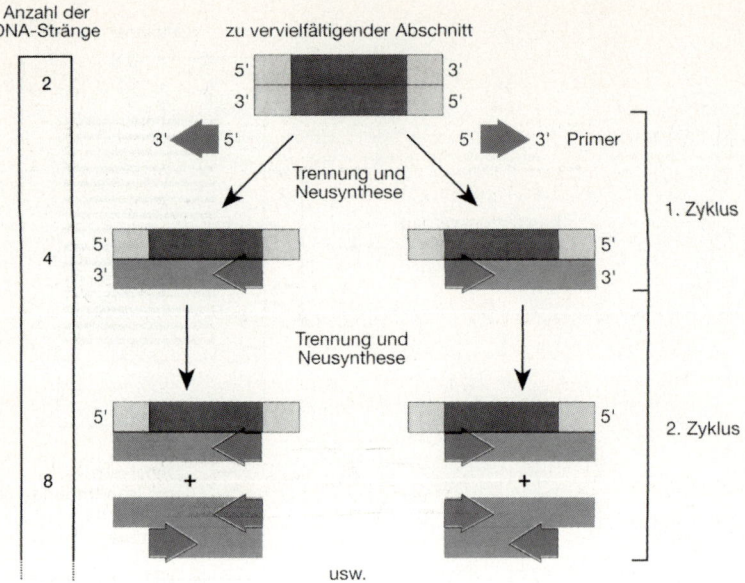

Abb. 1.21. Das Prinzip der Polymerase-Ketten-Reaktion (PCR). (Nach Buselmaier, 1998)

der Mutation nicht angezeigt wird. Es gibt, neben diesen beiden exemplarisch aufgezeigten, noch weitere Verfahren für die Suche nach Punktmutationen in einem Gen einschließlich der direkten *Sequenzierung*, die natürlich die vollständige Mutation charakterisiert.

Direkte und indirekte Genotypendiagnostik

Durch die Gentoypendiagnostik können monogene Erkrankungen sowohl prä- als auch postnatal auf DNA-Ebene nachgewiesen oder ausgeschlossen werden.

Durch Restriktionsenzyme wird die DNA in Fragmente zerlegt. Nach Auftrennung über die Agarosegel-Elektrophorese und der Denaturierung zu Einzelsträngen lassen sich mit Hilfe von *DNA-Sonden* diskrete Fragmente sichtbar machen. Dabei kann man die Länge eines DNA-Fragmentes mittels DNA-Fragmenten bekannter Länge ermitteln.

Man benutzt für die Genotypendiagnostik DNA-Sonden, die mit Restriktionsfragmenten hybridisieren, deren Länge individuell variieren kann. Für die Längenvariabilität hat man den Begriff *Restriktionsfragmentlängen-Polymorphismus (RFLP)* geprägt. RFLPs entstehen durch die Nukleotidsequenzvariabilität in der DNA des Menschen. Durch Veränderungen auf DNA-Ebene, z. B. einzelne Basenpaarsubstitutionen, kleinere Deletionen oder Insertionen, kann eine primär vorhandene Schnittstelle für ein Restriktionsenzym verändert werden (Abb. 1.22). Zur Zeit sind mehrere Hundert RFLPs der humanen DNA bekannt.

Direkte Genotypendiagnostik

Man unterscheidet zwischen direkter und indirekter Genotypendiagnostik. Bei ersterer erfolgt der Nachweis eines defekten Gens direkt durch einen intragen RFLP. Ein RFLP kann immer dann zur Diagnostik

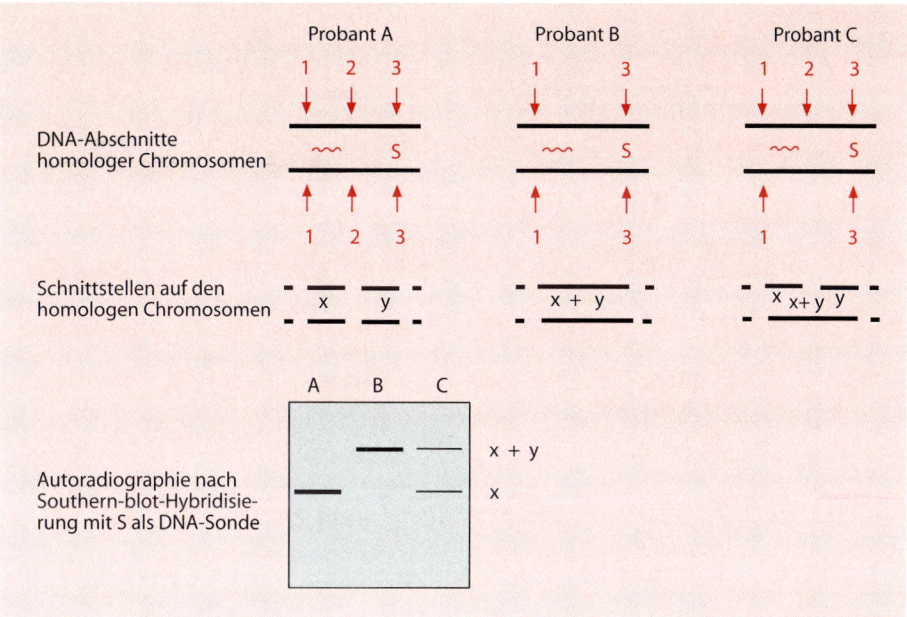

Abb. 1.22. Die Entstehung eines Restriktionsfragmentlängen-Polymorphismus (S = Sonde, X, Y = Fragmente). Bei Proband A sind bei einem gegebenen Restriktionsenzym 3 Schnittstellen vorhanden, gleichzeitig ist er für die Schnittstellen homozygot; Proband B hat nur 2 Schnittstellen und ist ebenfalls homozygot, Proband C ist heterozygot

benutzt werden, wenn er innerhalb eines Gens liegt, das bei einer genetisch bedingten Erkrankung mutiert ist, wobei der RFLP nicht notwendigerweise in ursächlichem Zusammenhang mit der Erkrankung stehen muß. Durch Untersuchung der Familienmitglieder muß daher die Segregation der RFLP-Allele geprüft werden. (Man kann hier von einer Allelsituation sprechen, weil man die unterschiedlich großen Fragmente entsprechend den verschiedenen Allelen eines Genortes auffassen kann.) Die RFLP-Allele markieren direkt das normale bzw. das mutierte Gen (Abb. 1.23a).

Man kann *Genmutationen* dann direkt nachweisen, wenn die Mutation eine Schnittstelle für das Restriktionsenzym zerstört oder neu schafft. Es entstehen so Fragmente, die für das Normalgen bzw. das mutierte Gen charakteristisch sind. Eine zweifelfreie Diagnostik ist dann möglich, wenn die Genmutation bei allen Trägern immer an exakt der gleichen Position des Gens vorhanden ist (Abb. 1.23b).

Synthetische *Oligonukleotidsonden* sind eine weitere Möglichkeit, Genmutationen direkt nachzuweisen, wobei man üblicherweise mit zwei verschiedenen Oligonukleotiden arbeitet. Das eine hybridisiert mit dem entsprechenden Bereich des Normalgens, das andere mit dem des mutierten Gens. Dabei reicht unter stringenten Bedingungen die Basenveränderung zwischen beiden Genen aus, um eine Hybridisierung mit der jeweils anderen Sonde zu verhindern. Voraussetzung ist allerdings, daß im kritischen Bereich kein genetischer Polymorphismus vorhanden ist (Abb. 1.23c). Deletionen können dann nachgewiesen werden, wenn sie zu einem Verlust des Restriktionsfragments führen (Abb. 1.23d).

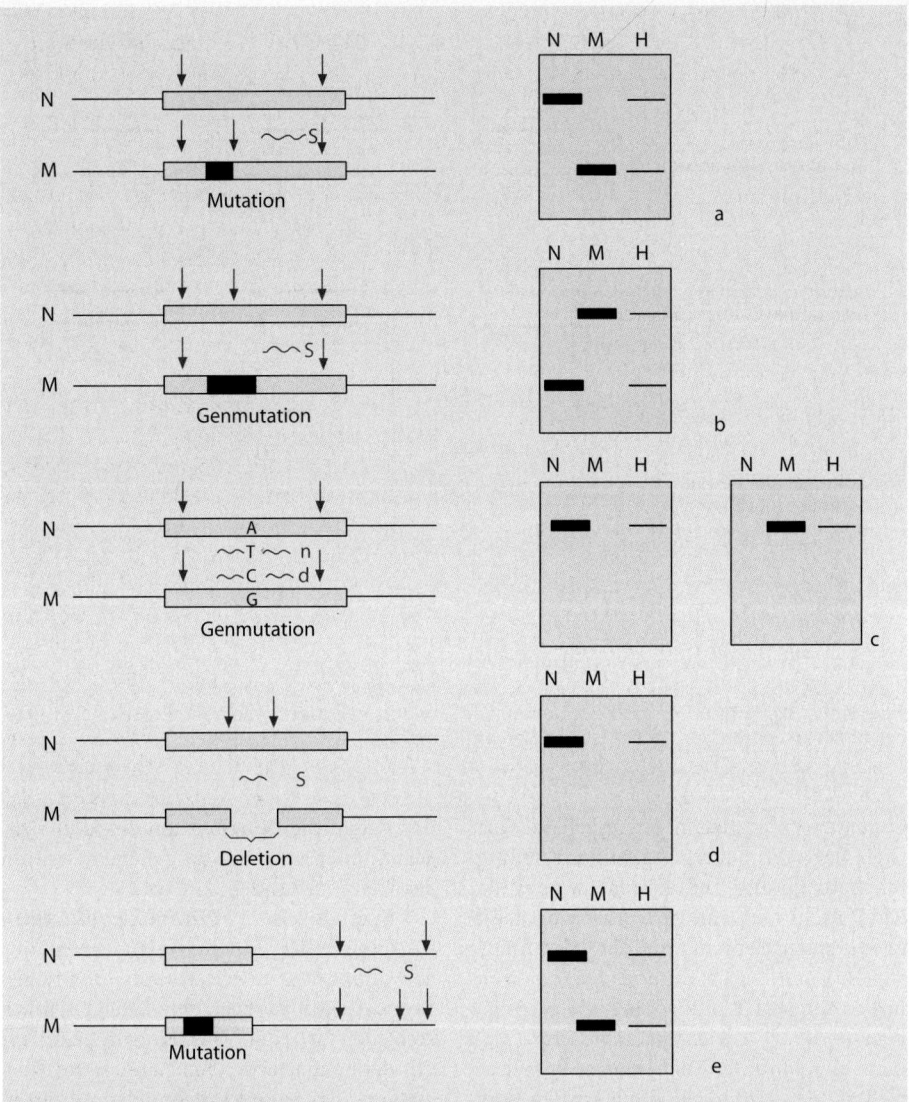

Abb. 1.23 a–e. Genotypendiagnostik mit Hilfe von DNA-Sonden. **a** Normalgen (*N*) und mutiertes Gen (*M*), S = Sonde, ↓ = Schnittstellen des Restriktionsenzyms; *rechts:* Southern-blot-Hybridisierung mit Genotypen *N* = Normalgen, *M* = mutiertes Gen, *H* = heterozygoter Genotyp; **b** Genmutation zerstört eine Schnittstelle; **c** Oligonukleotidsonden mit Sonde für das Normalgen (*n*) und Sonde für das Defektgen (*d*) und deren spezifische Bindung; **d** Deletion mit Verlust eines Restriktionsfragments; **e** indirekte Genotypendiagnostik mit RFLP und gekoppeltem Gen

Indirekte Genotypendiagnostik

Die indirekte Genotypendiagnostik muß man dann anwenden, wenn das Gen für eine Erbkrankheit nicht direkt untersucht werden kann, die chromosomale Lokalisation aber bekannt ist. Man sucht Sonden, die einen RFLP erkennen, der mit dem interessierenden Gen gekoppelt ist (s. Kap. 1.3.2). Allerdings muß die Möglichkeit eines Crossing-over berücksichtigt werden, das in seltenen Fällen auch bei enger Kopplung vorkommen kann, so daß die indirekte Genotypendiagnostik immer eine Wahrscheinlichkeitsrechnung ist (Abb. 1.23e).

Diagnostik über PCR

Die PCR-Methode bietet die Möglichkeit, ein eine Mutation enthaltendes DNA-Fragment schnell zu vervielfältigen. An die PCR schließen sich dann verschiedene Varianten der Mutationsbestimmung an, eine Auswahl davon wurde im methodischen Teil dieses Abschnittes bereits beschrieben. Auch bietet die PCR-Methode eine Alternative zu den zeitaufwendigen RFLP-Untersuchungen. Man kann RFLPs leicht durch PCR charakterisieren. Hierzu kann man z. B. Primer verwenden, die zu den Sequenzen passen, die sich neben einer Restriktionsschnittstelle befinden, deren Veränderung das mutierte Allel charakterisiert. Nach Amplifikation und Schneiden mit Restriktionsenzym kann man die Fragmente elektrophoretisch auftrennen und so mutiertes und Normalallel leicht unterscheiden.

1.3.2 Prinzipien der Kopplungsanalyse

Kopplungsanalyse auf Genproduktebene

Zur Risikoberechnung für eine bestimmte Erbkrankheit kann man in manchen Fällen Studien über *Genkopplung* heranziehen. Gene sind auf „Verpackungseinheiten", den Chromosomen, zusammengefaßt. Befinden sich zwei Gene auf verschiedenen, nicht homologen Chromosomen, beobachtet man freie *Rekombination.* Liegen sie jedoch auf dem gleichen Chromosom, so werden sie häufiger gemeinsam vererbt, als dies bei Unabhängigkeit zu erwarten ist. Man spricht dann von Genkopplung. Je weiter jedoch zwei Gene auf einem Chromosom voneinander entfernt liegen, desto unabhängiger werden sie vererbt, weil mit der Entfernung die Wahrscheinlichkeit von Crossing-over-Prozessen zunimmt. Die Rekombination ist dann die sichtbare Folge von Crossing-over zwischen daran beteiligten Genen. Je enger zwei Gene auf einem Chromosom nebeneinanderliegen, desto häufiger werden sie gekoppelt vererbt.

Bei vollständiger Kopplung ist die Rekombinationshäufigkeit 0. Wenn keine Kopplung vorliegt, also freie Rekombination möglich ist, kann sie maximal 0,5 betragen. Die Abstände von Genen werden in *Centi-Morgan (cM)* gemessen (die Einheit Morgan wurde ursprünglich bei Riesenchromosomen der Fruchtfliege Drosophila melanogaster eingeführt). Eine Rekombinationshäufigkeit von 1 % entspricht etwa einem Abstand von 1 cM oder etwa 1.000 Kilobasen (kb) auf der DNA.

Die Bewertung von Kopplungsanalysen erfolgt statistisch. Man berechnet sog. *LOD-Scores (log. of the odds)*, indem man das Wahrscheinlichkeitsverhältnis aufstellt:

$$\frac{\text{Wahrscheinlichkeit,}}{\text{daß die beiden Loki gekoppelt sind}}$$
$$\text{Rekombinationsmöglichkeit } 0$$

Wahrscheinlichkeit,
daß die beiden Loki nicht gekoppelt sind
Rekombinationsmöglichkeit 0,5

Man drückt dieses Verhältnis meist als Logarithmus mit der Basis 10 aus. Dies ist dann der LOD-Wert. Eine Kopplung wird als signifikant betrachtet, wenn der LOD-Wert über 3,0 liegt, also das Verhältnis der Wahrscheinlichkeiten den Wert 1.000 übersteigt. Ein LOD-Wert von -2 oder weniger spricht dafür, daß keine Kopplung vorliegt.

In manchen Fällen ist nicht direkt festzustellen, ob ein Mensch für ein pathologisches Gen heterozygot ist. Oft ist aufgrund vieler Kopplungsstudien, die auch zur Lokalisation zahlreicher Gene geführt haben, bekannt, daß zwei Gene nahe beieinanderliegen. Kann nun das Markergen durch pränatale Diagnostik erkannt werden, so läßt sich mit hoher Wahrscheinlichkeit schließen, daß das Kind auch das für die Erbkrankheit kodierende Gen besitzt. Ein Beispiel möge dies verdeutlichen: Es ist möglich, an Amnionzellen eine Bestimmung der HLA-Typen durchzuführen (s. Kap. 13.1.4). In Risikofamilien kann so eine Form des adrenogenitalen Syndroms (AGS) nachgewiesen werden, da die HLA-Gene mit dem Gen für 21-Hydroxylase eng gekoppelt und auf dem kurzen Arm von Chromosom 6 lokalisiert sind.

Kopplungsanalyse auf Ebene der DNA

Dieser Weg der Risikobestimmung war Jahrzehnte auf einige wenige und zudem seltene Erbkrankheiten beschränkt. Durch den Einsatz von DNA-Markern ergab sich jedoch eine bedeutende Erweiterung des Diagnosespektrums.

Durch den Einsatz von RFLPs und DNA-Markern ist es theoretisch möglich, die meisten genetischen Erkrankungen zu entdecken, die auf Einzelgenmutationen beruhen. Man benötigt nur ein paar hundert Marker, die zufällig über das ganze Genom verteilt sind, um mindestens einen Marker zu finden, der mit einer vorgegebenen erblichen Krankheit gekoppelt ist.

Wegen der großen Bedeutung dieser Techniken wollen wir das Prinzip an einigen Beispielen verdeutlichen.

25–60 μg Leukozyten-DNA können pro ml Blut gewonnen werden. 10–20 ml Blut liefern somit genug DNA, um viele Analysen durchzuführen. Aus fetalen Fibroblasten können etwa 5 μg DNA gewonnen werden, genug für die gezielte Untersuchung eines Feten aus einer Risikofamilie.

Beim Menschen ist durchschnittlich etwa eine von 210 Basen mutiert. Die meisten dieser Mutationen sind neutral und bleiben unbemerkt. Gelegentlich befindet sich jedoch eine solche Mutation an der Schnittstelle für ein Restriktionsenzym, und das eingesetzte Restriktionsenzym kann nicht schneiden. Das resultierende DNA-Fragment ist folglich länger als eines ohne diese Mutation. Da jedoch beide Fragmente viele Basensequenzen gemeinsam haben, werden sie von der gleichen DNA-Sonde erkannt. Jede Fragmentlänge definiert einen *Haplotyp.*

RFLP-Haplotypen werden wie alle anderen Allele vererbt. Jede Person erhält einen vom Vater und einen von der Mutter. Ist nun eine Person heterozygot für einen RFLP, so zeigen die DNA-Fragmente, an die die Sonde hybridisiert, bei homologen Chromosomen Längenunterschiede. Aber nicht jeder Heterozygote ist informativ. Um ein Gen zu markieren, muß der RFLP auf demselben Chromosom liegen, wie das interessierende Gen, da er sonst in der Meiose von diesem Gen wegsegregiert. Bei einem dominanten Erbleiden, wie beispielsweise der Chorea Huntington, bei der die Vererbung eines einzigen Allels ausreicht, um die Symptomatik auszulösen,

Übersicht 1.22. Kopplungsanalysen bei fraglichen Anlageträgern von monogenen Erkrankungen mit Hilfe von Restriktionsfragmentlängen-Polymorphismen

Erbgang	Diagnostische Ausgangssituation in der Familie
Autosomal-dominant	Möglichst großer Stammbaum mit gesicherten und für die RFLPs heterozygoten Merkmalsträgern
Autosomal-rezessiv	Patient, Eltern und möglicherweise Geschwister
	Die günstigste Situation ist bei Heterozygotie der Eltern für die RFLP-Allele und Homozygotie der Patienten gegeben
X-chromosomal-rezessiv	Männliche Verwandte (wie Vater oder Großvater)
Generelle Voraussetzung:	Indexpatienten sind zur Diagnostik fraglicher Anlageträger obligat

ist ein RFLP ein klarer Marker, wenn er sich bei allen erkrankten Verwandten nachweisen läßt, nicht aber bei den Gesunden.

Da sich dominante Erkrankungen manchmal erst spät manifestieren, klärt eine Anwesenheit des Markers bei fraglichen Anlageträgern oder bei Feten die genotypische Situation und damit das Übertragungs- bzw. Erkrankungsrisiko.

Bei autosomal-rezessiven Erkrankungen läßt sich in dem betroffenen Kind ein Marker von jedem Elternteil nachweisen. X-chromosomale Erbgänge werden durch einen RFLP auf dem X-Chromosom des Mannes und durch zwei RFLPs bei der Frau markiert.

In der Praxis bedeutet dies, daß Kopplungsanalysen mit RFLPs nur innerhalb von Familienuntersuchungen durchgeführt werden können, in die neben dem Patienten auch seine Eltern und häufig noch andere Angehörige einbezogen sind. Bei X-chromosomal-rezessivem Erbgang sind insbesondere die männlichen Familienmitglieder (z. B. Vater und Großvater einer ratsuchenden Frau) informativ.

Bei autosomal-dominanten Erkrankungen sollte ein möglichst großer Stammbaum mit gesicherten Merkmalsträgern und Nicht-Merkmalsträgern vorhanden sein, wobei die Merkmalsträger heterozygot für die RFLPs sein sollten. Bei autosomal-rezessiven Erkrankungen genügen neben dem Patienten die Eltern und mögli-

cherweise Geschwister, wobei in der günstigsten Situation die Eltern heterozygot und der Erkrankte homozygot für die RFLP-Allele ist. Andere Konstellationen lassen nur in begrenztem Umfang Aussagen zu.

Die Möglichkeit der Anwendung in der Pränataldiagnostik hängt in jedem Einzelfall immer vom Ergebnis einer individuellen Familienuntersuchung ab (Übersicht 1.22).

Eine aufsehenerregende, nun jedoch bereits historische Kopplungsanalyse aus dem Jahre 1983, von Gusella et al. in *Nature* publiziert, zeigt die Abb. 1.24. Es handelt sich um den polymorphen DNA-Marker G8, der mit dem Genort für Chorea Huntington gekoppelt ist. Genau 10 Jahre später wurde der exakte Genort im Telomerbereich von Chromoson 4 lokalisiert.

1.3.3 Genkartierung

Die physikalische Kartierung wurde in Kap. 1.1.2 bereits beschrieben und die genetische Kartierung angesprochen. Hier soll nun ausführlicher beschrieben werden, wie Gene zu identifizieren sind, die Mutationen tragen, die zu menschlichen Krankheiten führen. Bis 1980 war wenig über die Lokalisation solcher Gene bekannt. Dann allerdings ging die Entwicklung

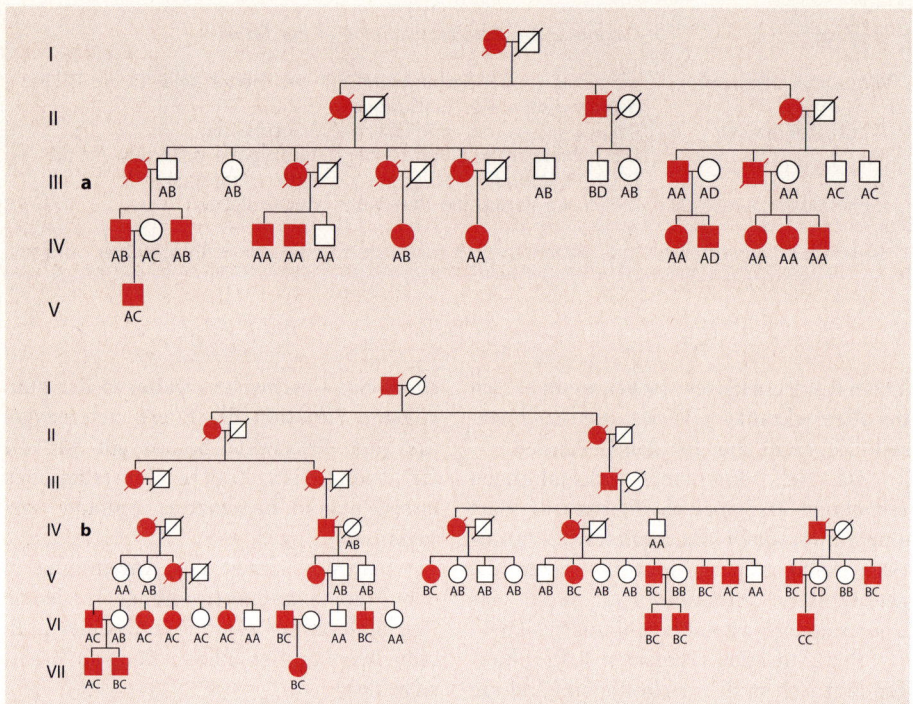

Abb. 1.24. a, b. Originalstammbäume von **a** der amerikanischen Familie und **b** der Familie aus Venezuela. A, B, C und D repräsentieren verschiedene Allele eines DNA-Polymorphismus. Das Chorea-Huntington-Gen segregiert in **a** mit dem A Haplotyp von G8 und in **b** mit dem C Haplotyp. Ein Mitglied der Sippe b, VI, 5 war zum Untersuchungszeitpunkt nicht betroffen. (Aus Guselle et al. 1983)

durch die Entdeckung polymorpher DNA-Marker und die Entwicklung der PCR-Methoden für Kopplungsanalysen sehr rasch. Heute wird ungefähr jede Woche ein entsprechendes Gen identifiziert. Dabei kann man vier Hauptstrategien für die Klonierung und Kartierung ausmachen. Es sind dies

- die funktionsspezifische Klonierung,
- die positionelle Klonierung,
- positionsunabhängige Kandidatengenverfahren und
- positionelle Kandidatengenverfahren (Abb. 1.25).

Bei der *funktionsspezifischen Klonierung* wird versucht, ein Gen aufgrund der Funk-

tionsinformation, die man darüber besitzt, zu identifizieren. So kann man über das Genprodukt das Gen identifizieren, indem man genspezifische Oligonukleotide herstellt und diese für die Suche in c-DNA-Banken (c = copy-DNA, DNA, die mit dem Enzym Reverse Transkriptase über eine m-RNA-Matrize synthetisiert wurde) einsetzt. Eine andere Methode benutzt spezifische Antikörper, die über das Proteinprodukt erzeugt werden. Diese lassen sich dann ebenfalls nach verschiedenen Methoden zur Suche der zugehörigen c-DNA einsetzen. So wurde z. B. das Gen für den Blutgerinnungsfaktor VIII durch funktionspezifische Klonierung über Oligonukleotide kloniert.

Ein anderer Weg ist die *positionelle Klonierung*. Hierbei muß von dem gesuchten Gen die Zuordnung zu einer chromosomalen Teilregion bekannt sein (über Kopplungsanalyse, chromosomale Anomalien usw.), weitere Informationen sind nicht erforderlich. Man versucht dann über physikalische und genetische Karten eine genauere Positionsbestimmung des Genlokus und der Kandidatengene in diesem Bereich. Da allerdings über das Humangenomprojekt immer mehr Daten vorhanden sind, wird dieses Verfahren mehr und mehr durch das positionelle Kandidatengenverfahren abgelöst. Über positionelle Klonierung wurden Gene für wichtige genetische Erkrankungen isoliert, wie das Gen für Duchenne-Muskeldystrophie, Mukoviszidose, zystische Fibrose, Chorea Huntington, die adulte Form der polyzystischen Niere, Darmkrebs und Brustkrebs.

Das *positionsunabhängige Kandidatengenverfahren* geht von Vermutungen über Kandidatengene aus, ohne daß man eine chromosomale Zuordnung kennt. Man arbeitet hier mit möglichen Homologien zu Phänotypen bei Tieren oder auch beim Menschen, für die ein entsprechendes Gen bereits bekannt ist, oder man prüft, inwieweit das Gen zu einer bereits bekannten Genfamilie aufgrund diagnostischer Befunde gehören könnte. Allerdings war dieser Ansatz bisher selten erfolgreich.

Die gegenwärtig mit Abstand erfolgreichste Methode ist das *positionelle Kandidatengenverfahren.* Hierzu ist notwendig, daß die chromosomale Teilregion für einen Krankheitslokus bekannt ist. Man kann dann über Datenbanken nach Kandidatengenen suchen. Da wir zunehmend mehr über die Zuordnung von menschlichen Genen zu bestimmten Chromosomenbereichen wissen, gewinnt diese Methode immer mehr an Treffsicherheit. So wurde mit dieser Methode das Gen β-Amyloid-Vorläufer-Protein, das bei der

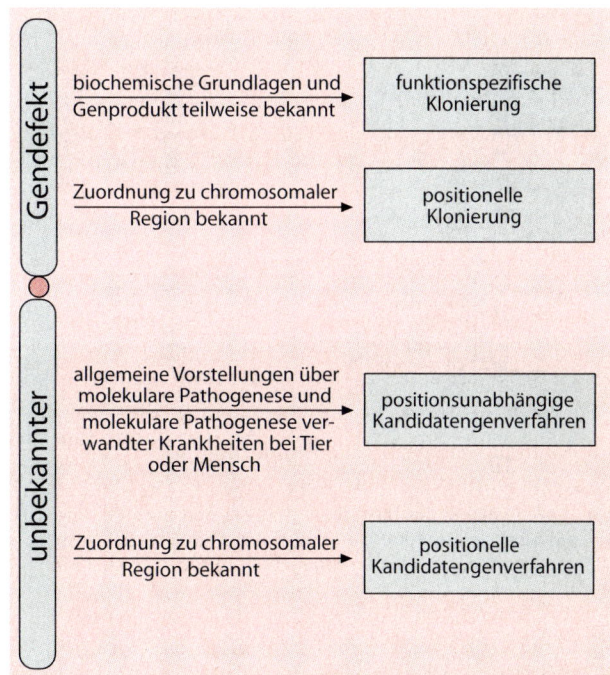

Abb. 1.25. Methoden zur Identifikation von Krankheiten, die einfach mendelnd vererbt werden

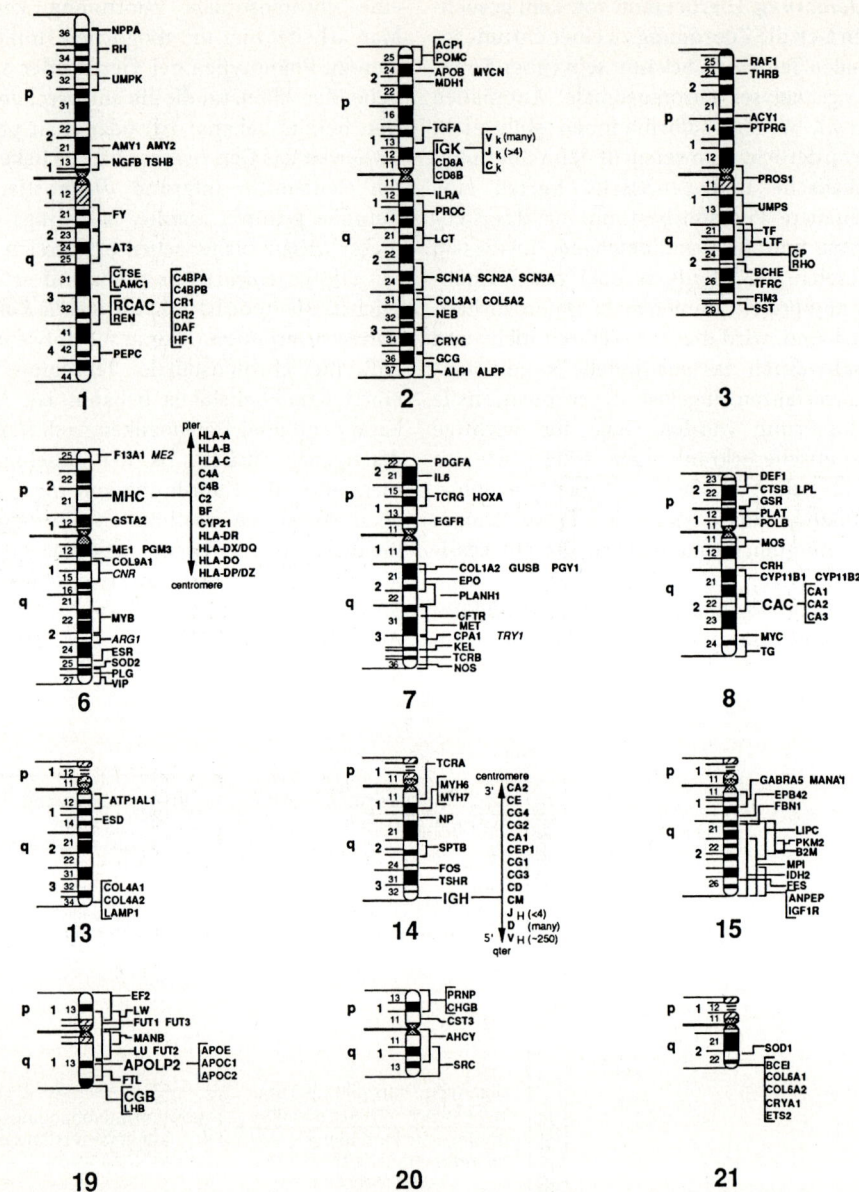

Abb. 1.26. Genkarte des Menschen. Die Loki sind nach der internationalen Nomenklatur gekennzeichnet, provisorische Zuordnungen sind kursiv gedruckt, Gencluster in größeren Buchstaben. *Links* ist die Standard-Bandennomenklatur angegeben. (Aus McKusick 1997)

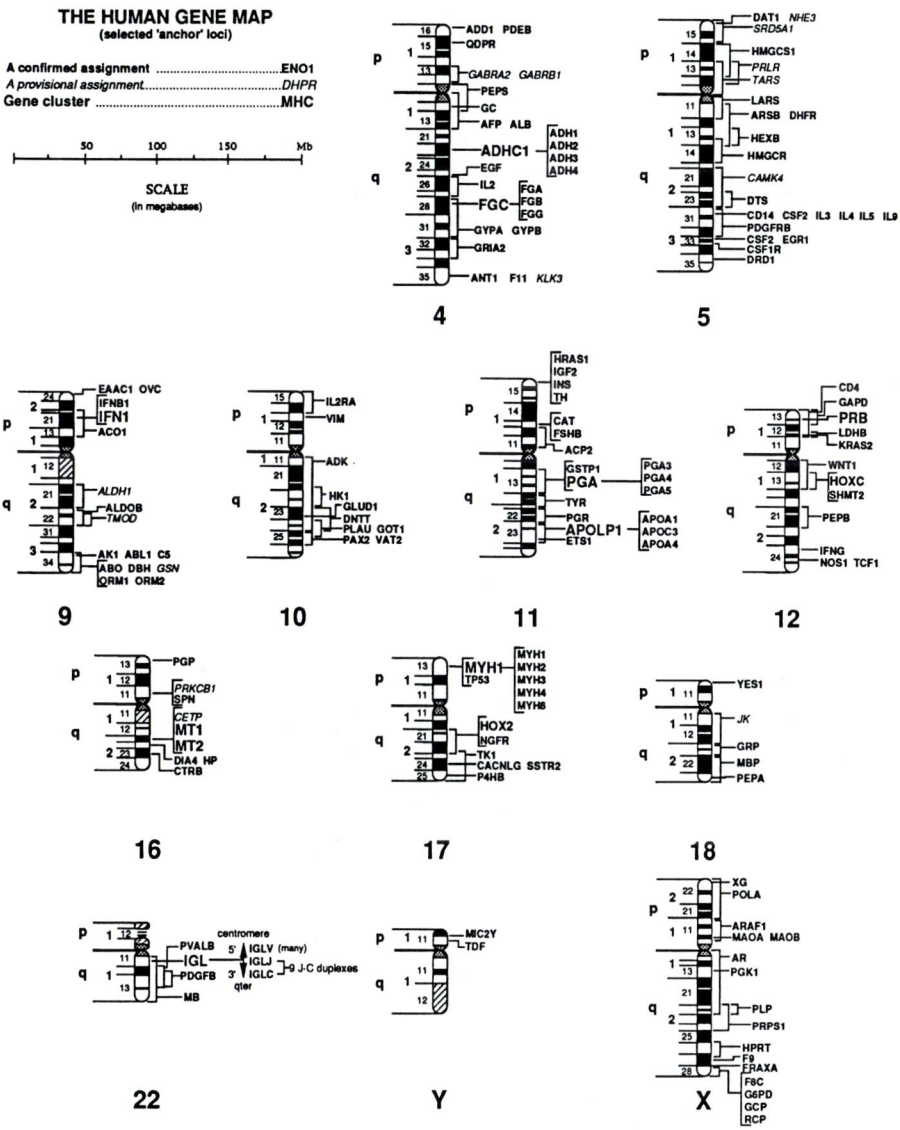

FIGURE B1

THE HUMAN GENE MAP
(selected 'anchor' loci)

A confirmed assignment ENO1
A provisional assignment.............................*DHPR*
Gene cluster ....MHC

SCALE
(in megabases)

Alzheimer-Krankheit eine wesentliche Rolle spielt, genauso entdeckt wie Gene für Marfan-Syndrom, Charcot-Marie-Tooth-Hoffmann-Krankheit, Typ 1 A und B familiäres Melanom, erblicher Nicht-Polyposis Dickdarmkrebs, maligne Hypothermie, multiple endokrine Neoplasie Typ 2A, Retinopathia pigmentosa und Waardenburg-Syndrom Typ 1 (Abb. 1.27). Es sollte jedoch bei allen Erfolgen der molekularen Methoden – bisher sind über 5.000 menschliche polymorphe Genorte bestimmten Chromosomenteilbereichen

zugeordnet (s. Abb. 1.26) – auch erwähnt werden, daß die meisten Krankheiten des Menschen, die durch Gene bedingt sind, eben nicht monogen vererbt, sondern durch Mutationen in mehreren Genen verursacht werden, also polygener Natur sind und multifaktorelle Ursachen (genetische und Umweltparameter) krankheitsauslösend wirken. Hier gilt es in der Zukunft nach Anfälligkeitsgenen zu suchen, wobei hier der Nachweis sich als wesentlich schwieriger herausstellt als bei einfach mendelnden Erkrankungen.

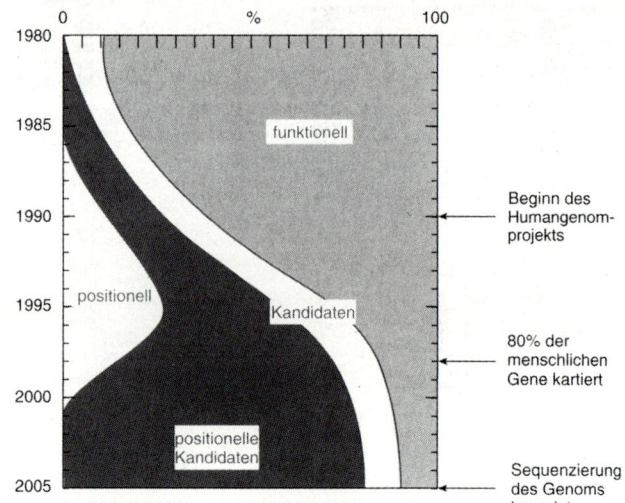

Abb. 1.27. Die Zunahme positioneller Kandidatengen-verfahren bei der Identifizierung von Genen für menschliche Erkrankungen. (Nach Collins, 1995)

2 Mutationen und ihre Folgen für die Gesundheit

In der Regel werden die Chromosomen und die auf ihnen lokalisierten Gene von Generation zu Generation unverändert weitergegeben.

! Die wichtigste Eigenschaft der Gene ist die Fähigkeit zur identischen Reproduktion und damit zur unveränderten Weitergabe durch die Generationen.

In der Meiose wird über die *Rekombination* dieser stabile Bestand in jedem Elternteil neu kombiniert und über die geschlechtliche Fortpflanzung in der Zygote zu einem Individuum aggregiert.

Die Evolution hätte jedoch nie stattgefunden, wenn es von dieser Regel keine Ausnahmen gäbe. Da es gute Gründe dafür gibt, daß alles Leben auf unserem Planeten einen gemeinsamen Ursprung hat, müssen Gene auch die Fähigkeit zu gelegentlichen Änderungen besitzen.

! Eine weitere wesentliche Eigenschaft der Gene, ohne die keine evolutionäre Weiterentwicklung denkbar ist, ist also die Fähigkeit zur spontanen Änderung, zur Mutation.

Wie das Wort „spontan" bereits ausdrückt, erfolgen Mutationen meist ohne erkennbaren Grund, wenn wir auch heute eine ganze Anzahl von induzierenden Faktoren kennen, die solche Prozesse auslösen können.

Der Begriff *Mutation* wurde 1901 von de Vries, nach der Beobachtung plötzlicher genetischer Veränderungen bei der Pflanze Oenothera lamakkiana eingeführt. Die ersten induzierenden Faktoren entdeckte 1927 Muller in Röntgenstrahlen bei Drosophila melanogaster. Chemische Agentien als auslösendes Prinzip beschrieben erstmals 1942 Auerbach und Robson unabhängig voneinander nach Untersuchung von N-Lost bei Drosophila melanogaster und 1943 Oehlkers nach Untersuchung von Urethan bei Oenothera.

2.1 Arten von Mutationen

2.1.1 Klassifizierung von Mutationen

Mutationen lassen sich je nach Art der Veränderung in drei Gruppen unterteilen:

- Genommutationen
- Chromosomenmutationen
- Genmutationen

Die Auswirkungen von Mutationen beim Menschen sind in allgemeiner Form in Übersicht 2.1 zusammengefaßt und spezieller für Genom- und Chromosomenmutationen in Kap. 4 und für Genmutationen in Kap. 5 behandelt.

	Genommutationen Chromosomenmutationen	Genmutationen
In Keimzellen (einschl. früher Furchungsstadien)	Aborte Mißbildungen	Anomalien mit Mendelschem Erbgang
In somatischen Zellen	Tumoren Mißbildungen durch Fruchtschädigung	

2.1.2 Mechanismen der Entstehung

Genommutationen

> **!** Genommutationen sind Veränderungen der Chromosomenzahl (Aneuploidien).

Genommutationen können durch meiotische oder mitotische Non-disjunction-Prozesse oder durch Chromosomenverlust eintreten. Sie entstehen also in der Regel durch Neumutation in einer der Keimzellen der Elterngeneration oder in frühen Furchungsstadien.

> **!** Man bezeichnet Zellen, die ein oder mehrere Chromosomen zuviel haben, als hyperploid, Zellen, die ein oder mehrere Chromosomen zu wenig haben, als hypoploid.

Beim Menschen sind hypoploide Zellen normalerweise nicht lebensfähig. Hyperploide Zellen können durchaus lebensfähig sein, aber sie erzeugen beim Menschen Mißbildungen verschiedenen Schweregrades. Beispiele hierzu werden noch im einzelnen beschrieben (s. Kap. 4.2 und 4.3). Auch bei hypoploiden Zellen gibt es Ausnahmen. So ist der meist postzy-gotische Verlust eines X- oder Y-Chromosoms durchaus mit dem Leben vereinbar, führt aber zu Anomalien in der Entwicklung (Turner-Syndrom). Der Verlust eines Autosoms ist immer letal.

Ein anderer Mechanismus, der zu Veränderung der Chromosomenzahl führt, ist die *Polyploidisierung.* Sie ist eine Vermehrung um ganze Chromosomensätze. Beim Menschen beobachtet man nur *Triploidien* (3n = 69 Chromosomen). Sie führen zu Embryonen und Feten mit vielfältigen Mißbildungen. *Tetraploidien* dagegen sind nicht mehr mit der Entwicklung eines Embryos vereinbar (Übersicht 2.2).

Es existieren aber auch Anomalien, bei denen der Karyotyp vordergründig normal erscheint. Sie sind auf unterschiedliche Verteilung der elterlichen Chromosomen zurückzuführen. So können sämtliche Chromosomen von einem Elternteil stammen *(uniparentale Diploidie).* Sie führt nicht zur Entwicklungsfähigkeit. Die *uniparentale Disomie,* bei der lediglich die beiden Homologen eines bestimmten Chromosomenpaares von einem Elternteil vererbt wurden, ist dagegen oft für Krankheiten mitverantwortlich.

Chromosomenmutationen

> **!** Chromosomenmutationen sind Veränderungen der Chromosomenstruktur.

Übersicht 2.2. Entstehungsmechanismen von Genommutationen

Mechanismus	Folgen
Non-disjunction (häufiger meiotisch seltener mitotisch)	meiotisch; Trisomien, Monosomien mitotisch: chromosomale Mosaike
Chromosomenverlust	Monosomien (beim Menschen nur Turner-Syndrom lebensfähig; häufig Verlust des väterlichen X-Chromosoms)
Polyploidisierung	Triploidien, Tetraploidien
Uniparentale Diploidie	Blasenmole bzw. Teratome
Uniparentale Disomie	Auslöser für genetische Erkrankungen

Chromosomenmutationen gibt es in vielfältiger Weise. Man bezeichnet sie je nach Strukturveränderung als

- Deletionen,
- Duplikationen,
- Insertionen,
- Inversionen oder
- Translokationen.

Grundsätzlich können Chromosomenmutationen an jeder Stelle der Chromosomen auftreten. Sie lassen sich mit Chromosomenbänderungstechniken und über FISH in der Regel problemlos unter dem Mikroskop diagnostizieren (Übersicht 2.3). Beim Menschen sind sie seltener als Genommutationen. Allerdings entgehen vermutlich viele strukturelle Aberrationen der Beobachtung, weil sie zum Absterben des Embryos führen, bevor der Abgang als Spontanabort erkennbar wird. Daher ist eine genaue Abschätzung der Häufigkeit problematisch. Auch die Phänotypen sind entsprechend der großen Variabilität in der Entstehung vielfältig.

Übersicht 2.3. Die Einteilung der Genom- und Chromosomenmutationen

Genommutationen	Hyperploidien (Beispiel: 2n + 1 = Trisomie)
	Hypoploidien (Beispiel: 2n − 1 = Monosomie)
	Polyploidien (Beispiel: 3n = Triploidie)
Chromosomen-mutationen	Deletion (Verlust eines Chromosomensegments)
	Duplikation (Verdoppelung eines Chromosomensegments)
	Insertion (Inkorporation eines Chromosomensegments)
	Inversion (Drehung eines Chromosomensegments um 180°)
	Translokation (Änderung der Position eines oder mehrerer Chromosomensegmente)

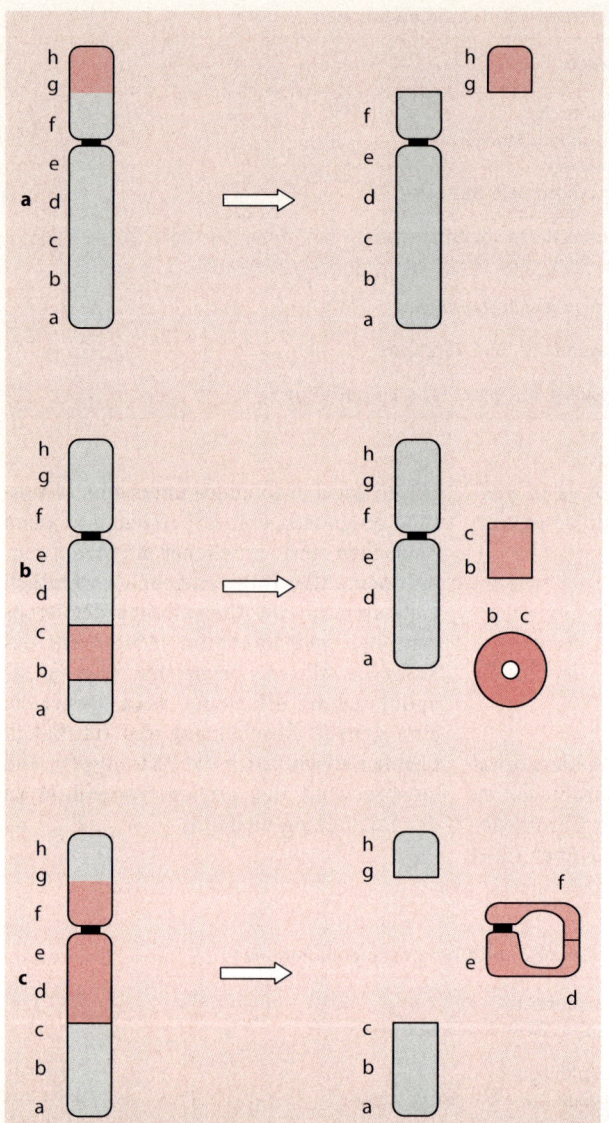

Abb. 2.1. a–c. Schema zu Entstehung und Folgen von Deletionen. **a** Terminale Deletion mit Fragmentverlust; **b** interstitielle Deletion mit Fragmentverlust mit und ohne Ringbildung; **c** interstitielle Deletion mit Ringchromosombildung und Fragmentverlust

Im folgenden sollen die wichtigsten chromosomalen Strukturanomalien nach ihren Entstehungsmechanismen besprochen werden.

Deletionen. Von einer Deletion spricht man, wenn ein Teil eines Chromosoms verlorengegangen ist (Abb. 2.1). Dabei kann man unterscheiden zwischen *terminalen* Deletionen, bei denen Endfragmente entstehen, und *interstitiellen* Deletionen, die zwei Bruchereignisse voraussetzen und bei denen das Fragment aus einem mittleren Chromosomenbereich stammt. Ebenso kann bei interstitiellen Deletionen der Bruchbereich das Zentromer einschließen oder nicht. Durch einen solchen Vorgang entsteht in der Zelle immer ein zentrisches (mit einem Zentromer) und ein azentrisches Chromosomenfragment (ohne Zentromer). Letzteres geht im Mitose- und Meioseverlauf in der Regel verloren, da es keine Ansatzstelle für die Spindelfaser besitzt. Geht ein Telomerbereich durch die Deletion verloren, wird das betroffene Chromosom instabil und in den meisten Fällen abgebaut. Die Entstehung azentrischer Fragmente und der dadurch bedingte Verlust von genetischem Material ist die Ursache dafür, daß größere Deletionen häufig bereits im heterozygoten Zustand zu Letaleffekten sowohl teilweise in der Zygote als auch während der Embryonalentwicklung führen. Bei interstitiellen Deletionen kann es zur Verschmelzung der Bruchenden kommen, was in zentrischen und azentrischen Ringchromosomen resultiert. Letztere gehen wegen des fehlenden Zentromers verloren. Bei mit dem Leben zu vereinbarenden Deletionen sind häufig schwere Mißbildungen die Folge.

Translokationen. Translokationen (Abb. 2.2) sind chromosomale Strukturveränderungen, in deren Verlauf entweder ein Chromosomensegment in einer neuen Lage im gleichen Chromosom eingebaut oder auf ein anderes Chromosom übertragen wird. Auch können zwei Segmente zwischen homologen oder inhomologen Chromosomen wechselseitig ausgetauscht werden.

Im letzten Falle – häufig wird der Terminus Translokation ausschließlich in diesem Sinne verstanden – müssen zwei verschiedene Chromosomenstücke abbrechen, also zwei Bruchereignisse auftreten, die dann wechselseitig ausgetauscht werden. Man spricht hier korrekt von einer *reziproken Translokation,* von einer *nichtreziproken Translokation* spricht man, wenn ein Stück eines Chromosoms abbricht und auf ein anderes Chromosom übertragen wird (Abb. 2.3 und 2.4).

Bei reziproken Translokationen kann nach dem Austausch der Fragmente jedes der beiden beteiligten Chromosomen ein Zentromer besitzen. Weitere mitotische Zellteilungen können dann ungestört ablaufen. Ist aber ein Translokationschromosom aus zwei Fragmenten mit Zentromeren hervorgegangen und enthält daher

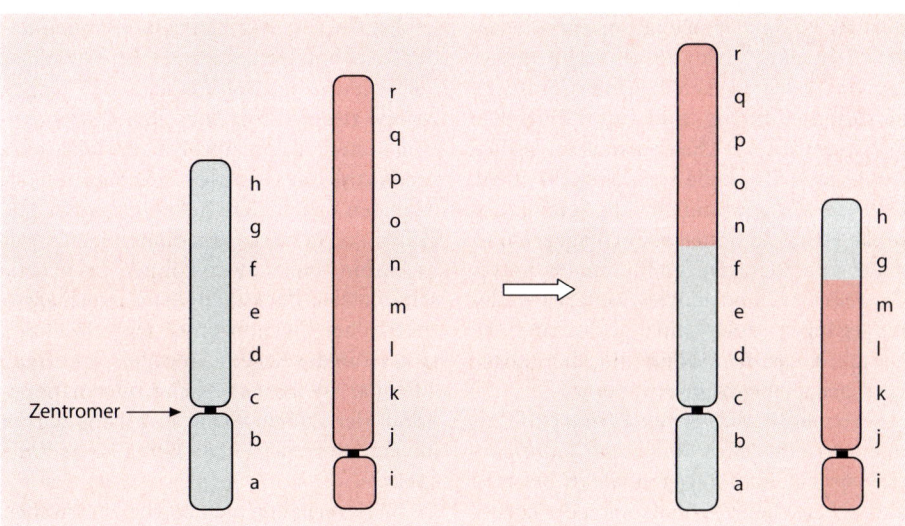

Abb. 2.2. Schema zur Entstehung einer reziproken Translokation

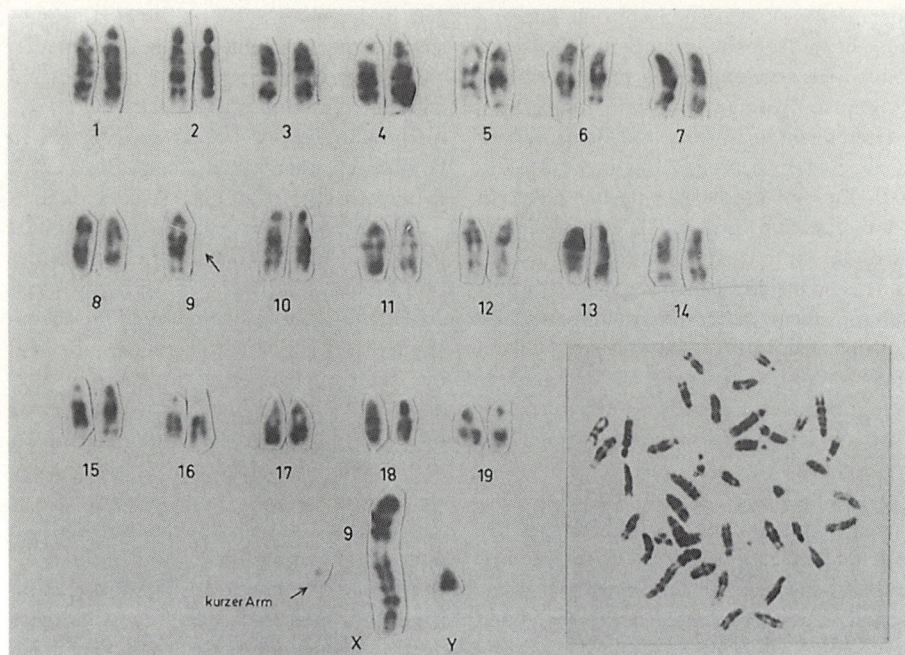

Abb. 2.3. Experimentell bei der Maus induzierter nichtreziproker Translokationsträger. Durch Behandlung der Elterngeneration mit einer mutagenen Verbindung wurde in der Oozyte der Mutter des Trägers eine Translokation des langen Arms des X-Chromosoms auf das Chromosom 9 induziert. Der Zentromerbereich des X-Chromosoms mit dem kurzen Arm blieb als eigenständiges kleines Chromosom erhalten. Die befruchtete Oozyte führte zu einer gesunden männlichen Maus, da kein genetisches Material verlorengegangen war. (Nach Buselmaier 1976)

das reziproke Translokationschromosom kein Zentromer, so kommt es zu einem Verlust des „azentrischen" Chromosoms und zu Brückenbildung und zum Zerreißen des dizentrischen Chromosoms im Verlauf der Mitose. Die Zelle ist also nicht stabil. Der Effekt ist gewöhnlich letal. Stabile reziproke Translokationen haben dagegen normalerweise keine Folgen für den Phänotyp, da weder chromosomales Material verlorengegangen noch hinzugekommen ist. Lediglich die Anordnung in den Kopplungsgruppen wurde verändert.

Von einer *zentrischen Fusion* (Abb. 2.5 und 2.6) oder auch *Robertson-Translokation* spricht man dagegen, wenn bei zwei akrozentrischen Chromosomen die kurzen Arme in der Nähe des Zentromers abbrechen und diese beiden Chromosomen in der Gegend des Zentromers miteinander verschmelzen. Es entsteht ein Translokationschromosom, das aus den langen Armen zweier akrozentrischer Chromosomen besteht. Das reziproke Translokationsprodukt, das aus den kurzen Armen besteht, ist in den Zellen nicht mehr auffindbar. Die Träger solcher Translokationen haben nur 45 Chromosomen, wobei ihnen das genetische Material der kurzen Arme zweier akrozentrischer Chromosomen fehlt. Dennoch sind sie in der Regel phänotypisch normal. Offenbar ist der genetische Informationsgehalt der kurzen Arme so gering, daß er für eine normale Entwicklung keine Rolle spielt.

Wie verhalten sich solche zentrischen Fusionen oder Robertson-Translokationen in der Meiose? In der ersten meiotischen

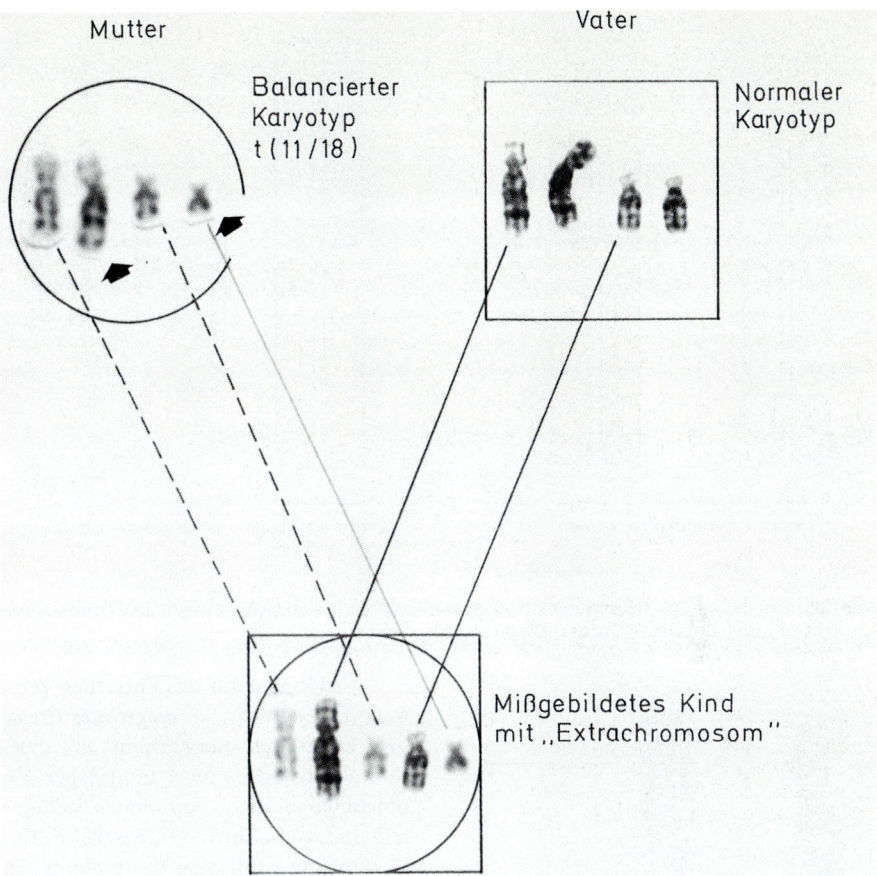

Abb. 2.4. Nichtreziproke Translokation eines Teils der langen Arme des Chromosoms 18 auf das Chromosom 11 (balanciert). Die Translokation führte bei dem Kind der Familie zu einer partiellen Trisomie 18, da das deletierte Chromosom nicht regelgerecht verteilt wurde. Von den beiden Chromosomen 11 wurde das ohne Translokation vererbt

Teilung paaren sich die homologen Chromosomenabschnitte. Da von jedem Chromosom zwei homologe Partner vorhanden sind, erhalten wir im Normalfall *Bivalente.* Die homologen Abschnitte der Translokationsprodukte paaren sich in der Meiose ebenfalls. So paart sich bei einer zentrischen Fusion das Translokationschromosom, das aus den beiden langen Armen zweier akrozentrischer Chromosomen besteht, mit den langen Armen der beiden homologen akrozentrischen Chromosomen. Wir erhalten also ein *Trivalent.* Bei Trivalenten ist im Gegensatz zu Bivalenten eine exakte polare Verteilung homologer Chromosomenabschnitte auf die Tochterzellen nicht mehr gewährleistet. Es können daher Gameten mit nichtbalanciertem Chromosomensatz entstehen. Ist also ein Elternteil Träger einer zentrischen Fusion, so kann diese Translokation sowohl in balancierter Form als auch in nichtbalancierter Form an die Kinder weitergegeben werden.

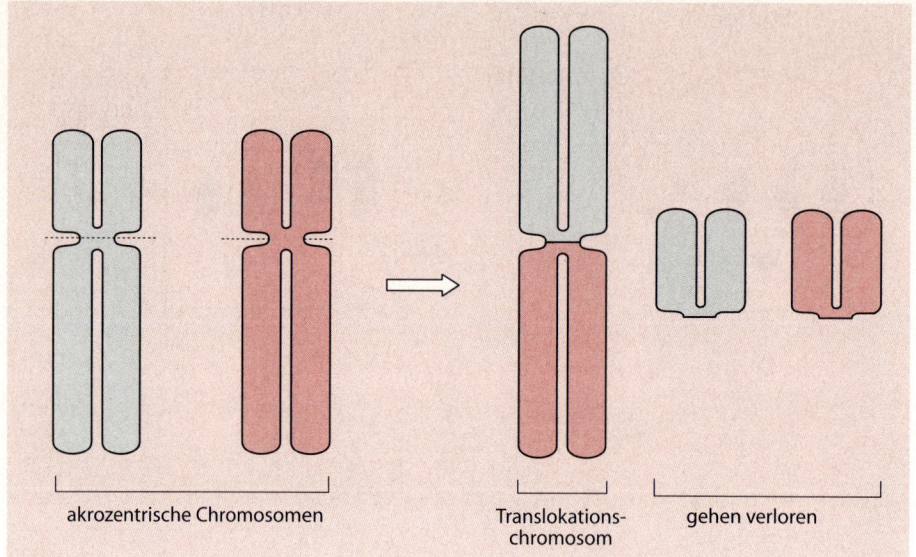

akrozentrische Chromosomen | Translokations-chromosom | gehen verloren

Abb. 2.5. Schema zur Entstehung einer zentrischen Fusion (die exakte Bruchstelle im Zentromerbereich ist nicht bekannt und daher in der Abbildung hypothetisch)

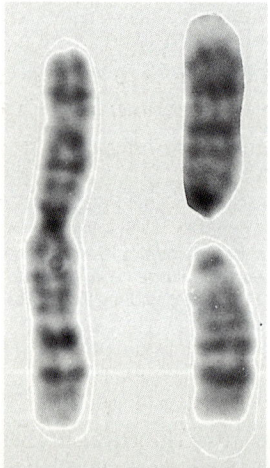

Abb. 2.6. Zentrische Fusion zwischen dem Chromosom 1 und 3 der Maus. Die Fusion ist auf dem Wege einer neuen Artabspaltung von Mus musculus musculus und Mus musculus poschiavinus evolutionär entstanden

Duplikationen. Unter einer Duplikation (Abb. 2.7) versteht man ein zweimaliges Auftreten ein und desselben (kleineren oder größeren) Chromosomensegments im haploiden Chromosomensatz.

Als Ursache für das Entstehen von Duplikationen wird u. a. *illegitimes Crossing-over* angesehen. Man nimmt an, daß ein Kontakt zwischen zwei homologen Chromosomen an nicht-homologen Stellen eintritt und so ein Chromatidenstück des einen Chromosoms mit dem des anderen Chromosoms vereinigt wird. Gerade Duplikationen haben in der Evolution eine große Rolle bei der Entstehung neuer Gene gespielt.

Auch kann durch Chromosomenfragmentation oder Chromosomenbruch ein Teilstück eines Chromosoms oder einer Chromatide abgetrennt werden. Dieses Stück kann an eine Bruchstelle des homologen Chromosoms bzw. der Chromatide angeheftet werden.

Inversionen. Bei einer Inversion (Abb. 2.8) liegt eine Drehung eines Chromosomenstücks innerhalb eines Chromosoms um 180° vor. Hierzu sind zwei Bruchereignisse innerhalb des Chromosoms notwendig. Das herausgebrochene Stück dreht sich und wird umgekehrt in die Bruchstelle wieder eingebaut.

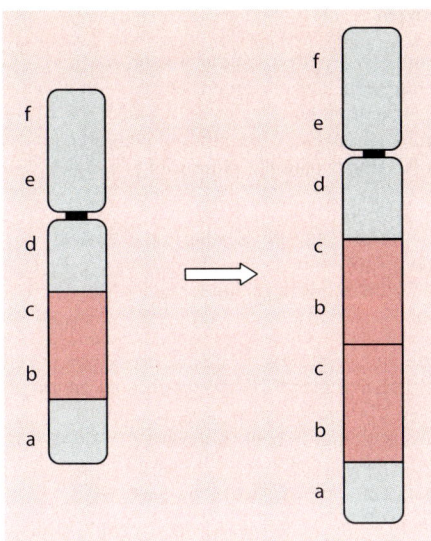

Abb. 2.7. Schema zur Entstehung von Duplikationen

Auswirkungen. Sowohl strukturelle Chromosomenaberrationen als auch Chromosomenfehlverteilungen führen in der überwiegenden Zahl der Fälle zu klinischen Syndromen von erheblichem Schweregrad. Dabei ist allerdings zu beachten, daß das klinische Bild in sehr vielen Fällen ohne zytogenetische Analyse keinen sofortigen Rückschluß

auf die Art des chromosomalen Defekts zuläßt. Nicht balancierte Chromosomenfehlverteilungen oder Strukturveränderungen führen offenbar zu Störungen des genetischen Gesamtgleichgewichts, so daß trotz verschiedenster Ursachen häufig gleichartige morphologische Veränderungen beobachtet werden können (z. B. Gedeihstörungen, psychomotorische Retardierung, Mikrozephalie, Augenstellungsanomalien, abnorme Nasenform, zurückweichender zu kleiner Unterkiefer, fehlgestaltete und – fehlsitzende Ohren, Spaltbildungen, Hand- und Fußstellungsanomalien, Herz- und Nierenfehlbildungen). Natürlich treten neben diesen auch Symptome auf, die einen bestimmten chromosomalen Defekt charakterisieren (Übersicht 2.4).

Es ist zu hoffen, daß es der humangenetischen Forschung in den nächsten Jahren gelingt, durch zunehmende Kenntnis der beteiligten Gene – sowohl bei Genommutationen als auch bei Chromosomenmutationen – die verursachenden Prinzipien über die zytogenetische Diagnostik hinaus besser zu verstehen. Einen Ansatz eröffnet ein spezielles Tiermodell, die *transgenen Mäuse.* Damit ist es möglich, einzelne bekannte Gene in das Genom der Tiere zu integrieren und beispielsweise trisome

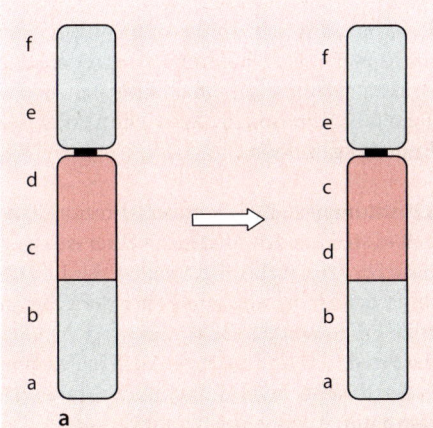

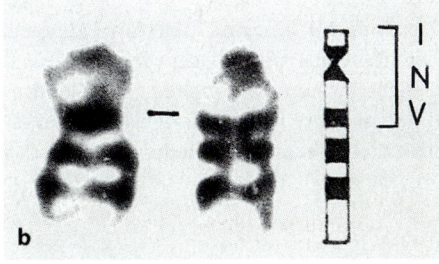

Abb. 2.8 a Schema zur Entstehung von Inversionen; **b** Inversionen am Chromosom 7 des Menschen, die das Zentromer mit einschließt (perizentrische Inversion)

Deletion	Terminale und interstitielle Deletionen, Zentromerbereich kann mit eingeschlossen sein, führen zu Verlust von Chromosomenbereichen, und in seltenen Fällen zu Ringchromosomenbildung. *Folgen:* Häufig schwere Mißbildungen (Deletionssyndrome), embryonale Letalität und erhöhtes Tumorrisiko durch partielle Monosomie
Translokation	● Nichtreziproke Translokation Chromosomensegment wird in neuer Lage im gleichen oder einem anderen Chromosom eingebaut. *Folgen:* Vielfältig von unauffällig bis schwere Mißbildungen ● Reziproke Translokation Wechselseitiger Austausch zwischen homologen oder inhomologen Chromosomen. Als Sonderfall Robertsonsche Translokation oder zentrische Fusion bei akrozentrischen Chromosomen. *Folgen:* Stabile reziproke Translokationen haben normalerweise keine Folgen für den Phänotyp. In der Meiose können Gameten mit nicht-balanciertem Chromosomensatz entstehen. Nichtstabile reziproke Translokationen führen gewöhnlich zur Letalität.
Duplikation	Zweimaliges Auftreten desselben Chromosomensegments im haploiden Chromosomensatz. Eine Ursache für Duplikationen ist illegitimes Crossing-over zwischen homologen Chromosomen. *Folgen:* Abhängig von der genetischen Information des duplizierten Segments und der Änderung in der Genbalance. Es können Gameten entstehen, die zu einer partiellen Trisomie führen. Ein Spezialfall der Duplikation am X-Chromosom ist die Entstehung eines Isochromosoms. Die Folge ist partielle Trisomie und partielle Monosomie.
Inversion	Drehung eines Chromosomensegments um 180°. Ist das Zentromer eingeschlossen, so spricht man von einer perizentrischen Inversion, ist nur ein Chromosomenarm betroffen von einer parazentrischen. *Folgen:* Wegen Euploidie der Träger sind besondes bei parzentrischen Inversionen in der Regel keine klinische Folgen zu erwarten. Perizentrische Inversionen können zu verschiedenen Anomalien, meiotischen Segregationsstörungen und Embryoletalität führen.

Zustände für einzelne Gene zu erzeugen. Die Exprimierung dieser Trisomien auf Genebene kann uns helfen, die Genprodukte und ihre Folgen für den Gesamtorganismus besser zu verstehen.

Genmutationen

 Genmutationen sind mikroskopisch unsichtbare, kleine molekulare Änderungen.

Punktmutationen sind Änderungen, die *nur ein* einziges Basenpaar betreffen. Sie sind tatsächlich die am häufigsten beobachteten Mutationen. Man kann folgende Einteilung treffen:

Substitutionen. Bei einer Substitution handelt es sich um den Austausch einer einzigen Base im Triplet. Ein Beispiel ist die Entstehung der Sichelzellanämie, bei der HbA in HbS umgewandelt ist (s. Kap. 2.3. 1). Auf der Ebene der Aminosäuren wird in Position 6 der β-Kette des Hämoglobins Glutaminsäure durch Valin ersetzt (Abb. 2.9).

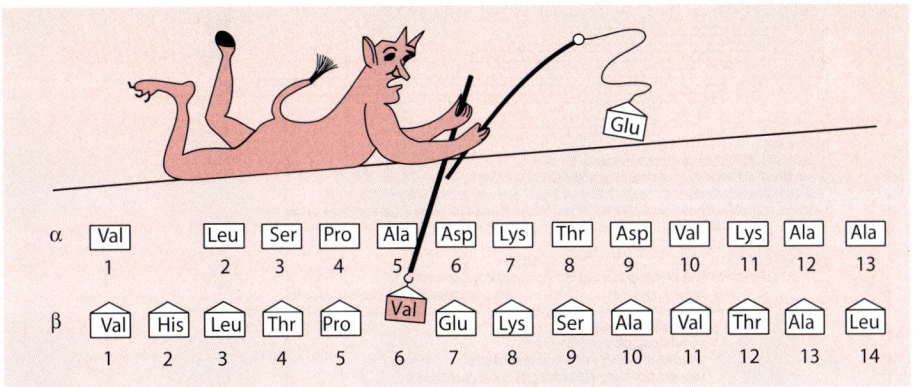

Abb. 2.9. Aminosäureaustausch von Glutaminsäure durch Valin bei der Sichelzellanämie

Auf der Ebene der DNA sind folgende Basensubstitutionen möglich:

CCT → CAT

CTC → CAC

Thymin wird also durch Adenin ersetzt.

> **!** Diese Substitution einer Purinbase durch eine Pyrimidinbase (oder auch umgekehrt) nennt man Transversion. Die Substitution einer Purinbase durch eine Purinbase oder einer Pyrimidinbase durch eine Pyrimidinbase wird als Transition bezeichnet.

Transversion und Transition als Mutationsmechanismen zeigt Abbildung 2.10. Folge einer Substitution auf Genproduktebene ist also der Austausch einer Aminosäure in der Polypeptidkette. Dies ist immer dann der Fall, wenn der Austausch im Kodon auch zu einer anderen Aminosäure führt. Da die einzelnen Positionen im Kodon aber einem unterschiedlichen Grad an Degeneration unterliegen (Wobble-Hypothese), kann es auch zu einem Nukleotidaustausch ohne Veränderung der Aminosäure-Sequenz kommen *(Same-sense-Mutationen)*. Die Substitutionsrate an nicht degenerierten kodierenden Berei-

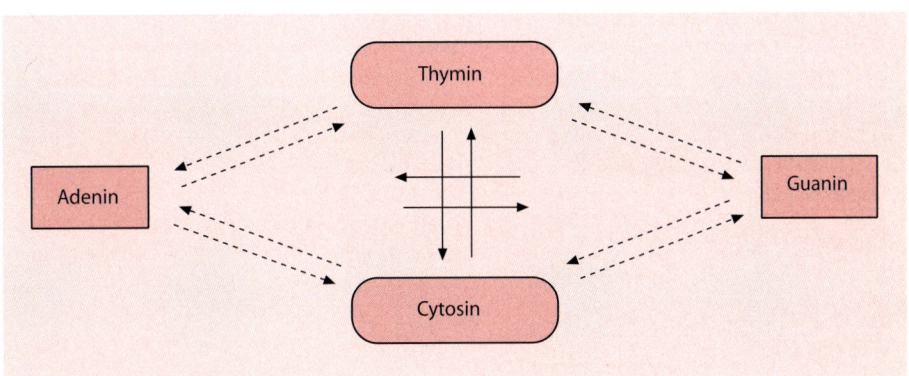

Abb. 2.10. Transition und Transversionen als Mutationsmechanismen auf molekularer Ebene (4 Transitionen ⇄ und 8 Transversionen ⇄ sind möglich; ▭ = Purinbase, ⬭ = Pyrimidinbase)

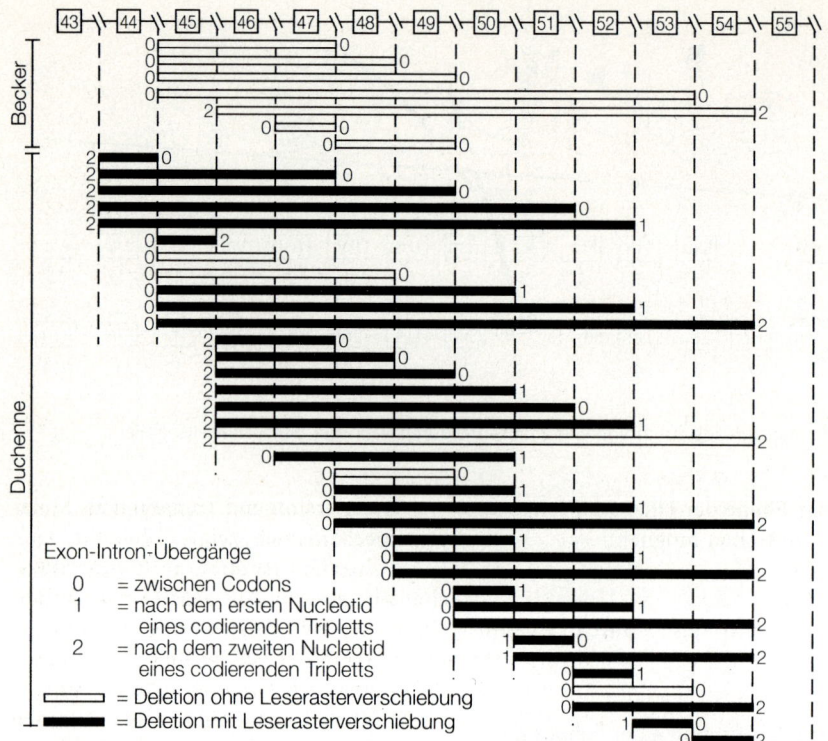

Abb. 2.11. Deletionen im mittleren Teil des Dystrophingens. Es treten sowohl frame-shift-Mutationen auf, die in der Regel zur schwereren Duchenneschen Form führen, als auch solche ohne Leserasterverschiebung, die zur leichteren Beckerschen Form führen. Die numerierten Kästen symbolisieren die Exons 43–55. (Nach Strachan 1994)

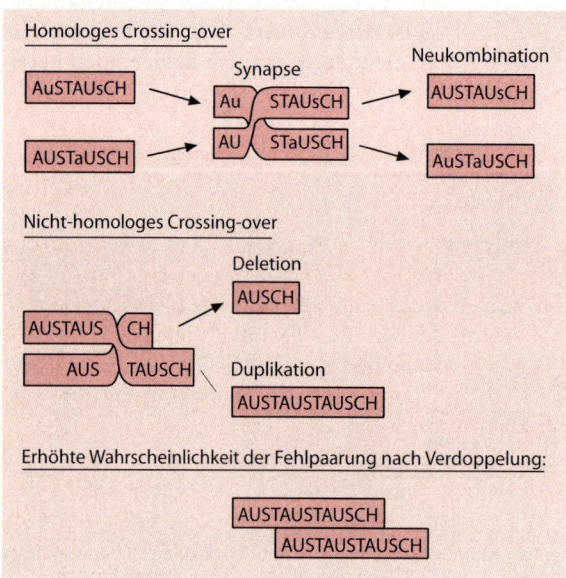

Abb. 2.12. Homologes und inhomologes Crossing-over. (Nach Lenz 1983)

chen ist sehr gering, da hier der Selektionsdruck konserviert.

Deletionen. Weit weniger häufig als Substitutionen sind Deletionen. Es kann sich dabei um die Deletierung eines Basenpaares oder um den Verlust eines oder mehrerer Triplet-Kodons handeln. Letzteres führt zum Ausfall von Aminosäuren in der Polypeptidkette. Die Deletierung eines Basenpaares hat eine Verschiebung des Leserasters zur Folge. In der Regel bedingt diese eine komplette Veränderung der Aminosäuresequenz. Man bezeichnet diesen Typ von Mutation als *Frame-shift-Mutation.* Als Beispiel sei hier das Dystrophiegen erwähnt. Deletionen in seinem mittleren Abschnitt führen zu einer Becker- (also zu einer leichteren Erkrankung) oder Duchenne-Muskeldystrophie. Deletionen mit Verschiebung des Leserasters führen meist zur schweren Duchenne-Form (Abb. 2.11).

Insertionen. Sehr selten können auch – umgekehrt wie bei der Deletion – ein oder mehrere Basenpaare neu integriert werden. Der Effekt ist der gleiche wie bei der molekularen Deletion. Es kommt zu einer Verschiebung des Leserasters.

Duplikationen. Wie bei der chromosomalen Duplikation entstehen Duplikationen auf Genebene häufig durch illegitimes oder nicht homologes Crossing-over. Jedoch ist das duplizierte Segment Teil eines Gens oder ein komplettes Gen. In der Evolution sind durch solche Prozesse ganze *Stoffwechselketten* schrittweise aufgebaut worden, indem nach erfolgten Genverdoppelungen Punktmutationen modifizierend einwirkten (Abb. 2. 12).

Trinukleotidwiederholungen. Es handelt sich hier um einen Mutationstyp, der erst vor wenigen Jahren entdeckt wurde und den man in dieser Form nicht erwartet hatte. Er besteht in einer Amplifikation eines Motivs, das aus drei Basen besteht,

das instabil ist und sich zunehmend vermehrt (s. Kap. 5, 6.10). 1991 entdeckte man dieses Phänomen beim fragilen X-Syndrom und später bei der myotonischen Dystrophie und der Chorea Huntington. Das Lebensalter und die Schwere des Krankheitsverlaufs korrelieren mit der Anzahl der Trinukleotidwiederholungen. Auch konnte der bereits früher bestehende Verdacht, daß bei diesen Erkrankungen die Krankheit sich in aufeinander folgenden Generationen immer früher manifestiert und immer schwerer verläuft *(Antizipation)* bestätigt werden. Die Anzahl der repetitiven Sequenzen nimmt von Generation zu Generation zu. Über die genetischen Mechanismen, die den Verlängerungen repetitiver Tripletsequenzen zugrunde liegen, ist noch wenig bekannt. Möglicherweise entstehen schwache Wiederholungen durch Fehlpaarung gegeneinander verschobener DNA-Stränge. Ist eine bestimmte Wiederholungssequenz erst einmal vorhanden, kann es über ungleiches Crossing-over von Schwesterchromatiden zu starken Verlängerungen kommen. Es kann aber auch ein bisher unbekannter, völlig anderer Mechanismus verantwortlich sein. Mehrere bisher beschriebene Gene enthalten das Wiederholungsmotiv $(CAG)_n$ im kodierenden Bereich, welches als Polyglutamin translatiert wird. In nicht pathologischen Genen finden sich 10–30 Wiederholungen, in pathologischen findet man 40 bis 100 Wiederholungsmotive. Ein anderes Wiederholungsmotiv ist $(CGG)_n$. Man findet es in nicht kodierenden Bereichen mit einer Wiederholungssequenz von 10–50 Kopien. Diese können sich im pathologischen Falle auf hunderte bis tausende ausdehnen. Dies beeinflußt offenbar die DNA-Methylierung und die Chromatinstruktur. Es entstehen bruchanfällige Bereiche an den Chromosomen (vgl. fragiles X-Syndrom). Bei der myotonischen Dystrophie ist die Wiederholungssequenz $(CTG)_n$ bisher einzigartig im untranslatierten Bereich am 3′-Ende des Gens der Dystrophia-myotonica-Kinase aufgetreten. Das Normalgen

Übersicht 2.5. Krankheiten, die auf instabile Trinnkleotidsequenzen im menschlichen Genom zurückzuführen sind. (Nach Strachan, Read 1996)

Krankheit	MIM-Nummer	Position des Gens	Position der repetitiven Sequenz	repetitive Sequenz
Huntington-Krankheit	143100	4p16.3	kodierender Bereich	$(CAG)_n$
Kennedy-Syndrom	313200	Xq21	kodierender Bereich	$(CAG)_n$
spinocerebellare Ataxie 1 (*SCA1*)	164400	6p23	kodierender Bereich	$(CAG)_n$
dentatorubropallidolysiane Atrophie (*DRPLA*)	125370	12p	kodierender Bereich	$(CAG)_n$
Machado-Krankheit (*MJD, SCA3*)	109150	14q32.1	kodierender Bereich	$(CAG)_n$
Fragiles-X-Syndrom Position A (*FRAXA*)	309550	Xq27.3	5'UTR	$(CGG)_n$
Fragiles-X-Syndrom Position E (*FRAXE*)	309548	Xq28	?	$(CCG)_n$
Fragiles-X-Syndrom Position F (*FRAXF*)	600226	Xq28	?	$(GCC)_n$
Fragilität des Chromosoms 16 Position A (*FRA16A*)	136580	16q22	?	$(CCG)_n$
myotonische Dystrophie (*DM*)	160900	19q13	3'UTR	$(CTG)_n$

(MIN = Mendolian Inheritance in Man)

Übersicht 2.6. Genmutationen und ihre Folgen

Substitution	Transition und Transversion
Deletion	Ausfall von Aminosäuren oder Frame-shift-Mutation
Insertion	Frame-shift-Mutation
Duplikation	Zweimaliges Auftreten eines Gens oder eines Teils davon
Instabile repetitive Trinukleotidsequenzen	z. B. $(CAG)_n$, $(CGG)_n$, $(CTG)_n$
Stop-Kodonmutationen	zu später oder zu früher Kettenabbruch
Nukleotidaustausch ohne Veränderung der Aminosäuresequenz	Same-sense-Mutation
Promotorregionmutation	Pseudogen
Intronmutation	Fehler im Splicing

besitzt 5–35 Wiederholungseinheiten, das pathologische bis zu 2.000 (Übersicht 2.5).

Sonstige wesentliche Typen von Genmutationen. Ist die Nukleotidsequenz an ganz bestimmten kritischen Stellen, z. B. in einen Terminationskodon mutiert, so springt die DNA-Polymerase nicht herunter. Es kommt zur Überlesung der Terminationsstelle. Folgen sind eine Verlängerung der m-RNA und die Bildung einer Nicht-Sinn-Polypeptidkette auf der Grundlage der Translation. Ein Terminationskodon kann durch Mutation an einer nicht dafür vorgesehenen Stelle neu entstehen. Daraus resultiert ein zu früher Kettenabbruch (Beispiel: Neurofibromatose Typ 1).

Darüber hinaus kann die Promotorregion mutiert sein. Dies kann zu einem völligen Ausfall der Transkription für das nachfolgende Gen führen. Das Ergebnis sind die uns bereits bekannten Pseudogene. Fehler im splicing können durch Punktmutationen in Introns enstehen. (BeimTay-Sachs-Syndrom sind solche Mutationen beschrieben, wenngleich der häufigste Mutationstyp hier eine Insertion darstellt, die eine Leserasterverschiebung bewirkt.) (Übersicht 2.6).

2.2 Ursachen von Mutationen

2.2.1 Spontanmutationen

Es wurde bereits erwähnt, daß Mutationen spontan, ohne erkennbare äußere Ursachen auftreten können. Man spricht dann von *Neumutationen* (Übersicht 2.7). Spontane Mutationen treten mit einer bestimmten statistischen Gesetzmäßigkeit als seltene Ereignisse auf, wobei die *Mutationsraten* für verschiedene menschliche Loki unterschiedlich sind. Tatsächlich sind bei der DNA-Replikation auftretende Fehler wesentlich häufiger als sich durch Mutationsraten an Hand von Defektgenen berech-

Übersicht 2.7. Anteil von durch Neumutationen betroffenen Patienten bei autosomal-dominant erblichen Krankheiten (Nach Vogel, Motulsky 1996)

Krankheit	Prozentsatz
Apert-Syndrom	>95
Achondroplasie	80
Tuberöse Sklerose	80
Neurofibromatose	40
Marfan-Syndrom	30
Myotone Dystrophie	25
Chorea Huntington	1
Adulte polyzystische Niere	1
Familiäre Hypercholesterinämie	<1

nen läßt. Die Zelle besitzt nämlich sehr effiziente *Reparatursysteme*, die nach jeder DNA-Replikation die duplizierte DNA auf falsch eingesetzte Basen überprüfen, diese entfernen und durch richtige ersetzen. Sichtbare oder meßbare Mutationen sind also quasi biologische Unfälle, die der Reparatur entgingen. Dabei gehört diese nicht vollständige Reparatur, so gravierende Folgen sie für eine hoch entwikkelte Spezies wie den Menschen auch hat, zum evolutionären Programm.

Die Häufigkeit von Mutationen kann jedoch durch äußere Einflüsse wie z. B. ionisierende Strahlen und bestimmte chemische Stoffe (chemische Mutagene) erhöht werden. Solche Einwirkungen auf die DNA überlasten die Reparatursysteme und führen zu erhöhtem Risiko von Spontanaborten und Mißbildungen verschiedener Schweregrade. Die DNA ist auf diese zusätzlichen Belastungen nicht vorbereitet, denn ihre Reparatursysteme haben sich als Anpassung an die kosmische Strahlung entwickelt.

Nachdem wir nun die verschiedensten Möglichkeiten spontaner Mutationen und die mögliche Erhöhung der Mutationshäufigkeit durch chemische Agenzien und ionisierende Strahlen angesprochen haben, wollen wir zum besseren Verständnis der Problematik noch einige Berechnungen zur Häufigkeit spontaner mutativer Ereignisse anführen: Jedes 200. neugeborene Kind ist Träger einer numerischen oder strukturellen Chromosomenaberration, die in der Keimzelle eines seiner Eltern neu entstanden ist. Diese Zahlenangabe beruht auf mikroskopisch diagnostizierbaren Chromosomenaberrationen. Darüber hinaus dürfte ein Teil der Chromosomenaberrationen, besonders kleinere strukturelle Aberrationen, mikroskopisch nicht erkennbar sein. Besonders der Pädiater wird des öfteren mißgebildete Kinder vorfinden, deren Phänotyp auf eine genetische Ursache deuten könnte. Jedoch nur bei einigen wird sich die Erstdiagnose mikroskopisch verifizieren lassen. Bei den übrigen können andere Ursachen vorliegen, wobei jedoch eine genetische Ursache nicht ganz auszuschließen ist.

Außer für Genom- und Chromosomenmutationen läßt sich die Mutationsrate auch für dominante und X-chromosomal-rezessive Neumutationen berechnen. Für Genom- und Chromosomenmutationen und für autosomal dominante Neumutationen kann man die *direkte Methode* anwenden. Die Formel für die Mutationsrate (μ) lautet dann:

> !
> $$\mu = \frac{\text{Zahl der Neumutationen}}{2 \times \text{Gesamtgeburtenzahl}}$$

Der Multiplikator 2 im Nenner ist notwendig, da sich die Methode auf die haploiden Keimzellen, also auf die Zahl der Allele, bezieht und nicht auf die Individuen. Allerdings beinhaltet dieses einfache Berechnungsprinzip eine Anzahl von Irrtumsmöglichkeiten. Die bedeutendste ist die einer nicht eindeutigen Paternität. Diese Möglichkeit muß besonders beachtet werden, wenn der Selektionsnachteil bei einem dominanten Leiden nicht offensichtlich ist und sporadische Fälle im Vergleich zu den familiären selten sind. Besteht jedoch ein starker Selektionsnachteil bei vielen sporadischen und wenigen familiären Fällen, so dürfte ein gelegentlicher Fall von illegitimer Paternität die Berechnung nicht zu stark beeinflussen. Eine zweite Irrtumsmöglichkeit ist gegeben, wenn phänotypisch ähnliche oder gleiche, aber nicht erbliche Fälle existieren. Dies kann, zumindest beim Vorhandensein einer größeren Zahl von Phänotypen, durch das notwendige 1:1-Verhältnis von Betroffenen und Nicht-Betroffenen unter den Nachkommen überprüft werden. Oft existieren auch verschiedene Varianten, die autosomal-dominant und phänotypisch ähnlich sind, aber auf verschiedenen Mutationen beruhen. Ebenso ist gelegentlich neben der autosomal-dominanten Erkrankung eine rezessive Variante möglich. Schließlich sollte die *Penetranz*, also der Anteil der tatsächlich Erkrankten unter den Genträgern, nicht wesentlich von 100 % abweichen.

Eine zweite Methode, mit der man für autosomal-dominante und für X-chromosomal-rezessive Erbgänge recht präzise Schätzungen erhält, ist die *indirekte Schätzung der Mutationsrate (indirekte Methode).* Sie beruht auf der Annahme eines Gleichgewichts zwischen der verminderten Fortpflanzungsrate von Defektgenträgern und Neumutationen. Es kommt also zur Kompensation zwischen aus der Population verschwindenden und neu auftretenden Genen. Dies entspricht letztlich einem Gleichgewicht zwischen Mutation und Selektion. Auf dieser Basis gelten nach Haldane (1932) folgende Formeln:

> !
> $\mu = 1/2 \, (1-f)x$ für autosomal-dominante Erbgänge
>
> $\mu = 1/3 \, (1-f)x$ für X-chromosomal-rezessive Erbgänge
>
> $\mu = \dfrac{\text{Zahl der Neumutationen}}{\text{Zahl der Allele in der Bevölkerung}}$

$f =$ Relative Fertilität der Merkmalsträger im Verhältnis zur Gesamtbevölkerung

$$x = \frac{\text{Zahl der Merkmalsträger}}{\text{Gesamtbevölkerung}}$$

Beim X-chromosomal-rezessiven Erbgang ist x der männlichen Gesamtbevölkerung gleichzusetzen.

Autosomal-rezessive Erbgänge können mit dieser Methode nicht abgeschätzt werden, weil die Heterozygoten um ein Vielfaches häufiger sind als die homozygot Betroffenen. Bereits ein geringer Selektionsnachteil der Heterozygoten würde eine relativ hohe Mutationsrate erforderlich machen, um eine Kompensation zu ermöglichen. Andererseits würde ein leichter selektiver Vorteil der Heterozygoten (wie wir dies z. B. bei einigen Hämoglobinopathien und der Malaria tropica kennen) Neumutationen zur Erreichung eines Gleichgewichts überflüssig machen.

Die Mutationsraten für einzelne menschliche Gene liegen nach Berechnungen in der Größenordnung zwischen 10^{-4} und 10^{-6}.

Viele Gene weisen jedoch wesentlich geringere Mutationsraten auf (Übersicht 2.8).

Übersicht 2.8. Mutationsratenschätzung für menschliche Gene. (Nach Vogel, Motulsky 1996)

Erkrankung	Untersuchte Population	Mutationsrate	Anzahl der Mutanten/10^6 Gameten
● Autosomale Mutationen			
Achondroplasie	Dänemark	1×10^{-5}	10
	Nordirland	1.3×10^{-5}	13
	4 Städte	1.4×10^{-5}	14
	Deutschland (Reg.-Bez. Münster)	$6–9 \times 10^{-6}$	6–9
Aniridie	Dänemark	$2.9–5 \times 10^{-6}$	2.9–5
	Michigan (USA)	2.6×10^{-6}	2.6
Myotone Dystrophie	Nordirland	8×10^{-6}	8
	Schweiz	1.1×10^{-5}	11
Retinoblastom	England, Michigan (USA) Schweiz, Deutschland	$6–7 \times 10^{-6}$	6–7
	Ungarn	6×10^{-6}	6
	Niederlande	1.23×10^{-5}	12.3
	Japan	8×10^{-6}	8
	Frankreich	5×10^{-6}	5
	Neuseeland	$9.3–10.9 \times 10^{-6}$	~9–11
Akrozephalosyndaktylie (Apert-Syndrom)	England	3×10^{-6}	3
	Deutschland (Reg.-Bez. Münster)	4×10^{-6}	4
Osteogenesis imperfecta	Schweden	$0.7–1.3 \times 10^{-5}$	7–13

Erkrankung	Untersuchte Population	Mutationsrate	Anzahl der Mutanten/10 Gameten
Tuberöse Sklerose	Oxford Regional Hospital Board Area (GB)	1.05×10^{-5}	10.5
	China	6×10^{-6}	6
Neurofibromatose	Michigan (USA)	1×10^{-4}	100
	Moskau (UdSSR)	$4.4-4.9 \times 10^{-5}$	44–49
Polyzystische Niere	Dänemark	$6.5-12 \times 10^{-5}$	65–120
Multiple Exostose	Deutschland (Reg.-Bez. Münster)	$6.3-9.1 \times 10^{-6}$	6.3–9.1
von Hippel-Lindau-Syndrom	Deutschland	1.8×10^{-7}	0.18
● X-chromosomale Mutationen			
Hämophilie	Dänemark	3.2×10^{-5}	32
	Schweiz	2.2×10^{-5}	22
	Deutschland (Reg.-Bez. Münster)	2.3×10^{-5}	23
Hämophilie A	Deutschland (Hamburg)	5.7×10^{-5}	57
	Finnland	3.2×10^{-5}	32
Hämophilie B	Deutschland (Hamburg)	3×10^{-6}	3
	Finnland	2×10^{-6}	2
	Utah (USA)	9.5×10^{-5}	95
Muskeldystrophie Typ Duchénne	Northumberland und Durham (GB)	4.3×10^{-5}	43
	Südbaden (Deutschland)	4.8×10^{-5}	48
	Nordirland	6.0×10^{-5}	60
	Leeds (GB)	4.7×10^{-5}	47
	Wiscinson (USA)	9.2×10^{-5}	92
	Bern (Schweiz)	7.3×10^{-5}	73
	Fukuoko (Japan)	6.5×10^{-5}	65
	Nordostengland (GB)	10.5×10^{-5}	105
	Warschau (Polen)	4.6×10^{-5}	46
	Venedig (Italien)	$3.5-6.1 \times 10^{-5}$	35–61
Incontinentia pigmenti (Bloch-Sulzberger)	Deutschland (Reg.-Bez. Münster)	$0.6-2.0 \times 10^{-5}$	6–20
Orofazio-digitales Syndrom (OFD)	Deutschland (Reg.-Bez. Münster)	5×10^{-6}	5

2.2.2 Bedeutung des väterlichen Alters bei Genmutationen

Während alle Oozyten zum Zeitpunkt der Geburt eines Mädchens gebildet sind und im Diktyotänstadium über die Pubertät hinaus oft viele Jahre, ja Jahrzehnte, verharren, bis einzelne pro Zyklus die Meiose vollenden und sich zu befruchtungsfähigen Oozyten entwickeln, ist die Spermatogenese ein kontinuierlicher Prozeß. Die Anzahl von Zellteilungen, die ein Spermium von der frühen embryonalen Entwicklung bis zum Alter eines 28jährigen Mannes durchmacht, ist 15mal größer, als die Anzahl der Teilungen in der Entwicklung einer Oozyte. Legt man ein höheres Lebensalter zugrunde, würde sich eine noch höhere Zahl ergeben, wobei solche

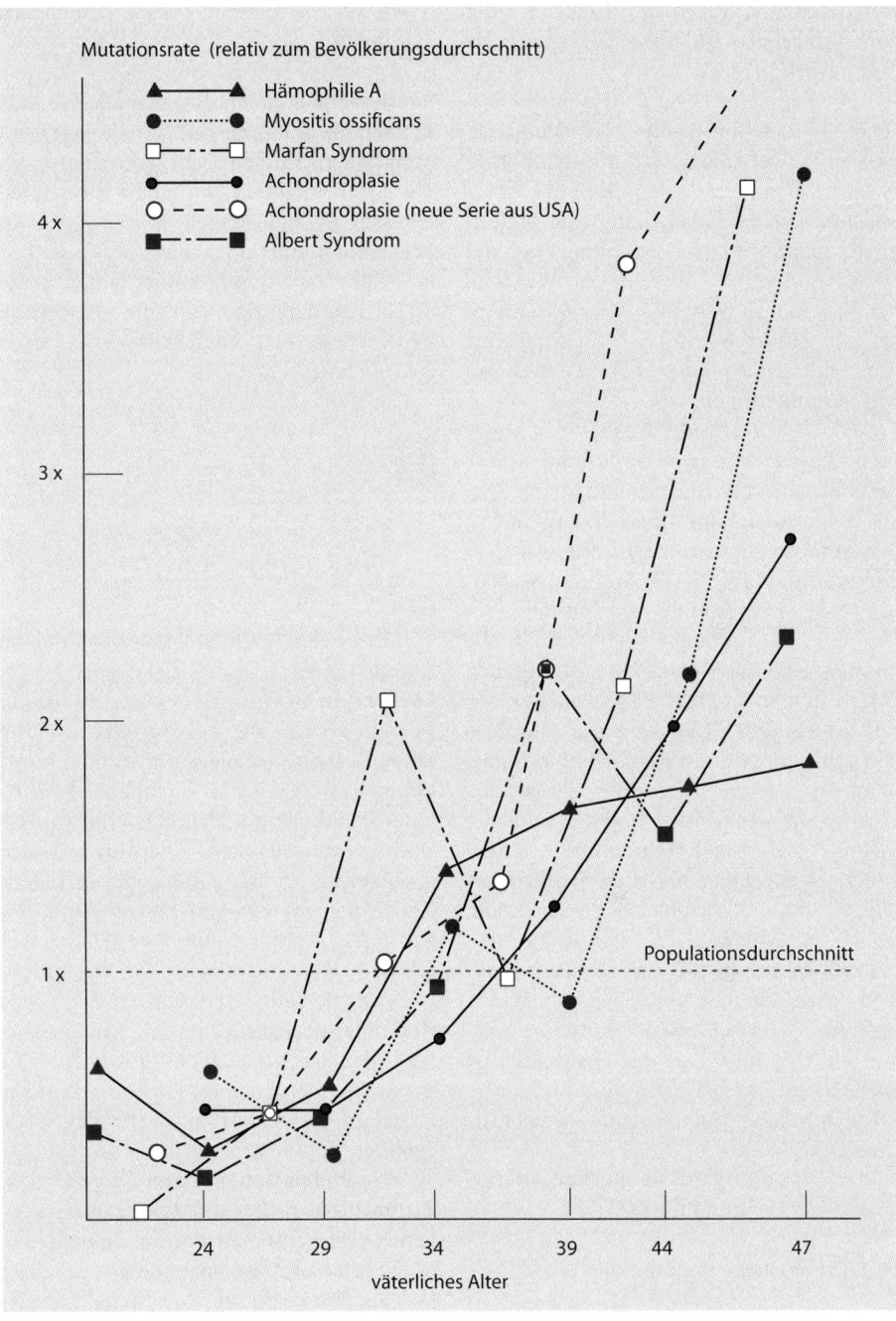

Abb. 2.13. Abhängigkeit der Genmutationen vom väterlichen Alter. (Aus Vogel, Motulsky 1986)

Abschätzungen wegen des Rückgangs der Spermatogenese im höheren Lebensalter problematisch sind.

Die Kenntnis dieser Unterschiede zwischen Oo- und Spermatogenese ist notwendig, um zu verstehen, daß die Genmutationsrate mit zunehmendem Alter des Vaters ansteigt. Offensichtlich hängt die Mutationsfrequenz mit der Zellteilung und der DNA-Replikation zusammen. Während der Replikation werden falsche Basen eingebaut, und eine erhöhte Zellteilungsrate führt folglich zu einer höheren Rate an Spontanmutationen.

Die Abb. 2. 13 zeigt die relativen Mutationsraten im Vergleich zum Populationsdurchschnitt für die dominanten Erbkrankheiten Achondroplasie, das Apert-Syndrom, die Myositis ossificans, das Marfan-Syndrom und für die X-chromosomal-rezessive Hämophilie A (mütterlicher Großvater). Allerdings zeigen nicht alle dominanten Mutationen einen deutlichen väterlichen Alterseffekt. Es gibt auch solche mit schwachem Effekt wie das bilaterale Retinoblastom oder statistisch nicht signifikantem, wie die Neurofibromatose, die Osteogenesis imperfecta und die Tuberöse Sklerose. Neben der Hämophilie A ist für andere X-chromosomal-rezessive Erkrankungen ein Alterseffekt wahrscheinlich, wobei die Mutation in den Keimzellen des mütterlichen Großvaters neu aufgetreten sein muß. Jedenfalls beobachtet man für mehrere X-chromosomal vererbte Erkrankungen, wie außer bei der Hämophilie A auch beim Lesch-Nyhan-Syndrom, eine deutlich höhere Mutationsrate im männlichen Geschlecht.

2.2.3 Induzierte Mutationen

Wir haben bereits erwähnt, daß die spontane Häufigkeit von Mutationen durch ionisierende Strahlen und chemische Mutagene gesteigert werden kann. Auch

Viren sind in diesem Zusammenhang zu erwähnen.

Ionisierende Strahlen. Ionisierende Strahlen können die Mutationsrate für alle Arten von Mutationen erhöhen. Dabei entstehen durch die Strahleneinwirkung keine prinzipiell anderen Veränderungen an der DNA als bei Spontanmutationen. Für eine Mutationsauslösung ist im allgemeinen eine direkte Strahleneinwirkung auf die betroffene Zelle erforderlich. Auch sehr kleine Dosen sind nicht ungefährlich.

> **!** Schon eine einzige Ionisierung durch ein einziges Strahlungsquantum kann einen genetischen Defekt verursachen.

Es werden in Biomolekülen gebundene Atome ionisiert und Zellwasser wird zu hochreaktiven Wasserionen und -radikalen gespalten. Diese wiederum greifen die DNA an. Dies trifft vor allem für Strahlung mit höherer Energie als UV-Licht zu. Ultraviolette Strahlung hat dagegen eine direkte Wirkung auf die DNA. Allerdings ist hier die Energie für das Eindringen in tiefere Gewebeschichten nicht ausreichend, so daß durch UV-Strahlung Oberflächen wie z. B. die Haut betroffen sind. Besondere Wirkung zeigen sie im Bereich der höchsten Energieabsorption von Nukleinsäuren, dies ist bei einer Wellenlänge von 254 nm. Es werden dann Thymidindimeren zwischen benachbarten Basen der DNA gebildet.

Zusätzlich zu der reinen Energiedosis, das ist die Dosis der auf Materie übertragenen Energie, gibt man daher als Maß für das Risiko die sog. Äquivalentdosis in Sievert (Sv) an. Die kosmische Strahlung, natürliche Radioaktivität, radioaktiver Fall-out, medizinische Diagnostik und der Innenraumschadstoff Radon belasten den einzelnen Menschen jährlich mit 4 mSv. Beschäf-

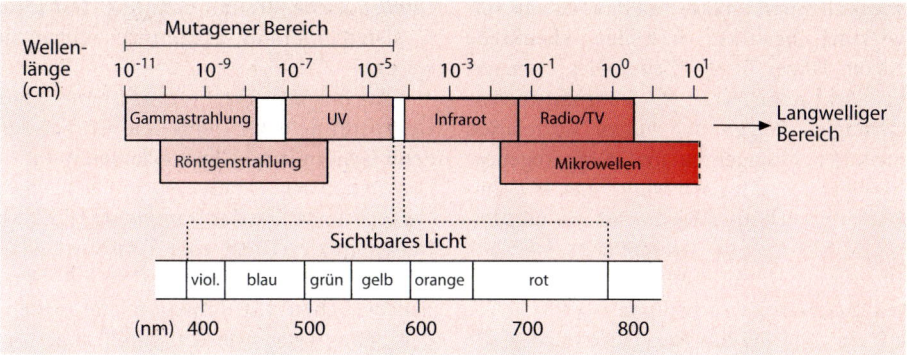

Abb. 2.14. Das Spektrum elektromagnetischer Wellen. Der mutagene Bereich liegt im kurzwelligen Gebiet und beginnt im Bereich des UV-Lichtes. (Nach Henning 1995)

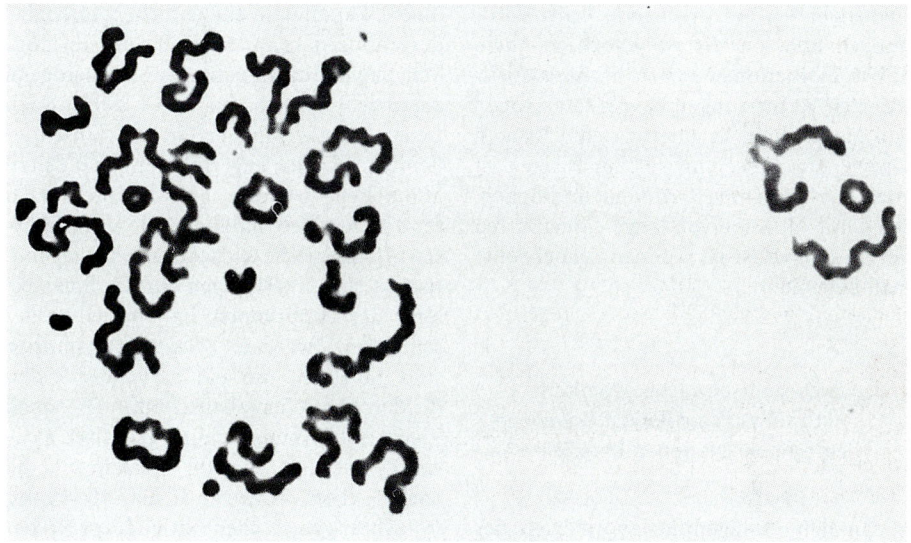

Abb. 2.15. Experimentell durch Röntgenstrahlen bei der Maus induzierte Chromosomenmutationen in einer Metaphase-II-Oozyte. Es sind vor allem Ringchromosomen und Chromosomenfragmente zu erkennen. (Nach Reichert 1975)

tigten in kerntechnischen Anlagen werden jährlich 20 mSv zugemutet. Das genetische Risiko der Keimzellen wird über die genetisch signifikante Dosis (GSD) abgeschätzt. Sie liegt niedriger als die jährliche Gesamtbelastung, da nicht alle Strahlungsquellen die Gonaden erreichen. Die mittlere GSD wird gegenwärtig mit 1,7 mSv jährlich angegeben. (Abb. 2.14 u. 2.15)

Mutagene. Mutagene erhöhen die spontane Mutationsrate für alle Arten von Mutationen sowohl in Soma- als auch in Keimzellen. Neben Gen- und Chromosomenmutationen werden nach Einwirkung von chemischen Mutagenen auch Hyper- und Hypoploidien beobachtet, die nach Strahleneinwirkung sehr selten sind. Während eine Ionisation Gen- und Chromosomenmutationen vorwiegend durch direkte und momentane Einwirkung bewirkt, verweilen chemische Noxen länger in der Zelle. Dies induziert verstärkt numerische Chromosomenveränderungen. Wegen der hohen Korrelation zwischen Mutagenese und Kanzerogenese besteht einerseits nach Mutationen in Keimzellen ein erhöhtes Risiko für die nachfolgende Generation. Andererseits ist nach Mutationen in Somazellen mit einem erhöhten Tumorrisiko zu rechnen.

Seit Anfang der 70er Jahre werden alle neu einzuführenden Pharmaka und relevanten Industriechemikalien mit Hilfe von *Mutagenitätstestungen* auf ihre genetische Potenz hin untersucht. Alle Industriestaaten haben entsprechende Prüfverordnungen erlassen. Es ist jedoch möglich, daß Kombinationen von als harmlos qualifizierten Verbindungen über Interaktionen von Metaboliten zu unerwarteten Risiken führen. Ein Ausschluß solcher Risiken ist aber aus evidenten Gründen unmöglich. Auch mit Altlasten von lange eingeführten Verbindungen ist zu rechnen. Dabei sollte man bedenken:

> **!** Auch sehr schwache genetische Aktivität stellt auf Populationsebene ein erhebliches genetisches Risiko dar.

In den Mutagenitätslaboratorien der Industrie werden verschiedene Testsysteme am Säuger (vorwiegend Maus und chinesischer Hamster) zur Prüfung einer Substanz eingesetzt. Zu erwähnen sind hier zytogenetische Tests in Soma- und Keimzellen, wie *Knochenmarksmetaphasen* (Abb. 2.16) und *Spermatogonien.* Viele Mutagene induzieren in hohem Maße *Schwesterchroma-*

tidaustausche, die mit dem *SCE-Test (SCE = sisterchromatid exchange)* untersucht werden.

Auch indirekte Testsysteme zur Überprüfung einer Induktion von vorwiegend Genom- und Chromosomenmutationen stehen zur Verfügung. Ein bekannter Versuchsansatz ist der *Dominante Letaltest.* Dabei injiziert man eine Testsubstanz in männliche Mäuse und paart sie mit virginen Weibchen. Die dominant letal wirkenden Mutationen werden durch abgestorbene Embryonen nachgewiesen. Dieser Test hat den Vorteil, daß man über ein fraktioniertes Verpaarungsmuster das räumliche Nebeneinander verschiedener Spermatogenesestadien in ein zeitliches Aufeinander auflösen kann. Hiermit wird es möglich, Sensibilitätsmuster der Spermatogene aufzustellen (Abb. 2.17 und 2.18). Nach Behandlung weiblicher Tiere und anschließender Verpaarung mit unbehandelten Männchen, ist dies grundsätzlich auch für die Oogenese möglich. Allerdings müssen hier mögliche toxische (also nicht genetische) Nebenwirkungen auf die Entwicklung der Embryonen im Uterus ausgeschlossen werden. Sensibilitätsmuster sind hilfreich, um ein zeitliches Risiko für den Menschen abzuschätzen (Beispiel: Risiko nach Verabreichung genetisch aktiver Zytostatika, also für Substanzen, die nach einer Nutzen-Risiko-Abwägung trotz ihrer genetischen Aktivität zur Krebsbekämpfung verabreicht werden müssen).

Neben diesen Testsystemen soll als Vortest noch der *Mikronukleustest* erwähnt werden. Dieser Test erfaßt Chromosomenmutationen an Interphasekernen über Mikronuklei, die die sichtbaren Folgen von Chromosomenfragmenten im Zellkern sind.

Abb. 2.16 a–f. Induktion verschiedener Chromosomenmutationen in Knochenmarkszellen des Chinesischen Hamsters nach Behandlung mit der N-nitroso-Verbindung Butyl-nitroso-Harnstoff. **a** Chromatidbruch mit Dislokation des Bruchstückes; **b** Chromatidendeletion; **c** dizentrisches Chromosom; **d** Ringchromosom, multiple Brüche und Interchanges; **e** multiple Interchanges; **f** Chromosomenfragmentation

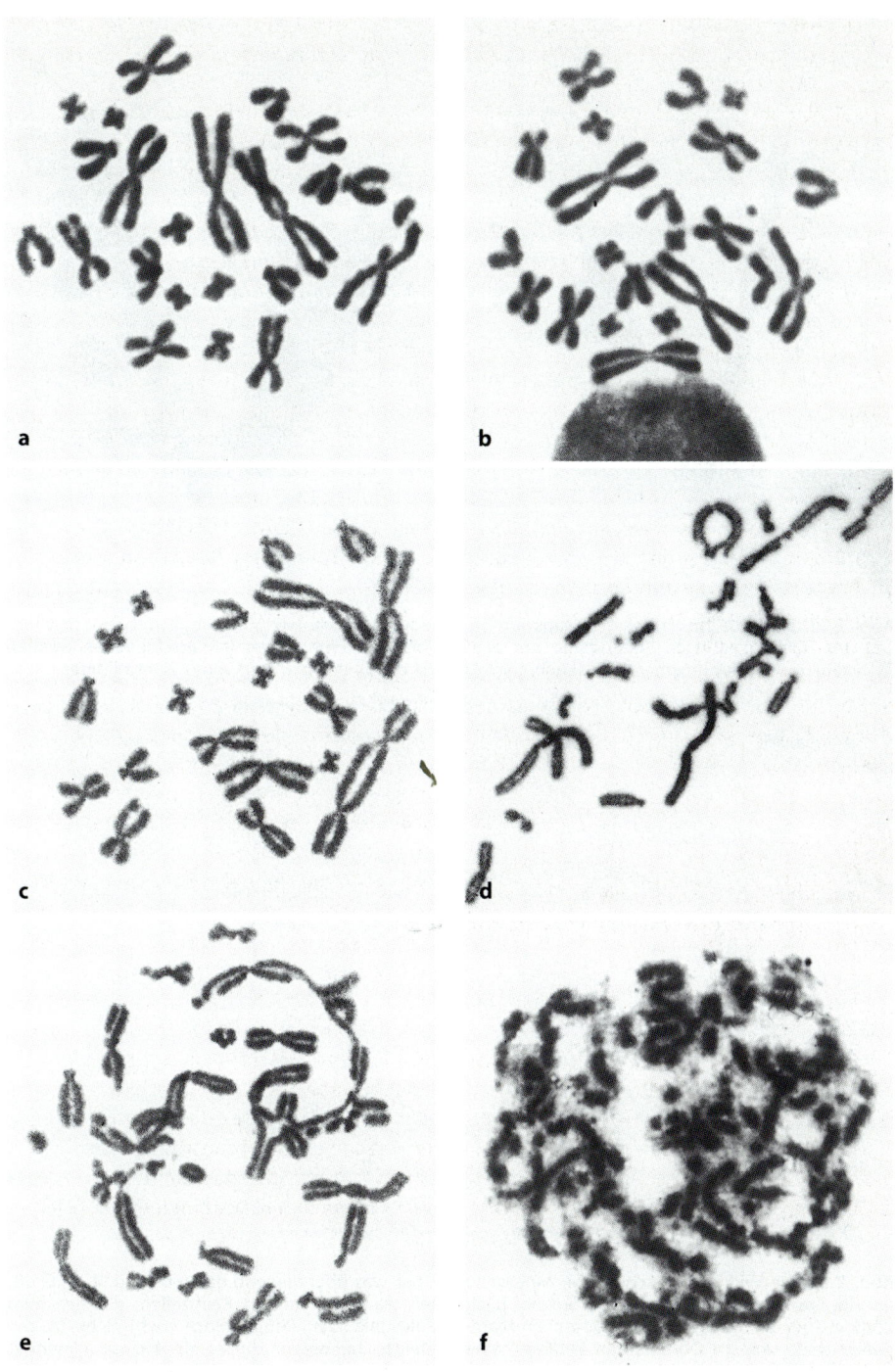

a b c d e f

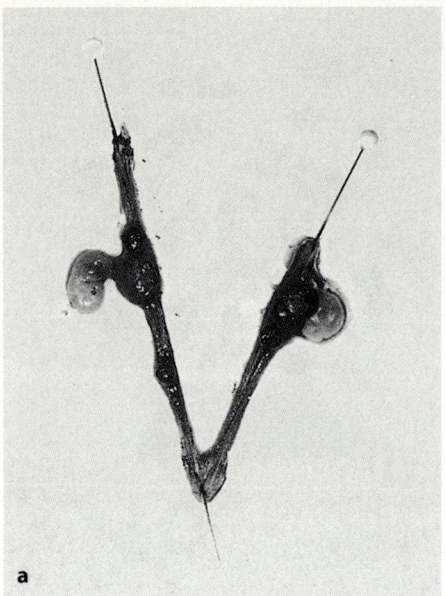

a

b

Abb. 2.17. a Uterus bicornis einer Maus am 14. Tag der Trächtigkeit nach Behandlung mit dem Zytostatikum Cyclophosphamid. Neben einem lebenden Embryo sind abgestorbene bzw. resorbierte Embryonen in verschiedenen Stadien zu erkennen; **b** Uterus eines Kontrolltieres

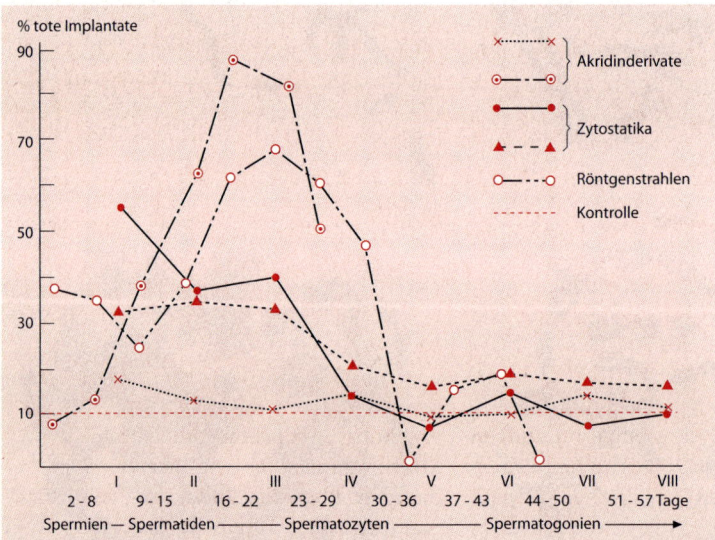

Abb. 2.18. Die Wirkung verschiedener Mutagene auf die Spermatogenese der Maus. Sowohl nach Röntgenstrahlen als auch nach chemischen Mutagenen zeigt sich im Dominanten Letaltest eine hohe Sensibilität der postmeiotischen Stadien der Spermatogenese. Die prämeiotischen Stadien erweisen sich dagegen als weit weniger sensibel, was überwiegend daran liegt, daß ein Großteil der geschädigten Keimzellen, die sich zum Zeitpunkt der Behandlung noch nicht in der Meiose befanden, durch die Meiose eliminiert wird. Die Meiose stellt so einen wirksamen biologischen Filter dar. (Zusammengestellt von G. Röhrborn und W. Buselmaier)

Übersicht 2.9. Mutagenitätstestsysteme

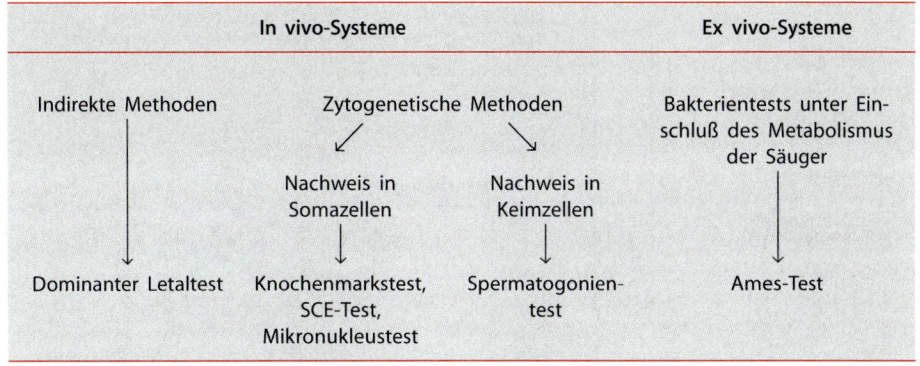

In vivo-Systeme			Ex vivo-Systeme
Indirekte Methoden	Zytogenetische Methoden		Bakterientests unter Einschluß des Metabolismus der Säuger
	Nachweis in Somazellen	Nachweis in Keimzellen	
Dominanter Letaltest	Knochenmarkstest, SCE-Test, Mikronukleustest	Spermatogonien-test	Ames-Test

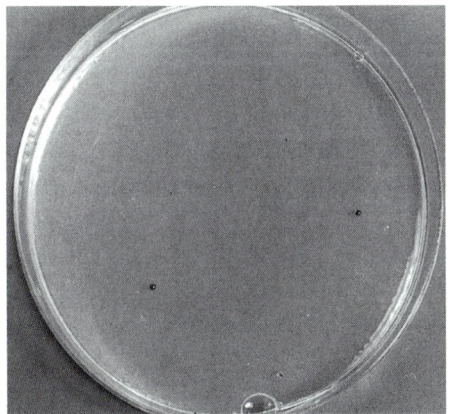
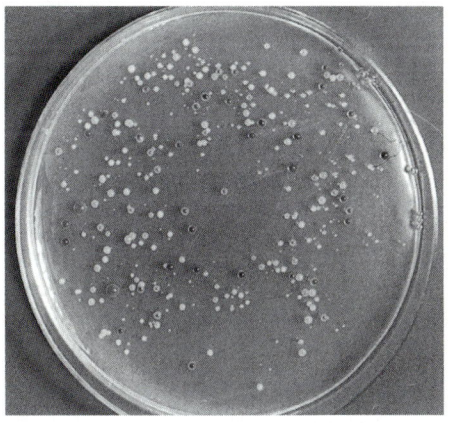

Abb. 2.19. Petrischalen mit Selektivagar und induzierten Revertanten von Serratia marcescens. Die Mutanten wurden mit dem Zytostatikum Trenimon induziert. Daneben ist eine Kontrollpetrischale abgebildet mit spontanen Revertanten zur Feststellung der spontanen Mutationsrate

Induzierte Chromosomenschäden werden also vorwiegend in vivo am Säugetier untersucht (Übersicht 2.9). Man tut dies, um mögliche mutagene Metabolite von an sich nicht mutagenen Verbindungen zu erfassen. Leider gelingt es bis heute noch nicht mit hinreichender Sicherheit, für eine Mutationsprophylaxe alle metabolischen Prozesse außerhalb des Tieres (ex vivo) zu simulieren. Allerdings können – nach sorgfältiger Abwägung der Fragestellung – teilweise Zellkulturen (insbesondere aus peripheren Lymphozyten) ergänzend verwendet werden.

Mit allen genannten Testsystemen am Säuger ist es nicht möglich, Genmutationen zu erfassen. Auch der Dominate Letaltest erfaßt vorwiegend mikroskopisch erkennbare Chromosomenschäden. An Mikroorganismen, wie Bakterien, ist es dagegen über die Induktion von Rück- und Vorwärtsmutanten mit geeigneten Selektivnährböden möglich, auch Genmutationen zu erfassen (Abb. 2.19).

Allerdings berücksichtigen Tests mit Mikroorganismen den Stoffwechsel der Säugetiere bzw. des Menschen nicht in ausreichendem und übertragbarem Maße.

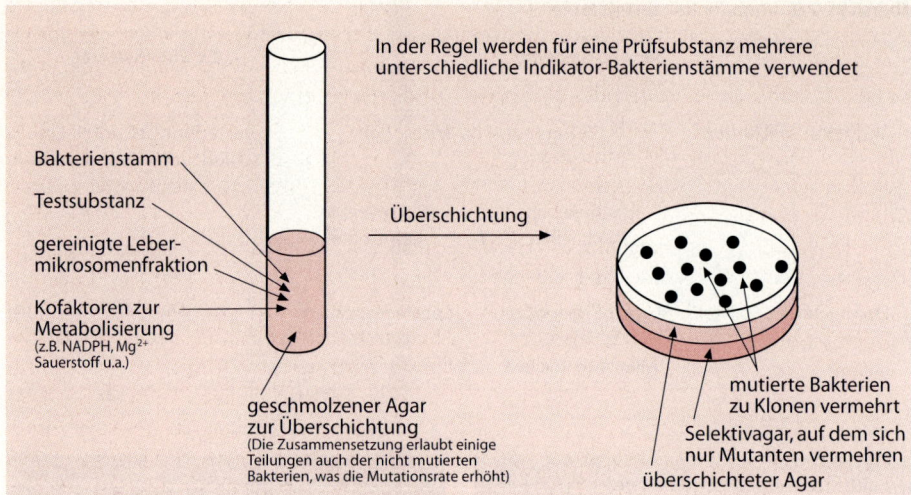

In der Regel werden für eine Prüfsubstanz mehrere
unterschiedliche Indikator-Bakterienstämme verwendet

Bakterienstamm

Testsubstanz

gereinigte Leber-
mikrosomenfraktion

Kofaktoren zur
Metabolisierung
(z.B. NADPH, Mg²⁺
Sauerstoff u.a.)

Überschichtung

geschmolzener Agar
zur Überschichtung
(Die Zusammensetzung erlaubt einige
Teilungen auch der nicht mutierten
Bakterien, was die Mutationsrate erhöht)

mutierte Bakterien
zu Klonen vermehrt

Selektivagar, auf dem sich
nur Mutanten vermehren

überschichteter Agar

Abb. 2.20. Versuchsaufbau zum Ames-Test

Daher wurde vor einigen Jahren der ***Ames-Test*** entwickelt (Abb. 2.20). Bei diesem Verfahren bringt man in vitro die Prüfsubstanz mit einem Gemisch aus Bakterien und Lebermikrosomen in Kontakt. Die Lebermikrosomen werden aus einem Zentrifugat meist von Rattenlebern gewonnen und stellen die Stoffwechselmaschinen des Organismus dar. Da sie durch diese Prozedur ihre biologische Aktivität nicht verlieren, kann der Säugetierstoffwechsel annähernd simuliert werden. Hiermit ist es zur Untersuchung auf induzierte Genmutationen möglich, die Vorteile mikrobieller Tests mit den Gegebenheiten des Stoffwechsels der Säuger zu verbinden. Nachgewiesen werden die induzierten Mutationen an Revertanten auf Selektivnährböden. Normalerweise setzt man bei solchen Tests mehrere Bakterienstämme ein, um bei der bekannten spezifischen Revertierbarkeit der einzelnen Stämme keine falsch negativen Befunde zu erhalten. Routinemäßig wird der Ames-Test auf einer frühen Stufe der Substanzentwicklung vorwiegend als Kanzerogenitätstest eingesetzt. Er weist aber über die Kanzerogenitätsinduktion durch Mutation die Induktion von Punkt-

mutationen nach. Dennoch kann der Ames-Test bis heute andere notwendige Mutagenitätstests am Säuger in vivo nicht ersetzen, da er nicht alle Mutagene erfaßt. Mit diesem Verfahren ist es jedoch möglich, sozusagen die „Spitze des Eisberges" zu erkennen. Diese als schädlich erkannten Verbindungen werden in der Regel von einer Weiterentwicklung ausgeschlossen. So werden viele Versuchstiere eingespart. Der Test ist also ein Beitrag, die Verantwortung des Menschen für das Tier als Mitgeschöpf wahrzunehmen. Weitere Entwicklungen von Ex-vivo-Testsystemen werden aktiv betrieben, um den Bedarf an Versuchstieren zu verringern.

Viren und andere Mutagene. Neben Strahlen und chemischen Mutagenen induzieren verschiedene Viren, aber auch Schimmelpilze und Mykoplasmen Chromosomenbrüche. Vorwiegend für Retroviren, aber auch für Adenoviren und Papovaviren sind Induktionen von Genmutationen nachgewiesen.

Für eine geringere Zahl von Substanzgruppen ist der mutagene Wirkmechanismus aufgeklärt. Als Beispiel sei hier auf die Alkylierung am N 7 des Guanins bei alkylierenden Agentien hingewiesen. Auf weitere Beispiele möchten die Autoren an dieser Stelle verzichten, da darauf bereits zu einem früheren Zeitpunkt des Medizinstudiums eingegangen wurde.

Für die meisten Verbindungen ist jedoch die Art der Interaktion mit der DNA noch unbekannt, so daß Strukturwirkungsbeziehungen die Ausnahme darstellen; daher sind theoretische Risikoabschätzungen aus der Strukturformel einer Verbindung meist nicht möglich.

2.3 Beziehungen zwischen Genotyp und Phänotyp

2.3.1 Funktionelle Folgen von Genmutationen

Die Auswirkungen von Art und Lokalisation von Genmutationen auf die Funktion des Endprodukts lassen sich bei den verschiedenen Hämoglobinopathien besonders gut zeigen, da man hier beinahe das ganze Spektrum der theoretisch abgehandelten Genmutationen studieren kann.

Das Hämoglobinmolekül

Wir erinnern uns, daß das Hämoglobin ein zusammengesetzter Eiweißkörper ist mit einer Nicht-Proteingruppe, einem Protoporphyrin-Eisen-Komplex (Häm, Farbstoffkomponente) und einem Eiweißanteil (Globin).

Dabei bleibt der Aufbau des Häms immer konstant. Die Hämoglobinformen unterscheiden sich in der Struktur der Polypeptidketten. Die generelle Formel lautet $\alpha2\ \beta2$, d. h. von den 4 Globinketten sind 2 gleich und jede dieser Ketten existiert doppelt. Das zweiwertige Eisen, das zentrale Atom der Hämgruppe, bindet über ein Histidin mit jeder der 4 Polypeptidketten und bewerkstelligt so den Sauerstofftransport im Körper.

Eine Polypeptidkette besteht aus einem Strang von mehr als 140 Aminosäuren (α-Kette 141, β-Kette 146 Aminosäuren) und besitzt eine spezifische Struktur. Die Aminosäuresequenz ist die Primärstruktur, die Bildung einer Helix ist die Sekundärstruktur, und die dreidimensionale Anordnung einer Proteinuntereinheit wird als Tertiärstruktur bezeichnet. Die Quartärstruktur des Hämoglobins ist schließlich die Aggregation der 4 Untereinheiten zu einem funktionellen Hämoglobinmolekül (s. Kap. 1.2.3).

Die menschlichen Hämoglobingene liegen als zwei separate Cluster verwandter Multigenfamilien auf der DNA kodiert. Das α-Gene-Cluster wurde auf dem kurzen Arm von Chromosom 16 lokalisiert und umfaßt einen Bereich von 25 kb. Die γ-δ-β-Familie liegt auf dem kurzen Arm von Chromosom 11 und umfaßt eine Region von 60 kb. Bisher ist der genetische Mechanismus unbekannt, der die Genfunktion auf den zwei verschiedenen Chromosomen so reguliert, daß in gleicher Menge α und Nicht-α-Polypeptidketten resultieren. Die Strukturgene des α-Komplexes – von $5'$ (stromaufwärts) zu $3'$ (stromabwärts) – schließen das embryonale ζ-Gen, ein Pseudogen für Hbζ und zwei identische α-Gene ein. Die verschiedenen Gene des β-Clusters sind das embryonale ϵ-Gen, 2 fetale γ-Gene, ein Hbβ-Pseudogen, ein Hbδ- und ein Hbβ-Gen (Abb. 2.21).

Hämoglobinvarianten

Von den verschiedenen Hämoglobinvarianten, die durch Genmutationen entstanden sind, sind Aminosäuresubstitutionen die häufigsten; bisher wurden etwa 350 beschrieben. Die meisten Aminosäuresubstitutionen bleiben – aus Gründen, die bereits behandelt wurden – ohne Folgen für die Hämoglobinfunktion und damit für die Gesundheit. Generell haben Substitutionen, die den Außenteil der Hämoglobinkette betreffen, geringere Auswirkun-

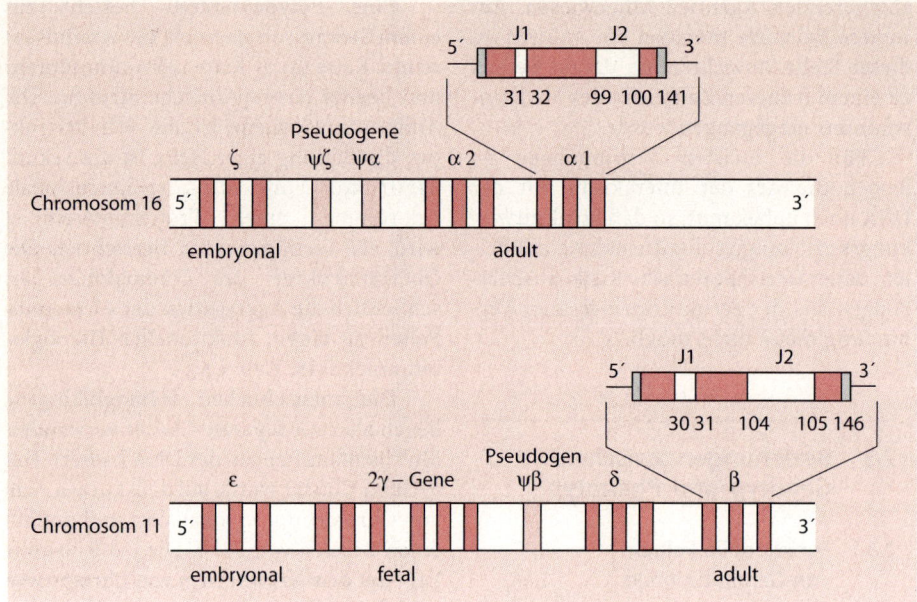

Abb. 2.21. Die Strukturgene des α-Komplexes auf Chromosom 16 und der β-Genfamilie auf Chromosom 11. Für das α- und β-Globingen ist die Inton-Exon-Struktur und die Kodon-Nummer gezeigt, bei der Introns Exons unterbrechen. Das kürzlich entdeckte Pseudogen am 3-Ende des Genclusters ist nicht eingezeichnet

gen als solche, die den Innenteil betreffen, oder solche, die sich nahe an der Insertion der Häm-Gruppe befinden. Man kann die Hämoglobinvarianten folgendermaßen einteilen:

- Substitutionen, die die helikale Windung betreffen, induzieren Hämoglobininstabilität und führen zu hämolytischen Anämien;
- Varianten, die die Bindung der Untereinheiten betreffen, sind oft mit einer abnormalen Sauerstoffaffinität assoziiert und haben Erythrozytosen zur Folge;
- Methämoglobinämien führen zu Zyanosen;
- Varianten mit Sichelzellbildung.

Instabile Hämoglobine. Über 100 instabile Hämoglobine wurden beschrieben. Die meisten betreffen die β-Kette. Viele basieren auf Aminosäuresubstitutionen oder Deletionen, die zu einer vorzeitigen Dissoziation der Hämgruppe von der Globinkette führen. Daraus folgen eine intrazelluläre Präzipitation des denaturierten Hämoglobins in Form von Heinz-Körper-Bildung und hämolytische Anämien. Dabei variiert die Manifestation von milder – klinisch unauffälliger – Instabilität bis zu schwerer Instabilität. Sulfonamide können bei dieser Gruppe von Hämoglobinvarianten schwere Hämolysen auslösen.

Varianten mit veränderter Sauerstoffaffinität. Diese können unterteilt werden in:

- Varianten mit erhöhter Sauerstoffaffinität (etwa 30 Hämoglobinvarianten) und
- Varianten mit erniedrigter Sauerstoffaffinität (bisher 3 Hämoglobinvarianten).

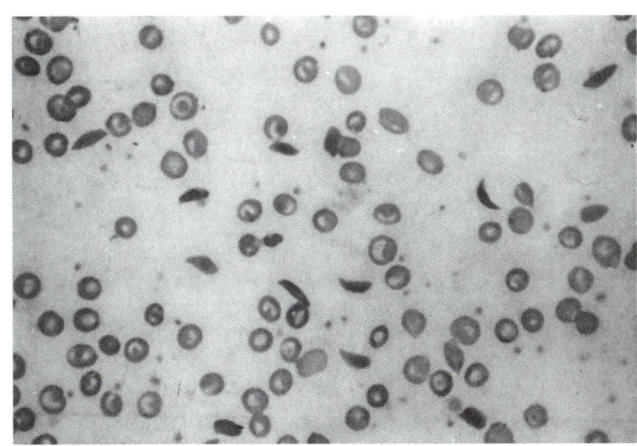

Abb. 2.22. Charakteristische Verformung der Erythrozyten bei der Sichelzellanämie

Bei den Varianten mit erhöhter Sauerstoffaffinität können die α- und die β-Kette betroffen sein, vorwiegend jedoch die β-Kette. Durch die erhöhte O_2-Affinität wird der Sauerstofftransport in die Gewebe verringert. Die Folge ist eine Hypoxie. Hierdurch wird die Produktion des Hormons Erythropoetin gesteigert. Es kommt zu einer Polyglobulie. Bei Varianten mit erniedrigter Sauerstoffaffinität ist die β-Kette betroffen. Es kommt umgekehrt zu einer reduzierten Erythropoetinproduktion, was zu leichten Anämien führt.

Methämoglobinämien. Bei Methämoglobinämien (HbM) gibt es 5 verschiedene Hämoglobinvarianten. 2 davon sind auf der α-Kette und 2 auf der β-Kette lokalisiert. Die 5. Variante, das Hb Milwaukee 1, ist auf molekularer Ebene noch nicht vollständig geklärt. Die 1.–4. Variante beruht auf der Substitution eines Histidins durch Tyrosin. Bei den Methämoglobinen wird die physiologisch zweiwertige Eisenverbindung der Häm-Gruppe durch Oxidation in dreiwertiges Eisen umgewandelt. Dies verhindert die reversible Bindung des Hämoglobins an Sauerstoff und damit die Erfüllung seiner eigentlichen Funktion. Patienten mit HbM-Mutationen der α-Kette sind von Geburt an zyanotisch. Solche mit einer HbM-Mutation der β-Kette entwickeln keine schwere Zyanose vor dem 6. Monat. Neben der klinisch auffälligen Zyanose beobachtet man bei den Patienten eine leichte hämolytische Anämie.

Sichelzellanämie. Die Sichelzellanämie (HbS) ist die am längsten bekannte Hämoglobinopathie. Die entsprechende Basenpaarsubstitution wurde bereits auf der Ebene der DNA besprochen. Im Gegensatz zu allen anderen Basenpaarsubstitutionen verändert diese die Löslichkeit und Kristallisation des Hämoglobins. Das HbS polymerisiert in Filamente von hohem molekularem Gewicht, welche sich zu Faserbündeln assoziieren. Diese verformen die Erythrozytenmembran in charakteristischer Weise zu Sichelzellen (Abb. 2.22.)

Die Sichelzellen erhöhen die Viskosität des Blutes mit der Folge der Verstopfung von Kapillaren. Dies führt zu abdominalen Symptomen bei Milzinfarkten und zu pleuropneumonieartigen Krankheitserscheinungen. Ein Befall der Röhrenknochen führt zu osteomyelitisartigen Krankheitsbildern, ist die Sehrinde betroffen, sind Erblindungen die Folge. Durch den beschleunigten Abbau der Sichelzellen kommt es zur hämolytischen Anämie (Übersicht 2.10). Diese Krankheitserschei-

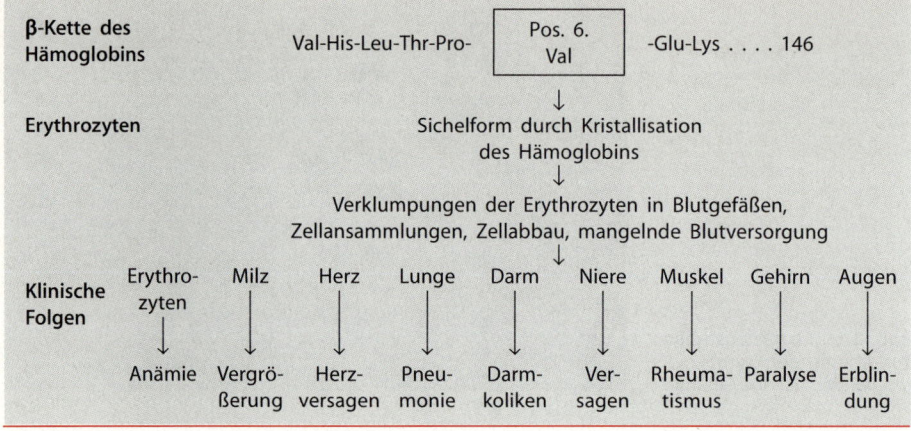

Übersicht 2.10. Klinische Folgen bei der Sichelzellanämie

| β-Kette des Hämoglobins | Val-His-Leu-Thr-Pro- | Pos. 6. Val | -Glu-Lys . . . . 146 |

Erythrozyten → Sichelform durch Kristallisation des Hämoglobins ↓

Verklumpungen der Erythrozyten in Blutgefäßen, Zellansammlungen, Zellabbau, mangelnde Blutversorgung ↓

Klinische Folgen	Erythrozyten	Milz	Herz	Lunge	Darm	Niere	Muskel	Gehirn	Augen
	↓	↓	↓	↓	↓	↓	↓	↓	↓
	Anämie	Vergrößerung	Herzversagen	Pneumonie	Darmkoliken	Versagen	Rheumatismus	Paralyse	Erblindung

nungen treten bei homozygoten Genträgern auf. Heterozygote dagegen haben zwischen 25 % und 40 % HbS und sind klinisch weitgehend normal. Aus der Sicht der Genprodukte liegt bei Heterozygoten eine kodominante Vererbung vor, auf der Ebene des Genotyps ein autosomal-rezessiver Erbgang, da nur Homozygote das volle Krankheitsbild ausprägen. Probleme treten nur in Höhen über 3.000 m, d. h. bei niedrigem Sauerstoffpartialdruck, in Form einer schweren Hypoxie auf, da HbS weniger Sauerstoff bindet und die Tendenz hat auszukristallisieren.

Sichelzellanämie ist bei Negriden häufig. Der Grund für die hohe Frequenz des Sichelzellgens ist ein Selektionsvorteil der Heterozygoten im ersten Lebensabschnitt gegen Malaria tropica.

Auch andere Mutationen führen zu Hämoglobinopathien. An erster Stelle sind hier die *Thalassämien* zu nennen. Sie sind durch eine ungenügende oder fehlende Synthese der einen oder anderen Hämoglobinkette gekennzeichnet, also nicht durch eine qualitative Veränderung wie bei den bisher besprochenen Hämoglobinopathien. Häufig sind hier Deletionen verschiedener Länge. Man unterscheidet 2 Klassen von Thalassämien:

- Thalassämien mit Mutationen im α-Gen und
- Thalassämien mit Mutationen im β-Gen.

In beiden Fällen ist die α- oder β-Globinproduktion herabgesetzt oder nicht vorhanden. Deletionen können auch einzelne Nukleotide betreffen; die Folge sind Frame-shift-Mutationen (z. B. Hb Wayne, welches die α-Kette betrifft) mit Kettenverlängerung und Überlesung des Stop-Kodons.

Die α-Thalassämien sind häufig in Thailand, Malaysia, den Philippinen und Afrika, kommen aber auch im Mittelmeerraum vor. Sporadische Fälle finden sich in allen ethnischen Gruppen. Die höchste Frequenz von β-Thalassämien wird im mediteranen Raum beobachtet. Die β-Thalassämie kann durch Verlust oder Herabsetzung der Genaktivität in einem oder beiden Allelen der β-Globingene zustande kommen. Personen mit einer Mutation in einem Gen exprimieren eine milde Form von Anämie (Thalassämia minor), solche mit einer Mutation in beiden Genen, also homozygote Träger (Thalassämia major), produzieren kein normales Hämoglobin. Homozygote kann man wiederum in zwei klinische Typen unterteilen:

- Bei der β^+-Thalassämie ist die Produktion von normalem Hämoglobin reduziert.
- Bei β^0-Thalassämien fehlt die Produktion von β-Hämoglobin.

Auch bei β-Thalassämien ist bei Heterozygoten ein Selektionsvorteil bei Malaria wahrscheinlich, wenn auch nicht so deutlich wie bei der Sichelzellanämie. Der Selektionsvorteil dürfte für die in der Evolution entstandene hohe Frequenz des Gens (Thalassämia minor in Italien 10–30 %) verantwortlich sein. Thalassämien können mit molekularbiologischen Methoden pränatal diagnostiziert werden.

Im Gegensatz zu den β-Thalassämien ist die homozygote Form der α-Thalassämie letal. Die Kinder kommen entweder als Totgeburten zur Welt, oder sie sterben kurze Zeit nach der Geburt an hämolytischen Anämien. Die heterozygote Form wird wegen der geringeren Ausprägung klinisch kaum diagnostiziert.

Neben den erwähnten Hämoglobinopathien finden sich noch eine große Zahl anderer, die z. B. auf Promotor- oder Terminatormutationen, auf Duplikationen oder auf Genkonversionen beruhen. Auch illegitimes Crossing-over im β-Cluster wird beobachtet, was z. B. zu Fusionsvarianten der Loki für die β- und δ-Kette führt (Hb-Lepro-Anomalie).

Die Hämoglobinopathien stellen wegen ihrer großen Häufigkeit in den betroffenen Regionen ein großes soziales Problem dar. Man schätzt, daß jährlich etwa 200.000 homozygot betroffene Kinder geboren werden. 50 % sind Sichelzellanämien, 50 % Thalassämien. Genetische Beratung und pränatale Diagnostik, wie sie auch in einigen Gebieten im mediteranen Raum existieren, erscheinen als einzige Alternative, die vorhandenen großen sozialen Probleme zu mildern.

Zusammenfassend belegen gerade die Hämoglobinopathien die verschiedenartigen phänotypischen Auswirkungen von Genmutationen, abhängig von der Art und Lokalisation der Mutation. Sie sind aber auch ein Beispiel, das die ganze Variationsbreite der verschiedenen Mutationen beim Menschen demonstriert.

2.3.2 Multiple Allelie

Ein einzelnes Gen ist durch seine Basensequenz definiert und nimmt einen spezifischen Platz im Genom ein. Es kann allerdings in verschiedenen, meist leicht veränderten Formen vorkommen, da es im Verlauf der Evolution – wie bereits beschrieben – zu Mutationen in der DNA kommt.

> ! Verschiedene, in der DNA-Sequenz leicht veränderte Formen eines Gens heißen Allele (Allel = das Andere).

Die Menge der vorhandenen Allele eines Gens entspricht der Zahl der stabilen Mutationen, die sich im Verlauf der Evolution angesammelt haben. Man muß davon ausgehen, daß alle menschlichen Gene multipel allel sind. Das Konzept der multiplen Allelie muß man auf Populationen beziehen, da eine bestimmte Person nur zwei Allele eines Gens besitzen kann, jeweils eines von jedem Elternteil. Würde man also eine Population bezüglich aller Phänotypen untersuchen, die ein bestimmtes Gen repräsentieren, so könnte man alle verfügbaren Allele beschreiben. Das Allel, dessen Sequenz für einen als „normal" klassifizierten Phänotyp kodiert, bezeichnet man als *Wildtyp Allel.*

Das wohl bekannteste Beispiel für multiple Allelie sind die AB0 Blutgruppen des Menschen. Die Blutgruppen A^1, A^2, A^3, B^1, B^2 und 0 sind verschiedene Allele eines

Gens. Die definierte Blutgruppe einer Person hängt dann davon ab, welche beiden Allele vererbt werden. Auch die verschiedenen Mutationen, z. B. in der β-Kette des Hämoglobins sind multiple Allele.

Die Laktoseunverträglichkeit wird ebenfalls als ein System multipler Allele diskutiert. Die Aktivität der Laktase zeigt nämlich in verschiedenen Teilen der Welt bezüglich ihrer vollen Expression erhebliche Altersunterschiede.

Ein weiteres bekanntes Beispiel ist die White-Serie von Drosophila melanogaster. Abhängig von der Allelsituation im Genom der Fruchtfliege werden hier phänotypisch verschiedene Augenfarben – vom Rot des Wildtyps über verschiedene Variationen von Rotabstufungen bis zum reinen Weiß der Mutante „white" – ausgebildet.

Die Begriffe *Homozygotie* und *Heterozygotie* beziehen sich auf die Vererbung identischer oder unterschiedlicher Allele. Die Begriffe *Dominanz, Rezessivität* und *Kodominanz* drücken aus, wie stark ein Allel im Phänotyp repräsentiert ist. Wenn zwei Gene nicht unabhängig voneinander vererbt werden, wie dies nach Mendel zu fordern ist, so können diese Gene komplett oder eng gekoppelt sein. Dies kann ein System multipler Allelie vortäuschen. Selten auftretende Rekombinationen durch Crossing-over-Prozesse belegen, daß die Gene zwar unabhängig, aber doch eng gekoppelt sind (Übersicht 2.11).

2.3.3 Mutationen nicht gekoppelter Loki mit verwandter Funktion

Eng gekoppelte Loki haben oft verwandte Funktionen. Beispiele sind:

- die γ-δ-β-Familie des Hämoglobins,
- die Immunglobulinregion, die eine Anzahl von Loki für die γ-Globulin-Ketten enthält,
- 4 Gene, die im Stoffwechselprozeß der Glykolyse eine Rolle spielen,
- Gene, die für eng verwandte Enzyme kodieren.

Zu erwähnen ist hier auch ein Cluster von Genen, das in die Immunantwort involviert ist, nämlich der Major Histocompatibility Complex, und Oberflächenantigene hauptsächlich der roten Blutzellen. Beispiele sind die Subtypen innerhalb des Rh-Systems. Von Bakterien kennen wir enge Koppelung von funktionell verwandten Loki; häufig sind diese sogar unter die Kontrolle eines Operons gestellt.

Es gibt auch Beispiele von nicht gekoppelten Loki mit verwandter Funktion. Bisher hat man beim Menschen keine Anzei-

Übersicht 2.11. Zustandsformen von Genen und ihre Konsequenzen für die genotypische Vererbung

Gen	DNA-Abschnitt, der für ein funktionelles Produkt mit einer spezifischen Basensequenz kodiert
Allele	Alternative Formen von Genen, die denselben Lokus im Chromosom einnehmen. Die verschiedenen Allele unterscheiden sich voneinander durch eine oder mehrere mutative Veränderung
Multiple Allelie	Existieren mehr als zwei Allele eines bestimmten Gens, so spricht man von multiplen Allelen bzw. von multipler Allelie
Homozygotie	Vorhandensein von identischen Allelen an sich entsprechenden Loki in homologen Chromosomensegmenten
Heterozygotie	Vorhandensein von verschiedenen Allelen an sich entsprechenden Loki in homologen Chromosomensegmenten

chen gefunden, daß überhaupt bakterienähnliche Operons unter der Kontrolle eines Promotors existieren. So liegen die Gene für Galaktose-1-Phosphat-Uridyl-Transferase und Galaktokinase, die bei Bakterien gekoppelt sind, beim Menschen auf den Chromosomen 3 und 17.

Das Gen für G6PD ist auf dem X-Chromosom lokalisiert und das für das Folgeenzym 6-PGD auf Chromosom 1. Die menschlichen Gene für die α-Hämoglobinkette und die der γ-δ-β-Familie sind offensichtlich nahe verwandt; dennoch liegen sie auf verschiedenen Chromosomen. Folglich vererben sich Mutationen in Genen mit verwandter Funktion auch voneinander unabhängig, da sie genetisch nicht gekoppelt sind.

Wie kommt es nun dazu, daß in der Evolution auseinander hervorgegangene Gene auf verschiedenen Chromosomen lokalisiert sind und wie wird das Verhältnis der Genprodukte zueinander reguliert? Eine Antwort auf die letzte Frage liegt noch völlig im dunkeln. Es ist nicht bekannt, wie beispielsweise die Produktion menschlicher α- und β-Hämoglobinketten so reguliert wird, daß immer ein Verhältnis von 1:1 entsteht. Beantworten läßt sich jedoch die Frage nach der Lokalisation auf verschiedenen Chromosomen. Im Laufe der Evolution ist es immer wieder zu erheblichen Aus- und Umbauvorgängen gekommen; auch Polyploidisierungen ganzer Chromosomensätze haben eine Rolle gespielt. Dadurch erklärt sich, daß sich Gene, die mit ziemlicher Sicherheit durch illegitimes Crossing-over auseinander hervorgegangen sind, plötzlich auf verschiedenen Chromosomen befinden. Möglicherweise wird hierdurch das Risiko weiterer illegitimer Crossing-overProzesse vermindert, denn lange DNA-Abschnitte mit sich wiederholenden Kaskaden von Basen würden solche Prozesse begünstigen. Es könnte also ein evolutionärer Vorteil sein, wenn Gene verwandter Funktion auf verschiedenen Chromosomen sitzen. Auch die funktionell abgeschalteten Pseudogene liegen häufig auf einem ganz anderen Chromosom als die entsprechenden kodierenden Gene (Übersicht 2.12).

2.3.4 Zeitliche und örtliche Unterschiede der Genaktivität

Die Ontogenese ist durch ständige Veränderungen des Phänotyps gekennzeichnet. Sie beginnen mit den ersten Furchungsteilungen und setzen sich über embryonale, fetale und Jugendstadien bis zu den Stadien höchster Differenzierung fort. Dabei ist ein und derselbe Genotyp in der Lage, sehr verschiedene Phänotypen in gesetzmäßiger Abfolge hervorzubringen.

Übersicht 2.12. Lagebeziehungen von Genen mit verwandter Funktion

- Gene mit verwandter Funktion liegen häufig eng gekoppelt

- Gene mit verwandter Funktion können auch auf völlig verschiedenen Chromosomen liegen

- Gene mit verwandter Funktion sind in der Regel durch illegitimes Crossing-over auseinander hervorgegangen

- Verantwortlich für die Trennung von Genen mit verwandter Funktion sind evolutionäre Umbauvorgänge

- Die Regulation des quantitativen Verhältnisses der Genprodukte zueinander ist bei räumlich getrennten Genen unbekannt

Immer stehen Fortpflanzungszellen am Anfang einer solchen Entwicklung. Mit der aus ihnen resultierenden Zygote ist der Grundstock für die gesamte Entwicklung gelegt. Die erste Furchungsteilung zum 2-Zell-Stadium bringt zwei omnipotente Zellen hervor, von denen sich jede zu einem kompletten Individuum entwickeln könnte – und manchmal in eineiigen Zwillingen auch entwickelt. Spätestens jedoch mit der 3. Furchungsteilung, also mit dem 8-Zell-Stadium, wird beim Menschen die Omnipotenz aufgegeben. Es setzt ein Vorgang ein, den man als *Zelldifferenzierung* bezeichnet. Zelldifferenzierung ist im wesentlichen ein Vorgang der *differentiellen Genaktivität*, d. h. in sich verschieden differenzierenden Zellen werden unterschiedliche Gene aktiviert bzw. inaktiviert. Dabei verfügt zwar – von Ausnahmen wie den antikörpersynthetisierenden B-Lymphozyten und Plasmazellen sowie T-Lymphozyten abgesehen, deren Differenzierung über Translokationen und Deletionen erfolgt, – weiterhin jede Zelle über die gesamte genetische Information, sie kann aber nur einen Teil dieser Information abrufen. Diesen Vorgang bezeichnet man als *differentielle Transkription*. Sie ist der wichtigste Mechanismus in der Zelldifferenzierung. Sind die Differenzierungsprozesse eines Organismus abgeschlossen, so ist es wiederum die differentielle Transkription, die in verschiedenen Organen zu örtlichen Unterschieden in der Genaktivität führt und damit für die organspezifische Ausprägung und Funktion von Zellen verantwortlich ist.

Wiederum ist es das Hämoglobin, das uns zum Verständnis der Genaktivitäten auf molekularer Ebene hilfreich sein kann. Es lehrt uns, daß zu verschiedenen Zeitpunkten der Entwicklung verschiedene Gene nacheinander aktiv sein können, um die Funktion eines Genprodukts den jeweiligen Entwicklungsprozessen ideal anzupassen. Das Hämoglobinmolekül von Kindern und erwachsenen Menschen (HbA)

setzt sich zu 98 % aus 2α- und 2β-Polypeptidketten zusammen. Es wird als $\alpha_2\beta_2$ bezeichnet. Alle Erwachsenen besitzen darüber hinaus in kleinem Umfang etwa 2 % HbA$_2$. Es besteht aus je 2α-und 2δ-Ketten und wird als $\alpha_2\delta_2$ bezeichnet. Die δ-Kette unterscheidet sich nur in 10 Aminosäurepositionen von der β-Kette. Das fetale Hämoglobin (HbF) dagegen besteht aus 2α- und 2γ-Ketten ($\alpha_2\gamma_2$), Zum Zeitpunkt der Geburt hat es mit ca. 80 % den Hauptanteil an der Hämoglobinmenge, wird dann aber zunehmend ersetzt, so daß es bereits nach einigen Monaten nur noch wenige Prozent ausmacht. Man kann bei HbF 2 Varianten unterscheiden; es sind dies γA (mit Alanin) und γG (mit Glycin). Die γ-Kette unterscheidet sich mit 43 Aminosäuren recht erheblich von der β-Kette. Die α-Kette mit 141 Aminosäuren und die γ-Kette mit 146 Aminosäuren haben 50 Aminosäuren gemeinsam. Weiterhin kommen in den ersten Embryonalwochen noch embryonale Hämoglobine vor. Es sind dies: Hb Portland, welches durch 2ζ-Ketten charakterisiert ist ($\zeta_2\gamma_2$), Hb Gower 1 mit 2 ζ- und 2 ε-Ketten ($\zeta_2\varepsilon_2$) und Hb Gower 2 mit 2α- und 2ε-Ketten ($\alpha_2\varepsilon_2$). In der Aminosäurezusammensetzung gleicht die ζ-Kette, der α-Kette, und die ε-Kette hat Ähnlichkeit mit der β-Kette. Der Vorteil der embryonalen und fetalen Hämoglobine ist ihre höhere Sauerstoffaffinität, was eine vermehrte O2-Abgabe an die Gewebe ermöglicht. (Übersicht 2.13 und Abb. 2.23).

Ein Beispiel für organspezifische Genaktivität ist die Expression der Phenylalanin-Hydroxylase. Der Defekt dieses Enzyms führt zu *Phenylketonurie* (PKU). Dabei ist die Hydroxylasereaktion ein Schritt in der Stoffwechselkette von Phenylalanin zu Tyrosin, in der eine Reihe anderer genetischer Blocks mit charakteristischen Syndromen bekannt sind. Die Hydroxylase besteht aus zwei Proteinkomponenten, einer labilen und einer stabilen. PKU ist durch einen kompletten Ausfall der Leber-Phenylalanin-Hydroxylase gekenn-

Übersicht 2.13. Menschliche Hämoglobine von der embryonalen bis zur adulten Entwicklung

Stadium	Hämoglobin	Struktur
Embryonalphase	HbGower 1	$\zeta_2\varepsilon_2$
	HbGower 2	$\alpha_2\varepsilon_2$
	HbPortland	$\zeta_2\gamma_2$
Fetalphase	HbF	$\alpha_2 G\gamma_2$
		$\alpha_2^A\gamma_2$
Adultphase	A	$\alpha_2\beta_2$
	A_2	$\alpha_2\alpha_2$

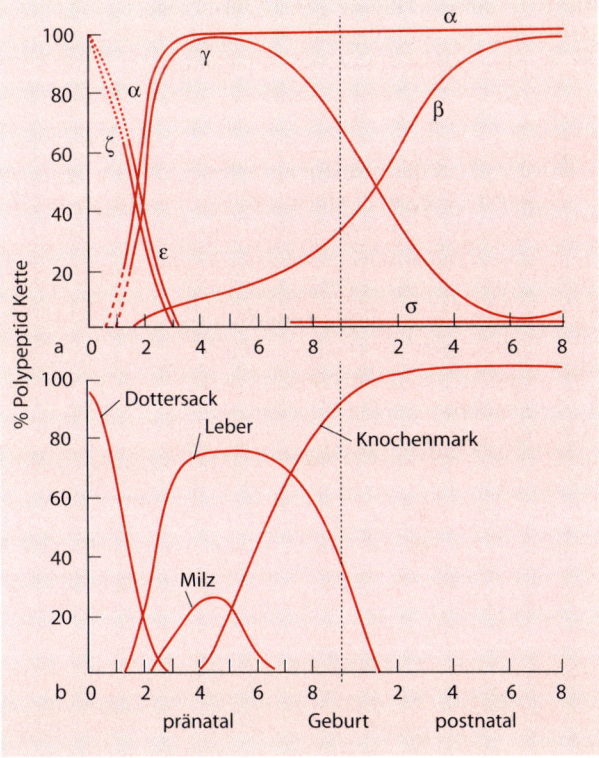

Abb. 2.23 a, b. Ontogenese der menschlichen Hämoglobinketten. **a** Entwicklungsmuster der verschiedenen Globinketten; **b** charakteristische Orte der Erythropoese während der Entwicklung. Es bestehen charakteristische Ähnlichkeiten in der Zeitfolge der Entwicklungen von Dottersack und ε- und G-Kette, Leber und Milz und γ-Kette, Knochenmark und β-Kette. (Nach Motulsky 1970)

zeichnet, wobei die labile Komponente des Enzymsystems betroffen ist. Die stabile Komponente kann in vielen anderen Geweben nachgewiesen werden. Die labile Komponente wird nur in Leberzellen gefunden, wird also ausschließlich dort synthetisiert. Sie kann in anderen Geweben nicht nachgewiesen werden. Die PKU ist nur ein Beispiel dafür, daß sowohl „normale" als auch Defektgene nur in bestimmten Organen oder Geweben aktiviert sein können. Andere Genaktivitäten dagegen lassen sich an vielen verschiedenen Stellen des Organismus nachweisen. Hierzu zählen die sog. *„house keeping genes"*, also die Gene, die für die allgemeinen Aufgaben des Zellstoffwechsels verantwortlich sind.

> **!** Der aktive Teil des Genoms einer jeden Zelle setzt sich einerseits sowohl aus Genen zusammen, die in vielen Zellen aktiv und daher für einen definierten Differenzierungsgrad weniger spezifisch sind, und andererseits aus Genen, die hochspezifisch und funktionsadaptiert nur in bestimmten Organen abgelesen werden.

3 Chromosomen des Menschen

Bei der folgenden Beschreibung der Chromosomenmorphologie des Menschen werden Kenntnisse über den Verlauf des Intermitosezyklus, der Mitose und der Meiose als grundlegendes Basiswissen vorausgesetzt.

Menschliche Chromosomen wurden das erste Mal 1874 von Arnold und 1881 von Fleming beobachtet. Es sollte dann allerdings noch ca. 70 Jahre dauern, bis durch einen Präparationsfehler zufällig ein Zugang zu einer mikroskopisch klaren Darstellung des menschlichen Chromosomensatzes gefunden wurde. 1952 beschrieb Hsu den menschlichen Chromosomensatz mit 48 Chromosomen. Trotz der falschen Chromosomenzahl war diese Publikation von großer Bedeutung. Hsu hatte sozusagen durch einen „Unfall" entdeckt, daß *hypotone Lösung* die behandelten Zellen anschwellen und platzen ließ. Dadurch konnte man sie besser voneinander trennen und somit besser zählen und morphologisch untersuchen. Ein Jahr später postulierte wiederum Hsu die Verwendung von Zellkulturen als die effizienteste Methode zur Chromosomenpräparation, denn zuvor hatte man mit den üblichen histologischen Schnittechniken große Probleme, die Mitosen nicht unanalysierbar zu zerstören. 1956 schließlich korrigierten Tjio und Levan die Chromosomenzahl auf den richtigen Wert von 46. Es dauerte nur 3 Jahre, bis verschiedene Gruppen die Überzahl oder das Fehlen eines Chromosoms als Ursache für einige genetische Syndrome beschrieben. Lejeune entdeckte die Trisomie des Chromosoms 21 als Ursache für

das *Down-Syndrom*. Ford und Mitarbeiter beschrieben das Fehlen eines X-Chromosoms als Ursache für das *Turner-Syndrom*, und Jacobs und Mitarbeiter entdeckten das überzählige X-Chromosom als Ursache für das *Klinefelter-Syndrom*. 1960 folgten die Beschreibungen der *Trisomien 13* und *18* durch Pätau und Edwards und Mitarbeiter. Das erste Deletionssyndrom, das *Cri-du-chat-Syndrom*, wurde 1963 wiederum von Lejeune und Mitarbeitern entdeckt und 1964 fanden Schroeder und Mitarbeiter und 1965 German und Mitarbeiter eine genetisch determinierte Chromosomeninstabilität bei der *Fanconi-Anämie* und beim *Bloom-Syndrom*.

Zwischenzeitlich konnte die Präparationstechnik weiter verbessert werden. Die Entdeckung der hypotonen Behandlung 1952 wurde bereits erwähnt. Ein weiterer wesentlicher Schritt war die erstmalige Benutzung von *Colchizin* zur Arretierung der Metaphasen durch Ford und Hamerton 1956. 1960 erkannte Nowell die Wirkung von *Phytohämagglutinin* als Stimulanz für die Zellteilung in Lymphozytenkulturen, und 1965 wurde von Hungerford und Mitarbeitern erstmals KCl als hypotone Lösung eingesetzt.

Bis Ende der 60er Jahre konnte man Chromosomen zur mikroskopischen Betrachtung nur konventionell und durchgängig mit Farbstoffen wie Orcein, Feulgen und Giemsa anfärben. Mit diesen Techniken war die Erkennung homologer Paare sowie eine eindeutige Chromosomensortierung nicht möglich. 1968–70 wurden schließlich die *Chromosomenbänderungstechniken* entwickelt. Casperson und Mitarbeiter entdeckten, daß Fluoreszenz nach Anfärben der Chromosomen mit Quinacrin ein distinktes Bandenmuster erzeugt, und systematisierten damit eine gelegentliche Beobachtung von spontanen horizontalen Dichteunterschieden, die bis dahin wenig Beachtung gefunden hatte. Kurz danach wurden die *Giemsa-Bänderung* und andere Bänderungsmethoden entwickelt.

Durch die Kombination von molekularbiologischen Methoden mit neuen Anfärbemöglichkeiten gelang es in den letzten Jahren, das Auflösungsvermögen noch einmal zu steigern. Es entwickelte sich die molekulare Zytogenetik. Durch den Einsatz von DNA-Sonden und an sie gebundene fluoreszenzmarkierte Reportermoleküle (s. Kap. 1.1.2) gelingt es mit den Methoden der *Chromosomen-in-situ-Suppressionshybridisierung* und der *Fluoreszenz-in-situ-Hybridisierung* kleinere Chromosomenbereiche, ja selbst einzelne Gene zu markieren und mikroskopisch analysierbar zu machen.

Die kurze Beschreibung der jüngeren historischen Entwicklung des methodischen Inventars der medizinischen Zytogenetik an dieser Stelle wurde nicht unternommen, um im Sinne einer „historischen Einleitung" einen Einstieg in das Kapitel zu ermöglichen. Sie soll vielmehr zeigen, wie innerhalb von nur gut 40 Jahren, fast vom Stande null aus, durch die Kombination von methodischen Ansätzen aus primär völlig verschiedenen wissenschaftlichen Richtungen ein wissenschaftliches Werkzeug für die prä- und postnatale Chromosomenanalyse und für die Tumorzytogenetik von faszinierender Dimension geschaffen wurde. Parallele Entwicklungen, ausgehend von der Verbesserung der optischen Auflösung über die Entwicklung von DNA-Sonden und neuen Fluoreszenzmarkierungen bis hin zur computergestützten Separation von Fluoreszenzspektren, haben hier ein weites Feld eröffnet. Über die ausgesprochenen Anwendungsgebiete

hinaus sind die Konsequenzen weitreichend. Stellvertretend seien hier nur die physikalische Genkartierung und die Evolutionsforschung genannt.

3.1 Charakterisierung und Darstellung menschlicher Chromosomen

Zur Chromosomenanalyse beim Menschen ist grundsätzlich jedes Untersuchungsmaterial geeignet, das Mitosen enthält oder bei dem man die Mitose anregen kann. Von Bedeutung ist auch die Zugänglichkeit. In der Praxis erfolgen die meisten Chromosomenpräparationen aus

- Kurzzeit-Lymphozytenkulturen,
- Langzeit-Fibroblastenkulturen,
- Amnionzellkulturen (für pränataldiagnostische Zwecke) und
- Mitosen nach Chorionzottenbiopsie (für Pränataldiagnostik).

Grundsätzlich ist auch die direkte Präparation aus Knochenmark möglich. Sie spielt jedoch in der Praxis kaum oder nur in begründeten Ausnahmefällen eine Rolle.

Präparation. Das Blut gesunder, nicht an Leukämie erkrankter Personen enthält keine teilungsfähigen Zellen. Die Lymphozyten können jedoch, wie erwähnt, artifiziell zur Teilung angeregt werden und vermehren sich dann in der Regel in 72 Stunden-Kulturen zu einer für die Präparation genügenden Zelldichte. Die wesentlichen Präparationsschritte sind im einzelnen:

- Behandlung der mitotischen Zellen mit dem Spindelgift Colchizin (für 2 Std.) nach 70 Stunden Zucht in geeignetem Nährmedium. Colchizin arretiert die Zellen in der Prämetaphase oder Metaphase, da die Formierung der Spindel, die zur Anaphasebewegung notwendig ist, verhindert wird.

- Hypotone Behandlung der Zellen für kurze Zeit, z. B. mit 0,075 molarer KCl.
- Fixierung des Materials mit einem Gemisch aus Essigsäure und Methanol (in der Regel im Verhältnis 1:3).
- Auftropfen der Zellen auf Objektträger und deren Trocknung.
- Färbung mit geeigneten Färbemethoden.

Darstellungsmethoden. Die sogenannte *konventionelle Färbung* der Chromosomen erfolgt in der Regel mit Giemsa-Färbelösung oder anderen Kernfarbstoffen.

Die älteste *Bänderungsmethode* ist die mit *Quinacrin* (Q-Bänderung), welche distinkte fluoreszierende Banden erzeugt. Die Banden sind, wie auch bei den nachfolgend besprochenen Bänderungsmethoden,

für jedes Chromosom spezifisch und reproduzierbar. Sie können nach Anzahl, Größe, Verteilung und Intensität unterschieden werden. Die Q-Bänderung hat allerdings für die Routinediagnostik heute keine Bedeutung mehr.

> **!** Mit diesen Bänderungsmethoden lassen sich etwa 350 Banden unterscheiden.

Die in der Praxis am häufigsten angewandte Bänderungsmethode ist die *Giemsa-Bänderung* oder G-Bänderung (Abb. 3.1). Nach Inkubation der Chromosomen in Trypsinlösung (Trypsinierung)

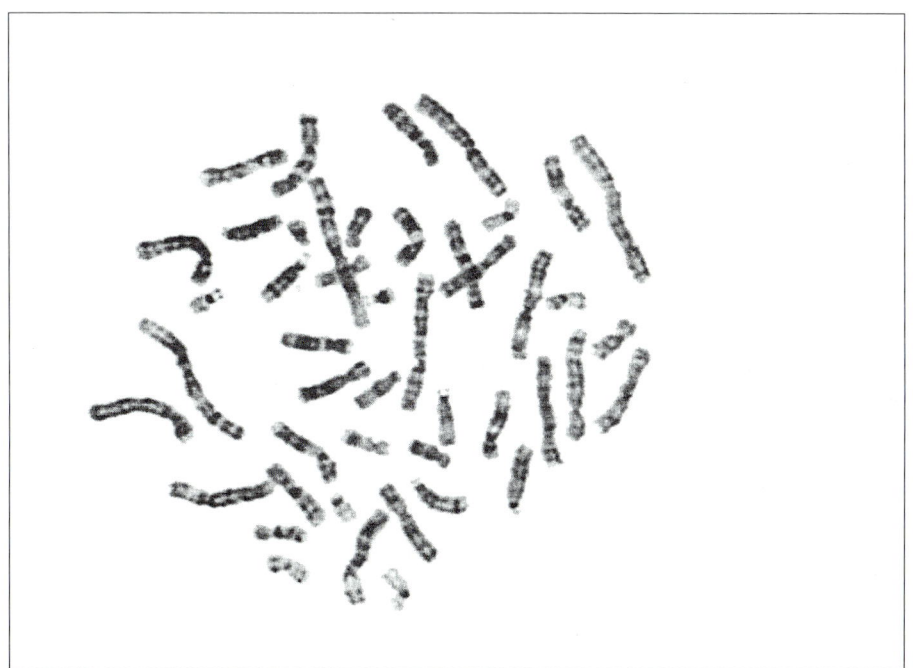

Abb. 3.1. Mikroskopisches Bild einer Metaphase nach Giemsa-Bänderung. (Mit freundlicher Genehmigung von H.-D. Hager, Institut für Humangenetik der Universität Heidelberg)

erfolgt eine Inkubation mit Giemsa-Lösung, und der Farbstoff wird nach Denaturierung des Chromatins in die DNA eingebaut. Die Bandenstruktur basiert auf Unterschieden in der Längenstruktur der Chromatiden. Jede Bande ist von der nächsten unterschieden durch ihre Basenzusammensetzung, die Chromatinformation, die Dichte der Gene, ihre repetitiven Sequenzen und den Zeitpunkt ihrer Replikation. Die G-Banden sind spät replizierend und enthalten stark kondensiertes Chromatin. Die hellen Banden (auch R-Banden = reverse G-Bandenmuster genannt) werden dagegen früh in der S-Phase repliziert und enthalten weniger stark kondensiertes Protein. Die DNA in den G-Banden ist transkriptionell relativ inaktiv, und Gene sind besonders häufig in den hellen Banden zu finden. Man hat bis vor kurzem vermutet, daß die G-Banden besonders AT-reich, die R-Banden dagegen reich an GC wären. Es hat sich jedoch inzwischen herausgestellt, daß beim Menschen in den G-Banden nur geringfügig mehr AT-reiche Sequenzen vorhanden sind als in den hellen Banden. Das weiterentwickelte Modell des Aufbaus von Metaphase-Chromosomen brachte hier die richtige Lösung (s. Kap. 1.1.2). Danach werden die besonders AT-reichen Gerüstkopplungsbereiche (SARs) entlang der Längsachse der Chromatiden jeweils unterschiedlich gefaltet. Bereiche mit hoher Dichte an SARs findet man in den G-Banden, mehr entfaltete SARs in den hellen Banden. Dabei wird angenommen, daß der Giemsa-Farbstoff selektiv die Basis der DNA-Schlaufen anfärbt, während man das R-Bandenmuster (z. B. durch die nachfolgend erklärte Färbemethode) dann sieht, wenn man gezielt die Schlaufenkörper anfärbt. Die Q- und die G-Banden sind identisch.

Nach Vorbehandlung der Chromosomen mit heißem Phosphatpuffer und nachfolgender Färbung mit Giemsa kann man R-Banden erzeugen. Die *R-Bänderung* bringt helle Heterochromatin- und dunkle Euchromatinbanden hervor. Sie entspricht also quasi dem photographischen Negativ der G-Bänderung.

Das konstitutive Heterochromatin in der Region um das Zentromer und am distalen Ende des langen Armes (q) des Y-Chromosoms kann mit der *C-Bänderung* dargestellt werden. Die *T-Bänderung* schließlich markiert die Telomerregionen der Chromosomen.

Eine Variante zur Darstellung von Metaphasen mit höherer Auflösung ist die Darstellung von mittleren und späten Prophasen und von Prometaphasen *(High Resolution Banding).* Sie gelingt nach Synchronisation der Zellzyklen. Da die Chromosomen zu diesem Zeitpunkt noch nicht ganz so stark kondensiert sind, können einzelne Chromosomenabschnitte, die sich in der Metaphase als eine Bande darstellen, in mehrere Banden aufgelöst werden. Bei einer qualitativ einwandfreien Präparation lassen sich ca. 500–850 Banden (im haploiden Satz) erkennen (Abb. 3.2).

Die Fluoreszenz-in-situ-Hybridisierung brachte nun eine entscheidende Erweiterung dieser Darstellungsmethoden, wobei die vorangestellten Chromosomendarstellungsmöglichkeiten für die Routinezytogenetik damit nicht etwa an Bedeutung verloren haben. Wie bereits ausgeführt, verwendet man DNA-Sonden, die durch modifizierte Nukleotide mit Reportermolekülen (wie Biotin) charakterisiert sind und an die fluoreszenzmarkierte Affinitätsmoleküle gebunden sind. Dabei setzt man verschiedene Fluorophoren ein (Abb. 3.3). Die verwendeten DNA-Sonden stammen aus verschieden angelegten DNA-Bibliotheken:

- Phagen- und Plasmid-DNA-Bibliotheken, in die sortierte menschliche Chromosomen einkloniert sind;
- Plasmid-DNA-Bibliotheken mit chromosomenspezifischen Teilbereichen;
- Cosmide und YAC's (das sind Plasmide mit Verpackungssequenzen von Lamb-

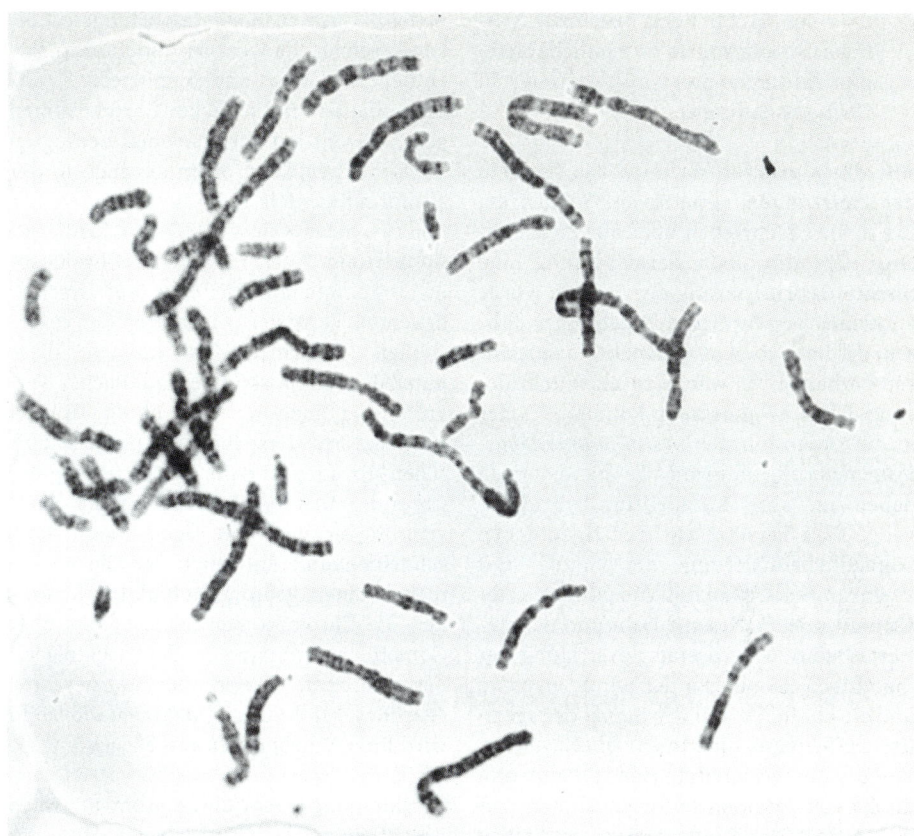

Abb. 3.2. Mikroskopisches Bild einer Prometaphase nach hochauflösender Giemsa-Bänderung. (Mit freundlicher Genehmigung von H.-D. Hager, Institut für Humangenetik der Universität Heidelberg)

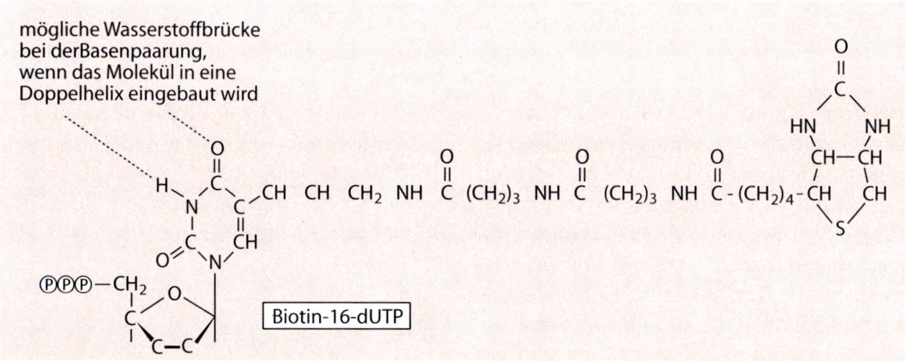

mögliche Wasserstoffbrücke
bei der Basenpaarung,
wenn das Molekül in eine
Doppelhelix eingebaut wird

Biotin-16-dUTP

Abb. 3.3. Beispiel eines markierten Nukleotids, bei dem die Reportergruppe über ein Zwischenstück an ein Nukleotid gebunden ist

da, einem E.coli-Virus bzw. Yeast Artificial Chromosomes = künstliche Hefeminichromosomen mit definierten DNA-Abschnitten).

Allerdings existiert da noch das Problem der verstreuten repetitiven Sequenzen, die ja wie beschrieben über alle menschlichen Chromosomen verteilt sind. Eine direkte Hybridisierung der Sonden würde zu keinen verwertbaren Ergebnissen führen, da diese eben auch repetitive Sequenzen enthalten. Es würde zu einer Markierung aller Chromosomen kommen. Daher ist die Anwendung der *In situ-Suppressionshybridisierung* sinnvoll. Es handelt sich dabei um eine Kompetitionshybridisierung. Man versetzt vor der eigentlichen Sondenhybridisierung die Sonde mit einem großen Überschuß von unmarkierter chromosomaler Gesamt-DNA und denaturiert. Dadurch wird eine Absättigung der repetitiven Sequenzen der Sonde erreicht, und sie können somit das Signal der spezifischen Sequenz nicht mehr überlagern.

Die so vorbereitete Sonde kann nun direkt auf Metaphasechromosomen auf dem Objektträger hybridisiert werden. In einer Spezialform der FISH-Anwendung besteht die DNA der Sonden aus vielen verschiedenen Fragmenten, die von einem einzigen Chromosomentyp abstammen. Das Hybridisierungssignal setzt sich dann aus vielen Signalen vieler Loki, die über das ganze Chromosom verteilt liegen, zusammen. Dies führt zum sog. *Chromosome painting.* Verwendet man noch zusätzlich verschiedenfarbige Fluoreszenzmarker, so erhält man eine Palette von Farbabstufungen für das ganze Chromosom. In Erweiterung dieser Methode ist es kürzlich gelungen, eine *Multicolor Spectral Karyotypisierung* aller menschlichen Chromosomen vorzustellen, die die simultane Darstellung aller menschlichen Chromosomen in verschiedenen Farben erlaubt (Abb. 3.4).

Die FISH hat damit einen hohen Stellenwert in der Ergänzung der konventionellen Chromosomendarstellungstechniken erreicht. Sie wird besonders dort unentbehrlich, wo es um komplizierte Strukturumbauten menschlicher Chromosomen geht, sowohl bei chromosomal bedingten menschlichen Syndromen als auch in der Tumorzytogenetik (Abb. 3.5).

Auswertung. Nach Färben der Chromosomenpräparate mit einer oder (auf verschiedenen Objektträgern) mehreren der vorgestellten Färbemethoden können diese unter dem Mikroskop bei 1.000facher Vergrößerung analysiert und photographiert werden. Nach Herstellung von photographischen Abzügen ist dann die Sortierung der Chromosomen möglich. Dies geschah konventionellerweise von Hand durch Ausschneiden und Aufkleben der Chromosomen zu einem geordneten Bild. Häufig werden die Chromosomen heute bereits über Computerprogramme in der nachfolgend beschriebenen Weise zur Auswertung geordnet und das Dokumentationsbild wird über Videoprinter ausgedruckt.

Beschreibung der Chromosomen. Nach Beschreibung des technischen Ablaufs der Chromosomenpräparation und der Auswertung soll nun auf die Einteilung der Chromosomen (Übersicht 3. 1) in einem geordneten Chromosomenbild einer Metaphase, das man als *Karyogramm* bezeichnet, eingegangen werden. (Abb. 3.6 und 3.7). Nach der Denver-Konvention 1960, der Londoner Konferenz 1963, der Chicagoer Konferenz 1966 und der Pariser Konferenz von 1971 über die Standardisierung und Nomenklatur der Chromosomen werden diese nach Form, Größe, Lage des Zentromers und Bandenmuster einander zugeordnet.

> **!** Die menschlichen Körperzellen enthalten einen diploiden Satz von $2n = 46$ Chromosomen (haploider Satz $n = 23$).

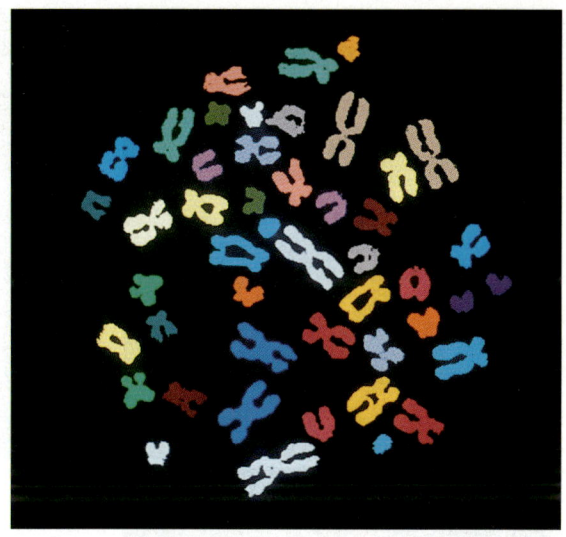

a

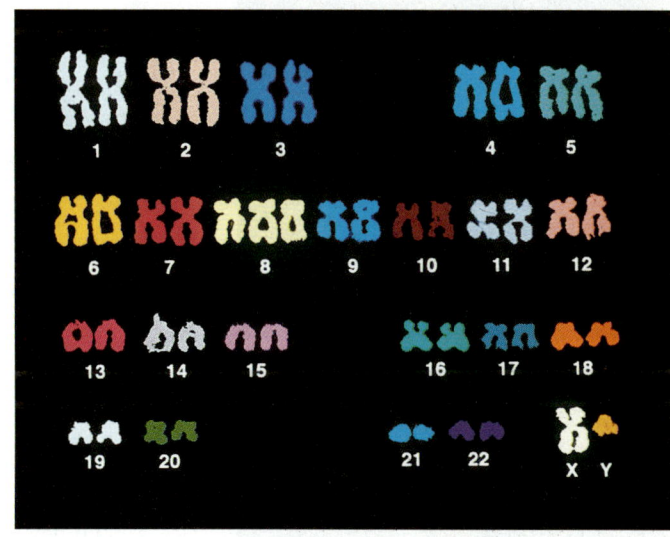

Abb. 3.4. a Männliche
Metaphase mit einer
Trisomie des Chromo-
soms 8; **b** Karyogramm
nach einer Hybridisierung
mit vierundzwanzig
chromosomenspezifi-
schen DNA-Sonden
als Falschfarbenbild.
(Mit freundlicher
Genehmigung von M.R.
Speicher, Institut für
Anthropologie und
Humangenetik der
Universität München)

b

Die Chromosomen weiblicher Personen lassen sich nach Größe und Form zu
23 Paaren anordnen. Beim männlichen
Geschlecht finden wir 22 von diesen 23 Paaren, daneben aber zwei unpaare Chromosomen, von denen das größere, das X-
Chromosom, auch bei der Frau, hier aber
doppelt vorhanden ist, während das kleinere, das Y-Chromosom, nur beim Mann
vorkommt. Die 22 Paare, die beiden
Geschlechtern gemeinsam sind, heißen
Autosomen. Ihnen gegenüber stehen die
beiden Geschlechtschromosomen, auch
Gonosomen genannt (XX bei der Frau,
XY beim Mann).

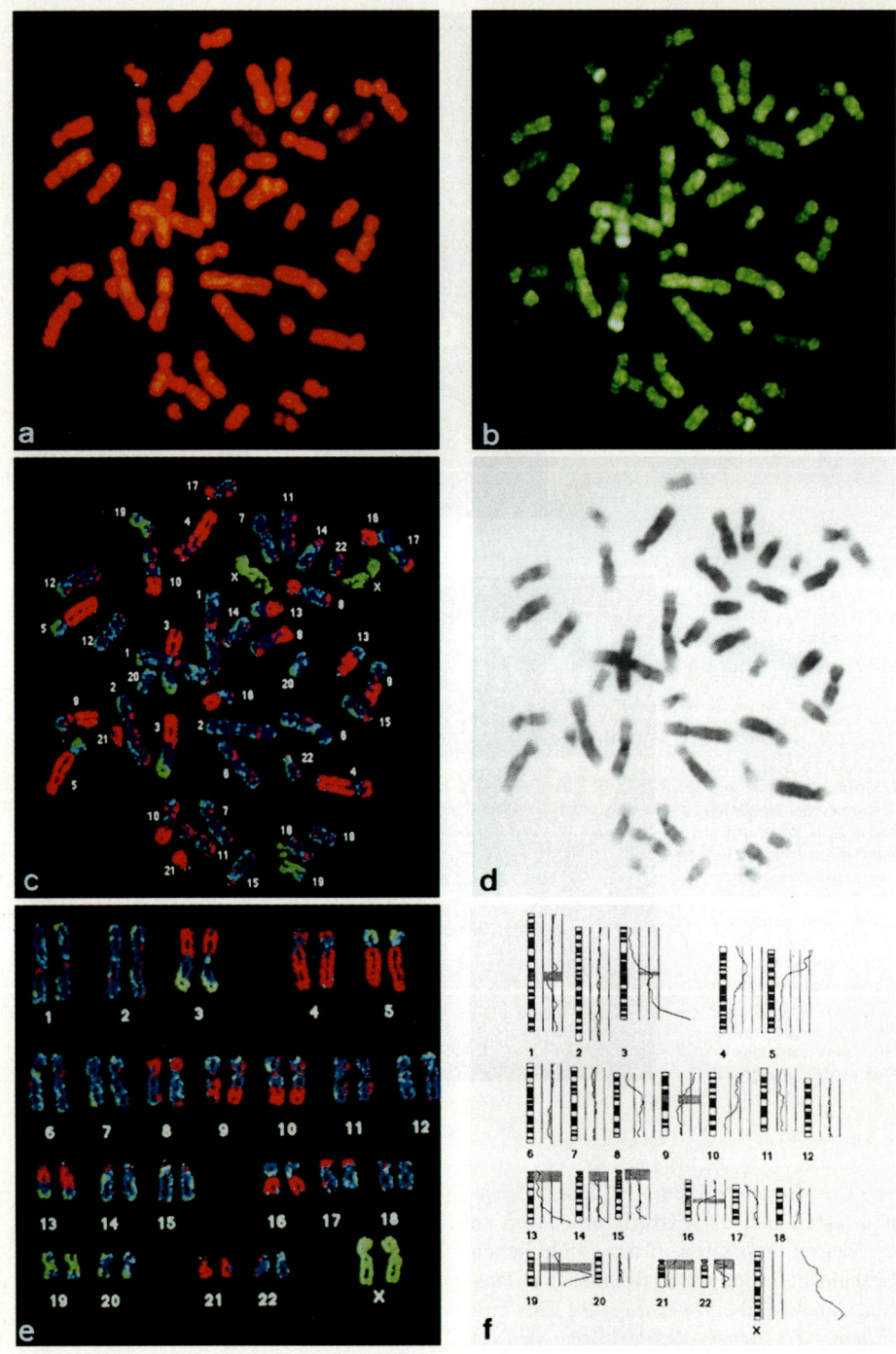

Übersicht 3.1. Die Chromosomen des Menschen

Anzahl	2n = 46, 44 Autosomen und 2 Gonosomen
Geschlechtsunterschied	XX bei der Frau XY beim Mann
Einteilung	nach Länge und Lage des Zentromers (akrozentrisch, submetazentrisch, metazentrisch) 7 Gruppen von A–G X-Chromosom metazentrisch, geordnet an C-Gruppe Y-Chromosom entspricht der G-Gruppe
Gebräuchliche Färbemethoden	G-, Q-, R- und C-Bänderung, FISH-Methode konventionelle Giemsa-Färbung
Identifikation spezifischer Chromosomen und homologer Paare	Chromosomenspezifische Bandenmuster, Länge, Lage des Zentromers
Identifikation aberranter Chromosomen	Veränderungen im Bandenmuster, über FISH-Darstellung exakter Chromosomenumbauten, Veränderungen der Lage des Zentomers oder der Länge

Abb. 3.5 a–f. Vergleichende genomische Hybridisierung [Comparative genomic hybridization (CGH)] mit Tumor-DNA aus autoptischem Material einer Patientin mit kleinzelligem Lungenkarzinom. Die Tumor-DNA (Detektion mit FITC, grüne Fluoreszenz) wurde im Verhältnis 1:1 mit Referenz-DNA (Deletion mit TRITC; rote Fluoreszenz) eines gesunden, männlichen Probanden gemischt und auf Metaphasespreitungen mit normalem, weiblichem Chromosomenkomplement (46, XX) hybridisiert. **a** Metaphasespreitung zeigt eine relativ homogene Färbung mit TRITC (Hybridisierung der Referenz-DNA). **b** Die FITC-Färbung dieser Metaphasespreitung (Hybridisierung der Tumor-DNA) zeigt eine im Vergleich zur Referenz-DNA stärkere oder schwächere Färbung einzelner Chromosomen und Chromosomenabschnitte. **c** Überlagerung des FITC- und TRITC-Bildes: Chromosomenabschnitte mit signifikant erhöhten FITC/TRITC-Quotienten (Hinweis auf eine Überrepräsentation des Chromosomenabschnitts im Tumor) sind in dieser Falschfarbendarstellung *grün*, Chromosomenabschnitte mit signifikant erniedrigten FITC/TRITC-Quotienten (Hinweis auf eine Unterrepräsentation des Chromosomenabschnitts im Tumor) sind *rot* gekennzeichnet. *Blau* gefärbte Abschnitte repräsentieren unauffällige FITC/TRITC-Quotienten. Die Zahlen geben die Chromosomen-Nummer an. **d** Fluoreszenz-Bänderung mit DAPI. Zur verbesserten Sichtbarmachung des Bandenmusters wurde eine inverse Darstellung gewählt. Die Aufnahmen (*a*), (*b*) und (*d*) wurden mit einer CCD-Kamera mit FITC, TRITC und DAPI-spezifischen Filterkombinationen aufgenommen. **e** Paarweise Anordnung der in (9c) dargestellten Chromosomen. Man beachte, daß homologe Chromosomen ein weitgehend identisches Falschfarbenbild aufweisen.

Beispielsweise sind die kurzen Arme auf beiden Chromosomen 3 *rot* (Verlust von 3p), die proximolen Abschnitte des langen Arms sind *blau* (Hinweis auf eine ausgeglichene Kopienzahl), die distalen Abschnitte grün (Erhöhung der Kopienzahl). Bei Chromosom 5 weist die Falschfarbendarstellung auf eine erhöhte Kopienzahl des kurzen Arms und eine verminderte Kopienzahl des langen Arms hin usw. Ungleichmäßige Farbverteilungen auf beiden Chromatiden eines Chromosoms oder beiden homologen Chromosomen sind Hinweis auf Artefakte. Für statistisch gesicherte Aussagen muß eine Serie von Referenz-Metaphasespreitungen ausgewertet werden. **f** Mittelwerte der FITC/TRITC-Fluoreszenzquotientenprofile wurden für jeweils 10 Referenzchromosomen ermittelt. Die drei *Linien* neben den schematisch dargestellten Chromosomen (ISCN 1985) stellen von *links* nach *rechts* einen unteren Schwellenwert, normale Fluoreszenzquotienten und einen oberen Schwellenwert dar. Eine Unterschreitung des unteren Schwellenwerts oder eine Überschreitung des oberen Schwellenwerts weist darauf hin, daß ein Verlust oder ein Gewinn des entsprechenden Chromosoms oder Chromosomenabschnitts in mindestens 50% der Tumorzellen eingetreten ist. Die *schraffierten Areale* kennzeichnen heterochromatische Abschnitte, die von der Bewertung ausgeschlossen wurden. Die Profile für die Chromosomen 3, 4, 5, 8, 9, 10, 13, 16, 17, 19 und 21 weisen auf pathologische Veränderungen hin, während die Profile für die übrigen Chromosomen unauffällig sind. Das nach *rechts* verschobene Profil für das X-Chromosom ist Ausdruck der höheren X-Kopienzahl in der weiblichen Tumor-DNA im Vergleich zur männlichen Referenz-DNA. (Mit freundlicher Genehmigung von Th. Reed, Institut für Humangenetik, Heidelberg).

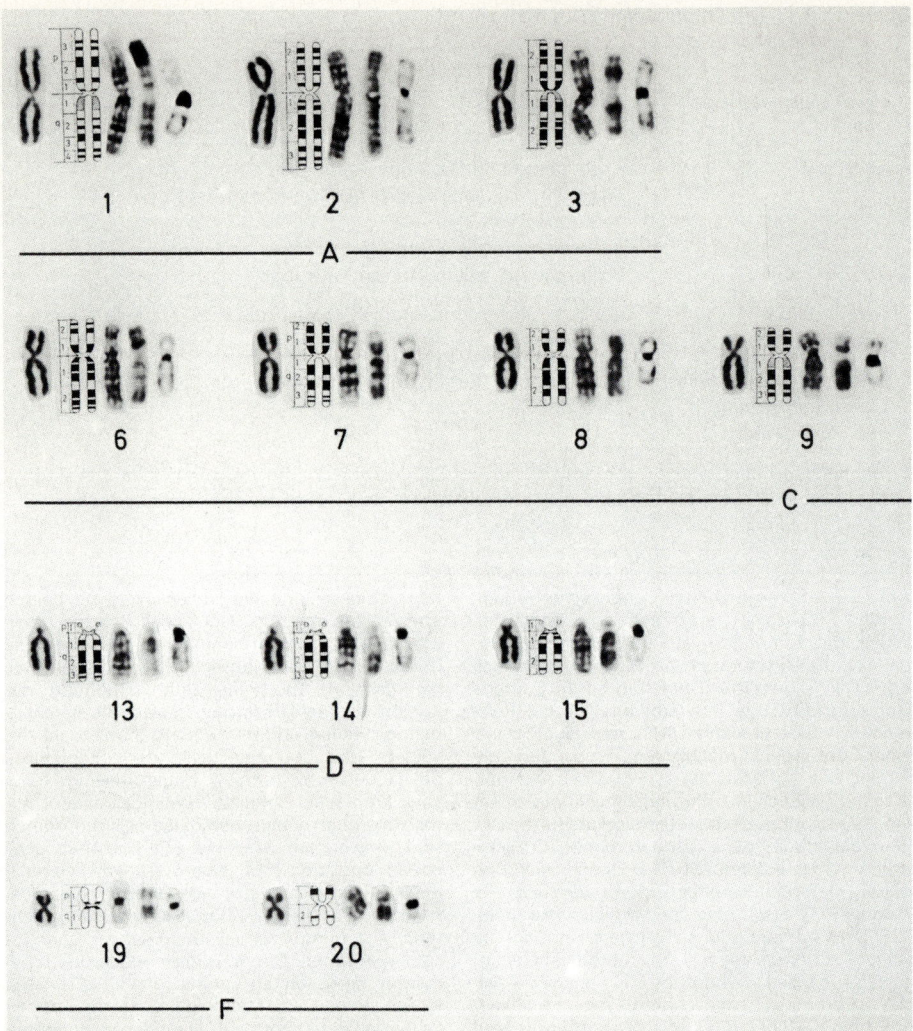

Abb. 3.6. Menschlicher Chromosomensatz (Karyo-gramm) im Vergleich verschiedener Färbemetho-den. *1* Konventionelle Giemsa-Färbung, *2* Schema der Banden, *3* Färbung nach der Giemsa-Banden-methode, *4* methodische Variante, die die Stellen im Chromosom anfäbt, die nach der Giemsa-Bandenmethode ungefärbt bleiben (R-Banden, *R* = reverse), *5* Zentromerfärbung. (Nach Vogel, Motulsky 1996)

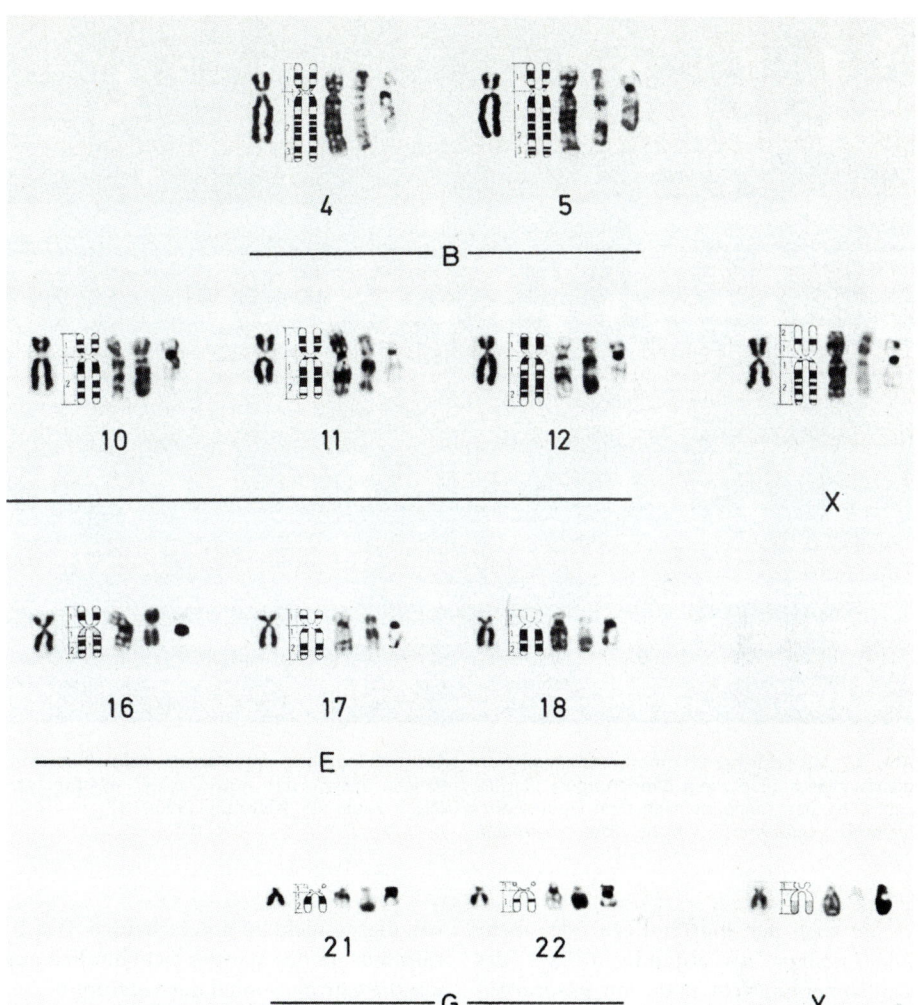

Abb. 3.6. (Fortsetzung)

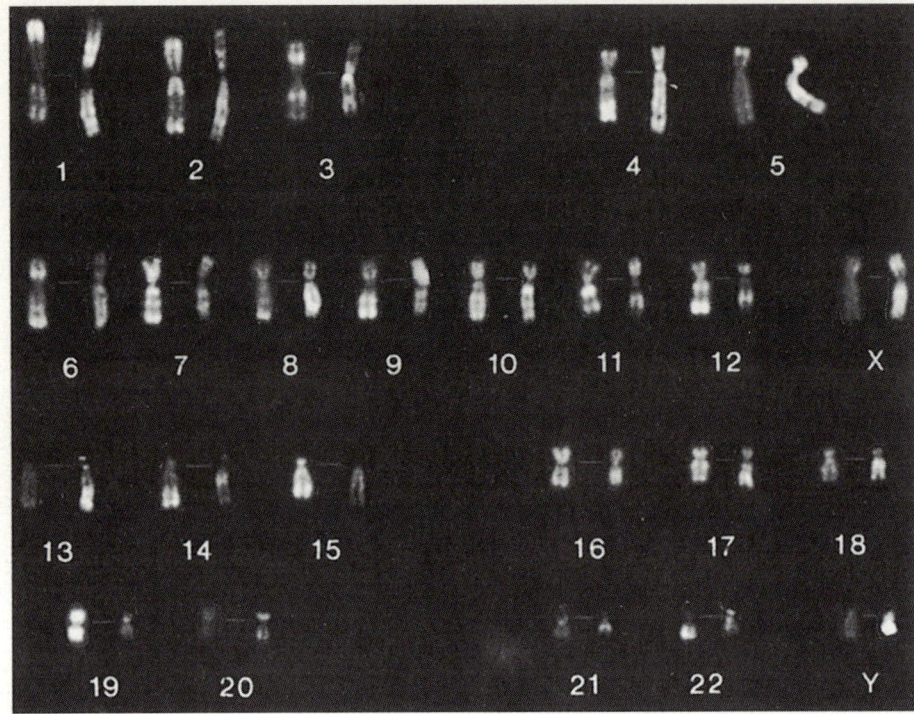

Abb. 3.7. Menschlicher Chromosomensatz im Vergleich zweier Fluoreszenzbänderungen. *Rechts:* sog. Q-Banden (benannt nach dem Fluoreszenzfarbstoff Quinacrin), welche der normalen Giemsabänderung entsprechen, *links:* R-Banden, welche denen der Abb. 3.6 (4) entsprechen. (Nach Vogel und Motulsky 1996)

Je nach der endständigen oder mehr oder weniger mittelständigen Lage des Zentromers spricht man von *akrozentrischen, submetazentrischen* und *metazentrischen* Chromsomen. Dabei wird der kurze Arm als *p-Arm* und der lange Arm als *q-Arm* bezeichnet. Nach diesen Kriterien ist eine Unterteilung in 7 Chromosomengruppen möglich, die man mit A, B, C, D, E, F und G bezeichnet. Dies bezeichnet man als Erstellung eines Karyogramms.

Die Gruppe A enthält 3 Chromosomenpaare, B 2 Paare, C 7 Paare, D und E je 3 Paare und F und G enthalten je 2 Paare. Die beiden X-Chromosomen der Frau sind submetazentrisch. Sie sind genauso groß wie die Chromosomen der C-Gruppe und mit herkömmlichen Analysemethoden von diesen nicht zu unterscheiden. Das Y-Chromosom des Mannes sieht ähnlich aus wie die Chromosomen der G-Gruppe.

Für die Ausbildung des Geschlechts sind beim Menschen die Gonosomen verantwortlich. Eine Oozyte, die immer nur ein X-Chromosom enthält, kann mit einem Spermium verschmelzen, das entweder ein X- oder ein Y-Chromosom enthält. Treffen 2 X-Chromosomen zusammen (Gonosomen XX), so entwickelt sich aus der Zygote ein Mädchen; treffen X und Y zusammen, so entwickelt sich ein Junge.

Die Chromosomenbänderung erlaubt eine Feineinteilung jedes Chromosoms. Danach werden der p- und der q-Arm in Regionen unterteilt. Die Abbildung 3.8 zeigt dies entsprechend der Pariser

Abb. 3.8. Menschliche Chromosomen mit 850 Banden. Die relative Länge von Chromosomen und Banden basiert auf exakten Messungen. (Nach Vogel, Motulsky 1996)

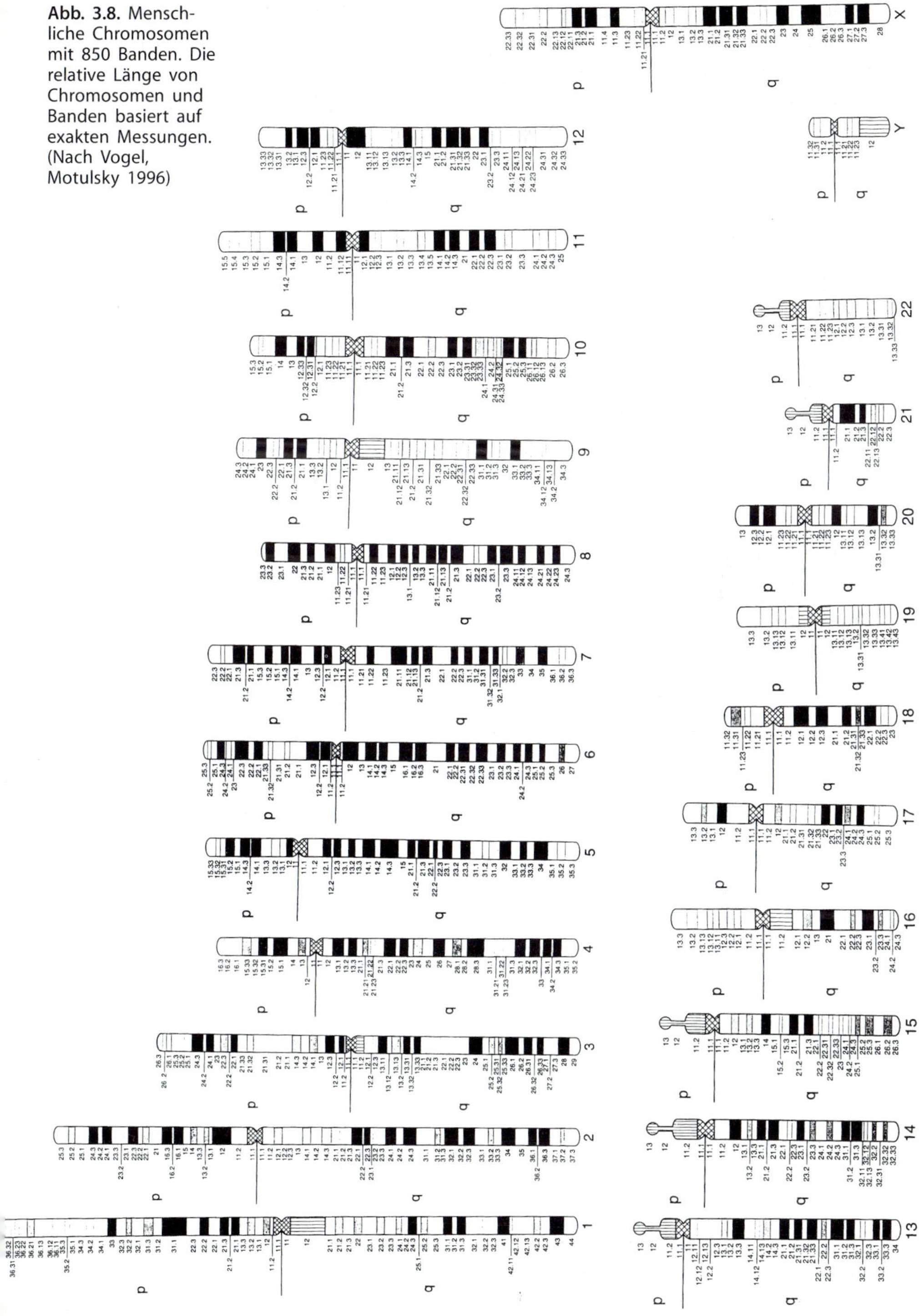

Nomenklaturkonferenz. Die Regionen werden mit arabischen Ziffern bezeichnet. Das Chromosom 1 enthält z. B. im p-Arm 3 Regionen und im q-Arm 4 Regionen. Innerhalb dieser Regionen werden die einzelnen hellen und dunklen Banden wiederum mit arabischen Ziffern numeriert. Bei der hochauflösenden Prophasebänderung wird eine entsprechende verfeinerte Einteilung getroffen.

3.1.1 Strukturelle Varianten menschlicher Chromosomen

Heteromorphismus. Betrachtet man Chromosomen auf der Ebene einer Population, so sieht man, daß einzelne Chromosomen bezüglich ihrer Struktur nicht immer identisch sind. Diese Variabilität heißt *chromosomaler Polymorphismus* oder besser *chromosomaler Heteromorphismus*. Allerdings sind chromosomale Heteromorphismen nicht gleichmäßig über ganze Chromosomen verteilt, sondern sie betreffen einzelne distinkte Regionen bestimmter Chromosomen. Überwiegend sind heterochromatische Regionen betroffen – also Regionen mit genetisch inaktiver DNA – oder Regionen mit vielfachen Kopien eines Gens, wo die Gendosis weniger relevant ist. Folglich finden wir Heteromorphismus hauptsächlich in den Satellitenregionen akrozentrischer Chromosomen (Chromosomen 13–15 und 21 und 22), aber auch in den heterochromatischen Bereichen um das Zentromer (bei allen Chromosomen) (Abb. 3.9). Darüber hinaus ist das Heterochromatin der distalen Bande des q-Arms des Y-Chromosomes betroffen (Abb. 3.10) und die Sekundärkonstriktionen der Chromosomen 1 und 9.

Für den Zytogenetiker ist wichtig, Variabilitäten im Bereich des Normalen von pathologischer Chromosomenmorphologie unterscheiden zu können. In Zweifelsfällen kann die Anwendung spezieller Färbemethoden (z. B. C-Bänderung zur Identifikation von heterochromatischen Bereichen oder die Q-Bänderung) Entscheidungshilfe bieten, wobei das Diagnosespektrum über die FISH-Technik in speziellen Fällen erheblich erweitert wurde. Auch die *NOR-Region* (Nukleolus-Organisator-Region) kann mit einer Silbernitratbänderung spezifisch angefärbt werden.

Ein Chromosom, das man von seinem homologen Partner unterscheiden kann, wird als *Markerchromosom* bezeichnet. Markerchromosomen sind dadurch gekennzeichnet, daß sie in allen Zellen (oder zumindest in einem signifikanten Anteil) eines Individuums vorhanden sind. Anhand eines Heteromorphismus kann man auch die Herkunft eines Chromosoms durch die Generationen verfolgen. Es hat sich gezeigt, daß solche Heteromorphismen durchaus keine Seltenheit sind. Praktisch jede Person besitzt zumindest ein Markerchromosom. Dabei ist die Wahrscheinlichkeit, daß zwei nicht verwandte Personen das gleiche Markerchromosom besitzen etwa 1 : 10.000. Nach detaillierter Untersuchung der Chromosomenmorphologie größerer Gruppen konnte belegt werden, daß es keine 2 Personen mit dem gleichen Typ von Chromosomenvariationen gibt. Es sieht dagegen so aus, als ob jede Person, ähnlich wie bei Fingerabdrücken, ihren individuellen Chromosomenheteromorphismus hat.

Fragile Stellen. Eine andere strukturelle Variante menschlicher Chromosomen sind „fragile" Stellen. Es handelt sich dabei um Störungen der Chromosomenstruktur. Dies sind Orte, an denen ein erhöhtes Risiko für Chromosomen- oder Chromatidenbrüche besteht. Fragile Stellen sind in der Regel nicht unmittelbar sichtbar, sondern sie treten bei bestimmten Präparationen wie Folsäuremangel in Kulturmedien auf. Bei Chromosomeninstabilitäten und -umbauten bei Tumoren besteht eine gewisse Homologie zwischen der Art der chromoso-

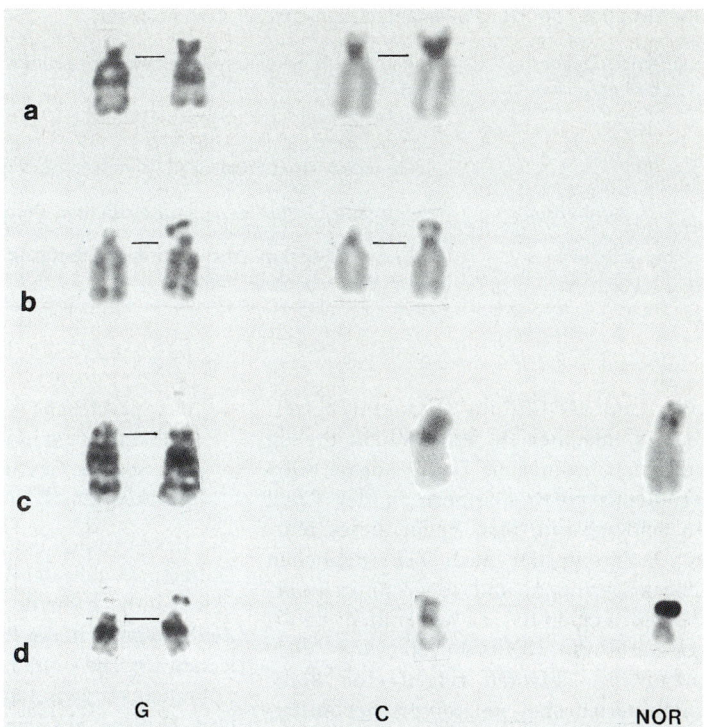

G   C   NOR

Abb. 3.9 a–d. Heteromorphismus akrozentrischer Markerchromosomen. Varianten der akrozentrischen Chromosomen: **a** Vergrößerung des heterochromatischen Bereichs im kurzen Arm von Chromosom 15; **b** Vergrößerung der Satelliten in einem Chromosom 14; **c** Doppelsatelliten in einem Chromosom 14 (nur erkennbar an der doppelten NOR-Struktur); **d** Vergrößerung der nukleolusorganisierenden Region (NOR). *Links:* normale Chromosomenstruktur, *rechts:* Variante. (Mit freundlicher Genehmigung von H.-D. Hager, Institut für Humangenetik der Universität Heidelberg)

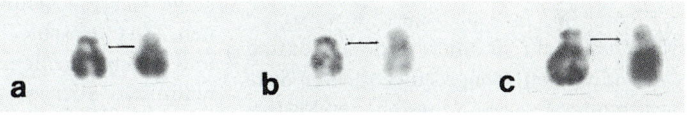

a   b   c

Abb. 3.10 a–c. Varianten des Y-Chromosoms. **a** Normale Struktur, **b** Deletion des Heterochromatins (Yqh-), **c** Vergrößerung des Heterochromatins (Yqh+). *Links:* G-Banden, *rechts:* C-Banden. (Mit freundlicher Genehmigung von H.-D. Hager, Institut für Humangenetik der Universität Heidelberg)

malen Veränderung und bestimmten fragilen Stellen (Übersicht 3.2).

Eine fragile Stelle am langen Arm des X-Chromosoms (Xq28) ist dabei besonders von Bedeutung, da sie mit einer charakteristischen Form geistiger Retardierung einhergeht. Mit einer Häufigkeit von 1:1.000 findet man unter Männern das ***Martin-Bell-Syndrom***. Bei 2–35 % der X-Chromosomen dieser Personen ist eine spezifische fragile Stelle zu beobachten, deren Entstehungsmechanismus seit einiger Zeit aufgeklärt ist. Es handelt sich um repetitive Tripletsequenzen, die offenbar die Methylie-

Chromosomaler Heteromorphismus	Variabilität in: Satelliten-Regionen der Chromosomen 13–15 und 21 und 22, Heterochromatischen Bereichen um das Zentromer Distaler Bande des q-Arms von Y Sekundärkonstriktionen der Chromosomen 1 und 9
Markerchromosomen	Heteromorphismus in einem bestimmten Chromosom
Fragile Stellen	Orte mit erhöhtem Bruchrisiko im Chromosom Beispiel: Martin-Bell-Syndrom

rung und die Chromatinstruktur betreffen. Es entstehen so zerbrechliche Stellen auf dem Chromosom. Das Syndrom führt bei hemizygoten Männern in der Regel zu Schwachsinn. Man findet dieses Marker-X-Chromosom auch bei weiblichen Überträgerinnen, und sogar unter retardierten Frauen ist es wesentlich häufiger als in der Normalbevölkerung. Viele männliche Patienten zeigen eine Reihe charakteristischer, phänotypischer Auffälligkeiten.

3.2 Störungen der Geschlechtsentwicklung

3.2.1 Geschlechtsdifferenzierung

Das Geschlecht definiert die Zuordnung von Individuen zweigeschlechtlicher Spezies zu männlichen und weiblichen Vertretern. Dabei können unterschiedliche Kriterien angewendet werden. Man unterscheidet

- das chromosomale Geschlecht (XX = weiblich, XY = männlich),
- das gonadale Geschlecht (Ovarien = weiblich, Testes = männlich, gemischte Keimdrüsen = intersexuell),
- das genitale Geschlecht (äußeres Genitale und sekundäre Geschlechtsmerkmale),

- das psychische Geschlecht (sexuelle Selbstdifferenzierung),
- das soziale Geschlecht (sexuelle Einordnung durch die Umwelt).

Die Urkeimzellen liegen in der Wand des Dottersacks nahe der Allantois. Im Stadium 13 wandern sie von dort mittels amöboider Zellbewegung in die Region der Gonadenleisten ein. Die Gonadenanlage entsteht im Zölomwinkel zwischen Mesenterialwurzel und Urniere aus einer Verdickung des Zölomepithels. Das verdickte Zölomepithel produziert einen chemotaktischen Faktor aus der TGF-β-Familie, der die Urkeimzellen anzieht und sie gleichzeitig zur Proliferation stimuliert. Die Gonadenanlage wölbt sich schließlich als Gonadenleiste in die Leibeshöhle vor. Bis zum Stadium 18 sind keine Geschlechtsunterschiede zu erkennen. Die Geschlechtschromosomen XX und XY entscheiden, ob sich die Gonaden männlich oder weiblich differenzieren. Beim männlichen Embryo entwickeln sich die noch undifferenzierten Gonaden in der 6. bis 8. Woche zu Hoden und beim weiblichen Embryo am Ende der 8. Woche zu Ovarien. Die Entwicklung des männlichen Geschlechts erfolgt durch die Hormone des fetalen Testes, während beim weiblichen Geschlecht ähnliche Einflüsse vonseiten des fetalen Ovars fehlen. Dementsprechend verläuft die Genitalentwicklung auch bei einem männlichen Individuum weiblich, wenn sich die Hoden

Männliche Entwicklung	Embryonalanlage	Weibliche Entwicklung
Testis	Genitalfalte der Urniere	Ovarium
Ductus epididymidis und Ductus deferens	Urnierengang (Wolffscher Gang) und Urnierenreste	Gärntner-Gang und Neben-eierstock (Epoophoron)
Appendix testis und Utriculus prostaticus	Müllerscher Gang	Tuba uterina, Uterus, Vagina
Colliculus seminalis	Müllerscher Hügel	Ostium vaginae
Corpus cavernosum, Corpus spongiosum, Penis	Genitalhöcker Genitalfalten	Clitoris, Labia minora pudendi, Vestibulum vaginae, Bulbus vestibuli
Skrotum	Genitalwülste	Labia majora pudendi

nicht differenzieren und nur als binde-gewebige Streaks vorliegen.

In der 6. Entwicklungswoche findet man eine neutrale Entwicklungsstufe. Das innere Genitale besteht aus den *Wolff-* und den *Müller-Kanälen*, und das äußere Genitale aus dem *Sinus urogenitalis* und dem *Genitalhöcker.* Unter Testosteronein-fluß entwickelt sich, gesteuert vom Andro-gen-Rezeptor-Gen, welches auf dem langen Arm des X-Chromosoms lokalisiert ist, im dritten Monat beim Knaben aus dem Wolff-Kanal der *Ductus deferens*, die *Epididymis* und die *Samenblase*, während sich der Müller-Kanal unter Einfluß von *Anti-Mül-lerian-Hormon* zurückbildet. Beim Mäd-chen verschwindet der Wolff-Kanal, wäh-rend aus dem Müller-Kanal *Uterus, Tube* und *obere Vagina* entstehen. Diese Vor-gänge laufen ohne Einfluß des Ovars ab, die endokrine aktive Gewebsformation entwickelt sich erst im 7. Fetalmonat. Ähnli-ches gilt für die Gestaltung der äußeren Geschlechtsorgane. In Gegenwart des endokrinen aktiven Testosterons wächst das *Tuberkulum genitale* zum *Penis* aus und durch die Fusion der *Geschlechtsfalten* und der *Geschlechtswülste* entwickeln sich *Urethra* und *Skrotum.* Bei Mädchen entste-hen aus den Geschlechtsfalten die *Labia minora* und aus den Geschlechtswülsten die *Labia majora* (Übersicht 3.3).

Wie bereits erwähnt, wird die männli-che Genitaldifferenzierung durch die zwei Hormone des fetalen Hodens aktiv indu-ziert. Das eine ist das männliche Ge-schlechtshormon Testosteron, das von den Leydig-Zellen sezerniert wird. Das andere ist das Anti-Müllerian-Hormon, ein Poly-peptid, das in den Sertoli-Zellen gebildet wird. Testosteron, das am Ende des dritten Fetalmonats im Blut eine ähnlich hohe Kon-zentration wie beim erwachsenen Mann aufweist, muß am Wirkungsort zuerst durch 5-Alpha-Detrotase zu Dihydrotesto-steron (DHT) umgewandelt werden.

Die *Geschlechtsentwicklung* wird so-wohl von gonosomalen (X und Y) als auch von autosomalen Genen determiniert. Die gonosomalen Chromosomen X und Y sowie die Autosomen enthalten eine Reihe von Genen, die für einen normalen Ablauf der Geschlechtsentwicklung und -differenzierung verantwortlich sind.

Das menschliche Y-Chromosom hat etwa 60 Mb DNA und nur sehr wenige funk-tionstüchtige Gene. Einige von diesen sind auch auf dem X-Chromosom lokalisiert. Die wichtigsten befinden sich in zwei homologen Bereichen und werden als *pseu-*

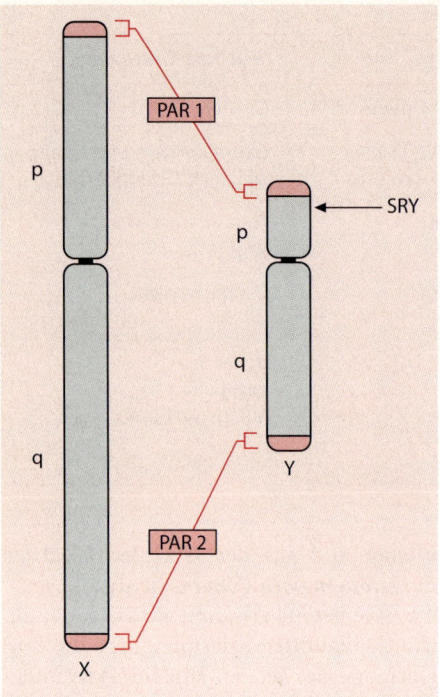

Abb. 3.11. Die Lage der pseudoautosomalen Regionen auf X- und Y-Chromosomen sowie die Lage des männlichen Determinanz-Genes SRY

ster, die für 99 und 273 Aminosäuren kodieren. Die Schlüsselsequenz involviert eine „High-Mobility Group Box" (HMG) als zentralen konservierten Abschnitt. HMG-Proteine sind Nicht-Histone, die jedoch wie die Histone ohne Sequenz-Spezifität an die DNA binden. Unter Anwendung molekularbiologischer Methoden ließen sich weitere auf dem Y-Chromosom kodierte Faktoren nachweisen, die Testes-determinierende Funktionen zeigen.

Neben Genen auf dem Y-Chromosom sind aber auch Loki auf dem X-Chromosom, neben solchen auf Autosomen zur testikulären Differenzierung notwendig. So enthält Xp eine Region, welche unter bestimmten Umständen die testikuläre Entwicklung trotz der Anwesenheit von SRY unterdrücken kann. Das Gen, welches für dieses Phänomen verantwortlich ist, wird als *„dose-dependent sex reversal"-Gen (DDS)* bezeichnet.

Neben den pseudoautosomalen Regionen gibt es noch weitere Homologien zum X-Chromosom, jedoch in sehr unterschiedlichen Bereichen beider Chromosomen.

Wenn die Aktivierung des SRY in der *Gonadenagenesie* ausbleibt, kommt es zu einer Diskrepanz zwischen chromosomalem und somatischem Geschlecht. Dies bedeutet einen weiblichen Phänotyp bei vorhandenen XY-Chromosomen. Bei einer Translokation des SRY-Faktors auf ein X-Chromosom kann sich ein männlicher Phänotyp mit einem XX-Chromosomensatz entwickeln, wenn das SRY aktiv ist.

Inzwischen weiß man, daß X-chromosomale und autosomale Mutationen zu Störungen der testikulären Differenzierung führen. Beispielsweise ist das verantwortliche Gen für die kampomele Dysplasie (s. Kap. 7) XY SOX 9-Gen auf 17q24.3q25.1 lokalisiert. OX9 ist ähnlich wie SRY ein DNA-Protein mit HMG-Box und ist beteiligt an dieser Erkrankung. Andere autosomale Kandidaten-Gene für die testikuläre Funktion werden auf dem kurzen Arm des Chromosoms Nr. 9 und dem langen

doautosomale Regionen* bezeichnet. Sie sind entscheidend für die Aneinanderlagerung der Chromosomen in der männlichen Meiose. Die pseudoautosomale Hauptregion (*PAR1*) liegt am äußeren Ende des kurzen Arms und hat eine Länge von 2,6 Mb. Die pseudoautosomale Nebenregion (*PAR2*) liegt am Ende des langen Arms und hat eine Ausdehnung von 320 kb. Zwischen den pseudoautosomalen Hauptregionen von X- und Y-Chromosomen findet in der männlichen Meiose das obligate Crossing-over statt. Direkt neben PAR1 in der Bande Yp22 liegt *SRY (= sex determing region of Y)*, das Gen, das das männliche Geschlecht determiniert und die Synthese des *Testis determining factor (TDF)* kontrolliert, der für die Entwicklung des männlichen Geschlechts notwendig ist (Abb. 3.11). SRY besitzt zwei offene Lesera-

Arm des Chromosoms Nr. 10 vermutet. Aufgrund der Assoziation von Gonadendysgenesie bei einer Reihe von Syndromen werden autosomale Gene, die die testikuläre Differenzierung beeinflussen, wahrscheinlich.

3.2.2 Störungen der Geschlechtsdifferenzierung und -entwicklung

Die primäre Gonadenstörung hat einen *hypergonadotropen* Hypogonadismus zur Folge, während die sekundäre durch einen *hypogonadotropen* Hypogonadismus gekennzeichnet ist. Ganz undifferenzierte Gonaden, die nur aus bindegewebigen Elementen bestehen, bezeichnet man als *Streaks*. Es sind schmale, längliche, weißliche Gebilde in Ovarstellung, die sich laparoskopisch und intraoperativ leicht von normalen Ovarien unterscheiden lassen. Ist die Differenzierung mangelhaft, so daß man histologisch keine eindeutigen Testes oder Ovarienelemente erkennen kann, so spricht man von *dysgenetischen* oder *rudimentären* Testes oder Ovarien. Die dysgenetischen Testes des Fetus sind nicht imstande, genügend Testosteron und/oder Anti-Müllerian-Hormon zu bilden. Aus diesem Grund ist die Maskulinisierung des Genitales unvollständig. In leichteren Fällen kann das Genitale ganz männlich sein oder nur eine Hypospadie aufweisen, doch besteht meist ein mangelhafter Deszensus und ein Hypogenitalismus als Ausdruck der ungenügenden pränatalen Hodenfunktion. Die Streaks und rudimentären Testes entwickeln sich meist zu malignen Tumoren, wie Gonadoblastomen oder Dysgerminomen; deshalb sollten sie immer operativ entfernt werden.

Die Sexualdifferenzierung und -entwicklung vollzieht sich in verschiedenen Etappen, die zeitlich aufeinander folgen. Sie kann in jeder Phase unterschiedlich gestört und fehlentwickelt werden. Diese Fehlentwicklungen lassen sich daher in solche des chromosomalen, des gonosomalen und des phänotypischen Geschlechts unterteilen.

Die Krankheiten mit numerischen und strukturellen Chromosomenaberrationen der Gonosomen werden in Kap. 4.2 besprochen.

3.2.3 Monogene Erkrankungen mit Störungen der Geschlechtsentwicklung

Reine Gonadendysgenesie

Die Patienten mit einer reinen Gonadendysgenesie haben normale innere und äußere Genitalien, jedoch liegen anstelle der Gonaden funktionslose Streaks vor. Im Gegensatz zum Ullrich-Turner-Syndrom sind sie weder kleinwüchsig noch zeigen sie charakteristische äußere Merkmale. Der Karyotyp ist entweder 46,XX oder 46,XY. Patienten mit 46,XY werden auch als Träger eines *Swyer-Syndrom* bezeichnet, und sie zeigen gelegentlich eine leichte Klitorisvergrößerung. Reine Gonadendysgenesie ist ein heterogenes Krankheitsbild. Auch *Phänokopien* (nicht genetische Ursachen) sind bekannt. Die XX-Form wird meist autosomal-rezessiv und die XY-Form X-chromosomal-rezessiv vererbt. Die genaue Ursache, warum sich hier keine Ovarien (bei der XX-Form) oder keine Hoden (bei der XY-Form) entwickeln, ist noch unklar. Bei einem Teil der Patienten wurde eine Mutation im SRY-Gen gefunden. Bei der XX-Form findet man gelegentlich rudimentäres Hodengewebe, das eine hohe Malignitätstendenz zeigt.

Da diese Patienten in der Regel keine äußeren Auffälligkeiten zeigen, wird die Diagnose meist beim Fehlen der sekundären Geschlechtsmerkmale vermutet. Der HCG-Test zur Stimulation eventueller Leydig-Zellen zeigt keinen Testosteronanstieg und der HMG-Test zur Stimulation eventueller Follikel keinen Östradiolanstieg. Wie bei allen primären Gonadenstörungen sind die Gonadotropine erhöht. Differentialdiagnostisch muß an ein Ullrich-Turner-Syndrom und gemischte Gonadendysgenesie gedacht werden.

Gemischte Gonadendysgenesie

Diese Patienten haben auf der einen Seite einen dysgenetischen bis normale Testis, der meist intraabdominell liegt, und auf der anderen Seite eine Streak-Gonade. Das äußere Genitale kann das ganze Spektrum zwischen der männlichen und weiblichen Form aufweisen. Gewöhnlich ist der Genitalbefund intersexuell mit unterschiedlich ausgeprägter Klitorishypertrophie und leichter Hypospadie. Der einseitige Hoden liegt meist intraabdominell, gelegentlich aber auch im Leistenkanal oder im Skrotum. Die Differenzierung variiert zwischen einem rudimentären bis fast normalen Hoden. Histologisch erscheint der präpubertäre Hoden dann normal, dagegen fehlen im postpubertären Hoden die Keimzellen, während Sertoli-Zellen und Leydig-Zellen vorhanden sind. Auf der anderen Seite liegt die rudimentäre Gonade, die Streak-Charakter hat, sie kann auch ganz fehlen. Uterus, eine Vaginaanlage und mindestens ein Eileiter liegen nahezu immer vor. Zytogenetisch findet man ein Mosaik von 45,X/46,XY. Gelegentlich kommen auch 46,XX/46,XY-Mosaike vor. Wahrscheinlich ist für die Entwicklung der Streak-Gonade die 45,X-Zellinie und für die Entwicklung des Hodengewebes die XY-Linie verantwortlich.

Verschiedene Formen der Testisdysgenesie sowie eine bilaterale Anorchie sind wiederholt beobachtet worden. Wegen Geschwistererkrankung wird eine autosomal-rezessive Vererbung angenommen.

Echter Hermaphroditismus

Bei dem echten Hermaphroditismus handelt es sich um Individuen, bei denen sowohl Hoden als auch Ovarialgewebe vorliegt. Das äußere Genitale ist bis auf wenige Ausnahmen intersexuell, so daß die Patienten eher als Knaben angesehen werden. Die Gonaden liegen abdominal, inguinal oder im Genitalbereich. Folgende Formen sind zu unterscheiden:

- *bilaterale Form* mit sowohl Hoden als auch Ovarien, entweder als getrennte Gonaden oder als Ovotestes auf jeder Seite,
- *laterale oder alternierende Form* mit Hodengewebe auf der einen und Ovarialgewebe auf der anderen Seite,
- *unilaterale Form* mit Hoden oder Ovarien auf der einen Seite und Ovotestes auf der Kontraseite.

Der Ovaranteil ist meist besser differenziert als der Testesanteil. Das innere Genitale ist ebenfalls intersexuell. Die sekundären Geschlechtsmerkmale treten rechtzeitig auf. Häufig zeigt sich eine Gynäkomastie, und die Hälfte der Patientinnen menstruieren. Die Psychosexualität ist unterschiedlich und hängt meist von der Ausbildung der äußeren Geschlechtsmerkmale ab, ist aber überwiegend männlich (Abb. 3.12).

Der genetische Hintergrund ist noch nicht klar, jedoch findet man bei etwa der Hälfte der Patienten einen 46,XX-Karyotyp. Selten liegt ein 46,XY-Karyotyp oder ein Mosaik 46,XX/46,XY vor. Die 46,XX-Formen sind gelegentlich familiär.

Bei XX-Männern (s. Kap. 4.2.5) die eigentlich nicht zu den echten Hermaphroditen gehören und infertil sind, findet man eine Translokation der SRY-Region auf eines der X-Chromosomen. In solchen Situationen wäre es nach der Lyon-Hypothese vom Zufall abhängig, ob mehrheitlich das normale X oder das X mit der SRY-Region aktiv ist. Es könnten deshalb Ova-

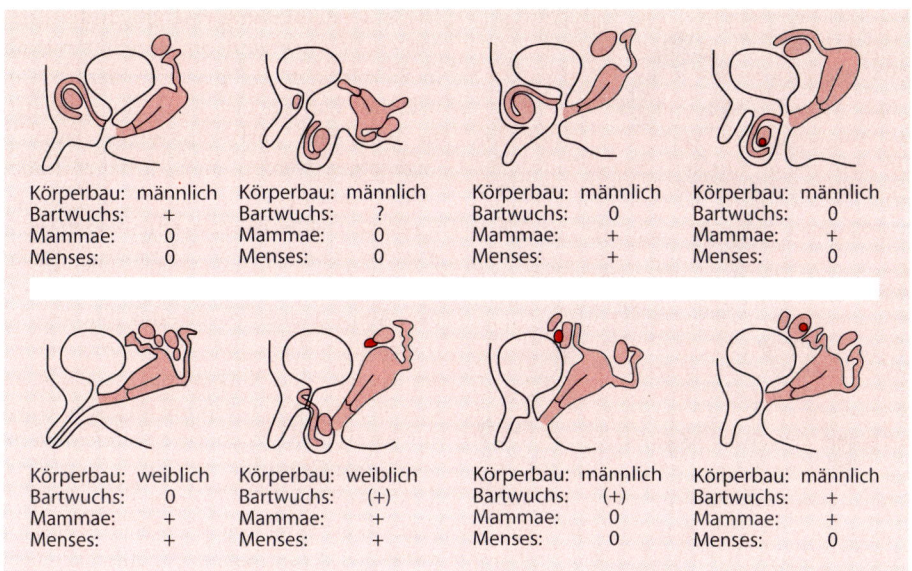

Körperbau:	männlich	Körperbau:	männlich	Körperbau:	männlich	Körperbau:	männlich
Bartwuchs:	+	Bartwuchs:	?	Bartwuchs:	0	Bartwuchs:	0
Mammae:	0	Mammae:	0	Mammae:	+	Mammae:	+
Menses:	0	Menses:	0	Menses:	+	Menses:	0

Körperbau:	weiblich	Körperbau:	weiblich	Körperbau:	männlich	Körperbau:	männlich
Bartwuchs:	0	Bartwuchs:	(+)	Bartwuchs:	(+)	Bartwuchs:	+
Mammae:	+	Mammae:	+	Mammae:	0	Mammae:	+
Menses:	+	Menses:	+	Menses:	0	Menses:	0

Abb. 3.12. Schematisch dargestellte Beispiele des echten Hermaphroditismus. (Nach Wilkins, 1957)

rien oder Testes oder Ovarien und Testes entstehen.

Pseudohermaphroditismus masculinus

Pseudohermaphroditen sind Individuen mit einem 46,XY-Karyotyp und eindeutigen Hoden, jedoch mit weiblichen oder intersexuellen äußeren Genitalien. Die Intersexformen können je nach Differenzierungsgrad der Hoden unterschiedlich sein.

Pseudohermaphroditismus masculinus kann unterschiedlich verursacht werden. Die häufigsten Ursachen werden hier besprochen.

Oviduktpersistenz. Ein fehlendes Anti-Müllerian-Hormon oder eine nicht ansprechende Peripherie auf dieses Hormon führt zur Oviduktpersistenz. Die äußere Genitalentwicklung ist normal männlich, doch es besteht meist ein ein- oder beidseitiger Kryptorchismus und eine einseitige Leistenhernie. Man findet einen kleinen Uterus mit Tuben neben mehr oder weniger normalen Hoden und einen normalen oder hypoplastischen Ductus deferens. Die Pubertätsentwicklung ist normal. Relativ häufig werden betroffene Brüder beobachtet. Aus diesem Grund nimmt man eine geschlechtsbegrenzte autosomal-rezessive Vererbung an.

Androgenresistenz. Die nicht ansprechende Peripherie auf Testosteron oder Dihydrotestosteron führt zu den Androgenresistenz-Syndromen. Die klassische Form ist die *testikuläre Feminisierung*. Die Häufigkeit beträgt 1:20.000 bis 1:60.000. Es handelt sich um eine X-chromosomal-rezessive Störung. Die Betroffenen haben einen 46,XY-Karyotyp, bilaterale Testes, weibliche äußere Genitalien, blind endende Vagina und einen fehlenden Uterus. Sie zeigen eine normale weibliche Pubertätsentwicklung und Sexualität. Phänotypische Frauen mit normaler weiblicher Brustentwicklung und fehlender oder stark reduzierter Sexual-

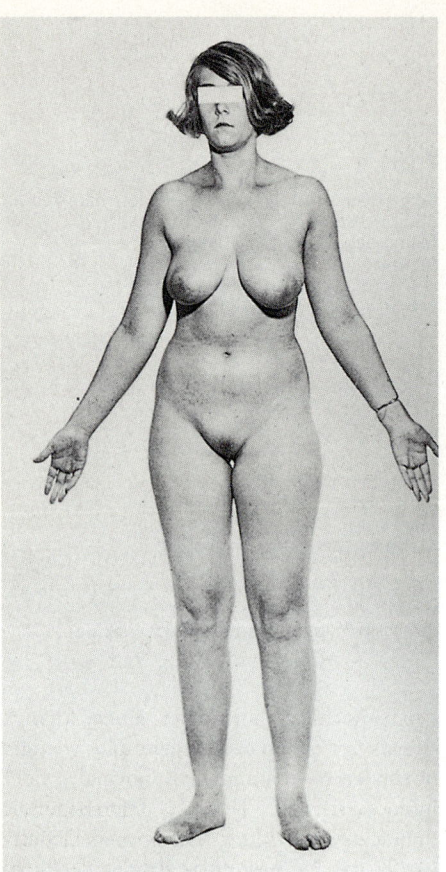

Die fehlende Bindung von Dihydrotestosteron an die intrazellulären Rezeptoren kann in Fibroblasten nachgewiesen werden. Bei manchen Patienten ist die Bindung normal, so daß eine postrezeptorische Störung angenomen werden muß. Seltener findet man auch eine Verminderung der Rezeptoren. Mit Hilfe der molekulargenetischen Analyse können die Mutationen beim Androgenrezeptordefekt nachgewiesen werden. Meist handelt es sich um Punktmutationen.

Neben der klassischen testikulären Feminisierung gibt es eine leichtere Form von Androgenresistenz, die als **inkomplette testikuläre Feminisierung** bezeichnet wird. Sie wird ebenfalls X-chromosomal-rezessiv vererbt. Sie zeigt eine leichte Virilisierung mit Pubes-Axillarbehaarung und angedeuteter Klitorishypertrophie. Zu den inkompletten Androgenresistenz-Syndromen gehören **Lubs-Syndrom, Gilbert-Dreyfuss-Syndrom, Reifenstein-Syndrom** und **Rosewater-Syndrom**. Neben dem gemeinsamen klinischen Bild mit Gynäkomastie und unterschiedlichem männlichen oder weiblichen Erscheinungsbild ist der Testosteronspiegel im Vergleich zu phänotypischen Merkmalen hoch.

Abb. 3.13. Patientin mit testikulärer Feminisierung und einem Karyotyp 46, XY. (Aus Hamerton 1971)

Androgensynthesestörungen. Eine weitere Störung, die zu männlichem Pseudohermaphroditismus führen kann, ist eine Störung der Androgenbildung. Verschiedene hereditäre Enzymdefekte der Testosteronsynthese, die zum Teil auch die Cortisolsynthese betreffen, führen zu männlichem Pseudohermaphroditismus. Sie werden autosomal-rezessiv vererbt. Es handelt sich um folgende Enzyme: 20, 22-Desmolase, 3β-Hydroxysteroiddehydrogenase, 17α-Hydroxylase, 17,20-Desmolase und 17β-Hydroxysteroiddehydrogenase (Abb. 3.14). Aufgrund des Testosteronmangels zeigen die neugeborenen Knaben mit diesen Störungen ein intersexuelles oder weibliches äußeres Genitale. Mädchen haben normale äußere Genitalien, aber die sekundäre

behaarung werden als **„hairless women"** bezeichnet (Abb. 3.13). Im Kindesalter treten gelegentlich Inguinalhernien auf, die oft Testes enthalten. Sie zeigen histologisch infantile Tubuli ohne Spermatogenese und eine Vermehrung der Leydig-Zellen. In der Pubertät sind Testosteron und Östrogen normal oder erhöht. Der hohe LH-Wert zeigt, daß auch der Hypothalamus gegen die negative Feedback-Wirkung des Testosterons resistent ist. Die eigentliche Ursache der Androgenresistenz liegt in einer Störung des intrazellulären Wirkungsmechanismus von Testosteron und Dihydrotestosteron.

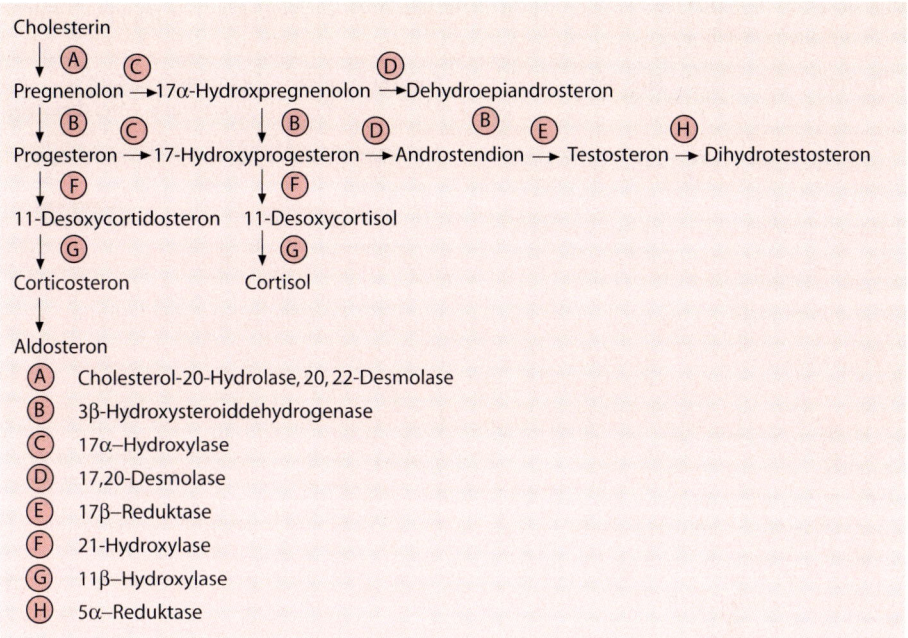

Abb. 3.14. Biosynthese des Testosterons

Geschlechtsentwicklung ist gestört. Die primär embryonal vorhandene Hodenanlage hat sich wegen zu geringer Testosteronproduktion nicht weitergebildet. Cortisolmangel äußert sich als Nebenniereninsuffizienz. Der Testosteronspiegel im Blut ist niedrig und zeigt einen mangelhaften Anstieg im HCG-Test. Da bei den betroffenen Knaben weder Tuben noch Ovarien gefunden werden, ist anzunehmen, daß die testikuläre MIH-Sekretion während der Embryogenese normal gewesen sein muß.

5α-Reduktasemangel. Die 5α-Reduktase in peripheren Zellen, vor allem im Genitalbereich, bewirkt die Umwandlung von Testosteron in Dihydrotestosteron, das für die männliche Genitaldifferenzierung erforderlich ist. Die betroffenen männlichen Patienten zeigen ein intersexuelles äußeres Genitale bei normalem inneren Genitale und normaler männlicher sekundärer Ge-

schlechtsentwicklung. 5α-Reduktasemangel ist autosomal-rezessiv und genetisch heterogen. Das verantwortliche Gen für Typ I ist auf Chromosom 5 und Typ II auf Chromosom 2 lokalisiert.

Pseudohermaphroditismus femininus

Unter Pseudohermaphroditismus femininus versteht man eine männliche oder intersexuelle Genitalentwicklung bei Individuen mit einem 46,XX-Karyotyp und eindeutigen Ovarien. Meist liegt eine abnorme Androgenwirkung auf die weibliche Genitaldifferenzierung vor. Die häufigste Ursache ist ein Enzymdefekt in der Cortisolsynthese, die zum *adrenogenitalen Syndrom* führt. Selten kann es sich um eine transplazentare Virilisierung durch androgene Tumoren oder transitorische Schwangerschaftsluteome der Mutter oder exogene Hormone handeln.

Übersicht 3.4. Verschiedene Formen der kongenitalen Adrenalhyperplasie (f = feminin, m = maskulin, i = intersexuell)

Ausfall	Syndrom	Äußeres Genitale XX	Äußeres Genitale XY	Postnatale Virilisierung	Salz Metabolismus
Cholesteroldesmolase	Lipoidhyperplasie	f	f od. i	Nein	Salzverlust
3β-OH-Steroid-dehydrogenase	Klassisch	f od. i	i	Ja	Salzverlust
	Nicht klassisch	f	m	Ja	Normal
17α-Hydroxylase	–	f	i	Nein	Hypertonie
17,20-Desmolase	–	f	i od. f	Nein	Normal
21-Hydroxylase	Salzverlust	i	m	Ja	Salzverlust
	Einfache Virilisierung	i	m	Ja	Normal
	Nicht klassisch	f	m	Ja	Normal
11-Hydroxylase	Klassisch	i	m	Ja	Hypertonie
	Nicht klassisch	f	m	Ja	Normal
Cortikosteron-Methyl-Oxidase Typ II	Salzverlust	f	m	Nein	Salzverlust

Kongenitale Defekte der Steroidsynthese. Die häufigste Ursache für einen weiblichen Pseudohermaphroditismus ist das adrenogenitale Syndrom (AGS). Unter diesem Begriff ist eine Gruppe von autosomal-rezessiven Störungen der Steroidhormonbiosynthese der Nebenniere zu verstehen. Man unterscheidet zwischen Defekten mit gestörter Cortisolsynthese, die bis auf eine Ausnahme (17-Hydroxylasedefekt) zu einem AGS führen, und solchen mit normaler Cortisolbildung. Die verminderte Cortisolproduktion infolge des Enzymdefekts führt zu einer vermehrten ACTH-Ausschüttung, die je nach Lokalisation des Defekts zur Akkumulation verschiedener Steroide vor dem Block führt. Die klinische Manifestation entsteht einerseits durch das verminderte Cortisol und/oder Aldosteron, andererseits durch vermehrte Bildung von Vorstufen, vor allem von Androgenen. Das Erscheinungsbild kann sich deshalb nicht als Nebennierenunter- oder -überfunktion manifestieren, sondern stellt eine Mischung von beiden dar.

Im Rahmen der Steroidhormonbiosynthese der Nebennierenrinde sind zahlreiche Enzyme beteiligt, deren verminderte Aktivität zu Geschlechtsentwicklungsstörungen führt (Übersicht 3.4). Im folgenden werden die klinisch relevanten Formen besprochen.

21-Hydroxylasedefekt. Der 21-Hydroxylasedefekt ist mit Abstand der häufigste angeborene Enzymdefekt der Steroidbiosynthese der Nebennierenrinde (90%). Dabei kann *17α-Hydroxylaseprogesteron* und *Progesteron* nicht in *11-Desoxycorticosteron* und *11-Desoxycortisol* umgewandelt werden. Dementsprechend kommt es zu einer erhöhten Konzentration von 17α-Hydroxyprogesteron, Progesteron sowie Androstendion. Klinisch führt das zur Virilisierung des äußeren Genitale bei Mädchen, das innere Genitale bleibt unbeeinflußt (Abb. 3.15). Uterus, Eileiter und Tuben sind vorhanden. Bei einer leicht erhöhten Androgenkonzentration kommt es zur Vergrößerung der Klitoris und zur Fusion der Labien. Bei höheren Androgenkonzentrationen kann eine voll-

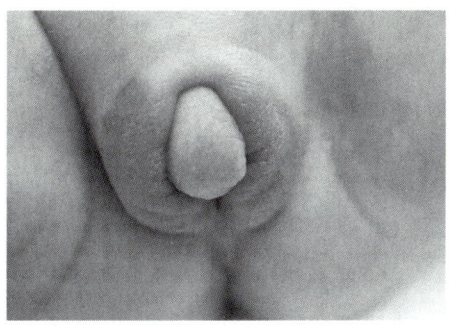

Abb. 3.15. Virilisierung des äußeren Genitale bei einem Mädchen mit 21-Hydroxylasedefekt

ständige Maskulinisierung des äußeren Genitale vorliegen. Darüber hinaus kommt es durch die Androgenüberproduktion zu raschem Körperwachstum, schnellerer Epiphysenreifung und zu frühzeitigem Auftreten der Pubertät. Als Folge des frühzeitigen Epiphysenschlusses kommt es nach einer Phase übermäßigen Wachstums zu Kleinwuchs.

AGS kann mit oder ohne *Salzverlust* auftreten. Bei AGS mit Salzverlust findet man neben der Virilisierungserscheinung durch die verminderte Aldosteronsekretion eine ausgeprägte Elektrolytstörung mit erniedrigtem Natrium- und erhöhtem Kaliumserumspiegel. Das Salzverlust-Syndrom tritt in der Neugeborenenperiode meist erst jenseits der ersten Lebenswochen in Erscheinung. Da bei Knaben die äußeren Genitalien unauffällig sind, kann es dabei häufig zu lebensbedrohenden Salzverlustkrisen und Exsikkose kommen. Bei ca. 70 % der Patienten ist die Mineralkortikoidbiosynthese nicht oder nur gering vermindert. Dieses Krankheitsbild wird als *Simple-Virilisierungs-Form* des 21-Hydroxylasedefekts bezeichnet. Die verantwortlichen Gene für die 21-Hydroxylase und die HLA-Gewebstypen liegen nahe beieinander auf Chromosom Nr. 6. Somit ist es möglich durch HLA-Typisierung innerhalb einer Familie mit einem klassischen 21-Hydroxylasedefekt die heterozygoten Anla-

geträger identifizieren. Das verantwortliche Gen für 21-Hydroxylase ist inzwischen sequenziert und eine Reihe von Mutationen sind identifiziert worden. Heute wird mit Hilfe der molekular-genetischen Analyse die Diagnose oder Heterozygotenanlageträgerschaft bestimmt. Die klinische Manifestation ist sehr heterogen. Es sind leichte Fälle beschrieben, die klinisch als Hirsutismus und primäre Amenorrhö oder Oligomenorrhö oder als prämature Adrenarche, Großwuchs und Knochenaltervorsprung imponieren. Hierbei handelt es sich meist um „combound-" Heterozygote mit verschiedenen Allelen. Die 21-Hydroxylase-Mutation kann heute molekulargenetisch direkt identifiziert werden. Wenn eine Risikoschwangerschaft diagnostiziert wird, kann eine pränatale Therapie mit Cortison durchgeführt werden. Damit können die Virilisierungerscheinungen bei weiblichen Feten vermieden werden (s. Kap. 11).

11β-Hydroxylasedefekt. Der 11β-Hydroxylasedefekt ist mit ca. 5 % der Fälle der zweithäufigste Enzymdefekt der Steroidhormonbiosynthese der Nebennierenrinde. Dabei ist die Umwandlung von 11-Desoxycortisol zum Cortisol und von 11-Desoxycorticosteron zum Corticosterol blockiert. Die klinischen Zeichen sind die Virilisierung des äußeren Genitale wie beim 21-Hydroxylasedefekt. Durch die erhöhte Sekretion von Mineralkortikoiden findet man bei den meisten Patienten eine arterielle Hypertonie. Auch hier kann das klinische Bild unterschiedliche Variationen zeigen, jedoch ohne Salzverlust-Syndrom. Bei Knaben kommt es gelegentlich zur Gynäkomastie.

3β-Hydroxysteroiddehydrogenasemangel. Bei diesem Krankheitsbild ist die Umwandlung von Pregnenolon zum Progesteron, von 17α-Hydroxypregnenolon zum 17α-Hydroxyprogesteron und von Dehydroepiandrosteron (DHEA) zum Androstendion aufgrund des 3β-Hydroxysteroiddehydrogenase-Defekts blockiert (s. Abb. 3.15).

Auch hier besteht die Virilisierung, zurück-zuführen auf das in großen Mengen vorhandene DHEA, welche jedoch nur schwach ausgeprägt ist. Knaben zeigen eine schwere Hypospadie. Wie beim 21-Hydroxylasedefekt kann es hier zu einem Salzverlust-Syndrom kommen. Die Manifestation des klinischen Erscheinungsbildes ist heterogen. Weitere seltenere Enzymdefekte der Steroidbiosynthese sowie die anderen seltenen Geschlechtsdifferenzierungsstörungen werden hier nicht besprochen.

3.2.4 Kriterien für die Geschlechts-zuordnung und die standesamtliche Eintragung des Geschlechts

In Kapitel 3.2.1 wurden 5 verschiedene Kriterien zur Geschlechtsdeterminierung herangezogen. Für die *Geschlechtszuordnung* der Neugeborenen im juristischen Sinne ist überwiegend das genitale Geschlecht, also die Ausprägung des äußeren Genitale maßgeblich. Die Zuordnung geschieht durch die Hebamme oder den Arzt.

Nach dem Personenstandsgesetz muß das Geschlecht eines Kindes in das standesamtliche Geburtsregister eingetragen werden (Personenstandgesetz § 21, Abs. 1, Nr.3). Dabei ist die Entscheidung männlich oder weiblich zu treffen; eine andere Entscheidung ist nicht vorgesehen. Zweifelsfälle können bis zur medizinischen Abklärung zurückgestellt werden.

Diese Entscheidung richtet sich nach der voraussichtlichen sexuellen Einordnung eines Individuums durch die Umwelt, also nach dem *sozialen Geschlecht*, das wiederum in diesem Falle praktisch ausschließlich durch das genitale Geschlecht bestimmt wird. Unabhängig vom chromosomalen und gonadalen Geschlecht sind z. B. Kinder mit testikulärer Feminisierung immer als Mädchen zu behandeln. Eine spätere Änderung des eingetragenen Geschlechts sollte nach dem Kleinkindalter möglichst nicht mehr vorgenommen werden.

In diesem Zusammenhang muß das *Transsexuellengesetz* Erwähnung finden, nach dem es möglich ist, über die Umtragung des Vornamens und die Feststellung der Geschlechtszugehörigkeit in gegebenen Fällen eine Umänderung des standesamtlichen Geschlechts zu erwirken.

In dem Gesetzestext heißt es in § 1: „Die Vornamen einer Person, die sich aufgrund ihrer transsexuellen Prägung nicht mehr dem in ihrem Geburtseintrag angegebenen, sondern dem anderen Geschlecht als zugehörig empfindet und seit mindestens drei Jahren unter dem Zwang steht, ihren Vorstellungen entsprechend zu leben, sind auf ihren Antrag vor Gericht zu ändern, wenn [...] mit hoher Wahrscheinlichkeit anzunehmen ist, daß sich ihr Zugehörigkeitsempfinden zum anderen Geschlecht nicht mehr ändern wird und sie mindestens fünfundzwanzig Jahre alt ist."

Dem Antrag nach § 1 darf das Gericht nur stattgeben, nachdem es die Gutachten von zwei Sachverständigen eingeholt hat. Weiter führt der Gesetzestext zur Feststellung der Geschlechtszugehörigkeit als Voraussetzung aus: „[...] ist vom Gericht festzustellen, daß sie als dem anderen Geschlecht zugehörig anzusehen ist, wenn sie [...] nicht verheiratet ist, dauernd fortpflanzungsunfähig ist und sich einem ihre äußeren Geschlechtsmerkmale verändernden operativen Eingriff unterzogen hat, durch den eine deutliche Annäherung an das Erscheinungsbild des anderen Geschlechts erreicht worden ist."

3.3 Die Inaktivierung des X-Chromosoms

3.3.1 Lyon-Hypothese

Vor 100 Jahren wurde das X-Chromosom erstmals bei Insekten beschrieben. Nachdem man verstanden hatte, daß 2 X-Chromosomen die Ausprägung des weiblichen und ein X- und ein Y-Chromosom die des männlichen Geschlechts bedingen, war man mit der Frage der genetischen Inbalance konfrontiert. Weibliche Individuen haben doppelt soviele X-chromosomal-gekoppelte Gene wie männliche. Wie wird dieses Ungleichgewicht ausgeglichen? Es mußte ein *Dosiskompensationsmechanismus* existieren. 1949 entdeckten Barr und Bertram das *Sexchromatin* (auch *Barr-Body* genannt) in den Zellkernen weiblicher Katzen. Sie fanden es jedoch nicht in Zellen männlicher Tiere. Nach verschiedenen Spekulationen über die Natur dieses Körperchens, das in Somazellen randständig kondensiert und dunkel anfärbbar aufgefunden wurde, wurde bewiesen, daß es sich um ein einzelnes X-Chromosom handelt. M. Lyon gelang schließlich der Schritt von der morphologischen Beobachtung zur funktionellen Erklärung der Dosiskompensation mit folgender *Hypothese*:

- In weiblichen Zellen ist eines der beiden X-Chromosomen inaktiviert.
- Das inaktivierte X-Chromosom ist entweder väterlicher oder mütterlicher Herkunft.
- In verschiedenen Zellen des gleichen Individuums kann entweder das eine oder das andere inaktiv sein.
- Die Inaktivierung erfolgt in der frühen Embryogenese.
- In allen Tochterzellen wird immer das gleiche X-Chromosom inaktiviert wie in der Zelle, von der diese abstammen.

Im menschlichen Trophoblasten erfolgt die *Inaktivierung* am 12. Tag der Entwicklung; im Embryo am 16. Tag. In Präparaten kann man Barr-Bodies bzw. *Drumsticks*, wie man sie in Leukozyten bezeichnet, in etwa 40 % der Zellen nachweisen (Abb. 3.16a und b). Bei der Entwicklung der Säugetiere gibt es zwei Formen der Inaktivierung:

- Beginnend mit frühen Embryonalstadien, in denen beide X-Chromosomen aktiv sind, wird das väterliche X-Chromosom im *frühen* Blastozystenstadium nicht zufällig inaktiviert.
- Eine zufällige Inaktivierung scheint in der *späten* Blastozyste zu erfolgen. Sie wird so an die Tochterzellen weitergegeben, daß immer das gleiche X-Chromosom inaktiviert wird wie in der „Mutterzelle".

In der Oogenese weiblicher Individuen wird vor Beginn der Meiose das inaktive X-Chromosom wieder reaktiviert. Im Gegensatz hierzu steht die Spermatogenese. Am Beginn der Meiose, mit einsetzender Pubertät, wird das einzige, aktive X-Chromosom zumindest möglicherweise inaktiviert. Allerdings sind die Befunde noch nicht eindeutig. Es läßt sich nachweisen, daß nicht das ganze X-Chromosom inaktiviert wird. Wie man an einem menschlichen Blutgruppensystem, dem Xg-System, das X-gekoppelt vererbt wird, und an einem eng damit gekoppelten Genlokus für Steroidsulfatase nachweisen kann, entgeht der distale Teil des kurzen Arms des menschlichen X-Chromosoms der Inaktivierung.

Ganz allgemein ist nicht davon auszugehen, daß die Inaktivierung immer und in jeder Zelle besteht. Der Unterschied zwischen normalen Männern (XY) und Klinefelter-Patienten (s. Kap. 4.2.3) mit XXY sowie zwischen normalen Frauen und solchen mit dem Ullrich-Turner-Syndrom (X0) kann nicht allein durch die volle Genaktivität beider X-Chromosomen in den ersten Embryonalstadien erklärt wer-

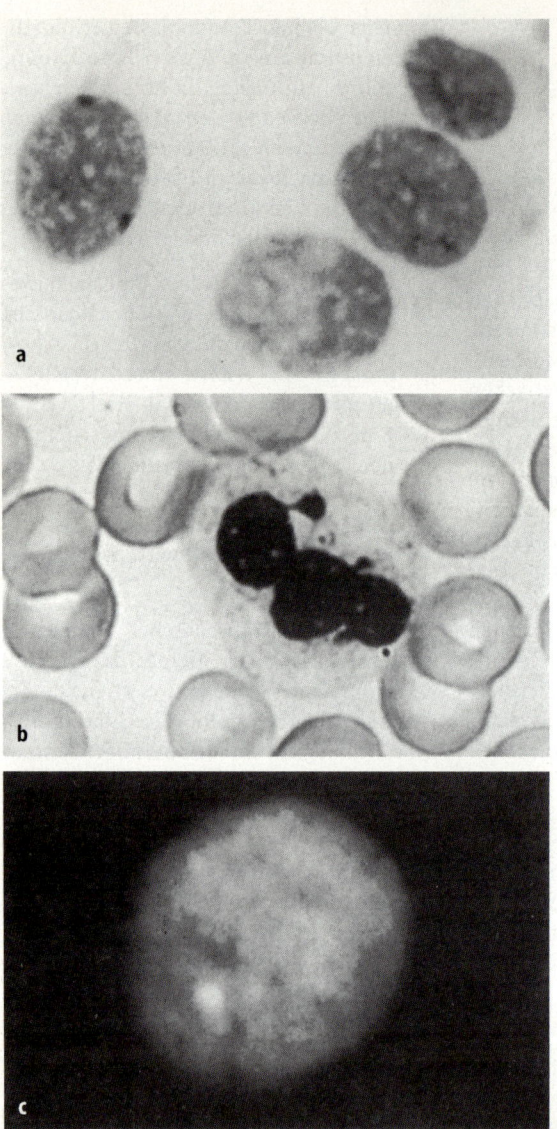

Abb. 3.16. a Barr-Bodies in den Zellkernen einer Patientin mit XXX; **b** Drumstick einer normalen Frau mit XX (analoge Chromatinverdichtung in den segmentkernigen Leukozyten weiblicher Personen); **c** F-Body eines Mannes

den. Dennoch kann man an dem späten Zeitpunkt der Replikation und durch die andere Kondensation in der Prophase der Mitose erkennen, daß das 2. X-Chromosom offenbar über weite Strecken des Zellzyklus inaktiviert ist, wobei der Mechanismus wohl auf einer weitgehenden Methylierung der DNA beruht.

Bei pathologischen Veränderungen an X-Chromosomen wird häufig beobachet, daß das pathologisch veränderte X-Chromosom – z. B. Isochromosom der langen Arme, Ringchromosom oder deletiertes X-Chromosom – inaktiviert wird und das normale X-Chromosom aktiv bleibt. Es handelt sich um eine Ausnahme von der randomisierten Inaktivierung. Dafür gibt es 2 Hypothesen:

- Hypothese 1 nimmt einen Selektionsvorteil der Zellen mit aktivem normalem X-Chromosom an. Denn die Zellen, in denen das normale X-Chromosom inaktiviert ist, sind genetisch unbalanciert und haben dadurch möglicherweise eine geringere Teilungsrate.
- Hypothese 2 nimmt an, daß das abnorme X-Chromosom gezielt inaktiviert wird.

Andererseits werden auch Fälle beobachtet, bei denen bei Translokationsträgern das normale X-Chromosom inaktiviert wird. Hier kann man unterscheiden in

- balancierte reziproke Translokationen mit 46 Chromosomen, die praktisch alle vom X-autosomalen Typ sind,
- Translokationen mit 46 Chromosomen und einer unbalancierten X-autosomalen oder X/X-Translokation und
- Translokationen mit 45 Chromosomen und einer unbalancierten X-autosomalen Translokation.

3.3.2 Konsequenz für die Genwirkung

Die Inaktivierung des einen X-Chromosoms hat auch Konsequenzen bei X-chromosomal-rezessiven Erkrankungen. So konnte für die **Muskeldystrophie (Typ Duchenne)** nachgewiesen werden, daß Überträgerinnen neben dystrophischen Muskelbezirken solche mit völlig normal ausgebildeter Struktur besitzen. Es hängt davon ab, welches X-Chromosom in den Zellen inaktiviert ist. Ein anderes Beispiel sind menschliche **G6PD-Varianten**. Hier konnte man zeigen, daß Frauen und Männer etwa den gleichen Level an G6PD-Enzymaktivität haben, obwohl Männer 1 und Frauen 2 Gene besitzen. Bei heterozygoten Frauen für eine elektrophoretische G6PD-Variante liegt ein genetisches Mosaik vor. In einer einzigen Zelle ist immer nur eine der beiden Enzymvarianten meßbar. Untersucht man mehrere Zellen, so ist in einem Teil das Normalallel, in einem anderen das Allel mit der Variante aktiv. Bei **chronischer Granulomatose** ist die bakterizide Aktivität der Granulozyten stark reduziert. Bei heterozygoten Frauen liegen normale und abnormale Leukozytenpopulationen vor.

Übersicht 3.5. Die Lyon-Hypothese (erweitert durch molekular biologische Befunde)

In jeder weiblichen Zelle wird eines der beiden X-Chromosomen inaktiviert. Dabei entgeht die pseudoantosomale Hauptregion (PAR1) der Inaktivierung.

Die Inaktivierung geht vom XiST-Gen aus, wobei das Allel des inaktivierten X-Chromosoms exprimiert wird.

Die Inaktivierung findet um den 12.–16. Tag der Embryonalentwicklung statt.

Die Wahl des inaktivierten X-Chromosoms ist zufällig, wird aber in allen Folgezellen dieser Stammzelle beibehalten.

Die chromosomale Konstitution im weiblichen Organismus kann als genetisches Mosaik betrachtet werden, wenn Heterogenie bei Allelen des X-Chromosoms besteht.

Das inaktive X-Chromosom kann als Sex-Chromatin dargestellt werden.

Das inaktivierte X-Chromosom ist in der Mitose spät replizierend.

Bei gonosomalen Syndromen läßt sich die relativ schwache klinische Ausprägung im Vergleich zu autosomalen Syndromen dadurch erklären, daß durch die Inaktivierung eine bessere Gen-Balance gegeben ist. Es werden nämlich immer alle X-Chromosomen bis auf eines inaktiviert. Allerdings sieht man auch hier einen Gendosiseffekt. Je mehr X-Chromosomen im pathologischen Fall vorhanden sind, desto niedriger ist der Intelligenzquotient.

Dies belegt, daß die Lyon-Hypothese mit den tatsächlich aufgefundenen Sachverhalten übereinstimmt (Übersicht 3.5).

3.3.3 Molekularbiologische Befunde zur Lyon-Hypothese

Die beschriebenen klinisch-genetischen Befunde haben auf molekularbiologischer Ebene inzwischen teilweise eine Erklärung gefunden. Die Inaktivierung muß auf Ebene der Transkription vonstatten gehen. Man hat ein Gen isoliert, das hierfür wohl direkt verantwortlich ist, das *XIST-Gen*, wobei das Allel des inaktiven X-Chromosoms in weiblichen Zellen exprimiert wird. Es kodiert für eine RNA mit verschiedenen repetitiven Sequenzen. Dabei scheint das XIST-Gen die Inaktivierung einzuleiten, ist aber wohl nicht für deren Aufrechterhaltung verantwortlich. Man geht davon aus, daß zu Beginn der X-Inaktivierung wohl das ganze Chromosom inaktiviert wird und später lokusspezifisch die Inaktivierung aufrechterhalten wird.

Weiterhin ist inzwischen bekannt, daß nicht das ganze 165 Mb lange X-Chromosom inaktiviert wird. So entgeht die pseudosomale Hauptregion PAR1, die beim X-Chromosom genauso wie beim Y am äußeren Ende des kurzen Arms liegt, immer der Inaktivierung, gleich welches X-Chromosom inaktiviert wird. Im Grenzbereich zwischen PAR1 und dem übrigen X-chromosomalen Bereich liegt das XG-Blutgruppen-Gen, weswegen auch dieses, genauso wie der Genlokus für Steroidsulfatase, der X-Inaktivierung entgeht. (s. Abb. 3.11).

Inzwischen nimmt man an, daß die Geschlechtschromosomen sich aus einem Autosomenpaar entwickelt haben, von denen eines das geschlechtsdeterminierende Allel erhielt, was dann in der Folge die Verhinderung der Rekombination notwendig machte und die Auseinanderdifferenzierung der beiden Chromosomen einleitete.

3.3.4 Darstellung von X- und Y-Chromosomen in Interphasekernen

In Interphasekernen läßt sich das inaktivierte X-Chromosom (oder auch im pathologischen Falle die inaktivierten X-Chromosomen) in Form von Barr-Bodies darstellen. Dies kann dazu benutzt werden, das genetische Geschlecht eines Menschen sehr schnell an leicht zugänglichen Zellen (Haarwurzelzellen) festzustellen.

Der Vollständigkeit halber sollte noch erwähnt werden – auch wenn dies mit der Lyon-Hypothese nichts zu tun hat – daß das Y-Chromosom auf ähnliche Weise nachgewiesen werden kann. Färbt man Zellen in der Mundschleimhaut, in Haarwurzeln, in Leukozyten sowie in Spermien mit fluoreszierenden Kernfarbstoffen an, kann man das Y-Chromosom am intensiven Leuchten seiner langen Arme erkennen (*F-Body*). Mit dieser Methode findet man das Y-Chromosom als leuchtenden Punkt im Zellkern, und zwar auch im Interphasekern. Die fluoreszierenden Teile stellen das bereits erwähnte Heterochromatin dar (s. Abb. 3.16).

Chromosomenstörungen sind beim Menschen keine Seltenheit. Mindestens ca. 8 % aller Konzeptionen haben Chromosomenanomalien, jedoch wird der größte Teil dieser Embryonen bzw. Feten spontan abortiert. Etwa 60 % der Spontanaborte des 1. Trimenons und 5 % der späteren Spontanaborte haben eine Chromosomenstörung. Von allen lebend geborenen Kindern weisen ca. 0,5 % Chromosomenaberrationen auf (Übersicht 4.1).

Chromosomenstörungen können numerisch oder strukturell sein, in seltenen Fällen können numerische und strukturelle Aberrationen gemeinsam auftreten. In der Übersicht 4.2 sind die häufigsten Chromosomenstörungen bei Neugeborenen zusammengefaßt.

Übersicht 4.1. Häufigkeit[a] von Chromosomenaberrationen bei Spontanaborten, verschiedenen Patientengruppen und bei Neugeborenen. (Nach Müller 1989)

Spontane Aborte im 1. Trimenon	50–60 %
Abnorme Geschlechtsentwicklung	ca. 30 %
Primäre Amenorrhoe	ca. 25 %
Totgeburten	5–10 %
Kinder mit geistiger Retardierung und Fehlbildungen	ca. 10 %
Infertile Männer	ca. 2 %
Neugeborene	ca. 0,5 %

[a] Durchschnittszahlen aus verschiedenen Untersuchungen

Übersicht 4.2. Häufigkeit der verschiedenen Chromosomenstörungen. (Nach Connor, Ferguson-Smith 1987)

Chromosomenstörung	Häufigkeit bei der Geburt
Balancierte Translokation	1/500
Nicht-balancierte Translokation	1/2000
Perizentrische Inversion	1/100
Trisomie 21	1/700
Trisomie 18	1/3000
Trisomie 13	1/5000
47,XXY	1/1000 ♂
47,XYY	1/1000 ♂
47,XXX	1/1000 ♀
45,X	1/10 000 ♀

4.1 Entstehungsmechanismus numerischer Chromosomenstörungen (Non-disjunction)

Unterschiedliche Mechanismen können zu numerischen Chromosomenstörungen führen; der häufigste und wichtigste Mechanismus ist das *Non-disjunction*.

Normalerweise trennen sich die homologen Chromosomen in der Meiose, und die Gameten enthalten einen haploiden Chromosomensatz mit 23 Chromosomen. Bleiben zwei homologe Chromosomen zusammen und gelangen in eine Keimzelle, so entstehen aneuploide Keimzellen mit 24 bzw. nur 22 Chromosomen. Nach der Befruchtung mit einer normalen Keimzelle entsteht entweder eine Zygote mit einer Trisomie oder einer Monosomie. Eine monosome Zygote ist letal. Non-disjunction kann sowohl in der Meiose als auch in der Mitose stattfinden (Abb. 4.1).

Ein weiterer Mechanismus zur Entstehung numerischer Chromosomenstörungen ist die *Polyploidisierung.* Dabei werden nicht einzelne Chromosomen, sondern der ganze Chromosomensatz vervielfacht. Als Beispiel ist hier die Triploidie (3 n = 69 Chromosomen) beim Mensch zu nennen.

4.1.1 Faktoren, die die Häufigkeit des meiotischen Non-disjunctions beeinflussen

Bekommen gesunde Eltern mit einem normalen Chromosomensatz ein Kind mit einer numerischen Chromosomenaberration, dann liegt immer eine de-novo-Aberration vor. Das Risiko für das Auftreten einer numerischen Chromosomenstörung aufgrund einer Fehlverteilung von homologen Chromosomen steigt mit zunehmendem Alter der Mutter an.

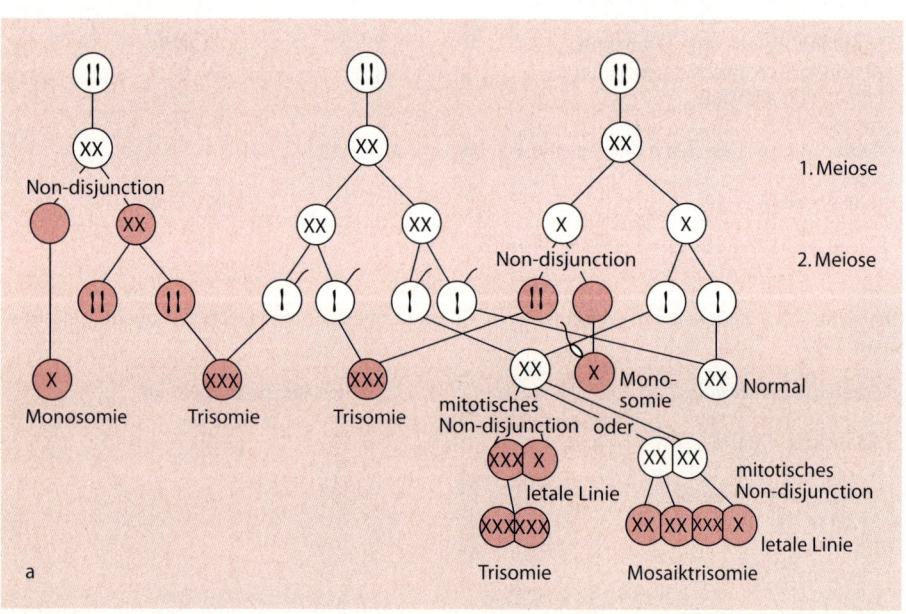

Abb. 4.1 a–c. Schema der Entstehung einer Aneuploidie durch meiotisches und mitotisches Non-disjunction. **a** Meiotisches und mitotisches Non-disjunction, **b** gonosomales Non-disjunction, **c** Entstehung von genosomalem Mosaik durch mitotisches, postzygotisches Non-disjunction

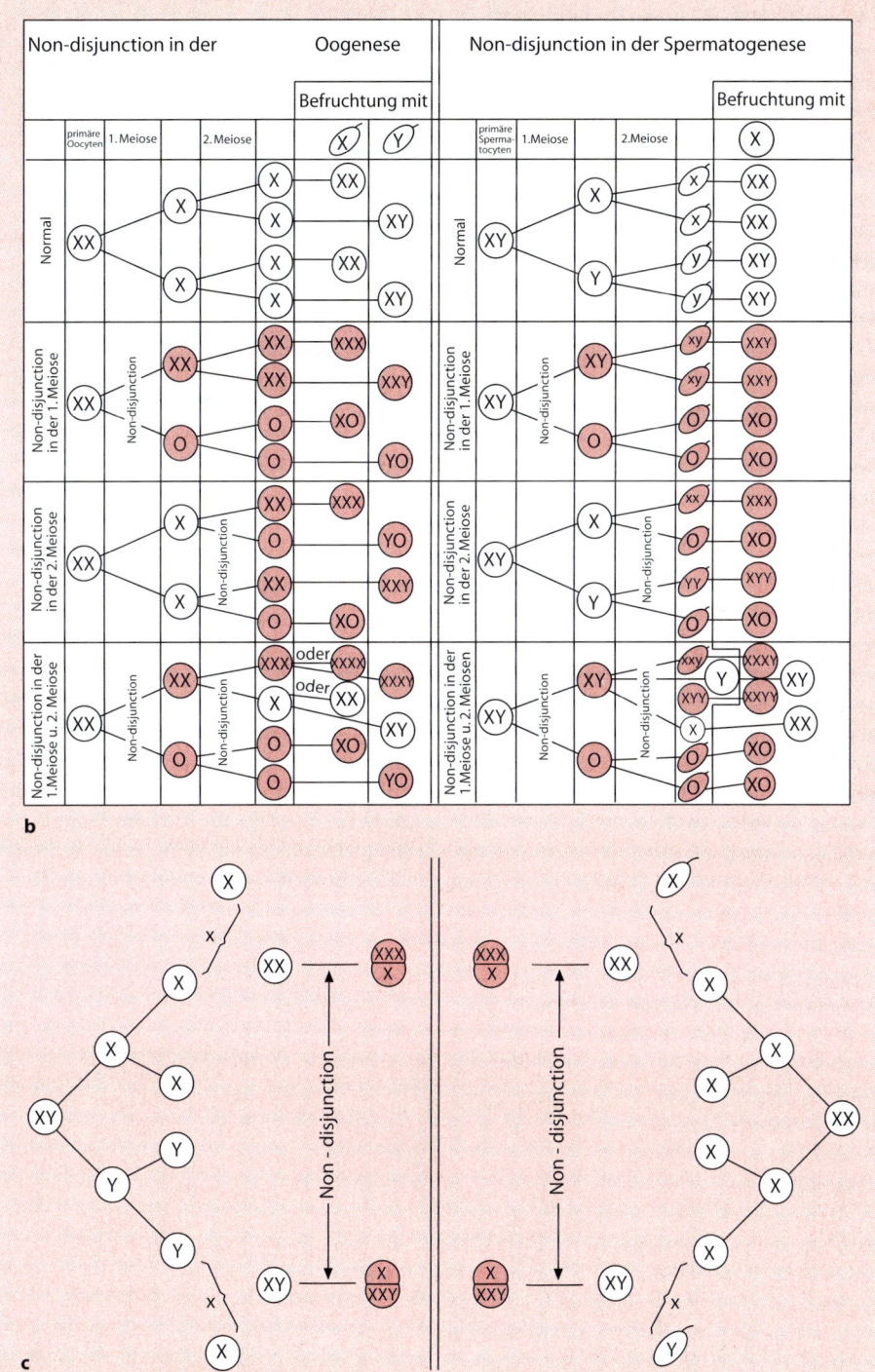

Während das Risiko für ein lebend geborenes Kind mit Trisomie 21 bei einer 20jährigen Frau 1 zu 1.500 beträgt, ist das Risiko bei einer 45jährigen Frau 1 zu 30.

Möglicherweise beruht diese Zunahme darauf, daß sich der Zusammenhalt der homologen Chromosomen durch Chiasmata, der schon vor der Geburt während der ersten meiotischen Teilung entsteht, mit zunehmendem Alter lockern kann. Diese könnte zu einem schlechten Erkennen der homologen Paare führen und damit eine Fehlverteilung ermöglichen. Als weitere Faktoren werden ein Abnahme des Selektionsdruckes gegen Feten mit Chromosomenaberrationen durch Aborte bei älteren Müttern, der Einfluß von radioaktiven Strahlen sowie ein verlängertes Intervall zwischen der Ovulation und der Fertilisierung diskutiert.

Die Herkunft des überzähligen Chromosoms 21 beim Down-Syndrom kann heute durch molekulargenetische Untersuchungen genau festgestellt werden. So kann abgeklärt werden, ob Non-disjunction in der ersten oder zweiten meiotischen Teilung der Oogenese oder der Spermatogenese stattgefunden hat (Übersicht 4.3).

Wenn Non-disjunction in der ersten Meiose stattfindet, dann sind beide homologen Chromosomen in dem Gameten enthalten; findet aber Non-disjunction in der zweiten Meiose statt, dann sind zwei Kopien eines der homologen Chromosomen vorhanden.

Bei Fällen mit mütterlichem Non-disjunction in der meiotischen Teilung ist das mütterliche Alter deutlich erhöht. Eine Abhängigkeit vom väterlichen Alter konnte bis jetzt nicht mit Sicherheit bestätigt werden. Falls das väterliche Alter Einfluß haben sollte, ist dieses offenbar so unbedeutend, daß es bei der Indikation für eine pränatale Chromosomendiagnostik nicht berücksichtigt zu werden braucht.

4.1.2 Mitotisches Non-disjunction und dessen Folgen

In der Prophase der Mitose erfolgt die Verdichtung der Chromosomen durch Spiralisation. In der Metaphase werden die beiden Chromatiden sichtbar, die durch das Zentromer zusammengehalten werden. In der Anaphase werden die beiden homologen Chromatiden durch den Spindelapparat auf die beiden Tochterzellen verteilt. Gele-

Übersicht 4.3. Herkunft der Fehlverteilung in der Meiose bei einigen numerischen Chromosomenstörungen. (Nach Mueller, Young 1995)

Chromosomenstörung	Mütterlich (%)	Väterlich (%)
Trisomie 13	85	15
Trisomie 18	95	5
Trisomie 21	95	5
45,X	20	80
47,XXX	95	5
47,XXY	45	55
47,XYY	0	100

gentlich können durch Fehlverteilung einzelner Chromosomen in der mitotischen Teilung aneuploide Zellen entstehen (s. Abb. 4.1). Grundsätzlich kann in somatischen Zellen jederzeit Non-disjunction stattfinden. Wenn ein mitotisches Non-disjunction im Blastozystenstadium stattfindet, findet man neben normalen Zellen aneuploide Zellinien. Man spricht dann von einer *Mosaikbildung.* Je später Nondisjunction nach der Bildung der Zygote stattfindet, um so niedriger ist der Anteil der aneuploiden Zellinie. Überwiegen im Mosaik dagegen die zahlenmäßig trisomen Zellen, kann man annehmen, daß die Zygote primär trisom angelegt war, und daß die diploiden Zellen durch postmeiotischen Chromosomenverlust entstanden sind.

4.2 Fehlverteilung gonosomaler Chromosomen

Gonosomale Chromosomenstörungen wurden erstmals 1959 von Jacobs und Strang und zu gleicher Zeit von Ford und Mitarbeitern beschrieben. Sie fanden heraus, daß die Geschlechtschromosomen nicht immer den phänotypisch männlichen oder weiblichen Geschlechtsmerkmalen entsprechen. Die gonosomalen Chromosomenaberrationen führen im Vergleich zu den autosomalen Chromosomenstörungen nicht zu schwerwiegenden Erkrankungen. Fehlbildungen liegen in der Regel nicht vor, und schwere geistige Entwicklungsverzögerungen sind seltene Ausnahmen.

4.2.1 Ullrich-Turner-Syndrom

Als klinische Diagnose war das Krankheitsbild des Ullrich-Turner-Syndroms mit seinen typischen Merkmalen schon von früheren Beschreibungen bekannt (Ullrich, 1929; Turner, 1938). 1959 konnten Ford und Mitarbeiter nachweisen, daß die Patienten mit Ullrich-Turner-Syndrom nur ein X-Chromosom besitzen. Jeder 10. Spontanabort im ersten Trimenon beruht auf dieser Chromosomenstörung. 98 % der Feten mit 45,X sterben intrauterin ab. Bei den lebend geborenen Mädchen ist die Häufigkeit des Ullrich-Turner-Syndroms etwa 1:10.000.

Symptome. Das Ullrich-Turner-Syndrom wird meist bei einer diagnostischen Abklärung von Minderwuchs oder primärer Amenorrhö festgestellt. Charakteristisch im Neugeborenenalter sind Lymphödeme der Hand- und Fußrücken, Pterygium colli (Flügelfellbildung am Hals) und Nackenfalte. Weitere Auffälligkeiten sind tief sitzender Haaransatz, sexueller Infantilismus, Minderwuchs, Gonadendysgenesie mit erhöhter Gonadotropinausscheidung im Urin, Cubitus valgus, Verkürzung des vierten Mittelhandknochens, hypoplastische Nägel (s. Übersicht 4.6; Abb. 4.2). Als Fehlbildungen der inneren Organe sind Aortenisthmusstenose bzw. andere Gefäßanomalien, Vorhofseptumdefekt und Fehlbildungen der Nieren und harnleitenden Organe zu nennen. Jedoch sind schwere Fehlbildungen selten. Die geistige Entwicklung der Mädchen mit Ullrich-Turner-Syndrom ist normal und entspricht den Abweichungen der Durchschnittsbevölkerung. Die Beeinträchtigung im Bereich der Raumorientierung und Wahrnehmung trifft nicht auf alle Frauen mit 45,X-Karyotyp zu. Im Erwachsenenalter besteht ein erhöhtes Risiko für die Entstehung einer Hypertension, Osteoporose, Hashimoto Thyroiditis sowie gastrointestinale Blutung. Fertilität kann vorhanden sein. Frauen mit 45,X-Karyotyp erreichen eine Erwachsenengröße von ca. 148 cm. Durch eine rechtzeitige Therapie kann die Endgröße um einige Zentimeter angehoben werden.

Es liegt sehr nahe, daß das Ullrich-Turner-Syndrom durch X-chromosomale Gene, die ihre Homologen auf dem Y-Chromosom

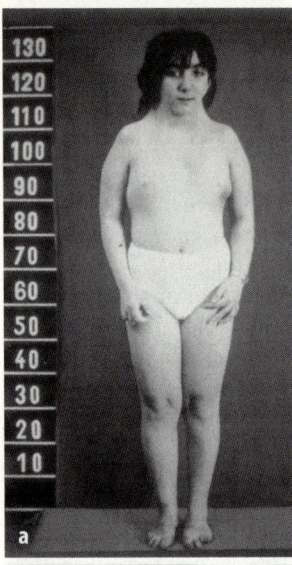
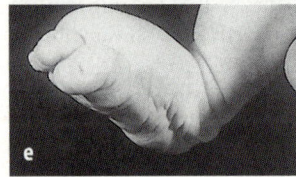
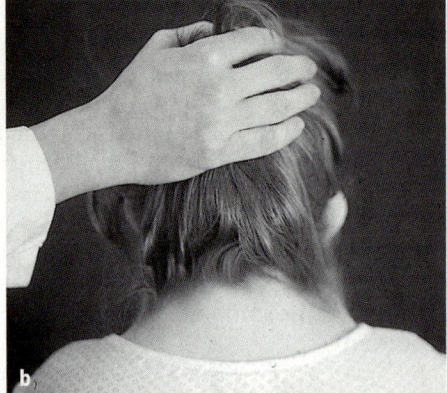
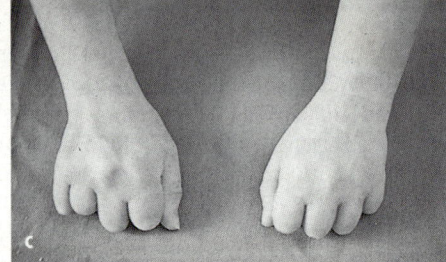
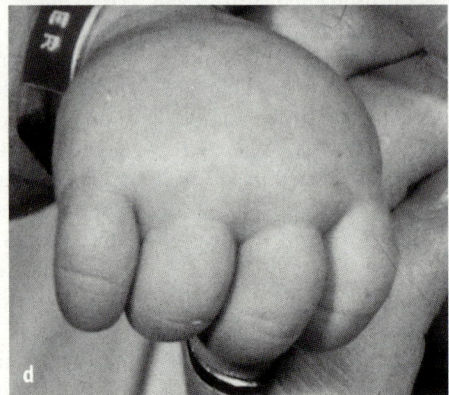

Abb. 4.2 a–e. Ullrich-Turner-Syndrom.
a Turner-Phänotyp mit Pterygium colli,
b tiefer Haaransatz,
c verkürzte Metakarpalknochen,
d, e Hand- und Fußrücken-ödeme

haben und die durch die X-Inaktivierung nicht beeinflußt werden, verursacht wird. Eines dieser vermuteten Gene ist ein ribosomales Protein-Gen (RPS4). Es ist bekannt, daß Minderwuchs beim Turner-Syndrom sowie beim idiopathischen Minderwuchs durch ein Shox-Gen verursacht wird.

Zytogenetik. Neben der klassischen Form mit einem durchgehenden 45,X-Karyotyp kennt man bei einem Teil der Patienten mit Ullrich-Turner-Syndrom eine große Variabilität von numerischen und strukturellen Anomalien des X-Chromosoms (Übersicht 4.4) Entsprechend dem zytogenetischen Befund können die klinischen Symptome ein breites Spektrum zeigen. So ist z. B. beim Mosaik mit normalen Zellinien (45,X/46,XX) das Erscheinungsbild der Krankheit je nach dem zahlenmäßigen Verhältnis der beiden Zellinien unterschiedlich ausgeprägt. Von den strukturellen Anomalien sind hier Xp, Ringchromosom X und ein Isochromosom, das aus dem langen Arm des X-Chromosoms besteht, zu nennen. Neuere Untersuchungen zeigen, daß bei den strukturellen Anomalien die Ausprägung der klinischen Merkmale vom Ausmaß der Deletion des kurzen Arms abhängt. Patienten mit Deletion des kurzen Arms des X-Chromosoms zeigen die typischen Merkmale des Ullrich-Turner-Syndroms, während bei den Mädchen mit der Deletion des langen Arms des X-Chromosoms nur rudimentäre Ovarien vorliegen und sich phänotypisch keine typischen Merkmale des Turner-Syndroms zeigen. In etwa 78 % der Patienten mit Monosomie X ist nur das mütterliche Chromosom vorhanden. Wahrscheinlich entsteht dies durch eine Non-disjunction in der Spermatogenese oder durch den postzygotischen Verlust eines X- bzw. eines Y-Chromosoms. Die Wiederholungsrisiko nach Geburt eines Kindes mit Ullrich-Turner-Syndrom ist im Vergleich zur Durchschnittsbevölkerung nicht erhöht. Das mütterliche Alter spielt dabei keine Rolle.

Die gleichen phänotypischen Merkmale wie beim Turner-Syndrom findet man auch bei Mädchen und Knaben, die einen normalen Chromosomensatz haben. Dieses Krankheitsbild wurde zunächst nur bei Knaben beobachtet. Deshalb hat man fälschlicherweise dieses Krankheitsbild als „männliches Turner-Syndrom" bezeichnet. Heute wird diese Konstruktion nach der Erstbeschreiberin als *Noonan-Syndrom* benannt. Die klinischen Merkmale zeigen eine breite Variabilität mit typischen Dysmorphiezeichen im Gesichtsbereich, einer Pulmonalstenose und/oder anderen angeborenen Herzfehlern und Pterygium colli. Gelegentlich wird das Noonan-Syndrom in Kombination mit Neurofibromatose Typ I (Morbus Recklinghausen) beobachtet. Das Gen für das Noonan-Syndrom ist jetzt identifiziert und liegt auf dem langen Arm des Chromosoms Nr. 12 (12q22).

4.2.2 Triple-X-Syndrom

Die Trisomie X- bzw. das Triple-X-Syndrom ist die häufigste Chromosomenaberration im weiblichen Geschlecht. Auf 1.000 neugeborene Mädchen kommt eines mit einem zusätzlichen X-Chromosom.

Symptome. Bei Geburt sind die Mädchen unauffällig. Ihre körperliche Entwicklung verläuft altersentsprechend normal. Auch später zeigen sie in der Regel keine typischen Merkmale. Einzelne Beobachtungen mit diskreten Stigmata im Sinne von „minor malformations" sind nicht spezifisch für das Triple-X-Syndrom (s. Übersicht 4.6). Bei einem Teil der Patienten besteht eine sekundäre Amenorrhö; etwa $^3/_4$ der XXX-Frauen sind fertil. Gonosomale Chromosomenstörungen sind bei den Kindern von Triple-X-Frauen nicht häufiger als bei Frauen mit einem normalen Chromosomensatz, obwohl dies nach theoretischen Segregationsmöglichkeiten zu erwarten wäre.

Prospektive und Longitudinalstudien haben gezeigt, daß ein Teil der Triple-X-Patientinnen Sprachstörungen, leichte motorische Ungeschicktheiten und Anpassungsschwierigkeiten aufweist. Der Intelligenzquotient liegt im allgemeinen 10–15 Punkte unter dem der gesunden Geschwister.

Zytogenetik. Neben den reinen 47,XXX-Patientinnen wurden zytogenetisch auch Mosaike beobachtet. Gelegentlich wurden über die Trisomie X hinaus Chromosomensätze mit 4 oder mehr X-Chromosomen gefunden. Je höher die Zahl der X-Chromosomen, um so größer sind die klinischen Auffälligkeiten. Die Schwere der geistigen Retardierung nimmt mit der Zahl der X-Chromosomen zu.

Etwa 90 % der 47,XXX entstehen durch Non-disjunction in der ersten bzw. zweiten meiotischen Teilung der Mutter(I>II), die übrigen in der zweiten meiotischen Teilung des Vaters. Mit zunehmendem Alter der Mutter steigt das Risiko an.

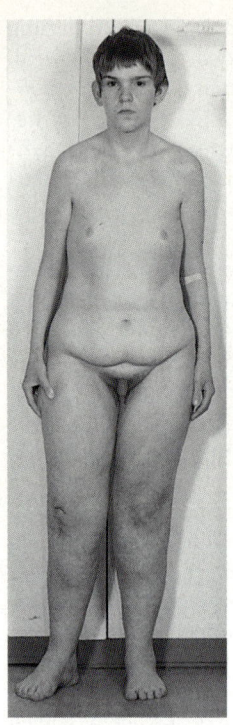

Abb. 4.3. Phänotyp eines Patienten mit Klinefelter-Syndrom

4.2.3 Klinefelter-Syndrom

Die ersten Patienten wurden 1942 von Klinefelter und Mitarbeitern beobachtet. Die Häufigkeit beträgt 1 zu 1.000 männlichen Neugeborenen. Unter Knaben mit leichter mentaler Retardierung findet man 1 in 100 und bei infertilen Männern etwa 1 in 10 mit Klinefelter-Syndrom.

Symptome. Meist fallen die Patienten im Pubertätsalter wegen Ausbleiben der sekundären Geschlechtsmerkmale auf (Abb. 4.3). Im Erwachsenenalter wird die Erkrankung aufgrund einer Fertilitätsstörung und/oder Hypogonadismus diagnostiziert. Charakteristisch sind ein unproportionierter Hochwuchs mit einer größeren Beinlänge, fehlende bzw. spärliche Körperbehaarung, weiblicher Typ der Schambehaarung, Gynä-

komastie, Hodenatrophie, Azoospermie, verminderter Testosteronspiegel im Serum und hypergonadotroper Hypogonadismus (erhöhte FSH-Produktion). Die Erwachsenengröße liegt im oberen Normbereich. Später kann sie eine Skoliose sowie eine Osteoporose entwickeln. Sehr häufig wird bei Klinefelter-Patienten ein Diabetes mellitus beobachtet (s. Übersicht 4.6).

Die geistige Entwicklung zeigt eine breite Variabilität. Die Intelligenzquote kann um 10–15 % niedriger als die gesunder Geschwister sein. Kontaktarmut und Integrationsschwierigkeiten können unter sozial schwierigen Umweltbedingungen auftreten.

Zytogenetik. Neben dem reinen 47,XXY-Karyotyp, wie er in etwa 80 % der Fälle gefunden wird, liegt bei manchen Patienten 48,XXXY oder ein Mosaik von 46,XY/47,XXY vor. Patienten, die mehr als zwei X besitzen, sind schwerer betroffen (Übersicht 4.5).

Übersicht 4.5. Beobachtete Karyotypen beim Klinfelter-Syndrom (Nach Murken, Cleve 1988)

Karyotyp	Häufigkeit
47,XXY	80 %
48,XXXY	
48,XXYY	
49,XXXXY	
Mosaike:	20 %
47,XXY/46,XY	
47,XXY/46,XX	
47,XXY/46,XY/45,X	
47,XXY/46,XY/46,XX	

Übersicht 4.6. Wesentliche Symptome gonosomaler Chromosomenfehlverteilungen

Syndrom	Symptome
Turner-Syndrom 45,X	Häufigkeit: 1-2/10 000 • Intelligenz normal bis leichte Abweichungen • Minderwuchs (ca. 148 cm) • Rudimentäre Gonaden mit Sterilität • Schwach ausgebildeter Orientierungssinn • Sphynx-Gesicht, Pterygium colli • Aortenisthmusstenose • Frühzeitige Osteoporose
Triple-X-Syndrom XXX	Häufigkeit: 1/1000 • Körperlich in der Regel unauffällig, $^3/_4$ der Frauen fertil, jedoch teilweise Zyklusstörungen und frühe Menopause • Nachkommen zeigen zu 20 % gonosomale Aneuploidie (der Erwartungswert von 50 % wird wegen eines selektiven Vorteils der normalen Gameten unterschritten) • Teilweise geistige Abweichungen unterschiedlichen Schweregrades
Klinefelter-Syndrom XXY	Häufigkeit: 1/1000 • Ca. 10 cm größer als der Durchschnitt • Aspermie, Hypogonadismus • Verminderter Gesichts- und Körperhaarwuchs • Leicht verminderte Intelligenz, etwa 10–15 Punkte im IQ, jedoch nicht obligat, frühzeitige Osteoporose
XYY-Syndrom	Häufigkeit: 1/1000 • Überdurchschnittliche Körpergröße (über 180 cm), sonst körperlich unauffällig • Psychisch disharmonische Persönlichkeitsentwicklung möglich • Intelligenz normal bis subnormal

In 2/3 der Fälle stammt das überzählige X-Chromosom von der Mutter. In diesen Fällen ist das Alter der Mutter erhöht. Dagegen ist in den Fällen mit väterlicher Herkunft kein Zusammenhang mit dem väterlichen Alter beobachtet worden. Die Ursache der Entstehung von 47,XXY-Karyotypen ist eine Non-disjunction in einer der meiotischen Teilungen der Oogenese oder in der ersten meiotischen Teilung der Spermatogenese.

4.2.4 XYY-Syndrom

Das XYY-Syndrom wurde 1961 erstmals von Sandberg beschrieben. Bei normal männlichen Neugeborenen kommt es mit einer Häufigkeit von etwa 1 zu 1.000 vor. Bei Knaben mit einer geistigen Retardierung beträgt die Häufigkeit bis zu 2 %.

Symptome. XYY-Männer zeigen keine charakteristischen Merkmale. Meist sind sie überdurchschnittlich groß (etwa 10 cm über der Größe von Männern mit dem Karyotyp 46,XY) und können Verhaltensauffälligkeiten zeigen. Der IQ dieser Patienten kann 10 bis 15 Punkte unterhalb des IQs der normalen Geschwisterkinder liegen. Die Testosteronproduktion ist normal. Es besteht eine Schwankungsbreite wie bei der Durchschnittsbevölkerung. Kontaktschwäche und Anpassungsschwierigkeiten stehen im Vordergrund. Die Entwicklung hängt sehr vom sozialen Hintergrund ab (Übersicht 4.6).

Zytogenetik. Ein durchgehender 47,XYY-Karyotyp ist der häufigste zytogenetische Befund bei diesen Patienten. Daneben können X- und Y-Polysomien zusammen auftreten, wobei das klinische Bild dann eher dem Klinefelter-Syndrom entspricht. Das XYY-Syndrom entsteht durch Non-disjunction in der zweiten meiotischen Teilung der Spermatogenese oder durch postzygotisches

Non-disjunction des Y-Chromosoms. Die Häufigkeit ist unabhängig vom väterlichen Alter. Das Wiederholungsrisiko ist nach Geburt eines Kindes mit 47,XYY-Karyotyp nicht erhöht. Die XYY-Männer können normal fertil sein, ihre Nachkommen haben im Gegensatz zur erwarteten Segregation einen normalen Chromosomensatz.

4.2.5 XX-Männer

Phänotypisch männliche Individuen mit einem weiblichen Chromosomensatz kommen etwa im Verhältnis von 1 zu 20.000 phänotypisch männlicher Neugeborener vor. Die Patienten sind infertil und haben einen hypergonadotropen Hypogonadismus. Ansonsten zeigen sie keine auffälligen Merkmale, die geistige Entwicklung ist normal (Abb. 4.4). Die Diagnose wird in der Regel aufgrund einer Infertilität festgestellt. Die Ursache ist die Translokation einer bestimmten Region vom Y-Chromosom auf das X-Chromosom (Yq11.2 auf Xp), die als **Sex-determinierende Region**

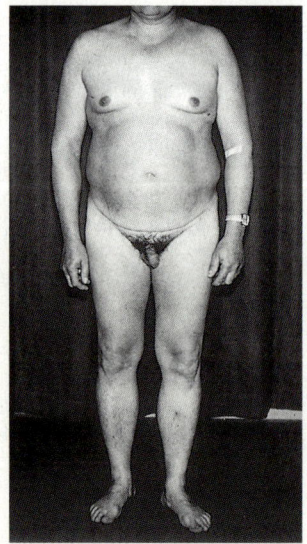

Abb. 4.4. Phänotyp eines XX-Mannes

des Y-Chromosoms (SRY) bezeichnet wird. Das translozierte Stück des Y-Chromosoms enthält den Azoosperma-Faktor (AZF). Diese Translokation kann bei etwa 2/3 der Patienten durch hochauflösende Bandentechnik nachgewiesen werden, in den anderen Fällen ist der Nachweis mit Hilfe von DNA-Analyse oder In situ-Hybridisierung möglich. Die Translokation zwischen dem Y- und dem X-Chromosom findet in der väterlichen Meiose statt. Das Wiederholungsrisiko scheint nicht erhöht zu sein.

4.3 Fehlverteilung autosomaler Chromosomen

Autosomale Chromosomenstörungen führen zu schweren Fehlbildungen, die meist intrauterin zum Absterben des Embryos führen. Bei den lebend geborenen Kindern mit autosomalen Chromosomenstörungen liegen multiple Fehlbildungen, kraniofaziale Dysmorphie und schwere geistige und motorische Entwicklungsstörungen vor. Bei einer numerischen Aberration kann entweder ein einzelnes Chromosom (Trisomie, Monosomie) oder ein ganzer Chromosomensatz (Polyploidie) von der Norm abweichen.

Bei einem überzähligen Chromosom liegt in der Regel eine *freie Trisomie* vor. Eine Translokationstrisomie, die durch Verschmelzung von 2 Chromosomen oder Abschnitten davon zustandekommt, ist selten. Sie kann de novo entstehen, aber auch familiär sein.

Wenn nicht das ganze Chromosom sondern nur ein Teil zusätzlich vorhanden ist, spricht man von einer *partiellen Trisomie*. Sie stammt häufig von einer balancierten Translokation eines Elternteils. Bei den partiellen Trisomien sind, je nachdem welcher Chromosomenabschnitt trisom vorliegt, die klinischen Merkmale und der Grad der geistigen Retardierung unterschiedlich ausgeprägt.

Eine *Monosomie* liegt dann vor, wenn ein ganzes Chromosom oder ein Chromosomenabschnitt fehlt. Die Monosomie eines ganzen autosomalen Chromosoms ist beim Menschen letal. Partielle Monosomien sind je nach Art und Größe des fehlenden Chromosomenstückes mit bestimmten klinischen Merkmalen und einer mehr oder weniger schwer wiegenden psychomotorischen Retardierung verbunden.

4.3.1 Trisomie 21 (Down-Syndrom)

Als Krankheitsbild und spezifische Form der geistigen Behinderung wurde das Down-Syndrom erstmals 1966 von dem englischen Arzt John Langdorn Heydon Down beschrieben. Mit einer Durchschnittshäufigkeit von 1 zu 700 Lebendgeborenen, ist es die häufigste Ursache der geistigen Retardierung. Als erste nachgewiesene Chromosomenstörung beim Menschen wurde 1959 von Lejeune und Mitarbeitern die Trisomie 21 bei dieser Erkrankung festgestellt. Die Wahrscheinlichkeit für die Geburt eines Kindes mit Trisomie 21 steigt mit zunehmendem Alter der Mutter an. Etwa 60 % der Zygoten mit Trisomie 21 werden spontan abortiert und mindestens 20 % der Kinder tot geboren.

Symptome. Neben der geistigen Retardierung ist das Down-Syndrom klinisch durch ein breites Spektrum von phänotypischen Auffälligkeiten charakterisiert (Übersicht 4.7).

Der Kopf ist brachyzephal mit abgeflachtem Hinterkopf, kurzem Hals und überflüssiger Nackenhaut. Das Gesicht ist rund mit flachem Profil, schräg nach oben außen gerichteten Augenlidachsen, Hypertelorismus, Epikanthus, spärlichen Augenwimpern, Brushfieldflecken auf der Iris, flacher Nasenwurzel, kleinem, offen gehaltenem Mund, evertierter Unterlippe, stark gefurchter und großer Zunge, klei-

Übersicht 4.7. Wesentliche Symptome der Trisomie 13, 18 und 21 (verändert nach Lenz 1983)

	Trisomie 13 Pätau-Syndrom	Trisomie 18 Edwards-Syndrom	Trisomie 21 Down-Syndrom
Häufigkeit	1 : 5000	1 : 3000	1 : 700
50 % verstorben	bis Ende des 1. Monats	bis Ende des 2. Monats	bis zum 20. Lebensjahr
Durchschnittliches Geburtsgewicht	2600 g	2200 g	2900 g
Äußere morphologische Symptome	Mikro-, Anophthalmie, Kolobom, Hypo- oder Hypertelorismus, mongoloide Lidachsenstellung, dysplastische Ohren, Kopfhautdefekt, Lippen-Kiefer-Gaumen-Spalte, postaxiale Polydaktylie, hypoplastische Nägel, Omphalocele (selten), Kryptorchismus	Schmaler, langer Schädel, mit prominentem Occiput, dysplastische Ohren, kleiner Mund, Mikrogenie, flektierte, übereinandergeschlagene Finger, kurzer Großzeh, prominenter Calcaneus, Schaukelfüße. Omphalozele	Kurzer Schädel, kleine dysplastische Ohren, schmale Lidspalten, Epikanthus, weißliche Irisflecken, mongoloide Lidachsenstellung, Makroglossie, flache Nasenwurzel, überstreckbare Gelenke, Cutis laxa, kurzer Hals, kurze Finger, plumpe Hände
Fehlbildungen	Arhinenzephalie, Holoprosenzephalie, Hypoplasie des Kleinhirnwurms, Herzfehler, meist VSD, polyzystische Nieren, urogenitale Fehlbildungen	Herzfehler, meist VSD, ZNS-Fehlbildungen, Fehlbildungen des Urogenitalsystems	Herzfehler bei etwa 50 %, Duodenalatresie bzw. -stenose, hypoplastisches Becken
Funktionelle Symptome	Taubheit, Krämpfe, Hypotonie der Muskeln, schwere psychomotorische Entwicklungsstörung	Schwere Entwicklungsverzögerung,	Geistige Retardierung, Intelligenzquotient meist zwischen 20 und 50. Schlaffe Muskulatur, häufige Infekte

nen, dysplastischen, tiefsitzenden Ohren. Besonders im Neugeborenenalter liegen generalisierte Hypotonie und überstreckbare Gelenke vor (Abb. 4.5).

Die Hände und Füße sind klein und plump mit kurzen Fingern und Zehen. Häufig liegt eine doppelseitige Verkürzung der Mittelphalangen des 5. Fingers mit Klinodaktylie vor. Der Abstand zwischen der ersten und zweiten Zehe ist vergrößert (Sandalenlücke). Als charakteristische Hautleistenveränderungen sind Vierfingerfurche, distal verlagerter axialer Triradius, große Hypothenarmuster und Tibialbogen oder kleine Distalschleifen auf dem Großzehenballen zu nennen. Im Skelettsystem findet man Abnormitäten an Rippen, Wirbelkörpern und Becken, Azetabulum- und Iliumwinkel sind abgeflacht.

Im Vordergrund der inneren Organfehlbildungen stehen die angeborenen Herzfehler mit 40 % (AV-Kanal, VSD). Die häufigsten Fehlbildungen im Bereich des Magen-Darm-Traktes sind Duodenalstenosen bzw. -atresien, Ösophagusatresien, Pylorusstenosen und Analatresien.

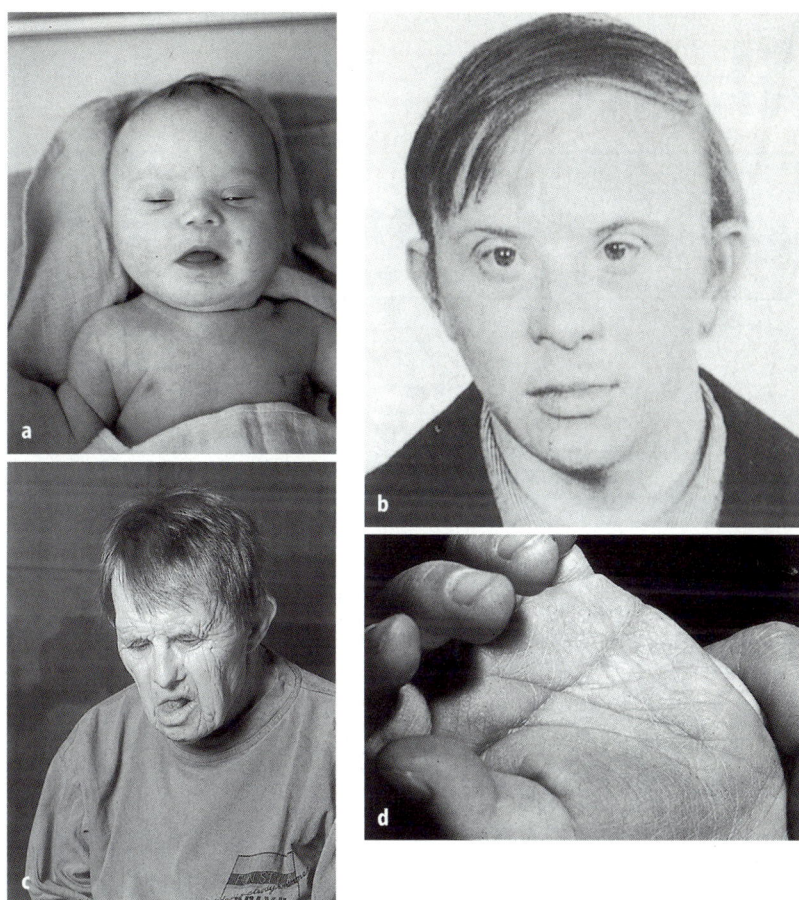

Abb. 4.5 a–d. Patienten mit Down-Syndrom. **a** Säugling, **b** Jugendlicher, **c** älterer Patient, **d** Vierfinger-furche

Down-Syndrom-Patienten mit Megakolon (Morbus Hirschsprung) wurden wieder-holt beobachtet.

Down-Syndrom-Patienten erkranken – besonders im Säuglings- und Kindes-alter – relativ häufig an Leukämien und sind sehr infektanfällig. 2–3 % der Patien-ten zeigen eine atlantoaxiale Instabilität, ca. 3 % haben Hypothyreose und etwa 10 % epileptische Anfälle.

Die Entwicklung der sekundären Geschlechtsmerkmale ist normal. Frauen mit Down-Syndrom sind fertil, das Risiko für ihre Kinder, wiederum ein Down-Syn-drom zu haben, liegt bei ca. 50 %. Männli-che Patienten mit Trisomie 21 sind trotz normaler Pubertätszeichen infertil.

Die geistige Entwicklung ist erheblich retardiert. Der Grad der Retardierung liegt bei einem IQ von 35 bis 50, nur selten über 50. Durch eine frühzeitige und intensive Förderung kann die psychomotorische Entwicklung dieser Kinder verbessert wer-den, heilpädagogische Maßnahmen sowie Unterricht in Sonderschulen sind erforder-lich, um eine begrenzte Berufsfähigkeit in beschützenden Werkstätten zu erreichen. In manchen Fällen kann die schwächere

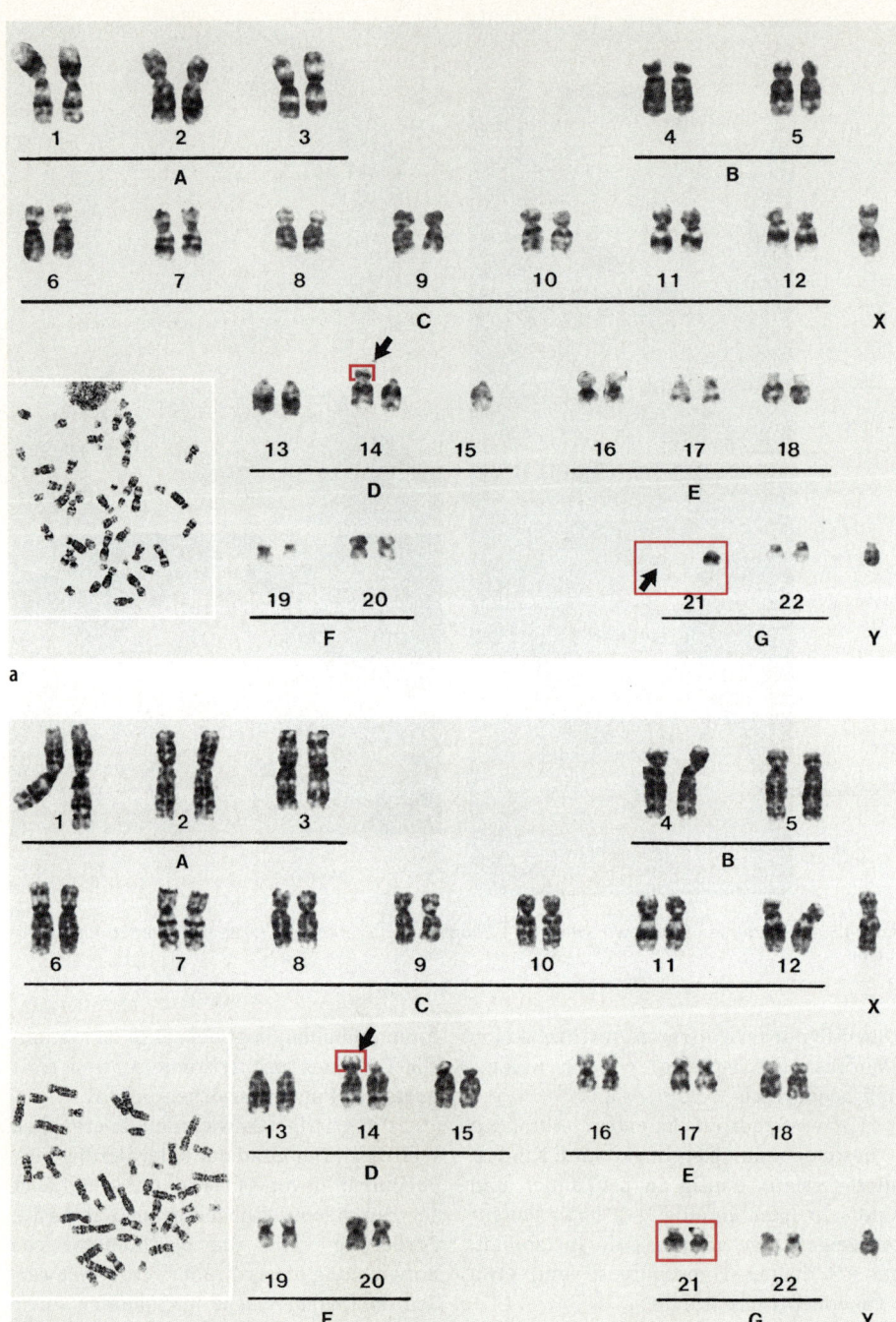

Abb. 4.6 a, b. Karyotyp Robertson-Translokation. **a** Balancierte Translokation 14/21, **b** Translokations-trisomie 21

Einstufung einer Lernbehinderung mit sonderpädagogischer Betreuung für die Entwicklung förderlich sein. Entscheidend ist es, die betreute Integration in das Sozialleben zu ermöglichen.

Zytogenetik. Etwa 95 % der Patienten zeigen eine durchgehende freie Trisomie 21, die durch Non-disjunction in der ersten oder auch in der zweiten meiotischen Teilung entsteht. Etwa 71 % dieser Fälle mit durchgehender freier Trisomie 21 entstehen durch Non-disjunction in der ersten, 22 % in der zweiten meiotischen Teilung der Eizelle und 5 % in der ersten bzw. zweiten meiotischen Teilung der Spermatogenese (s. Übersicht 4.3). Bei ca. 2 % liegt eine mitotische Non-disjunction vor.

Bei den Fällen mit mütterlichem Nondisjunction in der meiotischen Teilung ist das mütterliche Alter deutlich erhöht. Eine Abhängigkeit vom väterlichen Alter konnte bis jetzt nicht mit Sicherheit bestätigt werden. Falls das väterliche Alter Einfluß haben sollte, ist dies offenbar so unbedeutend, daß es bei der Indikation für eine pränatale Chromosomendiagnostik nicht berücksichtigt zu werden braucht.

Bei etwa 4 % der Down-Syndrom-Patienten liegt eine Translokationstrisomie vor (Abb. 4.6 a,b). Translokationstrisomien sind im Gegensatz zu freien Trisomien

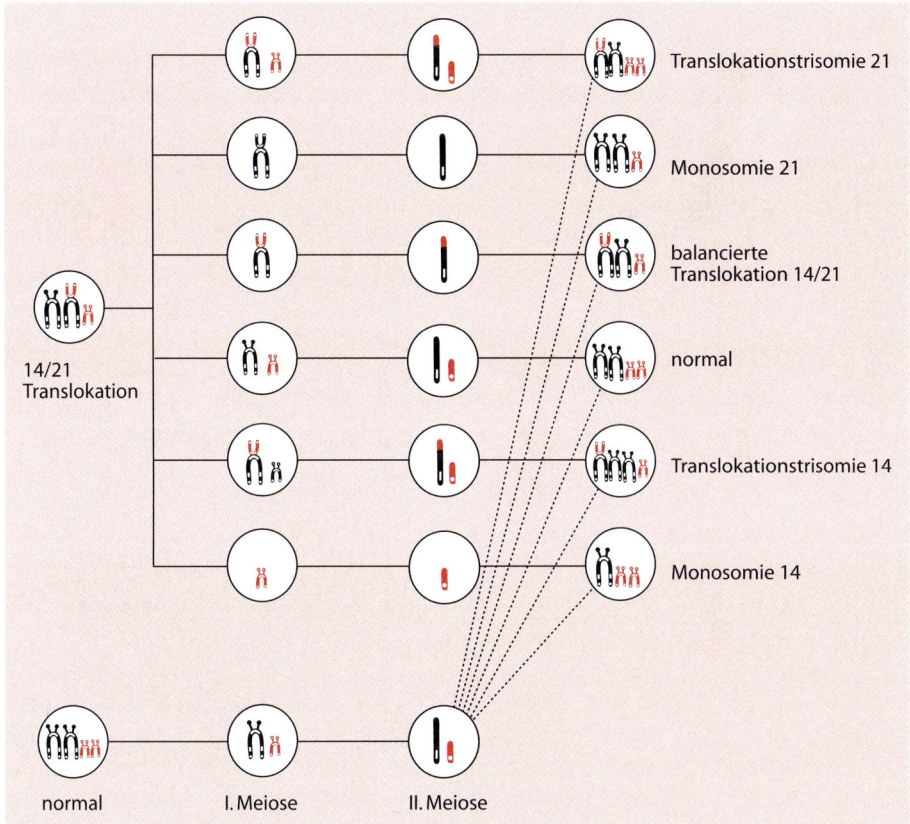

Abb. 4.7. Theoretische Möglichkeiten für die Entstehung einer aneuploiden Zygote, wenn ein Elternteil Träger einer zentrischen Fusion von Chromosom 14 und 21 ist

nicht vom mütterlichen Alter abhängig. Sie können familiär bedingt sein, wenn bei einem Elternteil eine balancierte Translokation vorliegt, aber auch de novo entstehen. Bei der familiären D-/G-Translokation ist das Wiederholungsrisiko erhöht und beträgt nach verschiedenen Segregationsmöglichkeiten theoretisch 33 % (Abb. 4.7). Das tatsächliche empirische Risiko ist jedoch niedriger und ist abhängig vom translokationstragenden Elternteil (s. Kap. 9.10).

Bei etwa 1–2 % aller Patienten findet man nach zytogenetischer Analyse einen Mosaikbefund mit trisomen und normalen Zellen. Dies kann aus einer trisomen sowie aus einer normalen Zygote durch mitotisches Non-disjunction entstehen.

Sehr selten kann auch bei einem Down-Syndrom eine partielle Trisomie vorliegen. Das zusätzliche Stück eines Chromosoms Nr. 21 kann auch an einem anderen Chromosom angeheftet sein (Abb. 4.8). Das Wiederholungsrisiko beträgt bei der jun-

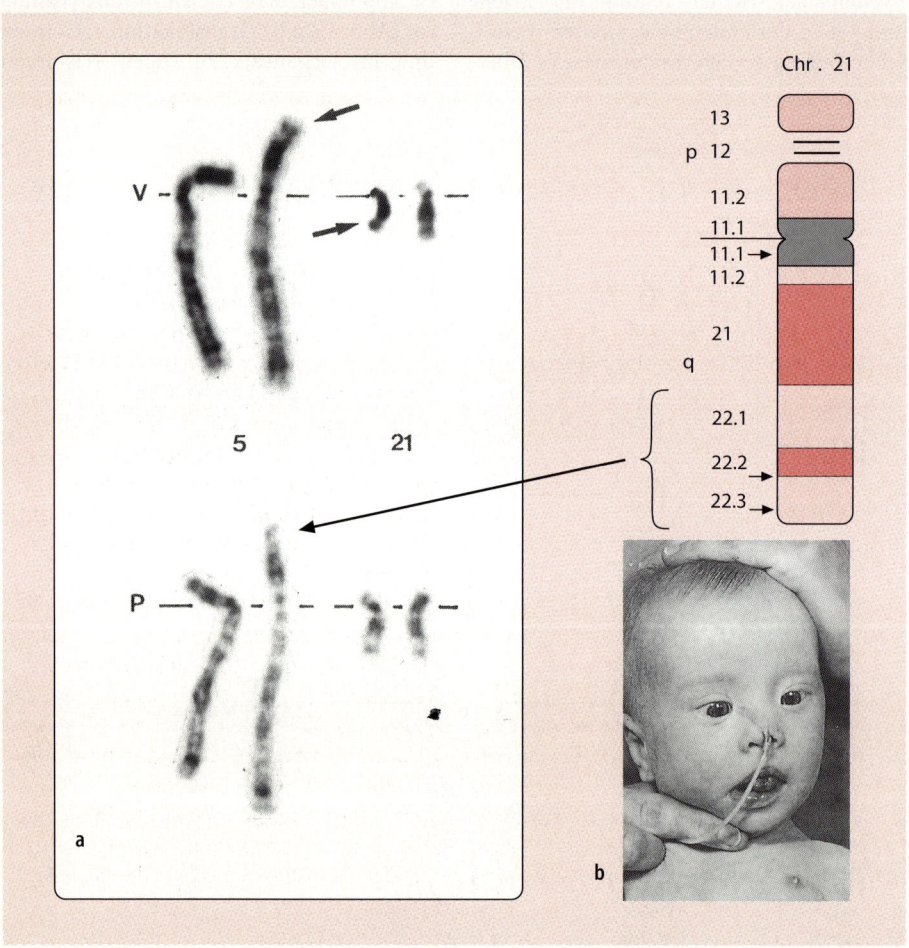

Abb. 4.8 a, b. Patient mit partieller Translokationstrisomie 21. **a** (*unten*) Unbalancierte Translokation (46,–5,+der(5)t(5;21)(p15.1;q22.1), (*oben*) balancierte reziproke Translokation (5/21) vom Vater des Patienten. **b** Phänotyp des Patienten

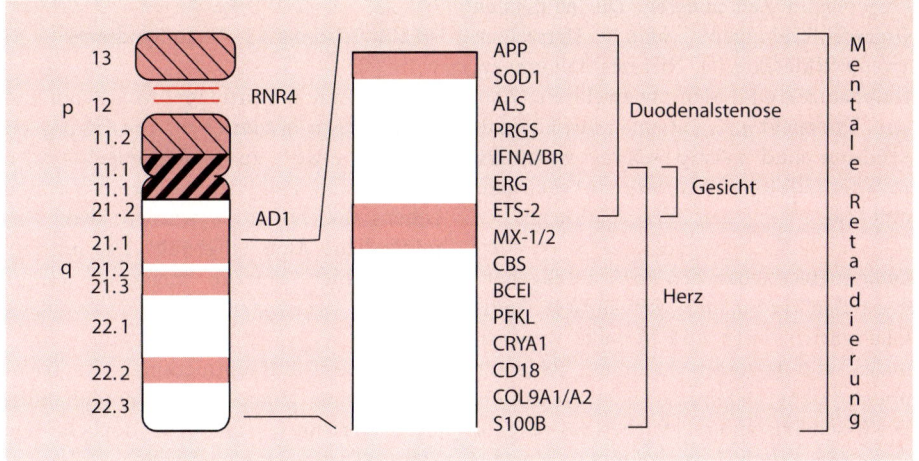

Abb. 4.9. Kartierung des distalen Teils des langen Arms von Chromosom 21 und Zuordnung zu bestimmten Symptomen. Die Zuordnung erfolgte über Patienten mit partieller Trisomie. (Nach Vogel, Motulsky 1996)

gen Mutter ca. 1 %, bei einer Frau über 35 Lebensjahren steigt das Altersrisiko.

Das Chromosom Nr. 21 ist fast komplett kartiert, und einige der Gene sind inzwischen sequenziert. Offenbar ist die Region 21q22 für die meisten Symptome des Down-Syndroms verantwortlich (Abb. 4.9). In diesem Bereich liegt auch das Gen für die Superoxyd-Dismutase (SOD), einem Enzym mit Schutzfunktion vor freien Radikalen, die bei der Oxidation entstehen und möglicherweise am natürlichen Alterungsvorgang beteiligt sind. Die Patienten mit Trisomie 21 besitzen von diesem Gen drei statt zwei Exemplare. Entsprechend dem Gendosiseffekt werden bestimmte Genprodukte in höherer Dosis als normal hergestellt. Die SOD-Konzentration ist bei Patienten mit Trisomie 21 um das 1,5fache erhöht. Es ist bekannt, daß das *Amyloid-Prekursor-Protein-Gen (APP)* an die Region 21q22 lokalisiert und für einen Teil der erblichen Form der Alzheimer Erkrankung verantwortlich ist. Die älteren Patienten mit Down-Syndrom zeigen identische Amyloid-Plaques im Gehirn wie die Alzheimer-Patienten.

4.3.2 Trisomie 18 (Edwards-Syndrom)

Die Trisomie 18 wurde 1960 von Edwards und Mitarbeitern beschrieben. Die Häufigkeit beträgt ca. 1:3.000 Neugeborenen. Etwa 95 % der betroffenen Feten werden spontan abortiert. Bei den Lebendgeborenen besteht ein Geschlechtsverhältnis von 4 zu 1 zugunsten des weiblichen Geschlechts, wahrscheinlich durch eine erhöhte Abortrate männlicher Feten bedingt.

Symptome. Kinder mit Trisomie 18 sind, bezogen auf die Schwangerschaftsdauer, hypotrophe Neugeborene. Charakteristische Merkmale sind Dolichozephalie mit prominentem Hinterkopf, Mikrogenie, schmale Nasenwurzel, kleine Mundspalte, hoher, spitzer Gaumen, Gaumenspalte, tief sitzende und dysplastische Ohren, kurzes Sternum mit Ossifikationsanomalien, Beugekontraktur und Überlagerung der Finger, Muskelhypertonie mit Abduktionshemmung der Hüftgelenke, Pes equinovarus, prominenter Kalkanens, große, dorsalflektierte Großzehen und häufig ein Beugemuster auf den

Finger- und Zehenbeeren. Die häufigsten Organfehlbildungen sind Herzfehler, Zwerchfelldefekte, Nierenfehlbildungen, Omphalozele und Meningomyelozele (Abb. 4.10, Übersicht 4.7). Patienten mit Edward-Syndrom sind geistig schwer retardiert. 10 % der Fälle überleben das erste Lebensjahr und etwa 1 % werden über 10 Jahre alt.

Zytogenetik. Neben den 80 % durchgehenden freien Trisomien 18 gibt es 20 % Translokationstrisomien und Mosaike von normalen und trisomen Zellinien. Patienten mit Mosaikbefunden sind leichter betroffen. Die freien Trisomien entstehen bei ca. 95 % der Fälle durch Non-disjunction in der ersten oder zweiten meiotischen Teilung der Mutter (s. Übersicht 4.3). Im Gegensatz zum Down-Syndrom entsteht das Non-disjunction hier meist in der zweiten meiotischen Teilung Es besteht eine Abhängigkeit vom mütterlichen Alter. Das Wiederholungsrisiko ist erhöht und beträgt ca. 1 % zur Zeit der Amniozentese.

4.3.3 Trisomie 13 (Pätau-Syndrom)

Die Trisomie 13 wurde 1960 von Pätau und Mitarbeitern beschrieben. Die Häufigkeit liegt bei etwa 1 zu 5.000 Neugeborenen. Die meisten Patienten sterben im ersten Lebensjahr, nur 10 % werden älter. Das mütterliche Alter ist erhöht. Die mittlere Lebensdauer beträgt meistens wenige Monate.

Symptome. Die Hauptmerkmale der Trisomie 13 sind Mikro- oder Anophthalmie, Hypotelorismus, ein- bzw. doppelseitige Lippen-Kiefer-Gaumen-Spalte, Holoprosenzephalie, Kopfhautdefekte, tiefsitzende und deformierte Ohren, postaxiale Polydaktylie, Herzfehler und Fehlbildungen des Urogenitalsystems (Abb. 4.11, s. Übersicht 4.7).

Zytogenetik. In der Mehrzahl der Fälle (80 %) liegt eine freie Trisomie 13 vor. Das überzählige Chromosom Nr. 13 ist bei 85 % der Trisomie-13-Fälle mütterlicher Herkunft (s. Übersicht 4.3). Bei ca. 20 % handelt es sich um eine Translokationstrisomie und bei 5 % liegt ein Mosaik-Befund vor. Das Wiederholungsrisiko liegt über 1 %.

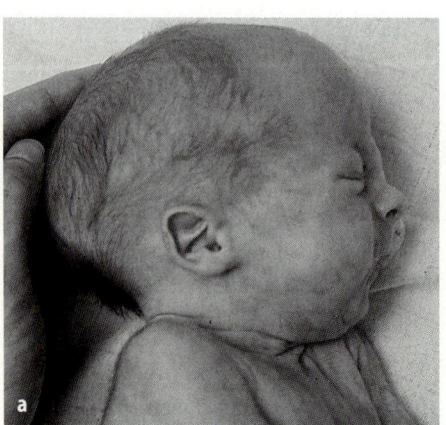
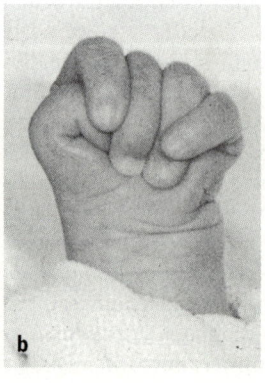

Abb. 4.10 a,b. Patient mit Edwards-Syndrom. **a** Gesicht, **b** typische Fingerstellung

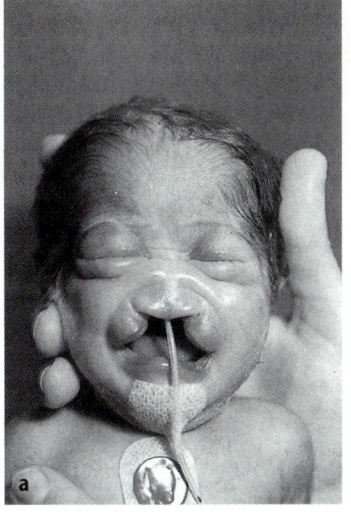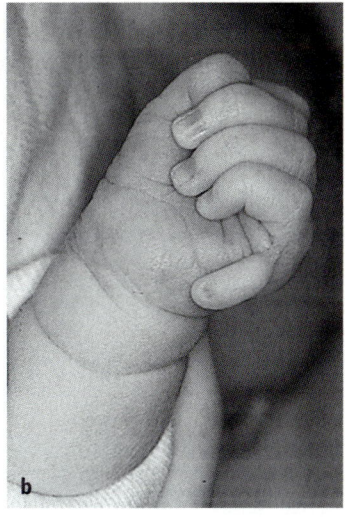

Abb. 4.11 a, b. Patient mit Pätau-Syndrom. **a** Typisches Gesicht mit medianer LKG-Spalte; **b** Hexadaktylie. (Mit freundlicher Genehmigung der Univ. Kinderklinik Heidelberg)

4.3.4 Trisomie 8

Patienten mit Störungen der C-Gruppe der autosomen Chromosomen sind seit 1983 bekannt. Die Trisomie 8 wurde erstmals 1971 von De Grouchy und Mitarbeitern mittels Bandentechnik nachgewiesen. Die durchgehende freie Trisomie 8 ohne Mosaik ist eine der häufigsten Trisomien der C-Gruppe in spontan abortierten Feten. Bei den Lebendgeborenen liegt in der Regel ein Mosaik vor.

Symptome. Die charakteristischen Merkmale der Trisomie 8 sind große quadratische Kopfform mit prominenter Stirn, tiefliegende Augen, Hypertelorismus, breiter Nasenrücken, antevertierte Nasenlöcher, umgestülpte Lippen, Mikrogenie, hoher spitzer Gaumen, große Ohren mit verdickter Helix, schmale Schultern und Rumpf, tabakbeutelähnliches Gesäß, Kryptorchismus und Inguinalhernien, lange und schmale Finger mit Beugekontrakturen, geben die wichtigsten diagnostischen Hinweise. Die Fußsohlen und Handinnenflächen zeigen tiefe Hautfurchen (Abb. 4.12). Gelegentlich findet man eine Aplasie der Patellae, Wirbelanomalien, Spina bifida und Balkenagenesie. Die Patienten zeigen eine mittelschwere geistige Retardierung, der Intelligenzquotient liegt bei 70–80 Punkten. Sprachentwicklungsstörungen können durch logopädische Betreuung vor allem bei Patienten mit höherem IQ gebessert werden.

Zytogenetik. Bei den lebend geborenen Kindern liegt meist ein Mosaik von trisomen und normalen Zellen vor. Bei den sehr seltenen Patienten mit einer durchgehenden Trisomie, die klinisch kaum von den Patienten mit Mosaikbefund zu unterscheiden sind, liegt sehr wahrscheinlich auch ein Mosaik vor, das in den peripheren Lymphozyten nicht nachzuweisen ist.

4.3.5 Triploidie

Bei 15 % aller Spontanaborte wird eine Triploidie gefunden, während unter Lebendgeborenen diese Mutation eine ausgespro-

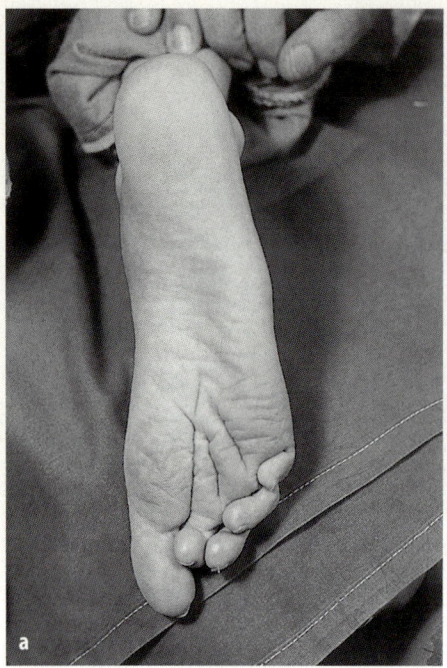
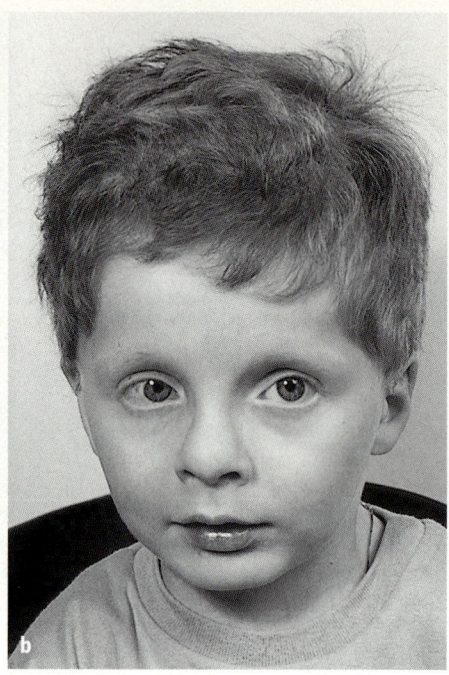

Abb. 4.12 a, b. Patient mit Trisomie-8-Mosaik. **a** tiefe Fußsohlefurchen; **b** typische Gesichtsmerkmale

chene Seltenheit darstellt. Bei den Lebendgeborenen handelt es sich meist um Mosaike von normalen und triploiden Zellinien.

Symptome. Neugeborene mit Triploidie haben in der Regel ein niedriges Geburtsgewicht, einen disproportionierten kleinen Rumpf im Verhältnis zur Kopfgröße und multiple angeborene Abnormitäten, die nicht für diese Chromosomenaberration charakteristisch sind. Gelegentlich können Neuralrohrdefekte, Hydrozephalus, Iriskolobome, Syndaktylien und intersexuelle Genitalien vorliegen. Die phänotypischen Merkmale der Feten bzw. Embryonen mit triploidem Chromosomensatz sind je nach Art der Herkunft des zusätzlichen Chromosomensatzes gravierend unterschiedlich. Ein triploider Fet mit zweifachem mütterlichen Chromosomensatz (gynoid) ist im Wachstum retardiert und hat einen relativ großen Kopf (Abb. 4.13a). Ist der väterliche Chromosomensatz zweifach vorhanden

(android), dann liegt eine Mikrozephalie bei altersentsprechender intrauteriner Wachstumsentwicklung vor (Abb. 4.13b). Besonders charakteristisch sind die Plazentabefunde: Androide Feten haben eine große, zystisch veränderte (partielle Blaumole) und die gynoiden Feten eine kleine, fibrotische Plazenta.

Zytogenetik. Bei etwa 60 % findet man einen 69,XXY-Karyotyp (Abb. 4.14). In den übrigen Fällen liegt entweder 69,XXX oder ein Mosaik vor. Meistens entsteht dies durch eine Doppelfertilisierung, etwa 25 % durch ein diploides Spermatoid und bei 10 % durch eine diploide Eizelle. Das Wiederholungsrisiko ist nicht erhöht.

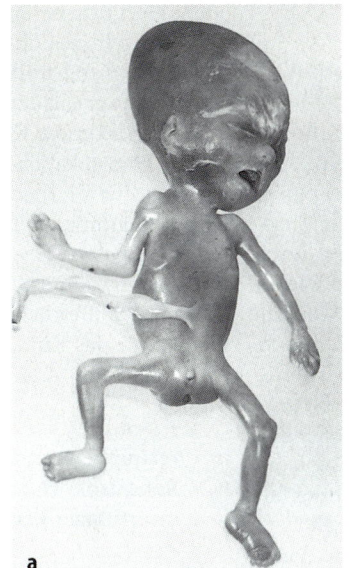
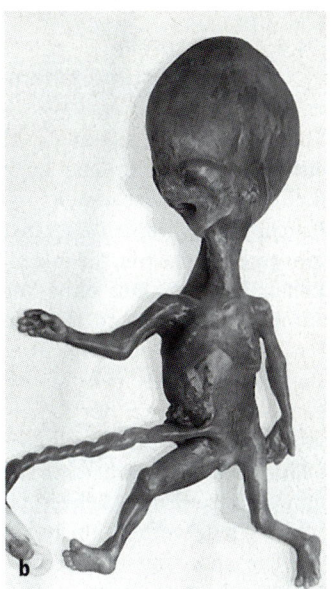

Abb. 4.13 a, b. Feten in der 20. SSW mit Triploidie. **a** gynoid; **b** android

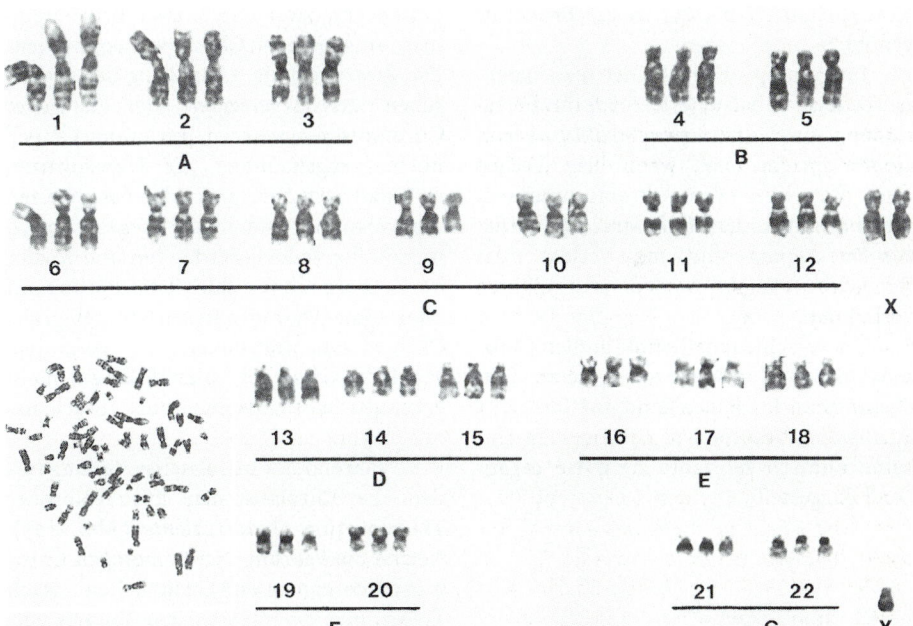

Abb. 4.14. Karyotyp eines Feten mit Triploidie

4.4 Strukturelle Chromosomenaberrationen

Strukturelle chromosomale Aberrationen entstehen durch Brüche an einem oder mehreren Chromosomen. Nach einem Bruchereignis werden zwei instabile Chromosomenstücke frei, die in der Regel durch Repair-Mechanismus ohne Verlust wieder zusammengefügt und repariert werden. Finden jedoch mehrere Bruchereignisse statt, so entstehen mehr als zwei Chromosomenbruchstücke; der Repair-Mechanismus kann dann die einzelnen Bruchenden nicht mehr unterscheiden, und es kann daraufhin zu Bruchstückverlusten oder falschen Wiederverbindungen kommen.

Die spontane Bruchrate kann durch Belastung mit ionisierenden Strahlen oder chemischen Mutagenen zunehmen (Kap. 2.2.3). Auch bei manchen genetischen Krankheiten (Kap.4.7.4) ist die Bruchrate erhöht.

Im Prinzip unterscheidet man balancierte und unbalancierte Strukturaberrationen. Von *balancierten Strukturaberrationen* spricht man, wenn kein Verlust oder Zugewinn von Chromosomensegmenten stattfindet. *Unbalancierte Strukturaberrationen* sind mit Verlust oder Zugewinn von Chromosomensegmenten verbunden.

Die verschiedenen strukturellen Chromosomenaberrationen sowie deren Entstehungsmechanismen sind in Kap. 2.1.2 ausführlich besprochen. Hier werden einzelne klinisch relevante Beispiele ergänzend dargestellt.

4.4.1 Translokation

Eine Translokation ist ein Austausch oder eine Übertragung von einem Chromosom oder Chromosomensegment auf eine andere Stelle. Dieser Prozeß setzt mindestens zwei Bruchereignisse voraus. Normalerweise geht dies ohne Verlust von Genmaterial vonstatten und ist klinisch nicht relevant. Man spricht dann von einer *balancierten Translokation.* Klinisch hat eine balancierte Translokation keine Auswirkungen, ist aber für die nachfolgende Generation von Bedeutung, weil es in der Meiose zu einer unbalancierten Chromosomenkonstellation kommen kann, die dann im Falle einer Befruchtung schwerwiegende Folgen für das Kind hat.

Man kennt drei Typen von Translokationen:

- reziproke Translokation,
- Robertson-Translokation,
- insertionale Translokation.

Reziproke Translokation

Eine reziproke Translokation ist ein Austausch von zwei durch zwei Bruchereignisse entstandenen Chromosomensegmenten. Zwar wird die Anordnung des genetischen Materials verändert, aber es ist weder Chromosomenmaterial verlorengegangen noch dazugekommen. die Translokation ist balanciert. Die Träger der balancierten Translokation sind in der Regel klinisch unauffällig. Jedoch werden hin und wieder bei Kindern mit mentaler Retardierung mit oder ohne Dysmorphiezeichen reziproke Chromosomentranslokationen gefunden. Möglicherweise liegt hier doch ein nicht erkennbarer unbalancierter Stückaustausch vor.

Während der meiotischen Teilung bilden die Chromosomen mit reziproker Translokation *Quadrivalente* (Abb. 4.15), welche die Paarung von homologen Chromosomensegmenten ermöglichen. Nach Vollendung der meiotischen Teilung enthalten die Gameten unterschiedliche Kombinationen von Teilen der Quadrivalente.

Die Segregationsmöglichkeiten, die von Bedeutung sind, werden hier geschildert. Gelangen bei der 2:2 Segregation im

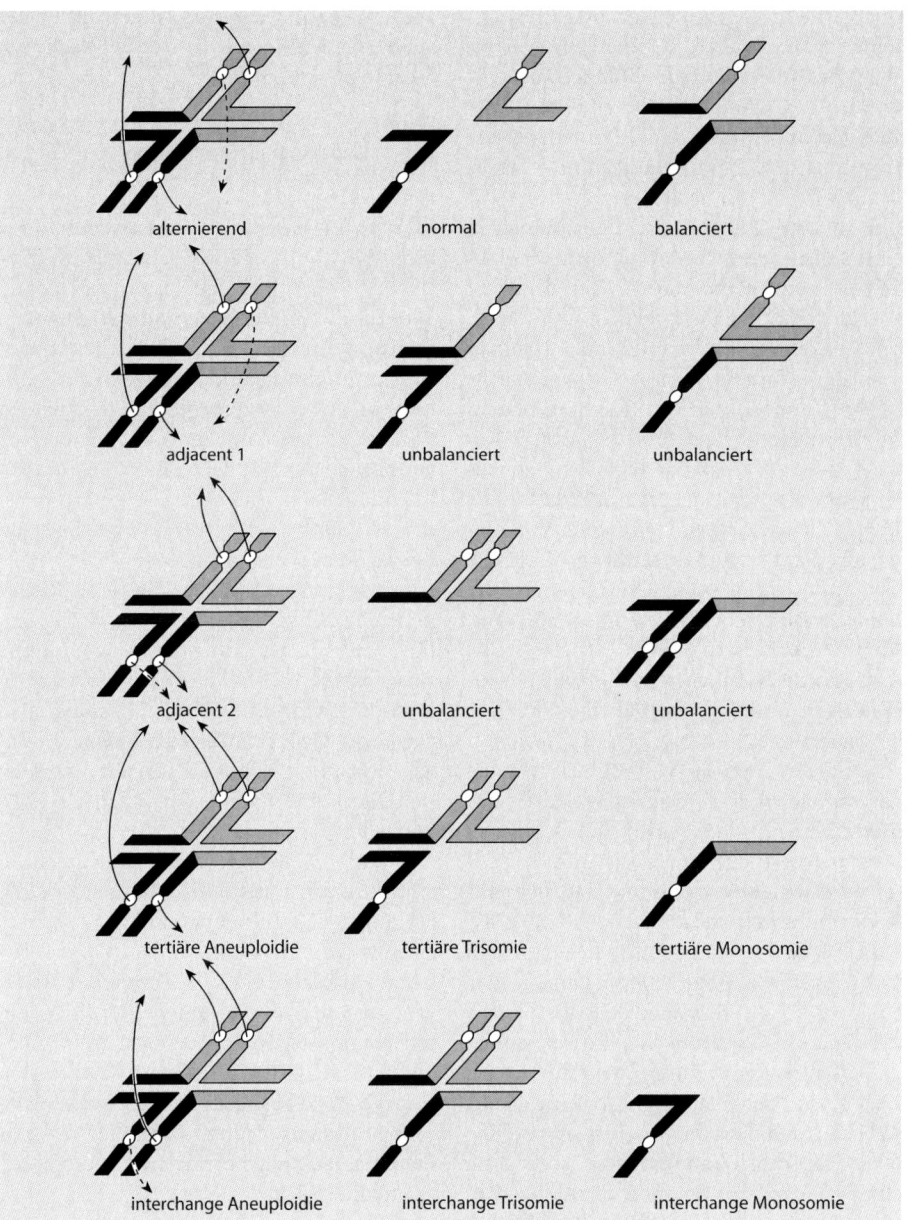

Abb. 4.15. Segregationsmöglichkeiten bei reziproker Translokation. (Nach Vogel, Motulsky 1996)

Quadrivalent gegenüberliegende Chromosomen in dieselbe Tochterzelle, nennt man dies *alternierende Teilung.* Die entstandenen Gameten haben entweder normale Chromosomen oder eine balancierte Translokation. Daraus entstandene Nachkommen sind klinisch gesund. Gelangen benachbarte Chromosomen zusammen in eine Zelle, wobei die homologen Zentromere getrennt werden, d. h., daß die nicht homologen Chromosomen in eine Tochterzelle gelangen, bezeichnet man dies als *Adjacent-1-Teilung;* trennen sich benachbarte Chromosomen von homologen Zentromeren nicht, liegt eine *Adjacent-2-Teilung* vor. Die entstandenen Gameten aus Adjacent-1- und Adjacent-2-Teilungen sind nicht balanciert. Wenn einer von diesen vier Gametentypen zur Zygote beiträgt, liegt entweder eine partielle Trisomie oder Monosomie des betroffenen Segments vor. Meist sterben diese Kinder intrauterin ab, die Lebendgeborenen zeigen multiple Fehlbildungen und schwere geistige Entwicklungsstörungen.

Bei der Teilung von Quadrivalenten kann es auch durch eine diskordante Orientierung zu einer 3:1-Segregation kommen. Dies bedeutet, daß nur zwei von vier Zentromeren orientiert sind und daß sich entweder die beiden normalen oder die beiden Translokationschromosomen trennen und in die beiden Tochterzellen gelangen. Die Folge sind acht verschiedene Möglichkeiten. Gelangen zwei normale Chromosomen des Quadrivalents zusammen mit einem Translokationschromosom in eine Zelle, so bezeichnet man dies als *Tertiärtrisomie,* oder zwei Translokationschromosomen mit einem normalen Chromosom gelangen in eine Zelle und es entsteht eine *Interchange-Trisomie.* Entsprechend entstehen auch *tertiäre Monosomien* und *Interchange-Monosomien,* die gewöhnlich letal sind.

Eine 3:1-Segregation tritt normalerweise nur auf, wenn die Mutter Trägerin einer balancierten Translokation ist. Eine 2:2-Segregation dagegen ist sowohl in der väterlichen als auch in der mütterlichen Meiose gleich häufig.

Robertson-Translokation

Eine zentromere bzw. zentromernahe Verschmelzung zweier akrozentrischer Chromosomen wird als Robertson-Translokation bzw. als zentrische Fusion bezeichnet. Die Bruchpunkte liegen unmittelbar im Zentromerbereich, so daß das Translokationsprodukt die beiden langen Arme enthält und zwei Fragmente aus den beiden kurzen Armen ohne zentromeren Bereich verlorengehen. Die zentromere Fusion von Chromosom 13 und 14 sowie 14 und 21 ist die häufigste Robertson-Translokation beim Menschen. Chromosom Nr. 13–15 sowie 21 und 22 enthalten die NOR-Regionen. Das Fehlen eines Teils dieser Gene in diesem Bereich hat offenbar keine klinische Auswirkung. Durch zentrische Fusion zweier akrozentrischer Chromosomen reduziert sich die Chromosomenzahl auf 45. Robertson-Translokationen können familiär vorkommen, aber auch de novo entstehen.

Träger einer Robertson-Translokation sind klinisch unauffällig. Bei meiotischen Teilungen paaren sich homologe Segmente, so entstehen *Trivalente* (Abb. 4.16), die wiederum unterschiedliche Segregationsweisen ermöglichen. Die entstandenen Gameten können normal, balanciert oder unbalanciert sein. Träger einer balancierten Robertson-Translokation haben aus diesem Grund ein erhöhtes Risiko für Translokationstrisomien bei ihren Nachkommen (siehe hierzu auch Abb. 4.7).

Insertionale Translokation

Voraussetzung für eine insertionale Translokation sind drei Brüche in einem oder zwei Chromosomen, wobei ein durch zwei Brüche entstandenes Bruchstück des einen Chromosoms in die Bruchstelle des

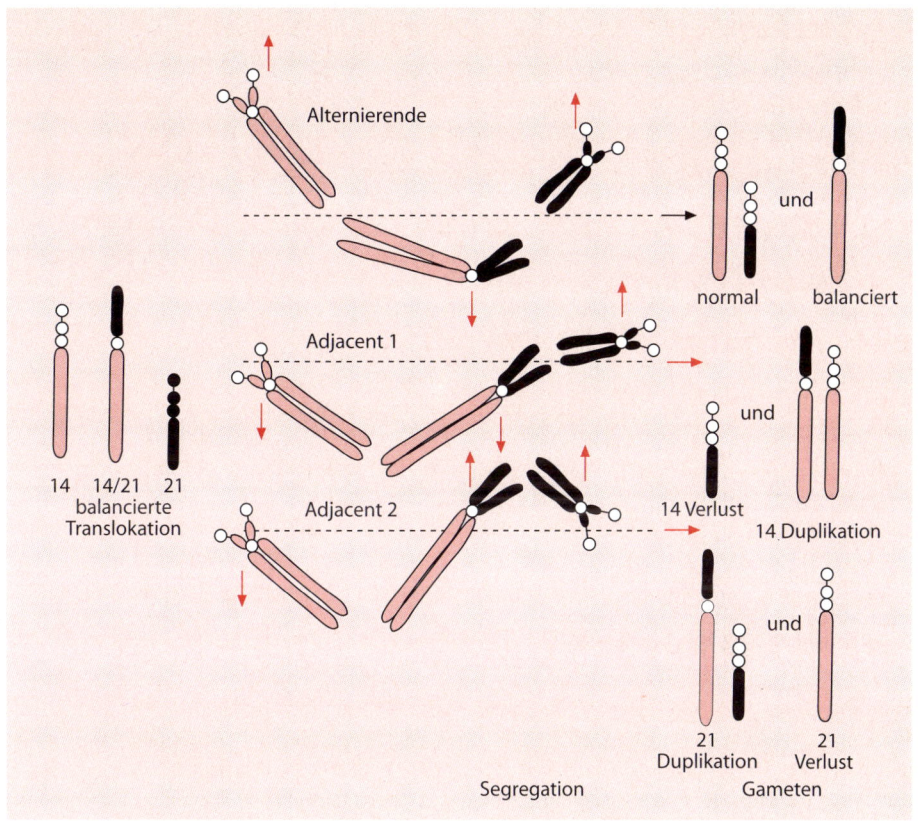

Abb. 4.16. Segregationsmöglichkeiten bei Robertson-Translokation. (Nach Connors, Ferguson-Smith 1989)

anderen eingebaut wird. Die balancierten Träger sind gesund. Es besteht aber wiederum das Risiko, Nachkommen mit einer Deletion oder ein Duplikation zu bekommen.

4.4.2 Sonstige Strukturaberrationen

Inversion

Eine Inversion entsteht, wenn das Segment zwischen zwei Brüchen an einem Chromosom um 180° gedreht wird. Wenn beide Bruchpunkte auf einem Arm des Chromo-

soms liegen und das Zentromer nicht mit eingeschlossen ist, spricht man von einer *parazentrischen Inversion*. Liegen die Bruchstücke zu beiden Seiten des Zentromers und die Inversion schließt das Zentromer ein, entsteht eine *perizentrische Inversion*. In der Regel verursacht eine Inversion keine klinischen Auffälligkeiten. Bei der Meiose können aber unbalancierte Keimzellen entstehen.

Bei der Paarung während der Meiose muß in der Inversionsregion eine Schleife gebildet werden. Diese führt zu einem ungleichen Crossing-over. Findet das Crossing-over innerhalb der Schleife statt, entsteht bei der parazentrischen Inversion

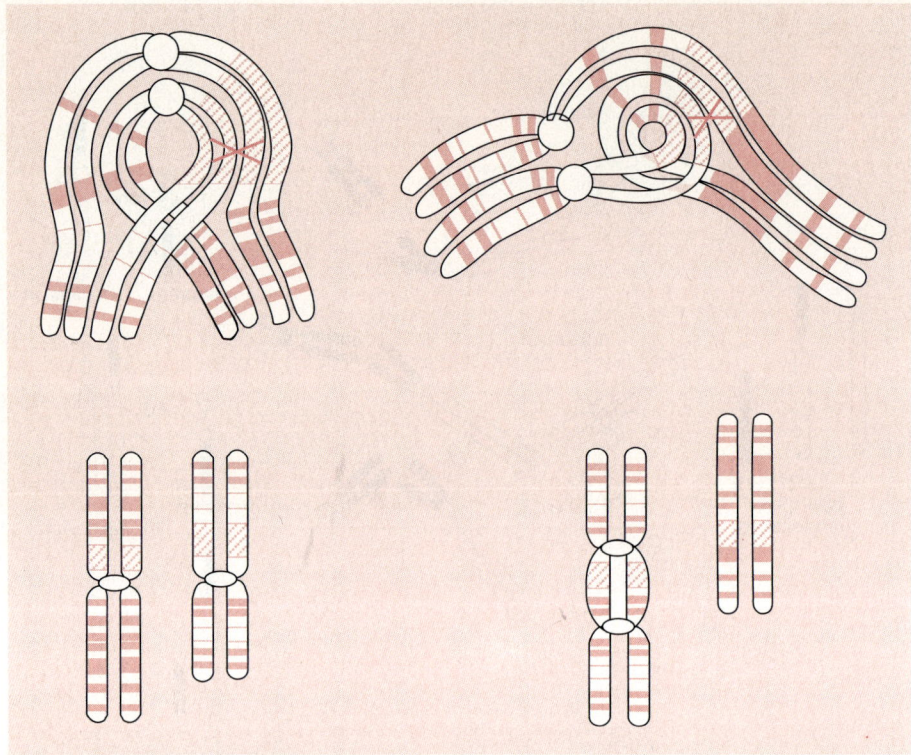

Abb. 4.17. Crossing-over in einer Paarungsschlinge und daraus entstehende aberrante Chromosomen; *links* perizentrische, *rechts* parazentrische Inversion. (Nach Vogel, Motulsky 1986)

eine dizentrische Chromatide und ein azentrisches Fragment (Abb. 4.17). Beide sind instabil und kommen in der Regel nicht zur Befruchtung. Bei der perizentrischen Inversion können durch ungleiches Crossing-over bei der homologen Paarung Chromosomen mit einer Duplikation oder einer Deletion entstehen. Aus diesem Grund ist das Risiko für Nachkommen mit einer nicht balancierten Strukturaberration erhöht.

beide Chromosomenarme sind homolog und beinhalten identisches Genmaterial. Bei Lebendgeborenen ist das Isochromosom des langen Arms des X-Chromosoms mit einem Turner-Phänotyp bekannt, weil dabei eine Monosomie des kurzen Arms des X-Chromosoms vorliegt. Auch das Isochromosom des Y-Chromosoms ist beobachtet worden. Isochromosomen der anderen Chromosomen hat man nur in Abortmaterial gefunden.

Isochromosom

Ein Isochromosom ist meist Folge einer transversalen Teilung des Zentromers während der Meiose. Nach der Duplikation ist das Zentromer wieder vollständig, aber

Dizentrische Chromosomen

Dizentrische Chromosomen entstehen nach einfachen Chromatidenbrüchen und Reunion der jeweils ein Zentromer tragenden Segmente der beiden Chromatiden.

Zentrisches Fragment

Ein zentrisches Fragment ist ein zusätzliches, meist metazentrisches Fragment. Oft ist es familiär und entsteht durch zentrische Fusion in der Meiose der Eltern. In der Regel beinhaltet die zentrische Fusion keine genetische Information und hat deshalb keine klinische Konsequenz.

Duplikation

Bei einer Duplikation liegt ein Chromosomensegment mit zwei Kopien vor. Sie kann durch ungleiches Crossing-over oder über Schleifenbildung bei der meiotischen Teilung der elterlichen Translokation, Inversion oder des Isochromosoms entstehen.

Deletion

Der Verlust eines Chromosomensegmentes wird als Deletion bezeichnet. Sie entsteht, wenn ein Stück von einem Chromosom zwischen zwei Bruchpunkten verlorengeht (interstitielle Deletion) oder bei einem ungleichen Crossing-over in der Meiose bzw. als Folge einer balancierten elterlichen Translokation. Das deletierte Stück ohne Zentromer geht meist bei der weiteren Teilung verloren. Mikroskopisch sichtbare Deletionen verursachen multiple Fehlbildungen und mentale Retardierung. Kleinere Deletionen, die mikroskopisch bei einer Routinediagnostik nicht entdeckt werden können, werden als Mikrodeletionen bezeichnet (s. Kap. 4.4.6).

Ringchromosom

Ein Ringchromosom entsteht durch zwei Brüche in beiden Chromatiden eines Chromosoms, indem die Bruchflächen der terminalen Enden miteinander verschmelzen und so zur Bildung eines geschlossenen Ringes führen. Solche Ringchromosomen sind klinisch relevant und können infolge Verlustes von Chromosomenmaterial zu schweren, sehr unterschiedlichen Krankheitsbildern führen. Wenn ein Ringchromosom ein Zentromer beinhaltet, kann es repliziert werden und bei den weiteren Zellteilungen bestehen bleiben. Es kann aber auch weitere Unregelmäßigkeiten, wie Verdoppelung, Entstehung eines größeren Ringes mit zwei Zentromeren oder Verlust des Ringes nach sich ziehen (Abb. 4.18).

4.4.3 Klinische Beispiele struktureller autosomaler Aberrationen

Strukturelle autosomale Chromosomenaberrationen führen dann zu einer bestimmten klinischen Erkrankung bzw. Fehlbildung, wenn eine Aneuploidie (z. B. partielle Monosomie oder Trisomie) vorliegt. Durch eine balancierte, strukturelle Chromosomenaberration wird in der Regel keine Erkrankung hervorgerufen. In seltenen Fällen kann durch Zerstörung eines Gens am Bruchpunkt eine monogene Erkrankung verursacht werden. So konnte in manchen Fällen bei gemeinsamem Auftreten von monogenen Erkrankungen und balancierter Translokation die chromosomale Lokalisation eines verantwortlichen Gens bestimmt werden. In seltenen Fällen kann eine balancierte Translokation eine Infertilität verursachen. Unter Anwendung von hochauflösender Bandentechnik werden auch kleine strukturelle Aberrationen in zunehmendem Maße erkannt.

Partielle Monosomie 4p (Wolf-Hirschhorn-Syndrom)

Das Wolf-Hirschhorn-Syndrom wurde 1965 von U. Wolf und Mitarbeitern durch autoradiographische Untersuchung dargestellt. Die Häufigkeit beträgt ca. 1 zu 50.000. Mädchen werden etwa doppelt so häufig betroffen wie Knaben.

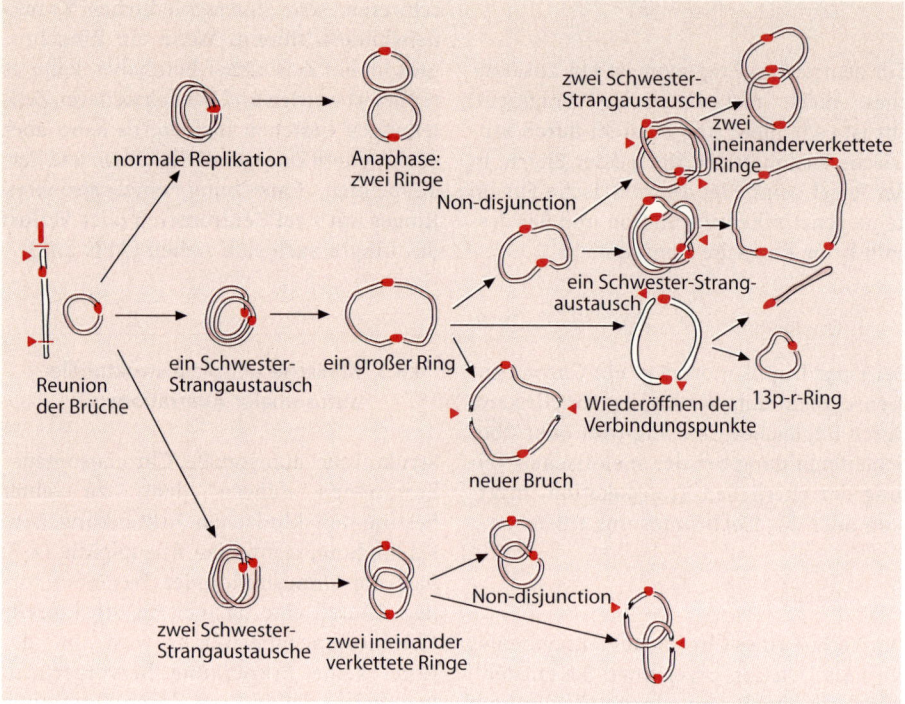

normale Replikation

Anaphase:
zwei Ringe

Non-disjunction

zwei Schwester-
Strangaustausche

zwei
ineinanderverkettete
Ringe

Reunion
der Brüche

ein Schwester-
Strangaustausch

ein großer Ring

ein Schwester-Strang-
austausch

Wiederöffnen der
Verbindungspunkte

13p-r-Ring

neuer Bruch

zwei Schwester-
Strangaustausche

zwei ineinander
verkettete Ringe

Non-disjunction

Abb. 4.18. Entstehungsmechanismus eines Ringchromosoms. (Nach Vogel, Motulsky 1996)

Symptome. Charakteristisch für das Wolf-Syndrom sind Mikrozephalie, hohe Stirn, Hypertelorismus, antimongoloide Lidachsen, Iriskolobome, Lippen-Kiefer-Gaumen-Spalte, Mikrogenie, dysplastische Ohren, Daumenhypoplasie, angeborene Herzfehler, Fehlbildungen des ZNS sowie des Urogenitalsystems (Abb. 4.19 u. Übersicht 4.8). Meist leiden diese Kinder an epileptischen Anfällen. Aufgrund der schweren Fehlbildungen sterben sie meist im Kleinkindesalter.

Zytogenetik. Es liegt eine Deletion des kurzen Arms von Chromosom Nr. 4 vor (Abb. 4.20). Bei ca. 20 % der Fälle ist diese durch eine familiäre Translokation entstanden. Es sind auch Fälle mit einem Ringchromosom 4 beobachtet worden. Der klinische Phänotyp variiert entsprechend der Größe des deletierten Stücks. Die kritische Region,

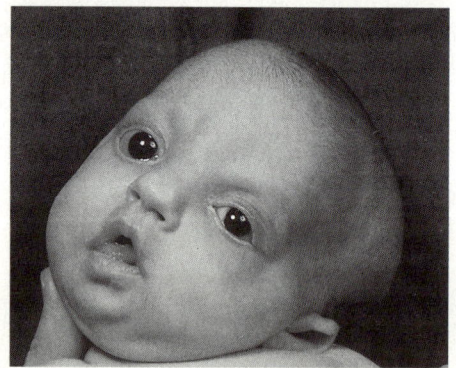

Abb. 4.19. Patient mit Wolf-Hirschhorn-Syndrom

die die Erkrankung verursacht, ist 4p16. Eine Variante des Phänotyps wird als *Pitt-Rogers-Danks-Syndrom* bezeichnet. Eine proximale Deletion 4p15 verursacht das *Fryns-Syndrom*.

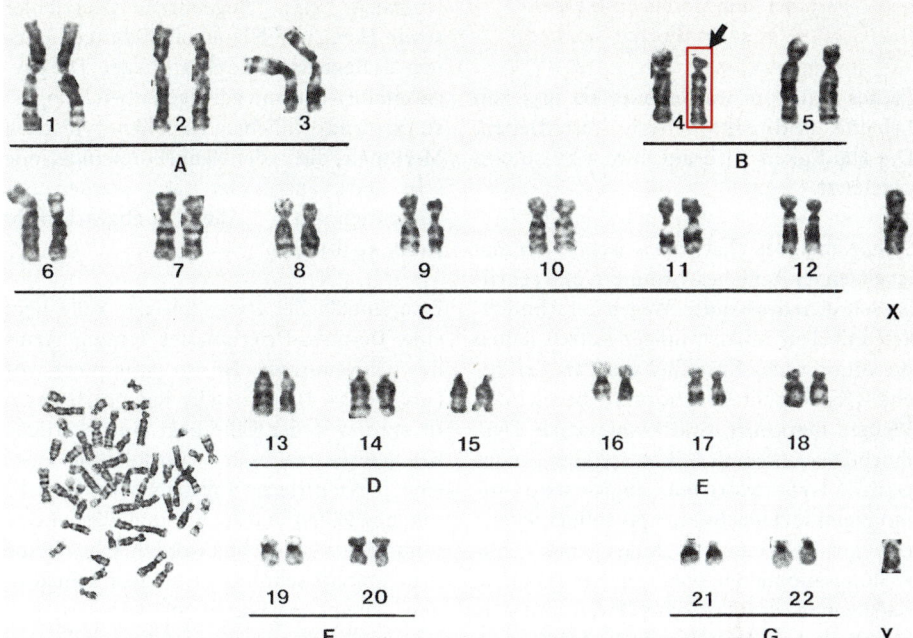

Abb. 4.20. Karyotyp eines Patienten mit Wolf-Syndrom: 46,XY,4p–

Übersicht 4.8. Phänotyp bei Deletionen (Nach Lenz 1983)

Chromosomensymbol	4p-	5p-	18p-	18q-
Katzenschrei	–	+	–	–
Geistige Retardierung	+	+	+	+
ZNS-Fehlbildungen	+	–	–	–
Mikrozephalus	+	(+)	–	+
Iriskolobom	+	–	–	–
Hypertelorismus	+	+	(+)	*
Epikanthus	(+)	(+)	(+)	–
Ptosis	+	–	(+)	–
Strabismus	(+)	(+)	(+)	–
Hypoplastisches Mittelgesicht	–	–	–	+
Dysplastische Ohren	+	(+)	(+)	(+)
Gehörgangsatresie	–	–	–	(+)
Mirogenie	+	(+)	(+)	–
Gaumenspalte	+	–	–	–
Herzfehler	(+)	–	–	(+)
Fehlbildungen des Urogenitalsystems	+	–	–	–

Partielle Monosomie 5p (Katzenschrei- bzw. Cri-du-chat-Syndrom)

Dieses Syndrom wurde erstmals 1953 von Lejeune und Mitarbeitern beschrieben. Die Häufigkeit wird auf etwa 1 zu 50.000 geschätzt.

Symptome. Das charakteristische Merkmal ist ein eigentümliches Wimmern und schrilles Schreien des Kindes. Wegen der Ähnlichkeit mit dem Miauen junger Katzen haben die Autoren das Krankheitsbild als Cri-du-chat-(Katzenschrei-)Syndrom bezeichnet. Weitere Merkmale sind kraniofaziale Dysmorphiezeichen mit Mikrozephalie, rundes Gesicht, Hypertelorismus, angedeutete antimongoloide Lidachsen, Epikanthus, breite und flache Nasenwurzel, Mikrogenie, Zahnstellungsanomalien, hoher, spitzer Gaumen, tiefsitzende, dysplastische Ohren und dermatologische Veränderungen (Abb. 4.21,

Übersicht 4.8). Angeborene Herzfehler sowie Hirn- und Nierenfehlbildungen können als Begleitsymptome vorliegen. Die psychomotorische und geistige Entwicklung ist stark zurückgeblieben. Die phänotypischen Merkmale, die in der Neugeborenenperiode sehr stark ausgeprägt sind, werden mit zunehmendem Alter abgeschwächt (Abb. 4.21b).

Zytogenetik. Bei etwa 88 % der Fälle liegt eine De-novo-Deletion des kurzen Arms des Chromosoms Nr. 5 (5p15-pter) vor (Abb. 4.22). Die kritische Region ist p15.3. In etwa 12 % der Fälle liegt eine elterliche balancierte reziproke Translokation oder eine perizentrische Inversion vor. In sehr seltenen Fällen sind auch komplizierte Rearrangements beobachtet worden. Obwohl die Bruchpunkte sehr unterschiedlich sein können, scheint das Krankheitsbild durch Verlust der Bande 5p15 verursacht zu sein.

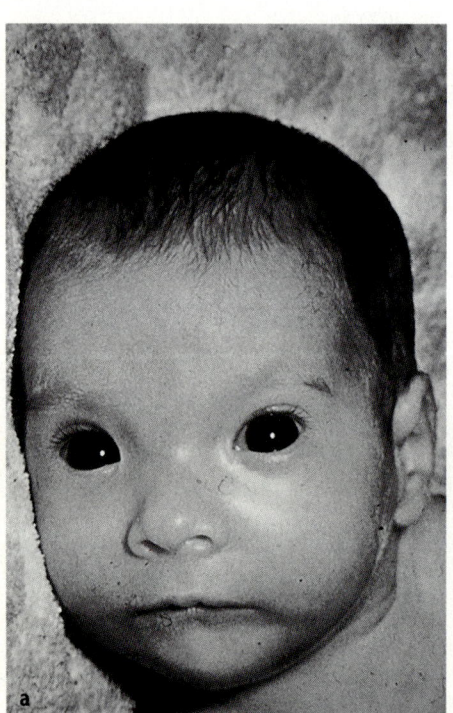 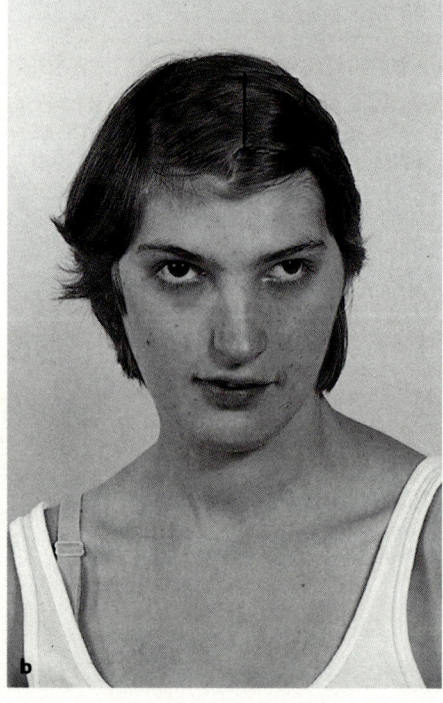

Abb. 4.21 a, b. Gesichtsmerkmale von 2 Patienten unterschiedlichen Alters mit Cri-du-Chat-Syndrom

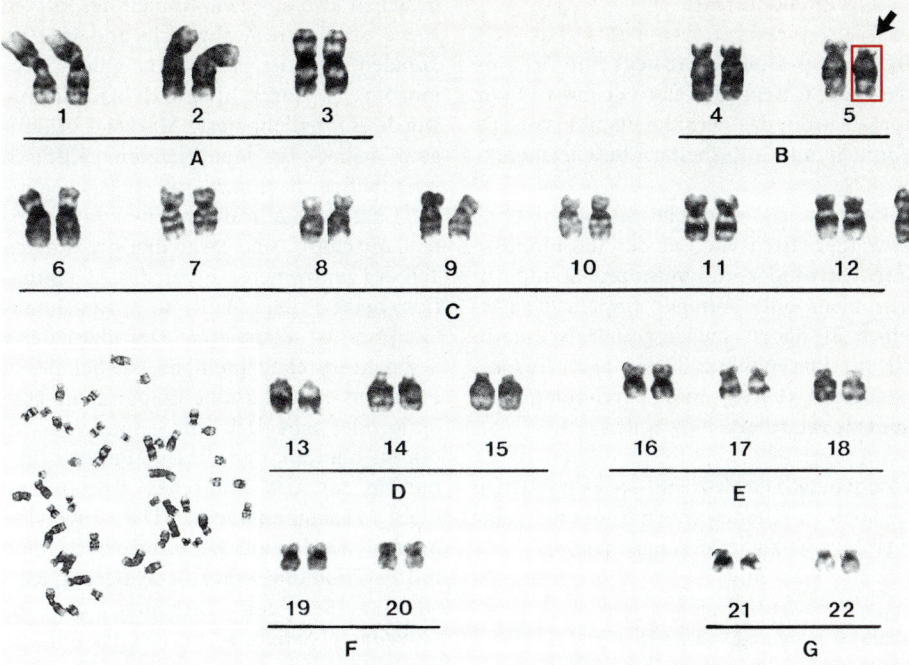

Abb. 4.22. Karyotyp eines Patienten mit Cri-du-Chat-Syndrom: 46,XX,5p−

18q-Monosomie

Die partielle Deletion des langen Arms des Chromosoms 18 ist zum ersten Mal 1964 von De Grouchy und Mitarbeitern beschrieben worden.

Symptome. Eine schwere generalisierte Muskelhypotonie ist eines der konstanten Merkmale dieses Syndroms. Die Kinder liegen mit gebeugten und nach außen verdrehten Beinen wie in einer froschähnlichen Position. Die Gesichtsdysmorphie mit Hypoplasie von Nase und Oberkiefer, tiefliegende Augen, Ptose, Epikanthus, Hypertelorismus, kurzes und flaches Philtrum, invertierte Oberlippenschleimhaut sowie Augenfehlbildungen sind charakteristisch. Hypoplastische Ohren mit Gehörgangsatresie, weiter Mamillenabstand, Hautgrübchen über den Schulter-, Hüft- und Kniegelenken,

lange, schmale, spitz zulaufende Finger, Hypospadie und Hypoplasie der Labia minora sind weitere Merkmale. Relativ häufig liegen angeborene Herzfehler und Skelettfehlbildungen vor. Die geistige und psychomotorische Entwicklung ist stark retardiert.

Zytogenetik. Bei der Mehrzahl der Fälle ist die Deletion des langen Arms des Chromosoms 18 de novo entstanden. Das wichtigste Segment, das mit den klinischen Merkmalen in Verbindung steht, scheint 18q21.3 zu sein. Der Bruchpunkt ist oft 18q21.2. Eine Reihe von Mosaikfällen ist beobachtet worden. In 10 % der Fälle wird die Deletion durch eine elterliche balancierte Translokation verursacht, weshalb dieses Syndrom mit einer partiellen Monosomie bzw. Trisomie anderer Chromosomen assoziiert sein kann.

18p-Monosomie

Bei der 18p-Monosomie liegt eine Deletion des kurzen Arms des Chromosoms 18 vor. 1963 wurde das Krankheitsbild von De Grouchy und Mitarbeitern beschrieben.

Symptome. Das klinische Bild ist nicht so charakteristisch wie bei der 18q-Monosomie. Die Kinder sind mikrozephal und zeigen mehr oder weniger Gesichtsdysmorphien. Sie haben einen kurzen Hals, eventuell mit Pterygium colli wie beim Turner-Syndrom. Geistig und psychomotorisch sind sie retardiert.

Zytogenetik. Die Mehrzahl der Fälle entsteht de novo. In seltenen Fällen findet man eine elterliche balancierte Translokation.

Markerchromosomen

Strukturell veränderte Extra-Chromosomen (ESAC) werden in einer Häufigkeit von etwa 0,06 % beobachtet. Sie werden oft als Marker-Chromosomen bezeichnet und sind abnormale kleine Chromosomen, die bei der Routine-Zytogenetik nicht genau identifiziert werden können. Sie sind unterschiedlicher Herkunft und können manchmal zu geistigen Entwicklungsstörungen oder klinischen Auffälligkeiten führen. Durch fluoreszierende In situ-Hybridisierung ist es heute möglich, diese Chromosomen zu identifizieren.

Invertierte Duplikation 15

Invertierte Duplikationen von Chromosom 15 wurden bei klinisch unauffälligen Personen gefunden, aber auch bei einigen Prader-Willi-Syndrom- und Angelman-Syndrom-Fällen beobachtet. Wahrscheinlich besteht kein Zusammenhang zwischen diesem Chromosomenbefund und dem Prader-Willi-/Angelman-Syndrom. Invertierte Duplikationen von Chromosom 15 sind dizentrisch und haben zwei Satelliten, bestehen also aus zwei Kopien des kurzen Arms, des Zentromerbereichs und des proximalen Teils des langen Arms des Chromosoms 15. Durch In situ-Hybridisierung wurde es möglich, dieses Marker-Chromosom näher zu identifizieren. Klinisch unauffällige Personen mit diesem Marker-Chromosom besitzen eine relativ kleinen Abschnitt, und zwar den proximalen Teil des zentromeren Bereiches. Die Situation beim Prader-Willi- und Angelman-Syndrom ist komplexer. Das duplizierte Segment ist relativ klein, und da bei diesen Patienten entweder eine uniparentale Disomie oder eine Deletion gefunden wird, nimmt man an, daß dieses Marker-Chromosom mit der klinischen Erkrankung nicht zusammenhängt. Die Inversion dup(15) wurde auch bei einigen Patienten mit psychomotorischer Retardierung festgestellt. Bei den Patienten, die als *„Invdup(15)-Syndrom"* bezeichnet werden, ist die Duplikation wesentlich größer und liegt proximal.

Cat-eye-Syndrom (Extra-Chromosom 22)

Das Cat-eye-Syndrom wurde 1969 von Schwachenmann und Mitarbeitern beschrieben. Die Kombination einzelner Organfehlbildungen, die für dieses Syndrom charakteristisch ist, war bereits seit 1878 bekannt. Wie der Name dieser Erkrankung besagt, liegen Iris- und Aderhautkolobom wie bei Katzen vor. Weitere charakteristische Merkmale sind Analatresie bzw. -stenose, retrovaginale, uretrale oder perineale Fistel, Atresie des äußeren Gehörgangs, präaurikuläre Anhängsel und/oder Fisteln, Gaumenspalte, angeborene Herzfehler, Nierenfehlbildungen und psychomotorische Retardierung.

Zytogenetik. Es wurde ein kleines akrozentrisches Marker-Chromosom gefunden, das von Chromosom 22 stammt. Unter Anwendung von DNA-Proben und In situ-

Hybridisierung konnte gezeigt werden, daß diese Patienten drei oder vier Kopien von 22q11 besitzen.

Iso-Chromosom 18p

Chromosom 18p wurde 1983 von Rivera und Mitarbeitern beschrieben. Die Patienten zeigen neben einer geistigen Retardierung eine intrauterine Wachstumsretardierung, Mikrozephalie, Hypotonie, Kamptodaktylie oder eingeschlagene Daumen und Gesichtsdysmorphie mit Dolichozephalie, rundes Gesicht, kleine und tiefsitzende Ohren, schmale Lidspalten, kleine Mundöffnung. Im Säuglingsalter liegen wegen einer schweren Hypotonie Fütterungsprobleme vor. Später entwickelt sich eine Prognathie, etwa 50 % der Patienten leiden an epileptischen Anfällen

Zytogenetik. Das kleine metazentrische Markerchromosom wurde als Iso-Chromosom 18p identifiziert. Eine 18p11.3-Probe konnte in beiden Armen des Marker-Chromosoms nachgewiesen werden.

Pallister-Killian-Syndrom

Das Pallister-Killian-Syndrom ist ein gewebsspezifisches Mosaik. Die zytogenetische Aberration kann nicht in Lymphozyten nachgewiesen werden. Aus diesem Grund muß bei einem klinischen Verdacht die Chromosomenanalyse in Fibroblasten durchgeführt werden.

Patienten mit Pallister-Killian-Syndrom haben eine ausgeprägte Gesichtsdysmorphie mit prominenter und hoher Stirn, Hypertelorismus, Epikanthus, tiefe und breite Nasenwurzel, großer Mund mit hängenden Mundwinkeln, dysplastische Ohren, Pigmentanomalien und schütteres Haar bzw. arealer Haarausfall. Im Erwachsenenalter stehen schwere geistige Retardierung, Anfallsleiden und grobe Gesichtszüge mit Makroglossie im Vordergrund.

Zytogenetik. In Fibroblastenkulturen der Patienten findet man ein kleines metazentrisches Extrachromosom. Es handelt sich hierbei um ein Isochromosom des kurzen Arms des Chromosoms 12. Es liegt ein gewebsspezifisches Mosaik vor. Ein Teil der Marker-Chromosomen nimmt mit zunehmendem Alter ab.

4.4.4 Klinische Beispiele X-chromosomaler Strukturanomalien

46,X,i(Xq), Isochromosom Xq

Dies ist das häufigste strukturelle Rearrangement des X-Chromosoms. Es besteht in der Regel aus zwei Kopien des langen Armes. Durch Bandenfärbetechnik konnte gezeigt werden, daß auch komplizierte Zusammensetzungen vorliegen können. Patienten mit i(Xq) zeigen ähnliche phänotypische Merkmale wie Turner-Syndrom-Patienten.

46,X,i(Xp), Isochromosom Xp

Das IsoXp-Chromosom besteht aus zwei kurzen Armen des X-Chromosoms. Bis jetzt sind nur wenige Fälle bekannt. Die klinischen Merkmale dieser Patienten unterscheiden sich von denen mit einer Deletion des langen Armes des X-Chromosoms.

46,X,del/(Xq), Deletion Xq

Hier liegt eine Deletion des langen Arms des X-Chromosoms vor. Die Patientinnen haben eine primäre Amenorrhö. Aber auch normale Menstruationsblutungen wurden beobachtet. Sie sind etwas größer als die Turner-Mädchen, jedoch kleiner als ihre Schwestern mit normalem Chromosomensatz.

Ringchromosom X

Das Ringchromosom X entsteht, wenn an den beiden Enden des X-Chromosoms ein Bruchereignis stattfindet und die proximalen Enden miteinander verschmelzen. Die übriggebliebenen Fragmente gehen in der Regel verloren. Dadurch ergibt sich eine partielle Monosomie des X-Chromosoms. Entsprechend der Größe der verlorengegangenen Stücke und der Bruchpunkte sind die klinischen Symptome variabel.

Weitere strukturelle Veränderungen des X-Chromosoms sind selten.

Fragiles X-Chromosom

Lubs hat 1969 bei vier Männern mit X-chromosomal-rezessivem Schwachsinn am terminalen Ende des X-Chromosoms eine fragile Stelle festgestellt, was zunächst keine Beachtung fand. Erst später wurde dieser Befund bei familiär geistig behinderten Männern wiederholt bestätigt. Es konnte nachgewiesen werden, daß die fragile Stelle nur in bestimmtem Medium mit wenig Folsäure oder durch Zusatz des Folsäureantagonisten Methotrexat darzustellen ist. Inzwischen sind weitere fragile Stellen am X-Chromosom sowie an autosomalen Chromosomen gefunden worden. Autosomale fragile Stellen haben nach bisherigen Kenntnissen keine klinische Bedeutung. Bei der fragilen X-Stelle liegt eine sekundäre Konstriktion am distalen Teil des langen Arms des X-Chromosoms vor

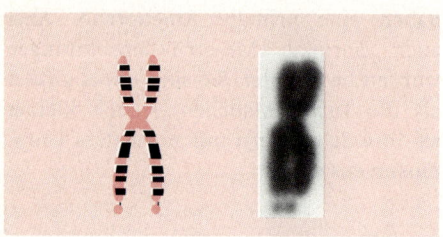

Abb. 4.23. Fragiles X-Chromosom

(Abb. 4.23). Sie kann nicht in allen Zellen nachgewiesen werden. Das fragile X an Xq28 ist ein phänotypisches Merkmal auf zellulärer Ebene für das Martin-Bell-Syndrom. Dieses Krankheitsbild ist heute molekulargenetisch abgeklärt (die klinischen und molekulargenetischen Aspekte werden ausführlich in Kapitel 5.4.1 behandelt).

4.4.5 Strukturelle Y-Chromosomenaberrationen

Die Länge des Y-Chromosoms ist variabel, wird aber in der Regel konstant vom Vater auf den Sohn übertragen. Diese polymorphen Veränderungen, die meist den distalen Teil des langen Arms (Yq12) betreffen, haben keinen klinischen Einfluß. Dagegen ist die Deletion des kurzen Arms oder des proximalen Teils des langen Arms (Yq11) von großer Bedeutung. Heute weiß man, daß auf dieser Region das Gen SRY lokalisiert ist. Die Deletion des proximalen Abschnitts des langen Arms führt je nach Größe des verlorengegangenen Stücks und je nach Bruchpunkt zu Minderwuchs, Hypogonadismus und Störungen der Spermatogenese. Diese Beobachtungen sowie moderne molekulargenetische Untersuchungen lassen vermuten, daß die Gene, die die Spermatogenese, das Wachstum und wahrscheinlich auch andere Faktoren der testikulären Differenzierung kontrollieren, im Bereich Yq11 lokalisiert sind.

Auf dem kurzen Arm des Y-Chromosoms, etwa zwischen SRY und dem Telemer, liegt ein Bereich, der dem terminalen Bereich des kurzen Arms des X-Chromosoms homolog ist, und als pseudoautosomale Region (PAR1) bezeichnet wird (s. Abb. 3.11). In der männlichen Meiose kommt es zu einer End-Paarung der kurzen Arme des X- und Y-Chromosoms, Crossing-over ist dort möglich. X- und Y-Translokationen führen zu Störungen der Geschlechtsentwicklung des Mannes (Kap. 3.2.1).

4.4.6 Kleinere strukturelle Chromosomenaberrationen

Eine strukturelle Chromosomenaberration kann so klein sein, daß sie mikroskopisch nicht oder schwer erkannt wird. Durch die Entwicklung von hochauflösender Bandentechnik und Fluoreszenz-in situ-Hybridisierung (FISH) (Kap. 1.1.2 und 3.1) ist es möglich, eine Reihe von submikroskopischen strukturellen Chromosomenanomalien zu entdecken. Häufig handelt es sich um interstitielle Mikrodeletionen, es können aber auch Duplikationen, Translokationen und/oder komplizierte Chromosomenrearrangements vorliegen. Sie haben aufgrund einer Imbalance im normalen Gendosiseffekt oft klinische Auswirkungen mit entsprechenden charakteristischen Merkmalen. Meist umfassen sie eine Größe von unter 3 kb und können je nach Größe und Bruchpunkt zum Verlust oder zur Veränderung eines einzelnen oder mehrerer eng gekoppelter Gene führen. Dementsprechend wird klinisch eine oder gleichzeitig eine Anzahl von monogenen Krankheiten manifest. Aus diesem Grund werden diese Krankheitskomplexe *Mikrodeletions-* oder *Contiguous-Gene-Syndrome* genannt.

Autosomale Mikrodeletions-Syndrome bzw. „Contiguous-Gene-Syndromes" und monogene Erkrankungen

Autosomale Deletionen führen durch die Reduzierung der Gendosis zu strukturellen und funktionellen Monosomien, die in manchen Fällen dominante Wirkung haben und zu spezifischen Krankheitsbildern führen können, wie z.B. beim *Miller-Dieker-Syndrom* durch Deletion am kurzen Arm des Chromosoms 17 (17p13.3) oder beim *Langer-Giedion-Syndrom* durch Deletion am langen Arm des Chromosoms 8(q24.11-q24.13). Einige autosomale Mikrodeletionssyndrome sind in Übersicht 4.9 zusammengefaßt (Abb. 4.24, 4.25).

Normalerweise sind die beiden Allele eines Gens gleichermaßen an der Ausprägung des entsprechenden Phänotyps beteiligt. Das heißt, daß beide Allele in bestimmten Zellen und zu einem bestimmten Zeitpunkt aktiv oder inaktiv sind, je nachdem, ob das Genprodukt benötigt wird. In der letzten Zeit sind bestimmte Gene identifiziert worden, die diesem Muster nicht folgen. Es ist für die Ausprägung eines normalen Phänotyps nur die Expression eines Allels notwendig. Das andere homologe Allel wird nicht exprimiert, was bedeutet, daß die Aktivität einzelner Gene in Abhängigkeit von der elterlichen Herkunft unterschiedlich reguliert wird. Dieses Phänomen wird als *Genomic Imprinting* bezeichnet (s. Kap. 5.6.8). Wenn nun die Deletion ein genomisch geprägtes Gen betrifft, und es geht dabei das aktive Allel verloren, so entsteht strukturell zwar eine Monosomie, aber funktionell liegt eine Nullosomie vor, womit die Expression dieses Gens komplett ausgeschaltet ist. Dies geschieht beim Prader-Willi-Syndrom durch die Deletion des paternalen Chromosoms 15 (15q11-q13) und beim Angelman-Syndrom durch die Deletion der Region des maternalen Chromosoms 15 in der gleichen Region. Bei einer uniparentalen Disomie des inaktiven Allels eines genomisch geprägten Gens liegt zwar eine Disomie vor, funktionell besteht aber eine Nullosomie, wie ebenso bei einem Teil der Fälle mit Prader-Willi- und Angelman-Syndrom nachgewiesen wurde. Betrifft die Deletion ein nicht geprägtes Allel, so hat sie in der Regel keine klinische Auswirkung, da das verbliebene Allel aktiv ist und die notwendige Funktion allein ausüben kann.

Eine Mikrodeletion kann auch ein somatisches Ereignis sein, das dann in ent-

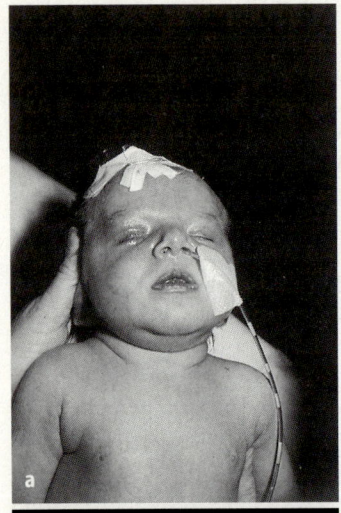

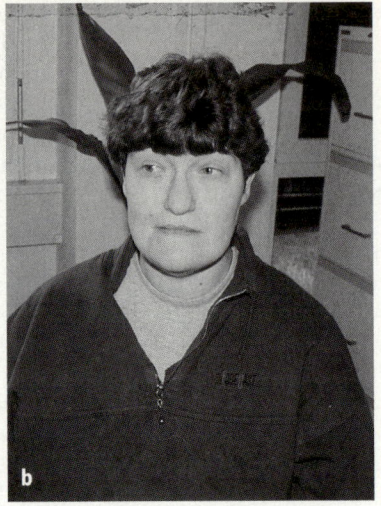

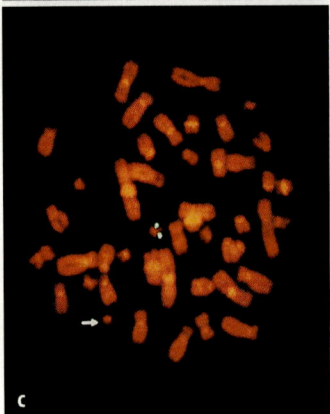

Abb. 4.24. a, b Neugeborenes Kind und dessen Mutter mit Di-George-Syndrom; **c** zytogenetische Darstellung der Deletion 22q11.21–q11.23 durch FISH

Abb. 4.25. a Kind mit Williams-Beuron-Syndrom; **b** zytogenetische Darstellung der Deletion 7q11.2 durch FISH
▼

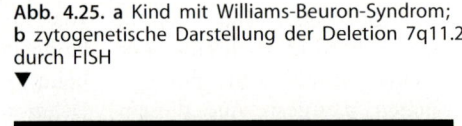

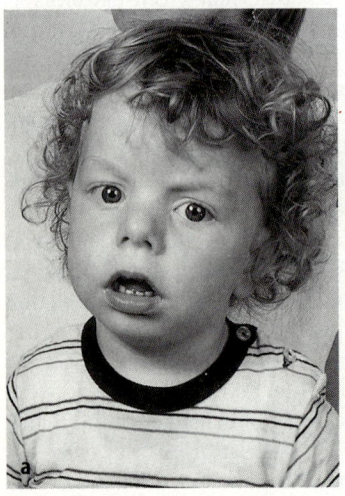

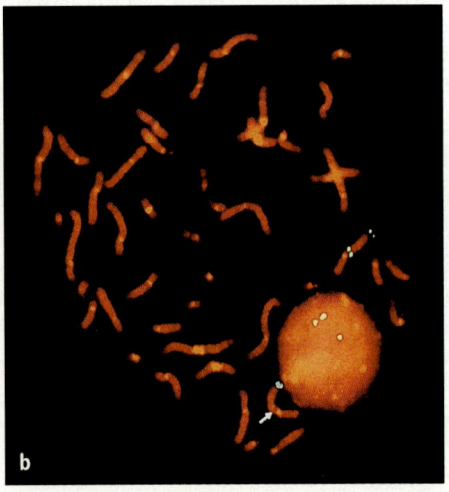

Übersicht 4.9. Autosomale Contiguous-Gene- bzw. Mikrodeletionssyndrome

Syndrom	Lokalisation	Symptome
Alagille	del(20p11–1p12)	Periphere Pulmonalstenose, Herzfehler, chronische Cholestase, okuläres Embryotoxin, Wirbelanomalie, Gesichtsdysmorphie
Angelmann (Abb. 5.45)	del(15q11–q13)	Mentale Retardierung, Epilepsie, ataktischer Gang, ruckartige Extremitätenbewegungen, unmotivierte Lachepisoden, Hypopigmentierung, Mikrozephalie, Gesichtsdysmorphie
DiGeorge/Shprintzen (VCF) (Abb. 4.24 a,b,c)	del(22q11.21–q11.23)	Aplasie oder Hypoplasie des Thymus und Parathyreoidea, zellulärer Immundefekt, Hypothyreose, Herzfehler, Lippen-, Gaumen-Uvula-Spalte, dysmorphes Gesicht, mentale Retardierung
Zephalosyndaktylie Typ Greig (Abb. 7.8)	del(7p13)	Polysyndaktylie der Hände und Füße, Makro-Brachyzephalie, Gesichtsdysmorphie
Langer-Giedion (trichophalangeales Syndrom Typ II)	del(8q24.11–q24.13)	Minderwuchs, multiple Exostosen, spärliches Kopfhaar, zapfenartige Epiphyse der Hände, Gesichtsdysmorphie, typische Nase, mentale Retardierung
Miller-Dieker	del(17p13.3)	Mikrozephalie, Lissenzephalie, mentale Retardierung, dysmorphes Gesicht
Prader-Willi (Abb. 5.44)	del(15q11–q13)	Muskelhypotonie, Adipositas, Hypogonadismus, Hypopigmentierung, mentale Retardierung, Gesichtsdysmorphie mit umgekehrter V-Stellung der Oberlippe
Retinoblastom (Abb. 9.12)	del(13q14)	Maligne Tumoren der Netzhaut
Rubinstein-Taybi (Abb. 7.20)	del(16p13.3)	Breite Endphalangen, vor allem der Daumen und der großen Zehen, Herzfehler, dysmorphes Gesicht, schnalbelförmige Nase, mentale Retardierung
Smith-Magenis	del(17p11.2)	Hyperaktivität, Autoaggressivität, mentale Retardierung, Gesichtsdysmorphie
WAGR	del(11p13)	Wilms-Tumor, Aniridie, Genitalanomalien, mentale Retardierung
Williams-Beuron (Abb. 4.25 a,b)	del(7q11.2)	supravalvuläre Aortenstenose, periphere Pulmonalstenose, Herzfehler, mentale Retardierung, Kleinwuchs, dysmorphes Gesicht

sprechenden Geweben zu einer funktionellen Nullosomie führt. Dies ist bei der Entstehung von manchen Tumoren der Fall, beispielsweise beim Wilms-Tumor oder beim Retinoblastom. Durch Deletion des normalen Allels in dem entsprechenden Gewebe verursacht das mutierte Allel als zweiten Schritt die Umwandlung einer normalen Zelle in eine Tumorzelle (Kap. 4.8).

X-chromosomale Mikrodeletions-Syndrome bzw. „Contiguous-Gene-Syndromes" und monogene Erkrankungen

Deletionen auf dem X-Chromosom kommen gehäuft in bestimmten Regionen vor, die dann entsprechend zu Contiguous-Gene-Syndromen führen. Diese sind in der Abb. 4.27 aufgezeichnet. Bei Männern führt eine solche Deletion zur Nullosomie, und entsprechend der Genotyp-Phänotyp-Korrelation hat sie klinische Auswirkungen. Frauen mit einer solchen Deletion sind klinisch in der Regel unauffällig, jedoch können in seltenen Fällen durch gleichzeitigen Verlust des normalen Allels auf dem anderen X-Chromosom oder als Folge der X-Inaktivierung und schließlich bei X-chromosomal-dominanten Erkrankungen phänotypische Merkmale bei Frauen vorliegen.

Inzwischen sind die Mutationen einer Reihe von X-chromosomalen Erkrankungen durch molekulargenetische Analyse bei Patienten mit einer molekularen Deletion des X-Chromosoms identifiziert worden. Der erste publizierte Fall mit Contiguous-Gene-Syndrom und Deletion Xp21 war ein Knabe, der an Duchenne-Muskeldystrophie, chronischer Granulomatose, Retinitis pigmentosa und McLeod-Syndrom (Störung der Phagozytose) litt. Inzwischen sind weitere Krankheitsbilder beschrieben, deren Mutation in der Xp21-Region liegt. Abb. 4.26 zeigt die Kartierung von Xp22, je nach Größe und Bruchpunkt der Deletion können diese Krankheiten

Abb. 4.26. Schematische Darstellung der Xp22-pter deletion. Die Deletionen sind von *links* nach *rechts* entsprechend ihrer proximalen Bruchpunkte geordnet. Je nach Größe und Position der Bruchpunkte können verschiedene Krankheitsbilder einzeln oder assoziiert auftreten (s. Abb. 4.27)

einzeln oder in verschiedener Kombination gemeinsam auftreten. Eine Deletion in Xp22.3 kann je nach Größe die X-chromosomale Ichthyosis, Kallmann-Syndrom, Minderwuchs, Chondrodystrophia punctata, X-gekoppelte mentale Retardierung und okuläreren Albinismus verursachen. In der Abb. 4.27 sind die X-chromosomalen Mikrodeletionssyndrome zusammengestellt.

Mikrodeletionen können auch auf dem langen Arm des X-Chromosoms vorkommen, die prädisponierte Stelle ist Xq21. Durch die Deletion von Xq21 werden Choroideremia, mentale Retardierung X-gekoppelte Schwerhörigkeit, eine Form der Lippen- und Gaumenspalte und hypergonadotroper Hypogonadismus verursacht.

Molekulare Duplikationen

Nicht nur der Verlust, sondern auch der zusätzliche Gewinn von genetischen Funktionen kann infolge der Gendosisinbalance Contiguous-Gene-Syndrome verursachen. Duplikationen führen zu einer strukturellen Trisomie von Genen, die in dem entsprechenden Bereich lokalisiert sind. Dadurch kann entweder eine funktionelle Disomie oder Trisomie entstehen, je nachdem, ob ein imprintiertes oder nicht imprintiertes Gen vorliegt. Dieser Mechanismus ist bei einigen Krankheiten beschrieben.

Beckwith-Wiedemann-Syndrom (BWS) (11p15-Duplikation)

Charakteristische Merkmale dieser Erkrankung sind Exomphalos, Makroglossie

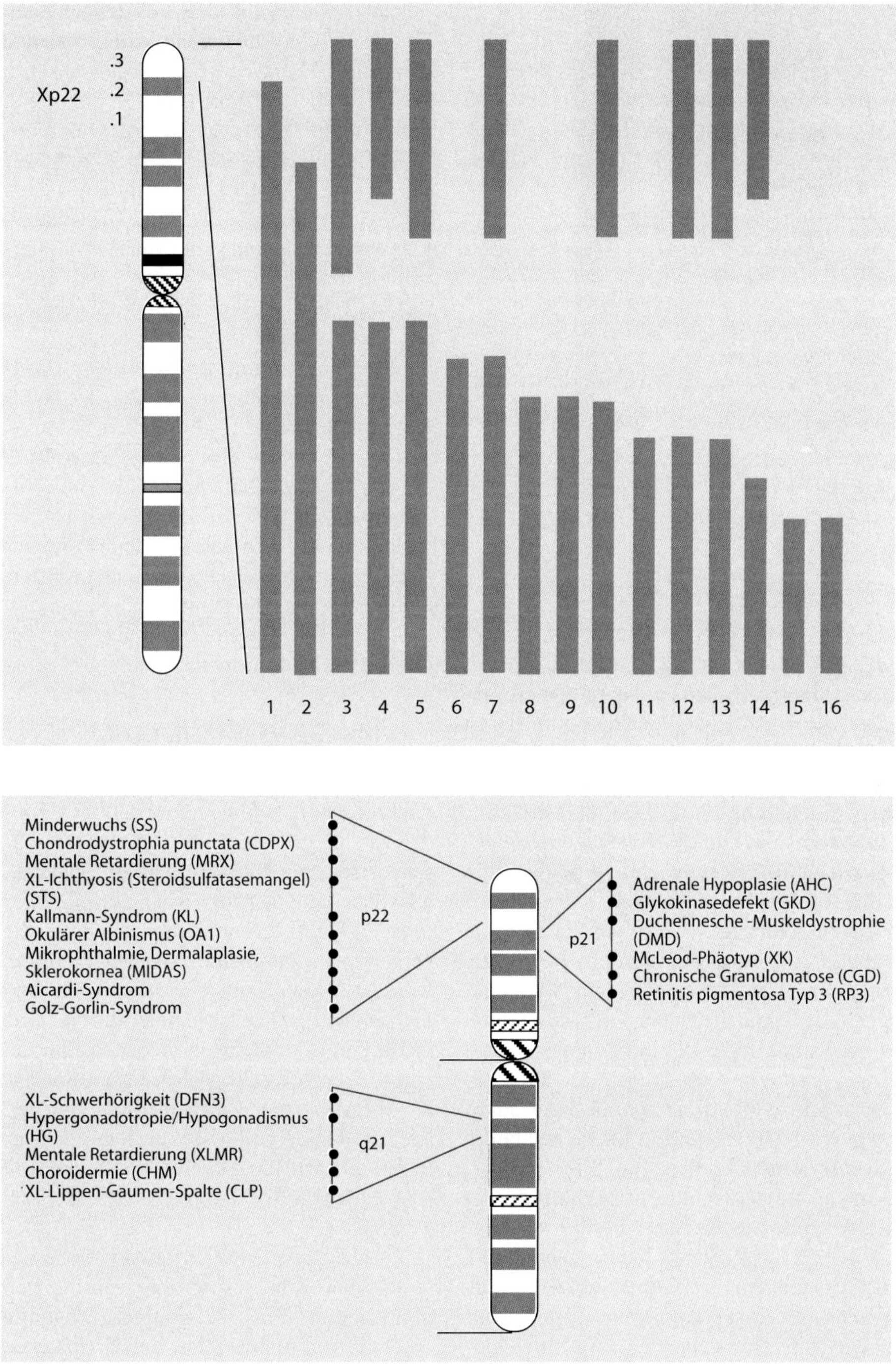

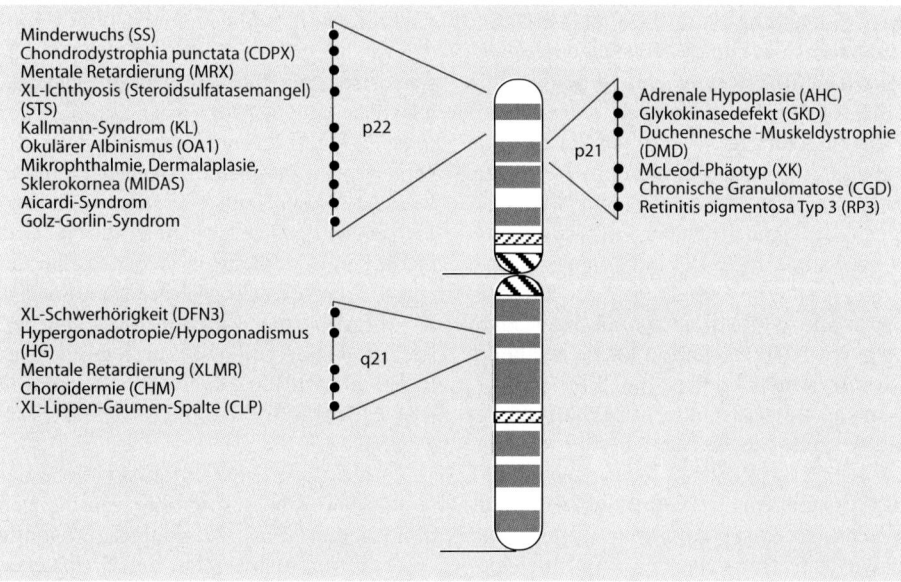

Abb. 4.27. X-chromosomale Mikrodeletions- bzw. Contiguous-Gene-Syndrom. (Nach Ballabio 1995)

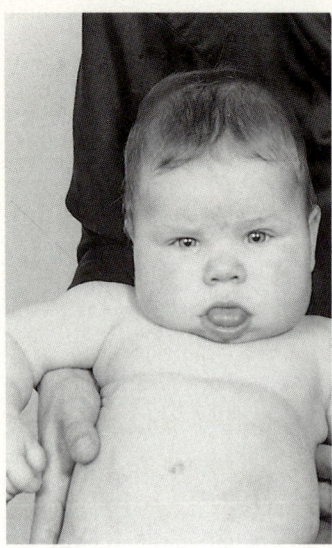

Abb. 4.28. Kind mit Beckwith-Wiedemann-Syndrom (EMG)

und Gigantismus (EMG) (Abb. 4.28). Oft findet man bei diesen Patienten Viszeromegalie, die meist Leber, Pankreas und Nieren betrifft. Es besteht ein hohes Risiko für Malignität, einschließlich Wilms-Tumor, Nebennierenkarzinom, Hepatoblastom und Rhabdomyosarkom. Im Neugeborenenalter haben die Patienten eine Hypoglykämie mit erhöhtem Insulinspiegel. Über 80 % der Fälle sind sporadisch, die familiären Fälle haben eine autosomal-dominante Vererbung mit unterschiedlicher Expressivität und reduzierter Penetranz als Grundlage.

Bei einem Teil der Patienten mit BWS findet man eine Duplikation des Chromosoms 11p15.5, bedingt durch eine nicht balancierte Translokation oder eine andere Chromosomenabnormalität. Die Duplikation von 11p15.5 ist ausschließlich paternaler Herkunft. Es wurden aber auch balancierte Translokationen oder Inversionen des Chromosoms 11 beobachtet, wobei die gleiche Region (11p15) involviert war. Balancierte Translokationen und Inversionen betreffen nur das mütterliche Chromosom 11.

Jetzt weiß man, daß bei den meisten BWS-Patienten eine *uniparentale paternale Disomie* (UPD) vorliegt. Im Gegensatz zum Prader-Willi- und Angelman-Syndrom betrifft hier die UPD nicht das ganze Chromosom 11, sondern die Region 11p15, und zwar als eine *Isodisomie.* Diese Befunde sprechen für ein somatisches Ereignis. Die somatische Mutation erklärt auch die Hemihypertrophie bei einem Teil der BWS-Patienten. Das Malignitätsrisiko ist bei den Patienten mit uniparentaler Disomie höher.

Die Duplikation des paternalen Chromosoms 11p15 oder die paternale UPD führt hier zu einer funktionellen Disomie, weil es sich bei dem BWS-Gen um ein genomisch geprägtes Gen handelt. Bei der mütterlichen balancierten Translokation oder Inversion wird wahrscheinlich das Imprinting-Muster verändert, so daß das mütterliche Allel exprimiert werden kann und dadurch das Genprodukt aufgrund des Dosiseffekts zunimmt.

Charcot-Marie-Tooth-Typ IA (17p11.2-Duplikation)

Bei dem Charcot-Marie-Tooth-Typ IA handelt es sich um eine hereditäre motorisch-sensorische Neuropathie (HMSN). Charakteristisch ist eine progressive Atrophie der distalen Muskeln, vor allem derjenigen, die vom Nervus preoneus innerviert werden. Charcot-Marie-Tooth Typ IA wird autosomal-dominant vererbt und durch eine Duplikation der chromosomalen Region 17q11.2 verursacht. Interessanterweise wird durch die Deletion der gleichen Region eine hereditäre rekurrierende Neuropathie (HNPP = Hereditary Neuropathy with Liability to Pressure Palsies) hervorgerufen.

Molekulare Duplikationen gonosomaler Chromosomen sind insgesamt selten beschrieben. Eine funktionelle Disomie einer bestimmten Region des X-Chromosoms kann erst dann entstehen, wenn eine X-/Autosomen-Translokation vorliegt

Normaler Karyotyp	**40 %**	
Pathologischer Karyotyp:	**60 %:**	
Trisomie		30 %
45,X		10 %
Triploidie		10 %
Tetraploidie		5 %
Sonstige		5 %

und der translozierte X-chromosomale Abschnitt auf dem autosomalen Chromosom nicht inaktiviert werden kann. Demzufolge entsteht eine funktionelle Disomie, die klinische Auswirkungen haben kann. Dieser Mechanismus wird bei den Patienten mit Rett-Syndrom, wenn eine X-/Autosomen-Translokation vorliegt, diskutiert. Entwicklungsstörung der Keimdrüsen mit einem Reverse-Genitale wurden bei Duplikation eines bestimmten Bereiches der Xp21-Region beobachtet. Die Deletion des gleichen Segments führt zu einer kongenitalen Nebennierenhypoplasie.

4.5 Chromosomenaberrationen bei Spontanaborten

Zytogenetische Untersuchungen an Abortmaterial haben ergeben, daß in etwa 60 % der Fälle eine Chromosomenstörung vorliegt. Am häufigsten wurde ein zusätzliches Autosom nachgewiesen. An erster Stelle steht Trisomie 16, die unter Lebendgeborenen nicht beobachtet wird. Die 45,X-Konstitution ist die zweithäufigste Chromosomenstörung, die zum Spontanabort führt. Etwa 99 % aller 45,X-Zygoten sterben intrauterin ab. Andere Chromosomenaberrationen sind seltener. Bei etwa 5 % aller Fälle findet man eine Triploidie. Die Trisomie als Abortursache nimmt mit steigendem Alter der Mutter zu, jedoch nicht für alle Chromosomen. So ist die häufigste Trisomie im Abortmaterial die Trisomie 16,

die unabhängig vom Alter der Mutter auftritt. Ein lebend geborenes Kind mit Trisomie 16 ist bis jetzt nicht beobachtet worden. Chromosomenaberrationen als Abortursache kommen überwiegend sporadisch vor, sie können aber auch durch eine familiäre balancierte Translokation bedingt sein. Aus diesem Grund ist bei habituellen Aborten eine Chromosomenanalyse der Eltern dringend indiziert. Die Häufigkeit der Chromosomenaberrationen ist in Übersicht 4.10 zusammengestellt.

4.6 Häufige Symptome bei autosomalen Chromosomenaberrationen

Trotz des breiten Spektrums der Merkmale bei autosomalen Chromosomenaberrationen gibt es Symptome, die als charakteristisch für die eine oder andere Chromosomenstörung gelten. Eine Chromosomenanalyse ist indiziert, wenn folgende Kriterien bei einem Patienten vorliegen und andere pathogenetische Ursachen ausgeschlossen sind:

- Prä- und postnatale Wachstumsstörung,
- geistige Retardierung,
- Fehlbildungen,
- Dysmorphiezeichen.

4.6.1 Wachstumsretardierung

Heute kann die intrauterine Wachstumsentwicklung eines Feten durch Ultraschallkontrolle präzise registriert werden. Etwa 50 % der Kinder mit einer autosomalen Chromosomenaberration zeigen eine pränatale Wachstumsretardierung. Mindestens die Hälfte der übrigen Kinder mit einer altersentsprechenden pränatalen Entwicklung sind bei einer Chromosomenstörung in ihrer postnatalen Entwicklung retardiert. Jedoch sind weder Minderwuchs noch Retardierung des Skelettalters obligat für eine Chromosomenaberration.

4.6.2 Geistige Retardierung

Der Grad der geistigen Retardierung ist nicht bei allen autosomalen Chromosomenstörungen konstant, obwohl die Retardierung das deutlichste Merkmal ist. Die meisten Chromosomenstörungen, wie z.B. die Trisomie 21, kommen nicht ohne geistige Entwicklungsstörung vor. Allerdings können z.B. Patienten mit Trisomie-8-Mosaik normale Intelligenz aufweisen.

Die geistige Retardierung kann schwer sein oder in einem Bereich liegen, daß das betroffene Kind eine Sonderschule besuchen kann. Neben geistiger Entwicklungsverzögerung findet sich bei den Patienten eine charakteristische Persönlichkeitsstruktur mit fehlender oder verzögerter Sprachentwicklung, fehlender Raumorientierung, Konzentrationsstörung und Schwäche in Ausdauer und abstraktem Denken.

4.6.3 Dysmorphiezeichen

Dysmorphiezeichen sind minimale Abweichungen von der Norm, die durch eine Wachstumsstörung in der Embryonalbzw. Fetalperiode verursacht werden können. Nicht ein einziges, sondern die Kombination bestimmter Dysmorphiezeichen können charakteristisch für eine bestimmte Chromosomenstörung sein. Dysmorphiezeichen können auch bei der Normalbevölkerung vorkommen. Sie gelten aber als Hinweis auf eine Chromosomenstörung, wenn sie zusammen mit geistigen und körperlichen Entwicklungsstörungen auftreten. Bei der Beurteilung dieser Merkmale im Gesichts- und Hirnschädelbereich (kraniofaziale Dysmorphiezeichen) muß unbedingt das Alter des Patienten sowie die ethnische Herkunft berücksichtigt werden.

Bei der Untersuchung werden die einzelnen Körperregionen gemessen und beurteilt. Am Schädel achtet man auf Kopfform, Kopfgröße, Schädelnähte, Fontanellen und Stirn. In der Augenregion werden Bulbusgröße, Orbitatiefe, Abstand des inneren und äußeren Augenwinkels, Intrapupillarabstand, Lidspaltachse sowie der innere Lidwinkel beurteilt (Abb. 4.29). In der Nasenregion beurteilt man Nasenwurzel, Nasenrücken, Nasenspitze, Nasenboden und Nasenflügel. Die Untersuchung der Mundregion umfaßt die Beurteilung von Lippen, Philtrum, Mundöffnung, Mundwinkel, Zähne, Zunge, Gaumen, Uvula sowie die Entwicklung des Unterkiefers. Von großer Bedeutung sind auch Größe, Gestalt, Stellung und Sitz des Ohres. Ferner müssen Thoraxform, Sternumgröße, Mamillenabstand, Extremitätenlänge, Gelenkstellung, Finger und Zehen sowie die Form und Struktur der Knochen beurteilt werden.

4.6.4 Fehlbildungen

Fehlbildungen treten bei den autosomalen Chromosomenstörungen häufig auf, sind jedoch nicht pathognomonisch. Bestimmte

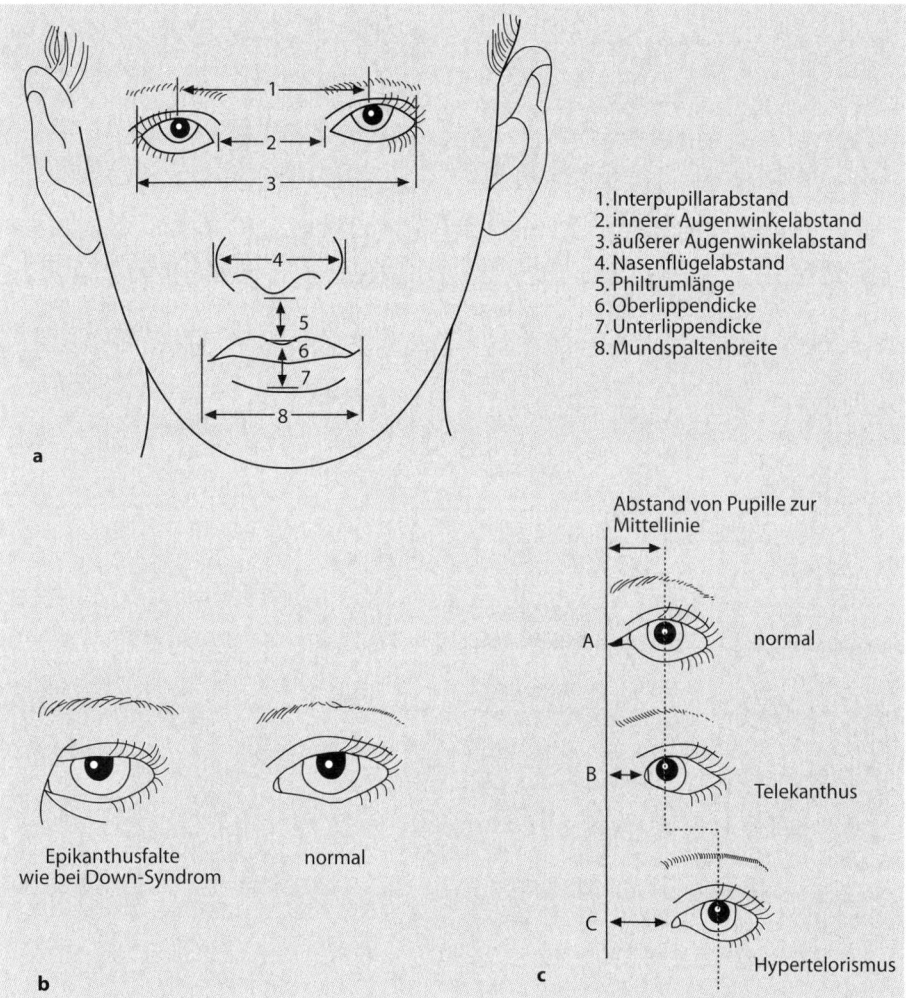

1. Interpupillarabstand
2. innerer Augenwinkelabstand
3. äußerer Augenwinkelabstand
4. Nasenflügelabstand
5. Philtrumlänge
6. Oberlippendicke
7. Unterlippendicke
8. Mundspaltenbreite

a

Abstand von Pupille zur Mittellinie

A normal

B Telekanthus

C Hypertelorismus

Epikanthusfalte wie bei Down-Syndrom

normal

b

c

Abb. 4.29. a Gesichtsanthropometrie, **b** epikanthale Variante, **c** Abstand von Pupille zu Mittellinie. (Nach Smith 1982)

Übersicht 4.11. Typische Fehlbildungen bei Chromosomenaberrationen. (Nach Schinzel 1980)

Wolfsrachen ± Hasenscharte
Ösophagusatresie mit Fistel; Analatresie
Malrotation, Omphalozele
Herzfehler und Fehlentwicklung der großen Arterien
Nieren- und Harnwegsmißbildungen
Bestimmte Hirnmißbildungen, insb. Balkenmangel und Holoprosenzephalie
Fehlen von Radius und/oder Daumen
Postaxiale Hexadaktylie
Mikrophthalmie, Kolobome (Iris, Choroidea, Retina)
Spina bifida (lumbal oder okzipital)

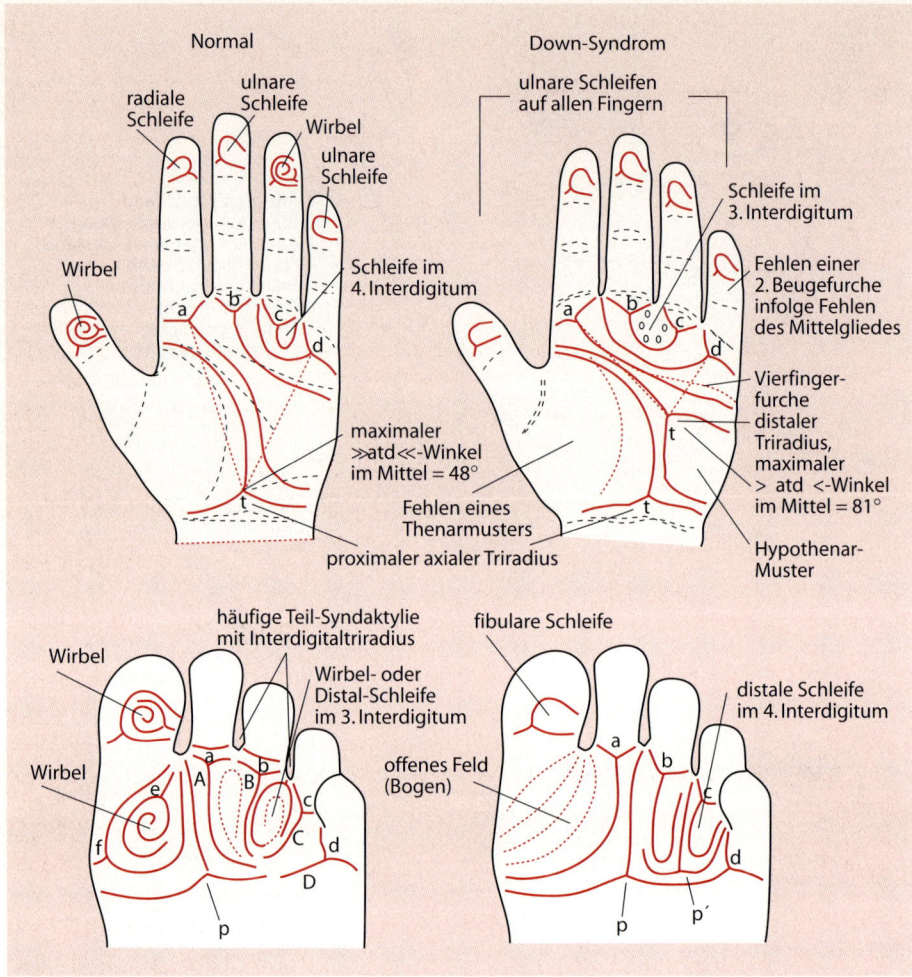

Abb. 4.30. Hautleistenmuster. Die *ausgezogenen* und *punktierten* Linien entsprechen der Hautleisten-konfiguration. Die *gestrichelten* Linien bezeichnen die Beugefurchen. (Nach Smith 1983)

Kombinationen von Organfehlbildungen sind für manche Chromosomenstörungen spezifisch. So ist etwa die Kombination Iriskolobom und Analatresie typisch für die partielle Trisomie des kurzen Armes des Chromosoms 22 und für die partielle Monosomie des distalen Segments von Chromosom 13. Die häufigsten Organfehlbildungen bei Chromosomenaberrationen sind in Übersicht 4.11 zusammengestellt.

4.6.5 Veränderungen der Papillarmuster und Hautleisten

Patienten mit Chromosomenstörungen zeigen eine abweichende Musterkombination von Dermatoglyphen, die neben den oben erwähnten Kardinalsymptomen bei der klinischen Untersuchung ebenfalls berücksichtigt werden können (Abb. 4.30). In der Übersicht 4.12 sind die Indikationen für eine Chromosomenanalyse zusammengestellt.

4.7 Somatische Chromosomenaberrationen

Wie bereits in Kap. 4.1.2 erwähnt, kann ein mitotisches Non-disjunction nach der ersten Teilung der Zygote nur in einem Teil der Körperzellen auftreten. Dadurch kommt es zu einer Mosaikbildung. Tritt sie nach der Embryonalzeit auf, so gehen nur wenige aberrante Zellen aus der Mutation hervor, die für die weitere Entwicklung geringe Bedeutung haben. Jedoch können sich die aberranten Zellkolonien entsprechend eines zweiten Mutationsereignisses, beispielsweise wie beim Retinoblastom maligne vermehren. In fast allen malignen Tumoren findet man mit Hilfe der neuen zytogenetischen Methoden strukturelle oder numerische Chromosomenstörungen. Somatische Chromosomenaberrationen können durch Einwirkung von Umweltfaktoren, wie z. B. ionisierende Strahlen, chemische Substanzen oder biologische Noxen verursacht werden.

4.7.1 Chromosomenaberrationen nach Einwirkung ionisierender Strahlen

Erstmals machten 1960 Tough und Mitarbeiter auf Chromosomenaberrationen in peripheren Lymphozyten von Patienten, die wegen einer Bechterew-Erkrankung mit Röntgenstrahlen behandelt worden waren, aufmerksam. Ebenso ließen sich nach 20 Jahren in Lymphozyten von Überlebenden von Hiroshima und Nagasaki strukturelle Chromosomenaberrationen nachweisen. Weitere Befunde liegen von Personengruppen mit Strahlenexpositionen vor. Die Strahlenexposition der Weltbevölkerung wird durch natürliche Strahlenquellen (kosmische und terrestrische Strahlung), androgene Strahlenquellen (Atombombenversuche), Unfälle (z. B. Reaktor) und medizinische Strahlenquellen verursacht (s. Kap. 2.2.3). Die Chromosomenaberrationen nach Strahlenexposition umfassen verschiedene strukturelle Anomalien, darunter auch „instabile", die bei Zellteilungen den Zelltod bedingen können oder die bei der Zellteilung verlorengehen. Ein sicherer Rückschluß auf die Wahrscheinlichkeit einer Keimzellmutation und damit eine prognostische Aussage über das Auftreten genetischer Schäden bei den Nachkommen ist nicht möglich. Das Auftreten maligner Erkrankungen nach einer Strahlenschädigung ist eine Folge der Chromosomenstörung. Das Schilddrüsenkarzinom bei der Bevölkerung der nahliegenden Umgebung von Tschernobyl ist nach dem Reaktorunfall von 1985 vervielfacht.

4.7.2 Chromosomenaberrationen nach Einwirkung chemischer Substanzen

Die Zahl der chemischen Substanzen, die Chromosomenstörungen verursachen können, ist groß. Es entstehen strukturelle

Veränderungen sowie aneuploide und polyploide Zellen. Von besonderer Bedeutung sind alkylierende Substanzen, die bei der Krebstherapie verwendet werden, verschiedene Alkaloide und industrielle Chemikalien. In Kap. 7.9. sind die mutagenen Wirkungen von Chemikalien besprochen.

4.7.3 Chromosomenaberrationen nach Einwirkung biologischer Noxen

Die gleichen Chromosomenstörungen, wie sie nach physikalischen und chemischen Einflüssen beobachtet werden, sind auch nach Infektionen mit Viren gefunden worden. Virusinfektionen, z. B. Masern, Windpocken, Röteln und Herpes simplex, verursachen Chromosomenbrüche in Lymphozytenkulturen. Beim **Burkitt-Lymphom**, das Folge einer Infektion mit dem Epstein-Barr-Virus ist, findet man in den malignen Zellen meist eine Translokation zwischen Chromosom 8 und einem der drei Chromosomen, die Gene für Immunglobuline tragen (2p, 14p, 22q).

4.7.4 Chromosomeninstabilität bei bestimmten genetisch bedingten Krankheiten (Chromosomenbruchsyndrome)

Chromosomeninstabilität bzw. **Chromosomenbruchsyndrome** sind Krankheiten, denen ein defekter DNA-Repair-Mechanismus zugrundeliegt. Sie werden auch Mutagen-hypersensitive Syndrome genannt. Klassische Chromosomeninstabilitätssyndrome sind **Fanconi-Anämie, Bloom-Syndrom** und **Ataxia-Telangiektasia**. Sie werden autosomal-rezessiv vererbt, und bei den Heterozygoten besteht für eine Mutation zu diesen Krankheitsbildern ein erhöhtes Risiko. Zwei weitere seltene Mutagen-hypersensitive-Syndrome sind **Nijmegen**- und **ICF-Syndrome**.

Erhöhte Bruchraten sind auch bei einigen weiteren Krankheitsbildern wie **Werner-Syndrom, Rothmund-Thomson-Syndrom, Cockayne-Syndrom, Schwachmann-Syndrom** sowie bei **Xeroderma pigmentosum, Sklerodermie** und **Incontinentia pigmenti** beobachtet worden. Bei dem **Roberts-Syndrom** liegt kein DNA-Repair-Defekt vor, sondern eine vorzeitige Trennung der Zentromere.

Fanconi-Anämie

Bei der Fanconi-Anämie (Abb. 4.31) liegen eine Panzytopenie und eine vollständige Knochenmarkdepression vor. Weitere Merkmale sind Fehlbildungen, die eine breite Variabilität zeigen. Skelettanoma-

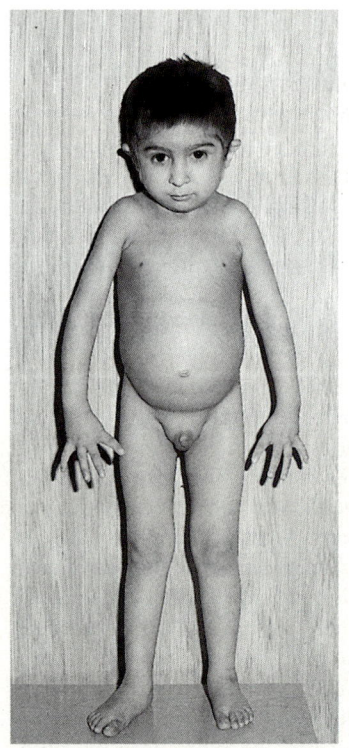

Abb. 4.31. Patient mit Fanconi-Anämie

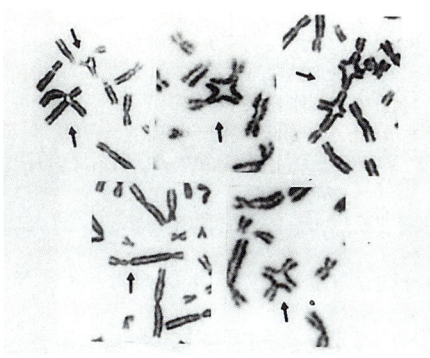

Abb. 4.32. Metaphasen bei Patient mit Fanconi-Anämie nach Exposition mit 0,1 µg/ml DEB. Gut zu erkennen sind multiple komplexe Reunionsfiguren. (Aus der Sammlung von Prof. T. Schroeder-Kurth)

lien, insbesondere Daumen- und Radiusaplasie, Herz- und Nierenfehlbildungen, Minderwuchs, Hypogonadismus, Mikrozephalie und Café-au-lait-Flecken sind für diese Erkrankung charakteristisch. Häufig entwickelt sich eine Leukämie, die zum Tode führt. Die Häufigkeit wird auf etwa 1:40.000 geschätzt.

Zytogenetisch findet man erhöhte Chromosomenbrüchigkeit und Chromatidenumbauten wie Triradial- und Quadriradialfiguren und dizentrische Chromosomen (Abb. 4.32). Die Chromosomenbrüchigkeit ist bei Exposition der Zellen mit Dipoxibutan besonders erhöht. Bis jetzt sind mindestens vier komplementäre Gruppen der Fanconi-Anämie bekannt. Das Gen für die Komplementärgruppe C ist auf Chromosom 9q22.3 lokalisiert und bereits kloniert worden. Etwa 8–14 % aller Fanconi-Anämie-Fälle gehören zu dieser Gruppe. Unterschiedliche Mutationen verursachen die heterogenen phänotypischen Merkmale. Das Protein dieses Gens spielt möglicherweise bei der Kontrollierung des Zellzyklus Faktors p53 und der DNA-Aktivierung eine Rolle. Komplementär A ist auf Chromosom 16q24.3 und Komplementär D auf Chromosom 3p22-p26 lokalisiert.

Bloom-Syndrom

Charakteristisch für das Bloom-Syndrom sind Minderwuchs, teleangiektatische Erytheme der Gesichtshaut, Photosensibilität und schmales Gesicht mit prominentem Jochbein und Immundefekt. Die Häufigkeit beträgt 1:90.000.

Zytogenetisch findet man beim Bloom-Syndrom im Gegensatz zur Fanconi-Anämie überwiegend symmetrische Quadriradiale, die anscheinend durch Chromatidenaustausch zwischen homologen Chromosomen nach Brüchen an entsprechenden Stellen entstanden sind. Normalerweise beträgt ein spontaner Schwesterchromatidaustausch 6–10 %, beim Bloom-Syndrom ist dieser bis auf 50 % erhöht.

Ataxia-Teleangiektasia

Ataxia-Teleangiektasia bzw. Louis-Bar-Syndrom ist ein seltenes Krankheitsbild mit okulokutanen Teleangiektasien, vor allem im Bereich des Gesichts, der Ohrmuscheln und auf den Konjunktiven (Abb. 4.33) mit Immundefekt und einer progredienten zerebellären Ataxie. Die Häufigkeit beträgt 1:60.000.

Zytogenetisch findet man eine erhöhte Bruchrate und häufige Rearrangements von Chromosom 7 und 14. Die Fibroblasten zeigen eine erhöhte Sensibilität auf Belomycin und ionisierende Strahlen. Patienten mit Ataxia-Teleangiektasia haben eine starke Prädisposition für maligne Erkrankungen. Das verantwortliche Gen ist auf dem Chromosom 11q22–23 lokalisiert.

Roberts-Syndrom
(Pseudothalidomid-Syndrom)

Bei dem Roberts-Syndrom handelt es sich um eine seltene autosomal-rezessive Erkrankung mit schweren Extremitätenfehlbildungen im Sinne einer Tetrafokomelie, Strahlenanomalien mit variabler

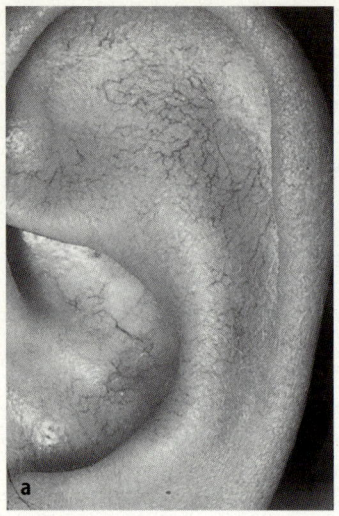
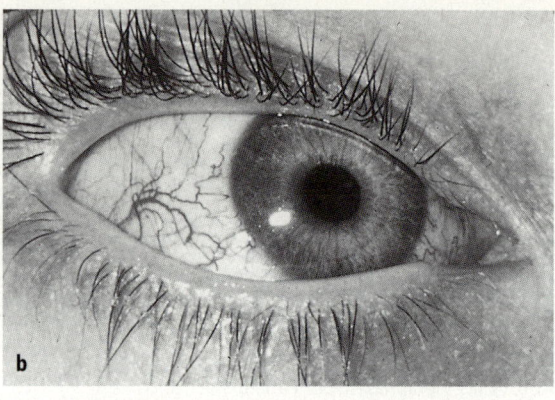

Abb. 4.33 a, b. Teleangiektasien an der Ohrmuschel (a) und im Auge (b) (Mit freundlicher Genehmigung aus der Sammlung von Prof. F. Vogel)

Expressivität und kraniofazialen Auffälligkeiten mit Lippen-Kiefer-Gaumen-Spalte. Das Krankheitsbild erinnert an eine Thalidomidembryopathie, weshalb es als Pseudothalidomid-Syndrom bezeichnet wird.

Zytogenetisch findet man hier keine erhöhte Bruchrate, sondern eine vorzeitige Trennung der Zentromere in Fibroblasten und Lymphozyten.

Bei den Patienten mit klinisch ähnlichen Merkmalen, die zytogenetisch keine Zentromertrennung zeigen, handelt es sich um eine andere Komplementärgruppe.

4.8 Chromosomenanomalien und Tumorgenese

Wie in Kap. 4.7 erwähnt, kommen bei *Fanconi-Anämie, Bloom-Syndrom* und *Louis-Bar-Syndrom* vermutlich als Folge der Chromosomeninstabilität gehäuft Leukämien und maligne lymphoretikuläre Tumoren vor. Der Zusammenhang zwischen Chromosomeninstabilität und Tumorentwicklung ist kompliziert. Wahrscheinlich führt eine Chromosomenaberration zur Tumorbildung, da sie die Regulation eines Onkogens beeinflußt. Tumorspezifische Umlagerungen von chromosomalen Segmenten sind in vielfältiger Weise beobachtet worden (Übersicht 4.13).

Bei *chronischer myeloischer Leukämie* findet man in den malignen Zellen des Knochenmarks sowie in den Leukosezellen der Peripherie ein Marker-Chromosom. Dieses Marker-Chromosom wurde 1963 in Philadelphia entdeckt und *Philadelphia-Chromosom* genannt. Durch Feinstrukturanalyse konnte gezeigt werden, daß es sich hierbei um eine reziproke Translokation zwischen Chromosom 9 und 22 handelt: t(9;22)(q34;q11). Diese Translokation verbindet große Teile des c-abl-Onkogens von Chromosom 9 mit einer sog. *Breakpoint-cluster-region* (ber) auf Chromosom 22. Es entsteht ein Hybridgen, welches Tyrosinkinase mit transformierenden Eigenschaften produziert.

Beim *Burkitt-Lymphom*, einem äußerst schnell wachsenden, hauptsächlich in Gesichtsknochen auftretenden Tumor, findet man eine Translokation des langen Arms

Übersicht 4.13 Häufige Chromosomenbefunde bei einigen malignen Erkrankungen

Art der Erkrankung	Chromosomenanomalie
Akute Lymphozytenleukämie, malignes Lymphom, multiples Myelom	14q+
Akute Monozytenleukämie	11q–
Akute Myeloblastenleukämie	t(8;21)
Akute Promyelozytenleukämie	t(15;17)
Blasenkarzinom	del(11p)
Brustkarzinom	1q+
Burkitt-Lymphom	t(8;14)
Chronische Myelozytenleukämie	t(9;22)
Kolonkarzinom	del(5q21–22)
Ewing-Sarkom	t(11;22) (q24;q12)
Hepatoblastom	del(11p13)
Kleinzelliges Lungenkarzinom	del(3) (p14p23)
Meningeom	–22, 22q–
Nierenkarzinom	del(3) (p11–21)
Neuroblastom	del(1) (q13–14;p11)
Ovarialkarzinom	6p–
Retinoblastom	del(13) (q14)
Rhabdomyosarkom	t(2;13) (q37;q14)
Speicheldrüsentumor	t(3;8)
Wilms-Tumor	del(11) (p13)

des Chromosoms 8 auf Chromosom 14, 2 oder 22: t(8;14)(q24;q32), t(2;8)(p12:q24) oder t(8;22)(q24;q11) (Abb. 4.34). Hierdurch wird das MYC-Onkogen in die Nähe des Ig-Lokus transloziert und damit in eine Umgebung, die Antikörper-produzierende B-Zellen transkribiert. Das Exon 1 des MYC-Onkogens wird dabei nicht mit transloziert. Damit wird das MYC-Gen ohne seine eigentlichen Kontrollelemente in eine aktiv transkribierte Domäne versetzt und beginnt in hohem Maße zu exprimieren.

4.8.1 Tumorgenese

Der menschliche Körper enthält ungefähr 10^{14} Zellen, jede Zelle etwa 65.000–80.000 Gene. Die mittlere Mutationsrate pro Gen und Generation liegt bei 10^6. Daraus wird klar, daß jeder Mensch ein Mosaik für viele genetische Erkrankungen darstellt. Dennoch hat dies normalerweise keine Folgen, da eben nur einzelne Zellen betroffen sind. Dies ändert sich jedoch, wenn eine Mutation eine Zelle zur pathologischen

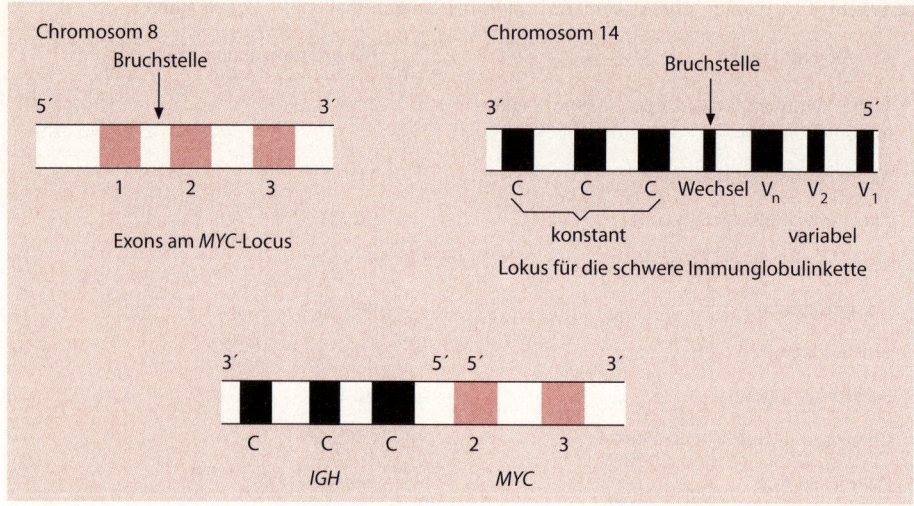

Abb. 4.34. Die häufigste chromosomale Translokation beim Burkitt-Lymphom zwischen dem MYC-Lokus auf Chromosom 8 und dem Lokus für die schwere Immunglobulinkette auf Chromosom 14

Proliferation befähigt. Sie erhält dadurch einen Selektionsvorteil, wenn es nicht gelingt, durch höhere Kontrollmechanismen im Gesamtorganismus den entstehenden Zellklon zu bremsen. Wahrscheinlich findet dieser Kampf um Selektionsvorteile in jedem vielzelligen und besonders länger lebenden Organismus ständig statt. Daß wir nicht alle an Krebs sterben, liegt nur daran, daß es hoch entwickelte Organismen, wie der Mensch es ist, über viele komplexe Kontrollmechanismen schaffen, entartete Zellen normalerweise durch *programmierten Zelltod (Apoptose)* im Interesse des Gesamtorganismus zu eliminieren. Es müßten also gleich mehrere Mechanismen, über die die Unterordnung einer Zelle in das Ganze gesteuert wird, verändert werden – und dies geschieht genetisch über Mutationen –, um eine bösartige Proliferation zu ermöglichen. Dies ist jedoch für eine einzige Zelle bei einer Mutationsrate, wie oben angegeben, schon rechnerisch unmöglich. Die Entstehung von Krebs muß also durch die Kombination mehrerer Mechanismen erfolgen. Dabei nimmt man heute allgemein zwei Wege an:

- Es gibt einige Mutationstypen, die die Zellproliferation steigern, um eine vergrößerte Zielpopulation von Zellen für weitere Mutationen zu schaffen.
- Bestimmte Mutationstypen destabilisieren das gesamte Genom und steigern damit die Gesamtmutationsrate.

Drei Gruppen von Genen sind dazu in der Lage:

- Onkogene,
- Tumorsupressorgene,
- Mutatorgene.

Onkogene erhöhen die Proliferation. Solange diese Gene für eine normale Funktion kodieren, also für ein für die Zelle wichtiges Protein, bezeichnet man sie als Protoonkogene. Zu eigentlichen Onkogenen werden sie durch eine Mutation, die sie aktiv werden läßt. Dabei reicht bereits ein einziges mutiertes Allel.

Tumorsupressorgene hemmen normalerweise durch ihr Genprodukt die Zellproliferation. Fallen jedoch beide Allele durch eine inaktivierende Mutation aus, so geht die Supression verloren.

Mutatorgene haben übergeordnete Funktion für ein geordnetes Zusammenspiel im Gesamtgenom. Ein Ausfall beider Allele eines solchen Gens erhöht die allgemeine Mutabilität, eben auch die von Onkogenen und Tumorsupressorgenen.

Typische **Protoonkogene** sind solche, die etwa mit Zellwachstum und Zellzyklus zu tun haben. Es finden sich unter den Genprodukten Wachstumsfaktoren, Zelloberflächenrezeptoren, Teile des intrazellulären Signaltransfersystems oder Enzyme, die bei der Steuerung des Fortgangs des Zellzyklus beteiligt sind. Ursprünglich entdeckt und charakterisiert hat man solche Gene bei Viren, die neoplastische Transformation bewirken können. Zwischenzeitlich fand man auch beim Menschen zelleigene Gene, die entsprechend den Virusonkogenen als Protoonkogene das Zellwachstum regulieren. Die Mutationen, die Protoonkogene zu Onkogenen werden lassen, können vielfältig sein. Neben Punktmutationen in der kodierenden Sequenz kommen Insertionen außerhalb des Gens in Betracht, aber auch Genamplifikationen und Chromosomentranslokationen. So sind Punktmutationen beim Dickdarmkrebs, Lungenkrebs und Blasenkrebs der auslösende Faktor. In vielen Krebszellen findet man multiple Kopien von Onkogenen, so bei Brustkrebsformen und Neuroblastomen.

Die meisten erblichen Krebserkrankungen beruhen auf **Tumorsupressorgenen.** Zur Krebsentstehung müssen hier beide Allele des Tumorsupressorgens inaktiviert werden. Wird nur ein Allel inaktiviert, so reicht die Basis des anderen aus, um den normalen Phänotyp zu erhalten. Eine sehr häufige Ursache von Tumorerkrankungen ist die Defektsituation oder der Verlust eines Gens mit dem Namen TP53. Das Genprodukt hiervon ist ein Transkriptionsfaktor mit dem Namen p53, welcher seine Tumorsupressorwirkung bei mutierter Form des Gens verliert. Das Gen kartiert auf 17p12.

p53 soll nach heutiger Auffassung aber eine noch bedeutendere Rolle spielen. Es ist im Interphase-Zyklus an der Kontrolle zwischen G_1- und S-Phase beteiligt. Zellen mit einem DNA-Schaden werden normalerweise in der G_1-Phase aufgehalten, bis der Schaden repariert ist. Ist p53 mutiert oder fehlt es, so gehen die Zellen in die S-Phase und ihre DNA wird repliziert. Die nicht reparierten DNA-Schäden können dann zu onkogenen Veränderungen führen. Eine weitere wichtige Funktion scheint p53 bei der Apoptose, also dem programmierten Zelltod, zu spielen. Zellen ohne p53 machen keine Apoptose, ein wohl häufiger Weg zur Karzinogenese. Sowohl Onkogene als auch mutierte Supressorgene vergrößern Zellpopulationen, an die Folgemutationen ansetzen, indem sie mehr oder weniger direkt auf den Zellzyklus einwirken.

Mutatorgene sind dagegen solche, die zu Veränderungen in der Replikation oder der Reparatur der DNA führen. So konnten z. B. Mutationen in einem Fehlerkorrektursystem, die zu einer Steigerung um das 100–1.000fache der spontanen Mutationsrate führen, für eine Form des Nichtpolyposis-Dickdarmkrebses, bei der ein Gen auf 2p15-p22 mutiert ist, nachgewiesen werden. Mutatorgenmutationen sind rezessiv erblich, und es besteht ebenfalls ein Zwei-Treffer-Mechanismus, wobei im Tumor des genannten Beispiels die zweite Kopie des Allels verlorengeht.

Ein weiteres Beispiel ist das verantwortliche Gen für Ataxia-Teleangiektasia, das auf Chromosom 11q22-q23 lokalisiert ist und Sequenzhomologien zu einem Signalübertragungsenzym zeigt, das bei der Kontrolle von Zellzyklus und meiotischer Regulation beteiligt ist. Die genauen Funktionszusammenhänge sind allerdings noch nicht letztlich geklärt. In Übersicht 4.14 sind einige monogene Krankheiten zusammengestellt, die eine hohe Inzidenz für maligne Erkrankungen zeigen.

Übersicht 4.14. Monogene Krankheiten, die eine hohe Inzidenz für maligne Erkrankungen haben

Krankheiten	Erbgang	Häufigere Tumorarten
Ataxia-Teleangiektasia	AR	Leukämie, Mamma-/Ovarial-Karzinome, Hirntumor,
Bloom-Syndrom	AR	Leukämie, Ösophagus-/Kolon- und Zungen-Karzinome
Chédiak-Higashi-Syndrom	AR	Lymphome
Fanconi-Anämie	AR	Leukämie, Ösophagus-Karzinom, Hepatom, Hautkrebs
Dyskeratosis congenita	XR	Pharynx-/Ösophagus-Karzinome
Xeroderma pigmentosum	AR	Hautkrebs, Melanome, Leukämien
Tuberöse Sklerose	AD	ZNS-Tumoren, Rhabdomyosarkome
Werner-Syndrom	AR	Hepatom, Thyreoid-/Mamma-Karzinome, Leukämie
Neurofibromatose	AD	verschiedene ZNS-Tumoren, Rhabdomyom, Nephrorblastom
Familiäre Polyposis coli	AD	kolorektale, duodenale und Schilddrüsen-Karzinome
v.-Hippel-Lindau	AD	ZNS-/Nieren-/Pankreas- und Lebertumoren
Peutz-Jeghers-Syndrom	AD	Gastrointestinale, Mamma-/Ovarial-Karzinome, Hoden-Tumor
Gardner-Syndrom	AD	Gastrointestinale und ZNS-Tumoren
Wiskott-Aldrich	XR	Leukämie, Lymphome

Übersicht 4.15. Einige Beispiele von malignen Krankheiten, die nach den Mendel'schen Regeln vererbt werden

Krankheiten	Gen/Lokalisation	Erbgang
Retinoblastom	RB1/13q14	AD
Wilms-Tumor	WT1/11q13	AD
Basalzellnävus-Syndrom	PTCH/9q22	AD
Maligne Melanome	CDKN2A/9q21	AD
LiFraumeni	TP53/17p13	AD
MEN 1	MEN1/11q13	AD
MEN 2	RET/10q11	AD
Mamma- und/oder Ovarialkarzinom	BRCA1/17q21	AD
Mammakarzinom	BRCA2/13q12	AD
Familiäre adenomatöse Polyposis (FAP)	APC/5q21	AD
Heriditary Non-Polyposis Colorectal Cancer (HNPCC)	MLH1/3p21–23 MSH2/2p16	AD

In der Übersicht 4.15 ist eine Auswahl von genetisch bedingten malignen Erkrankungen zusammengestellt. Einige Beispiele werden hier besprochen.

Mamma-Karzinom (Brustkrebs)

Etwa 5 % aller Mamma-Karzinome haben eine genetische Ursache. Mutationen von 5 Genen (BRCA1, BRCA2, TP53, Ataxia Teleangiektasia-Gen und HRAS1) mit unterschiedlicher Penetranz können zur Entwicklung von Mamma- und Ovarialkarzinomen führen. BRCA1 und BRCA2 sind die Hauptursache für das genetisch bedingte Mamma- und Ovarialkarzinom. In etwa 45 % aller Familien mit häufigerem Auftreten von sog. Early-Onset-Mammakarzinomen und in mindestens 75 % aller Familien mit signifikant häufigem Auftreten von Mamma- und/oder Ovarialkarzinomen ist eine Mutation des BRCA1-Gens verantwortlich. Es induziert etwa 2,5 % aller Mammakarzinome. Statistisch beträgt das Risiko für Trägerinnen des BRCA1-Gendefekts, bis zum 70. Lebensjahr an einem Mammakarzinom zu erkranken, etwa 82 % und an einem Ovarialkarzinom zu erkranken, ca. 60 %. Die Mutationen im BRCA2-Gen sind mit einem etwa ähnlichen Risiko für Mammakarzinom verbunden; das Risiko für Ovarialkarzinom ist jedoch geringer als bei BRCA1-Genmutationen. Auch männliche Träger von BRCA2 Genmutation zeigen ein höheres Risiko Brustkrebs zu entwickeln (etwa 5 % bis zum 70. Lebensjahr). Darüber hinaus besteht bei den Mutationsträgern ein erhöhtes Risiko für weitere maligne Erkrankungen wie Prostata-, Kolon-, Pankreas- und Endometriumkarzinom. Die Keimbahnmutation des BRCA1 wird autosomal-dominant vererbt. Dieses vererbte mutierte Allel fungiert wie eine rezessive Mutation, erst durch Verlust bzw. Inaktivierung des normalen Allels in der somatischen Zelle kommt es zur Manifestation der malignen Erkrankung.

Verschiedene Mutationen an den BRCA1- und BRCA2-Genen führen zu Mamma- und/oder Ovarialkarzinomen. Entsprechend der Genotyp-Phänotyp-Korrelation scheinen die Mutationen im 3'-Bereich des BRCA1-Gens mit einer geringeren Anzahl von Ovarialkarzinomen verbunden zu sein. Bei den sporadischen Fällen sind zwar in sehr geringeren Zahlen BRCA1-Mutationen, jedoch keine BRCA2-Mutationen gefunden worden. In den Tumoren der BRCA1-Mutationsträgerinnen zeigte sich in allen untersuchten Tumoren in Übereinstimmung mit der Kundson-Hypothese ein Verlust der Heterozygotie in der BRCA1-Region. Im Rahmen eines interdisziplinären Programms wurde Risikopersonen nach einer ausführlichen genetischen Beratung und Einschätzung des Erkrankungsrisikos sowie nach Erläuterung der Möglichkeiten und Grenzen der genetischen Diagnostik, der Früherkennung und therapeutischen Maßnahmen und der psychologischen Implikation eine molekulargenetische Untersuchung angeboten. Das Mammakarzinom kann in Assoziation mit einer Reihe anderer genetisch bedingter Krebserkrankungen auftreten.

Genetisch bedingte kolorektale Karzinome ohne Polyposis

Hereditary Non-Polyposis Colorectal Cancer (HNPCC) ist eine autosomal-dominante Erkrankung mit früh auftretenden kolorektalen Karzinomen und anderen Neoplasien. Die klinische Diagnose der HNPCC wird wahrscheinlich, wenn die in der Übersicht 4.16 zusammengestellten Kriterien erfüllt sind. HNPCC wird durch Keimbahnmutationen in einem von mindestens vier verschiedenen DNA-Mismatch-repair-Genen verursacht. Bei HNPCC findet man Sequenzlängendifferenzen zwischen Tumor und gesundem Gewebe als Zeichen für eine fehlerhafte Replikation der DNA. Dieses Phänomen wird als Mikrosatelliteninstabilität (MIN) und der Tumor als „replication error positiv" bezeichnet. Die Tumordisposition basiert hier auf einer Störung im DNA-mismatch-Repairsystem, an denen mehrere Gene beteiligt sind. Bis jetzt sind vier DNA Mismatch-repair-Gene beim Menschen identifiziert worden. Etwa 92 % der Tumoren von familiären HNPCC-Patienten weisen MIN auf, während bei den sporadischen kolorektalen Karzinomen nur 15 % MIN positive

a)	Amsterdam-Kriterien (International Collaborative Group, Amsterdam 1990)
1.	Mindestens drei betroffene Verwandte, wobei einer dieser Patienten Verwandter ersten Grades der beiden anderen Patienten sein muß.
2.	Krankheitsmanifestation in mindestens zwei Generationen.
3.	Erstmanifestation eines kolorektalen Karzinoms vor dem 50. Lebensjahr bei mindestens einem Patienten.

b)	Erweiterte Kriterien (EUROFAP-Meeting, Kopenhagen 1993)
	zusätzlich berücksichtigte Tumoren:
	– Endometriumkarzinom
	– Dünndarmkarzinom
	– Ovarialkarzinom vor dem 50. Lebensjahr
	– Magenkarzinom vor dem 50. Lebensjahr
	– Urothelkarzinom
	– hepatobiläre Karzinome

sind. Keimbahnmutationen im hMSH2-(Chromosom 2p16) und im hMLH1-Gen (Chromosom 3p13.3) sind für 80 % der HNPCC-Fälle verantwortlich. Die Mutation im hPMS1 (Chromosom 2q31–33) und hPMS2-Gen (Chromosom 7p22) sind bis jetzt in einem kleineren Teil der Patienten identifiziert worden. Vorwiegend handelt es sich um Punktmutationen, die in hoch konservierten Bereichen des Gens zu Stop-Kodonen oder zu einem Aminosäureaustausch führen. Es sind aber auch Deletionen beobachtet worden.

Familiäre adenomatöse Polyposis (FAP)

Charakteristisch für FAP-Patienten ist das Auftreten von zahlreichen kolorektalen adenomatösen Polypen, die sich bereits im Kindesalter oder später im Erwachsenenalter manifestieren (Abb. 4.35). Das disponierte Erkrankungsalter liegt bei 15–25 Jahren. Bei den Polypen handelt es sich um Adenome verschiedener Größe, die zu Beginn der Erkrankung nur vereinzelt und sehr klein sind und keine klinischen Symptome verursachen. Erst im weiteren Verlauf werden die Polypen maligne entartet. Bei einem Teil der Patienten können auch andere Tumoren vorkommen. Dies sind Adenome bzw. Karzinome im Magen-Darm-Bereich, Epidermoidzysten, Osteome, Desmoidtumoren sowie Netzhautveränderungen, die als CHRPE (kongenitale Hypertrophie des retinalen Pigmentepithels) bezeichnet werden. Die Sehfähigkeit ist dadurch nicht beeinträchtigt. Das FAP-Gen ist auf dem langen Arm des Chromosoms 5 (5q21–q22) lokalisiert und wird autosomal-dominant vererbt. Die Penetranz dieses dominanten Gens liegt bei 95 %. Das Gen wird als APC-Gen (Adrenomatosis Polyposis coli) bezeichnet. Das APC-Gen besteht aus 15 Exons und die hodierende Sequenz einthält 8535 Nukleotide. Exon 15 mit 6575 Nukleotiden macht etwa 77 % der gesamten hodierenden Sequenzen aus, während die anderen 14 Exons relativ klein sind. Verschiedene Mutationen am APC-Gen führen zu hyperproliferantiven Epithelveränderungen, die im Laufe des Lebens durch weitere genetische Veränderung maligne entarten. Allelverlust des langen Arms des Chromosoms Nr. 5 wird bei 60 % der Karzinome und bei etwa 30 % der Adenome beobachtet.

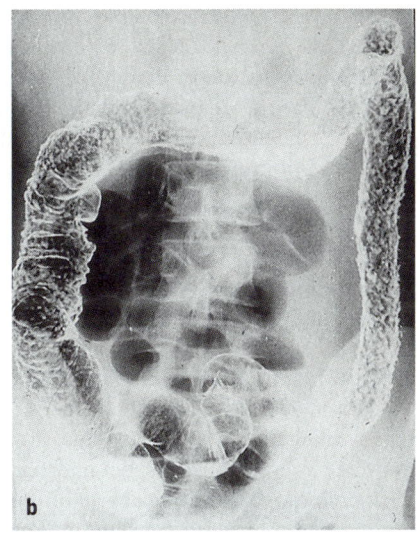

Abb. 4.35. a, b. Polyposis coli. (Mit freundlicher Genehmigung von F. Vogel, Heidelberg)

Heute kann mit Hilfe direkter und indirekter DNA-Analyse bei den Risikofamilien die Erkrankung präsymptomatisch diagnostiziert und durch prophylaktische Kolektomie die maligne Entartung verhindert werden.

Li-Fraumeni-Syndrom

Beim Li-Fraumeni-Syndrom handelt es sich um früh einsetzende multiple maligne Tumoren. Im Kindesalter treten Leukämien und Hirn- bzw. Nebennierentumoren auf. Später sind Mamma-, Lungen-, Pankreas- und Prostata-Karzinome sowie Gonadentumore und Melanome häufig. Die Kombination ist sehr variabel. Das Li-Fraumeni-Syndrom wird autosomal-dominant vererbt, und bei den meisten Fällen findet man eine Keimzellmutation des p53-Gens am kurzen Arm des Chromosoms 10, und die Tumoranalyse zeigt den Verlust des normalen Allels.

Multiple endokrine Neoplasien

Die multiplen endokrinen Neoplasien (MEN) sind gekennzeichnet durch das zeitlich unabhängige Auftreten endokriner, zum Teil maligner Tumoren. Je nach Kombination unterscheidet man verschiedene Typen. Bei dem *MEN 1 (Werner-Syndrom)* liegen ein Hypophysen-Adenom, ein primärer Hyperparathyreoidismus und ein Pankreastumor vor. Bei *MEN 2a (Sipple-Syndrom)* erkranken alle Patienten an medullärem Schilddrüsenkarzinom und bei etwa 75 % liegen ein Phäochromozytom und Hyperparathyreoidismus vor. Charakteristisch für MEN 2b sind neben dem familiären medulären Schilddrüsenkarzinom und Phäochromozytom neurokutane Veränderungen wie eine Neurogangliomatose sowie ein marfanoider Habitus. Die verantwortlichen Gene für beide Typen sind identifiziert. Das MEN-1-Gen liegt auf dem Chromosom 11q13 und das MEN 2 auf Chromosom 10. Bisher bekannte Mutationen bei MEN 2a betreffen den extrazellulären zysteinreichen Anteil des Ret-Protoonkogens. Es handelt sich hier um eine Punktmutation mit Austausch eines einzelnen Nukleotids. Beim MEN 2b-Syndrom wird eine Punktmutation in der intrazellulären Tyrosinkinase-Domäne des Ret-Protoonkogens beobachtet. Alle drei Typen werden autosomal-dominant vererbt.

Retinoblastom

Das Retinoblastom ist eine maligne Erkrankung der Netzhaut bei Kindern. Es ist ein klassisches Beispiel für das „Zwei-Treffer-Modell". 60 % der Fälle sind sporadisch, und dabei ist nur ein Auge betroffen. Die restlichen 40 % werden autosomal-dominant vererbt, wobei beim *erblichen Retinoblastom* beidseitige oder multifokale Tumoren gehäuft auftreten. Es konnte gezeigt werden, daß zwei aufeinander folgende Mutationen an einem Gen in der Region 13q14 notwendig sind, um den Tumor auszulösen. Der erste „Treffer" ist häufig eine kleinere Mutation in der Keimbahn oder einer Vorläuferzelle der späteren Zelle, aus der sich der Tumor entwickelt. Der zweite „Treffer" findet in der somatischen Zelle statt und ist häufig eine größere Mutation (Knudsen'sche Hypothese) (Abb. 4.36). Bei den erblichen Fällen des Retinoblastoms hat sich der erste Treffer bereits in der Keimbahn der Vorfahren entwickelt, es besteht also 50 % Wahrschein-

lichkeit, das inaktive Allel zu vererben. Damit entspricht der Erbgang autosomal-dominanter Vererbung. Dagegen liegen bei den sporadischen Formen zwei somatische Mutationen in dem betroffenen Gewebe vor. Deshalb sind bei diesen Patienten die Tumoren einseitig. Etwa 5 % der Patienten mit Retinoblastom können andere zusätzliche Merkmale zeigen. Das Retinoblastom-Gen ist sequenziert.

Wilms-Tumor

Wilms-Tumor bzw. ein Nephroblastom tritt bei etwa 5–10 % beidseitig auf und etwa bei der Hälfte vor dem 3. Lebensjahr. Die Häufigkeit beträgt 1:10.000. Meist handelt es sich um sporadische Fälle, ca. 1 % ist familiär. Die familiären Formen werden autosomal-dominant vererbt und sind in der Regel beidseitig. Gelegentlich kann eine Assoziation mit Aniridie, Fehlbildung des Urogenitalsystems und mentaler Retardierung auftreten, was als *WAGR-Syndrom* bezeichnet wird. Bei diesen Patienten findet man eine Mikrodeletion des Chromosoms 11p13. Etwa 30 % aller Tumoren zeigen einen Verlust von Heterozygotie für 11p, meist aufgrund des Verlusts des maternalen Allels. Bei den Patienten mit Beckwith-Wiedeman-Syndrom entwickelt sich oft ein Wilms-Tumor.

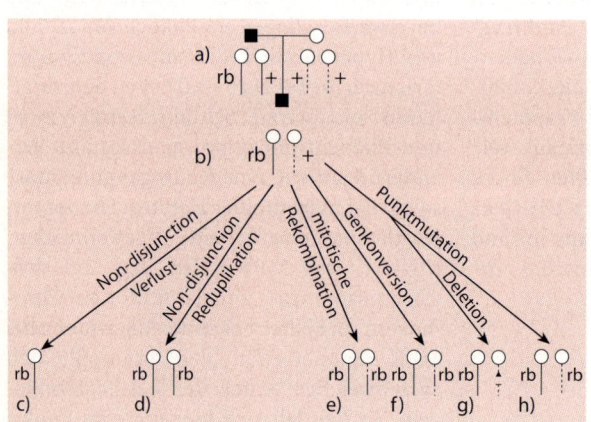

Abb. 4.36. Zwei-Treffer-Modell zum Retinoblastom

5 Formale Genetik

In der Praxis wird man immer wieder mit Krankheiten konfrontiert, die entweder direkt nach den Mendelschen Gesetzen vererbt werden oder zumindest eine erbliche Disposition voraussetzen.

Vermutet der Arzt ein erbliches Leiden, so kann er durch eine *Stammbaumanalyse* feststellen, ob sich seine Vermutung bestätigt oder nicht. Der Stammbaum liefert gleichzeitig die Grundinformationen für alle weiteren Überlegungen.

Die bei der Stammbaumerstellung gebräuchliche Terminologie und die verwendeten Symbole werden in Kap. 9.5.1 dargelegt.

5.1 Kodominante Vererbung

Rufen wir uns das 1. Mendelsche Gesetz (Übersicht 5.1) und den klassischen Kreuzungsfall der Wunderblume (Mirabilis japala) ins Gedächtnis, so unterscheiden sich die beiden homozygoten Elterntypen und die heterozygote Filialgeneration phänotypisch voneinander. (Für die Definition der Begriffe homozygot und heterozygot s. Übersicht 2.11.)

Wir haben es bei der Wunderblume mit einem Spezialfall der kodominanten Vererbung, nämlich mit einem *intermediären Erbgang*, zu tun. Man spricht von einem intermediären Erbgang, wenn der heterozygote Zustand phänotypisch in der Mitte zwischen beiden homozygoten Zuständen liegt, wenn also jedes Allel zu 50 % an der Ausprägung eines Merkmals beteiligt ist.

Der Begriff *kodominant* umschreibt dagegen in allgemeinerer Form die Möglichkeit, daß sich die beiden Formen, die für ein Allelpaar homozygot sind, vom heterozygoten Zustand unterscheiden lassen. Betrachtet man die Nachweisbarkeit phänischer Wirkung alleler Gene nebeneinander *nicht* auf der Ebene einer bestimmten Person, die nur 2 Allele eines Gens besitzen kann, sondern auf der

Übersicht 5.1. Die Mendelschen Gesetze

1.	*Mendelsches Gesetz (Uniformitätsgesetz)*	Kreuzt man zwei homozygote Linien, die sich in einem oder mehreren Allelpaaren unterscheiden, so sind alle F_1-Hybriden uniform.
2.	*Mendelsches Gesetz (Spaltungsgesetz)*	Kreuzt man F_1-Hybride, die in einem Allelpaar heterozygot sind, so ist die F_2-Generation nicht uniform.
3.	*Mendelsches Gesetz (Unabhängigkeitsregel)*	Kreuzt man zwei homozygote Linien untereinander, die sich in zwei oder mehreren Allelpaaren voneinander unterscheiden, so werden die einzelnen Allele unabhängig voneinander entsprechend den beiden ersten Mendelschen Gesetzen vererbt.

Mutter	Kind	mögliche Väter		unmögliche Väter
M	M	M	MN	N
M	MN		MN N	M
MN	M	M	MN	N
MN	MN	M	MN N	–
MN	N		MN N	M
N	MN	M	MN	N
N	N		MN N	M

Abb. 5.1. Das MN-Blutgruppensystem bei der Vaterschaftsbegutachtung

Ebene einer *Population*, so existieren so viele Allele eines Gens wie sich im Verlauf der Evolution stabile Mutationen angesammelt haben. Diese Zusammenhänge wurden in Kapitel 2.3.2 ausführlich besprochen.

Beispiele für kodominante Vererbung finden sich bei Blutgruppen, Enzym- und anderen Proteinpolymorphismen. So spielen die Blutgruppen des *MN-Systems* bei Fällen ungeklärter Paternität eine Rolle (Abb. 5.1, s. Kap. 13.1.1). Es existieren 2 Allele M und N. Die Phänotypen M und N repräsentieren die Homozygoten. MN ist der heterozygote Geno- und Phänotyp. Historisch wurden beim Menschen die ersten Beispiele für Kodominanz an der Genetik von Blutgruppen entdeckt.

Auch bei den *ABO-Blutgruppen* liegt Kodominanz vor. Treffen nämlich die Allele A und B heterozygot zusammen, dann prägen beide ihre spezifischen Erythrozytenantigene aus. Der Träger dieser Erythrozyten hat die Blutgruppe AB. Phänotypisch werden also beide Merkmale ausgeprägt.

Ein anderes Beispiel sind die *Haptoglobine,* das sind Serumproteine, die als Transportproteine für das Hämoglobin abgebauter Erythrozyten dienen.

Durch die Stärkegelelektrophorese ist es möglich, die drei wichtigsten Haptoglobintypen zu unterscheiden. Familienuntersuchungen zeigen, daß den drei Phänotypen Hp 1–1, 2–1 und 2–2 zwei Allele Hp^1 und Hp^2 zu Grunde liegen. Dabei entspre-

chen die Typen 1–1 und 2–2 den Homozygoten, 2–1 entspricht den Heterozygoten. In unserer Bevölkerung hat das Gen Hp^1 etwa eine Häufigkeit von 0,4. Dies führt zu einer Phänotypenhäufigkeit von 16 % des Phänotyps 1–1, 36 % 2–2 und 48 % 2–1. Auch Haptoglobine haben in der forensischen Medizin bei der Vaterschaftsbegutachtung Bedeutung.

In Erythrozyten befindet sich die *saure Erythrozytenphosphatase*. Von diesem Enzym gibt es drei verschiedene Allele, P^a, P^b und P^c, die drei Phänotypen entsprechen (s. Kap. 13.1.3).

5.2 Autosomal-dominanter Erbgang

5.2.1 Definition und Vererbungsmodus

Viel häufiger als der kodominante Erbgang ist beim Menschen jedoch der dominante Erbgang, bei dem der Phänotyp eines Homozygoten dem Phänotyp eines Heterozygoten entspricht. Von autosomal-dominanter Vererbung spricht man dann, wenn der betreffende Genlokus auf einem Autosom und nicht auf einem Geschlechtschromosom liegt.

Die Grenzen zwischen den Begriffen dominant, kodominant und rezessiv sind jedoch in der Realität nicht so exakt wie die Definition vermuten läßt.

Der heterozygote Träger des Gens entspricht im Phänotyp also vollständig dem homozygoten Merkmalsträger. Beide sind phänotypisch nicht voneinander zu unterscheiden. Die Einstufung eines Gens als dominant oder rezessiv hängt allerdings häufig von der Genauigkeit ab, mit der man phänotypische Merkmale von Heterozygoten untersucht oder nach dem heutigen Forschungsstand untersuchen kann. Je sorgfältiger und detaillierter der Vergleich von homozygoten und heterozygoten Trägern durchgeführt wird, desto eher wird man auch phänische Unterschiede entdecken. Verfeinerte Untersuchungsmethoden werden in der Zukunft sicher immer mehr solcher Unterschiede aufzeigen.

Die enge Definition von Dominanz und Rezessivität ist in der Humangenetik aus praktischen Gründen nicht beibehalten worden. Beim Menschen sind heute etwa 4.500 meist sehr seltene, dominant erbliche Merkmale bekannt, die häufig zu mehr oder weniger schweren Mißbildungen oder Anomalien führen. Dies bedeutet keineswegs, daß alle oder die meisten dominanten Gene zu Mißbildungen führen. Vielmehr ist die Dominanz eines Gens, das verglichen mit der Normalsituation zu schweren Anomalien führt, lediglich leichter zu entdecken. Homozygote Träger solcher krankheitsinduzierender Gene sind meist nicht bekannt, da die Gene sehr selten sind und die Heterozygoten oft einen erheblichen Fortpflanzungsnachteil haben. Die Übereinstimmung zwischen homozygotem und heterozygotem Genotyp ist also oft gar nicht nachprüfbar, es sei denn, das Gen ist kartiert und entspre-

chende molekularbiologische Methoden stehen zur Verfügung. Sind homozygot Kranke bekannt, ist das Erbleiden tatsächlich häufig wesentlich schwerer ausgeprägt als im heterozygoten Fall. Man müßte in diesen Fällen streng genommen von kodominantem Erbgang sprechen. Scharfe Grenzen sind aber, wie gezeigt, schwer zu ziehen. Es hat sich deshalb durchgesetzt, ein Merkmal als dominant erblich zu bezeichnen, wenn die Heterozygoten deutlich vom Normalen abweichen. Man sollte sich also beim Gebrauch der Begriffe dominant und rezessiv darüber im klaren sein, daß diese eine Abstraktion darstellen, die in praktischen und didaktischen Notwendigkeiten begründet ist, die biologischen Tatsachen aber oft ungenau wiedergeben.

Die Übertragung eines autosomaldominanten Merkmals erfolgt in der Regel von einem der Eltern auf die Hälfte der Kinder (Abb. 5.2, 5.3). Der übertragende Elternteil ist gewöhnlich heterozygot für das entsprechende Allel, während der andere normalerweise homozygot für das wesentlich häufigere (bei menschlichen Erbleiden nicht krankhafte) rezessive Allel ist.

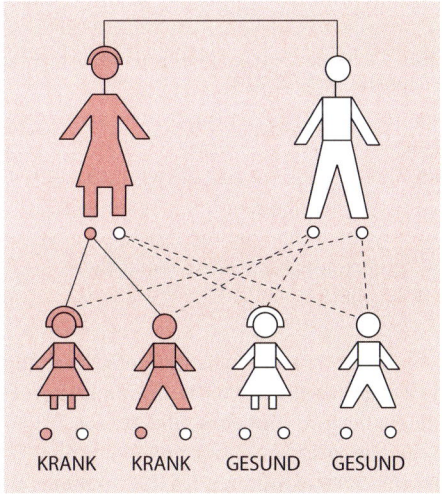

Abb. 5.2. Der häufigste Kreuzungstyp bei autosomal-dominantem Erbgang, wenn das Leiden nicht durch Neumutation entstanden ist

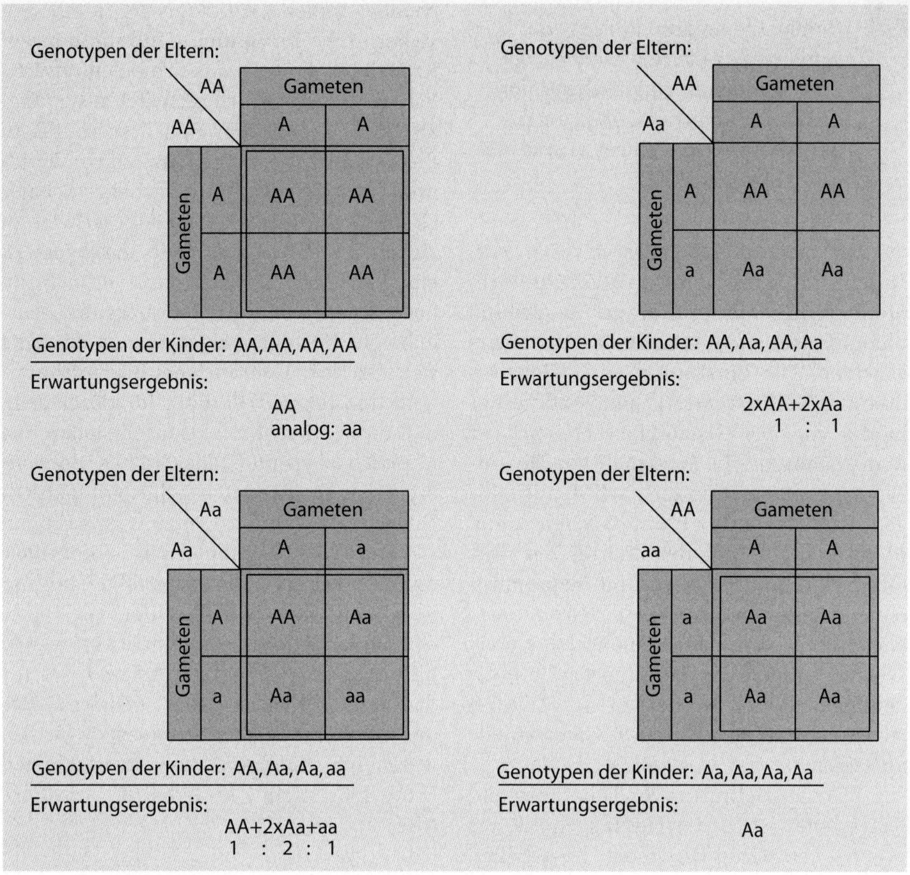

Genotypen der Eltern:

	AA	Gameten	
AA		A	A
Gameten	A	AA	AA
	A	AA	AA

Genotypen der Kinder: AA, AA, AA, AA
Erwartungsergebnis:
AA
analog: aa

Genotypen der Eltern:

	AA	Gameten	
Aa		A	A
Gameten	A	AA	AA
	a	Aa	Aa

Genotypen der Kinder: AA, Aa, AA, Aa
Erwartungsergebnis:
2xAA+2xAa
1 : 1

Genotypen der Eltern:

	Aa	Gameten	
Aa		A	a
Gameten	A	AA	Aa
	a	Aa	aa

Genotypen der Kinder: AA, Aa, Aa, aa
Erwartungsergebnis:
AA+2xAa+aa
1 : 2 : 1

Genotypen der Eltern:

	AA	Gameten	
aa		A	A
Gameten	a	Aa	Aa
	a	Aa	Aa

Genotypen der Kinder: Aa, Aa, Aa, Aa
Erwartungsergebnis:
Aa

Abb. 5.3. Kreuzungstypen bei autosomalem Erbgang. A = dominantes Gen, a = rezessives Gen. (Nach Fuhrmann, Vogel 1982)

> ! Für jedes Kind eines Merkmalträgers ergibt sich damit bei einem autosomal-dominanten Erbleiden eine Erkrankungswahrscheinlichkeit von 1/2.

Dabei spielt es keine Rolle, welcher Elternteil das krankhafte dominante Allel in die Zygote eingebracht hat. Da Träger schwerer autosomal-dominanter Erbleiden häufig das Fortpflanzungsalter nicht erreichen oder so stark geschädigt sind, daß die Fortpflanzungsrate stark herabgesetzt bzw. gleich Null ist, sollte man erwarten, daß krankhafte dominante Gene sich von selbst eliminieren. Häufig treten solche Erbleiden jedoch *sporadisch* auf; d. h. beide Eltern sind gesund, das Kind weist jedoch eine Anomalie oder Mißbildung auf, die aus anderen Sippen als autosomal-dominant bekannt ist. In diesem Falle hat man es mit einer *Neumutation* zu tun. Neumutationen sind im Verhältnis zur Gesamtzahl der Erkrankten um so häufiger zu beobachten, je schwerer das betreffende Erbleiden den Träger schon in jungen Jahren beeinträchtigt und je weniger sich die Merkmalträger fortpflanzen.

Möglich ist auch, daß zwar ein Elternteil Träger des autosomal-dominanten Gens ist, dieses sich bei ihm aber aus uns bisher unbekannten Gründen nicht vollständig phänotypisch manifestiert hat und nicht bei 50 % der Nachkommenschaft auftritt. Es kann durch eine solche *unregelmäßige dominante Vererbung* eine Generation scheinbar übersprungen werden. Man spricht in diesem Falle von *unvollständiger Penetranz*. Die Penetranz gibt an, in wieviel Prozent der Genträger sich das Leiden manifestiert. Hat also z. B. ein Erbleiden eine Penetranz von 60 %, so bedeutet dies, daß nur 60 % der Genträger die Symptomatik des Leidens zeigen und die restlichen 40 % davon mehr oder weniger frei sind. Diese können es jedoch auf ihre Kinder weitervererben, bei denen sich das Leiden manifestieren kann. Dabei kann der phänoptypische Ausprägungsgrad bei penetranten Genen, d. h. die Stärke, mit der ein Gen manifestiert wird, durchaus unterschiedlich sein. Man drückt dies durch den Begriff *Expressivität* aus. Ein Gen kann auch auf unterschiedliche Merkmale einwirken, also unterschiedliche Symptome verursachen *(Pleiotropie).* Besteht bei einem Gen *Spätmanifestation* (Beispiel: Chorea Huntington), erkranken Genträger erst beispielsweise im Erwachsenenalter, so kann es sein, daß ein Genträger stirbt, bevor die Krankheit manifest wird. Auch dies kann eine Ursache für unregelmäßige Dominanz sein (Übersicht 5.2).

5.2.2 Genetische Erkrankungen mit autosomal-dominantem Erbgang

Eine Reihe von autosomal-dominanten Krankheiten sind sehr leicht und werden in der Regel durch mehrere Generationen weiter vererbt, weil die Krankheit für die Betroffenen keine wesentlichen Nachteile verursacht und dadurch das Fortpflanzungsverhalten nicht bzw. nur wenig beeinträchtigt wird. Als Beispiel werden hier die hereditäre Sphärozytose und kartilaginäre Exostosen geschildert.

Übersicht 5.2. Hauptkriterien bei autosomal-dominanter Vererbung

- Morphologische Fehlbildungen oder Anomalien und Störungen der Gewebestruktur sind häufig.
- Dominant vererbte Erkrankungen sind meist äußerlich sichtbar.
- Die Übertragung erfolgt in der Regel von einem der Eltern auf die Hälfte der Kinder.
- Der Phänotyp heterozygoter Genträger entspricht weitgehend dem homozygoten Genträger.
- Beide Geschlechter sind gleich häufig erkrankt.
- Es kann unregelmäßig dominante Vererbung vorliegen, beispielsweise durch unvollständige Penetranz oder Spätmanifestation.
- Nachkommen merkmalsfreier Personen sind merkmalsfrei, wenn volle Penetranz herrscht.
- Dominante Gene können pleiotrope Wirkung besitzen.
- Sporadische Fälle beruhen bis auf seltene Ausnahmen (Keimzellmosaike) auf Neumutationen (bei schweren Erbleiden oft über 50 % der Fälle).
- Viele autosomal-dominanten Erkrankungen haben Häufigkeiten unter 1/10 000, alle Erkrankungen zusammen haben eine Gesamthäufigkeit von etwa 7 auf 1000 Neugeborene.

Hereditäre Sphärozytose (Kugelzellanämie)

Die Sphärozytose ist die häufigste angeborene hämolytische Anämie in Nord- und Mitteleuropa. Die Häufigkeit beträgt ca. 1 auf 5.000 Geburten. Die Ursache der Kugelzellbildung ist ein Defekt eines der wichtigsten Strukturproteine der Erythrozytenmembran. Durch die membrangebundene Proteinkinase ist die Phosphorylierung von Membranproteinen gestört, dadurch wird die Zellmembran unstabil und die Kationenpermeabilität verändert.

Das Krankheitsbild ist sehr heterogen. Es kann im frühen Kindesalter oder erst im Erwachsenenalter auftreten, die Anlageträger können auch symptomfrei bleiben. Die klinische Heterogenität der Erkrankung wird durch verschiedene Strukturproteindefekte erklärt. Die Erkrankung ruft im Neugeborenenalter eine schwere Hyperbilirubinämie hervor. Später fällt eine leichte Anämie oder ein Subikterus auf. Die Milz ist am hämolytischen Prozess beteiligt, weil die rigiden Kugelzellen leicht verformbar sind und in der Milz abgebaut werden. Das Blutbild zeigt eine normochrome Anämie, im Blutausstrich sind zahlreiche Kugelzellen zu sehen (Abb. 5.4). Die osmotische Fragilität der Erytrozyten im Blut ist erhöht. Die hämolytischen Symptome verschwinden nach Splenektomie, obwohl der primäre Defekt unverändert erhalten bleibt.

Kartilaginäre Exostosen

Es handelt sich hierbei um eine enchondrale Ossifikationsstörung, die sich besonders in den Wachstumszonen auswirkt, und die sich in spitz auslaufenden Knochenvorsprüngen unterschiedlicher Größe, die meist im Kindes- und Jugendalter auftreten, zeigt. Disponierte Stellen sind die Enden der Röhrenknochen, die Rippen und das Becken. Sie können zu sekundären Verkürzungen bzw. Verbiegungen der Knochen sowie zur Einschränkung der Gelenkbeweglichkeit führen. Im Kindesalter kann eine Wachstumsstörung die Folge sein. Nach der Pubertät treten meist keine neuen Exostosen hinzu. Exostosen können gelegentlich malign entarten. Aus diesem Grund ist eine sorgfältige Überwachung im Erwachsenenalter von Bedeutung. Die

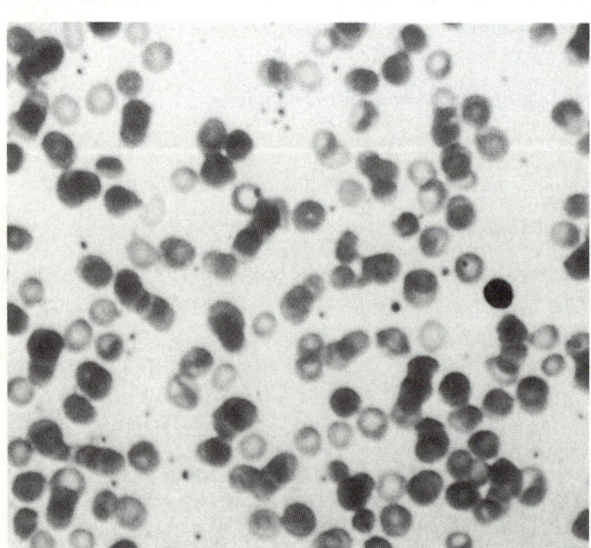

Abb. 5.4. Kugelzellen im Ausstrich bei hereditärer Sphärozytose

Übersicht 5.3. Einige weitere autosomal-dominante Erkrankungen

Krankheiten	Häufigkeit
Chorea Huntington	1/10 000
Neurofibromatose Typ I	1/3000
Neurofibromatose Typ II	1/35 000
Tuberöse Hirnsklerose	1/15 000
Familiäre Polyposis coli	1/10 000
Polyzystische Nieren (Adulter Typ)	1/1000
Retinoblastom	1/20 000
Fam. Hypercholesterinämie	1/500
Kartilaginäre Exostose	1/50 000
Marfan-Syndrom	1/25 000
Achondroplasie	1/10 000–30 000
Myotone Dystrophie	1/10 000 (in manchen Populationen höher)
von Hippel-Lindau	1/36 000
Crouzon-Syndrom	1/2500
Charcot-Marie-Tooth Typ IA, B	1/28 000
Apert-Syndrom	1/10 000
Kongenitale Sphärozytose	1/5000
Romano-Ward-Syndrom	1/10 000
Spalthand	1/90 000
Waardenburg-Syndrom	1/45 000

Häufigkeit beträgt ca. 1 auf 50.000 Geburten in Mitteleuropa. Das verantwortliche Gen ist im langen Arm des Chromosoms Nr. 8 lokalisiert.

Einige klinisch schwere und mittelschwere autosomal-dominante Krankheiten sind in der Übersicht 5.3 zusammengestellt. Hier werden nun Beispiele besprochen.

Familiäre Hypercholesterinämie

Hypercholesterinämie ist die häufigste, autosomal-dominante Erkrankung. Sie beträgt 1 auf 5.000 Geburten. Sie kommt in allen ethnischen- und Bevölkerungsgruppen vor. Dabei ist LDL-Cholesterin („Low Density Lipoprotein") auf das Zwei- bis Dreifache der Norm erhöht. Die Betroffenen erleiden die ersten Herzanfälle bereits im dritten Lebensjahrzehnt. Oft kommt es zur Ausbildung von tuberösen Xonthomen sowie einem porzellanweißen Arcus lipoides am Außenrand der Iris (Abb. 5.5).

Homozygote haben extrem hohe Blutcholesterinwerte. Sie zeigen bereits im Kindesalter perlenförmige Cholesterineinlagerungen in der Haut, die Herzanfälle können bereits im frühen Kindesalter auftreten.

LDL-Cholesterin wird durch rezeptorvermittelte Endozytose in die Zelle aufgenommen, in den Lysosomen heterolysiert und intrazellulär freigesetzt. Eine so erfolgte Zunahme des intrazellulären, freien Cholesterins führt erstens zur Hemmung der Hydroxymethyl-glutaryl-CoA-Reduktase (HMG-CoA-Reduktase), zweitens zur Verminderung der Rezeptordichte an der Zelloberfläche und drittens zur verstärkten Bildung von Cholesterinfettsäure (Abb. 5.6).

Die familiäre Hypercholesterinämie basiert auf einer Mutation im LDL-Rezeptor-Gen. Durch diese Mutation werden entweder keine oder nicht funktionsfähige Rezeptoren gebildet. Homozygote vermögen keine normalen Rezeptoren zu synthetisieren, während Heterozygote, die ein

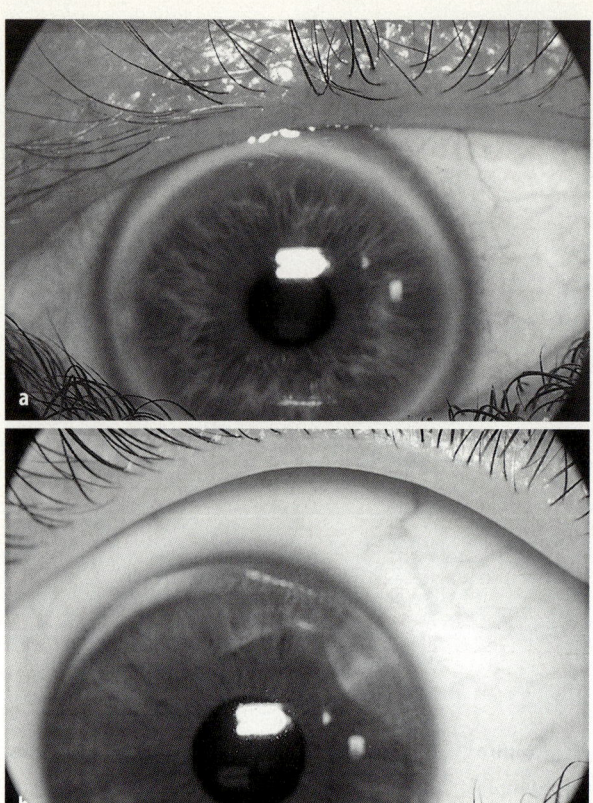

Abb. 5.5. a,b. Arcus lipoides corneae bei dominant erblicher Hypercholesterinämie Typ IIa. **a** Bei einem 44jährigen Mann, **b** bei seinem 14jährigen Sohn. (Nach Vogel 1989)

normales und ein mutiertes Gen besitzen, verminderte Rezeptoren haben. Das LDL-Rezeptoren-Gen ist am kurzen Arm des Chromosoms Nr. 19 (p13.1-p13.3) lokalisiert und hat eine Länge von 45 kb, es besteht aus 18 Exons und 17 Introns. Verschiedenene Mutationen, wie Punktmutationen, Deletionen, Insertionen, Frameshift-, Nonsens-, Missens- und Splicing-Mutationen sind allelisch und können entlang des gesamten Gens zur Hypercholesterinämie führen (Abb. 5.7). Die unterschiedliche klinische Manifestation ist durch diese allelische Heterogenität bedingt. Die Mutationen des LDL-Rezeptor-Gens in 5 verschiedenen Klassen sind in der Übersicht 5.4 zusammengefaßt. Entweder werden wie bei den Mutationen der Klasse I überhaupt

Übersicht 5.4. Klassifizierung der LDL-Rezeptor-mutationen

1. Rezeptorbildungsdefekt
2. Intrazellulärer Transportdefekt
3. LDL-Bindungsdefekt
4. Internalisationsdefekt
5. Recycling-Defekt

keine Rezeptoren hergestellt oder es liegt, wie bei den Mutationen der Klasse II, ein Transportdefekt vor. Bei einer Reihe von anderen Mutationen sind Produktion und Transport normal. Es liegt aber ein Bindungs-, Internalisations- oder Recyclingdefekt vor. Eine exakte Genotyp-Phänotyp-Korrelation ist noch problematisch,

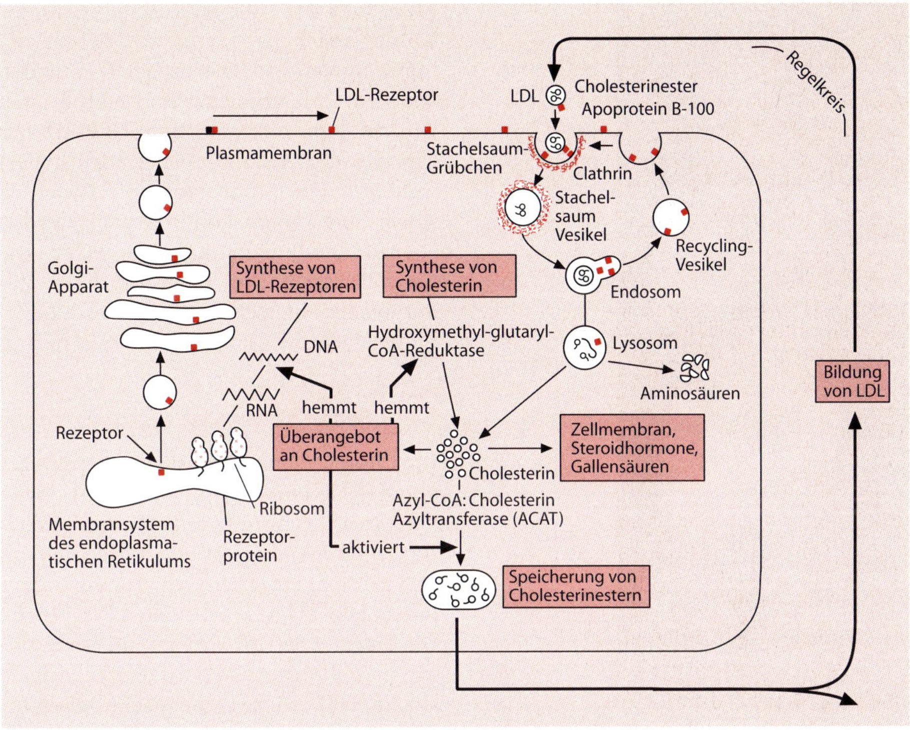

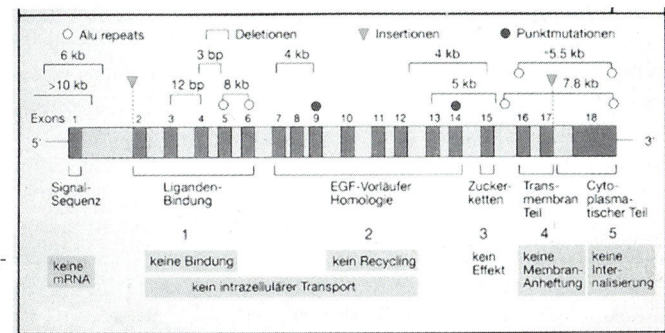

Abb. 5.6. Cholesterinstoffwechsel in der Zelle und seine Störungsmöglichkeiten. Mangelnde LDL-Aufnahme in die Zelle etwa durch einen Rezeptordefekt führt zu vermehrter Cholesterolsynthese, aber auch zu einer weiteren Verminderung der Synthese von Rezeptoren. (Aus Vogel 1989)

Abb. 5.7. Schematische Darstellung des Cholesterin-Gens mit den bisher identifizierten Mutationen. (Nach Passarge, 1994)

weil viele Übergangsformen existieren. Außerdem sind auch Mutationen bekannt, die sowohl einen Transport- als auch einen Recyclings- und/oder Bindungsdefekt verursachen.

Achondroplasie

Als Achondroplasie bezeichnet man eine Form des disproportionierten Zwergwuchses mit einer Häufigkeit von 1:30.000. Cha-

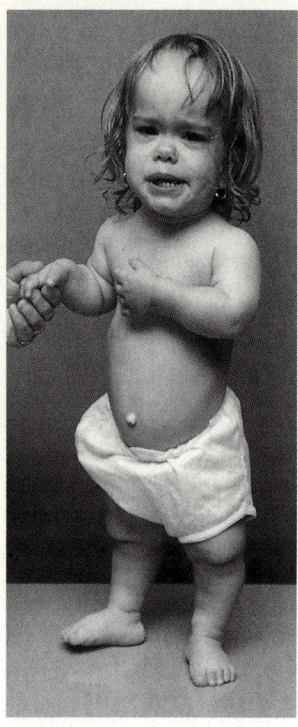

Abb. 5.8. Patient mit Achondroplasie. (Mit freundlicher Genehmigung von J. Pfeil, Orthopäd. Univ. Klinik Heidelberg)

rakteristisch sind stark verkürzte Extremitäten, vor allem im proximalen Bereich, relativ kurze Finger, vermehrter Abstand zwischen dem 3. und 4. Finger (Dreizackhand), großer Kopf mit vorgewölbter Stirn und abnormer Schädelbasis, gelegentlich erweiterte Hirnventrikel, hypoplastisches Mittelgesicht, tiefe Nasenwurzel und eine deutliche Lordose (Abb. 5.8). Aufgrund eines relativ langen Rumpfes haben die Patienten fast normale Sitzhöhe. Röntgenologisch werden verkürzte Röhrenknochen, unregelmäßig begrenzte Metaphysen, eingeengter Wirbelkanal, quadratische Beckenschaufeln und Makrozephalie beobachtet. Die Endgröße liegt zwischen 120 und 148 cm. Die normale Haut ist für die verkürzten Extremitäten zu weit und bildet daher charakteristische Falten.

Etwa 80 % der Fälle sind Neumutationen. Durch molekulargenetische Analyse der homozygoten und heterozygoten Patienten konnten Mutationen in Fibroblasten Growthfaktor-Rezeptor III (FGFR III) als Ursache der Achondroplasie identifiziert werden. Die thanatophore Dysplasie sowie die Hypochondroplasie werden ebenso durch Mutationen im FGFR III-Gen verursacht. Dies zeigt, daß diese phänotypisch unterschiedlichen Krankheitsbilder allelische Varianten sind (s. Kap. 7.3).

Chorea Huntington

Die Chorea Huntington ist eine neurodegenerative Erkrankung mit autosomal-dominantem Erbgang und vollständiger Penetranz. Sie manifestiert sich fortschreitend im Erwachsenenalter. Im Kindes- bzw. Jugendalter zeigt sie sehr selten Symptome. Die Störung betrifft vorwiegend die Basalganglien. Die charakteristischen Merkmale sind unwillkürliche choreatische Bewegungen, psychische Störungen und Demenz. Die ersten Manifestationszeichen sind in der Regel neurologische Störungen, jedoch können gelegentlich auch die psychischen Störungen den neurologischen vorausgehen. Da es sich hierbei um eine spät manifest werdende Krankheit handelt, werden oft Kinder gezeugt, bevor der Betroffene um die Vererbung der eigenen Erkrankung weiß. Für die Nachkommen besteht ein Risiko von 50 %, daran zu erkranken. Betrachtet man die Art der Altersverteilung bei der Krankheitsmanifestation, so zeigt sich, daß sich das Erkrankungsrisiko für die gesunden Nachkommen mit zunehmendem symptomfreiem Alter reduziert. Das Manifestationsalter kann sogar innerhalb einer Familie eine Variationsbreite zeigen. Patienten mit jüngerem Manifestationsalter erhalten die Mutation von erkrankten Vätern. Hier liegt ein Einfluß des Geschlechts des übertragenden Elternteils vor, den man auch bei einigen anderen Krankheiten in der letzten Zeit festgestellt

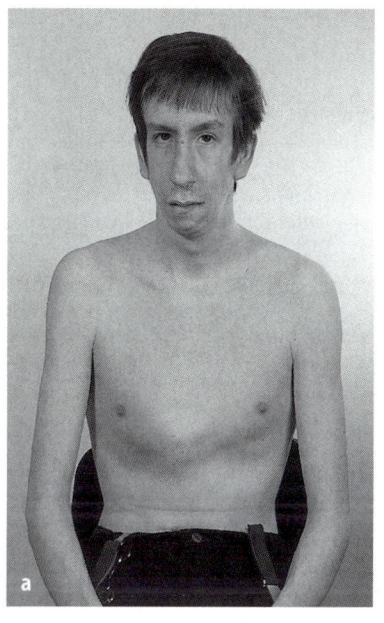

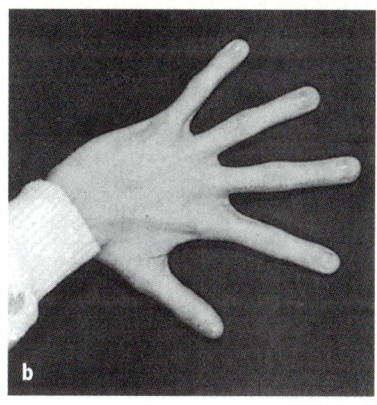

Abb. 5.9. a Phänotyp eines Patienten; **b** Spinnenfingrigkeit bei Marfan-Syndrom

hat. Diese Antizipation (s. Kap. 2.1.2) beruht auf geschlechtsspezifisch unterschiedlicher Methylierung der DNA in der Gametogenese und wird als *Genomic Imprinting* bezeichnet (s. Kap. 5.6.8). Hinweise auf diese Unterschiede lieferten Experimente mit transgenen Mäusen.

Das Gen für Chorea Huntington liegt auf dem kurzen Arm des Chromosoms Nr. 4 (4p16.3). Inzwischen ist das Gen identifiziert. Es handelt sich hierbei um ein expandierendes CAG-Repeat. Während bei Gesunden bis 37 Trinukleotide vorkommen, findet man bei Chorea-Huntington-Patienten über 40 CAG-Triplets (s. Kap. 5.6.10).

Marfan-Syndrom

Der primäre Effekt einer Mutation kann in verschiedenen Organsystemen unterschiedliche Auswirkungen haben. Ein Beispiel hierfür ist das autosomal-dominant erbliche Marfan-Syndrom. Der primäre Defekt ist eine Störung der Kollogensynthese, die sich auf das Skelettsystem, die Augen und auf das kardiovaskuläre System auswirkt. Charakteristische Symptome sind lange und schmale Extremitäten (Polichostenomelie) und Spinnenfingrigkeit (Arachnodaktylie), überstreckbare Gelenke (Abb. 5.9), Subluxation der Linse, Mitralklappenprolaps und Aortendissektion (die diagnostischen Kriterien sind in Übersicht 5.5 zusammengestellt). Die kardialen Befunde führen meist zum plötzlichen Tod des Patienten. Aus diesem Grund ist eine prophylaktische Therapie mit Betablockern dringend zu empfehlen. Die genannten Symptome können einzeln oder in unterschiedlicher Kombination vorliegen. Es findet sich eine hohe Variabilität der klinischen Ausprägung (Abb. 5.10), die auch innerhalb einer Familie unterschiedlich sein kann. Das Gen für das Marfan-Syndrom liegt auf dem langen Arm des Chromosoms 15 (15q21) und ist inzwischen sequenziert.

Das verantwortliche Gen (Fibrillin-1-Gen = FBN1) ist 110 kb lang und besteht aus 65 Exons. Bis jetzt sind etwa 80 verschiedene Mutationen am FBN1-Gen iden-

Übersicht 5.5. Diganostische Hauptkriterien des Marfan-Syndroms (Nach „Ghent-Nosologie 1996")

Skelettsystem (erst vier Manifestationen ergeben ein Hauptkriterium)	Pectus carinatum Pectus excavatum Verhältnis der Armspanne zur Körpergröße >1,05 positives Daumen-/Handgelenks-Zeichen Skoliose >20° oder Spondylolisthesis eingeschränke Ellbogenstreckung (<170°) Pes planus Protrusio acetabuli
Augen	Ektopia lentis
Kardiovaskuläres System	Dilatation der Aorta ascendens inklusive der Sinus Valsalvae, mit/ohne Aortenklappeninsuffizienz Dissektion der Aorta ascendens
Dura	lumbosakrale durale Ektasie

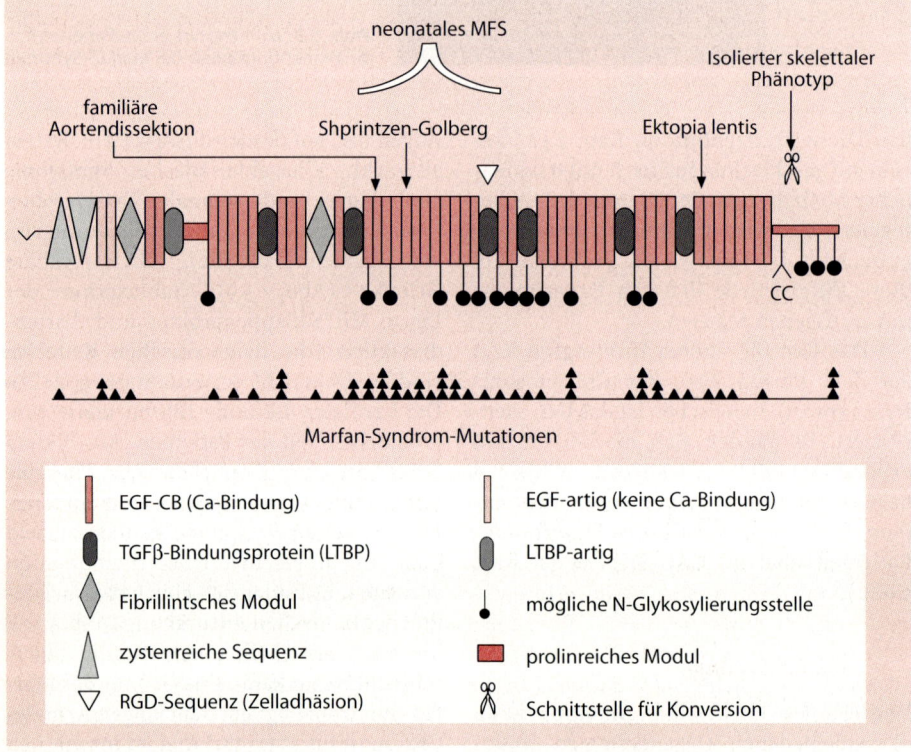

Abb. 5.10. Schematische Darstellung der Domänenstruktur des Profibrillin-1-Proteins. (Nach Ramirez 1996)

tifiziert, die meisten sind Zyteinreste in der Schlüsselposition der kalziumbindenden Domäne des epidermalen Wachstumsfaktors (EGF). Je nach Position können unterschiedliche Funktionsstörungen und damit das heterogene phänotypische Spektrum entstehen. Etwa 20 mit dem neonatalen Marfan-Syndrom assoziierte Mutationen häufen sich auf einer umschriebenen Region des FBN1-Gens. Dennoch kann eine Phänotyp-Genotyp-Korrelation nicht vorausgesagt werden. Einige Mutationen am FBN1-Gen können auch andere Krankheiten als das Marfan-Syndrom verursachen. Sie finden sich beim *Shprintzen-Goldberg-Syndrom* neben den Marfan-ähnlichen Skelettveränderungen noch eine Kraniostenose und andere Auffälligkeiten. Andererseits gibt es ein weiteres Fibrillin-Gen auf Chromosom 5q, das ein Krankheitsbild mit Marfan-Syndrom-Habitus verursacht. Charakteristisch sind Arachnodaktylien und Kontrakturen der großen und peripheren Gelenke, jedoch fehlen hier die okulären und kardiovaskulären Symptome. Das Krankheitsbild wird als *Beals-Hecht-Syndrom* bezeichnet.

5.3 Autosomal-rezessiver Erbgang

5.3.1 Definition und Vererbungsmodus

Von einem autosomal-rezessiven Erbgang sprechen wir, wenn nur der homozygote Genträger das interessierende Merkmal – etwa eine Erbkrankheit – aufweist, während der Heterozygote sich nicht von dem häufigeren, „normalen" Homozygoten mit zwei nicht krankhaften Allelen unterscheidet. Bei allen schweren autosomal-rezessiven Erbleiden wird der Kranke in der Regel von gesunden Eltern abstammen, die selbst heterozygot für das betroffene Gen sind.

> **!** Bei autosomal-rezessivem Erbgang tragen die Eltern zwar *genotypisch* den Defekt, er drückt sich jedoch *phänotypisch* nicht aus, da die Wirkung des betreffenden Gens im Vergleich zum normalen, nicht krankhaften Allel rezessiv ist. Eltern, die beide heterozygot für ein autosomal-rezessives Leiden sind, werden entsprechend dem 2. Mendelschen Gesetz zu 1/4 homozygot kranke Kinder bekommen, d. h. jedes Kind hat ein Erkrankungsrisiko von 25 %.

50 % der Kinder aus einer solchen Verbindung werden heterozygot Genträger des krankhaften Allels sein, sind aber wegen der Rezessivität phänotypisch unauffällig. 25 % der Kinder werden genotypisch und phänotypisch „normal" sein, da sie homozygot nur die beiden homologen „Normalallele" geerbt haben. Es ergibt sich also genotypisch ein Aufspaltungsverhältnis von 1:2:1, phänotypisch jedoch von 3:1, d. h. von 75 % gesunden Kindern und von 25 % kranken Kindern (Abb. 5.11). Bei der geringen Kinderzahl der meisten Familien heutzutage bedeutet das, daß die Mehrzahl der Krankheitsfälle anscheinend sporadisch auftritt, da sie häufig die einzigen Fälle in der Familie und in der Sippe sind. Diese Fakten sollte der Arzt sorgfältig beobachten und nicht aus der Tatsache, daß weitere Kranke in der Familie nicht auffindbar sind, ableiten, das Leiden sei nicht erblich.

Wir kennen zur Zeit ca. 1.800 autosomal-rezessive Erbleiden, die zwar sehr selten sind, jedoch für das betroffene Individuum sehr schwere Folgen haben. Daher ist es für den Arzt unbedingt notwendig, zumindest die Symptome der häufigsten autosomal-rezessiven Erbleiden zu kennen und im Zweifelsfall einen Fachmann, z. B. einen Humangenetiker, zu Rate zu ziehen.

Wurde bei einem Kind die Diagnose einer autosomal-rezessiven Erbkrankheit

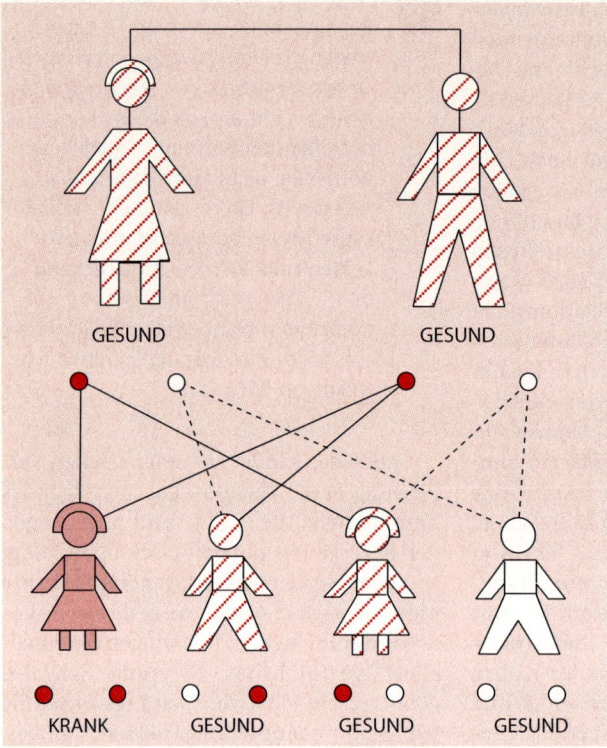

GESUND   GESUND

KRANK   GESUND   GESUND   GESUND

Abb. 5.11. Der häufigste Kreuzungstyp bei autosomal-rezessivem Erbgang

Übersicht 5.6. Die Hauptkriterien bei autosomal-rezessiver Vererbung

- Stoffwechselstörungen, speziell Enzymdefekte, sind häufig.
- Die Übertragung erfolgt von beiden Eltern, die heterozygote, phänotypisch gesunde Genträger sind, auf $\frac{1}{4}$ der Kinder. $\frac{1}{2}$ der Kinder ist heterozygot phänotypisch gesund und $\frac{1}{4}$ homozygot gesund.
- Nur homozygote Genträger erkranken.
- Beide Geschlechter sind gleich häufig erkrankt.
- Die Mehrzahl der Krankheitsfälle tritt anscheinend sporadisch auf, da heutige Familien wenige Kinder haben.
- Patienten mit seltenen Erkrankungen gehen häufiger aus Verwandtenehen hervor.
- Neumutationen spielen im Einzelfall keine Rolle und sind normalerweise auch nicht nachweisbar.
- Die meisten rezessiven Gene haben Häufigkeiten zwischen 1/100 und 1/1000, homozygote Krankheiten zwischen 1/10 000 bis 1/1 000 000. Alle Krankheiten zusammen haben eine Gesamthäufigkeit von etwa 2,5 auf 1000 Neugeborene.

gestellt, so sollte der Arzt den Eltern unbedingt mitteilen, daß für jedes weitere Kind ebenfalls ein Erkrankungsrisiko von 25 % besteht.

Einem autosomal-rezessiven Erbgang folgen insbesondere erbliche Stoffwechselleiden, speziell Enzymdefekte. Dabei handelt es sich normalerweise um einen Mangel eines bestimmten Enzyms. Untersucht man heterozygote Genträger, so stellt man fest, daß sie nur etwa 50 % der normalen Enzymaktivität besitzen. Das genügt jedoch in der Regel zur Aufrechterhaltung einer phänotypisch normalen Lebensfunktion. Heterozygote Genträger zeigen im allgemeinen keine Krankheitserscheinungen (Übersicht 5.6).

Im Gegensatz dazu wirken autosomal-dominante Erbleiden, also Erbleiden, die sich bereits im heterozygoten Zustand manifestieren, gewöhnlich nicht über einen Enzymblock. Charakteristisch für die dominante Vererbung sind ausgedehnte Anomalien der Gewebsbeschaffenheit und der Organform. Sie gehen häufig mit schweren äußerlichen Mißbildungen einher. Eine konstante Stoffwechselveränderung ist im Gegensatz zu autosomal-rezessiver Genwirkung normalerweise nicht erfaßbar. Man nimmt daher für dominante Erbleiden an, daß abnormale Genprodukte gebildet werden, deren Aufgabe nicht die Steuerung von Stoffwechselprozessen, sondern der Aufbau von Zellstrukturen und Gewebestrukturen ist. Vermutlich werden abnormale Polypeptide oder Proteine neben normalen gebildet und in die Zell- und Gewebestrukturen eingebaut, die jedoch dann die Struktur krankhaft verändern und zu ausgedehnten Mißbildungen führen.

5.3.2 Genetische Erkrankungen mit autosomal-rezessivem Erbgang

In Übersicht 5.7 sind einige genetische Krankheiten mit autosomal-rezessivem Erbgang zusammengestellt. Im nachfolgenden werden nur einige Beispiele erwähnt.

Zystische Fibrose

Die zystische Fibrose bzw. *Mukoviszidose* ist die häufigste autosomal-rezessive Erkrankung der weißen Bevölkerung. Die Häufigkeit beträgt in Mitteleuropa 1 zu 2.000 bis 2.500 Neugeborene, die Heterozygotenhäufigkeit 1 zu 20 bis 25. Durch Produktion von hochviskösem Sekret aller mukösen Drüsen kommt es zu einer Obstruktion der Drüsenausführungsgänge

Übersicht 5.7. Einige autosomal-rezessive Erkrankungen

Erkrankung	Häufigkeit
α-1-Antitrypsindefekt	1 : 4000
21-Hydroxylasedefekt (klassische AGS)	1 : 5000
Adrenogenitales Syndrom (nicht klassische AGS)	1 : 1000
Albinismus (oc)	1 : 30 000
Ataxia Teleangiectasia	1 : 40 000
Friedreich Ataxie	1 : 27 000
Galaktosämie	1 : 50 000
Homozystinurie	1 : 45 000–1 : 200 000
M. Gaucher	1 : 25 000 (bei Aschkenazi-Juden)
M. Krabbe	1 : 50 000 (Schweden)
M. Wilson	1 : 35 000
Meckel-Gruber-Syndrom	1 : 90 000 (Finnland)
Phenylketonurie	1 : 5000–10 000
Spinale Muskelatrophien	1 : 20 000
Tay-Sachs	1 : 3000 (bei Aschkenazi-Juden)
Zystische Fibrose	1 : 2000

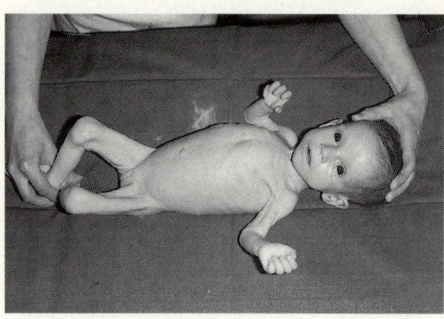

Abb. 5.12. Kind mit zystischer Fibrose (Mit freundlicher Genehmigung der Univ. Kinderklinik Heidelberg)

und sekundär zur Zystenbildung und Fibrosierung des Gewebes. Die Krankheit manifestiert sich bereits im frühen Säuglingsalter, kann aber auch erst im jungen Erwachsenenalter auftreten. In der Regel ist sie durch pulmonale und intestinale Symptome gekennzeichnet. Betroffen sind hauptsächlich Pankreas und Epitheldrüsen der Bronchien. In Pankreas kommt es zu zystisch-fibrotischen Veränderungen, wobei die Langhans-Zellen zunächst unberührt bleiben. Die intestinalen Erscheinungen sind Mekonium-Ileus des Neugeborenen oder wegen einer exokrinen Pankreasinsuffizienz kommt es zu Malabsorption mit nachfolgender Hypoproteinämie und Resorptionsstörung der fettlöslichen Vitamine im Kleinkindesalter (Abb. 5.12). Eine andere gastrointestinale Komplikation ist der Rektumprolaps. Die erhöhte Viskosität des Bronchialsekretes bewirkt eine chronische obstruktive Lungenerkrankung mit Bronchiektasen, chronischen Infektionen und Ateminsuffizienz mit allen ihren Folgen. Die Natrium- und Chloridausscheidung im Schweiß ist erhöht. Bei längerem Verlauf tritt oft eine biläre Leberzirrhose auf. Die männlichen Patienten sind trotz normaler Spermiogenese steril, wahrscheinlich infolge der Obstruktion der Ausführungsgänge des männlichen Genitalsystems (kongenitale bilaterale Atrophie des Vas deferens = CBAVD).

1985 konnte das Gen für Mukoviszidose mit Hilfe der Kopplungsanalyse polymorpher DNA-Marker auf dem langen Arm des Chromosms Nr. 7 lokalisiert werden. Inzwischen ist das CF-Gen sequenziert. Das gesamt Gen hat eine Länge von 250 kb. Die kodierende Sequenz ist etwa 6.500 Basenpaare lang und in 27 Exons aufgeteilt. Die häufigste Mutation im CF-Gen ist die sog. Delta F508-Mutation, eine Deletion von 3 Basenpaaren in der Sequenz des Exons 10. Sie betrifft die Abfolge CTT von Position 1653–1655. Dies hat zur Folge, daß die Kodierung der Aminosäure Phenylalanin in Position 508 der Aminosäurenkette ausfällt. Die Frequenz der Delta F508-Mutation wurde weltweit in vielen Populationen untersucht, und man hat dabei beträchtliche Unterschiede festgestellt. In Dänemark beispielsweise wurde die Delta F508-Mutation in etwa 68 aller CF-Mutationen gefunden, in der Türkei dagegen nur in 27%. In der deutschen Bevölkerung findet man die Delta F508-Mutation in etwa 70% der CF-Mutationen. Nahezu 600 verschiedene CF-Mutationen sind inzwischen bekannt, 10 Mutationen wurden in mehr als 100 Patienten beobachtet. Die seltenen Mutationen sind nur Einzelbeobachtungen. Etwa 60% der Patienten mit deutscher Abstammung sind homozygot für die Delta F508-Mutation; 35% sind combound-heterozygot für die Delta F508-Mutation und eine andere Mutation. Bei 5% konnte die Delta F508-Mutation nicht nachgewiesen werden. Diese Patienten sind homozygot oder combound-heterozygot für andere Mutationen. Untersucht man etwa 12 der häufigsten CF-Mutationen, kann man ca. 85% der Anlageträger erfassen. Die große Anzahl an CF-Mutationen und das variable Krankheitsbild bietet sich als Modell für das Verständnis der Phänotyp-Genotyp-Korrelation an.

Das Genprodukt ist Mitglied einer Familie von Membranproteinen, deren gemeinsame Merkmale Strukturmotive in Form von Transmembranhelices und

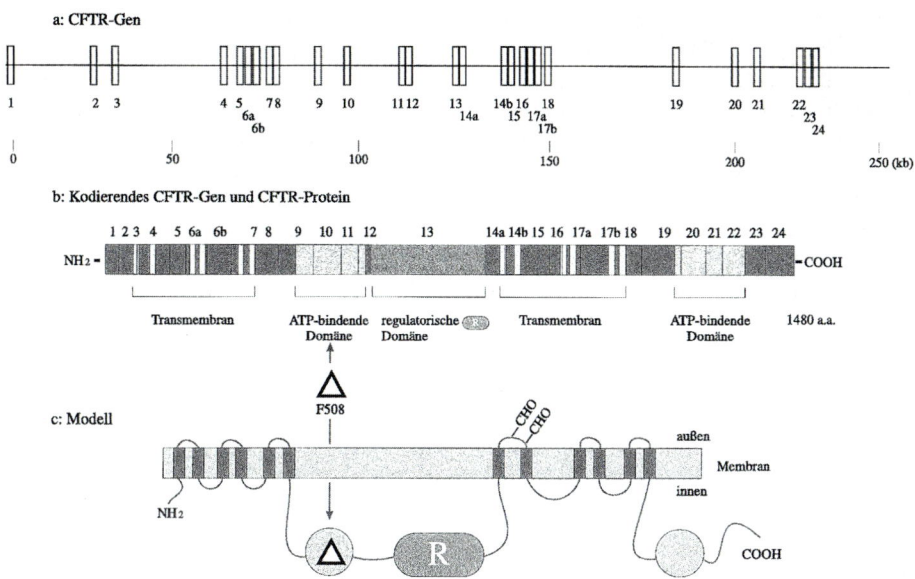

Abb. 5.13. Das CFTR-Gen und sein kodierendes Protein. (Nach Tsui, Buchwald 1991)

Nukleotidbindungsfalten sind. Das CF-Protein hat zwei Transmembran-Domänen mit jeweils 6 hydrophopen Abschnitten, zwei Nukleotidbindungsfalten, die ATP binden und zusätzlich eine mittlere Domäne, die durch zahlreiche, geladene Seitenketten charakterisiert ist (Abb. 5.13). Das unveränderte Protein ist am Transport von Chloridionen durch die Membran beteiligt und wird als Cystic-Fibrosis-Transmembran-Conductance-Regulator (CFTR) bezeichnet.

Die molekulargenetische Analyse des CF-Gens schafft nun die Grundlage für das Verständnis der Ätiologie sowie der Pathogenese der Krankheit, und es besteht die begründete Hoffnung, die bisherige symptomatische Therapie durch Entwicklung einer somatischen Gentherapie, insbesondere im respiratorischen Trakt, zu ersetzen. Bei infertilen Männern ohne klinische Zeichen der zystischen Fibrose findet man sehr oft unterschiedliche CF-Mutationen in einem homozygoten oder compound-heterozygoten Zustand.

Spinale Muskelatrophien

Die spinale Muskelatrophie ist eine progrediente Muskelschwäche infolge des Untergangs der motorischen Vorderhornzellen mit entsprechenden Muskelatrophien. Es handelt sich sowohl klinisch als auch genetisch um ein heterogenes Krankheitsbild. Die verschiedenen Typen unterscheiden sich durch das Manifestationsalter, die Verteilung der Muskelatrophien auf verschiedene Körperregionen sowie durch den Vererbungsmodus. Bei dem infantilen Typ Werdnig-Hoffmann bzw. SMA I beginnt die Muskelatrophie bereits im Uterus. Oft geben die Mütter an, weniger bzw. schwache Kindsbewegungen gespürt zu haben. Bei einem Subtyp von Werdnig-Hoffmann (SMA Ib) treten die Symptome erst in der zweiten Hälfte des zweiten Lebensjahres auf. Charakteristisch sind eine ausgeprägte Muskelhypotonie, nicht auslösbare Muskeleigenreflexe und Bewegungsarmut. Kinder mit Werdnig-Hoffmann-Erkrankung liegen in typischer Froschhaltung. Die frühkindlichen Meilensteine treten nicht auf. Da die Atemmuskulatur mit betroffen ist, ist die Atmung rein abdominal. Zu Beginn sind vorwiegend proximale und stammbetonte Muskeln betroffen, später ist die Erkrankung generalisiert. Skoliose, Thoraxdeformitäten und Gelenkkontrakturen treten langsam auf. Kinder mit spinaler Muskelatrophie Typ Werdnig-Hoffmann sterben meist innerhalb des zweiten Lebensjahres. Beim SMA Typ Ib können die Kinder gelegentlich ihr zweites Lebensjahrzehnt erreichen.

Bei SMA Typ II beginnt die Erkrankung im Laufe der ersten beiden Lebensjahre, bei Typ III (Kugelberg-Wielander) meist nach dem 2. Lebensjahr. Bei einer adulten Form, dem SMA Typ IV, beginnt die Erkrankung im zweiten bzw. dritten Lebensjahrzehnt. Bei Typ II ist gelegentlich eine autosomal-dominante und X-chromosomal-rezessive Vererbung beobachtet worden. Die Heterozygotenhäufigkeit für die ersten drei Typen beträgt ca. 1 zu 80. Das Gen für die autosomal-rezessive spinale Muskelatrophie liegt auf dem langen Arm des Chromosoms Nr. 5 (5q11–13). Das verantwortliche Gen ist noch nicht sequenziert.

Das Gen für die infantile SMA ist auf den langen Arm des Chromosoms 5 (5q11.2–13.3) lokalisiert. Molekulargenetische Analysen zeigen bei etwa 90–98 % der autosomal-rezessiven SMA-Patienten eine homozygote Deletion des SMN-Gens (Survival Motor Neuron). Die Deletion befindet sich in Exon 7 und 8, seltener auch nur in Exon 7. Bei SMA-Patienten, bei denen keine homozygoten Deletionen vorliegen, wurden bis jetzt nur in Einzelfällen Mutationen im SMN-Gen gefunden. Der Nachweis einer Deletion im SMN-Gen wird inzwischen als diagnostisches Mittel bei klinischem Verdacht angewandt. Ein Heterozygotennachweis anstelle der Deletionsanalyse ist jedoch nicht möglich.

Smith-Lemli-Opitz-Syndrom

Die charakteristischen Merkmale des Smith-Lemli-Opitz-Syndroms sind antevertierte Nasenrillen (Steckkontaktnase), Ptosis, Syndaktylie der zweiten und dritten Zehe gelegentlich mit postaxialer Polydaktylie, Hypospadie und Kryptorchismus bei Knaben, ausgeprägte Muskelhypotonie, Mikrozephalie, Mikrognathie und schwere, psychomotorische Retardierung (Abb. 5.14). Gelegentlich können Gaumenspalten, Katarakte, epileptische Anfälle und Myelinisierungsstörungen vorliegen. Dieses Fehlbildungssyndrom wird durch einen

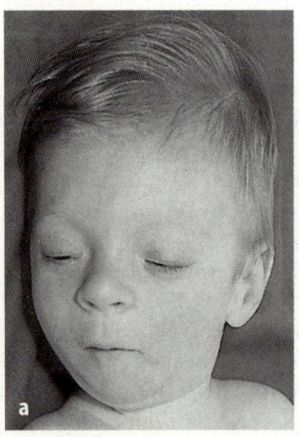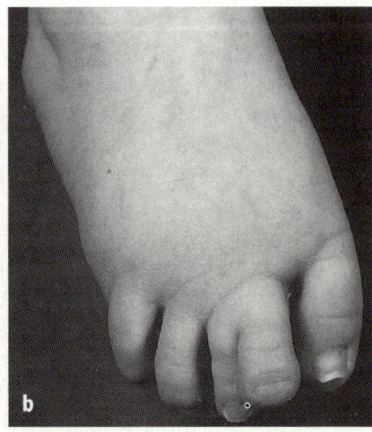

Abb. 5.14 a,b.
Kind mit Smith-Lemli-Opitz-Syndrom

Defekt in der Cholesterolbiosynthese verursacht. Die Patienten haben als Folge des 7-Dehydrocholesterin-Reduktasedefekts einen verminderten Cholesterin- und einen erhöhten 7-Dehydrocholesterin-Wert im Plasma und Gewebe. Cholesterol spielt in der normalen Entwicklung der verschiedenen Organe eine wichtige Rolle. Aus diesem Grund führt die mangelhafte Synthese des Cholesterols zu den unterschiedlichen Merkmalen dieser Erkrankung. Das Gen für das Smith-Lemli-Opitz-Syndrom ist auf 7q32.1 lokalisiert und wird autosomal-rezessiv vererbt. Bei einigen Patienten mit gleichen phänotypischen Merkmalen und Herzfehlern wurde trotz äußerem weiblichen Genitale ein männlicher Karyotyp festgestellt. Diese Patienten sind sehr schwer betroffen und sterben in der frühen Neugeborenenperiode. Dieses Krankheitsbild wird als Smith-Lemli-Opitz-Syndrom Typ II bezeichnet. Da aber bei beiden ein Cholesterolsynthesedefekt vorliegt, sind sie entweder allelisch oder es handelt sich um das gleiche Krankheitsbild mit unterschiedlicher Expression.

5.3.3 Pseudodominanz

Ein Spezialfall rezessiver Vererbung soll noch Erwähnung finden: Kommt es zu einer Verbindung eines homozygoten Genträgers für ein erbliches Stoffwechselleiden der oben besprochenen Form mit einem heterozygoten Genträger, so ist der Erwartungswert für erkrankte Kinder nicht mehr 25 %, sondern 50 %, wie sich leicht formal ableiten läßt. Vom Erwartungswert her wird also hier autosomal-dominante Vererbung simuliert. Man spricht daher von Pseudodominanz.

5.3.4 Bedeutung von Blutsverwandtschaft der Eltern für das Auftreten rezessiver Erbleiden

Die meisten rezessiven Gene haben Häufigkeiten zwischen 1:100 und 1:1.000. Dies bedeutet, daß das Risiko für eine Homozygotie zwischen 1:10.000 bis 1:1.000.000 beträgt (genauer werden diese Zusammenhänge in Kapitel 12.2 besprochen). Seltene Gene haben also in der Regel ein relativ geringes Risiko zusammenzutreffen, sofern *Panmixie* bezüglich des betreffenden Merkmals herrscht, d. h., wenn die Heiratsgewohnheiten unabhängig vom Merkmal sind. Haben Personen jedoch einen Teil ihrer Gene gemeinsam, wie es bei Blutsverwandtschaft der Fall ist, so erhöht sich das Risiko beträchtlich. Dies gilt vor allem für seltene pathologische Gene. Je seltener nämlich ein rezessives Gen in der Bevölkerung ist, desto häufiger wird es sich bei den Nachkommen des gleichen Stammelternpaares finden. Der Extremfall hierbei wäre der, daß ein pathologisches Gen durch einen einzigen Mutationsschritt nur in einer einzigen Familie vorkommt. Dieses Gen kann überhaupt nur dann homozygot werden, wenn Blutsverwandte gemeinsame Nachkommen haben. Je näher der Verwandtschaftsgrad zweier blutsverwandter Partner ist, um so höher ist die Wahrscheinlichkeit, daß es zur Verbindung zweier Heterozygoter und damit zum Homozygotwerden des Gens kommt.

Wie bereits in obigem Beispiel gezeigt, entspricht das zufällige Zusammenkommen zweier homologer Gene und damit das Homozygotwerden dem Quadrat der Heterozygotenhäufigkeit in der Bevölkerung. Bei einer Heterozygotenfrequenz von 1/50 errechnet sich dies zu

$$1/50 \times 1/50 = 1/2.500$$

Bei rezessivem Erbgang ergibt dies eine Manifestationswahrscheinlichkeit von

$$1/4 \times 1/2.500 = 1/10.000$$

Beispiel: Nehmen wir eine Vetternehe 1. Grades an, so ist der Anteil der gemeinsamen Gene 1/8. Auf die Manifestationswahrscheinlichkeit hat dies folgenden Einfluß:

$$1/50 \times 1/8 \times 1/4 = 1/1.600$$

> **!** Das Risiko für eine Homozygotie seltener rezessiver Gene bei Blutsverwandtschaft ist wesentlich erhöht.

Dagegen sind für häufige rezessive Erbleiden Verwandtschaftsehen praktisch ohne Bedeutung, da es durch den hohen Anteil von Heterozygoten in der Bevölkerung auch ohne Verwandtenehen zu homozygoten Genträgern kommt.

Welche Konsequenzen hat dies für die praktische genetische Beratung? Ohne Frage erhöht sich bei Verwandtenehen das Risiko für eine Homozygotie pathologisch rezessiver Gene beträchtlich. Dies muß bei der Beratung berücksichtigt werden. Andererseits wird das Risiko für ein genetisch geschädigtes Kind aus solchen Verbindungen allgemein häufig überschätzt. Der Grund liegt darin, daß bestimmte Erkrankungen wie z. B. Kretinismus nach Jodmangel im Wasser in Alpenisolaten früher auf diese genetischen Ursachen zurückgeführt wurden.

Insgesamt besteht also eine Risikoerhöhung, das Risiko für Kinder aus solchen Verbindungen ist allerdings absolut nicht allzu hoch. (Ausführlicher wird diese Problematik nochmals in Kapitel 9.6.1 behandelt.)

Seltene rezessive Erkrankungen finden sich in bestimmten Bevölkerungsgruppen in erstaunlicher Häufigkeit. Der Grund ist eine Anhäufung solcher Gene in *Isolaten*. Die Entstehung solcher Isolate kann geographische, historische, ethnische oder religiöse Ursachen haben. Dabei spielen Verwandtschaftsehen eher eine geringere Rolle. Von größerer Bedeutung ist die allgemeine Genverwandtschaft in solchen Bevölkerungen, die häufig von relativ kleinen Populationsstärken ihren Ausgang genommen haben.

Die humangenetische Forschung zieht solche Isolate heran, um einzelne genetische Erkrankungen bezüglich ihrer klinischen Manifestation und ihrer Heterogenität näher zu untersuchen. In den letzten Jahren brechen die sozialen Veränderungen und die weltweit gestiegene Mobilität zwar zunehmend auch die letzten echten Isolate auf, dennoch bilden sie manchmal den Ausgangspunkt großer Stammbäume für seltene genetische Erkrankungen. Solche Stammbäume können u. a. bei der Genlokalisation wichtiger pathologischer Gene mit Methoden der modernen Molekulargenetik sehr hilfreich sein.

Ein Beispiel für die Zunahme genetischer Erkrankungen unter Isolatbedingungen ist die hohe Frequenz von drei Lipidspeichererkrankungen unter den Ashkenazi-Juden Ost-Europas. Diese Krankheiten, die auf Defekten verschiedener lysosomaler Hydrolasen beruhen, sind die kindliche Form der *Tay-Sachs-Erkrankung* (G_{M2}-Gangliosidose), die *Niemann-Pick-Krankheit* (Sphingomyelin-Lipidose) und die adulte Form (Typ I) der *Gaucher-Krankheit*. Viele Bedingungen sprechen dafür, daß *genetische Drift* für die Zunahme dieser Krankheiten verantwortlich ist. Während langer Perioden ihrer Geschichte lebten die Ashkenazi-Juden als eine religiöse Minorität in relativer Isolation. Es gibt Schätzungen, daß die Population zu Beginn des 19. Jahrhunderts nicht mehr als 10.000 Personen umfaßte. Andere Daten sprechen jedoch dafür, daß es verschiedene Einflüsse auf diesen Genpool gegeben hat, die einer wirksamen genetischen Drift widersprechen. Immerhin waren es drei pathologisch und genetisch ähnliche Gene, die sich in der gleichen Bevölkerung ausgebreitet haben. Es muß daher auch diskutiert werden, inwieweit nicht sehr spezifische Selektionsvorteile für Heterozygote unter den besonderen Lebensbedingungen eine Rolle gespielt haben. Allerdings konnte ein definierter Selektionsvorteil bisher nicht nachgewiesen werden. Die Sachlage ist also hier durchaus komplex; dennoch zeigt das Beispiel, daß in bestimmten Populationen seltene genetische Erkrankungen weit häufiger sein können als in der allgemeinen Population.

5.3.5 Nachweisbarkeit der Heterozygoten

Bei einer Reihe rezessiver Erkrankungen ist es möglich, sogenannte Heterozygotentests durchzuführen, d. h. man kann den heterozygoten Zustand eines gesunden Probanden bzw. eines Paares bestimmten. Dies kann für die genetische Beratung wichtig sein. Folgende Bestimmungsmöglichkeiten existieren:

- Bestimmung der Aktivität des entsprechenden Enzyms und Vergleich mit gesunden Kontrollpersonen (Heterozygote haben niedrigere Aktivitäten);
- Nachweis einer abgeschwächten Genexpression im Heterozygotenzustand;
- Belastungstest: Die Substanz, die das zu untersuchende Enzym umsetzen soll, wird unter der Annahme verabreicht, daß Heterozygote eher dekompensieren als homozygot gesunde Personen;
- molekularbiologischer Nachweis über DNA-Sonden.

Vor allem bei der genetischen Beratung von Verwandten von Patienten mit X-chromosomal-rezessiven erblichen Erkrankungen kann der Heterozygotentest sinnvoll sein, da weibliche Heterozygote ein Risiko von 50 % für erkrankte männliche Nachkommen haben. Für die meisten autosomal-rezessiven Erkrankungen ist er von geringer Bedeutung, da in den meisten Fällen

mögliche Heterozygote, in der Regel der Bruder oder die Schwester eines betroffenen Homozygoten, nicht plant, einen nahen Verwandten, wie beispielsweise eine Cousine zu heiraten. Ein Risiko für homozygote Kinder besteht ja nur, wenn beide prospektiven Eltern heterozygot sind, und die meisten rezessiven Gene sind so selten, daß das Risiko für einen Heterozygoten einen eben solchen zu heiraten ziemlich gering ist.

Zudem ist die Auswertung der konventionellen Tests nicht immer unproblematisch, denn obwohl z. B. die Enzymaktivität von Heterozygoten um 50 % gesenkt ist, bestehen doch signifikante Variationen in Enzymlevels von Heterozygoten und Normalen, die zu Überlappungen der Verteilung der Enzymwerte führen können. Dies kann zum Problem werden, eine bestimmte Person einzuordnen, und mit dieser Problematik sind tatsächlich viele der herkömmlichen Heterozygotentests behaftet.

Glücklicherweise kann jedoch in immer mehr Fällen ein direkter Nachweis auf DNA-Ebene angeboten werden. Die häufigste autosomal-rezessive Erkrankung in Nord- und Westeuropa ist mit einer Häufigkeit von 1–1.600 die Zystische Fibrose. Die Heterozygotenhäufigkeit beträgt hier 4–5 %. Hier wird gegenwärtig diskutiert – zumal das Gen kloniert ist und Tests auf DNA-Ebene zur Verfügung stehen – Verwandten von Betroffenen und ihren Partnern im Rahmen der genetischen Beratung einen solchen Test anzubieten. Heterozygote mit dem Ausfall eines Allels für α1-Antitrypsin sind möglicherweise Risikogruppen für chronische Lungenerkrankungen, wenn sie verschiedenen Umweltbelastungen wie beispielsweise Zigarettenrauchen ausgesetzt sind.

Heterozygote für Ataxia Teleangiektasia haben eine höhere Frequenz für verschiedene Krebserkrankungen. Für einen signifikanten Anteil von Brustkrebserkrankungen (mehr als 8 %) nimmt man an, daß sie auf Heterozygotie für Ataxia teleangiectasia beruhen. Es kann angenommen werden, daß ionisierende Bestrahlung für solche Heterozygote ein höheres Risiko beinhaltet, an Brustkrebs zu erkranken. Wenn ein spezifischer DNA-Test hier entwickelt ist, muß der Nachweis von Heterozygotie hier neu überdacht werden. Heterozygotentests für Hämophilie A und B und für Muskeldystrophie Typ Duchenne und Becker können nun über indirekte und mehr und mehr direkte DNA-Untersuchungen durchgeführt werden. Damit wurden die alten Methoden wie Kreatin-Phosphokinase-Aktivität bei der Duchenne-Muskeldystrophie und Faktor VIII- und Faktor IX-Bestimmungen bei der Hämophilie durch exaktere Methoden ersetzt.

5.3.6 Auswirkungen von Homozygotie und Heterozygotie

Der Unterschied zwischen autosomaldominantem und autosomal-rezessivem Erbgang ist, wie bereits in Kap. 5.3.1 erwähnt wurde, in der Gendosis zu suchen. Während beim autosomal-dominanten Erbgang bereits die einfache Gendosis ausreicht, um bei Defektgenen Krankheitserscheinungen hervorzurufen, also der heterozygote Zustand bereits zur Symptomatik führt, wird beim autosomal-rezessiven Erbgang die doppelte Gendosis benötigt, also die Homozygotie von Genen. Ob ein Gen dominant oder rezessiv wirkt, hängt ausschließlich von der Information ab, die es kodiert. Folglich unterliegen insbesondere erbliche Stoffwechselleiden, speziell Enzymdefekte einem autosomalrezessiven Erbgang.

Bei für Enzyme kodierenden Genen reicht nämlich in der Regel die einfache Gendosis aus, um eine phänotypisch normale Lebensfunktion aufrecht zu erhalten. Da Defektallele normalerweise zum Mangel eines Enzyms führen, kann man bei Heterozygoten – sofern für einen bestimmten Defekt Heterozygotentests existieren – tatsächlich nur etwa 50 % der Enzymaktivität von homozygot Gesunden nachweisen. Die halbe Genaktivität gewährleistet eine normale Lebensfunktion. Erst der völlige Ausfall der genetischen Information, also der homozygote Zustand, führt zur Manifestation der Erkrankung.

Dominante Gene sind dagegen normalerweise nicht durch den Ausfall eines Genprodukts, sondern durch die Bildung abnormaler Genprodukte gekennzeichnet, deren Aufgabe nicht die Steuerung von Stoffwechselprozessen, sondern der Aufbau von Zell- und Gewebestrukturen ist. Werden aber abnormale Polypeptide oder Proteine neben normalen gebildet und in Zellen und Gewebe eingebaut, so wird deren Struktur so verändert, daß ausgedehnte Mißbildungen die Folge sind (Übersicht 5.8).

Übersicht 5.8. Die Wirkung rezessiver und dominanter Defektgene

Rezessive Gene	kodieren meist für Enzymproteine. Defekte führen gewöhnlich zum Ausfall des Genprodukts. Ein Normallel reicht zur Aufrechterhaltung der Funktion aus.
Dominante Gene	kodieren meist für Strukturproteine. Defekte führen gewöhnlich zum Einbau eines falschen Genproduktes. Normallel und Defektallel werden exprimiert, Mißbildungen sind die Folge.

5.4 X-chromosomale Vererbung

In den vorhergehenden Kapiteln wurden Erbgänge dargelegt, für die die verantwortlichen Gene auf den Autosomen lokalisiert waren. Nun soll auf die *geschlechtsgebundene Vererbung* eingegangen werden, d. h. auf den Vererbungsmodus von Genen, die auf den Gonosomen lokalisiert sind.

5.4.1 X-chromosomal-rezessiver Erbgang

Das menschliche X-Chromosom enthält relativ zahlreiche Gene, deren Erbgang sowohl dominant als auch rezessiv sein kann. Da die Männer ein X-Chromosom, die Frauen aber zwei X-Chromosomen haben, gibt es im Falle einer X-gekoppelten Mutation für die Männer zwei, für die Frauen drei Möglichkeiten. Die Männer können jeweils hemizygot für mutierte oder normale Gene sein, während die Frauen entweder heterozygot oder homozygot für jedes Allel sein können. Von *Hemizygotie* spricht man dann, wenn ein Gen nur einmal im Genotyp vorhanden ist, also bei Genen, die auf dem einzigen X- oder Y-Chromosom des Mannes lokalisiert sind. Ein rezessives Gen, das auf dem X-Chromosom liegt, wird sich phänotypisch beim Mann manifestieren, da er im Gegensatz zum weiblichen Geschlecht kein zweites normales Gen besitzt (Übersicht 5.9).

Folgende Kreuzungsmöglichkeiten können vorliegen:

- Mutter heterozygot (X/X), phänotypisch gesund, Vater gesund (XY). Hier wird die Mutter als Konduktorin (Überträgerin) das krankmachende Gen auf die Hälfte der Söhne vererben (X/Y), die dann hemizygot das defekte Gen besitzen und erkranken. Alle Töchter aus dieser Verbindung sind bis auf seltene Ausnahmefälle klinisch gesund. Die Hälfte von ihnen sind aber wieder Konduktorinnen (Abb. 5.15).
- Vater hemizygot krank (X/Y), Mutter homozygot gesund (XX). Bei dieser Kreuzungssituation werden alle Söhne gesund sein, denn sie erhalten immer das normale Gen mit dem X-Chromosom der Mutter. Alle Töchter sind jedoch heterozygote Konduktorinnen (X/X), denn sie erhalten das krankhafte Gen über das X-Chromosom des Vaters. Töchter eines hemizygot kranken Mannes werden dieses Chromosom mit dem krankmachenden Gen auf die Hälfte ihrer Söhne weiter vererben (Abb. 5.16).
- Mutter homozygot krank (X/X), Vater gesund (XY). Alle Söhne werden krank (X/Y), und die Töchter alle gesunde Konduktorinnen (X/X) (Abb. 5.17).
- Mutter homozygot krank (XX), Vater hemizygot krank (X/Y). Alle Kinder werden krank (XX, XY) (Abb. 5.18).
- Mutter heterozygot (X/X), Vater hemizygot krank (X/Y). Die Hälfte der Söhne werden hemizygot krank (XY), die Hälfte der Töchter werden homozygot krank (XX), die andere Hälfte gesunde Konduktorinnen (XX) (Abb. 5.19).

Übersicht 5.9. Die Hauptkriterien bei X-chromosomal-rezessiver Vererbung

- Die Übertragung erfolgt nur über alle gesunden Töchter kranker Väter und über die Hälfte der gesunden Schwestern kranker Männer (Konduktorinnen).
- Besonders bei seltenen Leiden erkranken fast nur Männer.
- Söhne von Merkmalsträgern können das kranke Gen nicht von ihrem Vater erben.
- Bei Konduktorinnen erkranken 50 % der Söhne, 50 % der Töchter sind Konduktorinnen.
- Alle Krankheiten zusammen haben eine Gesamthäufigkeit von 0,8 auf 1000 männliche lebende Neugeborene.

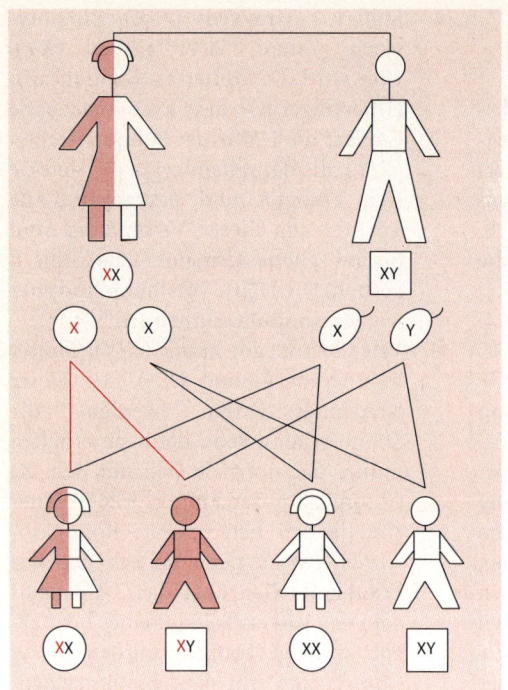

Abb. 5.15. X-chromosomal-rezessiver Erbgang. Mutter heterozygote Konduktorin (X'X), Vater gesund (XY)

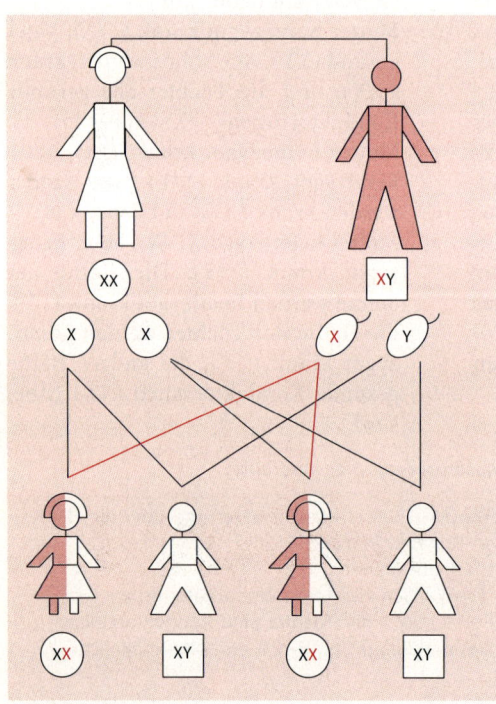

Abb. 5.16. X-chromosomal-rezessiver Erbgang. Mutter (XX) homozygot normal, Vater (X'Y) hemizygot krank

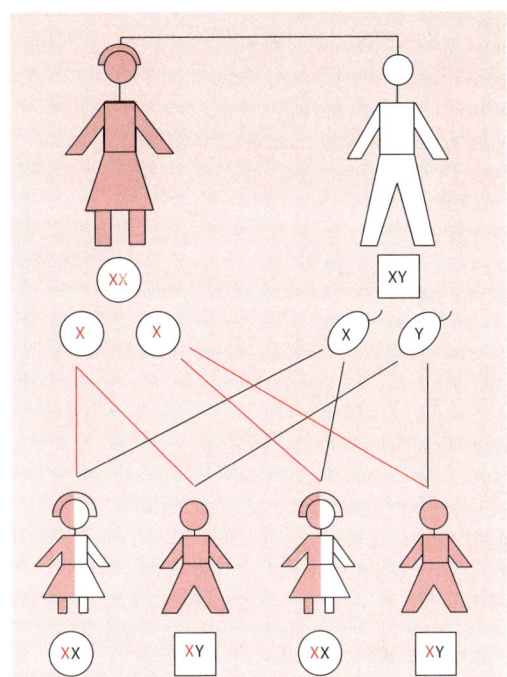

Abb. 5.17. X-chromosomal-rezessiver Erbgang mit homozygot kranker Mutter (XX') und gesundem Vater (XY)

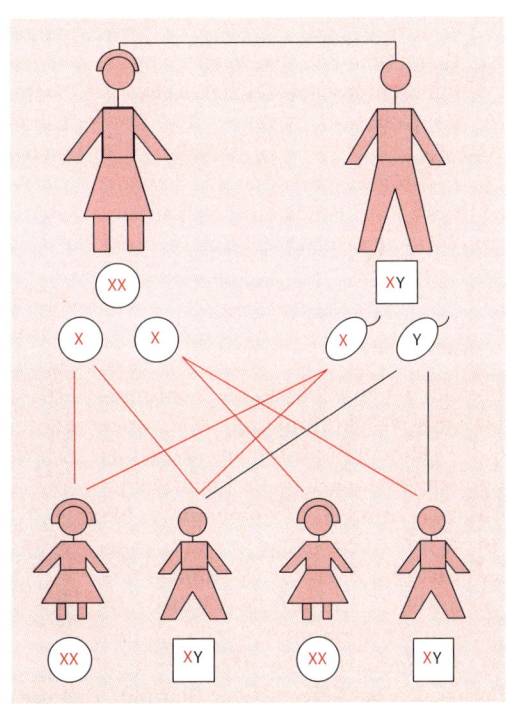

Abb. 5.18. X-chromosomal-rezessiver Erbgang mit homozygot kranker Mutter (XX) und hemizygot krankem Vater (XY)

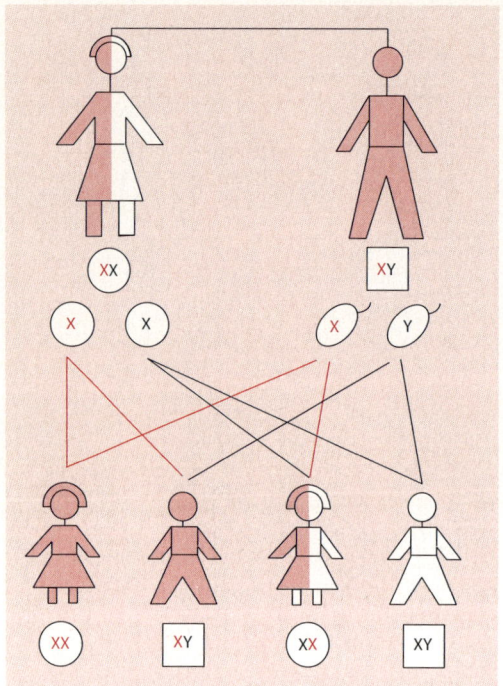

Abb. 5.19. X-chromosomal-rezessiver Erbgang, Mutter heterozygote Konduktorin ('XX), Vater hemizygot krank (XY)

5.4.2 Genetische Erkrankungen mit X-chromosomal-rezessivem Erbgang

Einige X-chromosomal-rezessive Erkrankungen sind in Übersicht 5.10 zusammengestellt. Im folgenden werden einige Krankheiten vorgestellt.

Hämophilie

Hämophilie ist eine klassische X-chromosomal-rezessive Erkrankung. Bei etwa 85 % der Hämophilie-Familien handelt es sich um einen Mangel an antihämophilem Globulin A, Faktor VIII *(Hämophilie A)*, bei etwa 15 % um einen Mangel an antihämophilem Globulin B, Faktor IX *(Hämophilie B)*. Die Aktivität der Faktoren VIII bzw. IX ist genetisch determiniert, bleibt in den einzelnen Familien in der Regel konstant und prägt den Schweregrad der Blutungs-

neigung. Die Gerinnungsstörung führt zu bedrohlichen Blutungen bei Verletzungen, auch bei kleineren Eingriffen. Im ersten Lebensjahr wird eine Neigung zu Hämatomen und flächenhaften Blutungen in das Unterhautgewebe erkennbar. Später kommen schmerzhafte tiefe Hämatome der

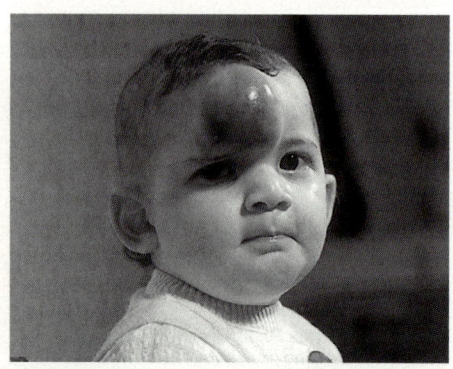

Abb. 5.20. Junge mit Hämophilie A. (Mit freundlicher Genehmigung von F. Vogel, Heidelberg)

Übersicht 5.10. Einige X-chromosomale rezessive Erkrankungen

Krankheiten	Häufigkeit
Albinismus (okuläre Form)	1 : 55 000
Charcot-Marie-Tooth, Typ IV	1 : 32 000
Chorioideremie	selten
Chronische Granulomatose	selten
Diabetes insibidus (nephrogene Form)	selten
Ehlers-Danlos-Syndrom Typ V, IX	selten
Farbblindheit	1 : 500–2000
Glykogenspeicherkrankheit Typ VIIb	selten
Hämophilie A	1 : 10 000
Hämophilie B	1 : 25 000
Lesch-Nyhan-Syndrom	1 : 300 000
Lowe-Syndrom	selten
Martin-Bell- bzw. Fra(X)-Syndrom	1 : 1000
Menkes-Syndrom	1 : 40 000
Mukopolysaccharidose Typ II (Hunter)	1 : 10 000–100 000
Muskeldystrophie Typ Duchenne/Becker	1 : 3000
Norrie-Syndrom	selten
Retinoschisis	selten
Testikuläre Feminisierung	1 : 2000–20 000
Wiskott-Aldrich-Syndrom	selten

Muskulatur hinzu (Abb. 5.20). Häufig bluten die Patienten auch äußerlich nicht sichtbar. Mit zunehmender größerer Beweglichkeit treten Gelenkblutungen in den oberen Sprunggelenken, später auch in den Kniegelenken auf.

Bereits vor unserer Zeitrechnung wußte man schon, daß es sich bei der Hämophilie um eine genetische Erkrankung handelte, die durch gesunde Frauen übertragen wird und von der nur Knaben betroffen sind. Bekannt wurde diese Erkrankung in der Neuzeit durch ihr Auftreten in europäischen Herrscherhäusern, ausgehend von Königin Viktoria (Abb. 5.21). Durch Substitution des Gerinnungsfaktors können Blutungen vorgebeugt bzw. gestillt werden. Jetzt stehen zu

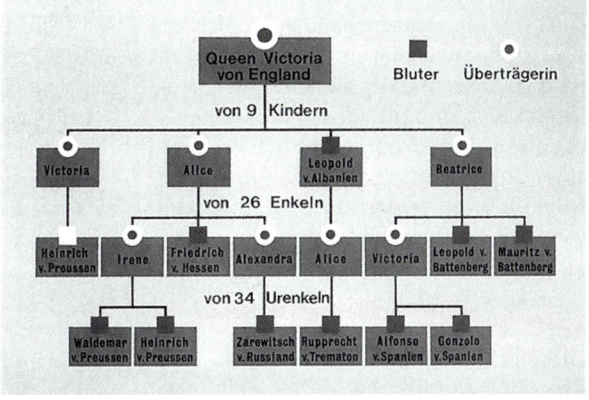

Abb. 5.21. Stammbaum der Hämophilie A in den europäischen Königshäusern. Königin Viktoria war heterozygot. Sie vererbte das mutierte Gen auf einen hämophiliekranken Sohn und drei Töchter. (Nach Vogel, Motulsky 1986)

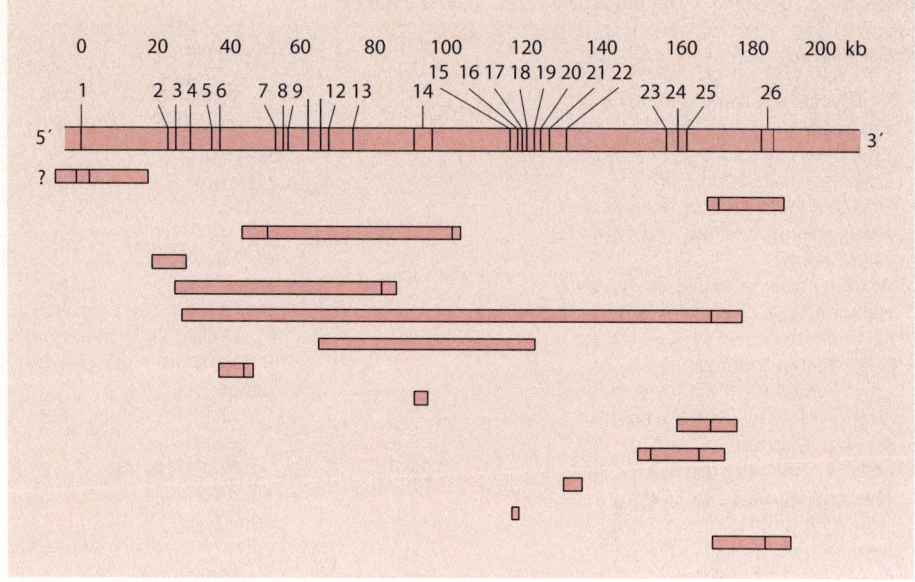

Abb. 5.22. Mutationen im Faktor-VIII-Gen. (Mod. nach Antonarakis, Kazazion 1988)

therapeutischen Zwecken biotechnologisch hergestellte rekombinante antihämophile Faktoren zur Verfügung, wodurch die Möglichkeiten der HIV- bzw. Hepatitis-Infektion ausgeschlossen wird.

Das gesamte Faktor-VIII-Gen ist mit über 2.000 kb sehr groß und besitzt 2351 Kodons, verteilt über 26 Exons, so daß in den verschiedenen Familien verschiedene Mutationen vorliegen. Den schweren Bluterkrankheiten liegen oft Deletionen von größeren Genabschnitten zugrunde. Bei 50 % der Mutationen handelt es sich um eine große Inversion im Bereich des Faktor-VIII-Gens und der flankierenden DNA. In Abb. 5.22 sind in Blöcken die Genbereiche angegeben, die bei einzelnen Patienten einer Untersuchungsgruppe aus dem John-Hopkins-Hospital deletiert sind. Insgesamt wurden 14 Deletionen festgestellt.

Muskeldystrophie Typ Duchenne

Diese Erkrankung ist die häufigste Form der Muskeldystrophie. Die Häufigkeit

beträgt etwa 1 zu 3.000 Knaben. Die Patienten werden gesund geboren und entwickeln sich in der Regel zunächst unauffällig, obwohl durch Laboruntersuchung die Krankheit nachweisbar ist. Im frühen Kindesalter fallen sie durch Ungeschicklichkeit und durch Fallneigung während des Laufenlernens auf. Mit zunehmendem Alter treten erhebliche Schwierigkeiten beim Treppensteigen, Pseudohypertrophie der Wadenmuskulatur, Watschelgang und Schwäche der Beckengürtelmuskulatur auf. Üblich sind die Schwierigkeiten beim Aufstehen vom Boden: Die Patienten gehen zunächst in den Kniestand und richten sich dann auf, indem sie sich mit den Händen auf den Oberschenkeln abstützen *(Gower-Zeichen)*. Im weiteren Verlauf greift die Muskelschwäche auf Rumpf und Schultergürtel über, es entwickeln sich Muskelatrophie und Kontrakturen. Hyperlordose der Lendenwirbelsäule und abstehende Schulterblätter sind charakteristisch (Abb. 5.23). Zwischen dem 8. und 12. Lebensjahr werden die Patienten gehunfä-

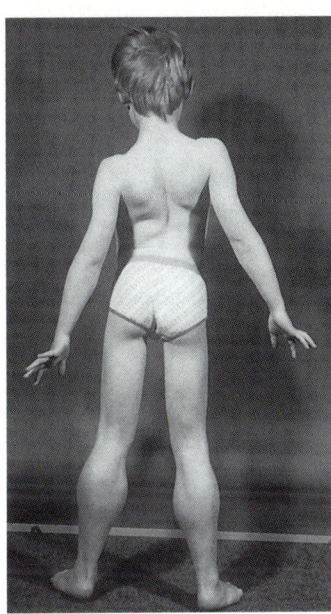

Abb. 5.23. Junge mit Muskeldystrophie Typ Duchenne. Typische pseudohypertrophe Waden-muskulatur. (Mit freundlicher Genehmigung von Prof. E. Kuhn, Heidelberg)

hig. Die Lebenserwartung liegt meist unter 20 Jahren. Im Finalstadium leiden die Patienten an muskulärer Ateminsuffizienz mit rezidivierenden Infekten der Atmungs-organe (Abb. 5.24).

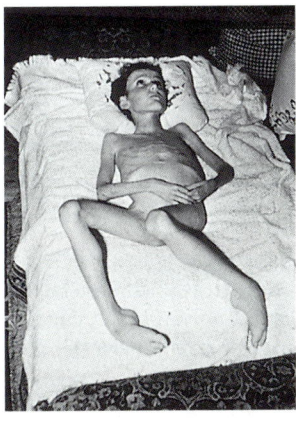

Abb. 5.24. Patient mit DMD im finalen Stadium. (Aus der Sammlung von Prof. F. Vogel)

Das Gen für die Duchenne-Muskeldys-trophie ist auf den kurzen Arm des X-Chro-mosoms (Xp21) lokalisiert. Die Lokalisie-rung gelang zunächst durch Kopplungs-analyse, danach durch Beobachtung von Frauen, die an Duchenne-Muskeldystro-phie erkrankt waren und eine balancierte X/autosomale Translokation zeigten. Die Bruchstelle auf dem X-Chromosom lag immer in der Xp21-Region. Auf verschie-dene Weise bestätigte sich die Position des DMD auf Xp21. Bei einem Knaben, der neben der Duchenne-Muskeldystro-phie an einigen weiteren X-gekoppelten Krankheiten litt, wurde eine ausgedehnte Deletion im Bereich Xp21 beobachtet. Mit Hilfe der Substraktionsklonierung gelang die Isolierung von Klonen, die Sequenzen aus dem deletierten Bereich enthielten. Durch weitere molekulargenetische Analy-sen konnte das Gen für die Muskeldystro-phie Typ Duchenne identifiziert werden. Es hat eine Größe von über 2.300 kb und enthält 79 Exons. Das muskelspezifische, kodierte Protein ist das Dystrophin mit einer Größe von 427 kb. Wahrscheinlich ist das Dystrophin am kontraktilen Apparat der gestreiften und kardialen Muskeln beteiligt. Bei Patienten mit Duchenne-Muskeldystrophie fehlt Dystrophin stän-dig, während es beim Typ Becker vermin-dert bzw. abnormal produziert wird (Abb. 5.25).

Die *Muskeldystrophie Typ Becker-Kie-ner* hat etwa das gleiche Erscheinungsbild, jedoch einen gutartigeren und langsam fortschreitenden Verlauf. Die Krankheit beginnt in der Regel jenseits des 10. Lebens-jahres, und Invalidität tritt erst im Alter von 40 oder 50 Jahren ein. Die Lebenser-wartung ist nur wenig verkürzt. Die Fertili-tät ist nur teilweise eingeschränkt. Es han-delt sich hier nicht um eine gutartige Ver-laufsform der Muskeldystrophie Typ Duchenne, sondern um ein eigenständiges Krankheitsbild. Die verantwortlichen Gene für Muskeldystrophie Duchenne und Becker-Kiener sind allelisch.

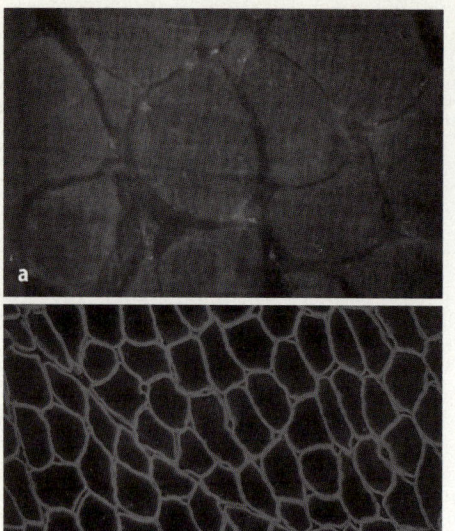

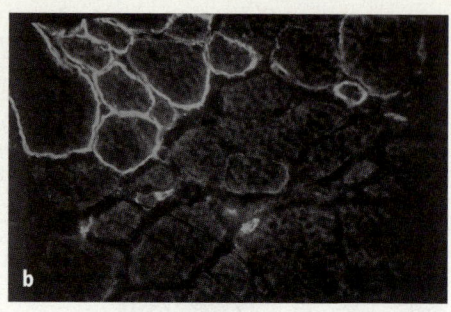

Abb. 5.25 a–c. Dystrophien bei DMD-Patient (**a**), Konduktorin (**b**), und Kontrollperson (**c**). (Mit freundlicher Genehmigung von Frau Dr. M. Cremer)

Etwa ein Drittel der Patienten mit Muskeldystrophie Duchenne ist auf eine Neumutation zurückzuführen. Die Mutationsrate beträgt ca. 10^{-4}. 60–65 % der Mutationen sind Deletionen, etwa 6 % sind Duplikationen (Abb. 5.26). In seltenen Fällen liegt ein Keimzellmosaik vor. Ein Heterozygotentest bzw. pränatale Diagnose unter Anwendung von direkter DNA-Diagnostik kann durchgeführt werden, wenn die Erkrankung durch eine Deletion verursacht ist. Innerhalb dieser Familien können heterozygote Frauen nach Hybridisierung mit dystrophinspezifischen Cosmidklonen auf Metaphasepräparaten erkannt werden (Abb. 5.27). In den übrigen Fällen wird eine Haplotypanalyse mit polymorphen DNA-Markern durchgeführt.

Rot-Grün-Blindheit

Es gibt verschiedene Formen von Rot-Grün-Blindheit. *Protanomalie* (Rot-Schwäche) und *Deuteranomalie* (Grün-Schwäche) sind die häufigsten, die X-chromosomal-rezessiv vererbt werden. Die Gesamthäufigkeit für Europäer beträgt etwa 8 % bei Männern, davon sind 1/4 Protanope und 3/4 Deuteranope. Es handelt sich hier nicht um das gleiche Allel, sondern um zwei voneinander unabhängige Mutationen. Besitzt eine Frau beide Allele, wird sie nicht farbuntüchtig. Hämophilie A und Rot-Grün-Blindheit sind eng aneinander gekoppelt. Die seltene *totale Farbblindheit* (Achromatopsie) hat einen autosomal-rezessiven Erbgang und die noch seltenere *Blau-Monochromasie* wird X-chromosomal-rezessiv vererbt.

Die Blau-Gelb-Farbblindheit (Tritanopie) besitzt eine Häufigkeit von 1:500 und wird autosomal-dominant vererbt.

Martin-Bell- bzw. Fragiles (X)-Syndrom

Große Familienstudien aus früheren Jahren haben gezeigt, daß die Häufigkeit der geistigen Behinderung bei Männern deutlich höher liegt als bei Frauen. Diese Differenz bleibt auch weiter bestehen, nachdem eine Reihe von Krankheiten wie Chromosomenanomalien und Stoffwechselstörungen mit

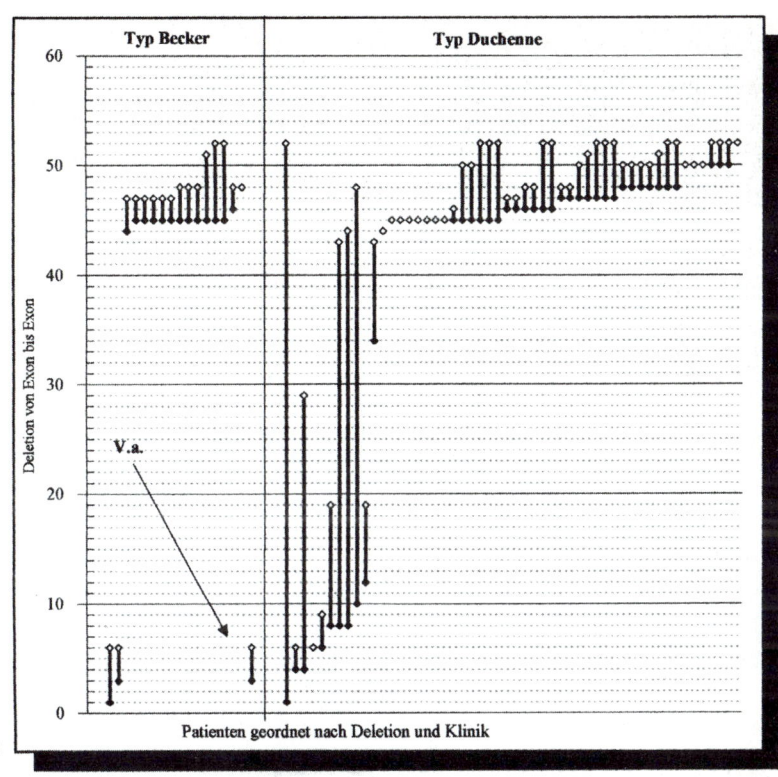

Abb. 5.26. a Deletionsmuster bei Muskeldystrophie Typ Duchenne und Becker des Patientenguts der Genetischen Beratungsstelle Heidelberg. **b** PCR von 24 Exons und der Promotorregion des Dystrophingens Patienten zeigen eine Deletion des Exons 45–49. (Mit freundlicher Genehmigung von Dr. M. Cremer)

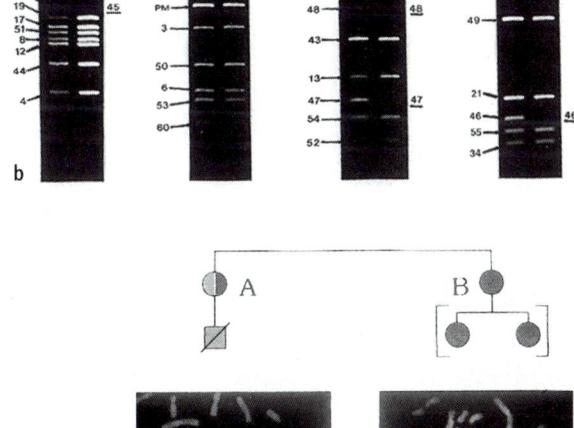

Abb. 5.27. Carrier-Diagnostik bei DMD mit Hilfe der In-situ-Hybridisierung (Mit freundlicher Genehmigung von Dr. M. Cremer)

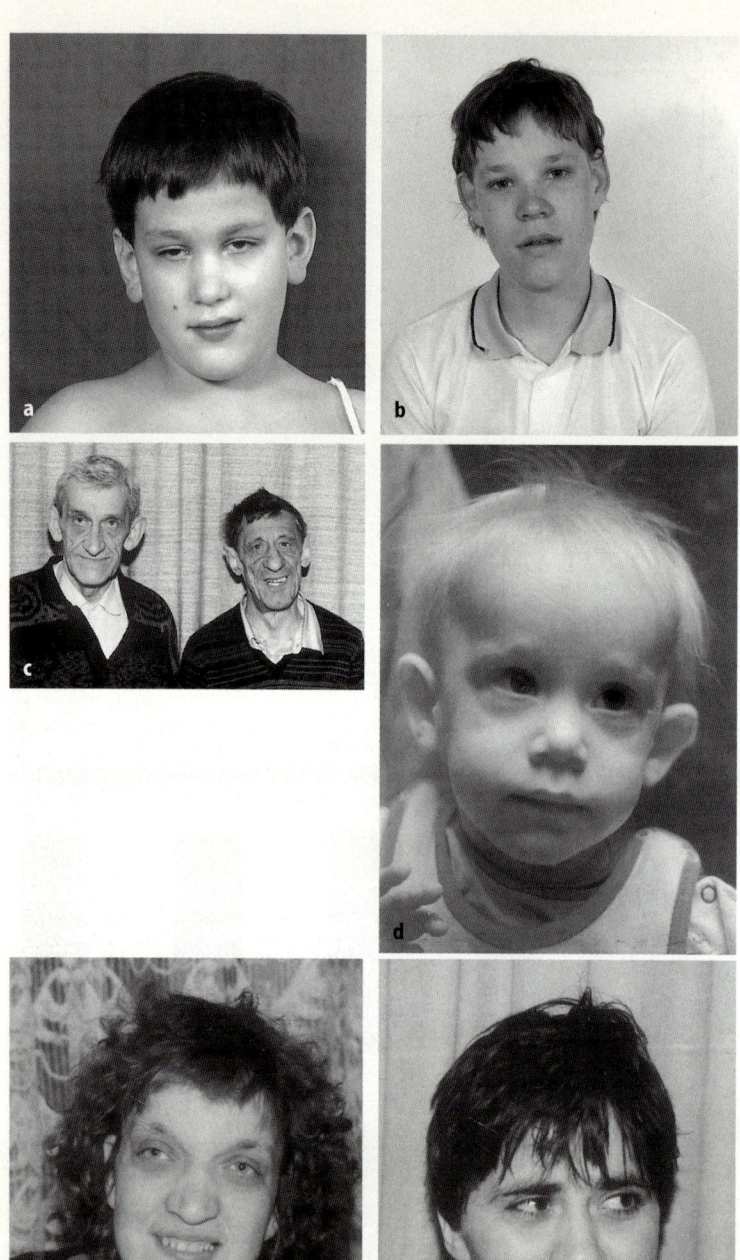

Abb. 5.28 a–f.
Martin-Bell-Syndrom
a im Kindesalter,
b als heran-
wachsender
Junge.
c bei erwachse-
nen Patienten.
d 2¹/₂jähriges
Mädchen.
e und **f** erwach-
sene Frauen mit
klinischer Mani-
festation (Carrier)

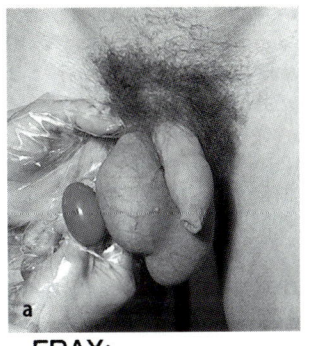

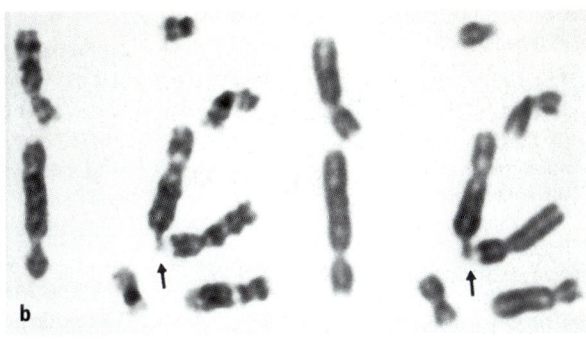

FRAX:
(HindIII + EagI)

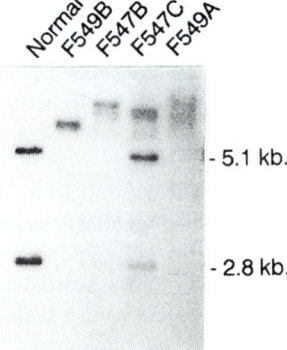

- 5.1 kb.

- 2.8 kb.

Abb. 5.29. a Megalotestes bei Martin-Bell-Syndrom, **b** Fragiles X-Chromosom, **c** Southern-blot von 4 Patienten mit Martin-Bell-Syndrom und Kontrollperson. Von links nach rechts: Kontrollperson F549D und F547B männliche Patienten, F547C Patientin und F549A Patient mit Vollmutation

geistiger Retardierung identifiziert wurden. Heute weiß man, daß dieser Unterschied durch X-chromosomal-rezessive Vererbung bedingt ist. Bei etwa der Hälfte der Patienten mit X-chromosomal-rezessiver geistiger Behinderung liegt das Martin-Bell-Syndrom vor. Dies ist nach der Trisomie 21 die häufigste genetische Ursache der geistigen Retardierung. Die Häufigkeit beträgt ca. 1:1.000 bei Männern bzw. 1:2.000 bei Frauen. Wegen zytogenetischer Expression einer fragilen Stelle am terminalen Ende des lange Arms des X-Chromosoms (Xq27.3) wird das Krankheitsbild auch als Fragiles (X)-Syndrom bezeichnet. Klinische Merkmale dieser Erkrankung wurden bereits 1943 von Martin und Bell beschrieben. Sie zeigen neben der geistigen Retardierung einige äußere Auffälligkeiten

sowie Verhaltens- und Sprachentwicklungsstörungen. Charakteristisch sind ein relativ langes, schmales Gesicht mit hoher Stirn, supraorbitalen Wülsten, ausgeprägtem prominentem Unterkiefer, großen, wenig differenzierten Ohren (Abb. 5.28), Bindegewebsschwäche mit überstreckbaren Gelenken und postpubertären Megalotestes (Abb. 5.29). Die phänotypischen Merkmale sind insgesamt sehr variabel. Relativ häufig treten Mitralklappenprolaps und/oder Aortendilatationen auf. Die klinischen Merkmale sind im präpubertären Alter nicht ausgeprägt, und aus diesem Grund wird das Krankheitsbild oft erst in späterem Alter diagnostiziert. Im Kindesalter fallen Träger durch ihr hyperkinetisches Verhalten mit autistischen Zügen, Konzentrationsschwäche

Übersicht 5.11. Charakteristische Merkmale des Martin-Bell-Syndroms im Kindesalter

> Langes, schmales Gesicht
> Progenie mit zunehmendem Alter
> Große Ohren
> Kopfumfang und Körperlänge > 50 Pc
> Überstreckbare Gelenke
> Hypotonie
> Plattfüße
> Plumpe, fleischige Hände und Füße
> Furchungen der Fußsohlen
> Feine, samtartige Haut
> Autistisches Verhalten
> Wenig bzw. kein Augenkontakt
> Hyperaktivität
> Sprachstörungen
> Makroorchidie ab Pubertätsalter

und Sprachentwicklungsstörungen auf. Oft zeigen sie große und dysplastische Ohren, pastöse und fleischige Hände und Füße mit tiefen Fußsohlenfurchen sowie feiner, samtartiger Haut. Körpermaße wie Körpergröße, Kopfumfang und Körpergewicht liegen im oberen Normbereich (Übersicht 5.11 zeigt die charakteristischen Merkmale des Martin-Bell-Syndroms im Kindesalter).

Durch zytogenetische Untersuchung unter geeigneten Bedingungen (s. Kap. 4.4.4) findet man auf dem langen Arm des Chromosoms X (Xq27.3) eine fragile Stelle (Abb. 5.29b). Die zytogenetische Veränderung ist nicht in allen Mitosen nachweisbar. Bei den heterozygoten Frauen kann diese fragile Stelle nicht immer nachgewiesen werden.

Das Martin-Bell-Syndrom zeigt einige Besonderheiten:

- Es gibt neben gesunden weiblichen auch gesunde männliche Anlageträger (Abb. 5.30). Nur 80 % der männlichen Anlageträger sind geistig retardiert und weisen klinische Merkmale auf.
- Neben klinisch unauffälligen Überträgerinnen gibt es auch betroffene heterozygote Frauen. Etwa 30–50 % der heterozygoten Frauen sind geistig retardiert und zeigen phänotypische Merkmale des Martin-Bell-Syndroms.
- Mütter und Töchter eines gesunden männlichen Überträgers zeigen keine Symptome, obwohl sie obligatorisch heterozygot sind.

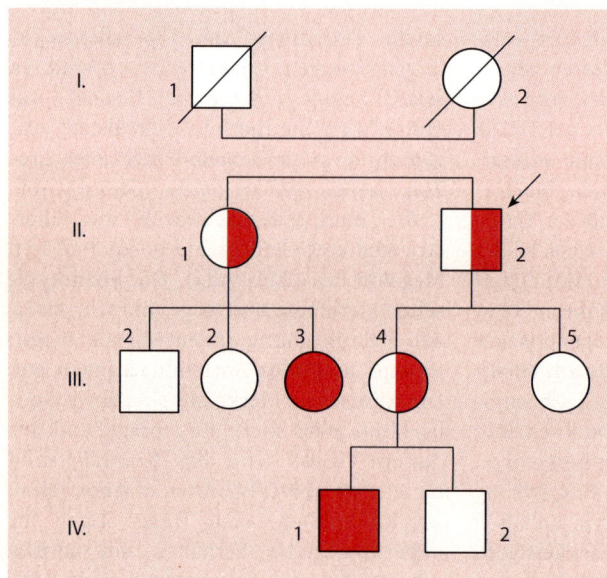

Abb. 5.30. Stammbaum mit normaler männlicher Übertragung (→) bei einer Familie mit Martin-Bell-Syndrom

- In der Enkelgeneration eines gesunden männlichen Überträgers kann das Krankheitsbild wiederum auftreten.
- Gesunde männliche Überträger sowie ein Großteil der unauffälligen Konduktorinnen zeigen keine fragile Stelle des X-Chromosoms.

Mit Hilfe molekulargenetischer Untersuchungen wurde das Gen des Martin-Bell-Syndroms identifiziert und damit das Verständnis dieser Besonderheiten ermöglicht. Es wird als FMR-1-Gen (Fragile X-Mental-Retardation) bezeichnet. FMR-1 entspricht einer hoch repetitiven Sequenz und besteht aus tandemartig repetitiven CGG-Trinukleotiden (Cytosin-Guanin-Guanin). Normalerweise hat das X-Chromosom 6–50 CGG-Repeats. Eine Expansion dieser Trinukelotidrepeats verursacht die Erkrankung. Beim Martin-Bell-Syndrom unterscheidet man zwei Mutationsschritte. Vermehrt sich das CGG-Repeat bis auf 200, so verursacht dies keine klinischen Auffälligkeiten. Man spricht aus diesem Grund von einer *Prämutation*. Bei einer *vollständigen Mutation* auf dem fragilen X-Chromosom findet man bis über 1.000 CGG-Repeats, und zusätzlich kommt es zur Hypermethylierung des Repeats und der benachbarten regulatorischen Sequenz. Der genetische Code der vollständigen Mutation kann im Gegensatz zum normalen oder prämutierten Gen nicht abgelesen werden, was wiederum zum Ausfall des Genprodukts führt. Durch DNA-Diagnostik können die klinische Verdachtsdiagnose sowie die klinisch unauffälligen heterozygoten Frauen und die gesunden männlichen Anlageträger nachgewiesen werden. Bei der vollständigen Mutation sind die Repeat-tragenden DNA-Fragmente nach der enzymatischen Spaltung etwa 0,6 bis 3 kb und die Prämutation 0,2 bis 0,5 kb groß. Die beiden Mutationstypen unterscheiden sich außerdem hinsichtlich der Methylierung der CG-Sequenz (Abb. 5.31). Während bei den

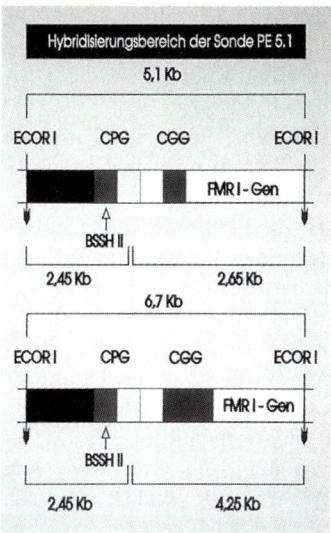

Abb. 5.31. Schematische Darstellung des FMR-1-Gens

betroffenen Männern die molekulargenetischen Befunde dem klinischen und zellulären Phänotyp mit fragilem X-Chromosom entsprechen, sind etwa 50 % der heterozygoten Frauen mit einer vollständigen Mutation klinisch unauffällig. Letzteres beruht auf dem Lyonisierungseffekt.

Die vollständige Mutation tritt nur auf, wenn eine Prämutation vorausgegangen ist und wird ausschließlich nach *maternaler Vererbung* der Mutation beobachtet. Es ist also ein zweiter mutativer Schritt erforderlich. Die Tochter normaler männlicher Überträger ist trotz obligater Anlageträgerschaft klinisch nicht krank, weil die Prämutation unverändert weiter übertragen wird.

Gelegentlich stellt man bei den Patienten ein Mosaikmuster mit vollständiger Mutation, methylierten Fragmenten und prämutierten, nicht methylierten Fragmenten fest. Auch in Spermien von manchen Patienten mit vollständiger Mutation findet man ausschließlich Prämutationen. Offenbar wird die FMR-1-Mutation als prämutiert weitergegeben. Die vollständige Mutation entsteht erst nach der Zygotenbildung in einer frühen embryonalen Entwicklungsphase und zwar dann, wenn bei maternal ererbtem FMR-1-Gen die DNA methyliert ist.

In sehr seltenen Fällen zeigen Patienten mit Martin-Bell-Syndrom kein fragiles X-Chromosom und keine Veränderung der CGG-Repeats. Zwei Patienten hatten Deletionen des terminalen Endes des X-Chromosoms, die das FMR-1-Gen betrafen; ein weiterer hatte eine Punktmutation in der kodierenden DNA-Sequenz. Bei den übrigen handelt es sich offenbar um eine andere X-chromosomale mentale Retardierung (XLMR) mit identischen klinischen Merkmalen. Inzwischen sind eine Reihe von Krankheitsbildern mit XLMR klinisch klassifiziert und molekulargenetisch identifiziert worden.

5.4.3 Unterschiedliche Genaktivität in Einzelzellen von Heterozygoten

An dieser Stelle sei im Zusammenhang mit X-chromosomal-rezessiver Vererbung nochmals an die Lyon-Hypothese erinnert (s. Kap. 3.3). Da in jeder weiblichen Zelle eines der beiden X-Chromosomen inaktiviert ist und das Inaktivierungsmuster zufällig ist, entstehen bei heterozygoten Frauen *genetische Mosaike*. Als meßbare Beispiele sollten hier nochmals die Muskeldystrophie Typ Duchenne, G6PD-Varianten und die chronische Granulomatose Erwähnung finden.

5.4.4 X-chromosomal-dominanter Erbgang

Neben der X-chromosomal-rezessiven Vererbung gibt es den recht seltenen X-chromosomal-dominanten Erbgang. Er unterscheidet sich vom X-chromosomal-rezessiven Erbgang dadurch, daß nicht nur die hemizygoten Männer, sondern auch die weiblichen heterozygoten Träger Krankheitserscheinungen aufweisen. Frauen sind doppelt so häufig betroffen wie Männer, jedoch ist die Expression bei ihnen in der Regel milder.

Im einzelnen gilt:

● Die Söhne betroffener Männer sind merkmalsfrei, da sie ihr einziges X-Chromosom von der gesunden Mutter geerbt haben. Dafür sind alle Töchter von männlichen Merkmalträgern ebenfalls Merkmalträgerinnen.

● Unter den Kindern weiblicher Kranker findet sich in Analogie zum autosomal-dominanten Erbgang eine 1:1-Aufspaltung ohne Rücksicht auf das Geschlecht. Männliche Merkmalträger haben also ihre Krankheit immer von der Mutter geerbt. Ihre Geschwister zeigen immer eine 1:1-Aufspaltung. Weibliche Merkmalträger können die Krankheit sowohl vom Vater als auch von der Mutter geerbt haben.

● Bei Erkrankung beider Geschlechter sind alle Töchter Merkmalträger, bei den Söhnen findet sich eine 1:1-Auf-

---

Übersicht 5.12. Die Hauptkriterien bei X-chromosomal-dominanter Vererbung

● Es erkranken sowohl Männer als auch Frauen (Männer oft schwerer).
● Frauen sind doppelt so häufig betroffen wie Männer.
● Die Übertragung erfolgt von erkrankten Männern auf alle Töchter und von erkrankten Frauen auf die Hälfte aller Kinder.
● Männliche Merkmalträger haben die Krankheit immer von der Mutter geerbt, weibliche Merkmalträger können die Erkrankung sowohl vom Vater als auch von der Mutter geerbt haben.
● Bei Verwandtenehen besteht kein erhöhtes Risiko.

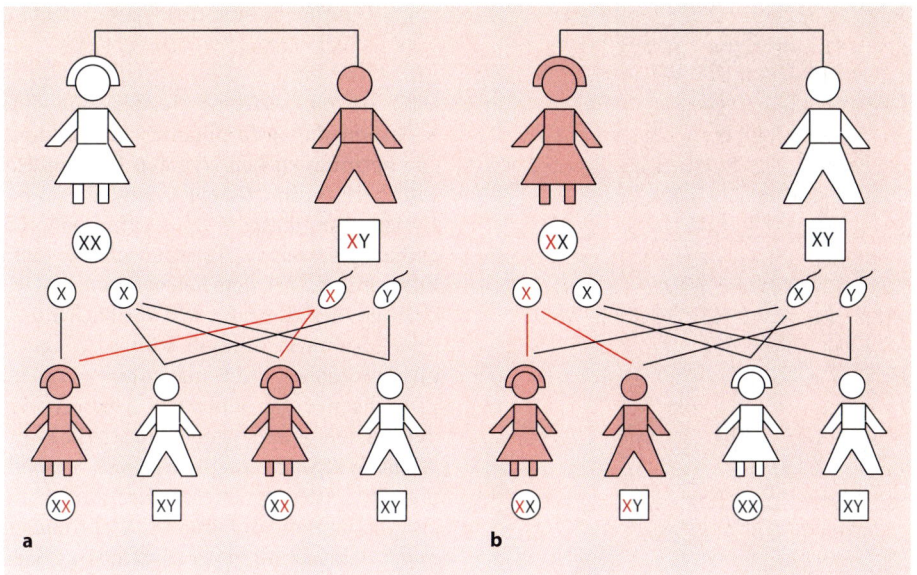

Abb. 5.32 a,b. X-chromosomal-dominanter Erbgang

spaltung. Sind weibliche Merkmalträger homozygot krank, führt dies bei allen Kindern zur Merkmalsausprägung unabhängig vom Geschlecht und unabhängig davon, ob der Vater hemizygot befallen ist oder nicht.

Es kann also – zumal wenn dem Arzt wenig Material aus dem Stammbaum einer Familie zur Verfügung steht – häufig schwierig sein, einen X-chromosomal-dominanten Erbgang von einem autosomal-dominanten abzugrenzen. Am besten gelingt dies, wenn die als erstes aufgeführten Aufspaltungsverhältnisse vorliegen (Abb. 5.32, Übersicht 5.12).

5.4.5 Genetische Erkrankungen mit X-chromosomal-dominantem Erbgang

Vitamin-D-resistente Rachitis mit Hypophosphatämie

Hier liegt eine Störung der tubulären Rückresorption des Phosphats vor, die zu einer konstanten Hypophosphatämie bei normalem Serumkalzium führt und dadurch die rachitischen Skelettveränderungen mit Osteomalazie, Skelettdeformitäten und Minderwuchs mit Beindeformierung verursacht (Abb. 5.33 und 5.34). Häufig werden gestörte Zahnentwicklung und Deformierung der Maxillo-fazialen Region beobachtet. In einer betroffenen Familie können sowohl die Söhne als auch die Töchter erkranken, jedoch sind der Phosphatspiegel im Serum sowie die klinischen Zeichen der Rachitis bei den weiblichen Anlageträ-

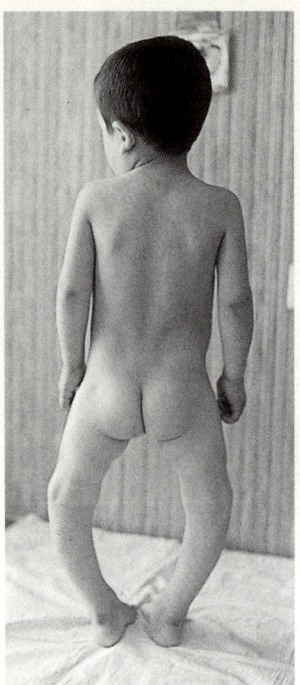

Abb. 5.33. Patient mit Vitamin-D-resistenter Rachitis

gerinnen milder als bei männlichen. Das Gen für die Hypophosphatämie liegt auf Xp22.2.

Ornithin-Transkarbamylase-Defekt (OTC)

OTC ist ein weiteres Beispiel für eine X-chromosomal-dominante Erkrankung. Die betroffenen hemizygoten Knaben zeigen bereits im Neugeborenenalter eine Hyperammonämie mit progredienter Lethargie, welche relativ schnell zum Koma führt. Bei den heterozygoten Mädchen ist das klinische Bild variabel. Klinische Merkmale können früh bzw. später im Kindesalter oder manchmal auch im Erwachsenenalter auftreten. Sehr oft werden bei den heterozygoten Frauen die klinischen Symptome nicht manifest, weshalb manche Autoren dieses Krankheitsbild als inkomplett dominante X-chromosomale Erkrankung bezeichnen. Das Gen für OTC liegt auf dem kurzen Arm des X-Chromosoms (Xp21.1). Das Gen ist inzwischen sequenziert und verschiedene Mutationen identifiziert, nicht alle Mutationen führen zu einem schweren Krankheitsbild.

Einige X-chromosomal-dominante Erkrankungen werden nur bei Frauen beobachtet, weil die Mutation für die männlichen Hemizygoten letal sind. Dazu gehören z. B. das *Orofazio-digitale Syndrom* (OFD) Typ I, ein Fehlbildungskomplex mit einer Kerbe bzw. Spalte in Lippen-, Kiefer und Gaumen, gelappter Zunge, Schleimhautfalten zwischen Wangen und Kieferbogen,

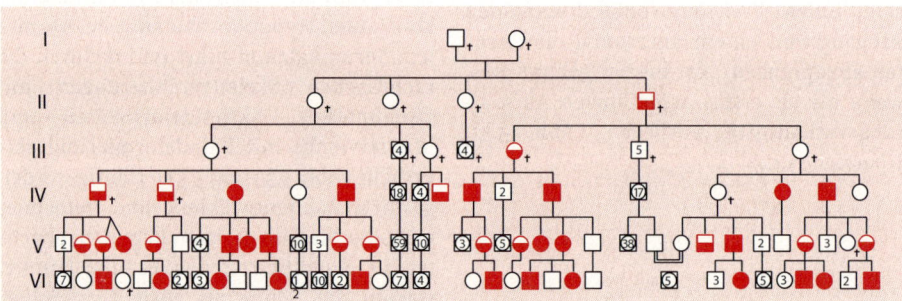

Abb. 5.34. Stammbaum mit X-chromosomal-dominanter Vitamin-D-resistenter Rachitis und Hypophosphatämie. ■ Hypophosphatämie mit Rachitis, ◼ Hypophosphatämie ohne Rachitis. (Nach Winters et al. 1957)

Krankheiten	Häufigkeit
Aicardi-Syndrom	selten
Fokale dermale Hypoplasie (Golz-Gorlin-Syndrom)	selten
Incontinentia pigmenti	1/75 000
Ornithin-Transcarbamylasedefekt (OTC)	selten
Orofazio-digitales Syndrom Typ I	1/80 000 (Mädchen)
Vitamin-D-resistente Rachitis	selten

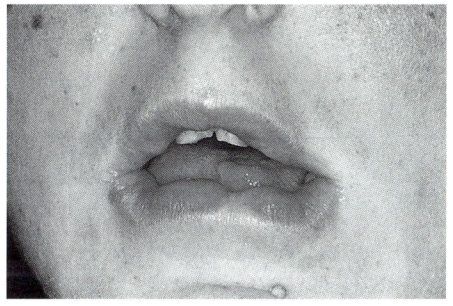

Abb. 5.35. Patient mit OFD-Syndrom (Typ I). (Aus der Sammlung von Frau Prof. T.-M. Schroeder-Kurth)

schütteres Kopfhaar, Polysyndaktylie, Brachydaktylie und mentale Retardierung (Abb. 5.35).

Incontinentia pigmenti und *Fokale Dermale Hypoplasie* sind weitere X-chromosomal-dominante Erkrankungen mit letaler Wirkung für Hemizygote (Übersicht 5.13).

5.5 Mitochondriale Vererbung

5.5.1 Molekulare Grundlage der mitochondrialen DNA

Mitochondrien sind intrazelluläre Organellen mit eigenem genetischem System. Menschliche mitochondriale DNA (mt-DNA) ist doppelsträngig, zirkulär und 16.569 bp lang. Die insgesamt 37 eng angeordneten Gene besitzen keine Introns und nur drei Promotoren. Sie verteilen sich auf einen schweren Strang mit 28 Genen und einem leichten mit 9 Genen (Übersicht 5.14, Abb. 5.36). Die Mutationsrate der mitochondrialen DNA ist etwa 5–10 mal so hoch wie die der nukleären DNA. In menschlichen Zellen befinden sich mehrere tausend Kopien dieses mitochondrialen DNA-Moleküls, was insgesamt bis zu 0,5 % des DNA-Gehalts einer somatischen Zelle ausmacht. Bei der Zellteilung werden zwar die DNA-Ringe und damit die Mito-

Übersicht 5.14. Kern- und Mitochondriengenom des Menschen im Vergleich

	Kerngenom	Mitochondriengenom
Größe	3000 Mb	16,6 kb
DNA-Moleküle Gesamt/Zelle	46	mehrere tausend
Gen-Anzahl	65 000–80 000	37
Gendichte	1 Gen pro 40 kb	ein Gen pro 0,45 kb
Introns	ja	nein
Kodierende DNA	3 %	93 %
Rekombination	ja	nein
Vererbung	mendelnd	maternal

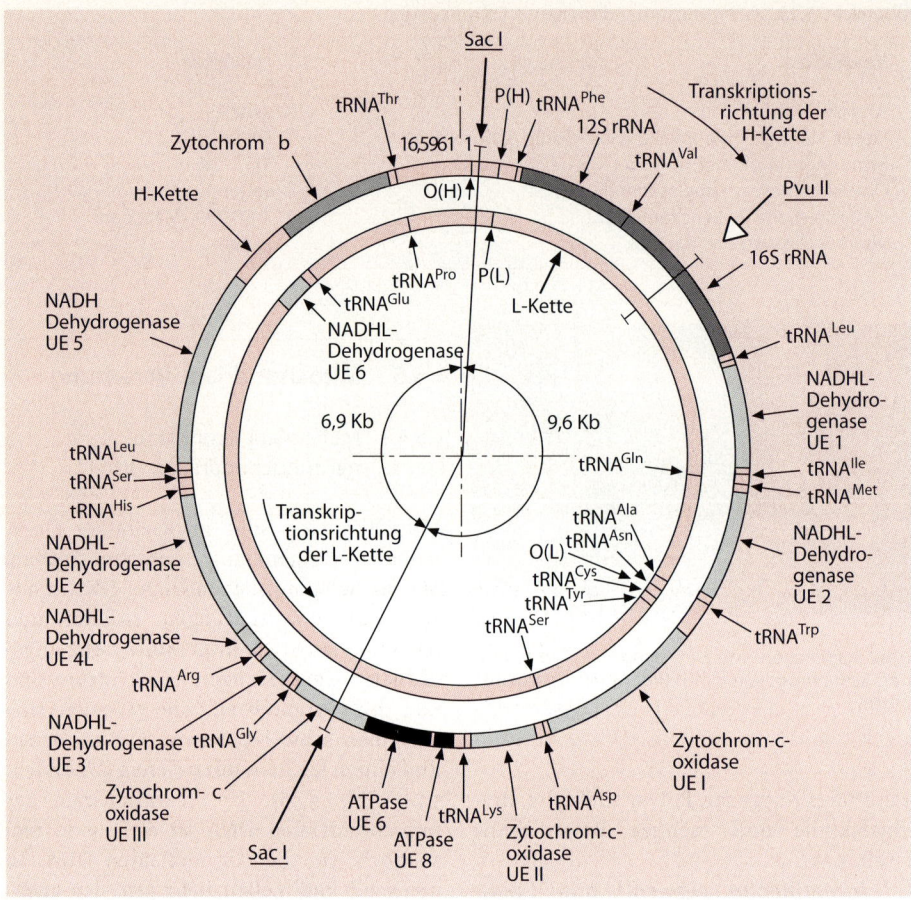

Abb. 5.36. Struktur der mitochondrialen DNA und ihrer Gene. Mit den Schnittstellen für die Restriktionsendonukleasen Pvu II und Sac I. (Nach Wilichowiskie 1990)

chondrien verdoppelt, damit die Tochterzellen die gleiche Ausgangsmenge erhalten, es gibt jedoch keinen Sortiermechanismus, der festlegt, welche Mitochondrien in welche Tochterzelle gelangen. Sie verteilen sich also rein zufällig. Man bezeichnet dieses Phänomen als *Heteroplasmie* (Abb. 5.37).

Die Mitochondrien werden ausschließlich durch die Eizelle der Mutter vererbt, denn das ohnehin sehr geringe Zytoplasma der Samenzelle hat bei der mitochondrialen Vererbung keinen Einfluß. Trägt in einer Zygote ein Teil der Mitochondrien eine bestimmte Mutation, dann kann, entsprechend dem zufälligen Verteilungsmechanismus, die eine Tochterzelle mehr von den mutierten Mitochondrien enthalten, die andere Tochterzelle dafür mehr von den normalen. Mit weiteren Teilungen wäre dann zu erwarten, daß sich die Verschiebung zugunsten der einen wie auch der anderen Sorte unter den Tochterzellen fortsetzt.

In Geweben, die vorwiegend die mutierte mitochondriale DNA enthalten, kann es dann zu entsprechenden Auswirkungen kommen. Generell kann man feststellen, daß jede somatische Zelle aufgrund

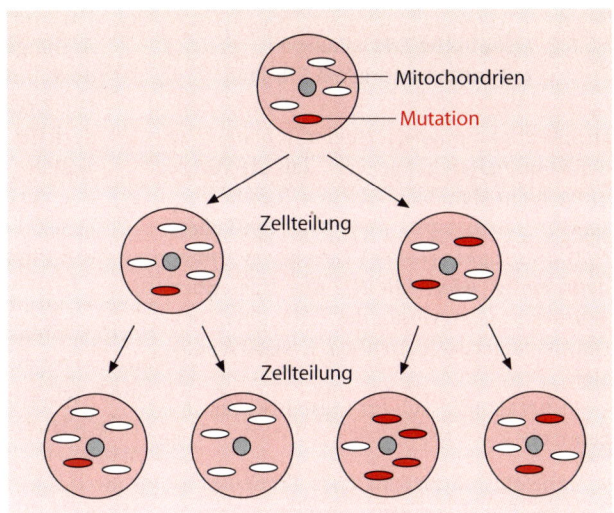

Abb. 5.37. Heteroplasmie bei
mitochondrialer Vererbung

von verschiedenen Mutationen mehrere
unterschiedliche mt-DNAs enthält. Die
phänotypische Ausprägung ist abhängig
von der Proportion der mutanten mt-
DNA innerhalb einer Zelle. Ein pathologisches Merkmal wird ausgeprägt, wenn der
Anteil der mutanten DNA einen bestimmten kritischen Schwellenwert erreicht hat.

Man weiß heute, daß in mt-DNA
kodierte Proteine essentielle Komponenten
der Atmungskette sind. Bei der oxidativen
Phosphorylierung der Atmungskette sind
fünf verschiedene Enzymkomplexe involviert. Komplex I bis IV sind an NADH-
und Sukzinat-Oxidation und Komplex V
an der ATP-Synthese beteiligt. Weiterhin
ist bekannt, daß die Synthese dieser Komplexe unter der gemeinsamen Kontrolle der
nukleären und mitochondrialen DNA steht.
Von über 90 Komponenten, die an der oxidativen Phosphorylierung der Atmungskette beteiligt sind, sind nur 13 in mt-
DNA kodiert, die auf mitochondriellen
Ribosomen synthetisiert werden. Die restlichen 24 mitochondriellen Gene kodieren
22 Arten von t-RNA sowie zwei r-RNA
Moleküle. Sie sind Bestandteil des mitochondriellen Syntheseapparates. mt-DNA
zeigt entsprechend der hohen Mutations-

rate eine große interindividuelle Variabilität, die durch Restriktionsfragmentlängen-
Polymorphismus (RFLP)-Untersuchungen
bestätigt werden konnte.

Da aber die mitochondriale Proteinsynthese auch in nukleärer DNA kodiert
ist, ist bei mitochondrialen Erkrankungen
auch die nukleäre DNA mitbeteiligt.

Aufgrund der doppelten genetischen
Kontrolle des mitochondrialen Proteins
und der Kompliziertheit der posttranslatio-
nalen Ereignisse nimmt man verschiedene
genetische Störungen als Ursache für mitochondriale Erkrankungen an:

● Veränderungen der Transkription
  oder Translation von mt-DNA-kodier-
  ten Polypeptiden;
● Veränderungen der Transkription
  oder Translation der nukleär-DNA-
  kodierten Polypeptide;
● Veränderungen des Posttranslations-
  prozesses der nukleären DNA-kodier-
  ten Proteine.

Darüber hinaus können indirekte Mechanismen wie z. B. Veränderungen einer pro-
sthetischen Gruppe oder Veränderungen
der membrangebundenen Enzyme zu
mitochondrialen Erkrankungen führen.

5.5.2 Genetische Erkrankungen mit mitochondrialem Erbgang

Die Stammbaumanalyse bei mitochondrialen Krankheiten hat gezeigt, daß die Vererbung nicht den Mendelschen Regeln entspricht. Ein Beispiel hierfür ist die *Leber-Optikusatrophie (Leber's Hereditary Optic-neuropathy oder LHON)*, ein bilateraler Sehverlust aufgrund der Atrophie des Nervus opticus im frühen Erwachsenenalter.

Charakteristisch für diese Erkrankungen ist:

- Sowohl Männer als auch Frauen können betroffen sein, aber nur Frauen geben die Krankheit weiter (Abb. 5.38).
- Betroffene Personen können eine Heterogenität aufweisen. Sie beruht auf der sog. Heteroplasmie, dem Vorhandensein von mutierter und normaler Mitochondrien-DNA in derselben Zelle.

- Die verschiedenen Organe sind in Abhängigkeit von ihrem Energiebedarf unterschiedlich stark betroffen. Die Erkrankungen manifestieren sich deshalb im Nervensystem sowie in Skelett- und Herzmuskulatur.
- Die Pathophysiologie umfaßt auch Defekte der mitochondrialen oxidativen Phosphorylierung.

Die klinischen Merkmale der Mitochondriopathien umfassen neben der geistigen und psychomotorischen Retardierung eine vielfältige Symptomatik, die nicht spezifisch ist. Die Heterogenität der klinischen Merkmale und die Schwierigkeiten bei Anwendung konventioneller biochemischer Methoden erschwert meist die Diagnose dieser Krankheiten.

Nach der biochemischen Klassifikation unterscheidet man fünf verschiedene Gruppen:

1. Störung des mitochondrialen Substrattransports, wie z. B. beim *Carnitin-Stoffwechseldefekt*, wobei der Transport

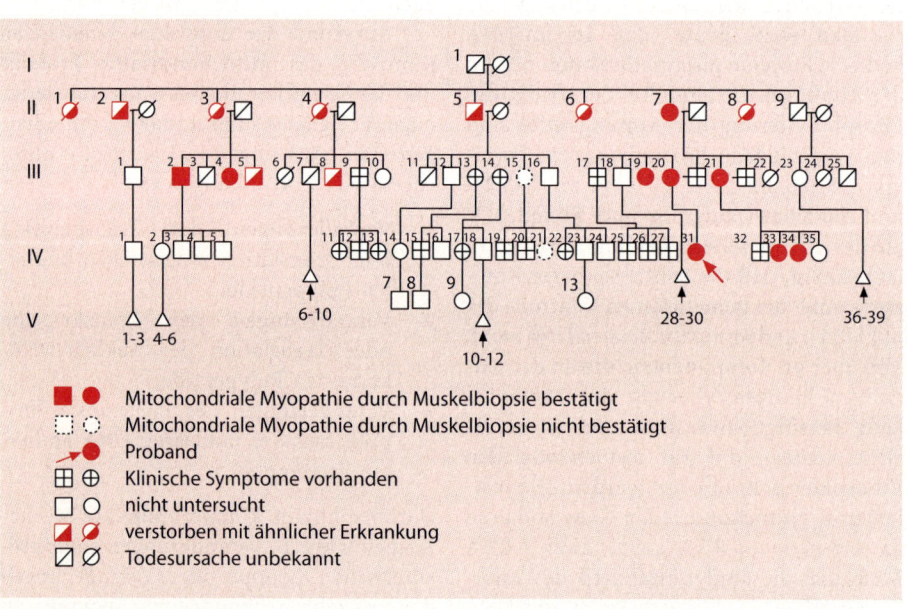

Abb. 5.38. Stammbaum zeigt eine maternale Vererbung des MERRF. (Nach Rosing et al. 1987)

Übersicht 5.15 Einige mitochondriale Erkrankungen

Erkrankung	Klinische Merkmale mit DNA-Mutationen	mt-DNA-Mutationen
mitochondriale Myopathie	Muskelschwund, Muskelschwäche, „ragged red fibers" (rot färbbare Fasern), dies sind pathologisch veränderte Mitochondrien, die sich mit einem bestimmten Farbstoff rot färben lassen	Punktmutation der tRNA für Lysin
MERRF (myoklonische Epilepsie und „ragged red fibers")	epileptische, von Zuckungen begleitete Anfälle und mitochondriale Myopathie; unter Umständen Schwerhörigkeit und mentale Retardierung	Punktmutation in der Position 8344
MELAS (mitochondriale Enzephalomyopathie mit Laktat-Azidose und schlaganfallähnlichen Episoden)	Enzephalopathie (die oft epilepsieartige Anfälle, vorübergehende Lähmungen und geistigen Verfall verursachen), mitochondriale Myopathie und Laktat-Azidose	Mutation in der Position 3243
CPEO (chronische progressive externe Ophthalmoplegie)	Lähmung der Augenmuskulatur sowie mitochondriale Myopathie	Punktmutation der tRNA
KSS (Kearns-Sayre-Syndrom)	CPEO mit zusätzlichen Symptomen wie Netzhautdegeneration, Herzerkrankung, Schwerhörigkeit, Diabetes und Niereninsuffizienz	Deletion von 4–8 kb und Punktmutation
Dystonie	Bewegungsstörungen mit Muskelstarre, häufig verbunden mit einer Degeneration der Basalganglien	Mutation in der Position 14459
Leigh-Syndrom	progredienter Verlust motorischer und sprachlicher Fähigkeiten, Degeneration der Basalganglien, Netzhautdegeneration, kann schon im Kindesalter tödlich sein, Sehstörung,	Mutation in der Position 8993
Lebersches Syndrom (Leber Optikus-Neuropathie)	dauernde oder vorübergehende Erblindung durch Atrophie des Sehnerven	Missens-Mutation in der Position 11778 u. 3460
Pearson-Syndrom	Panzytopenie, Laktat-Azidose, Pankreasinsuffizienz, bei Überleben im weiteren Verlauf häufig KSS bzw. CPEO	Deletion und Duplikation

von langkettigen Fettsäuren durch die innere Membran des Mitochondriums gestört ist.

2. Störung im Substratumsatz. Zu dieser Gruppe gehören alle Defekte des Pyruvat-Dehydrogenase-Komplexes.

3. Störung des Zitronensäure-Zyklus, wie z. B. Fumarase-Defekt.

4. Störung der Kopplung zwischen Substratoxidation und der Phosphorylierung von ADP zu ATP in den Mitochondrien.

5. Störung der Atmungskette.

In Übersicht 5.15 sind einige mitochondriale Erkrankungen zusammengestellt.

Durch molekulargenetische Analyse der mitochondrialen DNA ist es heute möglich, die Mutation bei einer Reihe von mitochondrialen Krankheiten nachzuweisen. Beim *Kearns-Sayre-Syndrom* mit progressiver neuromuskulärer Erkrankung, Ophthalmoplegie, Netzhautdegeneration, Schwerhörigkeit, Ataxie und Muskelschwäche ist eine Deletion von 4–8 kb die Ursache der Erkrankung. Da die mitochondrialen Proteine auch von der Kern-DNA kodiert werden können, ist bei den meisten mitochondrialen Krankheiten eine autosomale Vererbung möglich. Von großem Interesse ist es, daß bei einem Teil der Fälle von Diabetes mellitus und Herzversagen mitochondriale Mutationen eine Rolle spielen. Inzwischen mehren sich die Indizien für eine mögliche Beteiligung an Erkrankungen des höheren Alters wie der *Alzheimer-Erkrankung* und überhaupt am Alterungsvorgang selbst.

Die mitochondriale DNA eignet sich wegen ihrer hohen Mutationsrate besser als die Kern-DNA für evolutionsbiologische Untersuchungen. Außerdem können hier viele Faktoren, wie z. B. eine Rekombination zwischen väterlichen und mütterlichen Allelen, aufgrund der mütterlichen Vererbung ausgeschlossen werden. Dies kann für spezielle Fragen der Abstammungsuntersuchung genutzt werden. Hinweise bezüglich der Nützlichkeit gerade der mitochondrialen DNA für solche Untersuchungen finden sich in Kap. 13. In der letzten Zeit wird die molekulargenetische Untersuchung von mitochondrialer DNA auch bei populationsgenetischen Betrachtungen herangezogen. So ist z. B. eine Deletion von neun Basenpaaren nachgewiesen worden, die einen polymorphen Marker für Menschen, die aus Ostasien stammen, darstellt. Die Deletion befindet sich in einer der wenigen nicht kodierenden Regionen. Auch über 90 % der Polynesier, deren Abstammung aus Ostasien oder Südamerika lange Zeit kontrovers diskutiert wurde, weisen diese Deletion auf.

5.6 Einige Besonderheiten der monogenen Erkrankungen

5.6.1 Genetische Heterogenität

Phänotypisch ähnliche Krankheitsbilder können gelegentlich durch verschiedene Mutationen verursacht werden. Hier spricht man von genetischer Heterogenität. Die Heterogenität kann entweder durch unterschiedliche Mutationen an demselben Gen verursacht werden, dies wird als *allelische Heterogenität* bezeichnet, oder durch Mutation verschiedener Gene, was als *nicht allelische* bzw. *Lokus-Heterogenität* bezeichnet wird. Die Heterogenität kann durch Kopplungsanalyse wie bei den Krankheiten mit unterschiedlichen Erbgängen oder durch die Tatsache, daß zwei homozygot Kranke mit derselben autosomal-rezessiven Erkrankung nur gesunde Nachkommen bekommen, festgestellt werden. Beispiel dafür sind die verschiedenen Typen der *Taubstummheit* oder des *Albinismus*. Wenn die Eltern homozygot für verschiedene krankmachende Anlagen sind, werden die Kinder alle gesund sein, jedoch heterozygot für zwei verschiedene Mutationen, die nur in homozygotem Zustand zur Erkrankung führen (Abb. 5.39). Bei einigen Krankheiten, wie z. B. bei der *Retinitis pigmentosa* – der häufigsten Ursache für eine Sehbehinderung aufgrund der retinalen Degeneration, mit Pigmentstörung der Retina – ist aufgrund der Stammbaumanalyse eine autosomal-dominante, autosomal-rezessive und X-chromosomal-rezessive Vererbung bekannt. In den letzten Jahren wurde durch DNA-Analyse nachgewiesen, daß es z. B. mindestens 2 verschiedene X-chromosomale und 3 verschiedene autosomal-dominante Formen gibt. Ein anderes Beispiel ist das *Ehlers-Danlos-Syndrom* (Übersicht 5.16). Es handelt sich hier um einen Strukturdefekt des Kollagens, der unterschiedlich vererbt wird. Die klini-

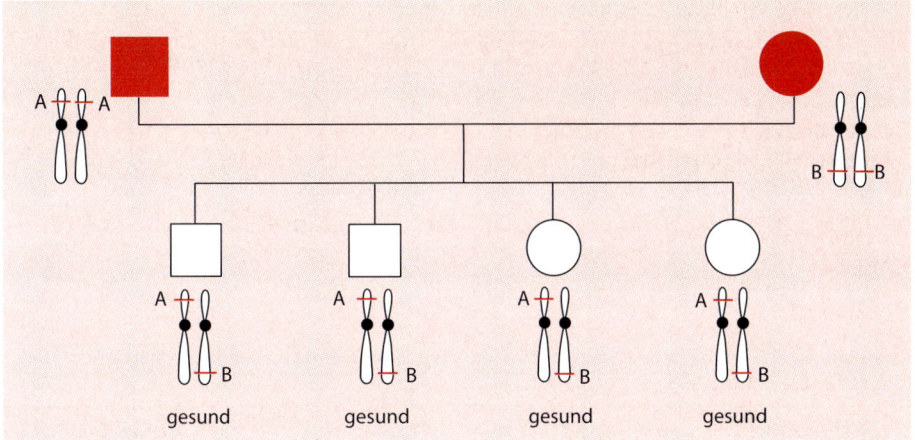

Abb. 5.39. Homozygote Eltern für zwei verschiedene Mutationen bei gleicher Erkrankung und deren Nachkommen

Übersicht 5.16. Verschiedene Formen des Ehlers-Danlos-Syndroms

Typ	Klin. Symptome	Primärer Defekt	Erbgang
I (Gravis)	extrem überstreckbare Gelenke, hyperelastische und leicht zerreißbare Haut (Zigarettenpapier), Hautnarben, vaskuläre und intestinale Komplikationen	Mutation im Co15A1-Gen	AD
II (Mitis)	dünne und elastische Haut, überstreckbare Gelenke, Varizen, Hernien, leichte Ausprägung aller Symptome	n.b.	AD
III (Benigne Hyper-mobilität)	dünne Haut, aber leicht betroffen, überstreckbare Gelenke, häufig Gelenkluxationen	n.b.	AD
IV (ekchy-motisch)	Haut dünn mit gut sichtbaren Venen, überstreckbare Gelenke, Gefäßrupturen, die oft zum Tode führen	Mutation im Col3a1-Gen	AD/AR
V	wie Typ II, gehäuft Muskelblutung	n.b.	XR
VI (okulär)	hyperelastische, samtartige Haut, Skoliose, Mikrokornea, Bulbusruptur	Lysylhydroxylase-defekt	AR
VII (A, B)	kongenitale Hüftgelenkluxation, Skoliose, elastische, weiche Haut	Deletion im Proα(I)- oder Proα2(I)-Gen	AD (A, B)
(C)	sehr weiche brüchige Haut, blaue Skleren, überstreckbare Gelenke	Prokollagen n-Proteinase-Defekt	AR (C)
VIII	Periodontose, vorzeitiger Zahnverlust, leicht zerreißbare Haut	n.b.	AD
IX	hyperelastische Haut, überstreckbare Gelenke, Exostosen, Osteoporose, Okzipital-Hörner	Mutation im MNK-Gen	XR
X	hyperelastische Haut, überstreckbare Gelenke	Fibronectindefekt	AR

Übersicht 5.17 Verschiedene Formen der Muskeldystrophien

	Erbgang	Lokalisation
Typ Duchenne/Becker	XR	Xp21.2
Emery-Dreifuss	XR	Xq28
Fazio-skapulo-humoraler Typ	AD	4q35
Gliedergürteltyp 1	AR	5q31
Gliedergürteltyp 2	AR	15q15.1
Kongenitale Muskeldystrophie	AR	?
Myotone Dystrophie	AD	19q13.3

Übersicht 5.18. Verschiedene Typen der hereditären motor-sensorischen Neuropathien = HMSN (Charcot-Marie-Tooth)

HMSN-Subgruppe	Locus	Erbgang	Kandidaten-Gen
HMSN 1a (CMT 1a)	17p11.2-p12	dominant	PMP-22
HMSN 1b (CMT 1b)	1q21.1-q23.2	dominant	PO
HMSN 1c (CMT 1c)	?	dominant	
HMSN 2a (CMT 2a)	1p35-p36	dominant	
HMSN X1 (CMT X1)	Xq13.1	dominant/intermediär	Cx32
HMSN X2 (CMT X2)	Xp22.2	rezessiv	
HMSN X3 (CMT X3)	Xq26	rezessiv	
HMSN 3 (DS)	1q21.1-q23.2	rezessiv	PO
	17p11.2-p12		PMP-22
HMSN 4a (CMT 4a)	8q13-q21.1	rezessiv	
HMSN 4b (CMT 4b)	?	rezessiv	
HMSN 4c (CMT 4c)	?	rezessiv	

schen und die molekulargenetischen Analysen haben jetzt gezeigt, daß sich mindestens 10 verschiedene Typen des Ehlers-Danlos-Syndroms unterscheiden lassen. Weitere Beispiele für genetische Heterogenität sind die verschiedenen Typen der *Muskeldystrophien* (Übersicht 5.17), die *hereditär-motorisch-sensorischen Neuropathien* (Übersicht 5.18) und die *Osteogenesis imperfecta* (Übesicht 5.19). In Übersicht 5.20 sind einige allelische und nicht allelische heterogene Krankheitsbilder zusammengestellt.

Duch eine genauere biochemische und molekulargenetische Analyse von genetisch bedingten Krankheiten stellt sich heraus, daß ein Teil der Patienten heterozygot für zwei verschiedene Mutationen am gleichen Gen sind. Hier spricht man von *compound-Heterozygot* (Abb. 5.40). Dies bedeutet, daß die Störung nicht auf Homozygotie der gleichen Mutation beruht. Beispiele dafür sind der klassische und nicht-klassische *21-Hydroxylasemangel*, die verschiedenen *Phenylketonurie*-Erkrankungen sowie die *Zystische Fibrose.*

Übersicht 5.19. Verschiedene Formen der Osteogenesis imperfecta

Typ	Klinik	Erbgang
I	Geringe Knochenbrüchigkeit, blaue Skleren, leichte Deformierung der Röhrenknochen, progrediente Schwerhörigkeit	
	Subtyp A: normaler Zahnstatus	AD
	Subtyp B: Dentinogenesis imperfecta	AD
	Subtyp C: ähnlich wie A mit wesentlich schwererem Verlauf	AD
II	Letale Form mit genetischer Heterogenität	
	Subtyp A: breite, verkürzte Röhrenknochen, zahlreiche, nicht voneinander abgrenzbare Rippenfrakturen	AD
	Subtyp B: stark deformierte und verkürzte Röhrenknochen durch Frakturen, keine oder nur einzelne Rippenfrakturen	AD, AR
	Subtyp C: dünne, stark verbogene Röhrenknochen, zahlreiche Rippenfrakturen	AR
III	Schwere Form; dünne und deformierte Röhrenknochen und später auch deformierte Wirbelsäule, blaue Skleren, Dentinogenesis imperfecta	AR
IV	Geringe Knochenbrüchigkeit, weiße Skleren, leichte Deformierung der Röhrenknochen	
	Subtyp A: ohne Dentinogenesis imperfecta	AD
	Subtyp B: mit Dentinogenesis imperfecta	

Übersicht 5.20. Einige heterogene Krankheitsbilder

Krankheit	Art der Heterogenität	Erbgang
Zystische Fibrose	allelisch	AR
Charcot-Marie-Tooth	nicht allelisch	AD, XR
Ehlers-Danlos	allelisch/nicht allelisch	AR, AD, XR
Homozystonurie	allelisch/nicht allelisch	AR
Mukopolysaccharidose	allelisch/nicht allelisch	AR, XR
Retinitis pigmentosa	nicht allelisch	AR, AD, XR
Tay-Sachs	allelisch	AR
Thalassämien	allelisch	Ar
Myotonia congenita	nicht allelisch	AD
Muskeldystrophien	allelisch/nicht allelisch	XR, AR, AD
Glykogenosen	allelisch/nicht allelisch	AR/XR
Osteogenesis imperfecta	nicht allelisch	AD/AR
Achondroplasie	allelisch	AD
Hypochondroplasie	allelisch	AD
Thanatophorer Zwergwuchs	allelisch	AD
Syndrome mit Kraniostenosen	allelisch	AD

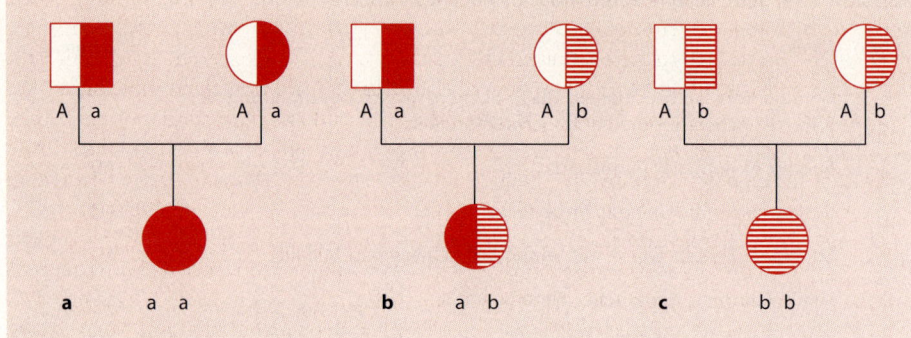

Abb. 5.40 a–c. Schematische Darstellung von Compound-Heterozygotie. Heterologe Genorte sind durch a und b gekennzeichnet

5.6.2 Geschlechtsbegrenzung und Geschlechtseinfluß

Als geschlechtsbegrenzt bezeichnet man die Erkrankungen bzw. Merkmale, die zwar autosomal vererbt werden, deren Expression aber nur bei einem Geschlecht manifest wird. Ein gutes Beispiel dafür ist eine genetisch bedingte *Pubertas praecox* bei Jungen, eine autosomal-dominante Erkrankung mit der Ausbildung von sekundären Geschlechtsmerkmalen im Alter von 4 Jahren und einem akzelerierten Längenwachstum. Die heterozygoten Frauen sind phänotypisch unauffällig, sie können jedoch das verantwortliche Gen auf ihre Kinder übertragen; nur ihre Söhne sind betroffen. Männer mit dieser Erkrankung sind fertil. In Familien mit Erkrankung in mehreren Generationen sind Vater-Sohn-Übertragungen beobachtet worden, dies zeigt, daß es sich *nicht* um eine geschlechtsgebundene Erkrankung handelt.

Darüber hinaus gibt es autosomale Erkrankungen, die grundsätzlich bei beiden Geschlechtern beobachtet werden, sich jedoch überwiegend in einem Geschlecht manifestieren. Dies kann an erhöhter Sterblichkeit bei einem Geschlecht oder an einer leichteren Diagnostizierbarkeit bei einem Geschlecht liegen. Die *Hämochromatose* ist eine autosomalrezessive Erkrankung mit Eisenstoffwechselstörung, woran hauptsächlich Männer erkranken. Wahrscheinlich spielt hier der Eisenverlust durch Menstruationsblutung bei Frauen eine Rolle. Ein anderes Beispiel sind die verschiedenen Typen *kongenitaler adrenaler Hyperplasie (21-Hydroxylase-Defekt).* Diese Erkrankung kann bei Mädchen gleich nach Geburt aufgrund des indifferenzierten äußeren Genitale diagnostiziert und bei Knaben nur durch Salzverlust erkannt werden.

Krankheiten, bei denen eine Verschiebung der Geschlechtsverhältnisse beobachtet wird, werden als Krankheiten mit Geschlechtseinfluß bezeichnet. Beispiele hierfür sind *Morbus Bechterew, Ulcus duodeni, Basedow-Krankheit, angeborene Hüftluxation* und *plastische Pylorushypertrophie.*

5.6.3 Pleiotropie

Jedes Gen hat einen einzigen primären Effekt, bedingt durch die Synthese der dazugehörigen Polypeptidkette. Dieser

Primäreffekt kann jedoch unterschiedliche Wirkungen haben. Wenn eine Mutation verschiedene phänotypische Merkmale verursacht, wird dies als Pleiotropie bezeichnet. Ein klassiches Beispiel dafür ist das **Marfan-Syndrom** mit seinen verschiedenen Symptomen in Auge, Skelett und kardiovaskulärem System. Primär liegt hier eine Strukturveränderung in den Fibrillen vor, ein wichtiger Bestandteil des Bindegewebes (s. Kap. 5.2.2). Ein weiteres Beispiel für Pleiotropie ist die Neurofibromatose Typ I.

Neurofibromatose Typ I

Die Neurofibromatose manifestiert sich in Pigmentstörungen der Haut, Neurofibromen der peripheren Nerven und Skelettanomalien. Die klinischen Symptome sind sehr variabel. Charakteristisch sind Café-au-lait-Flecken, sommerprossenartige Hautveränderungen in den Achselhöhlen und Leisten, die als Axillary- oder Inguinal-Freckling bezeichnet werden,

Irishämatome mit Pigmentanreicherung (Lisch-Knötchen) und Neurofibrome (Abb. 5.41). Die weiteren Symptome, die begleitend vorkommen können, sind Skoliose, Pseudoarthrose, Ausdünnung von Rippen und langen Röhrenknochen sowie Makrozephalie. Neurofibrome können in verschiedenen Organsystemen auftreten und entsprechend zu sekundären Funktionsstörungen führen. Psychomotorische Retardierung, Kleinwuchs, kraniofaziale Dysmorphiezeichen bei den Neurofibromatose-Typ-I-Patienten sind wiederholt beobachtet worden. Eine Assoziation von Noonan-Phänotyp mit NF I ist keine Seltenheit. NF I ist eine autosomal-dominante Erkrankung mit einer Häufigkeit von 1:3.000. Bei etwa der Hälfte der Patienten beruht die Erkrankung auf einer Neumutation. Das verantwortliche Gen befindet sich auf dem langen Arm des Chromosoms 17 (17q11.2) und ist inzwischen sequenziert. Das gesamte NF I-Gen hat eine Länge von 300 kb und enthält etwa 50 Exons. Das RNA-Transkript hat eine Größe zwischen

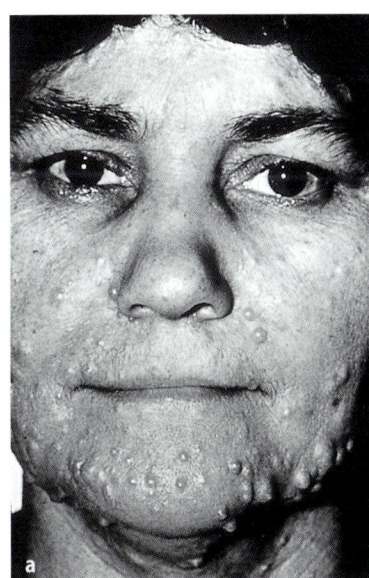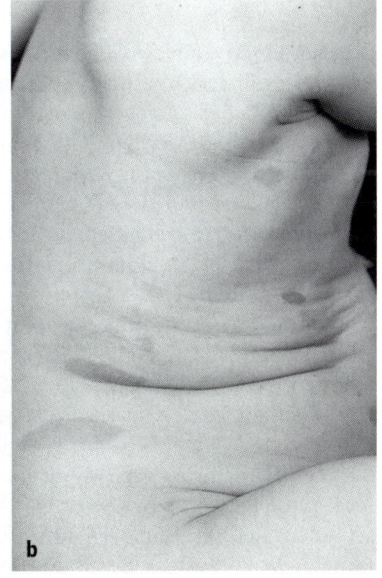

Abb. 5.41 a, b. Patientin mit Neurofibromatose. **a** Neurofibrome im Gesichts- und Halsbereich, **b** Café-au-lait-Flecken

Neurofibromatose Typ	Leitsymptome
Neurofibromatose Typ 1 (von Recklinghausen)	Café-au-lait-Flecken (Größe 5 mm), Neurofibrome, axilläres oder inguinales „Freckling", Irishämatome (Lisch-Knötchen), Knochenläsionen
Neurofibromatose Typ 2 (zentrale Form)	Akustikusneurinome, Neurofibrome, Schwannome, Meningeome, Ependymome, subkapsuläre Katarakte, Erstmanifestation um das 20. Lebensjahr
Neurofibromatose Typ 3	Mischtyp aus NF 1 und NF 2, früher Krankheitsbeginn und rascher Verlauf, typisch sind palmare Neurofibrome und Hirntumoren
Neurofibromatose Typ 4	Vorliegen einzigartiger Merkmale, z.B. bilaterale Nierenarterienstenose, Osteopoikilose, zerebrale Aneurysmen
Neurofibromatose Typ 5 (segmentale Form)	Café-au-lait-Flecken und Neurofibrome auf einem bestimmten Körpersegment. Körpermittellinie wird nicht überschritten, verursacht durch somatische Mutation
Neurofibromatose Typ 6	Café-au-lait-Flecken treten isoliert auf, unspezifische Auffälligkeiten wie Trichterbrust, Lernschwierigkeiten können vorliegen
Neurofibromatose Typ 7	subkutane Neurofibrome am Ende des 3. Lebensjahrzehnts
Neurofibromatose Typ 8	in keine der vorgenannten Kategorien

11 und 13 kb. Drei andere Gene sind in dieser Region lokalisiert, die im Gegensatz zum NF I-Gen in der entgegengesetzten Richtung transkribiert werden. Wahrscheinlich haben diese Gene bei Entstehung von Leukämien bei NF I-Patienten eine Bedeutung. Eine Reihe von verschiedenen Mutationstypen wie Deletion, Punktmutation und Insertion sind im NF I-Gen identifiziert worden. Das Genprodukt enthält 2.818 Aminosäuren und spielt bei der Zellteilung eine große Rolle. Heute weiß man, daß das NF I-Gen ein Tumorsupressorgen ist, und entsprechend dem Tumorentstehungsmodell können bei den Neurofibromatose-Typ-I-Patienten in zwei Schritten verschiedene maligne Tumoren auftreten. Die verschiedenen Formen der Neurofibromatose sind in Übersicht 5.21 zusammengestellt (s. Kap. 5.2.1).

5.6.4 Expressivität und Penetranz

Gelegentlich werden die klinischen Merkmale bei den Trägern einer krankmachenden Mutation nicht manifest oder sind intra- und interfamiliär variabel. Wahrscheinlich wird die Mutation von anderen genetischen bzw. nicht genetischen Faktoren beeinflußt. Hier spricht man von Krankheiten mit *variabler Expressivität*, und diese wird bei autosomal-dominanten Erkrankungen häufiger als bei anderen monogenen Erkrankungen beobachtet. Erkrankungen, die ein Spektrum von multiplen phänotypischen Merkmalen zeigen, können gelegentlich nur mit einem abgeschwächten Mikrosymptom auftreten. So gibt es z. B. beim *Marfan-Syndrom* mit charakteristischen Auffälligkeiten am Skelettsystem, den Augen und dem kardiovaskulären System Anlageträger mit nur einem einzigen Symptom oder überhaupt keinen äußeren Merkmalen. Ein weiteres Beispiel ist die Tuberöse Hirnsklerose.

Tuberöse Hirnsklerose

Die Expressivität kann so schwach sein, daß die Krankheit nicht diagnostiziert wird. Die Tuberöse Hirnsklerose, auch *Morbus Bourneville-Pringle* genannt, ist ein gutes Beispiel dafür. Die charakteristischen Merkmale sind hypomelanoische (weiße Flecken) der Haut, die meist unter Anwendung von Ultraviolett-Lampen sichtbar sind, Angiofibrome des Gesichts, die als Adenoma sebaceum bezeichnet werden, sog. Chagrin-Flecken, periunguale und/oder subunguale Fibrome sowie Augenveränderungen (Abb. 5.42). Zu den Veränderungen des Zentralen Nervensystems gehören die Gliazellknoten der Hirnrinde, die auch Tubera genannt werden, und periventrikuläre subependymale Hirntumoren. Die tuberöse Hirnsklerose manifestiert sich in der Niere mit Angiomyolipomen und/oder Zysten und in der Herzmuskulatur in Form von Rhabdomyomen. Hämatome, Angiome, Adenome und Fibrome können gelegentlich in vielen anderen Organen auftreten. 80 % der Patienten mit tuberöser Hirnsklerose haben epileptische Anfälle, meist Absencen.

Die Tuberöse Hirnsklerose ist genetisch heterogen. Bei etwa 50 % der Fälle ist das Gen auf Chromosom 9q34 (TSC1-Gen) und bei der andere Hälfte auf dem 16p13 (TSC2-Gen) lokalisiert. Das TSC2-Gen ist inzwischen kloniert, es ist 5,5 kb groß und enthält 40 Exons. Das Genprodukt besteht aus 1.784 Aminosäuren und wird Tuberin genannt. Tuberin ist wie Neurofibromin an der Regulation von Zellproliferation und Differenzierung beteiligt. Es

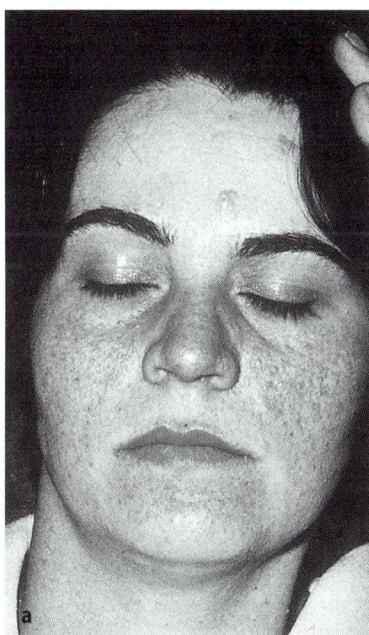
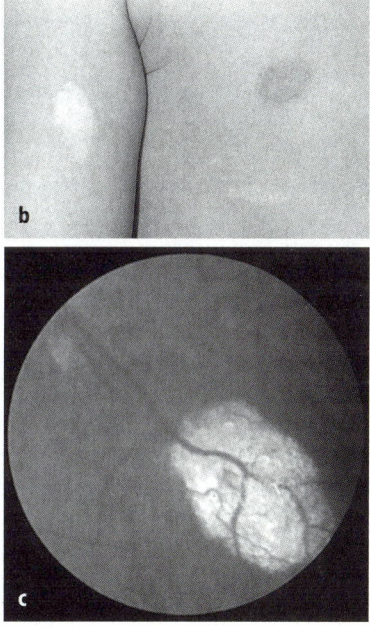

Abb. 5.42 a–c. Patient mit tuberöser Hirnsklerose. **a** Adenoma sebaceum, **b** hypopigmentierte Flecken, **c** retinales Phakom. (Mit freundlicher Genehmigung von Prof. F. Vogel, Heidelberg)

handelt sich hier um ein Tumorsupressorgen, dessen Mutation zur Tumorentwicklung führt.

Wenn die Expression der klinischen Merkmale bei einer monogenen Erkrankung nicht bei allen Mutationsträgern manifest wird, spricht man von einer *reduzierten Penetranz*. Die Penetranz ist vollständig oder 100 %ig, wenn die Erkrankung bei allen Mutationsträgern irgendwann mit Sicherheit manifest wird, wie dies z. B. bei der *Chorea Huntington* der Fall ist. Die klinische Manifestation tritt bei den Anlageträgern irgendwann im Laufe des Lebens auf. Anders ist es bei der *Spalthandfehlbildung*, bei der die Symptome nicht immer auftreten. Aufgrund verminderter Penetranz kann die klinische Erkrankung eine Generation überspringen (s. Abb. 9.7). Dies erschwert dann die genetische Beratung. Bei manchen Krankheiten mit verminderter Penetranz sind die Prozentzahlen statistisch ermittelt und können bei der Risikoberechnung berücksichtigt werden. So wird Chorea Huntington bei 80 % der Mutationsträger bis zum 50. Lebensjahr klinisch manifest.

5.6.5 Manifestationsalter

Nicht alle genetischen Erkrankungen sind kongenital, ein Teil wird erst im späteren Alter manifest. Es ist hier wichtig zu vermerken, daß auch nicht alle angeborenen Krankheiten genetisch bedingt sind:

- Manche Krankheiten/Fehlbildungen können anhand von phänotypischen Merkmalen gleich nach der Geburt oder sogar pränatal durch eine Ultraschalldiagnostik (z. B. Fehlbildungen) erkannt werden.
- Einige Krankheiten sind sogar pränatal letal.

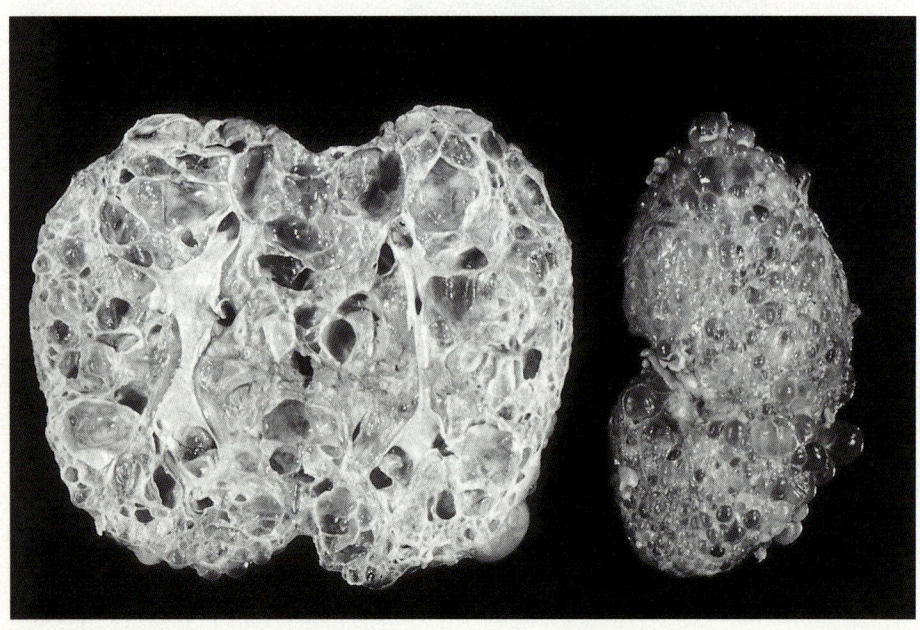

Abb. 5.43. Adulte polyzystische Nieren. (Mit freundlicher Genehmigung von Prof. R. Waldher, Pathologisches Institut der Universität Heidelberg)

- Andere Krankheitsbilder werden erst nach der Geburt in den ersten Lebensmonaten/-jahren manifest, wenn sie nicht gleich behandelt werden, ein Beispiel hierfür ist die *Phenylketonurie.*
- Es gibt eine Reihe von sog. spät manifest werdenden Krankheiten, die erst im Erwachsenenalter manifest werden. Hierzu gehören z. B. *Chorea Huntington, Myotone Dystrophie* (5.6.10) und *Polyzystische Nierenerkrankung* (Abb. 5.43) vom Erwachsenentyp.

Das Manifestationsalter sowie die Schwere der Erkrankung kann manchmal bei aufeinander folgenden Generationen und/oder in Abhängigkeit vom Geschlecht des übertragenden Elternteils variieren. Ein Beispiel hierfür ist wiederum die *Myotone Dystrophie.* Sie ist in der Regel eine spät manifest werdende Krankheit, sie kann aber auch angeboren mit schweren klinischen Zeichen auftreten, wenn sie durch die Mutter übertragen wird. Den zunehmenden Schweregrad oder die frühere Manifestation einer genetisch bedingten Krankheit bei aufeinanderfolgenden Generationen nennt man, wie bereits im vorausgegangenen Text erklärt, *Antizipation.*

5.6.6 Somatische Mutationen und Mosaike

Eine postzygotische Mutation kann je nachdem, in welcher embryonalen Entwicklungsphase sie entsteht, eine Störung in einer bestimmten Region oder einem bestimmten Gewebe verursachen. Die *Neurofibromatose* kann z. B. durch eine somatische Mutation gelegentlich segmental auftreten. Somatische Mutationen sind auch eine der häufigsten Ursachen der Krebsentstehung (s. Kap. 4.8).

Wenn in einem Individuum oder in einem Gewebe mindestens zwei verschiedene Zellinien vorliegen, die sich genetisch

voneinander unterscheiden, obwohl sie von einer einzigen Zygote stammen, spricht man von einem *Mosaik.* Somatische Mosaike sind bei einer Reihe von monogenen Erkrankungen beobachtet worden.

Eine postzygotische Mutation kann aber auch in einem Entwicklungsstadium auftreten, in dem Keimzellen und somatische Zellen sich noch nicht getrennt haben. Dann enthalten sowohl ein Teil der somatischen Zellen als auch die Keimzellen die Mutation. Das Mutationsereignis kann so auf die nächste Generation übertragen werden und dort zur Erkrankung führen.

5.6.7 Keimzellmosaike

Eine Erkrankung, die in einer Familie durch Neumutation auftritt, ist in der Regel ein einziges, zufälliges Ereignis und wird innerhalb der Geschwisterreihe nicht mehr beobachtet. Es sind aber in den letzten Jahren in einigen Ausnahmefällen Geschwisterfälle beobachtet worden, bei deren Eltern das mutierte Gen nicht nachgewiesen werden konnte. Wenn Ursachen wie variable Expressivität und verminderte Penetranz sowie andere Faktoren ausgeschlossen sind, dann ist hier ein Keimzellmosaik die einzige Erklärung. Weibliche und männliche Keimzellen durchlaufen 30 bis 100 Zellteilungen während ihrer frühen embryonalen Entwicklung. Wenn während der Keimzellentwicklung eine Mutation entsteht, dann kann je nach Zeitpunkt des Geschehens die Keimzellpopulation zwei verschiedene Zellinien oder auch nur mutierte Zellen aufweisen. Somit liegt ein Keimzellmosaik vor. Keimzellmosaike wurden bei einigen autosomaldominanten und X-chromosomalen Erkrankungen beobachtet. Aus diesem Grund muß man in der genetischen Beratung die Möglichkeit von Keimzellmosaiken berücksichtigen, wenn klinisch normale Eltern, bei denen die betreffende Mutation nicht nachgewiesen wird, ein autosomal-dominant oder X-chromosomal krankes Kind haben. Es ist dann sicherheitshalber ein Keimzellmosaik zu berücksichtigen und ein Wiederholungsrisiko von ca. 5 % anzugeben.

5.6.8 Genomische Prägung (Genomic Imprinting)

In den letzten Jahren sind Genetiker und Embryologen auf einige phänotypische Merkmale gestoßen, die nicht der von Mendel beobachteten Gesetzmäßigkeit folgen. Die Ursache dafür ist die sog. genomische Prägung (Genomic Imprinting), das heißt, daß die Expression einer Erbanlage in Abhängigkeit von der elterlichen Herkunft reguliert wird. Genomic Imprinting bezieht sich auf die unterschiedliche Wirkung, die das väterliche bzw. das mütterliche Gen oder Chromosom ausübt. Die Prägung geschieht während der elterlichen Keimzellentwicklung durch Methylierungsunterschiede der DNA. Es wird so das Ablesen des genetischen Codes und somit die Expression der Erbanlagen reguliert. Die Einzelheiten sind jedoch kompliziert und bis heute noch nicht vollständig verstanden. Prägungen können während der folgenden Generationen ausgelöscht oder wiederhergestellt werden. Der geprägte Lokus wird nach den Mendelschen Regeln

weitervererbt, jedoch ist die Expression in der nächsten Generation von der elterlichen Herkunft abhängig. Die Prägung bewirkt meist den Verlust oder die Verminderung der Aktivität des betroffenen Gens und führt zu einer unterschiedlichen Aktivität der beiden Allele im Embryo. Bei geprägten Genen wird dann nur eines der beiden Allele der homologen Chromosomen exprimiert.

Bei einigen Genen ist die Kombination eines aktiven und eines inaktiven Allels notwendig, um einen normalen Phänotyp zu erreichen. Wahrscheinlich ist die Expression des Phänotyps von der Gendosis abhängig. Es ist noch nicht abgeklärt, warum während der Evolution ein Mechanismus wie das Genomic Imprinting bestehen blieb bzw. entstanden ist. Es ist inzwischen nachgewiesen, daß das Genomic Imprinting für die embryonale Entwicklung bei Säugetieren von Bedeutung ist. In der Übersicht 5.22 sind einige Beobachtungen, bei denen die genomische Prägung eine Rolle spielt, zusammengefaßt.

Wir wissen heute, daß die genomische Prägung bei der Manifestation einer Reihe von Krankheiten eine Rolle spielt. Wie bereits erwähnt, tritt eine schwere und frühe Manifestation der *Myotonen Dystrophie* auf, wenn das mutierte Gen mütterlicher Herkunft ist. Aber auch die klinische Auswirkung von Deletionen einzelner Chromosomenabschnitte ist von der elterlichen Herkunft abhängig. Hier ist, wie bei der uniparentalen Disomie

Übersicht 5.22. Beobachtungen, die die Existenz einer elterlichen Prägung (Genomic Imprinting) eines Gens zeigen

1.	Beobachtung der Ergebnisse bei Transplantation des Pronukleus der Maus (androgenetisch oder parthenogenetisch)
2.	Beobachtung der Phänotypen von Triploiden beim Menschen (diandrisch, gynogenetisch)
3.	Unterschiedliche Auswirkung von Chromosomenanomalien auf den Phänotyp bei Mäusen und Menschen in Abhängigkeit von der elterlichen Herkunft
4.	Expression des Transgens in transgenen Mäusen in Abhängigkeit von der elterlichen Herkunft
5.	Expression der Mutation in Abhängigkeit von der elterlichen Herkunft

(Kap. 5.6.9), das gestörte Imprinting die Ursache der unterschiedlichen Manifestation. Es gibt auch andere Mechanismen, die in der menschlichen Zelle zu einer monoallelischen Expression von biallelischen Genen führen.

5.6.9 Uniparentale Disomie

Uniparentale Disomie bedeutet, daß homologe Chromosomenpaare aus einem Elternteil stammen und das oder die entsprechenden Chromosomen des anderen Elternteils fehlen (s. Kap. 2.1.2). Wenn dasselbe elterliche Chromosom zweifach vorliegt, spricht man von einer *Isodisomie*, wenn beide Chromosomen desselben Elternteils vorhanden sind, wird dies als *Heterodisomie* bezeichnet. Je nachdem, ob eine uniparentale väterliche oder uniparentale mütterliche Disomie vorliegt, kann dies bei geprägten Genen zu einem vollständigen Ausfall der Expression oder zu einer Überexpression führen.

Uniparentale Disomie ist in den letzten Jahren bei einigen monogenen Erkrankungen nachgewiesen worden. Das *Prader-Willi-* und das *Angelman-Syndrom* sind zwei gute Beispiele für das Auftreten von uniparentaler Disomie und Genomic Imprinting.

Prader-Willi-Syndrom

Das Prader-Willi-Syndrom wurde erstmals 1996 von Prader und Willi beschrieben. Charakteristische Merkmale sind eine ausgeprägte angeborene bzw. frühkindliche generalisierte Muskelhypotonie, Entwicklungsverzögerung, Adipositas, Hyperphagie, Minderwuchs, kleine Hände und Füße, Hypogonadismus und Hypopigmentierung (Abb. 5.44). Die Häufigkeit beträgt etwa 1 zu 16.000. In etwa 70 % der Fälle liegt eine Deletion des *paternalen Chromosoms Nr. 15* (15q11–13) vor, die zytogenetisch

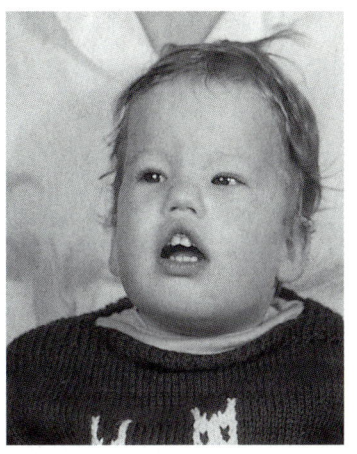

Abb. 5.44. Patient mit Prader-Willi-Syndrom

durch hochauflösendes Banding oder In situ-Hybridisierung bzw. auch molekulargenetisch nachgewiesen werden kann. Die Deletion umfaßt einen Bereich, in dem eine Reihe von geprägten Genen gefunden werden. Molekulargenetische Untersuchungen haben gezeigt, daß die 15q11–13-Region zwei aneinander grenzende Abschnitte enthält, die einer entgegensätzlichen Prägung unterliegen. Die Sequenzen mütterlicher Prägung unterscheiden sich von den väterlichen aufgrund eines anderen Methylierungsmusters. Beim Prader-Willi-Syndrom wird das zugehörige Gen des väterlichen Chromosoms 15 aufgrund einer paternalen Deletion 15q11–13, einer maternalen uniparentalen Disomie oder einer fehlerhaften Prägung des väterlichen Gens nicht exprimiert (Abb. 5.45).

Angelman-Syndrom

Das Angelman-Syndrom, auch *Happy-Puppet-Syndrom* genannt, ist ein Krankheitsbild mit schwerer geistiger Retardierung, Minderwuchs, Mikrozephalie, unkontrollierten, ataktischen Bewegungen, Lachanfällen, Krampfleiden und typischen EEG-Veränderungen (Abb. 5.46). Im Gegensatz zum Prader-Willi-Syndrom ist für die

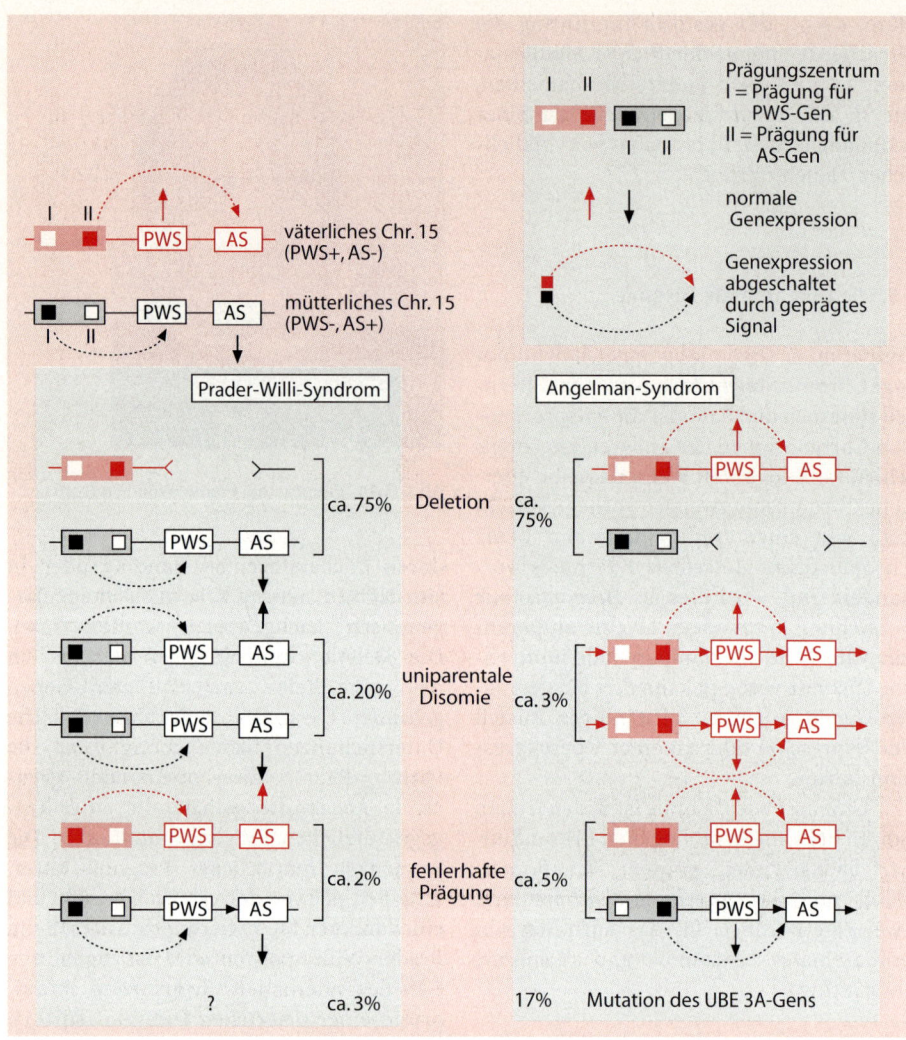

Abb. 5.45. Verschiedene Mechanismen bei Prader-Willi- und Angelmann-Syndrom. (Aus Strachan und Read 1996)

Expression die mütterliche exprimierte Region verlorengegangen. Etwa 75 % der Patienten zeigen eine Deletion auf dem mütterlichen Chromosom Nr. 15 (15q11–13). Etwa bei bei 5 % der Fälle findet man eine uniparentale Disomie. Anders als beim Prader-Willi-Syndrom wurden hier familiäre Fälle beobachtet, die weder eine Deletion noch eine fehlerhafte Methylierung aufweisen. Hier wird eine Punktmutation oder eine nicht entdeckte Störung der Prägung vermutet. Durch Identifizierung des Gens für das Angelman-Syndrom weiß man heute, daß das Krankheitsbild bei einem Teil der Patienten durch eine Mutation des Gens UBE3A/E6-AP (Ubiquitin-Proteinligase-Gen) verursacht wird. In Übersicht 5.23 sind die klinischen Merkmale und die Ätiologie dieser beiden Krankheiten zusammengefaßt.

	Prader-Willi-Syndrom	Angelman-Syndrom
Klinische Merkmale	Adipositas, dreieckiger, offener Mund, Muskelhypotonie (vor allem im Säuglingsalter), Akromikrie, Hypogonadismus, Hypopigmentierung, mentale Retardierung, Hyperphagie	Mikrozephalie, Minderwuchs, ataktischer Gang mit ruckartigen Bewegungen, unmotivierte Lachepisoden, Hypopigmentierung, Progenie, mentale Retardierung, Epilepsie mit charakteristischen EEG-Veränderungen

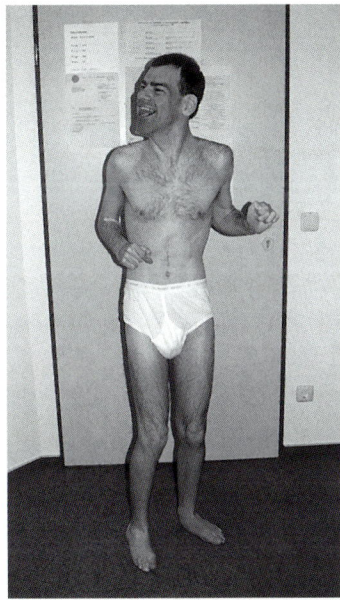

Abb. 5.46. Patient mit Angelman-Syndrom

5.6.10 Expandierende Trinukleotide

Die Zunahme des Schweregrades und die zunehmend frühere Manifestation (Antizipation) bei einer Reihe von Krankheiten war den Klinikern schon lange bekannt; erst jetzt ist durch molekulargenetische Analysen und Sequenzierung der verantwortlichen Gene die Ursache dieses Phänomens verständlich geworden. Molekularbiologische Analysen haben gezeigt, daß die verantwortlichen Genbereiche für diese Krankheiten, die *trinukleotide* Repeats genannt werden, aus Blöcken von jeweils drei DNA-Bausteinen aufgebaut sind, z. B. CTG (Cytosin, Thymin und Guanin) im *myotonen Dystrophie-Gen* und CAG (Cytosin, Adenin und Guanin) im *Chorea-Huntington-Gen* oder CGG (Cytosin, Guanin und Guanin) im *FMR1-Gen*. Bei Gesunden findet man z. B. bei der Myotonen Dystrophie etwa 40 solcher repetitiver Trinukleotidblöcke, während bei schwer betroffenen Patienten mehrere Tausende Trinukleotid-Repeats vorkommen können. Die klinisch unauffälligen Überträger des Fra(X)-Syndroms weisen etwa 50 bis 200 Trinukleotide auf. Diese Repeats sind nicht stabil und tendieren in Abhängigkeit von ihrer Länge zur weiteren Expansion, was von Generation zu Generation zu einer Verlängerung um mehrere hundert bis tausend Trinukleotide führen kann. In jüngster Zeit werden mehr und mehr expandierende Trinukleotid-Repeats beim Auftreten von einigen Krankheiten beobachtet (s. Kap. 2.1.2).

Die pathogenetischen Mechanismen dieser expandierenden Trinukleotide sind nicht eindeutig geklärt. Wahrscheinlich spielen in diesem Zusammenhang verschiedene unterschiedliche Mechanismen eine Rolle. CAG-Triplets werden bei der Proteinsynthese in die Aminosäure Glutamin übersetzt. Bei allen Krankheiten mit intragenen CAG-Repeats (Übersicht 5.24) handelt es sich um neurodegenerative Störungen, bei denen wahrscheinlich die Proteine mit langen Polyglutamin-Abschnitten neurotoxisch sind. Unterschiedliche Sym-

Übersicht 5.24. Erkrankungen mit instabilen repetitiven Trinukleotidsequenzen

Krankheit	Manifesta-tionsalter	Lokali-sation	Position im Gen	Repeat	Repeatanzahl			Transmission	Erbgang
					kont.	prä-M.	volle M.		
Chorea Huntington	> 35	4p16.3	kodierender Bereich	$(CAG)_n$	9–35	–	37–100	paternal, a., e.	AD
Myotonische Dystrophie (DM)	variabel	19q13	3'UTR	$(CTG)_n$	5–37	37–50	50–4000	maternal, a., c., e.	AD
Spinozerebel. Ataxie 1 (SCA1)	> 25	6p23	kodierender Bereich	$(CAG)_n$	19–36	–	43–81	paernal, a., e.	AD
Spinozerebel. Ataxie 2 (SCA2)	> 30	12q24	kodierender Bereich	$(CAG)_n$	17–29	–	36–62	maternal, p., a., c.	AD
Spinozerebel. Ataxie 3 (CA3)	> 45	14q32	kodierender Bereich	$(CAG)_n$	12–36	–	67–84	paternal, a., c., e.	AD
Dentatorubropallido-siane Atrophie (DRPLA)	variabel	12p23	kodierender Bereich	$(CAG)_n$	7–23	–	49– > 75	paternal, a., e.	AD
Friedreich-Ataxie	Kindesalter	9q13–21	IIntjron 1	(GAA)	10–21	–	200–900	–	AR
FRAXA	congenital	Xq27.3	5'UTR	$(CGG)_n$	6–52	50–200	200– > 1000	maternal, a., e.	XR
FRAXE	congenital	Xq28	UTR	$(CGG)_n$	6–25	20–200	> 200	maternal, e., C.	XR
FRAXF	congenital	Xq28	?	$(GCC)_n$	6–29	–	> 500	?	XR
Spinobuläre Muskelatro-phie (Kennedy-Syn.)	> 30	Xq21	kodierender Bereich	$(CAG)_n$	17–24	–	40–55	maternal, a., c., e.	XR

a: Antizipation, c: Kontraktion, e: Expansion

ptome dieser Krankheiten wären dann eine Folge der verschiedenen zellulären Verteilungen dieses Proteins. Bei der spinobulbären Muskelatrophie (SBMA) hat die Expansion des CAG-Repeats im androgenen Rezeptor-Gen wahrscheinlich auch eine Funktionseinschränkung des Androgenrezeptors zur Folge, was die relative Androgenressistenz von Patienten mit SBMA erklärt.

Die Stabilität der repetitiven Sequenz nimmt mit der Repeatlänge ab. Dies gilt nicht nur für die Trinukleotide, sondern auch für die di- und tetranukleotiden Repeats. Ab 40–50 Trinukleotid-Repeats nimmt die Instabilität rapide zu, weshalb die klinisch unauffälligen Überträger der FMR-1-Prämutation häufig betroffene Nachkommen haben. Im Unterschied zu fra(X) und der Myotonen Dystrophie findet man bei Kindern von Patienten mit Chorea Huntington keine massiv expandierten Repeatlängen, wenn die Repeatlänge des Elternteils länger als 50 Trinukleotide ist. Wahrscheinlich ist hier, daß die Patienten mit längerer CAG-Repeatlänge bereits im Jugendalter erkranken und keine Nachkommen haben oder CAG-Repeats von über 120 Trinukleotiden letal sind und gar nicht beobachtet werden. Es liegt also ein Selektionsmechanismus vor.

Bei all diesen Krankheiten nimmt die Schwere der Erkrankung mit der Länge der Trinukleotid-Repeats zu, und die elterliche Herkunft der Mutation spielt eine wesentliche Rolle.

Untersuchungen an embryonalem Gewebe haben gezeigt, daß die Expansion der Repeats postzygotisch erfolgt. Wahrscheinlich sind die Zellen in der frühen Embryonalphase in der Lage, die beiden elterlichen Allele aufgrund ihrer unterschiedlichen DNA-Methylierung (Genomic Imprinting) zu unterscheiden. Es werden auch andere Möglichkeiten diskutiert, eine endgültige Klärung steht noch aus.

Einige dieser Krankheiten sind in Übersicht 5.24 zusammengestellt. Hier wird die Myotone Dystrophie ausführlich besprochen.

Myotone Dystrophie

Die Myotone Dystrophie ist eine autosomal-dominante, in der Regel spät manifest werdende Multisystemerkrankung mit einem variablen klinischen Bild. Die Patienten zeigen eine aktive und passive Myotonie, sie können nach festem Zugreifen die Finger nur langsam strecken, nach starkem Lidschluß die Augen nur langsam öffnen. Es werden fortschreitende Muskelschwäche, Schluckstörungen, Herzrhythmusstörungen, Katarakt, Hypersomnie und endokrinologische Störungen wie Diabetes mellitus und Hypogonadismus beobachtet. Erstmals wurde das Krankheitsbild von Curschmann, Steinert und Batten (1909 und 1912) beschrieben. Innerhalb einer Familie können genetisch betroffene Familienmitglieder lebenslang ohne Krankheitszeichen bleiben oder als einzige Krankheitsmanifestation eine Linsentrübung oder präsenilen Katarakt aufweisen. Ein Zusammenhang von hoher Säuglingssterblichkeit und psychomotorischer Retardierung von Kindern in den betroffenen Familien wurde bereits seinerzeit beobachtet, jedoch konnte die Ursache der neonatalen kindlichen Manifestationsform nicht abgeklärt werden. Die kongenitale Form manifestiert sich mit schwerer generalisierter Muskelhypotonie, typischer Schwäche der mimischen Muskulatur mit dreieckförmigem Mund, unvollständigem Lidschluß im Schlaf und respiratorischer Insuffizienz. Bei Kindern, die die ersten Lebensmonate überleben, wird eine psychomotorische Retardierung festgestellt. Man weiß heute, daß die kongenitale Myotone Dystrophie nur bei Kindern von betroffenen Müttern auftreten kann (Abb. 5.47 a–d).

Das Gen für die Myotone Dystrophie liegt auf dem langen Arm des Chromosoms 19 (19q13.3) und wurde inzwischen durch

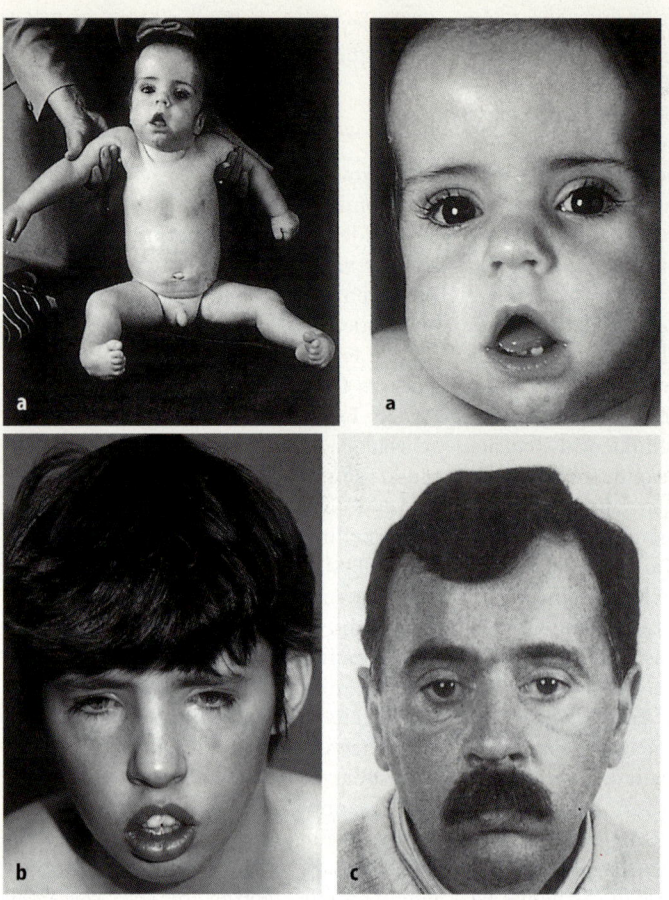

Abb. 5.47 a–c. Patienten mit myotoner Dystrophie. **a** kongenitale, **b** frühmanifeste, **c** spätmanifeste myotone Dystrophie. (**a** und **b** maternale, **c** paternale Vererbung). (**b** mit freundlicher Genehmigung der Univ. Kinderklinik Heidelberg)

positionelle Klonierung isoliert. Im Bereich des nicht translatierten 3′-Endes des DM-Gens befindet sich ein instabiler Trinukelotid-Repeat CTG. Während die Normalbevölkerung 5 bis 30 dieser CTG-Repeats hat, kann bei Patienten mit Myotoner Dystrophie eine 2.000fache Verlängerung vorliegen. Die Schwere der Erkrankung korreliert mit der Anzahl der CTG-Repeats. Die meisten Patienten mit kongenitaler Myotoner Dystrophie haben ein wesentlich größeres *Trinukleotid-Repeat*. Dies erklärt die genetische *Antizipation* bei dieser Erkrankung. Allerdings gibt es auch Ausnahmen. Es sind bei Kindern mit kongenitaler Myotoner Dystrophie auch kleinere expandierende Allele als die der betroffenen Mütter festgestellt worden. Auch in Spermien von schwerbetroffenen Patienten wurde eine Verkürzung der CTG-Repeats beobachtet. In seltenen Fällen kommt es sogar zur vollständigen Regression dieser Repeats. Derartige Punktmutationen kommen anscheinend nur bei Kindern von erkrankten Vätern vor. Aufgrund dieser Beobachtungen ist die Antizipation mit der Expansion der CTG-Repeats nicht die einzige Erklärung für das Auftreten der kongenitalen Myotonen Dystrophie.

6 Multifaktorielle (polygene) Vererbung

In den vorangegangenen Kapiteln war das Augenmerk auf Merkmale gerichtet, von denen in der Bevölkerung in der Regel zwei, manchmal drei Phänotypen bei ihren Trägern existieren:

- Träger eines bestimmten Merkmals, meist einer bestimmten genetischen Erkrankung,
- Träger ohne dieses Merkmal, also ohne diese Erkrankung,
- Personen, bei denen dieses Merkmal schwach ausgeprägt ist.

Dabei folgten diese Merkmale einem der bekannten Mendelschen Erbgänge. Wir wollen uns nun Vorgängen zuwenden, die in der Population keine scharfe Zwei- oder Dreiteilung zulassen, sondern eine kontinuierliche Variabilität zeigen. Eine solche *Variabilität* beruht meist auf dem Zusammenspiel vieler Gene, von denen das einzelne keine so starke Wirkung besitzt, daß die Träger von den Individuen mit einem anderen Allel unterschieden werden könnten. Das *Zusammenspiel vieler Gene* wird als *polygene Vererbung* bezeichnet. Allerdings unterliegt auch bei der polygenen Vererbung jedes einzelne Gen den Grundgesetzen der Mendelschen Vererbung, kann also dominant oder rezessiv, autosomal oder X-gekoppelt sein. Jedoch zeigt sich die Wirkung dieser Gene nicht als Einzelgenunterschied, sondern als Zusammenspiel von Genwirkungen einer meist größeren Zahl von Einzelgenen.

Die Variabilität der meisten Merkmale hängt allerdings nicht nur und ausschließlich vom genetischen Hintergrund ab, sondern von einer *Gen-Umwelt-Interaktion*. Merkmale, die durch eine Interaktion von Genen und Umwelt bestimmt sind, werden als *multifaktorielle Merkmale* bezeichnet. Bei der multifaktoriellen Vererbung variiert der relative Anteil von genetischen Faktoren und Umweltfaktoren für verschiedene Merkmale beträchtlich.

Häufig werden die Begriffe polygen und multifaktoriell synonym verwendet, obwohl sie es eigentlich nicht sind. Polygen heißt, daß eine Anzahl von Genen involviert ist, berücksichtigt aber keinen Umwelteinfluß. Es ist also nur ein Teil eines umfassenderen multifaktoriellen Schemas, das die genetischen Prädispositionen von Individuen betrachtet. Die Prädisposition wiederum bildet den Rahmen für ein Gesamtbild, das durch die Umwelt geprägt wird. Die genetische Prädisposition bei polygener Vererbung könnte man mit einer Rangierharfe der Bahn vergleichen. Eine Richtung und verschiedene Stellmöglichkeiten werden von den Weichen genetisch vorgegeben. Welches Gleis allerdings befahren wird, hängt von den besonderen Verhältnissen ab, die ein Individuum in seiner Umwelt vorfindet.

6.1 Erbgrundlage normaler Merkmale

Die meisten menschlichen Merkmale scheinen multifaktorieller Natur zu sein. Jedes Gen partizipiert je nach Umwelteinfluß mit einem kleinen additiven Teil an der Gesamtexpression eines gegebenen Merkmals. Typische multifaktorielle Merkmale sind:

- Körperhöhe,
- Gewicht,
- Intelligenz,
- Hautfarbe,
- Fruchtbarkeit,
- Blutdruck,
- Zahl der Hautleisten.

Aber auch viele genetische Erkrankungen, die wegen ihrer Häufigkeit für den Arzt von Bedeutung sind, gehören dazu. Beispiele sind:

- Diabetes mellitus,
- Hypertonie,
- verschiedene Formen des Schwachsinns,
- Schizophrenie und andere geistige Erkrankungen,
- psychische Labilitäten wie Alkoholismus (s. Kap. 8.3.1) und Drogenhängigkeit.

Durch das Zusammenwirken von Polygenie und Umweltfaktoren variieren die Phänotypen in der Population kontinuierlich innerhalb einer gewissen Bandbreite.

6.1.1 Genetische Faktoren bei der Körperhöhe

Betrachtet man das Merkmal Körperhöhe (Abb. 6.1), so findet man beim Menschen alle Zwischengrößen. Die Verteilung entspricht einer Gaußkurve.

Die meisten Menschen zeigen eine mittlere Körperhöhe, wenige Menschen sind extrem groß oder extrem klein, da sich fördernde und hemmende Faktoren die Waage halten.

Eine solche Normalverteilung wird durch zwei Quantitäten spezifiziert: den *Mittelwert*, der der Summe aller Meßwerte entspricht, geteilt durch die Gesamtzahl und die *Varianz* bzw. die Standardabweichung (Quadrat der Varianz, als Ausdruck der Größe, um die ein einzelner Meßwert vom Mittelwert abweicht). Bei der Normalkurve gibt die Standardabweichung (δ) die horizontale Distanz vom Durchschnitts-

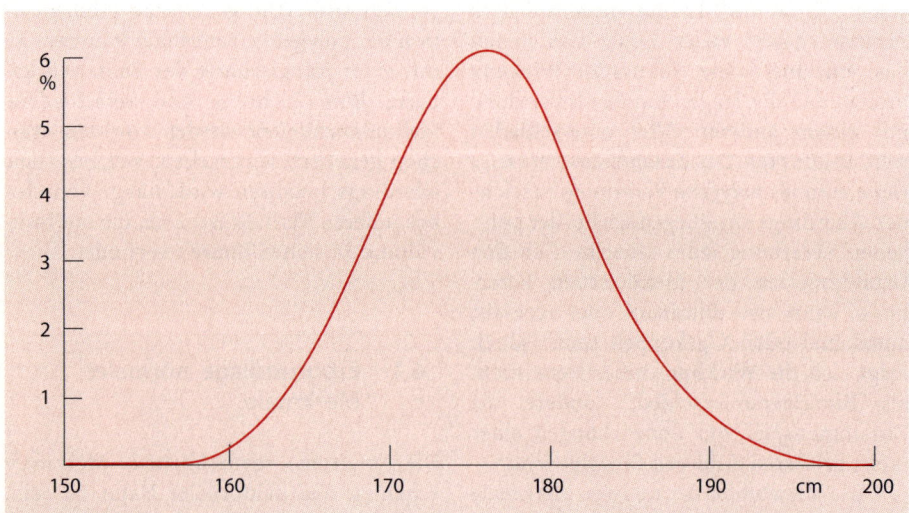

Abb. 6.1. Kontinuierliche Variation der Körperhöhe innerhalb einer Gauß-Normalverteilung

Übersicht 6.1. Korrelationskoeffizienten bezüglich der Körperhöhe zwischen nahen Verwandten

Verwandtschaftsgrad	Korrelationskoeffizient	
Mutter – Sohn	+ 0,49	
Vater – Sohn	+ 0,51	
Mutter – Tochter	+ 0,51	
Vater – Tochter	+ 0,51	
Brüder	+ 0,47	verschiedene
	+ 0,51	Studien
	+ 0,57	

wert bis zum steilsten Punkt des Kurvenverlaufs auf beiden Seiten an. Bei einer Standardabweichung liegen unter der Kurve 68,26 % der Fläche, bei 2 Standardabweichungen 95,5 % und bei 3 Standardabweichungen 99,7 %. Dies bedeutet, daß 1/3 der Meßwerte vom Mittelwert weniger als eine Standardabweichung schwanken, 95,5 % weniger als 2 Standardabweichungen und 99,7 % weniger als 3 Standardabweichungen. Die Standardabweichung wird hier angesprochen, weil bei biologischen Größen mit entsprechender Variabilität die Angabe der Abweichung vom Mittelwert in Standardabweichungen sinnvoll ist. Im Einzelfall wird die Frage, ob eine Abweichung noch in den Normalbereich gehört oder bereits pathologisch ist, durch Festlegung empirischer Grenzwerte beantwortet.

Die Körperhöhe ist hier als multifaktoriell vererbtes Merkmal postuliert. Gauß-Verteilungen finden sich aber sowohl bei polygen bzw. multifaktoriell bedingten Merkmalsausprägungen als auch bei Merkmalen, die ausschließlich durch die Umwelt modifiziert werden. Für die Körperhöhe fehlt also der schlüssige Beleg noch. Hierzu kann man Körperhöhenvergleiche zwischen Eltern und Kindern heranziehen und deren Ähnlichkeit in dem betreffenden Parameter prüfen. Bei quantitativen Merkmalen wie der Körperhöhe wird die Ähnlichkeit durch den *Korrelationskoeffizienten* gemessen.

> **!** Der Korrelationskoeffizient ist ein Maß für die Unterschiede zwischen den auf Ähnlichkeit zu prüfenden Individuen und den Unterschieden beliebiger Individuen derselben Bevölkerung, der sie angehören.

Der Korrelationskoeffizient ergibt sich nach folgender Formel:

$$r = \frac{\Sigma(x_i - \bar{x})(y_i - \bar{y})}{n\, S_x \cdot S_y}$$

Dabei ist x die durchschnittliche Körperhöhe von Eltern, y die von Kindern, x_i und y_i sind die Körperhöhen der einzelnen Eltern bzw. Kinder, n ist die Zahl der Eltern-Kinderpaare und S_x und S_y sind die mittleren quadratischen Streuungen der Körperhöhe der Eltern bzw. der Kinder. S_x wird als Wurzel aus dem Mittel der Abstandsquadrate der x-Reihen-Individuen vom Mittelwert der x-Reihe berechnet.

$$S_x = \sqrt{\frac{(x_i - \bar{x})^2}{n}}$$

bzw.

$$S_y = \sqrt{\frac{(y_i - \bar{y})^2}{n}}$$

Der Korrelationskoeffizient kann Werte von -1 bis +1 annehmen. +1 bedeutet völlige Korrelatation, 0 bedeutet das Fehlen von Korrelation und -1 bedeutet einen Ausschluß der betrachteten Merkmale.

Die Übersicht 6.1 zeigt Korrelationskoeffizienten für die Körperhöhe von Eltern und Kindern und unter Brüdern. Theoretisch zu erwarten ist ein Korrelationskoeffizient von +0,5, wenn die Körperhöhe im wesentlichen genetisch bedingt ist und eine additive Genwirkung vorliegt. Als zusätzliche Voraussetzung für diesen Wert ist allerdings Panmixie zu fordern, d. h. eine zufällige Auswahl der Elternpaare bezüglich der Körperhöhe. Dies ist gerade bei der Körperhöhe zwischen Ehepaaren nicht der Fall. Es werden nämlich häufiger Ehen zwischen Paaren ähnlicher Körperhöhe geschlossen *(Homogamie)*. Der Korrelationskoeffizient zwischen Ehegatten beträgt +0,20 bis +0,30.

Auch die Annahme einer *additiven* oder *intermediären Genwirkung* ist nicht selbstverständlich. Bei den Genen für Körperhöhe könnte es sich auch um Allelpaare handeln, von denen jeweils das eine Gen vollständig dominant, das andere vollständig rezessiv ist. Je nach Anteil der dominanten und rezessiven Gene wäre dann ein Einfluß auf den Korrelationskoeffizienten zu erwarten. Allerdings haben selbst Untersuchungen von Eltern und Kindern von Angehörigen sehr unterschiedlicher Rassen keine Dominanz der Körperhöhe, sondern intermediäres Verhalten gezeigt.

Geht man bei der Frage der genetischen Bedingtheit der Körperhöhe von den obigen Familiendaten weg und zieht zusätzlich Erhebungen an ein- und zweieiigen Zwillingen hinzu (die Grundlagen hierzu werden in Kap. 11 behandelt), so erhält man bei gemeinsam aufgewachsenen eineiigen Zwillingen Korrelationskoeffizienten von über +0,9. Dies spricht dafür, daß bei einigermaßen vergleichbaren Lebensbedingungen die Variabilität der Körperhöhe weitgehend erbbedingt ist

und einem multifaktoriellen Modell mit additiver polygener Wirkung folgt.

Die Körperhöhenentwicklung gerade in unserem Jahrhundert zeigt jedoch in exemplarischer Weise, daß innerhalb multifaktorieller Vererbung eine Veränderung der exogenen Parameter zu meßbaren Einflüssen führt. Die Zunahme der durchschnittlichen Körperhöhe in diesem Jahrhundert nennt man *säkulare Akzeleration* (Abb. 6.2).

Bereits die Geburtsmaße liegen höher. Das Geburtsgewicht stieg seit Beginn des 20. Jahrhunderts in Deutschland von 3.150 g auf maximal 3.450 g und die Körperhöhe bei Geburt von 50 cm auf maximal 51,5 cm. Die Wachstumsbeschleunigung beginnt dann im Säuglings- und Kleinkindalter und setzt sich fort im Schulkindalter. Die Veränderung der Wachstumsgeschwindigkeit und der Endkörperhöhe gehen mit einer zunehmenden Vorverlegung der Pubertät einher. Diese läßt sich am besten durch den Eintritt der Menstruation messen. Sie liegt in der Größenordnung von 3– 4 Jahren. Dabei hat sich die Körpergröße der ganzen Population verschoben. Der Anteil der größeren Menschen hat sich um den Anteil verschoben, um den der der kleineren Menschen abgenommen hat. Der Prozentsatz von Hochwüchsigen hat also nicht einseitig zugenommen, was gegen eine Selektionstheorie der Akzeleration aus genetischen Gründen spricht. Vielmehr wird die Hypothese gestützt, daß die Ursachen vor allem in besseren Hygienebedingungen und in einer besseren Ernährung in Schwangerschaft und Kleinkindalter zu suchen sind. Unter den genannten Bedingungen werden vor allem Brechdurchfälle im 1. Lebensjahr, die zu einem Wachstumsstop führen, vermieden. Das Ende der säkularen Akzeleration dürfte, wie auch der Beginn nicht einheitlich lag, regional unterschiedlich sein. In den meisten Bevölkerungsgruppen der USA war sie bereits in den 50er Jahren beendet. In Europa, besonders in Gebieten

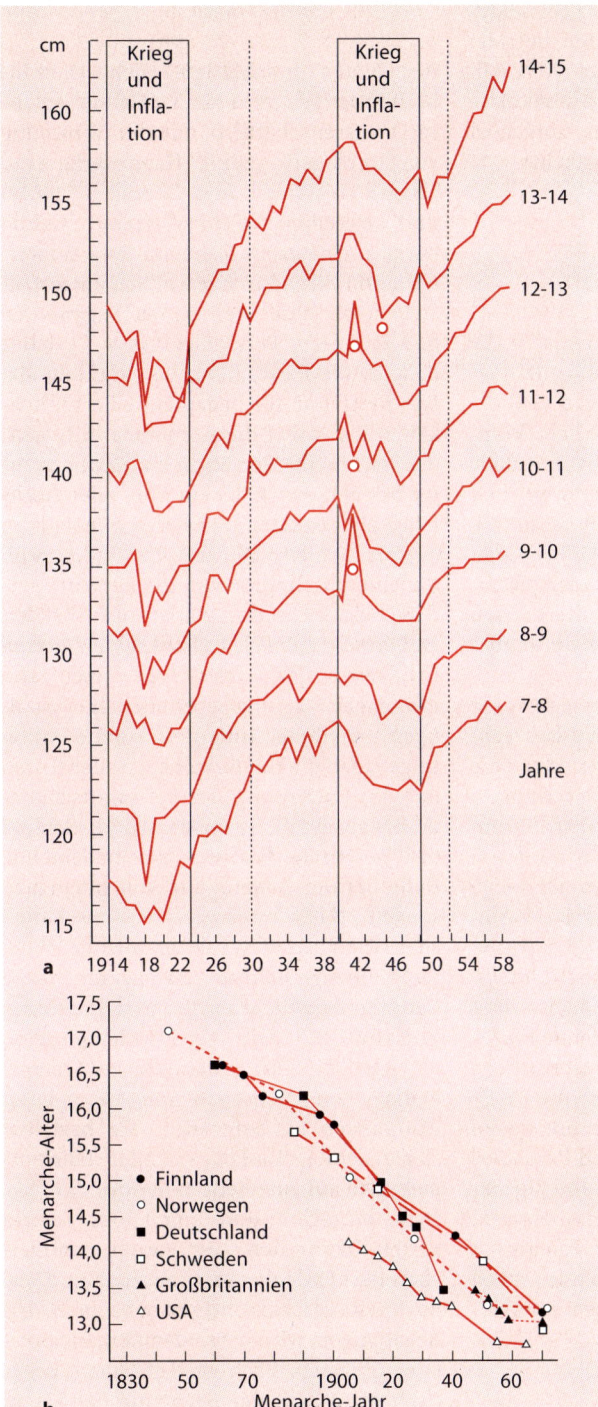

Abb. 6.2 a,b. Säkulare Akzeleration. **a** Säkulare Veränderung der durchschnittlichen Körperhöhe bei Stuttgarter Volksschülern der verschiedenen Altersklassen; die *gestrichelten Linien* geben das Ende der Kompensationszeiten nach Hungerzeiten an, also das Ende des Aufholwachstums. (Nach Hagen et al. 1983). **b** Säkulare Vorverlegung der Menarche in verschiedenen Ländern. (Nach Tanner 1962 und Behrenberg 1975)

mit hohem ökonomischem Standard, scheint sie seit den 70er Jahren beendet zu sein. In anderen Teilen der Welt hält sie sicherlich noch an. Auch der säkulare Trend im Menarchealter hat aufgehört oder sich sogar ein wenig umgekehrt.

6.1.2 Genetik der Intelligenz

Ein kontrovers diskutiertes Thema ist die genetische Grundlage der Intelligenz.

In statistischen Ermittlungen sind die Befunde teilweise widersprüchlich. Während zum Beispiel Jencks (1972) Anteile von 45 % Erbe und 35 % Umwelt und 20 % Interaktion Erbe-Umwelt annimmt, kommt Eysenck (1976) zu 80 % Erbe und 20 % Umweltanteil. Diese Widersprüchlichkeit hängt vielfach mit der alternativen Fragestellung „angeboren oder umweltbedingt?" zusammen.

Man ist heute glücklicherweise mehr und mehr überzeugt, daß man ausgerechnet bei der komplexesten Struktur, die die Evolution je zu Stande gebracht hat – dem menschlichen Gehirn – derart alternativ nicht fragen kann. An der Variation von Verhaltensmerkmalen sind immer Gene und Umwelt beteiligt. Lediglich die Variationsbreite ist genetisch festgelegt. Darüber hinaus deckt gerade das Beispiel *„Intelligenzforschung"* einen weiteren Sachverhalt auf, der wissenschaftsgrundlegende Fragestellungen betrifft: Wissenschaftliche Befunde werden (oftmals) durch die Disziplinen bzw. Schulen mitbestimmt, denen die Forscher angehören. So sind Psychologen, die sich berufsmäßig mit Intelligenzmessung und Ausleseproblemen befassen, eher von der Vererbung der Intelligenz überzeugt. Diejenigen, die sich mit Lernen und Sozialverhalten beschäftigen, vertreten diese Ansicht seltener.

Historische Forschung

Als erster beschäftigte sich Darwins berühmter Vetter Francis Galton (1822–1911) wissenschaftlich mit der Vererbung von Intelligenz. Seine Hauptwerke sind „Hereditary Talent and Character" (1865) und „Hereditary Genius" (1869). Galton hat u. a. eine große Zahl von Referenzwerken und Lexika durchgearbeitet, um festzustellen, ob unter den nahen Verwandten bedeutender Persönlichkeiten gehäuft bedeutende Persönlichkeiten vorkommen. Das Kriterium für bedeutende Persönlichkeiten war dabei die Aufnahme in Lexika, d. h. wenn eine Person in ein Lexikon aufgenommen war, galt sein Vor- oder Nachfahre als bedeutend, wenn er ebenfalls in entsprechenden Werken zu finden war. Bei einer Stichprobe von 100 hervorragenden Männern fand er 41 ebensolche Brüder, 48 Söhne, 14 Enkel, 3 Urenkel, 31 Väter, 17 Großväter usw. Dies war eine 100–1.000fache Häufung gegenüber einer zufälligen Verteilung. Außerdem konnte Galton zeigen, daß die Häufigkeit nach allen Seiten mit der Entfernung des Verwandtschaftsgrades abnimmt. Er zog daraus den Schluß, daß genetische Faktoren eine bedeutende Rolle bei der Ausprägung von Intelligenz spielen. Nach modernen wissenschaftlichen Gesichtspunkten ist ein solcher Schluß nicht mehr haltbar, da gerade diese Befunde eine nicht entzerrbare Kombination von Erbe und Umwelt widerspiegeln.

Ähnlich sind umfangreiche Stammbäume von Menschen mit besonderen Fähigkeiten zu beurteilen. Sie beziehen sich in der Regel auf das 17. und 18. Jahrhundert, also auf eine Zeit, in der das Zunftsystem herrschte und somit das soziale System häufig den Sohn zwang, den gleichen Beruf wie der Vater auszuüben. Dennoch wäre es kurzsichtig zu behaupten, daß Begabungen, wie sie Friedemann, Emanuel oder Christian Bach gezeigt haben, genetisch nichts mit der Begabung des Vaters zu tun haben.

	Korrelationsbreite 0,0 0,10 0,20 0,30 0,40 0,50 0,60 0,70 0,80 0,90 1,00	Korrela-tionen	der Paare	Durch-schnitt
Eineiige Zwillinge zusammen aufgewachsen		34	4 672	0,86
Eineiige Zwillinge getrennt aufgewachsen		3	65	0,72
Eltern - Kind zusammen aufgewachsen		3	418	0,72
		8	992	0,50
Zweieiige Zwillinge zusammen aufgewachsen		41	5,546	0,60
Geschwister zusammen aufgewachsen		69	26 473	0,47
Geschwister getrennt aufgewachsen		2	203	0,24
1 Elternteil - Kind zusammen aufgewachsen		32	8,433	0,42
1 Elternteil - Kind getrennt aufgewachsen		4	814	0,22
Halbgeschwister		2	200	0,31
Cousins und Cousinen		4	1 176	0,15
Nichtbiolog. Geschwister (adopt./eigene Kinder)		5	345	0,29
Nichtbiolog. Geschwister (nur adoptierte Kinder)		6	369	0,34
Adoptiveltern - Kinder		6	758	0,24
		6	1 397	0,19

Abb. 6.3. Eine Zusammenfassung von IQ-Korrelationskoeffizienten für Familien-, Zwillings- und Adoptionsstudien. Die *Punkte* stehen für die in den Untersuchungen gefundenen mittleren Korrelationskoeffizienten, die *senkrechten Striche* für die Mittelwerte pro Rubrik aus allen Untersuchungen. Die *Dreiecke* bezeichnen den rechnerischen Erwartungswert für ein polygenes Modell ohne selektive Partnerwahl. (Nach Bouchard, McGue 1981)

IQ-Forschung

Zur Beantwortung der Frage nach der Vererbung kognitiver Fähigkeiten wurden in der Regel *IQ-Tests* herangezogen. An dieser Stelle ist nicht der Platz für eine ausgedehnte Diskussion über die Natur des IQ oder seine Anwendbarkeit. Über den Intelligenzquotienten gibt es jedoch mehr Familienuntersuchungen als über irgendein anderes Verhalten. Die Abb. 6.3 faßt die IQ-Forschung vor 1980 zusammen. Man sollte die Daten daraus nicht zu sehr im Detail betrachten, da kritische Untersuchungen der letzten Jahre belegt haben, daß Fehler in den Untersuchungen vorhanden sind und eine gewisse Voreingenommenheit in der Regel in Richtung einer hohen genetischen Komponente bei den beschriebenen Korrelationen vorhanden ist.

Die geringsten Korrelationen wurden bei nicht-verwandten Individuen beschrieben, die höchsten bei eineiigen Zwillingen. Die Rangfolge von der niedrigsten zur höchsten Korrelation ist die folgende:

- nicht-verwandte Personen,
- Eltern-Adoptivkinder,
- Eltern-Kinder,
- Geschwister,
- zweieiige Zwillinge,
- eineiige Zwillinge.

Die Ergebnisse vertreten eine starke genetische Komponente für die Variabilität, die durch den IQ gemessen wird.

Demgegenüber stehen neuere Daten, die durch einen kritischeren experimentellen Ansatz zu weit geringeren Korrelationskoeffizienten kommen als die älteren. Nach Jahrzehnten der Forschung, die im wesent-

lichen auf dem statistischen Ansatz be-
ruhte, der von Galton in die Literatur eingeführt wurde, kann aus den Daten sowohl
eine überwiegend genetische Bedingtheit
als auch eine überwiegende Umweltbe-
dingtheit interpretiert werden. Es kommt
ganz darauf an, wie stark man Voreinge-
nommenheiten, Fehler in den Untersuchungen und Interpretationen, die statistische Bearbeitung, die Plausibilität von
Schlüssen, den Umwelteinfluß von biologischen und Adoptiveltern und den Einfluß
eineiiger Zwillinge aufeinander bewertet.
Der zentrale Fehler all dieser Untersuchungen ist der, daß *pauschale Fragestellungen*
nicht zu präzisen Antworten führen können.

Moderne Forschung

Einem pauschalierten Gesamtergebnis von
Intelligenztests stellt die moderne Forschung in Psychologie und in Verhaltensgenetik *differenziertere Einzeltests* entgegen,
die teilweise unabhängige Fähigkeiten
messen. Querschnittsstudien bei Fami-
lien-, Zwillings- und Adoptionsuntersu-
chungen untersuchen häufig recht junge

Probanden und dies entsprechend der Konzeption einer Querschnittsstudie nur einmal. Längsschnittstudien dagegen erfassen
die Konsequenzen einer sich verändernden
Umwelt auf einem stabilen genetischen
Hintergrund. Allerdings gibt es bisher
nicht allzu viele Daten. Sie zeigen jedoch,
daß die Umwelt, über eine längere Lebens-
spanne betrachtet, für manche Faktoren
ein zunehmendes Unähnlichwerden auch
bei eineiigen Zwillingen beinhaltet. Andere
Faktoren dagegen bleiben relativ stabil.
(Übersicht 6.2.)

Zusammenfassung. Bezüglich der Genetik
der Intelligenz sollten zukünftig einzelne
präzise formulierte Parameter untersucht
werden, von denen präzise Ergebnisse
erwartet werden können. Deshalb sollte
mehr Gewicht auf kausale Zusammenhänge
zwischen Hirnfunktion und phänotypischer
Expression gelegt werden. Bei tierexperimentellen Untersuchungen einzelner Faktoren aus dem Bereich des Lernverhaltens hat
der Mendelsche Ansatz einer Untersuchung
von Einzelwirkungen bereits erste Erfolge
gezeigt.

Übersicht 6.2. Ergebnisse einer Longitudinalstudie an 20 eineiigen Zwillingen. ++ starke Übereinstimmung, + schwache Übereinstimmung, (+) zweifelhafte Übereinstimmung, – keine Übereinstimmung. (Nach Gottschaldt 1968)

	1. Unersuchung (1937) 11,7 Jahre	2. Untersuchung (1950/51) 23,3 Jahr	3. Untersuchung (1968) 41,5 Jahre
Kapazität für Informationsaufname	++	++	++
Abstraktes Denken	++	++	++
Geistige Einstellungen (Interessenbereich, Bewertung der eigenen Situation)	++	(+)	–
Vitalität	++	+	–
Aktivität	++	+	–
Geistige Verantwortung	++	++	–
Kontrolle des Verhaltens	++	+	–

Die eingangs gestellte Frage nach der genetischen Grundlage der Intelligenz wird man in dieser Form vielleicht nie beantworten können. Vielleicht wäre aber auch eine solche Antwort – selbst wenn sie existierte – irrelevant, da sich gesellschaftliche Konsequenzen – wollte man sie im positiven Sinne ziehen – immer nur durch gezielte Veränderung einzelner Parameter ergeben.

6.2 Genetische Grundlagen pathologischer Merkmale

Der größte Teil der Krankheiten, die familiär gehäuft auftreten, folgt nicht den Mendelschen Regeln wie die monogenen Erkrankungen. Dabei entspricht die familiäre Häufung nicht der Erwartung wie bei der monogenen Vererbung, sondern ist meist geringer. Etwa 4–5 % der Bevölkerung werden im Laufe des Lebens an *Diabetes mellitus*, 15–20 % an *Hypertension* und etwa 1 % an *Schizophrenie* erkranken. Aufgrund der höheren Konkordanz bei eineiigen Zwillingen sowie der familiären Häufung weiß man, daß eine Reihe von Krankheiten sowie kongenitalen Fehlbildungen auf der Basis einer genetischen Disposition entsteht. Dabei gelingt es nicht, einen einheitlichen molekularen Basisdefekt zu finden. Die meisten multifaktoriellen Erkrankungen sind die Krankheiten, die im Laufe des Lebens durch Einfluß von exogenen Faktoren manifest werden.

Dennoch sind es natürlich neben Umweltfaktoren Gene, die zum Krankheitsbild führen. Es besteht eine genetische Determinierung. Die Frage ist, wie man solchen Genen, die anfällig für eine weit verbreitete Krankheit machen, auf die Spur kommen kann. Möglicherweise können ja Hauptgeneffekte eine Rolle spielen. Ja es gibt eigentlich überhaupt keinen Grund, nur wegen der Tatsache der Polygenie, von vornherein solche Hauptgeneffekte auszuschließen. Nun ist allerdings die Identifizierung von *Anfälligkeitsgenen* für weit verbreitete Krankheiten eine ungleich schwierigere Aufgabe als der Nachweis von verantwortlichen Genen für monogene Erkrankungen. Andererseits ist die Aufgabe eine viel bedeutendere, da an häufigen Erkrankungen eben viele Menschen erkranken, denen bei Aufklärung des Krankheitsmechanismus wirksame Behandlungsmethoden angeboten werden könnten. So könnten z. B. Umweltfaktoren, die krankheitsauslösend wirken, im Sinne präventiv medizinischer Maßnahmen vermieden werden, klinische Überwachungen könnten regelmäßig gezielt durchgeführt werden usw. Das heißt, man könnte über Präventivmedizin in vielen Fällen den Ausbruch einer bestimmten Erkrankung wahrscheinlich verhindern. Wie kann man aber solchen Anfälligkeitsgenen auf die Spur kommen? Hierzu muß man zuerst über Zwillings- und Familiendaten beweisen, daß die Krankheit familiär auftritt. Gesammelte Familiendaten müssen dann mit Hilfe des statistischen Verfahrens der *Segregationsanalyse* auf Hinweise wichtiger Loki untersucht werden. Über *Kopplungsanalysen* sind dann *Kandidatengene* oder *polymorphe DNA-Marker* einsetzbar. Eine *positionelle Klonierung* kann anschließend zur Identifizierung des Anfälligkeitsgens führen. Allerdings klingt dieser Ansatz einfacher als er ist. Denn sowohl die Segregationsanalyse als auch die Kopplungsanalyse bereiten bei multifaktoriellen Erkrankungen Probleme. Allerdings gelang es in den letzten Jahren, die statistischen Verfahren sozusagen für diese Fragen zu schärfen. Jedenfalls gelangen mit diesen Methoden beeindruckende Erfolge, wie die Entschlüsselung der Brustkrebsgene BRCA1 und BRCA2, nachdem man bereits wußte, daß es für Brustkrebs leichte familiäre Häufungen gibt. Andere begonnene Studien, die die nächsten Jahre noch benötigen werden, laufen mit praktisch den meisten wichtigen multifaktoriellen Krankhei-

Kongenitale Fehlbildungen oder Deformitäten	Häufigere Erkrankungen
Lippen-Kiefer-Gaumen-Spalte	Diabetes mellitus
angeborene Herzfehler	Schizophrenie, Affektpsychose
Pylorusstenose	peptischer Ulkus
kongenitale Hüftluxation	Hypertonie
Klumpfuß	Epilepsie
Spina bifida	Morbus Bechterew
Anenzephalus	rheumatoide Arthritis
Omphalozele	Morbus Crohn
Intestinale Atresien	Colitis ulcerosa

ten. Dabei hat man als Kandidatengene natürlich auch besonders solche im Auge, für die es eine physiologische Beziehung zum Krankheitsgeschehen gibt. Ein Beispiel für solche Kandidatengene ist das Renin-Gen bei *arterieller Hypertonie*.

Eine Alternative zur Kopplung stellt die *Assoziation* dar. Dabei sind Genkopplung und Assoziation verschieden definiert. Kopplung ist eine Beziehung zwischen *Loki*, die Assoziation ist aber die Beziehung zwischen *Allelen*. Kopplung beschreibt also die Nachbarschaft von Loki und die daraus resultierende gemeinsame Segregation. Assoziation bedeutet, daß Personen in einer Population, die an einem Lokus ein bestimmtes Allel haben, mit höherer Wahrscheinlichkeit als zufällig ein bestimmtes anderes Allel an einem weiteren Lokus besitzen. Durch allele Assoziationen kann man bei Kopplungsuntersuchungen die Auflösung über die von Familienuntersuchungen hinaus steigern.

Assoziation zwischen Krankheit und Markern kann über sogenannte *Fall-Kontrollstudien* auf Populationsbasis betrieben werden. Man vergleicht dabei die Häufigkeit eines bestimmten Markerallels in einer Anzahl von Patienten und einer von nicht betroffenen Kontrollpersonen. Dabei ist die Auswahl der Kontrollpersonen allerdings kritisch, da sie typisch für die Population sein müssen, aus der die Patienten stammen. Kontroll- und Patienten-

gruppe müssen aus genetisch identischen Subpopulationen stammen. Hierfür sind in den letzten Jahren neue Methoden entwickelt worden, die das Kontrollproblem lösen. Man sucht dann nach *Kopplungsungleichgewichten*. Das Kopplungsungleichgewicht beschreibt die Verknüpfung eines bestimmten Markerallels mit einer Krankheit in der Population. Dabei läßt sich ein Kopplungsungleichgewicht nur dann finden, wenn viele Patienten, auch wenn anscheinend nicht verwandt, die chromosomale Region von einem gemeinsamen Vorfahren geerbt haben. Die allele Assoziation ist also nur dann über Kopplungsungleichgewicht auffindbar, wenn die Allele von einem gemeinsamen Urchromosomensegment stammen. Dabei ist es statistisch unmöglich, das ganze Genom nach Kopplungsungleichgewichten abzusuchen. In der Praxis muß sich die Untersuchung auf Assoziation auf Kandidatenloki beschränken. Die Vorgehensweise ist dann die, daß über genomweite Kopplungsversuche eine Kandidatenregion eingegrenzt wird. Diese Region, die für eine positionelle Klonierung noch zu groß ist, kann dann auf Assoziationen untersucht werden. Dadurch wird die Position eines Anfälligkeitsgens auf der DNA räumlich soweit eingeengt, daß es möglich ist, direkt nach dem Gen zu suchen.

In der Übersicht 6.3 sind einige multifaktoriell bedingte Erkrankungen und

Fehlbildungen zusammengestellt. Für viele dieser Krankheiten existieren Schwellenwertseffekte, wie in Kap. 6.3 beschrieben. Hier werden wenige im einzelnen besprochen.

6.2.1 Genetische Überlegungen zur Adipositas

Ein typisches Beispiel für eine extreme Abweichung innerhalb einer normalen Verteilungskurve ist die Adipositas. Die Grenze zwischen Normalgewicht und *Fettleibigkeit* ist nicht einfach zu ziehen. In der Regel wird als sicherer pathologischer Wert ein Übergewicht von 20 % über dem Normalgewicht angenommen, wobei die Körpergröße minus 100 = Normalgewicht in kg gesetzt wird. Gerade die Fettleibigkeit zeigt aber auch, daß reine genetische Bedingtheit, multifaktorielle Bedingtheit und ausschließlich exogene Bedingtheit häufig nur schwer oder gar nicht voneinander zu trennen sind.

Unter den an Fettleibigkeit leidenden Personen gibt es sicherlich viele, bei denen die Fettleibigkeit durch soziale und kulturelle Gewohnheiten bedingt ist. Andererseits gibt es verschiedene Tiermodelle, bei denen einzelne Genarte für Adipositas verantwortlich sind. Das bekannteste sind die sog. *Obese-Mäuse*, bei denen ein einziges Gen dafür verantwortlich ist, daß offenbar ein *Sattheitsmechanismus* fehlt. Homozygote Tiere fressen, unter normalen Bedingungen gehalten, zügellos, sind relativ inaktiv und haben einen geringeren Energieumsatz. Nach vorzeitiger Verfettung sterben diese Tiere früh. In Analogie zu Ratten, bei denen Läsionen im Hypothalamus gesetzt wurden, wurde spekuliert, daß der primäre Defekt, der zu diesem Verhalten führt, möglicherweise im Hypothalamus lokalisiert ist.

Beim Menschen könnte das Fehlen eines Sattheitsmechanismus in vielen Fällen ebenfalls eine Erklärung sein. Verschiedene andere Beobachtungen, wie familiäre Häufung, deuten auf genetische Faktoren hin. Auch ist das menschliche Obese-Gen zwischenzeitlich lokalisiert und es werden gegenwärtig extensive Untersuchungen durchgeführt, inwieweit Mutationen in diesem für das Hormon *Leptin* hodierenden Gen zu Adipositas führen können. Auch wird untersucht, inwieweit Mutationen im Leptinrezeptor-Gen zu Eßstörungen führen. In einzelnen Fällen wurde bereits Kopplung der extremen Adipositas zu funktionell relevanten Mutationen im Leptin-Gen gefunden.

Eine Anzahl von Einzelgenmutationen mit verschiedenen Mechanismen oder eine Kombination von ihnen könnte für einen Teil der menschlichen Fettleibigkeit verantwortlich sein. Genetische Heterogenität ist dabei wahrscheinlich. Möglicherweise gibt es verschiedene monogene Varianten ebenso wie einen multifaktoriellen Hintergrund.

Diese Komplexität zusammen mit rein umweltbedingten Fällen macht die Aufklärung genetischer Hintergründe schwierig. Eine zukünftige Bearbeitung des Problems ist nur dann möglich, wenn man Kriterien findet, nach denen Familien bezüglich verschiedener Obese-Varianten vorselektionierbar sind. Andererseits zeigt uns hier das Tiermodell, wie Hypothesen zur Bearbeitung eines Problems beim Menschen gebildet und bearbeitet werden können.

6.2.2 Diabetes mellitus

Der Diabetes mellitus wurde von dem bekannten amerikanischen Genetiker Neel 1976 als „geneticists night mare" bezeichnet. Dieser Begriff verdeutlicht die Problematik bei der Beurteilung der genetischen Hintergründe, die bei dieser Krankheit lange existierten. Tatsächlich stellt der Diabetes ätiologisch eine außeror-

	Typ I	Typ II
Verbreitung	0,2 %–0,3 %	2 %–5 %
Anteil unter allen Diabetesformen	5 %–10 %	90 %–95 % (1–2 % MODY)
Erkrankungsalter	< 30 Jahre	> 35 Jahre
Ketoazidose	ja	sehr selten
Insulinabhängigkeit	abhängig	unabhängig
Therapie	Insulin	Diät u./o. orale Antidiabetika
Komplikationen	Vaskulopathie Neuropathie Nephropathie	selten und spät
Konkordanz eineiiger Zwillinge	40 %–50 %	80 %–100 %
Verwandte ersten Grades betroffen	5 %–10 %	10 %–15 %
HLA DR3/DR4 Assoziation	ja	nein

dentlich heterogene Krankheitsgruppe dar. Die klinisch unterschiedlichen Typen sowie die ethnische Variabilität in der Häufigkeit und dem Erscheinungsbild sprechen dafür. Wir wissen heute, daß viele unterschiedliche genetische Defekte zu Glukoseintoleranz führen können. Die Kopplungsanalysen und die Suche nach Mutationen an verschiedenen Kandidat-Genen (Insulin-Gen, Insulinrezeptor-Gen, Glykose-Synthetase-Gen, Glukokinase-Gen) haben gezeigt, daß nur bei einem Teil der Patienten Mutationen an diesen Genen oder positive Kopplungsbefunde gefunden werden.

Klinisch unterscheidet man drei verschiedene Typen. Eine Form, die etwa 5–10 % des Diabetes umfaßt, meist im Adoleszenzalter auftritt und insulinabhängig ist, wird als Typ I bzw. *„insulindependent Diabetes" (IDDM)* bezeichnet. *Typ II* ist der *nicht-insulinabhängige Diabetes (NIDDM)*, der meist im späteren Alter auftritt und eine leichtere Verlaufsform hat. Der Typ II ist die häufigste Form des Diabetes mellitus. Etwa 1–2 % der Fälle von Diabetes mellitus werden autosomal-dominant vererbt

und treten meist Anfang des 20. Lebensjahres auf. Diese Form wird als *„maturity-onset diabetes of youth" (MODY-Diabetes)* bezeichnet. Etwa 1–3 % der Frauen zeigen während der Schwangerschaft eine Glukoseintoleranz. Bei etwa 90 % dieser Frauen entwickelt sich später ein Diabetes mellitus.

Die hohe Konkordanz für Diabetes mellitus bei Zwillingen sowie Familienstudien bestätigen die Rolle der genetischen Faktoren für das Auftreten des Diabetes mellitus. Neuere Studien zeigen eine sehr hohe Konkordanzrate bei eineiigen und etwa 55 % bei zweieiigen Zwillingen. Die hohe Konkordanz von 90 % bei eineiigen Zwillingen für nicht-insulinabhängigen Diabetes mellitus (NJDDM) und die signifikant höhere Diskordanz bei insulinabhängigem Diabetes mellitus (IDDM) weist darauf hin, daß beim Typ-II-Diabetes der genetische Einfluß größer als beim Typ I ist.

Beim Diabetes Typ I wird eine Assoziation mit HLA-Antigen festgestellt. Bei 95 % der Patienten mit insulinabhängigem Diabetes findet man ein HLA-DR3- und/oder HLA-DR4-Antigen. Geschwister von Typ-I-Diabetikern mit dem gleichen HLA-Haplotyp haben ein höheres Risiko. Diese Information ist für die genetische Beratung von Bedeutung. Geschwister von Patienten mit IDDM haben ein Risiko von 10–15 %, wenn sie einen identischen HLA-Typ haben (DR3/DR4), ist nur ein Haplotyp (DR3/- oder -/DR4) identisch, so beträgt das Risiko 5 %. Wenn keine identischen Haplotypen vorliegen, dann beträgt das Risiko etwa 1 %. Eine HLA-Assoziation wurde bei Diabetes Typ II nicht beobachtet (Übersicht 6.4).

Die molekulargenetische Untersuchung der mitochondrialen DNA belegt, daß bei der Entstehung eines Teils von Diabetes mellitus Typ I, isoliert oder in Kombination mit anderen komplexen Krankheiten, die mitochondriale DNA beteiligt ist. Heute kann man durch gezielte Untersuchungen den *mitochondrialen Diabetes mellitus* von anderen Typen gut unterscheiden. Er wird wie der Diabetes mellitus Typ I früh manifest und ist insulinabhängig. Eine HLA-Assoziation oder ein Antikörper gegen Inselzellen wurde bis jetzt nicht beobachtet. Im Gegensatz zu Diabetes mellitus Typ I zeigen sich meist keine Ketoazidose. Wie bei allen Mitochondopathien liegt bei dem mitochondrialen Diabetes mellitus eine maternale Übertragung vor.

Der Diabetes kann auch als Sekundärmerkmal bei einer Reihe von anderen Erkrankungen auftreten.

6.2.3 Hypertonie

Bezogen auf die Altersgruppe von 20–75jährigen liegt die Prävalenz der Hypertonie in Europa bei 15–20 % und bei 75–85jährigen bei etwa 40 %.

Hypertonie ist ein Risikofaktor für Schlaganfall, koronare Herzerkrankungen und Nierenversagen. Familiäre Häufung sowie die hohe Konkordanz der eineiigen Zwillinge weisen auf die Rolle der genetischen Faktoren in der Ätiologie der Hypertonie hin. Große Studien zeigen, daß die Blutdruckwerte in der Bevölkerung unimodal verteilt sind. Dies ist ein Hinweis auf polygene Vererbung. In etwa 5 % der Fälle ist die Hypertonie ein sekundäres Merkmal bei einer spezifischen Erkrankung. In 95 % liegt eine essentielle Hypertonie vor. Exogene Faktoren wie Übergewicht, Alkohol, Stress und Ernährungsfaktoren wie hohe Natrium-, niedrige Kalium- und Kalziumaufnahme spielen bei der Entstehung von Hypertonie eine große Rolle. Wahrscheinlich sind verschiedene pathophysiologische Mechanismen an der Entstehung der Hypertonie beteiligt. In letzter Zeit werden die Gene, die an dem Renin-Angiotensin-System beteiligt sind, als Kandidaten-Gene für Hypertonie angesehen. Verschiedene Tiermodelle (z. B. transgene Ratten) haben wichtige Beiträge für diese Annahme erbracht, jedoch stehen die molekulargenetischen Untersuchungen noch am Anfang.

6.2.4 Genetik der Oligophrenie

Zu den Krankheitsbeispielen multifaktorieller Natur zählt auch die geistige Retardierung, die exogene und endogene Ursachen haben kann. Als Kriterien für geistige Behinderung, für *Oligophrenie* sind

- Intelligenzminderung und
- unzulängliches adaptives Sozialverhalten

geeignet, wobei sich zur Klassifikation der IQ durchgesetzt hat. Die Grenze zur geistigen Behinderung wird bei einem *IQ von 70* angesetzt. Ein IQ-Bereich zwischen 70 und 85 bedeutet Lernschwäche, was in der Regel den Besuch einer Lernbehindertenschule erforderlich macht. Der IQ-Bereich unterhalb von 70 macht meist ein selbständiges

Leben unmöglich. Die Betroffenen bleiben von fremder Hilfe abhängig.

Die früheren Begriffe wie „Debilität", „Imbezillität", und „Idiotie" werden nicht mehr verwendet. Geht man von einem Intelligenzquotienten (IQ) von 100 ± für die Allgemeinbevölkerung aus, so werden laut Definition der WHO die folgenden Gruppen der mentalen Retardierung unterschieden:

Der Gesamtbereich wird als Schwachsinn, Oligophrenie oder Geistesschwäche bezeichnet. In diesem Bereich werden unterschieden:

- Bereich IQ 20–34: schwere Form,
- Bereich IQ 35–49: mittelschwere Form,
- Bereich IQ 50–70: leichte Form.

Oft wird die geistige Retardierung in zwei Gruppen eingeteilt: in eine leichte Form (IQ 50–70) und eine mittelschwere Form (IQ 20–49). Die *leichtere geistige Behinderung* kann als extremer Teil der normalen IQ-Verteilungskurve angesehen werden. Für sie gibt es häufig keine benennbaren Ursachen. Sie hat eine Häufigkeit in der Bevölkerung von etwa 2 %.

Eltern und Geschwister sind bei der leichteren geistigen Behinderung häufig ebenfalls betroffen, scharfe Grenzen zum Normalen sind nicht zu ziehen. Die Ursachen sind vielfach endogen und erblich, wobei eine multifaktorielle Vererbung zu

Grunde liegt. Als exogene Einflüsse kommen Hirntrauma oder -krankheit und schlechte soziale Verhältnisse während der Kindheit in Frage.

Bei der *schwereren geistigen Behinderung* liegt oft eine benennbare exogene oder genetische Ursache vor. Beispiele sind perinatale Hirnschäden, Chromosomenmutationen oder monogene Erkrankungen. Die schwere geistige Behinderung ist durchschnittlich weniger häufig (ca. 1/4) als die leichtere Behinderung. Es liegt eine deutliche Geschlechtsverschiebung vor. Während bei den leichteren Behinderungen die Geschlechtsverteilung gleichmäßig ist, sind bei der schwereren Behinderung mehr Männer betroffen (s. Kap. 3.2.). Häufige zusätzliche Befunde sind körperliche Schäden, Fehlbildungen und massivere neurologische Befunde.

Eltern sind selten geistig behindert, Geschwister gelegentlich, dann aber deutlich von der Norm abweichend. Häufig liegen spezifische exogene oder genetische Ursachen vor. Etwa 1/3 aller geistigen Behinderungen haben eine genetische Ursache. Die Vererbung ist typischerweise rezessiv. Als exogene Einflüsse kommen intrauterine Einflüsse, Geburtstraumen, Hirntraumen oder Hirnkrankheiten im frühen Lebensalter in Frage. Die sozialen familiären Verhältnisse sind in der Regel unauffällig.

Übersicht 6.5. Geistige Behinderung leichteren und schwereren Grades

Leichte Form (IQ 50–70)	Häufigkeit:	2 % (Geschlechtsverteilung gleichmäßig) Eltern und Geschwister häufig ebenfalls betroffen
	Ursachen:	Häufig genetische Grundlage multifaktorieller Natur Hirntauma oder -krankheit Schlechte soziale Verhältnisse während der Kindheit
Schwere Form (IQ 20–49)	Häufigkeit:	¼ % (mehr Männer betroffen) Eltern selten, Geschwister gelegentlich betroffen, dann aber deutlich von der Norm abweichend
	Ursachen:	Chromosomenmutationen oder rezessiv erbliche Stoffwechselstörungen Intrauterine Einflüsse Perinatale Hirnschäden Hirntrauma oder -krankheit

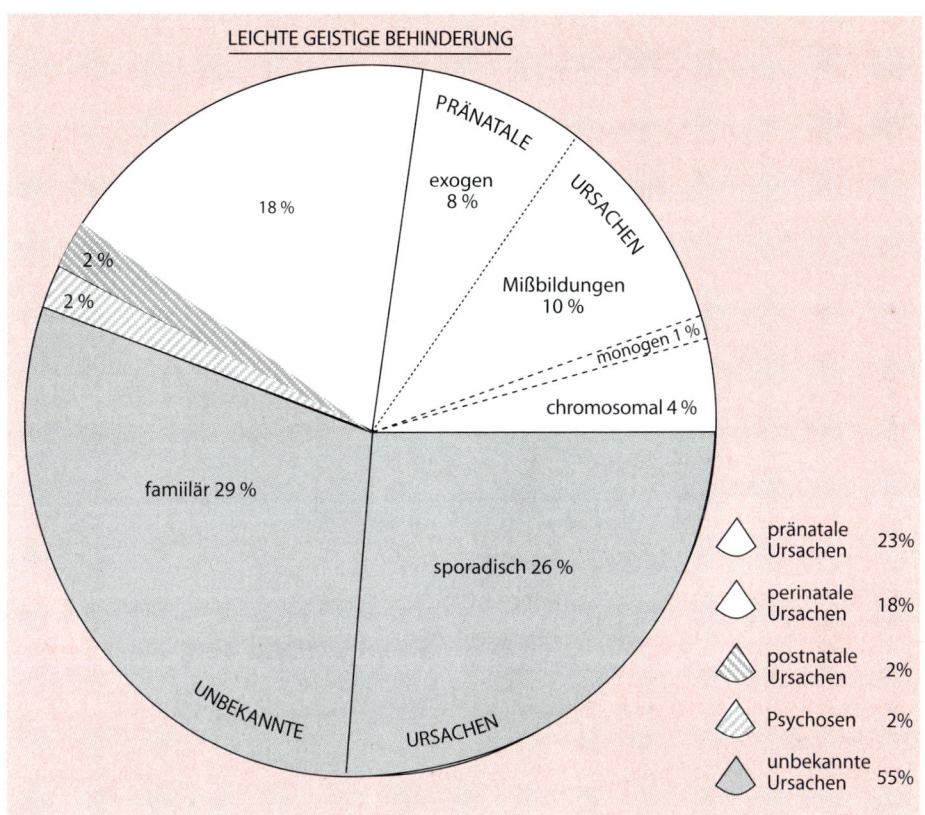

Abb. 6.4. Prozentuale Verteilung der Ursachen bei leichteren geistigen Behinderungen. (Nach Hagberg, Kyllerman 1983)

Propping nennt in seinem 1989 erschienenen Buch „Psychiatrische Genetik" (das dieses Gebiet erstmals zusammenhängend darstellt) für die Zweiteilung in leichtere und schwerere Behinderungen im wesentlichen folgende Gründe: Bei der IQ-Verteilung der Geschwister von leicht Behinderten einerseits und schwer Behinderten andererseits zeigte sich, daß die Geschwister der leichter Behinderten weitgehend den Indexfällen ähnelten, während die große Mehrzahl der Geschwister der schwer Behinderten die IQ-Verteilung der Allgemeinbevölkerung aufwiesen. Lediglich im untersten IQ-Bereich fand sich eine kleine Gruppe von Geschwistern, bei denen sich aus offenbar genetischer Ursache die schwere geistige Behinderung wiederholte.

Weiterhin ließ sich nur bei den Geschwistern der leicht Behinderten eine deutliche Regression zur Mitte nachweisen. Dieses Phänomen beobachtet man bei Merkmalen, die genetisch multifaktoriell determiniert sind.

In der Gruppe der schwer Retardierten war diese Regression nur schwach ausgeprägt. Dies spricht dafür, daß ein wesentlicher Anteil der leicht geistig Behinderten durch multifaktorielle Vererbung zustande kommt. Die schweren Fälle entstehen dagegen überwiegend auf andere Weise (Abb. 6.4, 6,5 und Übersicht 6.5).

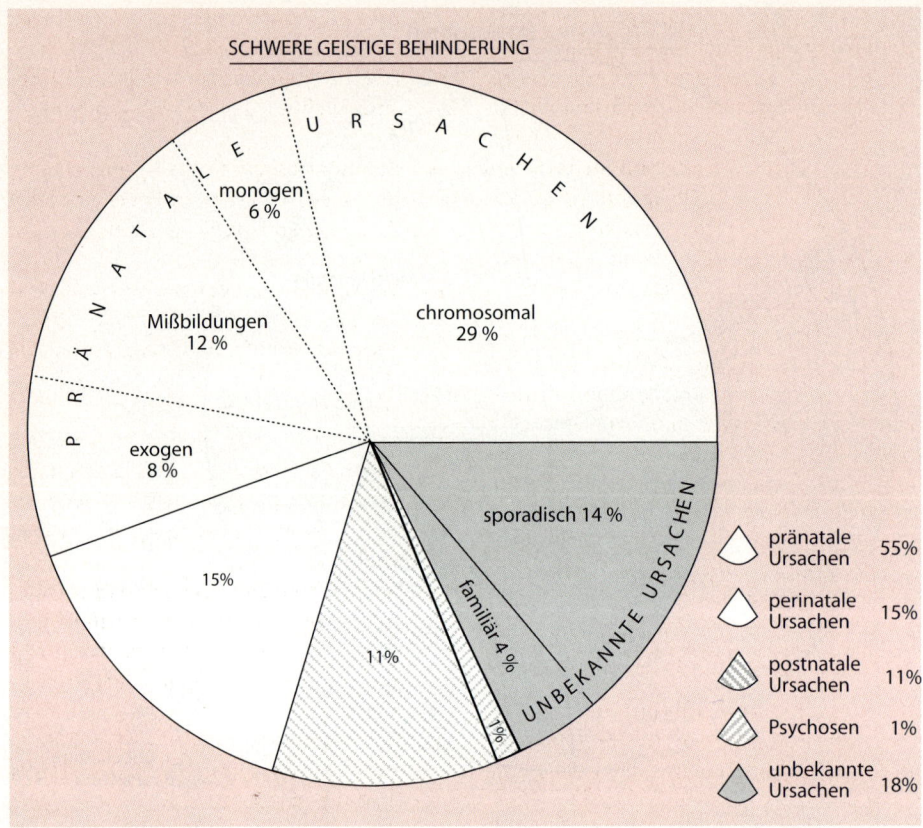

Abb. 6.5. Prozentuale Verteilung der Ursachen bei schweren geistigen Behinderungen. (Nach Hagberg, Kyllerman 1983)

6.2.5 Schizophrenie

Die Schizophrenie ist in zahlreichen Studien mit den Methoden der biometrischen Genetik analysiert worden. Obwohl sie nach wie vor eine rätselhafte Erkrankung darstellt, gehört sie zu den wenigen Erkrankungen mit gesicherter Beteiligung genetischer Faktoren. Über die Natur dieser Faktoren ist allerdings wenig Verläßliches bekannt.

Es würde an dieser Stelle zu weit führen, auf die Familienstudien, Zwillingsstudien und Adoptionsstudien detailliert einzugehen. Die Ergebnisse der bis jetzt durchgeführten Kopplungsanalysen zeigen zwar einen deutlichen Hinweis auf ein bestimmtes Allel, was allerdings noch nicht endgültig bestätigt ist.

Eine Zusammenfassung aller Befunde ergibt folgende genetische Grundlagen (verändert nach Propping 1989):

- Bei eineiigen Zwillingen besteht eine Konkordanzrate um 50 %, bei zweieiigen um 10–15 %.
- Geschwister und Kinder von Schizophrenen haben ein Wiederholungsrisiko von etwa 10 % (Übersicht 9.17).
- Das Wiederholungsrisiko steigt mit der Anzahl weiterer Fälle in der Familie.

- Unter nicht-schizophrenen Verwandten finden sich gehäuft schizoide bzw. schizotypische Persönlichkeiten.
- Kinder von für Schizophrenie diskordanten eineiigen Zwillingen haben unabhängig vom Gesundheitszustand der Eltern ein gleich hohes empirisches Wiederholungsrisiko.
- Das klinische Bild kann auch durch exogene Faktoren verursacht sein.

Für die Schizophrenie werden die verschiedensten genetischen Modelle diskutiert. Das gegenwärtig wahrscheinlichste ist die *multifaktorielle Vererbung mit Schwellenwerteffekt* (s. Kap. 6.3).

6.2.6 Affektive Psychosen

Bei affektiven Psychosen kann man unterschiedliche *Verlaufsformen* unterscheiden:

- unipolare Verläufe mit ausschließlich depressiven Phasen (ca. 66 %),
- bipolare Verläufe mit depressiven und manischen Phasen (ca. 28 %),
- unipolare Verläufe mit ausschließlich manischen Phasen (bis 6 %).

Bestätigt wurde eine solche Abgrenzung hauptsächlich in Familienuntersuchungen. Zwillingsuntersuchungen und Adoptionsstudien liegen nicht in der Vielzahl wie bei der Schizophrenie vor. Die bis jetzt festgestellten Kopplungen sind noch nicht bestätigt worden.

Eine Zusammenfassung aller Befunde ergibt folgende genetische Grundlagen (verändert nach Propping 1989):

- Bei bipolaren Verläufen besteht bei eineiigen Zwillingen eine Konkordanzrate von annähernd 80 %, bei zweieiigen Zwillingen um 15–20 % (unter Anwendung enger diagnostischer Kriterien).
- Bei unipolaren Verläufen liegt die Konkordanzrate bei eineiigen Zwillingen um 50 %, bei zweieiigen Zwillingen um 15–20 %.
- Die meisten konkordanten Zwillinge sind auch für den Verlaufstyp konkordant.
- Bei nicht-psychotischen Depressionen liegt die Konkordanzrate bei eineiigen Zwillingen um 40 %, bei zweieiigen um 20 %.
- Verwandte 1. Grades von bipolaren Fällen haben ein Morbiditätsrisiko um 15–20 % für eine affektive Psychose, wobei etwa 8 % der Verwandten wieder bipolare Verläufe zeigen.
- Verwandte 1. Grades von unipolaren Fällen haben ein Morbiditätsrisiko um 10–15 % für eine affektive Psychose, wobei etwa 1–2 % bipolare Verläufe sind.
- In einzelnen Fällen ist der Familienbefund annähernd mit einem autosomal-dominanten Erbgang, in anderen mit einem X-chromosomalen Erbgang vereinbar.
- Das Wiederholungsrisiko für Kinder zweier affektiv-psychotischer Eltern liegt um 55 %.
- Unter nicht affektiv kranken Verwandten 1. Grades finden sich gehäuft andere psychiatrische Störungen.
- Die Kinder von für affektive Psychosen diskordanten eineiigen Zwillingspaaren haben, unabhängig vom Gesundheitszustand der Eltern, ein annähernd gleich hohes empirisches Wiederholungsrisiko.
- Bipolare Psychosen kommen in beiden Geschlechtern etwa gleich häufig vor. Unipolare Depressionen sind bei Frauen etwa doppelt so häufig wie bei Männern (Ursache vermutlich hormonell).

Ein deutlicher Hinweis auf multifaktorielle Vererbung ist ein 4fach höherer Wert für die Konkordanzrate bei eineiigen Zwillingen als bei zweieiigen. Allerdings scheint ätiologische Heterogenität zu herrschen.

Die affektiven Psychosen der verschiedenen Verlaufstypen stellen anscheinend eine gemeinsame Endstrecke unterschiedlicher ätiologischer Mechanismen dar. Dabei kann man davon ausgehen, daß in den meisten Fällen ein multifaktorielles Modell zu Grunde liegt. Bei einem kleinen Teil der Verlaufsformen paßt auch ein monogenes Modell, wobei auch hier Heterogenität zu herrschen scheint.

Oligophrenie, Schizophrenie und affektive Psychosen wurden als Beispiele genetischer Befunde bei psychiatrischem Phänotyp gewählt, um die Bedeutung multifaktorieller Erkrankungen in der Praxis zu unterstreichen. Aus dem Bereich der psychiatrischen Genetik ließe sich die Reihe phänomenologisch-biometrischer Untersuchungen noch beliebig fortsetzen. In diesem Bereich gibt es einerseits eine Fülle klar definierter genetischer Erkrankungen auf monogener Basis und andererseits – entsprechend den gewählten Beispielen – multifaktorielle Modelle.

6.3 Multifaktorielle Vererbung mit geschlechtsspezifischem Schwellenwerteffekt

Bei der multifaktoriellen Vererbung ist es nicht selten, daß ein Merkmal erst nach Überschreiten einer bestimmten Grenze der genetischen Prädisposition, dann aber voll zur Ausprägung kommt. Das heißt, es gibt eine Anzahl der zur Erkrankung gehörenden Gene, die noch nicht zur Ausprägung führt, wird diese jedoch überschritten, so kommt es zur Erkrankung. Besonders für das Auftreten von Fehlbildungen ist eine solche Toleranzgrenze häufig beschrieben. Man spricht dann von einem *Schwellenwert*.

> **!** Bei multifaktorieller Vererbung mit Schwellenwert ist der Phänotyp alternativ „gesund – abnorm" verteilt.

Die zugrundeliegende genetische Disposition zeigt dagegen eine quantitative, kontinuierliche Abstufung (Abb. 6.6). Dabei muß die Schwelle keinen scharfen Trennstrich darstellen, sondern es kann auch ein *Schwellenbereich* vorhanden sein. Dies trifft vor allem bei solchen Merkmalen zu, deren Manifestation geschlechtsabhängig ist. Bei einem Geschlecht kann eine stärkere Disposition notwendig sein als beim anderen.

Die multifaktorielle Vererbung mit Schwellenwerteffekt gehört vermutlich zu den häufigsten Formen in der klinischen Genetik.

6.3.1 Angeborene hypertrophische Pylorusstenose

Das historisch erste Beispiel für einen solchen Erbgang war die angeborene hypertrophische Pylorusstenose. Es handelt sich um eine *Hypertrophie des Magenpförtnermuskels*, an der früher viele Säuglinge starben. Offenbar gibt es in der Bevölkerung quantitative Unterschiede in der Ausprägung dieses Muskels. Nach Überschreitung einer gewissen Schwelle kann der Muskel sich nicht mehr ausreichend öffnen. Deshalb kann der Mageninhalt nicht ins Duodenum übertreten und wird erbrochen.

Die Verteilung ist je nach Geschlecht unterschiedlich. Die Pylorusstenose findet sich bei Jungen etwa 6mal häufiger als bei Mädchen. Bei den Angehörigen befallener Mädchen kommt die Pylorusstenose weit häufiger vor, als bei den Angehörigen befallener Jungen. Dies ist weder mit exogenen Faktoren noch mit monogenem Erbgang zu erklären, läßt sich aber gut mit

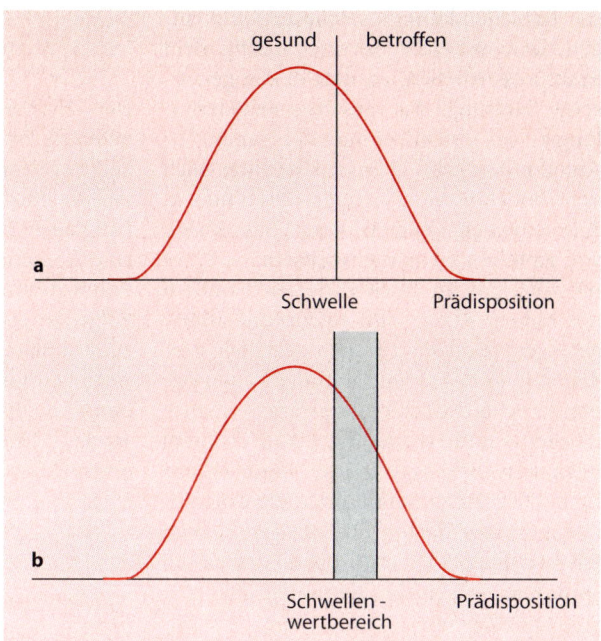

gesund | betroffen

a

Schwelle   Prädisposition

b

Schwellen-   Prädisposition
wertbereich

Abb. 6.6 a Prinzip der multifaktoriellen Vererbung mit Schwellenwerteffekt. Die kontinuierlich verteilte Disposition führt zum Auftreten des krankhaften Phänotyps, sobald sie eine Schwelle überschreitet; **b** Schwellenbereich; die linke und rechte Grenze markiert jeweils die Schwelle für ein Geschlecht

einer quantitativen Verteilung der erblichen Disposition, also mit einer Vielzahl beteiligter Gene in Einklang bringen.

Hemmen nämlich unspezifische, geschlechtsabhängige Faktoren die Manifestation der Anlage bei Mädchen, dann müssen erkrankte Mädchen offenbar eine besonders starke genetische Disposition aufweisen, also viele an der Ausprägung beteiligte Gene besitzen. Verwandte ersten Grades haben die Hälfte ihrer Gene gemeinsam, folglich besitzen dann auch Verwandte befallener Mädchen mehr derartige Gene als Verwandte männlicher Merkmalsträger (s. Übersicht 9.13).

6.3.2 Kongenitale Hüftluxation

Die Bevorzugung eines Geschlechts wird bei multifaktoriellen Leiden häufiger beobachtet. So wird – umgekehrt wie bei der Pylorusstenose – die kongenitale Hüftluxa-

tion bei Mädchen etwa 6mal häufiger als bei Jungen beobachtet. Hier liegen die genetischen Faktoren in der etwas flacheren Ausbildung der Gelenkpfanne und in einer Schlaffheit der Gelenkkapsel. Die Berechnung *empirischer Belastungsziffern* hängt hier von der Abgrenzung schwererer und leichterer Formen und von der Beurteilung der flachen Pfanne ab.

In der europäischen Bevölkerung besteht eine Häufigkeit von 1: 200. Differentialdiagnostisch muß auch an andere Krankheiten mit Bindegewebsschwäche, die oft schwach ausgeprägt sein können, gedacht werden.

Unterschiede in der Beurteilung und Erfassung sowie begrenzte Fallzahlen spielen für die *empirische Erbprognose*, auf die man in der genetischen Beratung multifaktorieller Leiden angewiesen ist, sicherlich eine gewisse Rolle. Andererseits gibt es für viele dieser Leiden ausreichend große, auslesefrei gewonnene Beobachtungsreihen von Angehörigen von Patienten.

Natürlich können solche Serien nicht-genetische familiäre Faktoren häufig nicht exakt ausschließen, so daß in die genetische Beratung das gesamte Wiederholungsrisiko und nicht nur der genetische Anteil miteingeht. Dies ist allerdings auch der Sinn einer vernünftigen Beratung von Ratsuchenden. Zudem kann das Risiko von Familie zu Familie wechseln. So ist es möglich, daß in solchen Serien Familien mit hohem Risiko und solche mit relativ geringem Risiko sozusagen gemittelt werden. Dieses Argument, daß die Grundlage der Berechnung von einer gleichen Chance in allen Familien ausgeht, läßt sich nicht bestreiten. Beseitigt werden kann es nur im Laufe der Zeit, wenn durch die Untersuchung großer Serien für all diese Leiden entsprechende Untergruppen geschaffen sind und wir mehr Kenntnis über die zugrundeliegenden molekularen Mechanismen gewonnen haben, die in unterschiedlichen Familien gerade bei polygen bedingten Leiden verschieden sein werden (s. Übersicht 9.19).

6.3.3 Klumpfuß

Der Klumpfuß ist eine multifaktoriell bedingte Fehlbildung und hat eine Häufigkeit von etwa 1:1.000. Jungen sind etwa doppelt so häufig betroffen wie Mädchen. Er kann auch durch nicht genetische intrauterine Raumbedingungen (z. B. Oligo- oder Polyhydramnion) verursacht werden, als Folge der Spina bifida oder bei einer neuromuskulären Erkrankung vorkommen. Auch mütterliche Erkrankungen wie Diabetes mellitus, Epilepsie, Präeklampsie sowie Infektionskrankheiten können einen Klumpfuß verursachen (Übersicht 6.6).

Übersicht 6.6. Die Hauptkriterien bei multifaktorieller Vererbung

- Ein Merkmal zeigt eine kontinuierliche Variabilität in der Bevölkerung.

- Das Verteilungsmuster entspricht einer Gauß-Kurve.

- Die Variabilität beruht auf einer mehr oder minder großen Zahl von Genen.

- Die Ausprägung eines Merkmals ist durch eine Interaktion von Erbe und Umwelt bestimmt.

- Verwandte ersten Grades von Personen mit extremer Ausprägungsform eines Merkmales zeigen das Phänomen der Regression zur Mitte.

- Bei genetischen Erkrankungen entspricht die familiäre Häufung nicht den Erwartungen wie bei rezessiver roder dominanter Vererbung, sondern bleibt dahinter meist weit zurück.

- Ein Erkrankungsrisiko muß aus empirischen Belastungsziffern abgeschätzt werden. Es beträgt die Quadratwurzel der Häufigkeit in der Bevölkerung.

- Bei der Entstehung von Krankheiten muß man einen Schwellenwert annehmen.

7.1 Genetische Grundlagen der morphologischen Fehlbildungen

Die Entwicklung von der Zygote zu einem Organismus ist extrem komplex. Die meisten grundlegenden Erkenntnisse und Fortschritte in der embryologischen Forschung gehen auf die Entdeckung und Verallgemeinerung der *Keimblätter* vor allem von Pander und Baehr zurück, die zur Formulierung der *Organisationstheorie* von Spemann führte. Spemann konnte die *Ortsmäßigkeit* während der Blastulation und die *Herkunftsmäßigkeit* während der Gastulation sowie die *Induktion* durch einen Organisator nachweisen. Spemann, Boveri und Harrison entwickelten später die Hypothese des *embryonalen Entwicklungsfeldes*.

Die Wissenschaft bemüht sich nun, die gesamte Entwicklung in einem kausalen Zusammenhang zu verstehen und zu begreifen, wie die genetische Information des DNA-Codes in eine Entwicklung umgesetzt wird. Wir wissen heute, daß der Bauplan der Lebewesen in den Genen festgeschrieben steht. Die Frage, wie aus der linearen Information, die in der Reihenfolge der DNA gespeichert ist, ein dreidimensionaler Organismus entsteht, ist eine der Grundfragen der Entwicklungsbiologie. Dazu kommt als vierte Dimension noch die Zeit, die ebenfalls in das Entwicklungsprogramm eingeplant ist.

Für die Zellteilung und Gewebsdifferenzierung ist das Zusammenwirken von genetischen Faktoren sowie von inter- und intrazellulärer Kommunikation erforderlich. Dabei spielen Hormone, Wachstumsfaktoren und deren Rezeptoren eine große Rolle. Aus Zellteilung und Differenzierung geht schrittweise ein Embryo mit all seinen Strukturen hervor. Aber schon vor der Spezialisierung wird ein Grundriß festgelegt, der die zukünftigen Hauptabschnitte des Körpers, wie etwa Kopf, Rumpf und Extremitäten, vorsieht. Für eine fehlerlose Entwicklung des Embryos müssen sowohl der Zeitpunkt der einzelnen Entwicklungsschritte als auch die räumliche Anordnung der Gewebe präzise reguliert werden. Da das Genom eines höheren Organismus bis zu 80.000 Gene enthält, die zeitlich und örtlich unterschiedlich ein- und ausgeschaltet werden, ist es unwahrscheinlich, daß jedes Gen einzeln gesteuert wird. Die Steuerung geschieht gruppenweise, wobei ein Kontrollgen jeweils bestimmt, ob eine Gengruppe aktiv ist oder nicht. Die Regulatorgene vermögen auf äußere Signale hin zu reagieren und ihre Zielgene zu aktivieren. Ein Regulator-Gen kontrolliert nicht nur ein einzelnes, sondern eine Gruppe von Zielgenen, die zu einer Informationseinheit – dem Operon – zusammengefaßt sind. Unter Anwendung der In situ-Hybridisierungs-Methode ist es möglich, Informationen über das komplexe räumliche und zeitliche Expressionsmuster der Gene zu erhalten und den Prozeß der Genregulation während der Embryonalentwicklung zu analysieren.

In den letzten Jahren ist es gelungen, einzelne Gene, die die Weichen für die embryonale Entwicklung stellen, zu isolieren und zu untersuchen. Drei Genfamilien, die man in Drosophila melanogaster (Taufliege) und in Caenorhabditis elegans (Fadenwurm) gefunden hat, spielen bei der embryonalen Entwicklung eine Rolle. Diese sind: *Homeobox- (HOX)*, *Paired-Box (PAX)* und *Zinkfinger-Gene*.

7.1.1 Homeobox-Gene (HOX)

Bei Drosophila sind einige Gene gefunden worden, die eine gemeinsame DNA-Sequenz von ca. 180 Basenpaaren haben und durch Regulation der Aktivität einer Reihe von anderen Genen die räumliche Organisation während der Embryonalentwicklung kontrollieren. Es sind dies homeotische- und Segmentierungs-Gene. In den letzten Jahren sind eine Reihe von Homeobox-Genen auch bei Säugetieren entdeckt worden. Viele davon haben bis zu 90 % Homologie zu Antennepedia (ANTP)-Genen von Drosophila. Dies bedeutet, daß die Sequenz im Verlauf der Evolution konserviert wurde. Wenn ein Gen mit einer Homeobox in ein Protein übersetzt wird, ergibt sich eine Aminosäurekette, von der man glaubt, daß sie sich an die DNA-Doppelhelix anlagert. Dadurch kann dieses Protein vermutlich die entsprechenden Gene ein- oder ausschalten. Würde ein geeigneter Satz von Genen in einer bestimmten Zellgruppe des Drosophila-Embryos eingeschaltet, würden diese Zellen beispielsweise auf einen Entwicklungsweg geführt, der sie zu Teilen des Flügels werden läßt; die Aktivierung eines anderen Gensatzes in einer zweiten Gruppe von Zellen können diese veranlassen, sich zu Teilen eines Beines zu entwickeln. Die Bedeutung der Homeobox geht jedoch weit über die Erkenntnisse bei Drosophila hinaus. Die gemeinsame DNA-Sequenz wurde inzwischen in einer Reihe von Organismen gefunden, die von Würmern bis zum Menschen reicht. Homeobox-Gene erweisen sich nun als Schlüssel für die Mechanismen, nach denen die embryonalen Entwicklungsvorgänge aller höheren Tiere ablaufen. In den letzten Jahren wurden mehr als 30 Homeobox-Gene der Maus kloniert. Diese Gene sind in vier Gruppen organisiert, die sich jeweils über mehr als 100 Kilobasen erstrecken und auf den Chromosomen 6, 11, 15 und 2 lokalisiert sind. Die entsprechenden Genorte beim Menschen liegen auf den Chromosomen 7, 17, 12, 2. Jedes Box-Cluster nimmt eine direkte lineare Korrelation zwischen der Position der Gene und deren zeitlicher und räumlicher Expression ein. Diese Beobachtung ist ein wichtiger Hinweis dafür, daß diese Gene in der frühen embryonalen Entwicklung eine Rolle spielen. Transgene Mäuse mit Mutationen in bestimmten HOX-Genen haben multiple schwere Fehlbildungen, vor allem im Gesichts- und Schädelbereich. Ähnliche Fehlbildungen sind auch beim Menschen bekannt.

7.1.2 Paired-Box-Gene (PAX)

PAX-Gene enthalten zusätzlich ein zweites Sequenzmotiv, die sog. Paired-Box. Sie sind stark konservierte DNA-Sequenzen mit 390 Basenpaaren und kodieren etwa 130 Aminosäuren für DNA-bindende Proteine. Sie enthalten Transkriptionskontrollfaktoren und spielen eine bedeutende Rolle in der Embryonalentwicklung. Bis jetzt sind 8 PAX-Gene beim Menschen und bei Mäusen identifiziert worden. Die Mutation der PAX-Gene 1, 3 und 6 der Maus verursachen Neuralrohrdefekte, Pigmentanomalien und Augenfehlbildungen.

7.1.3 Zinkfinger-Gene

Die Bezeichnung „Zinkfinger" definiert eine komplexe Bindung von vier konservierten Aminosäuren an ein Zink-Ion. Es gibt verschiedene Arten von Zinkfinger. In der Regel binden jeweils zwei konservierte Zystein- und Histidinreste oder aber vier konservierte Zysteinreste. Die entstandenen Strukturen werden durch Bindung eines Zink-Ions stabilisiert. Es ermöglicht Proteinen, gezielt bestimmte DNA-Sequenzen zu binden. Man findet sie häufig in Transkriptionsfaktoren, und sie spielen eine wichtige Rolle in der Regulierung der Entwicklung.

7.2 Einteilung der Fehlbildungssyndrome nach pathogenetischen Kriterien

Die embryonale bzw. fetale Entwicklung des Menschen ist ein kontinuierlicher Vorgang, der in verschiedenen Stadien abläuft (Übersicht 7.1). Genetische oder exogene Faktoren können in allen Stadien die embryonale Entwicklung stören und zur Entstehung von Fehlbildungen führen. Diese können einzeln oder kombiniert auftreten. Bei etwa 3 % der Neugeborenen liegt eine klinisch relevante Einzelfehlbildung und bei 0,7 % multiple Fehlbildungen vor. Die Häufigkeit von schweren Fehlbildungen zum Zeitpunkt der Konzeption ist wesentlich höher. Der größte Teil dieser Embryonen stirbt intrauterin ab. Bei etwa 15 % von spontan abortierten Feten aus dem ersten Trimenon findet man schwere Fehlbildungen. Der größte Teil dieser Fehlbildungen, die zum intrauterinen Fruchttod führen werden durch eine Chromosomenaberration (ca. 50–60 %) verursacht.

Die Einteilung der Fehlbildungen nach ätiologischen Kriterien ist nicht nur für praktische Belange wichtig, sondern angesichts der heute möglichen differenzierten molekulargenetischen Analysen auch für die Grundlagenforschung von wachsender Bedeutung.

Etwa 7,5 % der angeborenen Fehlbildungen haben eine monogene Ursache, 20 % sind multifaktoriell bedingt, bei etwa 6 % liegt eine Chromosomenstörung

Übersicht 7.1. Die vier menschlichen Entwicklungsstadien. (Nach Opitz 1991)

Stadium	Beschreibung
Prägenese (Präontogenese, Progenese)	Alle Entwicklungsstadien von der Abtrennung der Urkeimzelle früh in der Embryogenese, Migration der primordialen Keimzellen zu der primordialen Keimdrüsenfalte mit kortikomedullärer Differenzierung; Teilung, Wachstum, Differenzierung, Reifung und Freisetzung der Keimzellen zum Zeitpunkt der Befruchtung.
Blastogenese	Alle Entwicklungsstadien von der Befruchtung bis zum Ende der Gastrulation (Stadium 12) (27. + 28. Tag p.c.).
Organogenese (oder eigentliche Embryogenese)	Alle Entwicklungsstadien vom Beginn des Stadiums 13 (28. Tag p.c.) bis Ende des Stadiums 22 (55.–56. Tag p.c. bei einer Scheitel-Steiß-Länge von etwa 30 mm). Es fallen zwei wichtige Vorgänge in diesen Zeitraum: die Morphogenese und die Histogenese.
Phänogenese (Fetalperiode)	Die Periode von der Metamorphose (9. Woche p.c.) bis zur Geburt (38. Woche p.c.). Das bedeutendste Ereignis der Phänogenese ist: Wachstum und Ausprägung aller quantitativen und qualitativen Formmerkmale.

Multifaktoriell	~20
Monogen	7,5
Chromosomal	6,5
Mütterliche Erkrankungen	3,0
Kongenitale Infektionen	2,0
Alkohol, Drogen, Medikamente, ionisierende Strahlen	1,5
Unbekannt	~60

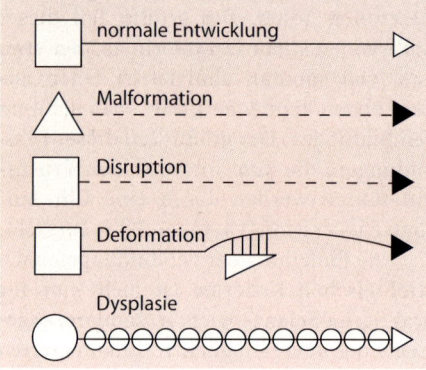

zugrunde. Bei etwa 60 % aller schweren angeborenen Fehlbildungen ist die Ursache nicht bekannt.

Kongenitale Fehlbildungen können aber auch durch Erkrankungen der Mutter, wie Diabetes mellitus oder maternale Phenylketonurie, oder auch durch exogene

Abb. 7.1. Schematische Darstellung pathogenetischer Kategorien bei der Entstehung von Einzeldefekten. (Nach Spranger 1982)

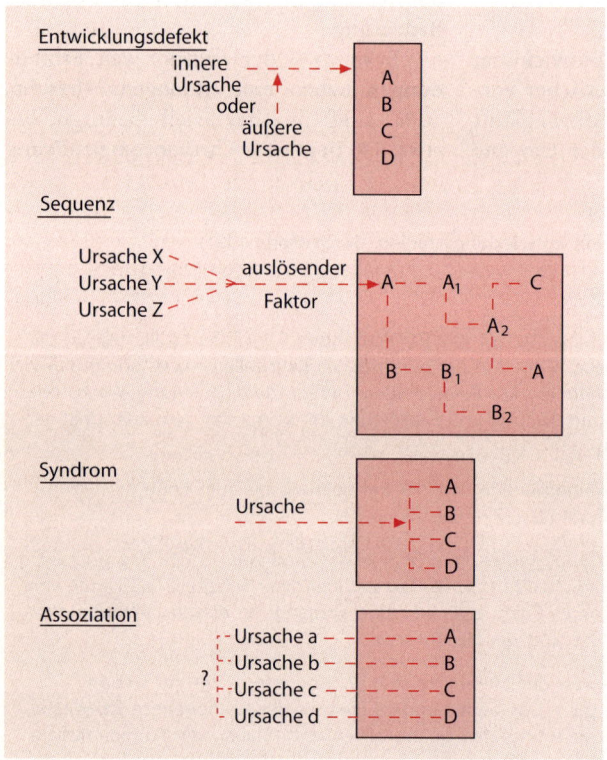

Abb. 7.2. Schematische Darstellung pathogenetischer Kategorien bei der Entstehung von multiplen Defekten. (Nach Spranger 1982)

Faktoren verursacht werden (Übersicht 7.2).

Klinisch relevante, morphologische Anomalien werden nach pathogenetischen Kriterien nachfolgend definiert (Abb. 7.1 und Abb. 7.2).

7.2.1 Einzeldefekte

Fehlbildungen

Fehlbildungen sind morphologische Defekte, die durch einen Anlagenfehler bedingt sind. Dies gilt auch, wenn die Fehlbildungen erst im Laufe der Embryonalentwicklung manifest werden. Eine Fehlbildung der Hand z. B. kann erst in Erscheinung treten, wenn die Handplatte sich entwickelt. Fehlbildungen sind genetisch determiniert, d. h. das Organ oder sein Entwicklungsfeld hatte – ab ovo – keine Chance, sich normal zu entwickeln. Da sie genetisch bedingt sind, haben sie ein familiäres Wiederholungsrisiko.

Disruption

Disruptionen sind nachträglich eingetretene Defekte eines ursprünglich sich normal entwickelnden Organs oder Körperteils. Die primäre Anlage ist normal, die Störung ist nicht genetisch, sondern exogen bedingt, wie z. B. bei der Thalidomid-Embryopathie (s. Abb. 7.25). Ohne Einwirkung derselben exogenen Faktoren haben sie kein Wiederholungsrisiko. Fehlbildungen und Disruptionen können bei einer klinischen Untersuchung nicht immer unterschieden werden. Phänotypische Merkmale eines Holt-Oram-Syndroms (s. Abb. 7.21) und einer Thalidomid-Embryopathie können so ähnlich sein, daß die Unterscheidung allein nach dem Erscheinungsbild nicht immer gelingt. Das Gen für das Holt-Oram-Syndrom ist kloniert und die Mutation kann heute molekulargenetisch nachgewiesen werden.

Deformationen

Deformationen sind durch mechanische Einflüsse hervorgerufene Form- und Lageanomalien eines Körperteils. Sie entstehen meist durch exzessive mechanische Kräfte oder durch verminderte mechanische Resistenz von Körperteilen. Eine intrauterine Bewegungseinschränkung, die unterschiedlich verursacht werden kann, führt z. B. zu mechanisch bedingten Fehlstellungen und Kontraktur der Gelenke.

Dysplasien

Dysplasien sind morphologische Anomalien, die durch fehlerhafte Organisation und Funktion von Geweben oder Gewebskomponenten entstehen. Der Begriff Dysplasie umschreibt den Prozeß der Dyshistogenese und deren Resultate. Hier handelt es sich nicht um einen Defekt von Organen oder Organteilen wie bei den Fehlbildungen, sondern um einen Defekt von Geweben selbst. Viele Dysplasien sind prädisponiert für maligne Entartung, wie z. B. die Tendenz der Polypen zur Malignität. Generalisierte Dysplasien sind genetischer Natur und häufig Ausdruck einer kongenitalen Stoffwechselstörung. Die meisten Dysplasien sind genetisch bedingt und haben ein Wiederholungsrisiko. Es kann sich aber auch um eine somatische Mutation handeln.

7.2.2 Multiple Fehlbildungen

Morphologische Defekte können auch kombiniert auftreten. Je nach Kombination können sie in einzelnen Fällen als Dysmorphie-Syndrome identifiziert werden. Die Kombination kann aber auch zufällig auftreten. Die Dysmorphie-Syndrome sind meist monogene Leiden, während die Einzeldefekte in der Regel multifaktoriell bedingt sind.

Multiple morphologische Defekte lassen sich in folgende Gruppen einteilen:

Entwicklungsfeld-Defekte

Eine Störung in einem embryonalen Entwicklungsfeld führt zu Fehlbildungen in entsprechend mehreren Organen. Heute weiß man, daß viele embryonale Felddefekte oder multiple kongenitale Fehlbildungen durch Mutationen in den Transkriptionskontrollgenen hervorgerufen werden können. Das Konzept des Entwicklungsfeldes kann ausgedehnt sein und alle Organe bzw. Gewebe einschließen, die eine gemeinsame embryonale Herkunft haben. Ein Beispiel hierfür ist die ektodermale Dysplasie, die durch eine Einzelgenmutation verursacht wird und die Organe betrifft, die eine ektodermale Herkunft, wie Haare, Zähne, Nägel und Schweißdrüsen, haben. Aus einer vor dem Notochord liegenden mesodermalen Gewebsplatte entwickelt sich das Mittelgesicht mit seinen Organen. Eine Störung dieses prächordialen Entwicklungsfeldes führt entsprechend zu Defekten des Mittelgesichts und des Vorderhirns. Es entsteht dann eine Holoprosenzephalie mit unterschiedlichem Erscheinungsbild.

Sequenz

Sequenzen sind Muster angeborener Anomalien, deren Pathogenese bekannt, deren Äthiologie jedoch heterogen sein kann. Die Potter-Sequenz entsteht beispielsweise durch intrauterine Kompression aufgrund eines Oligohydramnions, das unterschiedlich verursacht werden kann. Gelenkkontrakturen kommen nicht nur bei Oligohydramnion vor, sondern auch bei einer Reihe von neurogenen oder neuromuskulären Erkrankungen des Feten (Abb. 7.3).

Syndrome

Syndrome sind Muster angeborener Anomalien mit einer bekannten Ätiologie. Der gemeinsame pathogenetische Mechanismus ist jedoch nicht immer bekannt. Die primäre Ursache kann chromosomal oder monogen bedingt sein. Der Begriff Syndrom wird in der Praxis sehr oft ohne Berücksichtigung dieser Definition benutzt.

Assoziation

Assoziationen sind statistisch gehäuft beobachtete Symptome in einer Population, die sich pathogenetisch oder ätiologisch verbinden lassen und nicht als

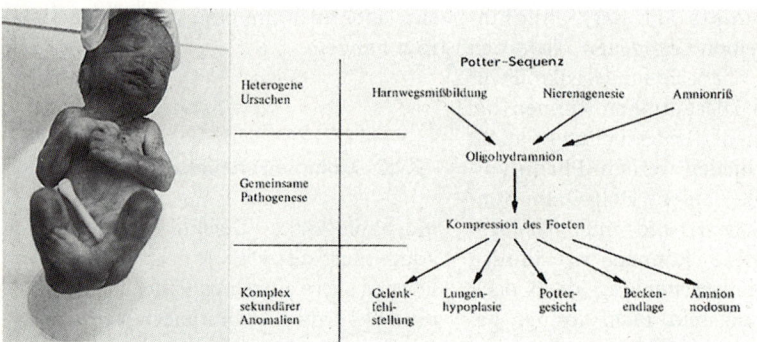

Abb. 7.3. Pathogenese der Potter-Sequenz

Sequenz oder Syndrom aufgefaßt werden können. Die Bezeichnung der Assoziationen ist akronym und leitet sich ab vom ersten Buchstaben des betroffenen Organs oder Organsystems. VATER-Assoziation z. B. bezeichnet die Assoziation von Vertebral-Anal-Tracheo-Esophagal-Renal-Anomalien.

Einige Beispiele der morphologischen Anomalien werden hier besprochen.

7.3 Morphologische Anomalien durch Mutation der Fibroblast-Growth-Faktor-Rezeptor-Gene (FGFR)

Die Identifizierung von Mutationen der Fibroblastenwachstumsfaktor-Rezeptorgene (FGFR-Gene) bei verschiedenen, autosomal-dominanten Skelettdysplasien und Kraniosynostosen haben gezeigt, daß sie für die Regulation der Skelettentwicklung von großer Bedeutung sind. FGFR sind Mitglieder der Tyrosin-Kinase-Rezeptor-Familie und spielen beim Transkriptionssignal in der Zelle eine entscheidende Rolle. Bisher sind neun FGFRs bekannt, die Strukturen sind ähnlich und bestehen aus einer extrazellulären Region mit zwei oder drei immunglobulinähnlichen Domänen, einer Transmembrandomäne und einer intrazellulären Tyrosinkinasedomäne. Sie spielen alle in der Entwicklung und in Segregationsprozessen eine wichtige Rolle und unterscheiden sich durch gewebsspezifische Ligandbindung und alternatives Splicen. Als Liganden kommen außer 9 Fibroblastenwachstumsfaktoren auch Heparansulfat-Proteoglykane und Adhäsionsmoleküle von Neuralzellen in Frage. Für jedes Gewebe existiert ein spezifisches komplexes Signalnetzwerk. Aus diesem Grund führt eine Mutation in einem der FGFR-Gene zu einem bestimmten Muster von Fehlbildungen.

FGFR-Mutationen und Skelettdysplasien

Die molekulargenetischen Analysen in den letzten Jahren haben gezeigt, daß die unterschiedlichen Formen der *Zwergwuchs-Syndrome, nämlich Achondroplasie, Hypochondroplasie, Thanatophore Dysplasie Typ I* (Abb. 7.4) und *II*, durch Mutationen in einem FGFR-Gen verursacht werden. Klinischen Merkmale dieser Krankheiten sind: disproportionierter Zwergwuchs mit Makrozephalie, die bei Hypochondroplasie milder ausgeprägt ist und bei Thanatophoren Dysplasien wegen zusätzlicher Beeinträchtigung der Rippenentwicklung mit schwerer Ateminsuffizienz letal ist. Allen diesen klinisch unterschiedlichen Krankheitsbildern liegt eine Regulationsstörung der Proliferation und Differenzierung von Chondrozyten zugrunde. Sie werden durch Mutationen in unterschiedlichen strukturellen und funktionellen Domänen des FGFR3-Gens verursacht. Bei über 97 % der Patienten mit Achondroplasie wird eine GLY308Arg-, gelegentlich auch GLY375Cys-Substitution gefunden, die in der Transmembrandomäne liegt. Mutationen in der Extrazellulär-Transmembrandomäne führen zur Thanatophoren Dysplasie Typ I und die Mutationen zwischen der IG2- und IG3-Domäne sowie Mutationen, die das Überlesen von Stopkodonen ermöglichen, führen zu dieser letalen Form. Eine GLN540Lys-Substitution in dem proximalen Teil der Tyrosinkinasedomäne wurde bei den Patienten mit Hypochondroplasie gefunden und die LysLY650GLU-Mutation in der kinaseaktivierenden Schleife führt zur Thanatophoren Dysplasie Typ II. Die Mutationen im FGFR3-Gen, die zu Skelettdysplasien führen, sind in Abb. 7.5 b zusammengestellt.

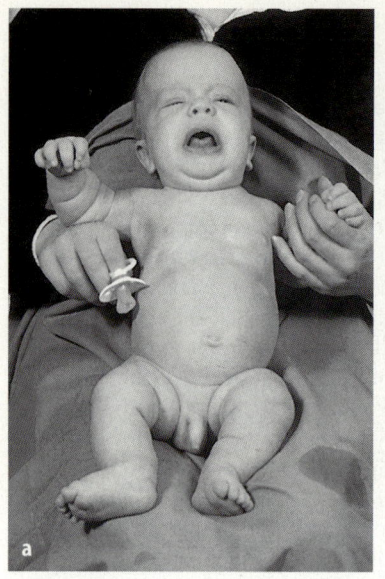

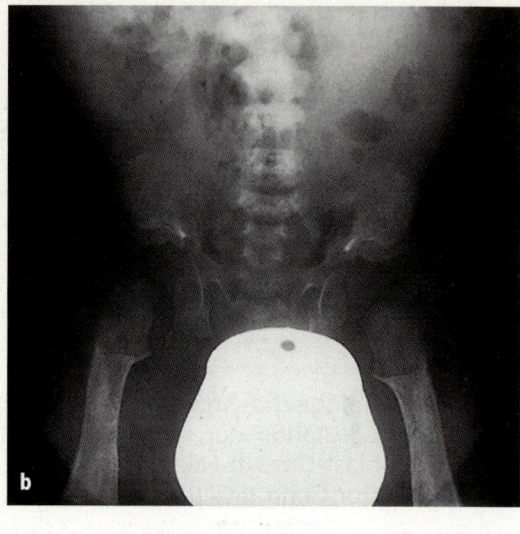

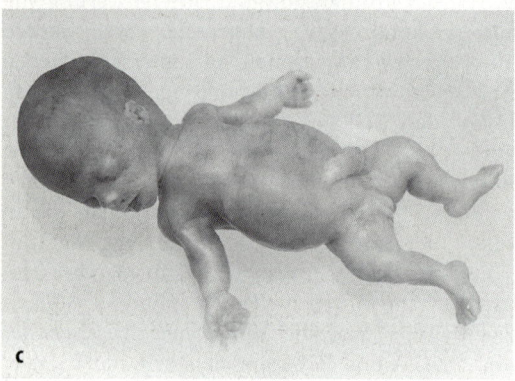

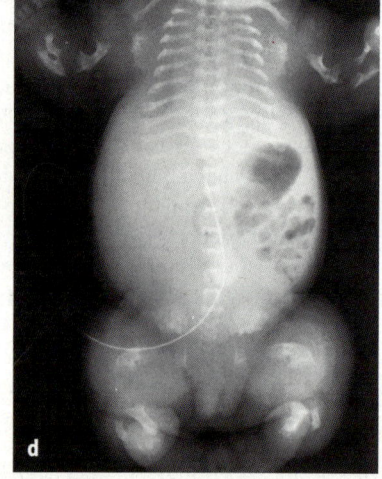

Abb. 7.4. **a** Achondroplasie
b Röntgenaufnahme
c Thanatophorer Zwergwuchs
d Röntgenaufnahme

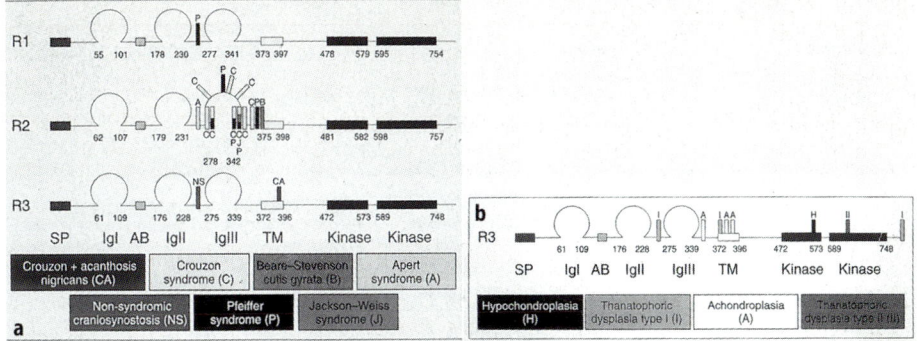

Abb. 7.5 a,b. Mutationen in FGFR-Genen. **a** Die Lokalisation der Punktmutationen in FGFR 1, FGFR 2 und FGFR 3 bei Kraniosynostosis-Syndromen; **b** die Lokalisation der Punktmutationen in FGFR 3 bei Zwergwuchs-Syndromen. (Nach Webster, Donoghue 1997)

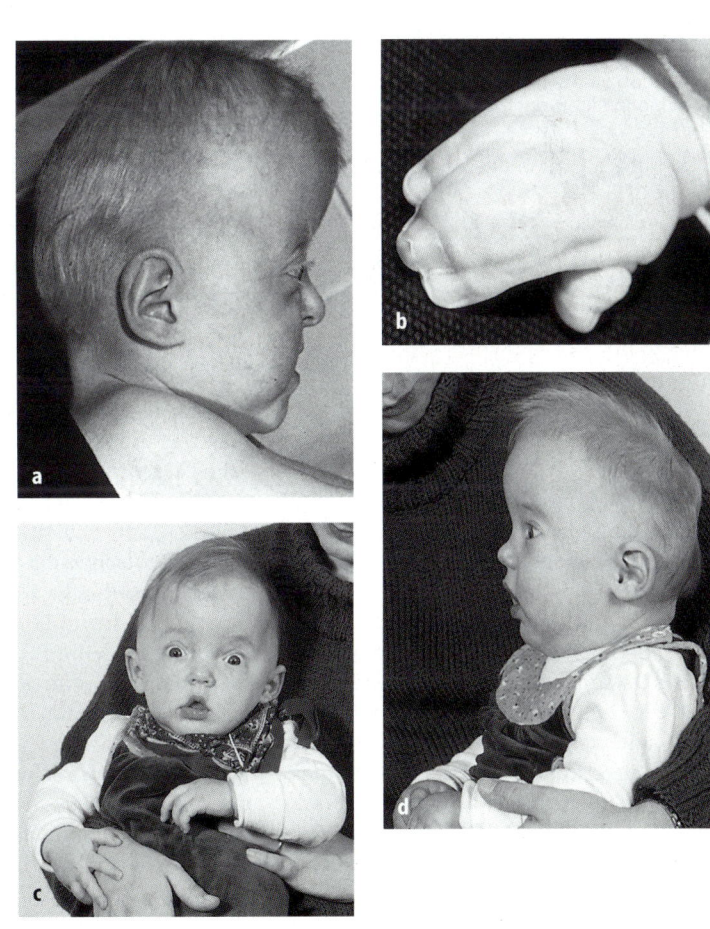

Abb. 7.6. a,b Patienten mit Apert-Syndrom. **c,d** Patienten mit Crouzon-Syndrom

Übersicht 7.3. Einige Krankheiten mit Mutationen in den FGFR-Genen.

Krankheit	Symptom	Lokalisation	Gen
Achondroplasie/ Hypochondroplasie	disproportionierter Zwergwuchs, Makrozephalie unterschiedlicher Ausprägung	4p16	FGFR3
Apert-Syndrom	Turmschädel, flacher Okziput, Mittelgesichtshypoplasie, komplette Syndaktylie, kurze Extremitäten	10q26	FGFR2
Crouzon-Syndrom	Turmschädel, flacher Occiput, Protrusio bulbi, Maxillarhypoplasie, Schnabelnase	10q26	FGFR2
Beare-Dodge-Nevin-Komplex	Hyperpigmentation, Kraniosynostosen, Minderwuchs, Furchungen der Kopfhaut, Handflächen u. Fußsohlen	10q26	FGFR2
Crouzon-Syndrom mit Acanthosis nigricans	Crouzon-Syndrom plus Hyperpigmentation am Hals und in der Axilla	4p16	FGFR2
Kraniosynostose Typ Muneke	isolierte Kraniosynostose	4p16	FGFR3
Jackson-Weiß-Syndrom	Kraniosynostosen, breite Zehen mit Medianabweichung	10q26	FGFR2
Pfeiffer-Syndrom	Akrobrachycephalie	8p	FGFR1
	breite Daumen und große Zehen	10q26	FGFR2
Thanatophore Dysplasie	schwerer disproportionierter Zwergwuchs mit sehr kurzen Extremitäten, letal	4p16	FGFR3

FGFR-Gen-Mutationen bei Kraniosynostose-Syndromen

Kraniosynostosen beschreiben das vorzeitige Zusammenwachsen von einzelnen bzw. mehreren Schädelnähten. Primäre Kraniosynostosen können isoliert oder unter Beteiligung von anderen Organen im Rahmen eines Kraniofazialen-Syndroms auftreten. Nach klinischem Erscheinungsbild und je nach Beteiligung von weiteren Organen unterscheidet man verschiedene Krankheitsgruppen: *Akrozephalo-Syndaktylien* (Apert-, (Abb. 7.6 a, b) Pfeiffer-, Jackson-Weiss-Syndrom), *kraniofaziale Dysostose-Syndrome* (Crouzon-, (Abb. 7.6 c, d), Crouzon- mit Acanthosis nigricans und Beare-Stephenson-Cutis-Gyrata-Syndrom) und die primär isolierten *Kraniosynosto-*

sen. Bei all diesen Krankheitsbildern findet man Mutationen in FGFR-Genen. Die klinischen Merkmale dieser einzelnen Syndrome sind in Übersicht 7.3 zusammengestellt. Eine Substitution von Prolin zu Arginin zwischen der zweiten und dritten Schleife verursacht z.B. das *Pfeiffer-Syndrom,* wenn sie im FGFR1-, das *Apert-Syndrom,* wenn sie im FGFR2- und eine *nicht syndromale Kraniosynostose*, wenn sie im FGFR3-Gen entsteht. Die unterschiedlichen Mutationen in den Exons 3a und 3c vom FGFR2-Gen verursachen *Pfeiffer-, Crouzon-* und *Jackson-Weiss-Syndrome.* Zwei Kraniosynostosen sind mit Hautveränderungen assoziiert, nämlich das *Beare-Stephenson-Cutis-Gyrata-Syndrom* und das *Crouzon-Syndrom mit Acanthosis nigricans.* Sie entstehen jeweils durch Mutationen in

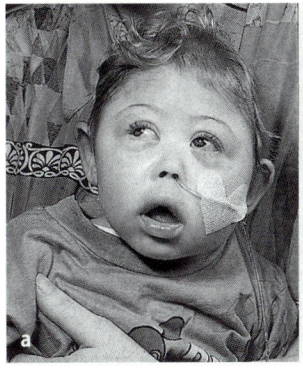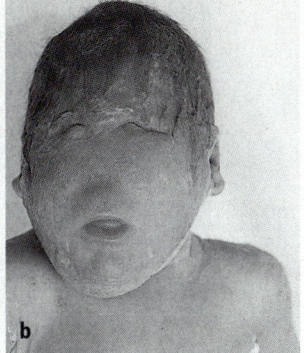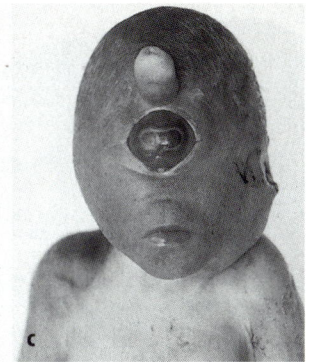

Abb. 7.7 a–c. Patienten mit Holoprosenzephalie unterschiedlicher Ausprägung

der Transmembrandomäne von FGFR2 oder FGFR3. Die verschiedenen Mutationen sind in der Abb. 7.5 b zusammengestellt.

7.4 Morphologische Anomalien durch Mutation der Hedgehog-Gene und Holoprosenzephalie (HPE)

Wie bereits erwähnt, spielen Mitglieder der Homöoboxgene bei der embryonalen Entwicklung von allen Spezies eine bedeutende Rolle. Bei den Säugetieren sind drei Hedgehog-Homologe bekannt: *Sonic-Hedgehog, Desert-Hedgehog* und *Indian Sonic-Hedgehoc* (SHH) kontrollieren die Entwicklung des Notochords, die Regulation der Segmentierung und die Entwicklung der Segmente. Mäuse mit dem SHH-Defekt sterben wegen schwerer Fehlbildungen im Frontalbereich des Gehirns und zeigen schwere Fehlbildungen im Bereich des mittleren Gesichtsschädels mit Einzelauge, Zyklopie bzw. Proboscis. Viele dieser Fehlbildungsmuster erinnern an Holoprosenzephalie, eine der häufigen Fehlbildungen beim Menschen. Es handelt sich hier um eine Fehlbildung des Mittelgesichts und des frontalen Bereichs des Gehirns, die hetero-

gen verursacht wird. Die Holoprosenzephalie kommt in 1 von 16.000 Lebendgeborenen und etwa in 1 von 250 spontanabortierten Feten vor. Die phänotypische Ausprägung ist sehr variabel, in ausgeprägtem Zustand besteht eine Anophthalmie bzw. ein Einzelauge oder Zyklopie (Abb. 7.7). Bei den leichter betroffenen Patienten liegt eine faziale Dysmorphie mit Hypotelorismus eine Spalte bzw. Kerbe der Oberlippe und/oder Nase und Aplasie des Nervus olfactorius oder Corpus callosum vor. In noch milderen Formen findet man ein Fehlen des Schneidezahns oder andere Minimaldefekte.

Bis jetzt sind 4 HPE-Loki lokalisiert. HPE3 liegt am terminalen Ende des Chromosoms 7 (7q36). Durch physikalische Kartierung konnte die verantwortliche Region für HPE3- sowie das SHH-Gen als Ursache dieser Fehlbildungen identifiziert werden. Es wurde bestätigt, daß die Mutation des SHH-Gens eine der genetisch bedingten Holoprosenzephalien verursacht.

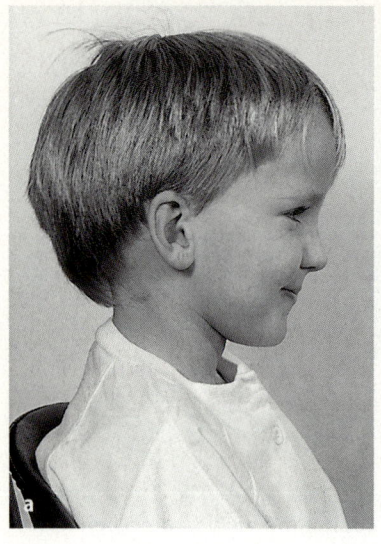
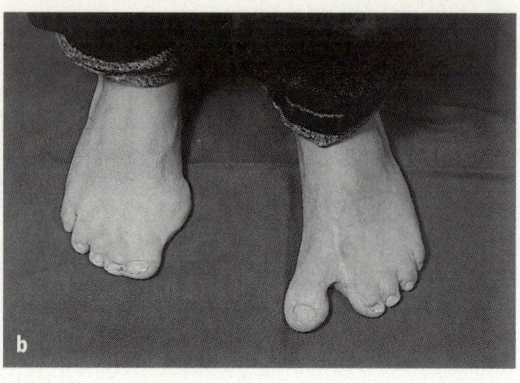

Abb. 7.8. Patient mit Zephalopolysyndaktylie Typ Greig

7.5 Morphologische Fehl-bildungen durch Mutationen der PAX-Gene

Wie bereits erwähnt, sind 8 verschiedene PAX-Gene beim Menschen identifiziert worden. Die Mutation im PAX3-Gen verur-sacht das *Waardenburg-Syndrom.* Charak-teristisch sind Schwerhörigkeit, weiße Haarsträhne über der Stirnmitte und Iris-heterochromasie mit autosomal-dominan-ter Vererbung. Die Mutationen am PAX6-Gen verursachen eine *Aniridie.* Kürzlich wurde ein Rearrangement in PAX3 gefun-den, das einen seltenen Tumor im Kindes-alter, nämlich das alveoläre Rabdomyo-sarkom verursacht. Durch gezielte For-schungsarbeiten werden in Zukunft mit Sicherheit weitere Mutationen an diesen Genfamilien festgestellt.

7.6 Morphologische Anomalien durch Mutationen der Zinkfinger-Gene

Wie bereits erwähnt, spielen die Zinkfin-gerproteine bei der Regulation der embryo-nalen Entwicklung eine wichtige Rolle. Es hat sich gezeigt, daß eine Deletion des mul-tiplen Zinkfinger-Gens GLI3 auf Chromo-som 7 zur Entstehung von Zephalopolysyn-daktylie Typ Greig führt (Abb. 7.8). auch beim Denys-Drash-Syndrom spielen Muta-tionen in Zinkfinger-Genen eine Rolle.

7.7 Einige Beispiele der Fehlbildungs- oder Dysmorphie-Syndrome

Coffin-Lowry-Syndrom

Symptome. Geistige Retardierung, Minder-wuchs, plumpe Supraorbitalbögen, anti-mongoloide Lidachse, Hypertelorismus, breite Nasenwurzel, dicke und breite Nasen-flügel, aufgeworfene und dicke Unterlippe,

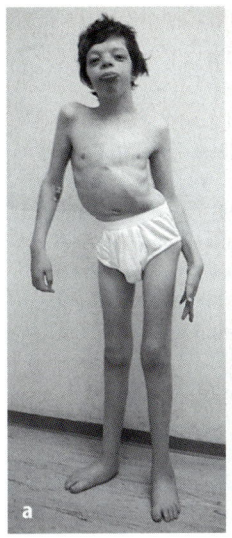
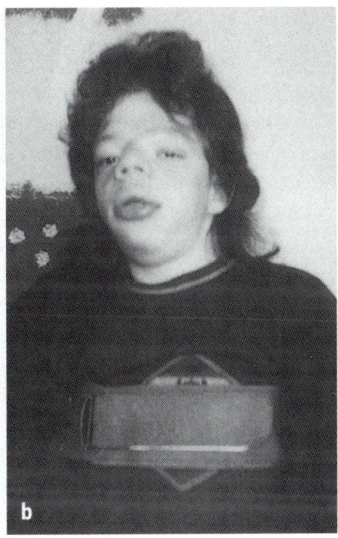
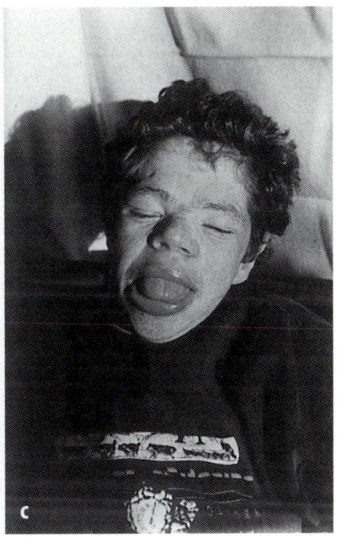

Abb. 7.9 a–c. Patient mit Coffin-Lowry-Syndrom in unterschiedlichen Altersstufen. (Mit freundlicher Genehmigung von H. U. Boll, Mosbach)

schlaffe Muskulatur, überstreckbare Gelenke, schwere Kyphoskoliose, plumpe Hände, spitz zulaufende Finger, kurze Endphalangen (Abb. 7.9). Die heterozygoten Frauen zeigen auch die typischen Merkmale, sind jedoch milder betroffen, daher wird eine X-chromosomal-dominante Vererbung diskutiert. Das Gen ist auf Xp22.1 lokalisiert, und die Mutationen können molekulargenetisch identifiziert werden.

Erbgang. X-chromosomal-rezessiv (dominant?).

Kleidokranialdysplasie

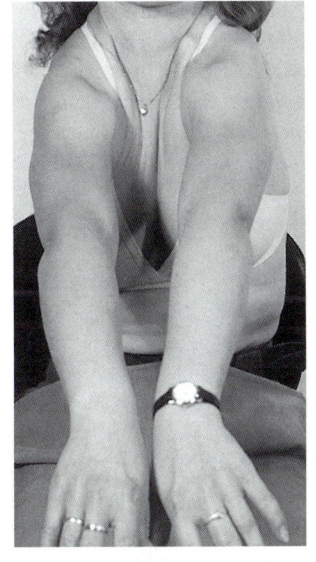

Symptome. Brachyzephalie, Stirnhöcker, verzögerter Fontanellenschluß, relativ kleiner Gesichtsschädel, breite Nasenwurzel, schmaler Brustkorb, Fehlen der Klavikula oder hypoplastische Klavikula, hängende Schultern, verzögerte Skelettmineralisierung (Abb. 7.10).

Abb. 7.10. Patient mit Kleidokranialdysplasie

Erbgang. Autosomal-dominant.

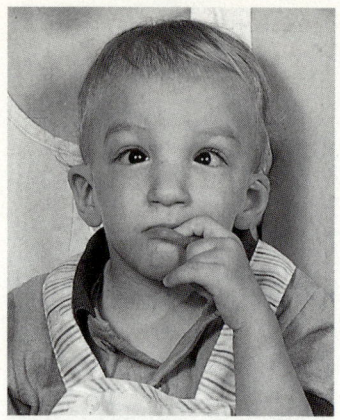

Abb. 7.11. Kind mit Dubowitz-Syndrom

Dubowitz-Syndrom

Symptome. Prä- und postnataler Minderwuchs, Mikrozephalie, leichte geistige Retardierung, Sprachentwicklungsstörung, Ptose, Epikanthus, tiefe Nasenwurzel, Mikrognatie, dysplastische Ohren, schütteres Haar, ekzematöse Hautveränderungen, häufige Infekte der oberen Luftwege, Immundefekte (Abb. 7.11)

Erbgang. Autosomal-rezessiv.

Cornelia-de-Lange-Syndrom (Brachmann-de-Lange-Syndrom)

Symptome. Prä- und postnataler Minderwuchs, geistige Retardierung, Mikrozephalie, lange und buschige Wimpern, über der Nasenwurzel zusammengewachsene, buschige Augenbrauen, Hypertelorismus, Stubsnase, hohes Philtrum, schmale Oberlippe, nach unten gezogene Mundwinkel, tiefe Haaransatzstellen in Nacken und Stirn, kleine Hände und Füße, proximal versetzte Daumen, kurze fünfte Finger, Klinodaktylie (Abb. 7.12).

Erbgang. Meist sporadisch, uneinheitliche Chromosomenaberrationen wurden beobachtet. Patienten mit Duplikation von 3q26–27 zeigen einen ähnlichen Phänotyp, in selten beobachteten familiären Fällen wird ein autosomal-dominanter Erbgang mit verminderter Penetranz angenommen.

Franceschetti-Syndrom bzw. Treacher-Collins-Syndrom (Mandibulo-Facialis-Dysostose)

Symptome. Antimongoloide Lidachse, Augenlidkolobome, spärliche Wimpern, schnabelartige, große Nase, enge Nasennari-

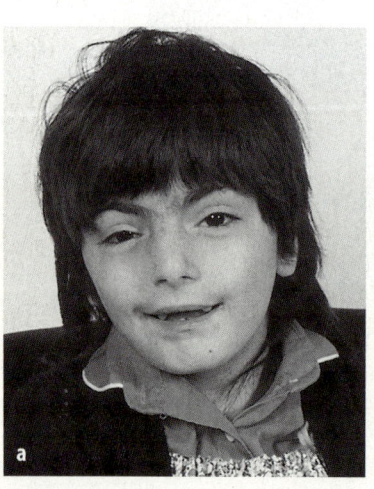

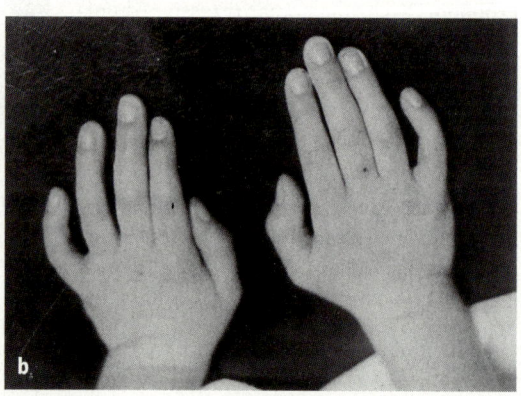

Abb. 7.12. Mädchen mit Cornelia-de-Lange-Syndrom

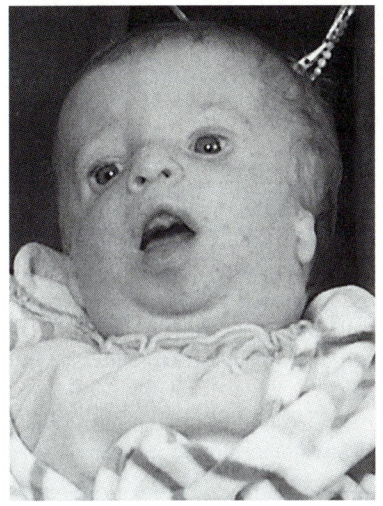

Abb. 7.13. Kind mit Franceschetti-Syndrom

Freeman-Sheldon-Syndrom (Whistling-face-syndrome)

Symptome. Maskenartiges Gesicht, tiefliegende Augen, Hypertelorismus, antimongoloide Lidachse, Epikanthus, breite Nasenwurzel, langes Philtrum, kleiner, wie zum Pfeifen gespitzter Mund, Hautgrübchen zwischen Unterlippe und Kinnspitze, Ulnardeviation der Hände, Kontraktur der Finger und Zehen, Klumpfüße, Kyphoskoliose (Abb. 7.14).

Erbgang. Autosomal-dominant.

nen, Hypoplasie der Jochbeine, Mandibulahypoplasie, Makrostomie, hoher schmaler Gaumen, Gaumenspalte, Fehlbildungen des äußeren Ohres, Gehörgangsatresie oder -stenose, Hautanhängsel und Blindfisteln zwischen Mundwinkeln und Ohren (Abb. 7.13).

Erbgang. Autosomal-dominant, das Gen ist auf Chromosom 5q32–33.1 lokalisiert.

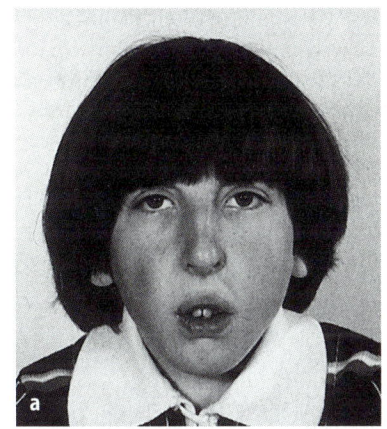

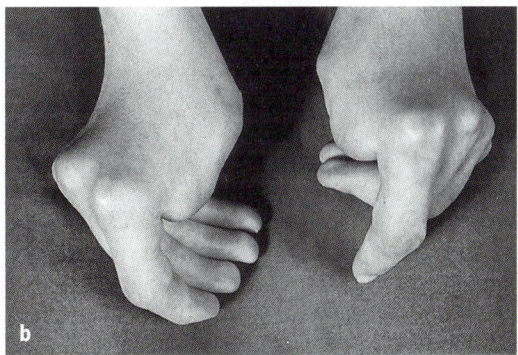

Abb. 7.14. Mädchen mit Freeman-Sheldon-Syndrom. **a** Gesicht mit spitzem Mund; **b** Hände mit Kamptodaktylie

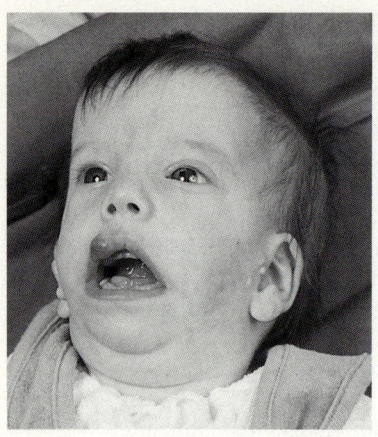

Abb. 7.15. Kind mit Goldenhar-Syndrom

Erbgang. Hinweise auf autosomal-dominanten Erbgang mit variabler Expressivität.

Leopard-Syndrom (Kardiokutanes Syndrom)

Symptome. Multiple, dunkelbraune, kleine Flecken am ganzen Körper (**L**entigines), **E**KG-Veränderungen, Hypertelorismus (**o**kuläres Zeichen), **P**ulmonalstenose, **A**bnormalitäten des Genitale, **r**etardiertes Wachstum, Schwerhörigkeit („**d**eafness") (Abb. 7.16).

Erbgang. Autosomal-dominant.

Goldenhar-Syndrom (Okuloaurikulovertebrale Dysplasie)

Symptome. Gesichtsasymmetrie, epibulbäres Dermoid, Oberlidkolobom, andere Augenanomalien, präaurikuläre Anhängsel, Blindfisteln zwischen Mundwinkel und Ohren, spaltähnliche Mundwinkel, durch Wangenspalte bedingte Makrostomie, Zahnanomalien, leichte oder schwere, meist sporadische Fehlbildungen im Wirbelsäulenbereich (Abb. 7.15).

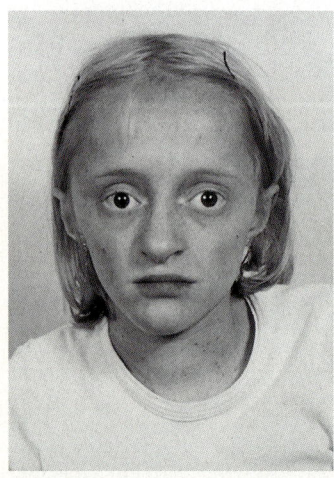

Abb. 7.16. Patient mit Leopard-Syndrom

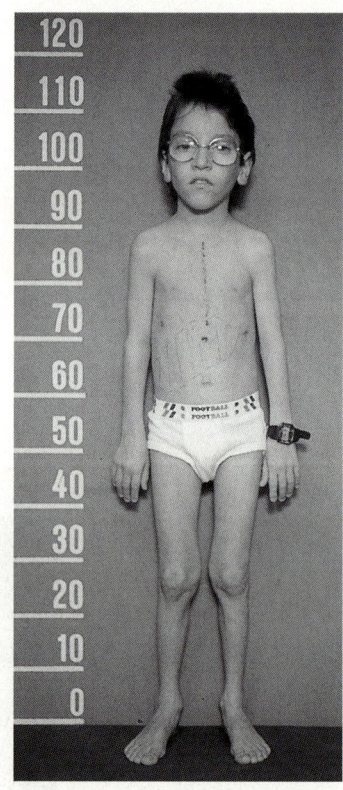

Abb. 7.17. Kind mit Mulbrey-Nanism-Syndrom. (Mit freundlicher Genehmigung der Univ. Kinderklinik Heidelberg)

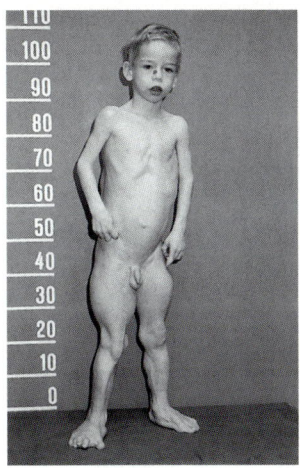

Abb. 7.18. Kind mit Proteus-Syndrom. (Mit freundlicher Genehmigung der Univ. Kinderklinik Heidelberg)

Mulbrey-Nanism-Syndrom

Symptome. Minderwuchs, Makrozephalie, Dolchizephalie, tiefe Nasenwurzel, abnorme Sella turcica, dreieckiges Gesicht mit hoher Stirn, retinale Pigmentveränderungen, Hepatomegalie, Dysplasien der Fibula und Tibia, piepsige Stimme und Entwicklung von Perikardverdickung (Abb. 7.17).

Erbgang. Autosomal-rezessiv.

Proteus-Syndrom

Symptome. Hemihypertrophie, partieller Riesenwuchs im Bereich der Hände und Füße, Schädelasymmetrie, Lipome, Lymphangiome, Hämangiome, Weichteilhypertrophie, vor allem in Fußsohlen und Handflächen (Abb. 7.18).

Erbgang. Unklar, wahrscheinlich somatische Mutationen; bisherige Fälle sind ohne Ausnahme sporadisch.

Robinow-Syndrom

Symptome. Unproportioniert großer Hirnschädel mit vorstehender Stirn, kleines Gesicht (fetale Gesichtsausprägung), Hypertelorismus, weite Lidspalten, hypoplastisches Mittelgesicht, relativ kleine Nase, mesomele Dysplasie der oberen Extremitäten, Brachydaktylie, Mikropenis, Hypoplasie der Klitoris und Labia minora, Kryptorchismus, Minderwuchs (Abb. 7.19).

Erbgang. Die meisten Fälle haben einen autosomal-dominanten Erbgang. Das gleiche Krankheitsbild kommt gelegentlich auch autosomal-rezessiv vor.

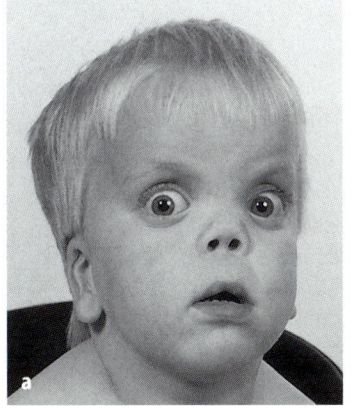
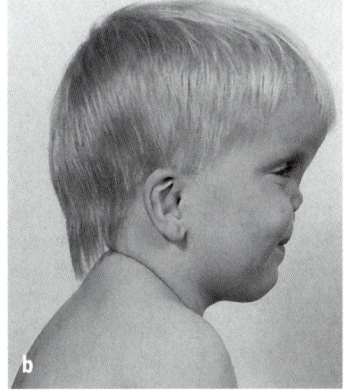

Abb. 7.19 a,b. Kind mit Robinow-Syndrom

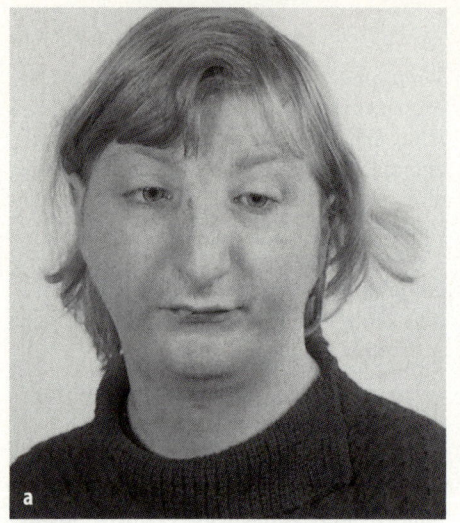

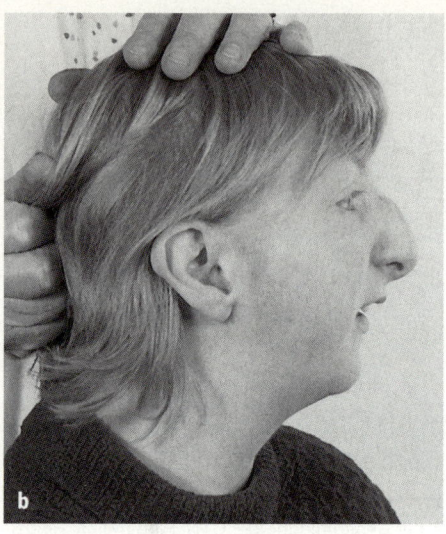

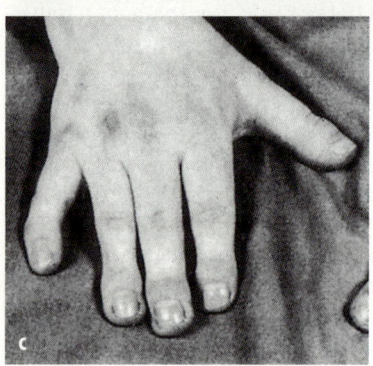

Erbgang. Meist sporadisch, einzelne Geschwisterfälle bekannt. Das Gen ist auf Chromosom Nr. 16 (p13.3) lokalisiert, etwa 1/3 der Patienten zeigen eine Mikrodeletion dieser Region, die mit Hilfe der FISH-Methode erkannt werden kann.

Abb. 7.20 a–c. Mädchen mit Rubinstein-Taybi-Syndrom. **a** und **b** Gesicht; **c** Hand mit breiten Endphalangen

Rubinstein-Taybi-Syndrom

Symptome. Minderwuchs, Mikrozephalie, geistige Retardierung, antimongoloide Lidachse, schnabelförmiger, gebogener Nasensteg, hoher, spitzer Gaumen, breite Endphalangen der Daumen und Großzehen, gelegentlich auch der anderen Finger, Klinodaktylie, tiefsitzende und dysplastische Ohren, gelegentlich Herzfehler (Abb. 7.20).

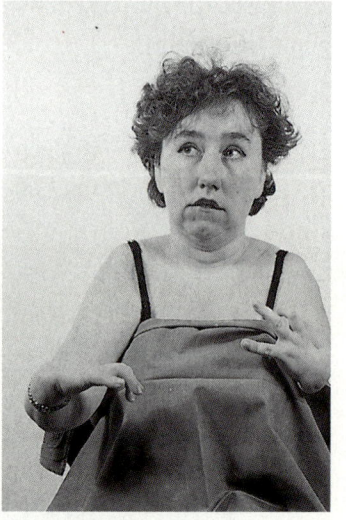

Abb. 7.21. Holt-Oram-Syndrom. (Mit freundlicher Genehmigung von Frau Dr. G. Spranger)

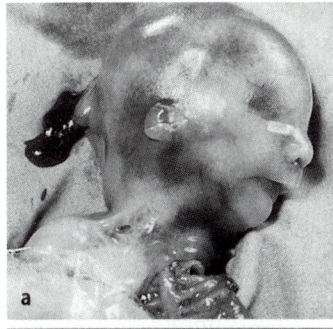

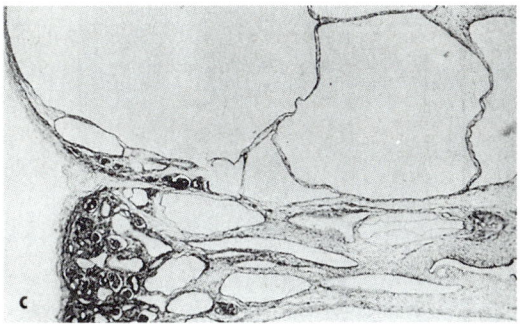

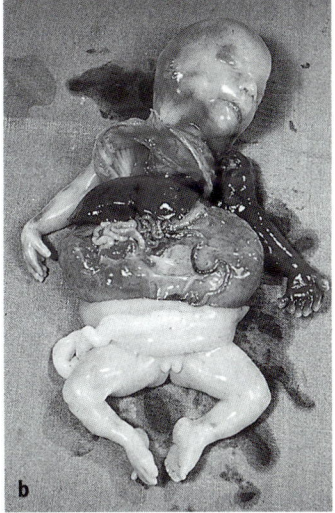

Abb. 7.22 a–c. Meckel-Gruber-Syndrom. **a** Enzephalozele, **b** beidseitige polyzystische Nieren, **c** Histologie der Nieren

Meckel-Gruber-Syndrom

Symptome. Okzipitale Meningomyelozele, Mikrozephalie, ZNS-Hypoplasie, Arnold-Chiarai-Malformations, Mikropthalmie, Polydaktylie, polyzystische Nieren (Abb. 7.22a-c).

Erbgang. Autosomal-rezessiv, das Gen ist auf Chromosom Nr. 7q21-q24 lokalisiert.

Kampomele Dysplasie

Symptome. Pränatale Wachstumsretardierung, Skelettreifungsverzögerung, kurze, nach vorn gebogene Extremitäten (besonders die unteren) mit prätibialen Hautgrübchen, Hypertelorismus, langes Philtrum, Mikrogenie, Gaumenspalte, dysplastische Ohren, schmaler Thorax, Kyphoskoliose, diverse andere Skelettfehlbildungen, Fehlbildungen im Magen-Darm-Kanal, Tracheobronchomalazie. Patienten sterben im Säuglingsalter wegen respiratorischer oder gastrointestinaler Komplikationen. Die Kampomele Dysplasie wird durch Mutationen im SOX9-Gen, einem SRY verwandten Gen, auf Chromosom 17 (q24) verursacht. Ein Teil der Patienten mit phänotypisch weiblichem Genitale können einen XY-

Holt-Oram-Syndrom

Symptome. Symmetrische bzw. asymmetrische Fehlbildungen unterschiedlichen Grades der oberen Extremitäten, Aplasie, Hypoplasie oder Dreigliedrigkeit der Daumen. Radiushypoplasie oder Phokomelie, ASD oder VSD sind die häufigsten Herzfehler, es können aber auch kardiovaskuläre Fehlbildungen vorliegen (Abb. 7.21).

Erbgang. Autosomal-dominant, das Gen ist auf Chromosom 12q24.1 als Mitglied der T-box-Transkriptionsfaktor-Familie identifiziert.

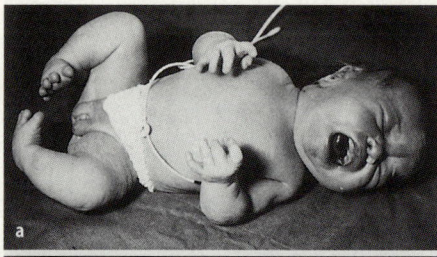

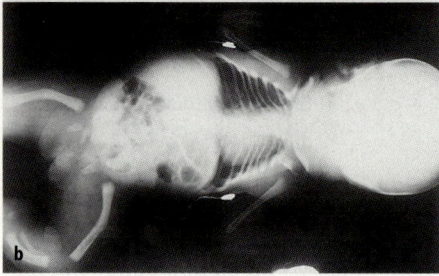

Abb. 7.23. a Neugeborenes mit kamptomeler Dysplasie; **b** Röntgenbild

Karyotyp und Gonadendysgenesie haben (Abb. 7.23).

Erbgang. Autosomal-rezessiv.

7.8 Fehlbildungen, die durch teratogene Wirkungen entstehen

Die normale embryonale Entwicklung kann durch exogene Faktoren gestört werden. Die Schädigung durch Teratogene ist von verschiedenen Faktoren abhängig (Abb. 7.24):

- *Zeitpunkt der Einwirkung:* Die teratogene Wirkung hat Folgen, wenn sie in der Zeit der Differenzierung und Morphogenese einwirkt. In der Zeit der Blastogenese kann die durch eine teratogene Noxe entstandene Schädigung entweder vollständig regeneriert werden oder die geschädigte Blastula stirbt ab. Hier gilt die „Alles-oder-

nichts-Regel". In der Fetalperiode sinkt die Sensibilität ab. Die schädigende Wirkung in der Fetalperiode kann zu Wachstumsretardierung oder evtl. zu Funktionsstörungen führen.

- *Dosis:* Aus Tierexperimenten ist bekannt, daß die Art und Schwere der Fehlbildungen teratogener Stoffe von der verabreichten Menge abhängt (Dosis-Wirkungsbeziehung).

- *Genetische Disposition der Embryonen:* Aus Tierexperimenten ist bekannt, daß die Einwirkung der chemischen Stoffe je nach dem Genotyp des Embryos unterschiedlich sein kann. Hydantoin ist z. B. ein teratogener Stoff, der zur pränatalen Wachstumsretardierung, kraniofazialen Dysmorphiezeichen und Extremitätenfehlentwicklungen führen kann. Aber nur bei 5–10 % der Fälle liegt eine schwere Hydantoinembryopathie vor.

- *Genetische Disposition der Mutter:* Man weiß, daß teratogene Stoffe nicht direkt, sondern über ihre Metabolite die Organogenese stören. Da die Metabolisierung aller Stoffe unterschiedlich ist und von vielen Faktoren beeinflußt wird, kann die teratogene Wirkung individuell je nach genetischer Konstitution Unterschiede zeigen.

Die teratogenen Faktoren lassen sich in vier Gruppen zusammenfassen:

- Ionisierende Strahlen
- Medikamente oder andere Chemikalien und Genußmittel
- Infektionen während der Schwangerschaft
- Mütterliche Stoffwechselerkrankungen

Ionisierende Strahlen

Die teratogene Wirkung ionisierender Strahlen ist seit langem bekannt. Auch hier gilt die „Alles-oder-nichts-Regel". Wenn die Strahlenwirkung in der Präimplantationsphase stattfindet, führt sie ent-

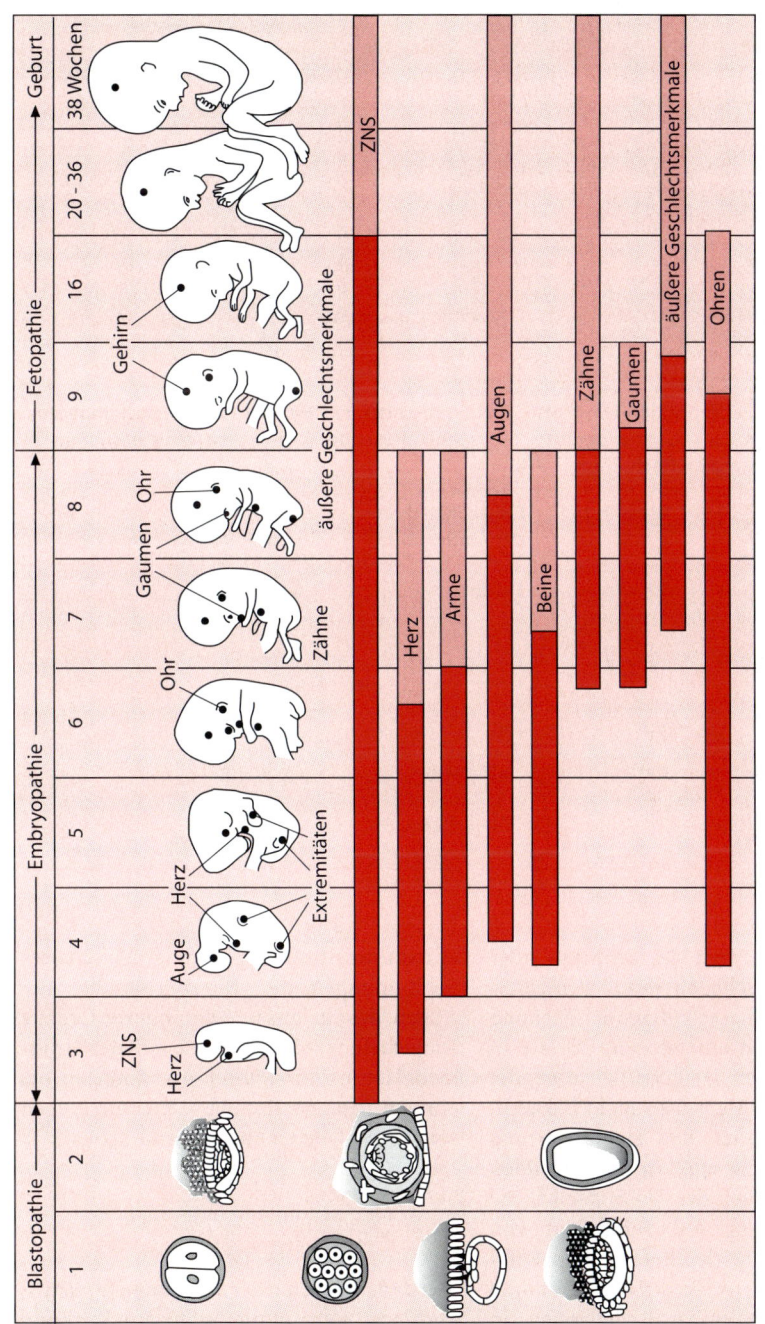

Abb. 7.24. Intrauterine Entwicklung. (Mod. nach Moore 1988)

Übersicht 7.4. Strahlenexposition von Mutter und Embryo bei Untersuchungen mit Röntgenstrahlen – Mittelwerte und übliche Schwankungsbreiten bei verschiedenen Untersuchungsverfahren. Angaben in rem. (Nach Stieve 1978)

Untersuchungsart	Mittelwert der Einfalldosis	Schwankungs- breite	Mittelwert der Einfalldosis	Schwankungs- breite
Schädel	0,65	0,5–1,0	0,0002	0,0001–0,004
Lunge	0,14	0,01–2,0	0,003	0,0002–0,05
Abdomen (Übersicht)	0,4	0,1–5,0	0,1	0,025–1,3
Becken (Übersicht)	0,7	0,25–2,8	0,2	0,06–0,7
Lendenwirbelsäule	3,5	0,8–12,0	0,6	0,2–3,0
Magendarmpassage	3,8	2,5–80,0	0,4	0,06–4,0
Kontrasteinlauf	15,0	5,0–50,0	0,9	0,01–3,0
Gallenblase	2,0	0,5–5,0	0,05	0,01–0,5
i.v. Pyelogramm	2,0	0,5–10,0	0,4	0,2–1,0
Hysterosalpinographie	2,5	1,0–20,0	0,5	0,3–3,0

Übersicht 7.5. Strahlenexposition von Mutter und Embryo bei den wichtigsten Untersuchungen mit radioaktiven Stoffen. GK = Ganzkörperdosis, SD = Schilddrüsendosis, LE = Leberdosis nach dem 50. Tag der Schwangerschaft. (Nach Stieve 1978)

Nuklid	Appl.Akt.µCi	Ganzkörperdosis der Mutter (mrd)	Ganzkörper-/Organdosis des Embryo (Mittelw. in mrd)
J-131-Jodid	50	1–100	GK : 9 SD : 25 000
Tc-99m-Pertechnetat	1000	10–15	GK : 17 SD : 560
Au-198-Kolloid	300	390	–
Se-75-Methionin	300	2400–3900	GK : 3000
Fe-59-Citrat/Chlorid	10	180	GK : 250 LE : 3700

weder zum Absterben des Embryos oder die eventuellen Schäden werden vollständig repariert. Eine schädigende Wirkung durch niedrige Strahlendosen, wie sie in der medizinischen Diagnostik verwendet werden, ist beim Menschen nicht bekannt. Es wurde berechnet, daß eine Belastung unter 20 rad (200 mG) in der sensiblen Periode noch unter der Dosis bleibt, die eine Verdoppelung der Häufigkeit von Fehlbildungen bewirkt. Bei höheren Belastungen, wie der radioaktiven Strahlung nach den Atombomben-Explosionen in Hiroshima und Nagasaki, sind schwere Fehlbildungen des Neurokraniums, der Augen, des Skeletts und der inneren Organe festgestellt worden. Das Ausmaß der Strahlenbelastung für Mutter und Embryo bei einigen diagnostischen Untersuchungen zeigen die Übersichten 7.4 und 7.5.

Medikamente oder andere Chemikalien und Genußmittel

Seit dem Auftreten der *Thalidomidembryopathie* ist man auf die teratogene Wirkung

Übersicht 7.6. Medikamente und Genußmittel mit teratogenen Effekten

- ● *Sichere teratogene Wirkung*
  - – Thalidomid
  - – Aminopterin und Methotrexat
  - – Warfarin
  - – Retinoide
  - – Alkohol
- ● *Vermutliche teratogene Wirkung*
  - – Antikonvulsiva
  - – Lithium
  - – Kokain
- ● *Mögliche teratogene Wirkung*
  - – Sexualhormone
  - – Antiemetika
  - – Ergotamine

von Arzneimitteln besonders aufmerksam geworden. Die Teratogenität der Arzneimittel wird heute strenger getestet. Obwohl die Zahl spezieller Fehlbildungen, die auf Medikamente zurückzuführen sind, äußerst gering ist, sollten Arzneimittel in der Schwangerschaft nur dann gegeben werden, wenn es unbedingt notwendig ist. Allerdings sollte auch nicht aus unbegründeter Angst ein für die Mutter lebensnotwendiges Medikament abgesetzt werden.

Bei der Anamneseerhebung im Rahmen einer genetischen Beratung sollte auch nach Alkoholkonsum und anderen Genußmitteln gefragt werden. In der Übersicht 7.6 sind einige Medikamente und Genußmittel mit teratogenen Effekten zusammengestellt.

Thalidomidembryopathie

Die Art der Fehlbildungen ist vom Zeitpunkt der Einnahme des Medikaments abhängig (Übersicht 7.7). In manchen Fällen besteht Ähnlichkeit mit dem autosomal-dominant erblichen *Holt-Oram-Syndrom* (s. Abb. 7.21). Neben Extremitätenfehlbildungen können Gesichtsnervenlähmungen, Anotie, Analatresie, Duodenalatresie, Herz- und Nierenfehlbildungen auftreten (Abb. 7.25 und Übersicht 7.8).

Warfarin

Die Antikoagulantientherapie mit dem synthetisch hergestellten Kumarinderivat Warfarin kann zu einem schweren Fehlbildungssyndrom führen, das dem *Conradi-Hühnemann-Syndrom* ähnlich ist. Zu den charakteristischen Merkmalen gehören: intrauterine Wachstumsretardierung, Hypoplasie des Nasenskeletts, Linsentrübung, Mikrophthalmus, Optikusatrophie, verkürzte Extremitäten und kalkspritzerförmige Einlagerungen in zahlreichen Epiphysen, Wirbelkörpern und im Kalkaneus. Etwa 10 % der exponierten Kinder zeigen diese Befunde.

Retinoide (Isotretinoin und Etretinat)

Diese Medikamente werden für die Behandlung von nodulozystischer Akne und schweren Verhornungsstörungen in der Dermatologie verwendet. Inzwischen ist ihre teratogene Wirkung von Vitamin A (in hohen Dosen) und seiner Derivate nachgewiesen. Entweder führen sie zu Aborten oder die Kinder weisen verschiedene Fehlbildungen auf: Mikrozephalie, Gesichtsasymmetrie, Hydrozephalus, Mikrootie, Gehörgangsatresie, Mikrophthalmie, Gaumenspalte und Herzfehler. Die phänotypischen Merkmale sind dem *Goldenhaar-Syndrom* (s. Abb. 7.15) sehr ähnlich. Die Halbwertzeit dieser Medikamente beträgt etwa 120 Tage!

Hydantoin-Barbiturat-Embryopathie

Auf die Problematik der antiepileptischen Therapie während der Schwangerschaft wird weiter unten eingegangen. Unspezifische Fehlbildungen bei Kindern von Müttern, die mit Antikonvulsiva behandelt wurden, sind 2- bis 3mal häufiger als bei Kindern von Nichtepileptikerinnen. Wahrscheinlich spielen dabei auch andere, bisher unbekannte Faktoren eine Rolle. Auf jeden Fall kann nicht gesagt werden, daß

Übersicht 7.7. Beziehung zwischen dem Zeitpunkt der Einnahme von Thalidomid und der Art der Mißbildungen (Nach Lenz 1983).

Tage post menstrua- tionem	Mißbildungen
35	Anotie, Fazialislähmung, Augenmuskellähmung
37	Aplasie der Daumen bei erhaltenem Radius
38–40	Fehlen oder fast vollständiges Fehlen der Arme
41–43	Analatresie, Nieren-Fehlbildungen
43–45	Schwere Arm-Fehlbildungen, Herz-Fehlbildungen, Duodenalatresie und -stenose
44–47	Schwere Bein-Fehlbildungen, Herz-Fehlbildungen
50	Triphalangie der Daumen, Analstenose

Übersicht 7.8. Thalidomidembryopathie als Phänokopie des dominanten Holt-Oram-Syndroms und der rezessiven Fanconi-Panmyelopathie (Nach Lenz 1983).

Symptom	Thalidomid- embryopathie	Holt-Oram- Syndrom	Fanconi- Panmyelopathie
Gehörgangsatresie	+	−	(+)
Fazialislähmung	+	−	(+)
Augenmuskellähmung	+	(+)	+
Phokomelie mit drei Fingern beiderseits	+	+	−
Radiusaplasie	+	+	(+)
Triphalangie des Daumens	+	(+)	(+)
Herzfehler	+	+	(+)
Hämangiome an Stirn, Nase und Oberlippe	+	(+)	−
Nierenmißbildungen	+	−	+
Duodenalatresie	+	−	(+)

+ häufig, (+) selten, − nicht beobachtet

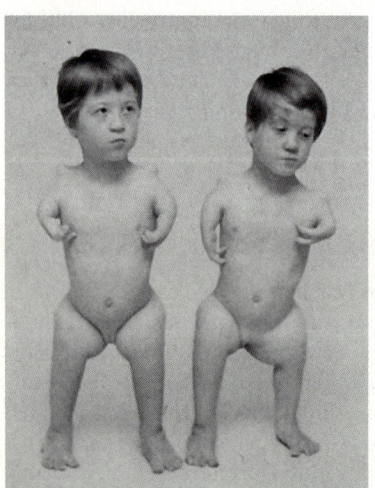

Abb. 7.25. Zwillinge mit Thalidomidembryo-pathie. (Mit freundlicher Genehmigung von Prof. F. Vogel, Heidelberg)

diese Medikamente für den Fötus mit Sicherheit ungefährlich sind. Etwa 11 % der Kinder von Müttern, die mit Hydantoin behandelt wurden, zeigen Mikrozephalie, breit eingezogene Nasenwurzel, Epikanthus, Hypertelorismus, großen Mund, wulstige Lippen, hypoplastische Fingernägel und Endphalangen. Da bei Behandlung mit Barbituraten etwa die gleichen Symptome auftreten, spricht man hier von Hydantoin-Barbiturat-Embryopathie. Die Umstellung auf ein anderes, weniger gefährliches Medikament muß vor Eintritt einer Schwangerschaft erfolgen. Bei der Behandlung mit Valproinsäure sind u. a. gehäuft Neuralrohrdefekte beobachtet worden. Eine pränatale Diagnostik ist im Verdachtsfall angezeigt (Kap. 9.12).

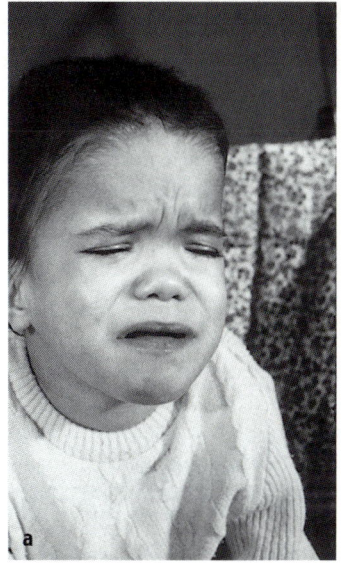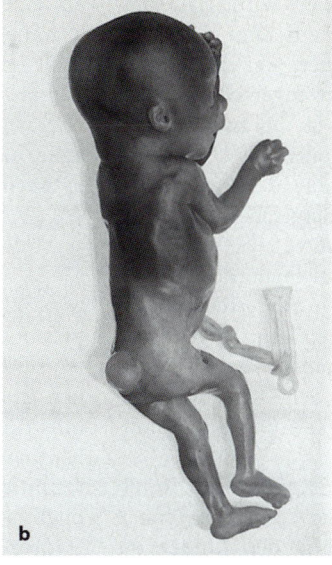

Abb. 7.26. **a** Kind mit Alkoholembryopathie; **b** Fötus mit Alkoholembryopathie

Alkoholembryopathie

Die Alkoholembryopathie hat wegen ihrer Häufigkeit eine große Bedeutung. Sie wird in Deutschland auf etwa 1 von 600 Neugeborenen geschätzt.

Die charakteristischen Merkmale sind Mikrozephalie, geistige Retardierung, Übererregbarkeit, verschiedene Fehlbildungen und kraniofaziale Dysmorphiezeichen. Die häufigsten Fehlbildungen sind angeborene Herzfehler, Fehlbildungen des Urogenitalsystems und Neuralrohrdefekte (Abb. 7.26). Besonders charakteristisch sind die Handfurchen: Dreifingerfurche mit abgeknickten Zwischenfingerabschnitten und Daumenfurche. Die Ausprägung der klinischen Merkmale ist vom Schweregrad des Alkoholismus der Schwangeren abhängig.

Die Schwerstbetroffenen zeigen neben den chakteristischen Dysmorphiezeichen eine geistige und statomotorische Retardierung.

Die mittelschwer Betroffenen zeigen diskrete kraniofaziale Dysmorphiezeichen, fallen durch Übererregbarkeit, Hyperkinese und Muskelhypotonie auf. Die statomotorische und geistige Entwicklung ist verzögert.

Die leicht Betroffenen fallen im Säuglings- und Kleinkindesalter durch Gedeihstörung und Mikrozephalie, später durch Lern- und Verhaltensstörungen auf.

Kongenitale Infektionen

Die kongenitalen Infektionen und dadurch verursachten Embryopathien sind je nach Stadium der Schwangerschaft zum Zeitpunkt der Infektion unterschiedlich. Die kongenitale Rötelninfektion ist mit Abstand die wichtigste.

Rötelnembryopathie

Die Rötelnembryopathie wurde zum ersten Mal von Gregg beschrieben. Sie tritt auf, wenn die Mutter erstmals während der

Schwangerschaft infiziert wird. Das Fehlbildungsrisiko hängt mit dem Zeitpunkt der Infektion zusammen. Bei einer Infektion im ersten Schwangerschaftsmonat beträgt das Risiko 50 %, im zweiten etwa 20 % und im dritten etwa 6 %. Bei einer Infektion nach Abschluß der Embryonalzeit kann es zu neurologischer Innenohrschwerhörigkeit kommen.

Die typischen Merkmale der Röteln-Embryopathie sind: intrauterine Wachstumsstörung, Mikrozephalie, angeborene Herzfehler, Augenschäden wie Mikrophthalmie, Katarakt oder Retinopathien, Innenohrschwerhörigkeit und psychomotorische Retardierug.

Etwa bei 1/3 der Säuglinge mit Rötelembryopathie sind bis zum Alter von 6 Monaten und bei 10 % der Kinder bis zum Alter von 12 Monaten Viren im Nasen-Rachen-Sekret nachweisbar. Daraus kann sich ein sog. „Late-onset-disease" entwickeln. Als prophylaktische Maßnahme sollten alle Mädchen vor der Pubertät gegen Röteln geimpft werden.

Da die klinische Diagnose der Röteln unsicher ist und nur serologische Untersuchungen eine zuverlässige Aussage über eine erfolgte Infektion zulassen, muß nach Rötelnkontakt einer Schwangeren, die nicht gegen Röteln geimpft wurde und bei der der *Hämagglutinationshemmtest (HAH-Test)* negativ ausfiel, der HAH-Test wiederholt und die spezifischen IgM-Antikörper bestimmt werden. Titeranstieg und Nachweis von IgM sind Beweise für eine frische Infektion. Bei Frischinfektionen im ersten bis dritten Monat kann der Wunsch nach Interruptio befürwortet werden. Eine fetale Virämie kann durch eine serologische Untersuchung im fetalen Blut nachgewiesen werden.

Zytomegalie

Die primäre Infektion der Mutter mit dem Zytomegalievirus während der Schwangerschaft kann für den Föten gefährlicher sein als eine Reinfektion, obwohl nach einer Zytomegalievirusinfektion keine Immunität besteht. Die charakteristischen Symptome sind: Mikrozephalie, Hydrozephalus, Meningoenzephalitis, Hepatomegalie, hämolytische Anämie mit Thrombozytopenie und Sepsis.

Toxoplasmose

Obwohl über 40 % der Frauen mit Toxoplasmose infiziert sind, kommt es sehr selten zur Erkrankung des Feten. Wahrscheinlich ist auch hier der Fetus durch Primärinfektion gefährdet. Die Symptome beim Kind sind: Hepatosplenomegalie, Chorioretinitis, Mikrophthalmus, Meningoenzephalitis, intrazerebrale Verkalkungen, Hydrozephalus und Krämpfe. Die Überlebenden sind meist geistig retardiert.

AIDS-Embryopathie/-Fetopathie

HIV wird transplazentar in verschiedenen Schwangerschaftsstadien während der virämischen Phasen übertragen. Wiederholt wurde über das Vorliegen einer sog. HIV-Embryopathie berichtet. Die Kinder zeigen eine kraniofaziale Dysmorphie mit Mikrozephalie, Hypertelorismus, prominente kastenförmige Stirn, flache Nasenwurzel, schräge Lidachsen, prominentes, dreieckiges Philtrum, wulstige Lippen und eine intrauterine Wachstumsretardierung.

Varizella-Zoster-Infektion

Varizella (Windpocken) und Zosterinfektionen können während der Schwangerschaft zu fetaler Virämie mit teratogenen Effekten führen. Allerdings ist das Risiko gering. Die Kinder zeigen Mikrozephalie, Mikrophthalmie, Katarakte, Chorioretinitis, Hautanomalien mit Narben, Bläschen und epidermale Hypoplasien.

Andere virale Infektionen

Bei anderen virale Infektionen während der Schwangerschaft wie z. B. mit Hepatitisvirus, Herpes-simplex-Virus und Influenzavirus sind nur einzelne intrauterine Schädigungen bei Kindern bekannt. Im Falle einer Frischinfektion der Mutter während der Schwangerschaft sollte das intrauterine Wachstum des Kindes engmaschig kontrolliert werden.

Amniogene Fehlbildungen

Aus unbekannten Gründen reißt das Amnion bei etwa 1 auf 10.000 Frühschwangerschaften ein. Es bilden sich Amnionstränge und Amnionmembranen, in denen sich der Embryo mit Extremitäten oder Kopf verfangen kann. Dadurch können an den Extremitäten Schnürfurchen bzw. Amputationen entstehen. Durch Verschlucken von Amnionbändern kann es zu Gesichtsspalten und atypischen Lippen-Kiefer-Gaumen-Spalten kommen. Durch Adhäsion von Membranen am Schädeldach und Traktion können Enzephalozelen oder andere Fehlbildungen im Schädelbereich entstehen, die als *ADAM-Komplex* (Abb. 7.27) bezeichnet werden (Amniotic-Deformity-Adhesions-Multilations). Die Ursache der Amnionruptur ist unbekannt, ganz selten sind familiäre Fälle beobachtet worden.

Mütterliche Stoffwechselerkrankungen

Metabolische Erkrankungen der Mutter, unabhängig von ihren genetischen Risiken, können zu intrauterinen Entwicklungsstörungen des Kindes führen.

Mütterliche Phenylketonurie bzw. Hyperphenylalaninämie

Dank der erfolgreichen diätetischen Behandlung der Phenylketonurie entwickeln sich die Patienten völlig normal, so daß die Fortsetzung der Therapie im Erwachsenenalter in der Regel nicht mehr erforderlich ist.

Phenylalanin ist plazentagängig. Die erhöhten Werte können während der Schwangerschaft zu einer schweren Schädigung des Kindes führen. Diese Kinder zeigen einen intrauterinen Entwicklungsrückstand mit Mikrozephalie, multiplen Fehlbildungen, angeborenen Herzfehlern und eine schwere geistige Retardierung. Durch eine konsequente Diätbehandlung während der Schwangerschaft kann diese Schädigung vermieden werden. Allerdings muß die Therapie vor der Konzeption begonnen werden.

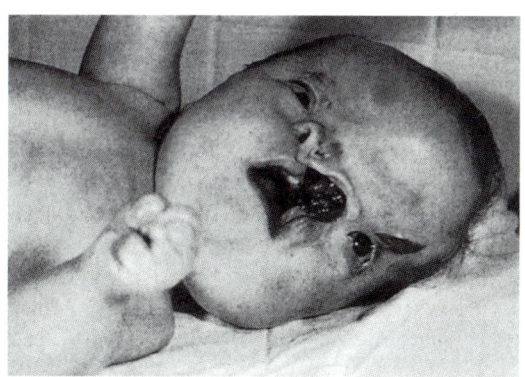

Abb. 7.27. Gesichtsspalte und Schnürfurchen bei Amnionruptur. (Mit freundlicher Genehmigung von Prof. F. Vogel, Heidelberg)

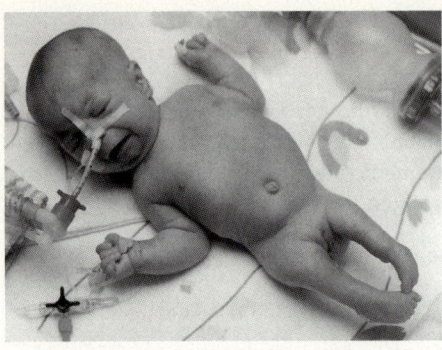

Abb. 7.28. Säugling einer nicht behandelten diabetischen Mutter mit verkürzten und deformierten unteren Extremitäten. (Mit freundlicher Genehmigung der Univ. Kinderklinik Heidelberg)

Mütterlicher Diabetes mellitus

Kinder diabetischer Mütter haben ein erhöhtes Allgemeinrisiko gegenüber Kindern von Nichtdiabetikerinnen. Dazu gehören neben Geburtstrauma, Hypoglykämie, Hypokalzämie und Ateminsuffizienz auch eine erhöhte kongenitale Fehlbildungsrate. Multiple Fehlbildungen, vorwiegend des Skelettsystems, ZNS, Herz und Urogenitaltraktes, sind bei den Kindern diabetischer Mütter 2- bis 3mal höher als bei der Allgemeinbevölkerung. Der Prozentsatz beträgt etwa 6–9 %. Die Mütter der Kinder mit kaudalem *Regressionssyndrom*, das die Hypoplasie von Steißbein, unteren Extremitäten und das Fehlen von mehreren Lenden- und/oder Brustwirbelkörpern einschließt, sind häufig Diabetikerinnen (Abb. 7.28).

7.9 Mutagene Wirkungen

In Kapitel 2.2.3 wurde bereits diskutiert, daß die Häufigkeit von Mutationen über das spontane Maß hinaus durch *ionisierende Strahlen* und *chemische Mutagene* gesteigert werden kann.

In der genetischen Beratung sind besonders zwei Risikofaktoren zu beachten:

- Erhöhtes Risiko für Aborte und genetisch geschädigte Neugeborene nach Einnahme mutagener Pharmaka und
- erhöhtes Risiko nach medizinischer Strahlenbelastung der Gonaden.

Dabei ist für Männer und Frauen die Risikoabschätzung in der genetischen Beratung unterschiedlich. Während bei Männern ein hohes Risiko für eine Schädigung von postmeiotischen Spermatogenesestadien besteht, ist bei Frauen besonders die präovulatorische Phase sensibel.

Wie die Abbildung 2.18 zeigt, wirkt die Meiose bei *Männern* in der Spermatogenese offensichtlich wie ein biologischer Filter für induzierte *numerische* und *strukturelle Chromosomenaberrationen*. Schädigungen von prämeiotischen Stadien werden überwiegend eliminiert. Dies bedeutet, daß das genetische Risiko für Kinder, die nach einer medizinisch indizierten Verabreichung von Mutagenen (z. B. bei einer Tumorbekämpfung durch mutagene Zytostatika oder nach Belastung der Gonaden durch direkte Bestrahlung oder durch Streustrahlung) gezeugt werden, gering ist, wenn die Behandlung bereits so lange zurück liegt, daß Spermatogenesestadien verdämmert sind, die zum Zeitpunkt der Behandlung als postmeiotische Stadien vorlagen.

Man sollte also entsprechenden Patienten bei Kinderwunsch raten, für eine gewisse Zeit nach der Behandlung kontrazeptive Maßnahmen zu ergreifen. Danach, wobei über die Berechnung der Risikophase hinaus ein größerer zeitlicher Sicherheitsabstand anzuraten ist, besteht in der Regel kein über dem Bevölkerungsdurchschnitt liegendes Risiko mehr. Wurde ein Kind während der kritischen Phase gezeugt, so ist auf jeden Fall eine pränatale Chromosomendiagnostik indiziert. Aus Sicherheitsgründen kann dies aber auch nach Einhaltung eines zeitlichen Sicherheitsabstandes in Erwägung gezogen werden.

Diese Risikoabschätzung gilt jedoch nur für mikroskopisch erkennbare chromosomale Veränderungen. *Genmutationen* werden nicht durch die Meiose eliminiert. Allerdings induzieren nach allen bisherigen Erfahrungen zumindest chemische Mutagene nicht ausschließlich Genmutationen, sondern auch Chromosomenaberrationen. Man kann ein Risiko durch solche Verbindungen also über induzierte Chromosomenaberrationen entdecken. Auf jeden Fall muß mit einer erhöhten Rate von Genmutationen gerechnet werden, wenn ein Patient mit Mutagenen behandelt wurde.

Wie erwähnt, ist bei *Frauen* besonders die präovulatorische Phase sensibel. Dies bedeutet, daß Oozyten, die nicht kurz vor der Ovulation stehen – beim Menschen sind dies die Oozyten im Diktyotänstadium – relativ unsensibel gegen Mutagene sind. Eine genetische Gefahr besteht daher vorwiegend für den Zyklus, in dem die Behandlung stattfindet und in gewissem Umfang für den folgenden Zyklus. Eine Konzeptionsverhütung während dieser Zeit verringert das genetische Risiko entscheidend. Ist allerdings während dieser Zeit eine Befruchtung erfolgt, so besteht ein erhebliches genetisches Risiko, und eine pränatale Diagnose ist unbedingt indiziert.

Es ist bekannt, daß die oben angesprochenen therapeutischen und teilweise auch diagnostischen Maßnahmen zu in der Regel zeitlich begrenzten Oligo- oder Aspermien führen können. Dies ist durch die hohe Eliminationsrate geschädigter Spermien bedingt, soll allerdings hier nicht weiter ausgeführt werden, da das Thema des Abschnitts das genetische Risiko für die nächste Generation ist.

8.1 Grundlagen von genetisch bedingten Stoffwechselstörungen

Schon Garrod (1902) und später Beadle und Tatum entwickelten die Vorstellung, daß Enzymdefekte die Grundlage für Stoffwechselstörungen bilden. Jeder Schritt der Metabolisierung im menschlichen Körper wird von einem Enzym, das wiederum von einem Gen kontrolliert wird, gesteuert. Die *„Ein-Gen-eine-Polypeptidkette"-Hypothese* trifft auf diesen Komplex meist zu, weil bei monogenen Stoffwechselkrankheiten in der Regel nur ein Enzym fehlt.

Genetisch bedingte Stoffwechselstörungen können durch eine genetisch determinierte Verminderung bzw. das Fehlen einzelner Enzyme verursacht werden. Die Beziehung zwischen Gen und Enzymproduktion ist relativ einfach. Ist das Strukturgen in einer bestimmten Zellart aktiv, so produziert das betreffende Gen eine bestimmte Proteinmenge. Die beiden Allele funktionieren unabhängig voneinander. Ist eines der beiden Allele inaktiv, so produziert das andere Allel in der Regel seinen Anteil weiter. Die Aktivität des Enzyms ist dann etwa auf die Hälfte reduziert, ein Befund, den man in der Regel beim heterozygoten Individuum findet. Ein *Enzymdefekt* kann auf verschiedene Weise wirken:

- Das Endprodukt fehlt bzw. wird nicht ausreichend produziert.
- Vor dem enzymatischen Block (Abb. 8.1, Beispiel 1 und 2) kommt es zur Anhäufung von Metaboliten, die

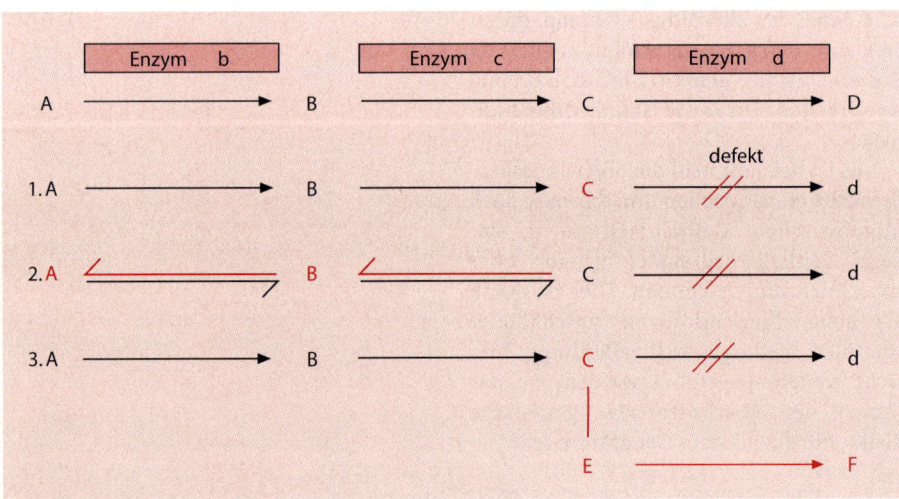

Abb. 8.1. Mögliche Auswirkungen eines Enzymdefektes

nicht alle abgebaut werden können (z. B. bei der Galaktosämie oder Phenylketonurie).

- Durch die Kompensationsversuche beim Ausfall eines Glieds in einem Stoffwechselkreis kommt es zur Produktion anderer Metabolite (Beispiel 3).
- Dazu kommt die Wirkung von Metaboliten auf andere Enzyme, die nicht direkt an der Störung beteiligt sind.

Die klinischen Symptome können durch das Fehlen des Endprodukts oder durch Anhäufung von Metaboliten bzw. durch exzessive Kompensationsversuche bedingt sein.

Bei einem Enzymdefekt kann entweder das betreffende Enzym fehlen oder seine Aktivität ist vermindert. Viele Enzyme sind aus einer Eiweißkomponente (Apo-Enzym) und einem Co-Enzym (z. B. Vitamin) zusammengesetzt. Das gleiche Vitamin kann als Co-Enzym für verschiedene Enzyme dienen. Ein Enzym mit verminderter Aktivität kann u. U. durch Gabe von Vitaminen aktiviert werden.

Neben den Enzymdefekten können auch genetisch bedingte *Transportstörungen* oder *Rezeptorendefekte* zu Störungen führen, wie z. B. bei Hypercholesterinämie Typ IIa (s. Kap. 5.2.2) oder Testikulärer Feminisierung (Kap. 3.2.3).

Die meisten Stoffwechselstörungen sind autosomal-rezessiv erblich; es gibt aber auch eine Reihe von X-chromosomal-rezessiven Stoffwechselstörungen. Die heterozygoten Anlageträger autosomaler Stoffwechselstörungen zeigen phänotypisch keine Symptome; sie können durch Heterozygotentests erkannt werden. Unter bestimmten Bedingungen oder besonderen Belastungen können jedoch bei manchen Heterozygoten Krankheiten oder Anomalien in abgeschwächter Form manifest werden.

Durch Screening-Tests ist es möglich, einzelne angeborene Stoffwechseldefekte

bereits in der ersten Lebenswoche, bevor die irreversiblen Schädigungen auftreten, zu erkennen und durch eine Soforttherapie die Auswirkung des Defekts zu vermeiden. Leider können diese Screening-Programme aus „finanziellen und organisatorischen" Gründen bisher nicht weltweit durchgeführt werden.

8.2 Stoffwechselstörungen

Heute kennt man über 200 genetisch bedingte Stoffwechselkrankheiten, die meist mit geistigen und körperlichen Behinderungen einhergehen. Trotz ihrer Seltenheit ist die Zahl der Betroffenen insgesamt nicht unerheblich. Hier werden einige Beipiele geschildert.

Albinismus

Beim Albinismus liegt eine verminderte Synthese von Melanin vor. Da die Melaninsynthese hauptsächlich in Haut, Haarfollikeln und Auge stattfindet, werden beim Albinismus diese Organe betroffen. Dieser kann generalisiert als *okulokutaner Albinismus (OCA)* oder lokalisiert nur im Auge als *okulärer Albinismus (OA)* vorkommen.

Bei den autosomal-rezessiven Formen sind die obligaten Heterozygoten völlig symptomfrei, während beim X-chromosomalen okulären Albinismus etwa 80–90 % der heterozygoten Frauen okuläre Pigmentveränderungen zeigen.

Okulokutaner Albinismus Typ I (Abb. 8.2) wird durch Mutationen des Tyrosinase-Gens hervorgerufen. Die Häufigkeit beträgt 1 zu 30.000, und die klinische Manifestation ist sehr variabel. OCA I unterscheidet sich von den anderen Typen dadurch, daß er bereits bei Geburt vorliegt. Inzwischen sind zwei Subtypen, Tyrosinase-negative und Tyrosinase-positive Formen, identifiziert worden. Das Tyrosinase-Gen liegt auf dem langen Arm des Chromo-

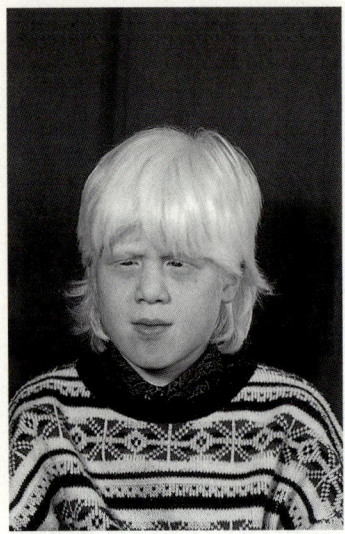

Abb. 8.2. Okulokutaner Albinismus

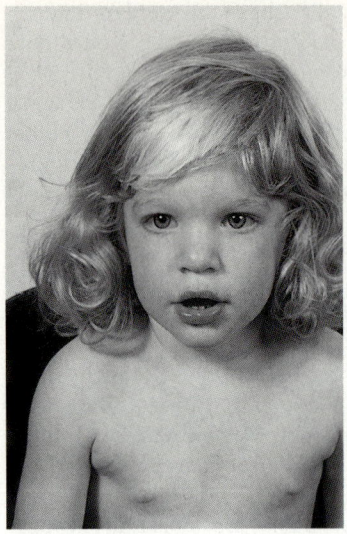

Abb. 8.4. Patientin mit Piebaldismus (Mit freundlicher Genehmigung von Frau Dr. T. Voigtländer)

soms Nr. 11 (11q14–21). Über 75 unterschiedliche Mutationen sind bei OCA-I-Patienten bis jetzt identifiziert worden. Bei den meisten Patienten liegt eine Combound-Heterozygotie vor.

Okulokutaner Albinismus Typ II ist ein inkompletter Albinismus und wird durch Mutation im p-Gen (pink-eyed-dilution-gene) verursacht. Das Gen für OCA Typ II ist auf dem langen Arm des Chromosoms Nr. 15 lokalisiert und ist bei der Hypopigmentation des Prader-Willi- und Angelman-Syndroms mit involviert.

Der *okuläre Albinismus* (Abb. 8.3) ist seltener, und die Hypopigmentierung ist auf die Augen beschränkt. Der okuläre Albinismus ist heterogen und wird autosomal-rezessiv sowie X-chromosomal vererbt. Die heterozygoten Frauen bei der X-chromosomal-rezessiven Form zeigen okuläre Pigmentveränderungen infolge der X-Inaktivierung. Der Großteil der heterozygoten Frauen kann durch eine ophthalmologische Untersuchung identifiziert werden. Das Gen für den okulären Albinismus ist auf Xp22.32 lokalisiert. Dieser kann in Kombination mit anderen monogenen Krankheiten als Contiguous-Gene-Syndrom gemeinsam auftreten.

Die Pigmentierung kann auch beschränkt auf bestimmte Körperregionen auftreten. Als Beispiele sind hier Piebaldismus (Abb. 8.4) und Waardenburg-Syndrom zu nennen.

Okulokutaner Albinismus kann auch bei einigen monogenen Krankheiten wie Hermansky-Pudlak- und Cediak-Hihashy-Syndrom vorkommen.

Alkaptonurie

Wie bereits erwähnt, hat Archibald Garrod als sog. Vater der angeborenen Stoffwechselstörungen das Konzept einer Enzymhypothese entworfen und 1902 die Alkaptonurie als eine Stoffwechselerkrankung mit

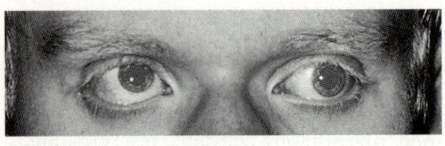

Abb. 8.3. Okulärer Albinismus

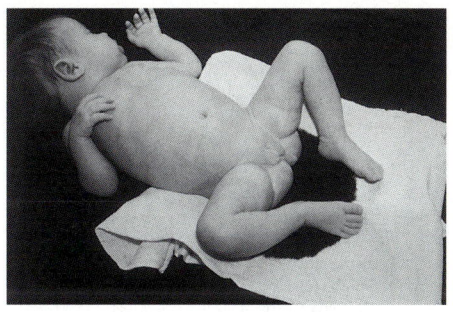

Abb. 8.5. Patient mit Alkaptonurie, Schwarzfärbung des Urins durch Oxidation

Mendelschem Erbgang beschrieben. Es handelt sich hierbei um einen autosomal-rezessiven Defekt der Homogentisinsäureoxydase (Abb. 8.5) mit Homogentisinsäureausscheidung im Urin. Die Homogentisinsäure verursacht die Bildung eines dunklen Pigments, das im Knorpel und Gewebe abgelagert wird und zu einer zunehmenden Dunkelfärbung dieser Gewebe (Ochronose) führt. Homogentisinsäure wird auch im Urin in Gegenwart von Sauerstoff, besonders in alkalischem Milieu zu einem dunklen Farbstoff oxidiert, der bei vielen Patienten zu einer Dunkelfärbung des Urins führt. Diese Dunkelfärbung beobachtet man auch nach Alkalisieren und Stehenlassen des Urins. Durch Ablagerung von Homogentisinsäure entwickelt sich eine Arthritis und häufig Herzinfarkte beim Erwachsenen. Das Gen für die Homogentisinsäureoxydase ist auf den langen Arm des Chromosoms Nr. 3 lokalisiert, und eine Reihe von Mutationen im verantwortlichen Gen sind identifiziert.

Galaktosämie

Galaktosämie wird durch Galaktose-1-Phosphat-Uridyltransferase-Mangel verursacht. Es handelt sich hier um eine autosomal-rezessive Stoffwechselstörung mit einer Häufigkeit von 1 zu 50.000. Die Hauptsymptome sind Erbrechen, Trink-

schwäche und Ikterus, die erst auftreten, nachdem das Kind Milch getrunken hat. Ohne Therapie führt sie nach kurzer Zeit wegen Leberversagens zum Tod. Durch einen vollständigen Entzug der Galaktose aus der Nahrung wird dieser Verlauf aufgehalten. Durch ungenügende Behandlung oder späte Entdeckung werden die späteren Manifestationen wie Katarakt und Beeinträchtigung der Intelligenz unvermeidbar. Die Diagnose und die heterozygote Anlageträgerschaft können durch Enzymbestimmung festgestellt werden. Die Galaktosämie kann auch durch Galaktokinasedefekt verursacht werden, der allerdings nicht so schwerwiegend wie beim Galaktose-1-Phosphat-Uridyltransferase-Defekt ist. Es sind eine Reihe von genetisch bedingten Transferase-Varianten bekannt, die nicht alle zur Erkrankung führen. Das Gen liegt auf Chromosom 9p13. Inzwischen sind mehr als 30 verschiedene Mutationen bei Galaktosämie-Patienten identifiziert worden.

Glykogen-Speicher-Krankheiten

Es handelt sich hier um eine Gruppe von Krankheiten, bei denen das Glykogen aufgrund eines Enzymdefekts nicht vollständig abgebaut werden kann und in verschiedenen Organen, vor allem im Herzen, in quergestreifter Muskulatur, Leber und/oder Niere gespeichert wird. Dies führt meist zu einer extremen Hypoglykämie, Leberfunktionsstörung und zu neurologischen Auffälligkeiten. Durch verschiedene Enzymdefekte in unterschiedlichen Stufen des Glykogenabbaus werden unterschiedliche Typen dieser Erkankung verursacht. In Übersicht 8.1 sind sie zusammengefaßt.

Lesch-Nyhan-Syndrom

Es handelt sich hier um einen Hypoxanthin-Guanin-Phosphoribosyltransferase (HGPRT)-Defekt mit X-chromosomal-rezessiver Vererbung. Die Patienten sind

Übersicht 8.1. Verschiedene Typen der Glukogenosen.

Krankheit und Enzymdefekt	Speicherorgan	Klinische Merkmale	Erb-gang
Glukogenose Typ I (von Gierke) Glukose-6-Phosphatase	Leber, Nieren, Dünn-darmschleimhaut	Heptomegalie, Hypoglykämie, hämorrhagische Diathese, Azidose, Kleinwuchs	AR
Glukogenose Typ II (Pompe) lysosomale α 1,4-Glukosidase	Muskel, Herz, Leber, Gehirn	Muskelhypotonie, Makroglossie, Kardiomegalie	AR
Glukogenose Typ III (Cori) Amylo-1,6-Glukosidase, („Debranching Enzyme")	Leber, Herz, Muskel	Hepatomegalie, Muskelhypotonie, Krämpfe	AR
Glukogenose Typ IV (Andersen) 1,4-1,6-α-Glukosidase („Branchingenzyme")	Leber	Hepatomegalie, Muskel-hypotonie, progressive Leberzirrhose	AR
Glukogenose Typ V (McArdle) Phosphorylase	Muskel	Muskelhypertonie, Schwäche und Schmerzen bei körper-licher Tätigkeit	AR
Glukogenose Typ VIa (Hers) Phosphorylase b-Kinase	Leber	Hepatomegalie, Ketoazidose, Hypoglykämie, verzögertes Wachstum	XR
Glukogenose Typ VIb Phosphorylase	Muskel, Leber	Mäßige Lebervergrößerung, Muskelhypotonie, Kleinwuchs	AR
Glukogenose Typ VII (Tarui) Phosphofruktokinase	Muskel	Hyotonie, schnelle Ermüdbar-keit, Muskelkrämpfe, verkürzte Lebensdauer der Erythrozyten	AR

zunächst klinisch unauffällig. Erst im Alter von 6–10 Monaten entwickelt sich eine pro-grediente choreoatotische Bewegungs-störung, woraus sich eine Spastizität ent-wickelt. Die geistige Entwicklung bleibt zurück. Ende des ersten Lebensjahres tre-ten Verhaltensstörungen mit Autoaggressi-vität auf. Trotz erhaltener Schmerzemp-findlichkeit beißen sich betroffene Patien-ten in Lippen und Finger, was zur Selbstver-stümmelung führt (Abb. 8.6).

Das Gen für das Lesch-Nyhan-Syn-drom liegt auf dem langen Arm des X-Chromosoms (Xq25) und ist bereits sequenziert. Über 70 verschiedene Muta-tionen sind bis jetzt identifiziert worden.

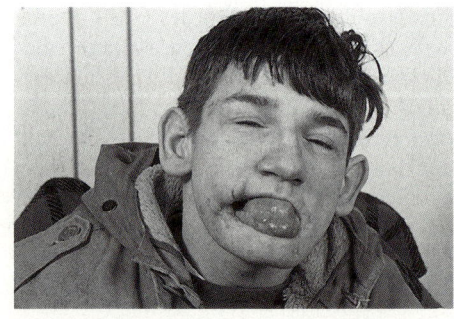

Abb. 8.6. Patient mit Lesch-Nyham-Syndrom und Selbstverstümmelung

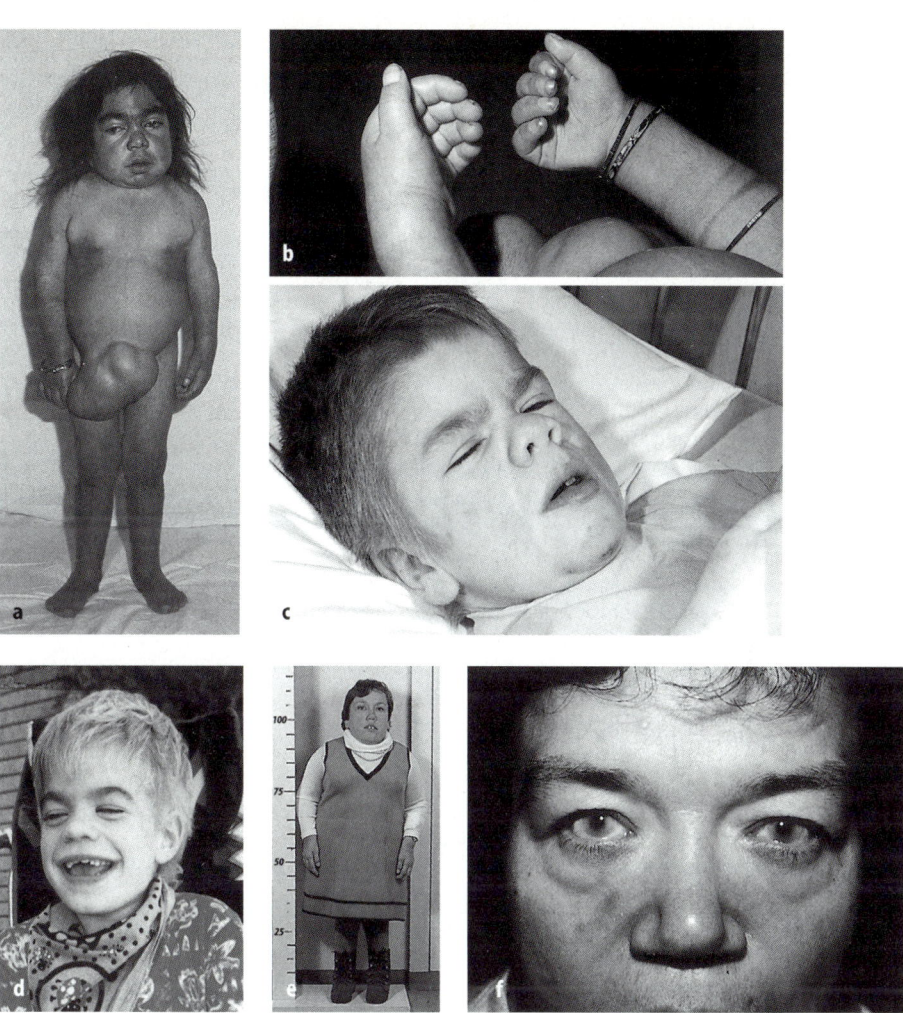

Abb. 8.7. a Patientin mit Pfaundler-Hurler-Syndrom (Typ I-H); **b** Beugehaltung der Finger; **c** Patient mit Morbus Hunter (Typ II-A); **d** Patientin mit Morbus Sanfilippo (Typ III-A); **e** Patientin mit Morbus Morquio (Typ IV-A); **f** Patientin mit Morbus Maroteaux-Lamy (Typ VI-A)

Mukopolysaccharidose

Unter Mukopolysaccharidosen versteht man eine Gruppe lysosomaler Speicherkrankheiten mit einer Anhäufung von Mukopolysacchariden in verschiedenen Organen. Durch Ablagerung in Knorpel und Knochen entstehen Skelettveränderungen, Kleinwuchs, grobe Gesichtsveränderungen, Trübungen in der Kornea, Vergrößerung der Leber und entsprechend anderer Organe. Durch verschiedene lysosomale Enzymdefekte werden unterschiedliche Typen verursacht. Bis auf Typ II, der X-chromosomal-rezessiv vererbt wird, sind alle anderen Formen autosomal-rezessive Erkrankungen (Abb. 8.7). Die verschiedenen Typen der Mukopolysaccharidose sowie die Oligosaccharidosen sind in der Übersicht 8.2 zusammegefaßt.

Übersicht 8.2. Verschiedene Formen der Mukopolysaccharidosen (Modifiziert nach J. Spranger 1989)

Bezeichnung	Klinisches Bild	Enzymdefekt	Gen-lokali-sation	Ver-erbung
Typ I-H Pfaundler-Hurler (Abb. 8.7a und b)	Dysmorphie, geistige Retardierung, Kleinwuchs, Gelenkkontrakturen, Hepatosplenomegalie, Hornhaut-trübung	α-L-Iduronidase	4p16.3	AR
Typ I-S Morbus Schleie	Gelenkkontrakturen, Herzklappen-fehler, Hornhauttrübung, grobe Gesichtszüge, normale Intelligenz	α-L-Iduronidase	4p16.3	AR
Typ I-H/S „Compound"	zwischen Mukopolysaccharisode I-H u. I-S: deutliche Dysmorphie, mäßig eingeschränkte Intelligenz	α-L-Iduronidase	4p16.3	AR
Typ II A (schwer) Morbus Hunter A (Abb. 8.7c)	wie Mukopolysaccharidose I, Hornhäute jedoch in der Regel klar	Sulfoiduronat-sulfatase	Xq28	XR
Typ II B (leicht) Morbus Hunter B	leichte Dysmorphie beim Kind, normale Intelligenz, Schwerhörig-keit, Hornhaut in der Regel klar, langsame Progredienz	Sulfoiduronat-sulfatase	Xq28	XR
Typ III A Morbus Sanfilippo A (Abb. 8.7d)	leichte Dysmorphie, geringer oder kein Minderwuchs, grobes Haar, Verhaltensstörung, progrediente Demenz bis zur erethischen Idiotie, Hornhaut klar	Sulfamatsulfatase	17q25.3	AR
Typ III B Morbus Sanfilippo B	wie Morbus Sanfilippo A, erheb-liche intrafamiliäre Variabilität möglich	α-N-Azetyl-glukosaminidase	17q2	AR
Typ III C Morbus Sanfilippo C	wie Morbus Sanfilippo A	Azetyl-CoA-α-glukosaminid-N-Azetyltransferase	14	AR
Typ III D Morbus Sanfilippo D	wie Morbus Sanfilippo A	N-Azetyl-glukosamin-6-sulfatsulfatase	12q14	AR
Typ IV A Morbus Morquio A (Abb. 8.7e)	disproportionierter Minderwuchs, spondyloepiphysäre Skelett-dysplasie, überstreckbare Gelenke, leichte Hornhauttrübung, geistig normal, erhebliche Variabilität	N-Azetyl-galaktosamin-6-sulfatsulfatase	3	AR
Typ IV B Morbus Morquio B	wie Morbus Morquio A, doch leichterer Verlauf als die klassische Form	heteroglykan-spezifische β-Galaktosidase	3	AR
Typ VI A (schwer) Morbus Maro-teaux-Lamy A	Dysmorphie, Kleinwuchs, Gelenk-kontrakturen, Hornhauttrübung, normale Intelligenz	N-Azetyl-galaktosamin-4-sulfatsulfatase	5q13.3	AR

Bezeichnung	Klinisches Bild	Enzymdefekt	Gen-lokali-sation	Ver-erbung
Typ VI B (leicht) Morbus Maroteaux-Lamy B (Abb. 8.7f)	leichte Dysmorphie beim Kind, mäßiger Kleinwuchs, Gelenk-kontrakturen, Hornhauttrübung, normale Intelligenz, langsame Progredienz	N-Azetyl-galaktosamin-4-sulfatsulfatase	5q13.3	AR
Typ VII A (schwer)	mäßige Dysmorphie, Kleinwuchs, geistige Retardierung, Mani-festation beim Kleinkind	β-Glukuronidase	7q21-q22	AR
Typ VII B (leicht)	mäßige Dysmorphie, Normalwuchs, normale geistige Entwicklung	β-Glukuronidase	7q21-q22	AR

Phenylketonurie

Die Phenylketonurie ist eine autosomal-rezessive Stoffwechselstörung mit einer Häufigkeit von 1 auf 10.000 und einer Hete-rozygotenhäufigkeit von 1 zu 50 bei der westeuropäischen Bevölkerung. Die Häu-figkeit ist regional unterschiedlich. In der Türkei ist sie mit einer Häufigkeit von 1 auf 2.500 Neugeborene am höchsten, gefolgt von Schottland mit einer Häufigkeit von 1 auf 5.500, in China mit 1 auf 16.000 und in Japan sehr selten, etwa 1 zu 144.000 Neugeborenen. Infolge des Phenyl-alanin-Hydroxylasedefekts kommt es zu einem erhöhten Phenylalaninspiegel in der Körperflüssigkeit und im Gewebe. Nicht behandelte Patienten zeigen eine schwere geistige Entwicklungsretardie-rung, epileptische Anfälle, Übererregbar-keit, Mikrozephalie, Pigmentstörungen der Haut und Haare und ekzemähnliche Haut-veränderungen (Abb. 8.8). Das Krankheits-bild ist heterogen. Inzwischen weiß man, daß die nicht klassischen Formen durch andere Enzymdefekte verursacht werden (Abb. 8.9). Kinder mit Phenylketonurie zeigen bei Geburt keinerlei Symptome. Wird die Krankheit sofort diagnostiziert und diätetisch behandelt, können die Kin-

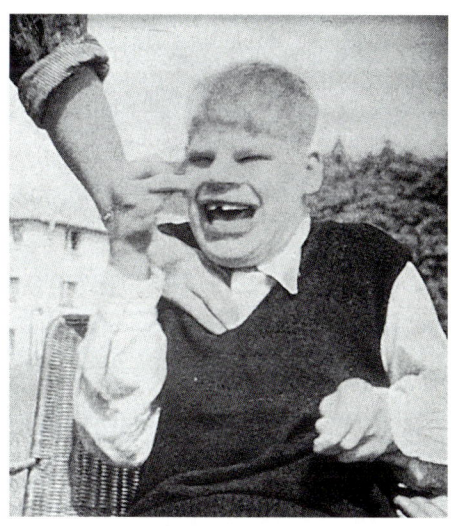

Abb. 8.8. Patient mit Phenylketonurie. (Mit freundlicher Genehmigung von Prof. H. Bickel, Heidelberg)

der sich normal entwickeln. Durch einen Screeningtest (Guthri-Test) kann der Phe-nylalaninspiegel im Plasma in der ersten Lebenswoche bestimmt werden.

Das Gen für PKU ist auf dem langen Arm des Chromosoms Nr. 12 lokalisiert (12q22 bis 12q24). Das Gen für die klassi-sche PKU ist etwa 90 kb groß und hat 13 Exons. Über 70 verschiedene Mutationen

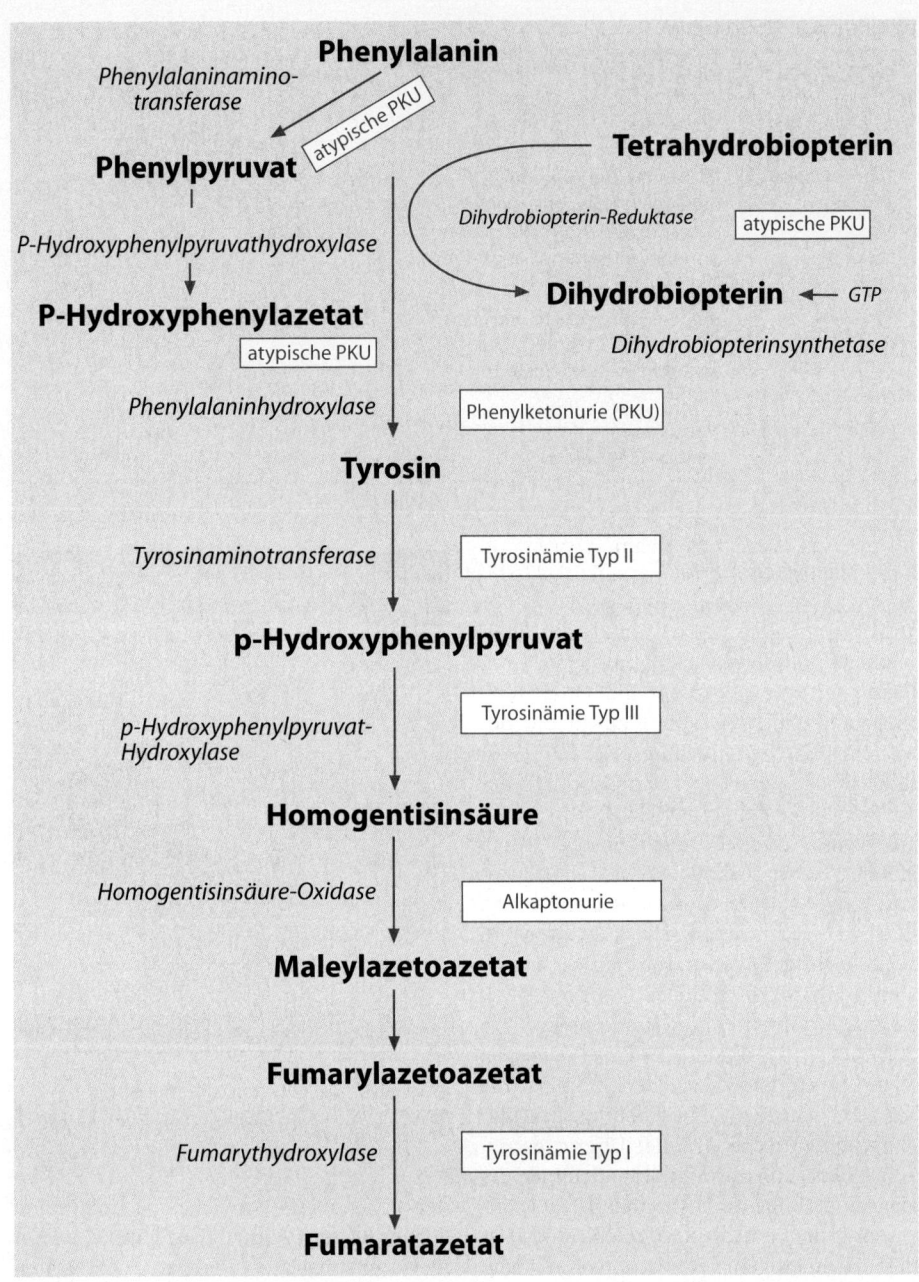

Abb. 8.9. Phenylalanin- und Tyrosinstoffwechsel

können PKU verursachen, und die meisten Mutationen sind im Bereich der Exons 6 bis 12 lokalisiert. Man kann heute die Erkrankung durch DNA-Diagnostik pränatal diagnostizieren. Auch die Erkennung der Heterozygoten innerhalb gesunder Geschwister ist möglich.

Von großer Bedeutung ist das Problem der maternalen PKU. Die diätetisch erfolgreich behandelten Patientinnen kommen ins Fortpflanzungsalter. Es besteht dann ein hohes Risiko, daß das Kind durch plazentagängige Phenylalaninabbauprodukte stark geschädigt wird. Kinder von Müttern, die während der Schwangerschaft nicht auf eine phenylalaninarme Diät eingestellt werden, zeigen eine schwere Wachstumsretardierung, Mikrozephalie und Fehlbildungen. Aus diesem Grund müssen die Frauen mit Phenylketonurie im Rahmen einer Familienplanung vor der Konzeption und während der Schwangerschaft unter diätetischer Behandlung stehen. Eine andere Möglichkeit ist die Beibehaltung der phenylalaninarmen Diät bis zum Ende des fortpflanzungsfähigen Alters bzw. Abschluß der Familienplanung.

Porphyrien

Porphyrien sind eine heterogene Krankheitsgruppe, die auf einer enzymatischen Störung der Porphyrin- bzw. Hämbiosynthese beruht. Acht verschiedene Enzyme sind in die Hämsynthese involviert, deren Defekte zu unterschiedlichen Formen der Porphyrie führt (Übersicht 8.3). Je nach Expression des enzymatischen Defektes liegt entweder eine hepatische oder eine erythropoetische Form der Porphyrie vor.

Die gemeinsamen Symptome der *hepatischen* Formen sind viszerale Schmerzen,

Übersicht 8.3. Verschiedene Formen der Porphyrien.

Krankheit	Enzymdefekt	Symptome	Erbgang
Hepatische Formen:			
Akute Porphyrie mit ALS-Vermehrung	ALS-Dehydrogenase	neuroviszeral	AR
Akute intermittierende Porphyrie	PBG-Desaminase	neuroviszeral	AD
Hereditäre Koproporphyrie	Koproporphyrinogen-Oxidase	neuroviszeral ± Photosensibilität	AD
Porphyria variegata	Protoporphyrinogen-Oxidase	neuroviszeral ± Photosensibilität	AD
Porphyria cutanea tarda	Uroporphyrinogen-Decarboxylase	Photosensibilität	AD (heterogen)
Erythropoetische Formen:			
Kongenitale Porphyrie	Uroporphyrinogen-III-Cosynthase	Photosensibilität	AR
Erythropoetische Protoporphyrie	Ferrochelatase	Photosensibilität	AD
Hepatoerythropoetische Porphyrie	Uroporphyrinogen-Decarboxylase	Photosensibilität ± neuroviszeral	AR

ALS = α-Aminolävulinsäure-Synthese
PBG = Porphobilinogen

Parästhesien in den Gliedmaßen mit eventuellen paralytischen Erscheinungen und zusätzlich Hautveränderungen durch photosensibilisierende Eigenschaften des Uroporphyrins und des Protoporphyrinogens, die hauptsächlich bei der hereditären Koproporphyrie und Porphyria variegata vorkommen.

Die *Porphyria cutanea tarda* tritt meist im 4. bis 6. Lebensjahrzehnt auf. Vernarbungen mit Hypertrichosen sind sehr häufig. Hier unterscheidet man eine genetisch bedingte Form, die durch Uroporphyrinogen-Decarboxylase-Defekt in der Leber, in Blutzellen sowie in Fibroblasten verursacht wird. Bei der sporadischen Form findet man den Enzymdefekt nur in der Leber. Es gibt auch eine erworbene Form durch Einwirkung von halogenierenden Kohlenwasserstoffen.

Die *Erythropoetische Porphyrie* tritt bereits im Kindesalter auf. Es liegen meist kutane Läsionen ohne viszerale Beteiligung vor. Auf dem Boden von Urtikarien oder Hauterythemen mit Ödemen nach Lichteinwirkung entwickelt sich ein chronisches Ekzem, welches mit Narbenbildung abheilt. Bei der *kongenitalen* Form der erythropoetischen Porphyrie treten die Symptome bereits im Säuglingsalter auf. Die kongenitale erythropoetische Porphyrie sowie die hepatische Form mit *ALS-Synthtase-Defekt* und eine gemischte sog. hepatoerythropoetische Porphyrie werden autosomal-rezessiv vererbt. Die übrigen Porphyrie-Formen sind alle autosomaldominant. Die chromosomale Lage sowie andere verantwortliche Mutationen sind bei einigen Porphyrie-Formen bereits identifiziert. Es muß berücksichtigt werden, daß die Patienten mit Porphyrien auf Arzneimittel mit oxidierenden Inhaltsstoffen mit hämolytischen Krisen reagieren.

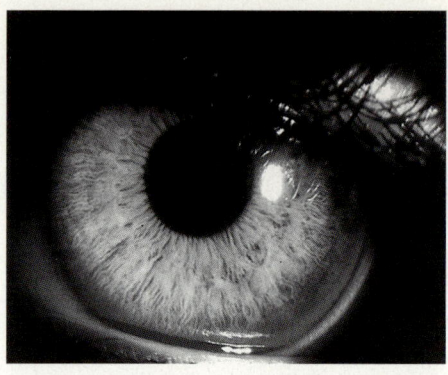

Abb. 8.10. Kayser-Fleischer kornealer Ring bei der Wilson-Erkrankung

Wilson-Krankheit (Hepatozerebrale Degeneration)

Bei der Wilson-Krankheit handelt es sich um eine autosomal-rezessive Erkrankung des Kupferstoffwechsels aufgrund des Ceruloplasmindefektes, der zur hepatozellulären lysosomalen Transportstörung führt. Die Häufigkeit beträgt ca. 1 zu 50.000 bis 20.000. Aufgrund der Anhäufung von Kupfer im Zytoplasma der Leberzellen manifestiert sich die Krankheit in der Regel mit klinischen Zeichen einer Funktionsstörung der Leber. Später wird Kupfer auch in Gehirn, Niere, Kornea, Knochen und anderen Organen abgelagert, und es treten entsprechend extrahepatische Symptome auf. Im Kindesalter kommen gelegentlich hämolytische Krisen vor. Ein grün-brauner Kayser-Fleischer kornealer Ring entsteht durch Kupferablagerung in der Kornea (Abb. 8.10). Die neurologischen Symptome treten meist nach dem 10. Lebensjahr auf. Anfangs stehen Sprach- und Schreibstörungen sowie Stimmungslabilität im Vordergrund, danach tritt ein der Parkinson-Krankheit ähnlicher Tremor auf. Das Gen ist auf 13q14 lokalisiert, einige Mutationen sind bereits identifiziert worden.

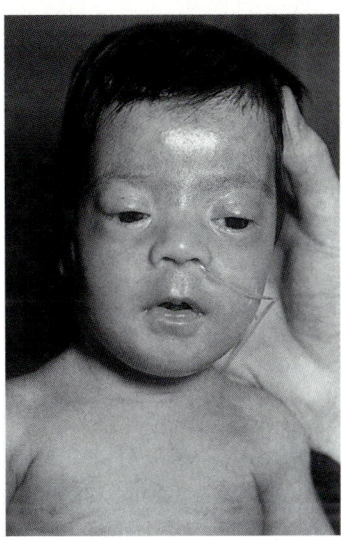

Abb. 8.11. Kind mit Zellweger-Syndrom

Zellweger-Syndrom

Das Zellweger-Syndrom beruht auf Störungen des Stoffwechsels in Peroxysomen. Ihre Hauptfunktionen sind in erster Linie der Abbau von langkettigen und ungesättigten Fettsäuren, die Biosynthese einer Gruppe von Phorpholipiden und Plasmalogenen, die in der Zellmembran vorkommen, und die Biosynthese von Gallensäuren sowie der Abbau der Phytansäure. Je nachdem, ob generelle peroxysomale Störungen in allen Zelltypen oder multiple Störungen in bestimmten Organen, beispielsweise nur in der Leber, oder einzelne Enzymdefekte vorliegen, werden unterschiedliche Krankheitsbilder hervorgerufen.

Dem Zellweger-Syndrom wie der infantilen *Refsum-Krankheit* und der neonatalen Form der *Adrenoleukodystrophie* liegt beispielsweise eine generelle Störung der Peroxisomen zugrunde. Kinder mit Zellweger-Syndrom zeigen eine extreme Muskelhypotonie mit schwachen Saug- und Schluckreflexen, sensoneurinale Schwerhörigkeit, Chorioretinopathie, Nierenzysten, epileptische Anfälle, kraniofa-

ziale Hepatosplenomegalie, Dysmorphiezeichen und psychomotorische Retardierung (Abb. 8.11). Das Zellweger-Syndrom, das *Smith-Lemli-Opitz-Syndrom* und die *Glutharic Azidurie Typ II* (Acyl-CoA-Dehydrogenase-Defekt) sind Beispiele für Dysmorphie-Syndrome bzw. Fehlbildungssyndrome, die auf einer Stoffwechselstörung beruhen.

8.3 Pharmakogenetik

Die Pharmakologie beschäftigt sich mit der Reaktion des Organismus auf exogene chemische Noxen, insbesondere Medikamente. Dabei ist die Einnahme eines Medikaments an sich ein unnatürlicher Vorgang, da der Mensch von seiner evolutionären Herkunft nicht auf eine exogene Zufuhr synthetischer Stoffe vorbereitet ist. Daß Pharmaka dennoch vertragen werden, liegt daran, daß sie Mechanismen der Resorption, Metabolisierung und Exkretion benutzen, die von der Evolution für andere Zwecke entwickelt wurden. Das Hauptziel der Pharmakologie ist es also, diese Mechanismen, d. h. die Wechselwirkungen zwischen Organismus und Pharmakon, zu verstehen. Verschiedenheiten von Menschen werden dabei zunächst nicht berücksichtigt. Die biochemische Individualität eines jeden Menschen ist aber durch die individuelle Zusammensetzung seiner Gene gegeben; sie macht ihn zu einem einmaligen Individuum, dessen biochemische Reaktionsvorgänge von allen anderen Individuen verschieden sind.

Die Humangenetik beschäftigt sich mit dieser genetisch bedingten Individualität und ihrer Weitergabe durch die Generationen. Das Gebiet, das sich mit konstanten interindividuellen Unterschieden in der Reaktion auf Pharmaka beschäftigt, ist die Pharmakogenetik. Historisch war es die biochemische Humangenetik mit ihrer Erkenntnis genetisch bedingter

Enzymdefekte, die die Pharmakogenetik entstehen ließ. Motulsky nahm 1957 in seiner Arbeit „Drug reactions, enzymes and biochemical genetics" zuerst an, daß abnormale Reaktionen auf Pharmaka durch genetisch bedingte Enzymdefekte verursacht sein können. Vogel führte 1959 den Begriff „Pharmakogenetik" in die Literatur ein.

8.3.1 Genetisch bedingte Variabilität der Arzneimittelwirkung

Ungewöhnliche und teilweise unerwartete Reaktionen auf Arzneimittel werden immer wieder beobachtet. Natürlich weiß jeder Kliniker, daß bei Menschen unterschiedliche Reaktionen auf Pharmaka möglich sind. Faktoren wie Alter, Geschlecht, Gesundheitszustand und Ernährung spielen hier eine große Rolle. In der Regel folgen die Reaktionen vieler Patienten zusammengefaßt jedoch einer unimodalen Gauß-Verteilungskurve, d. h. sie sind kontinuierlich verteilt. Dabei kann diese Variabilität im Bereich des Normalen durchaus eine relativ große Bandbreite besitzen.

Manchmal liegt jedoch auch eine diskontinuierliche Verteilung vor. So kann die Verteilungskurve bi- oder gar trimodal verlaufen. Nicht unimodal verlaufende Kurven zeigen aber immer an, daß eine Population in ihrer Reaktion in zwei oder mehrere Subpopulationen zerfällt. In solchen Fällen kann man vermuten, daß genetische Faktoren an der Reaktionsnorm beteiligt sind.

Untersuchungsmethoden. Wie läßt sich der Einfluß der Genetik auf die Reaktion gegenüber Pharmaka nachweisen? Dies ist die Frage nach dem Nachweis der individuellen Metabolisierung. Gängige Methoden nach einmaliger Applikation einer Verbindung sind die Bestimmung von Parametern wie

- biologische Halbwertszeit,
- Plasma-Clearance oder
- Eliminationskonstante.

Unter Bedingungen des Steady-state kann man die Plasmakonzentrationen eines Pharmakons direkt bestimmen. Zur Untersuchung genetischer Unterschiede ist es häufig sinnvoll, Arzneimittelmetabolite – soweit dies technisch möglich ist – direkt zu bestimmen. Metabolisierungen laufen unter enzymatischer Steuerung ab. So können möglicherweise Enzymdefekte gefunden werden. Auch muß man an genetische Unterschiede denken, die die Pharmakodynamik beeinflussen. Hier sind Unterschiede in der Wirkung auf das Zielorgan möglich.

Neben solchen *biochemischen und pharmakologischen Untersuchungen* sind aber auch und vor allem Methoden der klassischen Humangenetik von großer Bedeutung. An erster Stelle ist hier die *Zwillingsmethode* zu nennen (vgl. Kap. 11). Der Vergleich eineiiger und zweieiiger Zwillinge gibt Hinweise darauf, ob überhaupt genetische Faktoren eine Rolle spielen; über die Natur der genetischen Unterschiede und die Art ihrer Vererbung kann er allerdings nichts aussagen.

Ergibt sich, wie eingangs beschrieben, eine mehrgipfelige Verteilungskurve, so ist dies ein Hinweis auf einen möglichen einfachen Erbgang. Familienuntersuchungen sind dann geeignet, diese Hypothese zu überprüfen. Natürlich hängt es davon ab, wie repräsentativ die gemessenen Parameter für die gestellte Frage sind; je näher man sich mit den Meßparametern an der Funktion eines Gens befindet, desto besser ist die Chance, einen einfachen Erbgang als verursachendes Prinzip zu finden. Hier ist z. B. an die direkte Messung von qualitativen oder quantitativen Enzymunterschieden zu denken. Auch der Einsatz molekularbiologischer Methoden wird in Zukunft weitere Ergebnisse bringen.

Übersicht 8.4. Beispiele für Zwillingsuntersuchungen zum Metabolismus verschiedener Pharmaka, r_{EZ}, r_{ZZ} = Intraclass-Korrelationskoeffizient bei eineiigen (EZ) und zweieiigen (ZZ) Zwillingen; H = Schätzung der Heritabilität. (Nach Propping 1978)

Pharmakon	Gemessene Funktionsgröße	Gefundene Spannweite	r_{EZ}	r_{ZZ}	H
Antipyrin p. o.	Plasma-Halbwertzeit (h)	5,1–16,7	0,93	−0,03	0,99
Phenylbutazon p. o.	Plasma-Halbwertzeit (d)	1,2–7,3	0,98	0,45	0,99
Dicumarol p. o.	Plasma-Halbwertzeit (h)	7,0–74,0	0,99	0,80	0,98
Halothan i. v.	Ausscheidung von Na^+-Trifluorazetat in 24 h in % der Dosis	2,7–11,4	0,71	0,54	0,63
Äthanol p. o.	β_{60} (mg/ml · h)	0,05..0,25	0,64–0,96	−0,38–0,33	0,46–0,98
Diphenyl-hydantoin i. v.	Serum-Halbwertzeit (h)	7,7–25,5	0,92	0,14	0,85
Lithium p. o.	Erythrozytenkonzen-tration (mEq/l)	0,05–0,10	0,98	0,71	0,83
Amobarbital i. v.	Eliminationskonstante (h^{-1})	2,09–8,17	0,93	0,03	0,91
Azetylsalizyl-säure p. o.	Salizylurat-Aus-scheidung (mg/kg · h)	0,84–1,91	0,94	0,76	0,89

Multifaktorielle Ursachen. Pharmakogenetische Unterschiede können auch multifaktoriell bedingt sein. So variiert die biologische Verfügbarkeit eines Medikaments in verschiedenen Organismen ganz erheblich, auch wenn die äußeren Bedingungen konstant gehalten werden. Der größte Teil dieser Variabilität scheint genetisch bedingt zu sein, wie die bei eineiigen Zwillingen deutlich höheren Korrelationskoeffizienten zeigen (Übersicht 8.4). Ein einfaches genetisches Modell wird in der Regel nicht zugrunde liegen.

Ein eindrucksvolles Beispiel einer mulifaktoriell bedingten pharmakogenetischen Wirkung ist der Effekt von *Alkohol* auf das Elektroenzephalogramm (EEG). In Zwillingsstudien konnte nachgewiesen werden, daß der Alkoholeffekt, der im allgemeinen zu einer Frequenzverlangsamung und Amplitudenzunahme führt, genetisch kontrolliert wird. Das Untersuchungsergebnis bei eineiigen Zwillingen ist identisch, während zweieiige Zwillinge im Durchschnitt unterschiedlich reagieren. Art und Ausmaß der Alkoholreaktion hängen insbesondere vom Typ des Ausgangs-EEG ab, der wiederum genetisch determiniert ist (Abb. 8.12).

Genetisch bedingte Unterschiede existieren auch in der Alkoholbevorzugung, wie wir aus tierexperimentellen Daten an verschiedenen Mäuseinzuchtstämmen wissen (Abb. 8.13).

Ein großer Teil der Variabilität der Alkoholelimination ist ebenfalls genetisch bedingt. Ein Unterschied zwischen verschiedenen ethnischen Gruppen besteht interessanterweise bei der Alkoholdehyrogenase, die einen der Schritte des Alkohol-

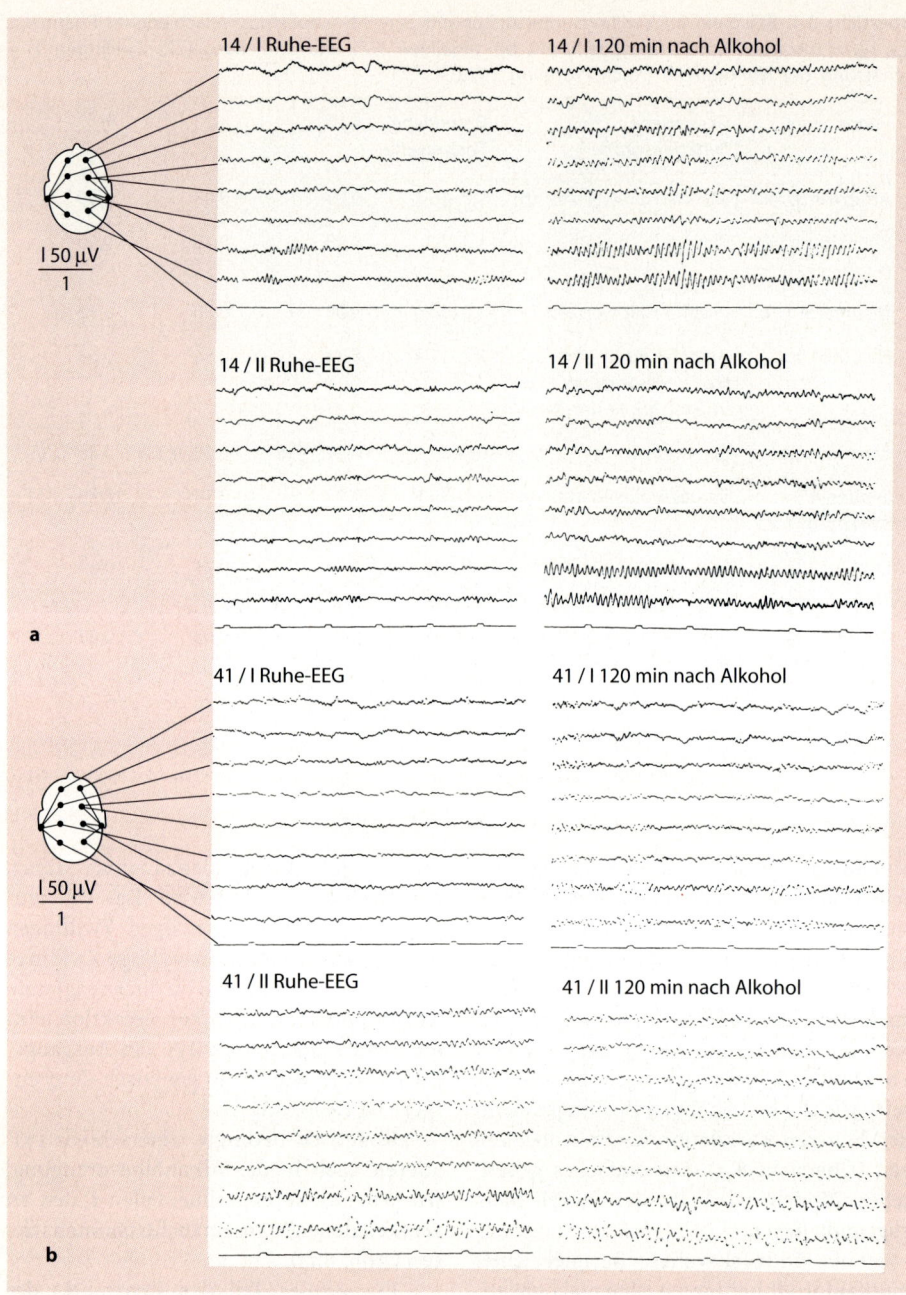

Abb. 8.12 a,b. Wirkung einer einmaligen Verabreichung von 1,2 ml/kg Äthanol auf das EEG von **a** eineiigen und **b** zweieiigen Zwillingen. (Nach Propping 1978)

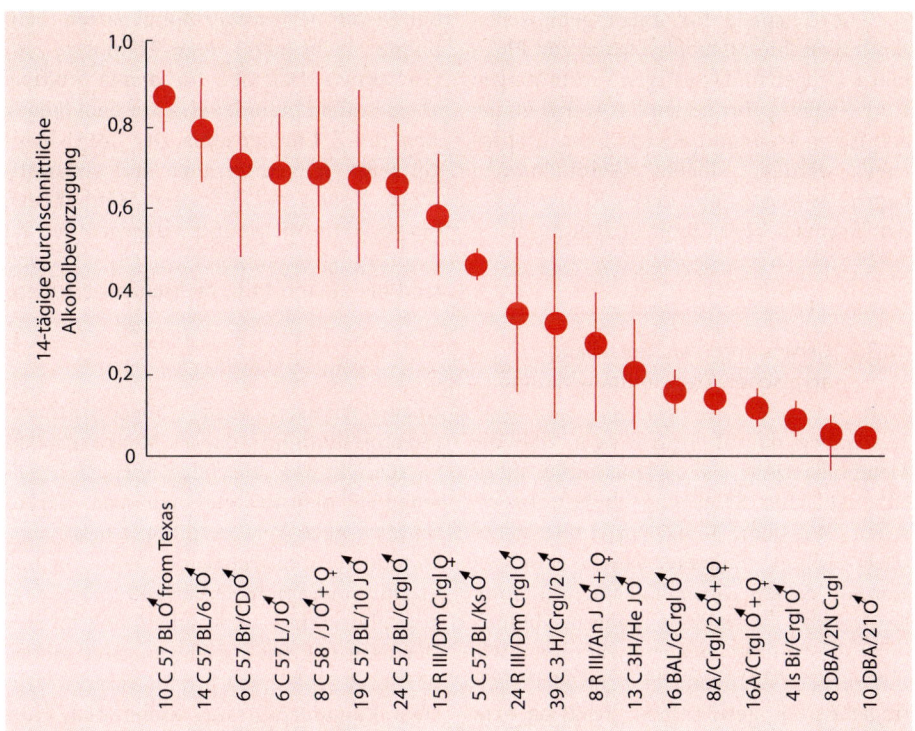

Abb. 8.13. Unterschiede in der Alkoholbevorzugung bei einer Reihe von Mäuseinzuchtstämmen. (Nach Rogers et al. 1963)

Übersicht 8.5. Gen- und Genotypenhäufigkeit der Allele am ADH$_2$-Locus bei Europäern und Japanern. (Nach Propping 1980)

	Europäer	Japaner
Genfrequenz für das „Normal-Allel"	95 %	35 %
Genfrequenz für das „atypische Allel"	5 %	65 %
Häufigkeit der Homozygoten für das „Normal-Allel"	90,25 %	12,25 %
Häufigkeit der Heterozygoten	9,50 %	45,50 %
Häufigkeit der Homozygoten für das „atypische Allel"	0,25 %	42,25 %

abbaus katalysiert. Unter Europäern existiert seltener eine „atypische" Variante des Enzyms mit einer höheren spezifischen Aktivität als das Normalenzym. Bei Asiaten ist diese Variante häufiger, und folglich bauen diese Alkohol im Durchschnitt etwas schneller ab als Europäer. Asiaten entwickeln deshalb vor allem höhere Azet-aldehydspiegel. Dies ist vermutlich die Erklärung für eine besonders intensive Hautdurchblutung, vor allem im Kopfbereich, die man bei Angehörigen der gelben Rasse nach Alkoholkonsum beobachtet und die als *Flush-Phänomen* bezeichnet wird (Übersicht 8.5).

Die Beispiele für einen genetischen Einfluß auf die Metabolisierung von Pharmaka, Drogen und sonstigen Verbindungen sind vielfältig. Im folgenden sollen einige atypische Arzneimittelwirkungen besprochen werden, denen Genmutationen zugrunde liegen und deren Kenntnis für den Arzt von besonderer Bedeutung ist.

8.3.2 Genmutation als Grundlage atypischer Arzneimittelwirkungen

Wir haben darauf hingewiesen, daß die Metabolisierung der Arzneimittel unter enzymatischer Steuerung abläuft. Inzwischen sind beim Menschen einige, genetisch bedingte Enzymvarianten gefunden worden, die im Normalfall nicht zu einer bestimmten Krankheit führen. Jedoch lösen bestimmte exogene Faktoren, wie z. B. manche Arzneimittel, beim Merkmalträger eine ungewöhnliche Reaktion bzw. Krankheit aus.

Glukose-6-Phosphat-Dehydrogenase-Varianten

Von diesem Enzym, das den Abbau von Glukose über den Hexosemonophosphatweg einleitet, sind etwa 300 Varianten bekannt. Man findet sie hauptsächlich regional begrenzt in früheren Malariagebieten wie im Mittelmeerraum oder in manchen afrikanischen Ländern, aber auch in Vorder- und Hinterindien bis China und Neuguinea. Sie zeigen teilweise eine normale, meist jedoch eine herabgesetzte Enzymaktivität. In wenigen Fällen findet sich auch eine erhöhte Aktivität in den Erythrozyten. Bei einigen Mangelvarianten besteht eine chronische hämolytische Anämie. Bei den meisten jedoch kommt es erst durch die Zufuhr von oxidierenden Substanzen zu hämolytischen Krisen. Hierzu zählen Sulfonamide und Medikamente gegen Malaria. Bei anderen löst der Genuß bestimmter Bohnenarten (Saubohne Vicia fava) eine Hämolyse aus (Favismus). Das Gen für dieses multipel allele System befindet sich auf dem langen Arm des X-Chromosoms. Der G6PD-Mangel zeigt in mediterranen und südasiatischen Zonen bei Männern Häufigkeiten bis 30 %. In Mitteleuropa dagegen beträgt die Häufigkeit weniger als 1 %. Weltweit sind bis zu 400 Mill. Menschen betroffen.

Pseudocholinesterase-Varianten

Normalerweise wird Succinydicholin (Suxamethonium), das als Muskelrelaxans verabreicht wird, rasch hydrolysiert. In seltenen Fällen beobachtet man in der Narkosepraxis nach Verabreichung einen mehrstündigen Atemstillstand. Verantwortlich hierfür sind abnorme Varianten der Pseudocholinesterase (Serumcholinesterase). Der Genort E_1 ist auf Chromosom 3q kartiert und zeigt einen hierfür verantwortlichen Polymorphismus. Außer dem Normalallel gibt es zwei Allele für verminderte Aktivität und ein stummes Allel. Bei Homozygoten und Heterozygoten bewirken die abnormen Allele eine Verlängerung der Abbauzeit für Succinyldicholin, was zu den beschriebenen Konsequenzen führt. Der Vererbungsmodus ist autosomalrezessiv. Die Häufigkeit gefährdeter Genotypen beträgt etwa 1:2.000. Ein zweiter Genort E_2 für Serumcholinesterase ist auf Chromosom 16q lokalisiert. Die sogenannte Cynthiana-Variante bedingt infolge erhöhter Enzymaktivität Succinyldicholin-Resistenz.

Leber-Azetylasepolymorphismus

Seit der Einführung des Isonikotinsäurehydrazids (INH) als Tuberkulostatikum weiß man, daß dieses Medikament von der Leberazetyl-Transferase bei verschiedenen Patienten mit unterschiedlicher Geschwindigkeit abgebaut wird. Verantwortlich ist hierfür ein Genort auf Chromosom 15q mit einfacher Allelie. Die Langsam-Azety-lierer sind homozygot für die verminderte Enzymaktivität. Sie entwickeln bei Langzeitbehandlung mit INH eine Polyneuritis. Die Schnell-Azetylierer besitzen ein erhöhtes Risiko für Hepatitis. Für die eigentliche therapeutische Wirkung des INH ist dieser Polymorphismus dagegen ohne Relevanz.

Maligne Hyperpyrexie und Hyperrigidität nach Narkose

Bei dieser autosomal-dominanten Störung steigt wenige Stunden nach einer Narkose mit Suxamethonium, Halothan u. a. die Körpertemperatur unaufhaltsam bis über 42° C. Zusätzlich tritt eine Muskelrigidität auf. Die Serum-Kreatininphosphokinase und andere Muskelenzyme sind stark erhöht. Diese Störung steht nicht mit der Serum-Cholinesterase-Variante in Beziehung. Es handelt sich um eine subklinische Myopathie; sie kommt etwa im Verhältnis 1:20.000 vor. Das Gen für diese Erkrankung ist auf dem langen Arm des Chromosoms Nr. 19 (19 q13.1-q13.3) lokalisiert.

9.1 Allgemeines

Die Entwicklung in der Medizin sowie die Verbesserung sozioökonomischer Verhältnisse haben dazu geführt, daß Infektions- und Ernährungskrankheiten in den Industrieländern vermindert auftreten und dadurch die genetisch bedingten Krankheiten in den Mittelpunkt der ärztlichen Versorgung der Bevölkerung gerückt sind. Etwa ein Drittel der Patienten eines Kinderkrankenhauses in den Industrieländern leidet an einer genetisch bedingten Erkrankung, bei etwa 3–5 % der Neugeborenen liegt eine genetische Erkrankung bzw. Fehlbildung vor. Bei etwa 50 % der erwachsenen Patienten mit einer chronischen Krankheit hat die Krankheitsursache eine genetische Komponente (Übersicht 9.1).

Durch die rasche Entwicklung der diagnostischen Möglichkeiten und die Etablierung der molekulargenetischen Analysen gewann die genetische Beratung zunehmend an Bedeutung in der präventiven Medizin. Die genaue Differenzierung und Zuordnung der phänotypischen Merkmale oder Fehlbildungen zu einem bestimmten Krankheitsbild sowie die prä- und postnatale und prädiktive Diagnostik sind Bestandteile der genetischen Beratung geworden. Aktuelle Kenntnisse über diese Methoden sowie die Interpretation der Untersuchungsergebnisse sind wichtige Voraussetzungen für ein genetisches Beratungsgespräch.

Das Ziel der genetischen Beratung ist es, daß der Ratsuchende nach einer ausführlichen Information auf der Basis vollständiger und aktueller Kenntnisse über die medizinischen und biologischen Fakten für sich eine Entscheidung trifft. Bei einem Beratungsgespräch muß über das Erkrankungsrisiko sowie über die Sicherheit und Zuverlässigkeit der Diagnostik und über die verschiedenen Optionen aufgeklärt werden. Oft haben die Ratsuchenden keine Vorstellung vom Inhalt eines genetischen Beratungsgespräches oder sie wissen nicht, aus welchem Grund sie überwiesen

Übersicht 9.1. Häufigkeit der genetischen Erkrankungen

Erkrankungen	auf 1000 Lebendgeborene
Chromosomale Störungen	6,0
Monogene Erkrankungen	
Autosomal-dominant	10,0
Autosomal-rezessiv	2,0
X-chromosomal-rezessiv	2,0
Multifaktorielle Erkrankungen oder Fehlbildungen einschließlich der Krankheiten, die bei der Geburt noch nicht manifest sind	90,0

wurden. Deshalb sollte das erste Gespräch mit besonderer Sorgfalt durchgeführt werden. Die Entscheidung der Ratsuchenden wird auf jeden Fall akzeptiert, auch wenn sie im Gegensatz zur Einstellung des beratenden Arztes steht, sofern nicht gegen ärztliche Standesethik verstoßen wird. Der Umfang der Beratung, die Vorgehensweise sowie die erforderlichen diagnostischen Maßnahmen und die Nachbetreuung können je nach Beratungssituation im Laufe des Gesprächs individuell gestaltet werden.

Das „Ad hoc committee on genetic counselling" der WHO hat die genetische Beratung folgendermaßen definiert:

„Genetische Beratung ist ein Kommunikationsprozeß, der sich mit menschlichen Problemen befaßt, die mit dem Auftreten oder dem Risiko des Auftretens einer genetischen Erkrankung in einer Familie verknüpft sind. Dieser Prozeß umfaßt den Versuch einer oder mehrerer entsprechend ausgebildeter Personen, dem Individuum oder der Familie zu helfen,

- die medizinischen Fakten einschließlich der Diagnose, des mutmaßlichen Verlaufs und der zur Verfügung stehenden Behandlung zu erfassen,
- den erblichen Anteil der Erkrankung und das Wiederholungsrisiko für bestimmte Verwandte zu begreifen,
- die verschiedenen Möglichkeiten, mit dem Wiederholungsrisiko umzugehen, zu erkennen,
- eine Entscheidung zu treffen, die ihrem Risiko, ihren familiären Zielen, ihren ethischen und religiösen Wertvorstellungen entspricht und in Übereinstimmung mit dieser Entscheidung zu handeln und
- sich so gut wie möglich auf die Behinderung des betroffenen Familienmitgliedes und/oder auf ein Wiederholungsrisiko einzustellen."

Obwohl diese Definition von allen akzeptiert wird, ist die praktische Durchführung der genetischen Beratung sehr unterschiedlich. Genetische Beratung wird inhaltlich unterschiedlich verstanden und interpretiert. Eine Gruppe sieht mehr den psychosozialen, die anderen den medizinisch-genetischen Aspekt im Vordergrund. Wir wissen, daß die Probleme in den genetischen Beratungsgesprächen sehr vielschichtig sind, sie beinhalten u. a. beide Aspekte.

9.2 Auswirkungen der genetischen Beratung

Im Mittelpunkt der Beratung stehen die individuellen Probleme, die durch die Geburt eines Kindes mit einer genetischen Erkrankung oder durch ein erhöhtes Risiko eines Erbleidens für den Ratsuchenden und/oder seine Nachkommen entstanden sind. Die genetische Beratung verfolgt aber keine eugenischen Ziele, obwohl präventiv-medizinische Maßnahmen in der genetischen Beratung und Eugenik sehr nahe aneinander grenzen. „Der beratende Arzt trägt – wie in jedem anderen medizinischen Bereich – nur seinem Patienten bzw. Ratsuchenden gegenüber eine Verantwortung. Er muß die Fragen des Ratsuchenden beantworten und ihm helfen, für sich und seine Familie eine richtige Entscheidung zu treffen." Nach diesem Konzept handelt die genetische Beratung nur im Sinne des Ratsuchenden und seiner Familie und nicht im Interesse der Gesellschaft oder einer Institution.

Historisch gesehen hat sich die genetische Beratung aus dem eugenischen Gedanken entwickelt. Zunächst waren viele Wissenschaftler vom Gedanken der Eugenik fasziniert. Später distanzierten sich die seriösen Wissenschaftler aufgrund der eugenischen Maßnahmen im nationalsozialistischen Deutschland davon. Die Idee, die Häufigkeit der krankmachenden Anlagen in einer Bevölkerung allein durch genetische Beratung zu reduzieren und dadurch den Genpool einer Gesellschaft zu verbessern, ist aus verschiedenen Gründen nicht realisierbar und auch nicht das erklärte Ziel der Beratung. In einer freiheitlich demokratischen Gesellschaft werden nicht alle Risikopersonen die Möglichkeit der genetischen Beratung in Anspruch nehmen. Darüber hinaus – das zeigen zahlreiche Studien – beeinflussen nicht in erster Linie die vermittelten Informationen, sondern die von den Ratsuchenden wahrgenommenen Informationen die Entscheidung. Nachuntersuchungen haben gezeigt, daß die Wirkung der genetischen Beratung auf die Ratsuchenden sehr unterschiedlich ist. Bei autosomal-rezessiven Erkrankungen wird ohnehin durch präventive Maßnahmen die Heterozygotenfrequenz nicht berührt.

Nicht selten sind die Ängste, aufgrund einer „genetischen Belastung", zu einer „Risikogruppe" zu gehören oder die Sorge, ein krankes Kind zu bekommen, viel zu groß und/oder nicht richtig. Genetische Beratung kann dazu führen, daß den Ratsuchenden die unbegründete Sorge, ein krankes Kind zu bekommen, genommen wird oder daß eine bestehende Schwangerschaft, deren Abbruch aus Angst vor einem geschädigten Kind erwogen wurde, fortgesetzt wird. So verdeutlicht die Humangenetikerin Frau Prof. Schroeder-Kurth: „Die genetische Beratung hat in erster Linie Auswirkung auf den Ratsuchenden und seine Familie. Der Erfolg liegt darin, daß der Ratsuchende nach der Beratung für sich und seine Familie eine tragfähige Entscheidung trifft, die seinen Wertvorstellungen entspricht."

9.3 Psychologische Aspekte der genetischen Beratung

Die Fragen, über die die Ratsuchenden sich bei einem genetischen Beratungsgespräch informieren wollen, sind auf den ersten Blick rein naturwissenschaftlich-medizinischer Natur. Bei der Beratung werden, wie bereits erwähnt, die biologischen Fakten erklärt und die Entstehung einer genetischen Erkrankung sowie die Risiken in der Familie erläutert. Die Möglichkeiten der pränatalen Diagnose und eventuellen Therapie, aber auch andere Alternativen wie Verzicht auf Kinder werden mit Hinweis auf verschiedene prophylaktische Maßnahmen, wie heterologe Insemination und Adoption besprochen.

Die Vorstellung, daß die Fragen der Ratsuchenden rein sachlich zu beantworten sind und die genetische Beratung auf die Ermittlung des Krankheitsrisikos und auf die Frage nach pränatal- oder prädiktiv-diagnostischen Möglichkeiten beschränkt sein sollen, entspricht nicht mehr der heutigen Praxis.

Die Erfahrung hat gezeigt, daß die genetische Beratung mit menschlichem Verhalten zu tun hat und neben den naturwissenschaftlich-medizinischen Fragen auch *psychologische Aspekte* beinhaltet. Häufig entstehen bereits durch das Auftreten einer genetischen Krankheit in einer Familie Zorn, Empörung, Ängste und Schuldgefühle. Die Eheleute machen sich gegenseitig Vorwürfe. Nicht selten wird das Vorhandensein einer genetischen Krankheit als Schande empfunden. Bis die verängstigte und besorgte Familie sich entschließt, eine genetische Beratungsstelle aufzusuchen, vergehen oft Monate. Durch eine ungeschickte Äußerung seitens des Beraters bei der ersten Kontaktaufnahme kann es zu Hemmungen und/oder Enttäuschungen kommen, die den Verlauf der Beratungsgespräche negativ beeinflussen können. Deshalb erfordert bereits das erste Telefongespräch Takt und Verständnis. Diese Aufgabe nimmt Zeit in Anspruch und sollte von speziell geschulten Sozialarbeitern übernommen werden, die ggf. auch am anschließenden Beratungsgespräch teilnehmen. Relativ leicht ist es, vorhandene Bedenken durch ein Beratungsgespräch zu zerstreuen. Liegt aber ein erhebliches Erkrankungsrisiko für eine schwerwiegende Krankheit vor, kann die Mitteilung des Befundes bei dem betroffenen Ratsuchenden schwere Schuldgefühle auslösen, oder es können unausgesprochene Konflikte innerhalb der Familie zu Tage treten. Der beratende Arzt muß eine solche Situation erkennen und psychotherapeutische Betreuung durch einen Fachkollegen veranlassen, wenn er sie selbst nicht anbieten kann.

Oft können die entstandenen Probleme bzw. Konflikte nicht bei einem einzigen Beratungsgespräch zu Ende diskutiert werden und machen die Vereinbarung eines zweiten Besprechungstermins notwendig. Erfahrungsgemäß können die Ratsuchenden durch wiederholte Gespräche über die Bedeutung, Bewertung und Gewichtung des anstehenden Problems entscheidungsfähig werden.

Heute ist es möglich, eine Reihe von Krankheiten sicher pränatal zu diagnostizieren. Danach kann im Falle eines pathologischen Befundes ein Schwangerschaftsabbruch in Erwägung gezogen werden. Damit entstehen erhebliche *ethische Probleme*. Natürlich liegt die Entscheidung für eine pränatale Diagnose und einen eventuell damit verbundenen Schwangerschaftsabbruch bei den Eltern, jedoch sollte sich der beratende Arzt seiner Verantwortung nicht entziehen. Seine Aufgabe ist es, in einer derartigen Situation zusammen mit der Schwangeren und deren Familie eine Lösung zu finden, die ihrer persönlichen Situation entspricht und ethisch vertretbar ist. Es liegt im Wesen jeder *Arzt-Patientenbeziehung*, daß der beratende Arzt *Verantwortung* für den Patienten übernimmt, dessen Entscheidung akzeptiert und für diese auch Mitverantwortung trägt. Die persönliche Situation der Ratsuchenden, deren Weltanschauung und ihre religiösen und ethischen Vorstellungen müssen hier berücksichtigt werden.

Ein weiteres Problem kann dadurch entstehen, daß man heute eine Reihe von Krankheiten, die erst im Laufe des Lebens zum Ausbruch kommen werden, prädiktiv diagnostizieren kann. Das Problem liegt darin, daß man nicht für alle diese Krankheiten therapeutische Möglichkeiten kennt und diese Tatsache bei den Ratsuchenden zu Konflikten führt.

In all diesen Situationen ist sehr oft eine Einbeziehung von nicht-ärztlichen Spezialisten (Psychologen, Sozialarbeiter usw.) erforderlich und hilfreich. Leider wird in der Bundesrepublik Deutschland im Gegensatz zu angelsächsischen Ländern dieser Aspekt nicht und vor allem nicht von allen ausreichend beachtet.

9.4 Indikation für eine genetische Beratung

Eine genetische Beratung ist indiziert, wenn ein erhöhtes Risiko für das Auftreten einer genetisch bedingten Krankheit vorliegt oder befürchtet wird. Solche Situationen sind gegeben,

● wenn einer oder beide Partner an einer Krankheit leiden, für die eine genetische Ursache vermutet wird;
● wenn in der Verwandtschaft eines oder beider Partner eine möglicherweise genetische Krankheit aufgetreten ist;
● wenn einer oder beide Partner als Überträger eines genetischen Defektes nachgewiesen sind;
● wenn Partner miteinander verwandt sind (z. B. Vetter/Cousine);

Erbgang	Sicher	Unsicher	Summe
Autosomal	6603	2397	9000
X-chromosomal	371	173	544
Y-chromosomal	25	3	28
Mitochondrial	60	–	60
	7059	2573	9632

- wenn vor oder während der Schwangerschaft therapeutische Bestrahlungen oder die Einnahme mutagener oder teratogener Medikamente erfolgt ist;
- wenn durch die Einnahme von Suchtmitteln (z. B. Alkohol, Drogen) oder durch eine frische Virusinfektion während der Schwangerschaft ein erhöhtes Risiko für die Fehlentwicklung des werdenden Kindes auftreten könnte;
- bei allen Eltern, die sich über die möglichen Risiken bei erhöhtem Alter der Mutter informieren wollen;
- bei gesunden Paaren aus unauffälligen Familien, denen eines oder mehrere Kinder mit einem Erbleiden geboren wurden;
- bei habituellen Aborten ohne gynäkologischen, endokrinologischen oder immunologischen Ursachen;
- bei Fertilitätsstörungen.

Sehr häufig geht es bei der Beratung um gesunde Paare, deren Kind an einer genetisch bedingten Erkrankung oder Fehlbildung leidet (Abb. 9.1).

Dabei kann es sich um eine genetische Krankheit mit *monogenem Erbgang* handeln. Inzwischen kennt man etwa neuntausend monogene Erkrankungen bzw. Merkmale (Übersicht 9.2). Es kann aber auch eine *multifaktoriell bedingte Erkrankung* sein, wobei genetische und nicht genetische Faktoren zusammenwirken, oder es kann bei dem Kind eine Chromosomenstörung vorliegen; schließlich kann es sich auch um eine pränatale Schädigung durch teratogene Faktoren handeln, die Erkrankung also nicht genetisch bedingt sein.

9.5 Vorgehensweise bei einer genetischen Beratung

Im Vergleich zu anderen medizinischen Gebieten, ist der klinische Genetiker in einem intensiven Kontakt und in Interaktion mit seinem Patienten bzw. Ratsuchenden. Gespräche vor und nach einer genetischen Diagnostik nehmen die meiste Zeit in Anspruch. Das schrittweise Vorgehen bei einer genetischen Beratung ist in Übersicht 9.3 kurz zusammengestellt.

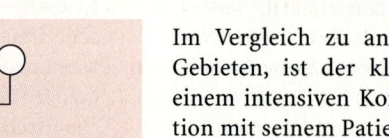

Abb. 9.1. Häufige Beratungssituation

- Fragen über den Anlaß der Beratung
- Anamnese und Stammbaumanalyse
- Klinische Untersuchung
- Laboruntersuchungen
- eventuell Untersuchung von anderen Familienmitgliedern
- wenn erforderlich, Hinzuziehung anderer Spezialisten
- Risikoberechnung
- ausführliches Beratungsgespräch
- Nachversorgung

9.5.1 Anamnese und Stammbaum-analyse

Nach einem kurzen Gespräch über den Anlaß der Beratung und nach der Erörterung der anstehenden Fragen wird eine detaillierte Familienanamnese erhoben und der Stammbaum der Familie aufgezeichnet, auch wenn der Erbgang der Erkrankung bei dem Probanden als gesichert gilt. Oft ist der Proband ein Kind oder Verwandter des Ratsuchenden. Die Aufzeichnung des Stammbaums umfaßt alle Kinder eines Paares, Geschwister und deren Kinder, Onkel und Tanten, Vettern und Cousinen sowie die Großeltern beiderseits. Aus dem Stammbaum soll auch die Geburtenreihenfolge, Fehl- und Totgeburten sowie verstorbene Kinder mit Todesursachen und das Sterbealter, auch bei Erwachsenen, erkennbar sein. In Abb. 9.2 sind Symbole zur Erstellung eines Stammbaumes zusammengestellt. Generationen werden ausgehend von der ältesten Generation mit römischen Ziffern bezeichnet. Innerhalb der Generation wird von links nach rechts durchgehend arabisch numeriert. Die Möglichkeit der Verwandtschaft zwischen den Partnern bzw. den Eltern eines Probanden ist gezielt zu erfragen. Dazu gehört auch die Frage nach dem Familiennamen der Großeltern beiderseits, die Abstammung aus den gleichen oder benachbarten Orten sowie die ethnische Herkunft.

Klinische Untersuchung

Für eine präzise genetische Beratung ist eine exakte Diagnosestellung erforderlich. Bei Verdachtsdiagnosen bzw. Diagnosen, die als Oberbegriffe gelten, ist es nicht möglich, eine erbprognostische Aussage zu machen. So können z. B. epileptische Anfälle entweder im Rahmen einer monogenen Stoffwechselstörung auftreten oder als primäre Epilepsie multifaktoriell bedingt sein bzw. exogen durch ein Schädeltrauma verursacht werden. Eine Verdachtsdiagnose sollte durch aufmerksame ergänzende Untersuchungen gesichert werden. Die klinische Untersuchung bei Verdacht auf ein Fehlbildungssyndrom unterscheidet sich insofern von einer Routineuntersuchung, als hier die einzelnen Dysmorphiezeichen und andere Mikrosymptome für die Diagnostik richtungsweisend von Bedeutung sein können. Dysmorphiezeichen sind minimale Abweichungen von der Norm, die durch eine Wachstumsstörung in der Embryonal- bzw. Fetalperiode verursacht werden können. Nicht ein einzelnes, sondern die Kombination bestimmter Dysmorphiezeichen sind charakteristisch für eine bestimmte Erkrankung. Diese Merkmale liegen oft bei Chromosomenstörungen und/oder Dysmorphiesyn-

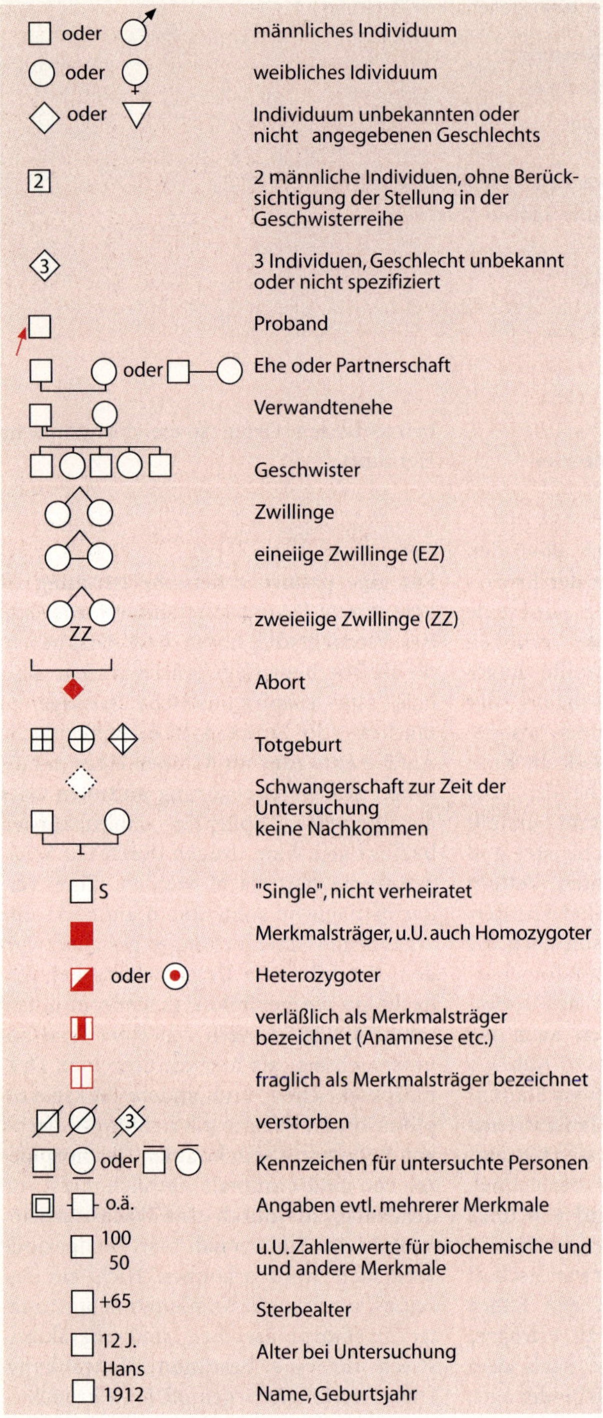

□ oder ⚲	männliches Individuum
○ oder ♀	weibliches Idividuum
◇ oder ▽	Individuum unbekannten oder nicht angegebenen Geschlechts
2	2 männliche Individuen, ohne Berücksichtigung der Stellung in der Geschwisterreihe
◇3	3 Individuen, Geschlecht unbekannt oder nicht spezifiziert
□	Proband
□—○ oder □—○	Ehe oder Partnerschaft
□—○	Verwandtenehe
□○□○□	Geschwister
Zwillinge-Symbol	Zwillinge
eineiige-Symbol	eineiige Zwillinge (EZ)
ZZ-Symbol	zweieiige Zwillinge (ZZ)
◆	Abort
⊞ ⊕ ◈	Totgeburt
◇ (gestrichelt)	Schwangerschaft zur Zeit der Untersuchung
□—○	keine Nachkommen
□ S	"Single", nicht verheiratet
■	Merkmalsträger, u.U. auch Homozygoter
◨ oder ⊙	Heterozygoter
◫	verläßlich als Merkmalsträger bezeichnet (Anamnese etc.)
◫	fraglich als Merkmalsträger bezeichnet
⊘ ∅ ◈3	verstorben
□ ○ oder □ ○	Kennzeichen für untersuchte Personen
▣ ⊡ o.ä.	Angaben evtl. mehrerer Merkmale
□ 100 50	u.U. Zahlenwerte für biochemische und und andere Merkmale
□ +65	Sterbealter
□ 12 J.	Alter bei Untersuchung
□ Hans 1912	Name, Geburtsjahr

Abb. 9.2. Symbole zur Erstellung eines Stammbaums

dromen vor, können aber auch einzeln bei der Normalbevölkerung ohne klinische Relevanz vorkommen. Von diagnostischer Bedeutung sind sie, wenn sie zusammen mit Fehlbildungen oder psychomotorischer Retardierung auftreten. Bei der Beobachtung von kraniofazialen Dysmorphiezeichen müssen unbedingt das Alter der Patienten sowie die ethnische Herkunft berücksichtigt werden. Einige Dysmorphiezeichen können sich mit zunehmendem Alter des Patienten abschwächen oder sich stärker ausprägen. Aus diesem Grund kann eine gut dokumentierte Verlaufsbeobachtung mit Fotodokumentation für die Diagnostik hilfreich sein. Bei der klinischen Untersuchung von Dysmorphiesyndromen werden die einzelnen Regionen im Kopf- und Gesichtsbereich gemessen und beurteilt (s. Abb. 4.29). Ferner müssen Thoraxform, Sternumgröße, Mamillenabstand, Extremitätenlänge, Gelenkstellung und Finger und Zehen sowie Form und Struktur der Knochen beurteilt und die Körperlänge gemessen werden. Bestimmte Kombinationen von Organfehlbildungen können für manche Fehlbildungssyndrome bzw. Chromosomenstörungen charakteristisch sein.

9.5.2 Hinzuziehen anderer Spezialisten

Bei einigen Krankheiten können für die Abklärung gezielte Untersuchungen von anderen Spezialisten erforderlich sein. Bei der klinischen Untersuchung von z. B. Risikopersonen für Neurofibromatose sollte eine ophthalmologische, neurologische und dermatologische Untersuchung

auf Minisymptome hin vorgenommen werden. Auch bei einigen anderen Krankheiten wie neuromuskulären Erkrankungen oder Augenleiden kann die Suche nach Mikrosymptomen sehr hilfreich sein. Eine gezielte fachärztliche Untersuchung ist unverzichtbar, auch wenn eine molekulargenetische Untersuchung zur Verfügung steht. Durch eine genaue Untersuchung wird die Phänotyp-Genotyp-Korrelation verständlicher.

9.5.3 Diagnostik

Nach Erhebung der Anamnese, der Stammbaumanalyse und der Vollendung der verschiedenen klinischen Untersuchungen kann erst entschieden werden, welche genetische Diagnostik indiziert ist. Bei einer Kombination bestimmter Dysmorphiezeichen und Fehlbildungen mit psychomotorischer Retardierung wird z.B. meist eine Chromosomenanalyse durchgeführt. Die verschiedenen labordiagnostischen Methoden in der medizinischen Genetik sind in der Übersicht 9.4 zusammengefaßt.

Heterozygotentest

Bei einer Reihe von genetischen Erkrankungen ist es möglich, die Anlageträgerschaft für eine krankmachende Mutation durch eine biochemische oder, bei einzelnen Erkrankungen, auch durch direkten Mutationsnachweis oder eine Haplotypanalyse mit polymorphen DNA-Markern zu bestimmen. Eine Indikation für den Heterozygotentest besteht, wenn eine sehr

Übersicht 9.4. Labordiagnostische Methoden in der Medizinischen Genetik

Zytogenetische Untersuchungen
Biochemische Analysen
Molekulargenetische Untersuchungen

hohe Heterozygotenhäufigkeit für eine schwerwiegende Krankheit in einer Population besteht, wie z. B. bei Hämoglobinopathien in den Mittelmeerländern, oder im Rahmen einer genetischen Beratung bei einer betroffenen Familie. Bei einem biochemischen Heterozygotentest kann nicht immer volle Sicherheit gewährleistet werden, weil bei manchen Stoffwechselkrankheiten die Testergebnisse der Heterozygoten und homozygot Gesunden sich nicht deutlich genug unterscheiden. Heute ist es möglich, mit Hilfe der DNA-Diagnostik – wenn die Mutation eines Krankheitsbildes bzw. der Genort bekannt ist – die Anlageträgerschaft direkt oder indirekt festzustellen. Bei der indirekten DNA-Analyse folgt man der Segregation einer DNA-Sequenzvariante, die mit dem defekten Allel gekoppelt ist. Da diese Methode auf dem Prinzip der Kopplungsanalyse beruht und es auch bei eng gekoppelten Genen Rekombinationsmöglichkeiten gibt, handelt es sich nur um eine Wahrscheinlichkeitsdiagnose. Je enger die Kopplung zwischen dem defekten Allel und der DNA-Sequenzvariante ist, desto unwahrscheinlicher ist jedoch das Auftreten eines Crossing-over. Indirekte DNA-Diagnostik verlangt zwingend eine Familienuntersuchung, wobei der Patient mituntersucht wird. Wenn der Indexpatient verstorben ist, kann keine Kopplungsanalyse durchgeführt werden. Im Gegensatz zur indirekten DNA-Diagnostik ist die direkte DNA-Diagnostik ein sicheres Nachweisverfahren.

Prädiktivdiagnostik

Die prädiktive genetische Diagnostik ist eine Untersuchung, die bei einem Menschen die Anlageträgerschaft für eine spät manifest werdende Krankheit feststellt. Wenn die Mutation für eine bestimmte spät manifest werdende Krankheit bekannt ist, kann bereits präsymptomatisch die Risikoperson untersucht werden. Bei einer Krankheit, die behandelbar ist und bei der schweren Folgen vorgebeugt werden kann, ist die Prädiktivdiagnostik von großer Bedeutung und im positiven Fall für den Patienten sehr wichtig. Bei nicht behandelbaren bzw. nicht verhinderbaren Krankheiten kann diese Untersuchung für die Person, die ein Erkrankungsrisiko für sich oder für ihre Nachkommen befürchtet, Probleme aufwerfen. Aus diesem Grund werden von der „Kommission für Öffentlichkeitsarbeit und ethische Fragen der Gesellschaft für Humangenetik e.V." folgende Maßnahmen verlangt:

„I. Prädiktive genetische Diagnostik bedeutet die Untersuchung eines gesunden Menschen auf Anlagen hin, die zu Erkrankungen im späteren Leben disponieren. Im Hinblick auf Erkrankungen, die verhinderbar oder behandelbar sind, kann diese Untersuchung im individuellen Fall eine wichtige Hilfe bei Entscheidungen über eventuelle präventive oder therapeutische Maßnahmen sein. Bei nicht verhinderbaren und nicht behandelbaren Erkrankungen kann prädiktive genetische Diagnostik Personen, die ein Erkrankungsrisiko für sich oder ihre Nachkommen befürchten, wichtige Entscheidungsoptionen hinsichtlich der Lebens- und Familienplanung eröffnen. Aus ethischen Gründen kann deshalb prädiktive genetische Diagnostik betroffenen Personen nicht vorenthalten werden. Die Anwendung wirft jedoch zahlreiche, regelungsbedürftige Probleme auf, die ein behutsames Vorgehen unter Berücksichtigung der folgenden Forderungen verlangt:

- Für alle Betroffenen muß ein umfangreiches Informationsangebot einschließlich einer Beratung über alternative Handlungsweisen sichergestellt sein.
- Die Freiwilligkeit der Inanspruchnahme und damit das Recht auf Nicht-Wissen muß gewährleistet sein.
- Aufklärung und Beratung über das Testangebot müssen nichtdirektiv erfolgen.

- Prädiktive genetische Diagnostik darf nur bei Volljährigen erfolgen. Ausnahmen sind Erkrankungen, bei denen wichtige präventive oder therapeutische Maßnahmen schon im Kindesalter eingeleitet werden können.
- Die Eigentumsrechte am Untersuchungsmaterial sowie die Rechte an der Verwendung der Untersuchungsergebnisse bedürfen eindeutiger Regelungen. Dabei ist datenschutzrechtlichen Belangen im weitesten Umfang Rechnung zu tragen. Ein Fragerecht von Dritten nach Durchführung oder Ergebnissen dieser Art von Diagnostik muß ausgeschlossen werden.
- Prädiktive genetische Diagnostik darf keine Routinediagnostik sein. Bei der Entwicklung von Richtlinien zur Durchführung sollen weitgehend die Vorstellungen der Betroffenen berücksichtigt werden, wie dies international beispielhaft für die Huntington-Krankheit erfolgt. Insbesondere ist auf die Einhaltung längerer Bedenkzeiten vor Beginn einer Diagnostik sowie die jederzeitige Widerruflichkeit der Einwilligung zu achten. Hinsichtlich der Umsetzung dieser Art von Diagnostik in die medizinische Praxis wird ausdrücklich auf die entsprechenden Erklärungen des Berufsverbandes Medizinische Genetik verwiesen.

II. Bei prädiktiver genetischer Diagnostik werden Daten erhoben, die dem Kernbereich der Privatsphäre zuzurechnen sind und deshalb die Gefahr der Diskriminierung und Ausgrenzung Betroffener in sich bergen. Dieser Gefahr ist durch das individuelle Angebot der Testverfahren, breite Aufklärung der Öffentlichkeit und durch rechtliche Regelungen, wie z. B. Richtlinien der Bundesärztekammer bzw. Verankerung von Vorgehensweisen in die Berufsordnung für Ärzte, sowie gesetzliche Regelungen für das Versicherungswesen

und den Bereich der Arbeitsmedizin entgegenzuwirken.

III. Wegen der voraussehbaren, vielschichtigen Probleme sollte prädiktive genetische Diagnostik nur im Rahmen von wissenschaftlich begleitenden Pilotprojekten eingeführt werden.

IV. Humangenetische Institute und genetische Beratungsstellen sind gegenwärtig trotz fachlicher Kompetenz aufgrund ihrer personellen und sachlichen Ausstattung nur in begrenztem Umfang in der Lage, prädiktive genetische Diagnostik unter den geforderten Rahmenbedingungen sicherzustellen. Eine Ansiedlung dieser Art von Diagnostik einschließlich der erforderlichen Beratung an qualifizierte, nicht kommerziell arbeitende Institutionen ist jedoch anzustreben".

Ulm, 12. April 1991
gez. Prof. Dr. Traute Schroeder-Kurth, Vorsitzende der Kommission für Öffentlichkeitsarbeit und ethische Fragen, gez. Prof. Dr. Eberhard Passarge, Vorsitzender der Gesellschaft für Humangenetik e.V.

Risikoberechnung

Nach einer sicheren Diagnosestellung kann nun, wenn der Erbgang bekannt ist, das Wiederholungsrisiko ermittelt und berechnet werden. Es ist außerordentlich wichtig, bei einigen Krankheiten an die Möglichkeit der genetischen Heterogenität zu denken. Phänotypisch ähnliche Krankheiten können völlig unterschiedliche Erbgänge haben. Bei einer Fehlbildung müssen die exogenen Ursachen ausgeschlossen werden; die Lippen-Kiefer-Gaumen-Spalte kann z. B. multifaktoriell bedingt sein oder im Rahmen einer Chromosomenstörung oder eines monogen bedingten Fehlbildungskomplexes als Teilsymptomatik auftreten. Ein weiteres Problem ist die Variabilität des Erscheinungsbildes (Expressivität) und die verminderte Penetranz, vor allem bei autosomal-dominanten

Erkrankungen. Die Ermittlung bzw. Einschätzung des Wiederholungsrisikos ist das zentrale Problem der genetischen Beratung.

Bei den monogenen Erkrankungen wird das Wiederholungsrisiko je nach Erbgang und Stammbaum der ratsuchenden Familie errechnet, und bei den meisten Chromosomenstörungen und multifaktoriellen Erkrankungen orientiert man sich nach empirischen Risikoziffern. Oft ist es aber nicht einfach, das Wiederholungsrisiko anzugeben, da Krankheiten mit verminderter *Penetranz* oder variabler *Expressivität* auftreten können und Frage, ob es sich nicht um eine *Neumutation* handelt oder ein *Keimzellmosaik* vorliegt die Aussage erschweren. Das Ergebnis von mancher Laboruntersuchung kann die Risikoberechnung zusätzlich komplizieren. Für die Berechnung sind mathematische Kenntnisse erforderlich. Der beratende Arzt muß mit mathematischen Prinzipien, wie z. B. Additions- und Multiplikationsregeln, sowie dem *Bayes-Theorem* umgehen können. Die Mitteilung von Risikozahlen muß dem Ratsuchenden durch klare und deutliche Erklärung verständlich gemacht werden. Oft ist der Umgang mit *Zahlen, Prozenten* oder *Wahrscheinlichkeit* der Ereignisse schwierig. Auch die Entscheidung, welches Risiko akzeptabel ist, ist von Familie zu Familie unterschiedlich. Darüber hinaus muß bei der genetischen Beratung die *Schwere* der Erkrankung mit berücksichtigt werden. Ein Risiko von 50 % für eine Syndaktylie, die operativ korrigiert werden kann, sollte selbstverständlich auf jeden Fall akzeptiert werden können, aber das Risiko von 2 % für eine Spina bifida kann nicht von jeder Familie getragen werden. Unabhängig von den Risikozahlen ist der *Krankheitswert* für den Betroffenen und seine Familie von großer Bedeutung. Hier spielt die Tragkraft des Einzelnen und der Familie, die wiederum von der psychosozialen und ökonomischen Lage der Betroffenen abhängt, eine große Rolle. Nicht von geringer Bedeutung ist auch die gesellschaftliche Akzeptanz der Behinderung. Wir wissen, daß ein schwer behindertes Kind oder ein schwer behinderter Erwachsener viel Zeit und Geduld in Anspruch nimmt. Dies alles beeinflußt die Entscheidung der Eltern für die eine oder andere Option.

Das Bayes-Theorem

Das Bayes-Theorem wurde 1763 als eine Methode für die Berechnung der Wahrscheinlichkeit von zwei Möglichkeiten publiziert. In der genetischen Beratung wird diese Methode zur Risikoberechnung bei komplizierten Situationen verwendet, z. B. wenn das Erkrankungsrisiko durch zusätzliche Informationen wie ein Untersuchungsergebnis oder ein unterschiedliches Manifestationsalter modifiziert wird. Die ursprüngliche bzw. *a-priori-Wahrscheinlichkeit*, welche auf einer Vorabinformation basiert, wird durch zusätzliche Information modifiziert. Daraus ergibt sich eine *bedingte Wahrscheinlichkeit*. Das Ergebnis der Multiplikation von a-priori-Wahrscheinlichkeit und bedingter Wahrscheinlichkeit ergibt die sog. *kombinierte* bzw. *verbundene Wahrscheinlichkeit*. Schließlich wird durch Dividieren der kombinierten Wahrscheinlichkeit für jedes Ereignis durch die Summe der kombinierten Wahrscheinlichkeit für beide Ereignisse die sog. tatsächliche bzw. *a-posteriori-Wahrscheinlichkeit errechnet* (s. Übersicht 9.6, 9.8).

9.6 Wiederholungsrisiko bei autosomal-rezessiven Erkrankungen

Patienten mit einer autosomal-rezessiven Erkrankung sind meist die einzigen in einer Familie, vor allem, wenn die Familie – in der Regel in den Industrieländern – sehr klein ist.

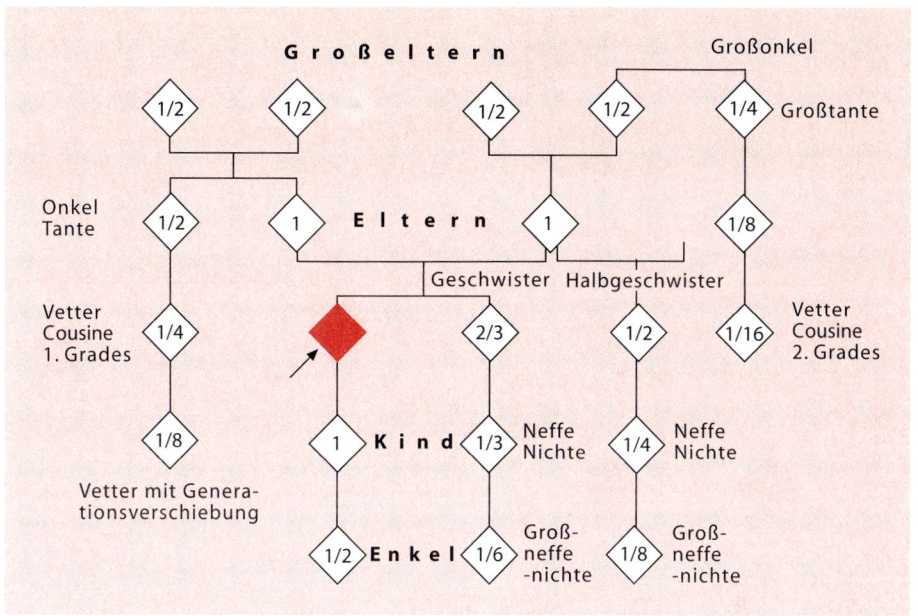

Abb. 9.3. Wahrscheinlichkeit für Verwandte des Homozygoten, heterozygote Genträger zu sein, z. B. bei einem autosomal-rezessiven Erbleiden. (Nach Fuhrmann, Vogel 1982)

Das Wiederholungsrisiko für ein weiteres Kind beträgt 25 %. Meist fragen die gesunden Geschwister oder Verwandte eines kranken Kindes nach ihrer Anlageträgerschaft bzw. dem Erkrankungsrisiko für ihre Nachkommen. Die Heterozygotenwahrscheinlichkeit für die gesunden Geschwister und Verwandten des Erkrankten mit einer autosomal-rezessiven Krankheit ist in Abb. 9.3 angegeben. Das Erkrankungsrisiko für deren Nachkommen kann aus der eigenen Wahrscheinlichkeit für Heterozygotie und der Heterozygotenhäufigkeit in der Population errechnet werden. So sind die gesunden Geschwister eines erkrankten Kindes mit einer Wahrscheinlichkeit von 2/3, die Geschwister der Eltern mit einer Wahrscheinlichkeit von 1/2 und Vettern und Cousinen mit einer Wahrscheinlichkeit von 1/4 heterozygot.

Bei einer Krankheit wie die **Mukoviszidose (Zystische Fibrose)** mit einer Häufigkeit von *1 zu 2.000* ist die Heterozygoten-häufigkeit in der Bevölkerung *1 zu 20*. Demzufolge beträgt das Risiko für die Kinder der gesunden Geschwister des Mukoviszidose-Patienten, sofern es sich nicht um eine Verwandtenehe handelt, *2/3 x 1/20 x 1/4 = 1:120*, ist also gegenüber der Durchschnittsbevölkerung etwa um das 17fache erhöht. Wird bei dem Partner bzw. der Partnerin der Heterozygotenstatus mit Sicherheit ausgeschlossen, dann ist das Wiederholungsrisiko für diese Erkrankung gegenüber der Durchschnittsbevölkerung nicht erhöht.

Erreicht ein homozygot Kranker das Reproduktionsalter, kann er kranke Kinder bekommen, wenn sein Partner heterozygot ist. Bei dem Beispiel der Mukoviszidose beträgt dann das Risiko für ein krankes Kind 50 %. Der Heterozygotenstatus kann heute bei einer Reihe von autosomal-rezessiven Erkrankungen mit Hilfe eines direkten Mutationsnachweises auf DNA-Ebene bzw. durch biochemische Untersuchungen

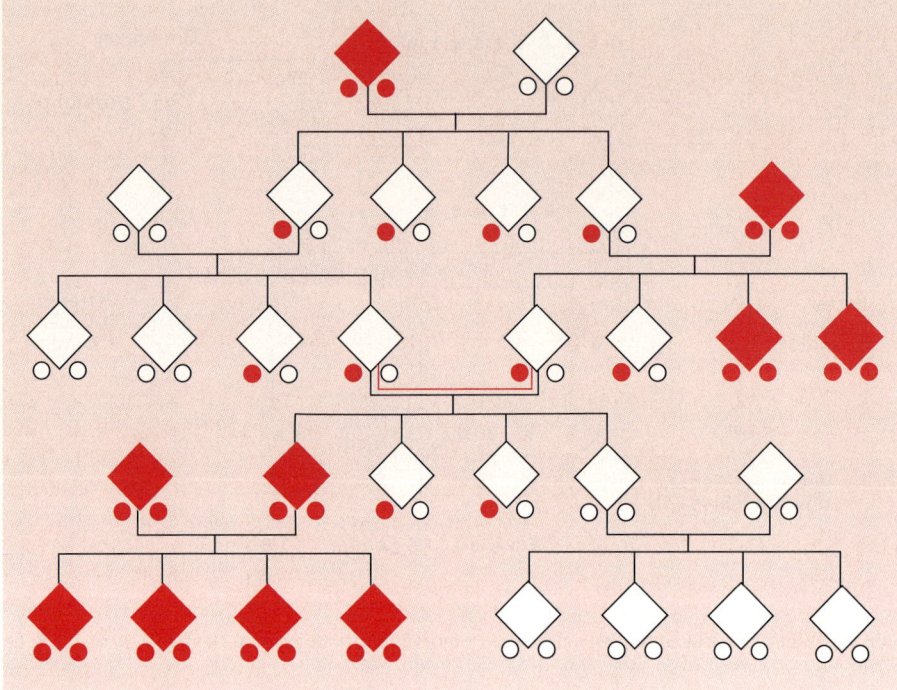

Abb. 9.4. Kreuzungsmöglichkeiten bei einer autosomal-rezessiven Erkrankung

abgeklärt werden. Manchmal findet man bei der biochemischen Untersuchung Laborwerte, die eine sichere Aussage über den Heterozygotenstatus nicht ermöglichen.

Ist die Anlageträgerschaft für die gleiche Mutation beim Partner ausgeschlossen, besteht kein erhöhtes Erkrankungsrisiko für die Nachkommen eines homozygot Kranken. Alle Kinder werden Anlageträger. Die verschiedenen Kreuzungsmöglichkeiten sind in Abb. 9.4 dargestellt.

9.6.1 Verwandtenehe

Ein seltenes rezessives Gen kann in heterozygotem Zustand über Generationen weitergegeben werden. Erst durch das Zusammentreffen von Heterozygoten kann ein homozygot krankes Kind entstehen. Je

näher der Verwandtschaftsgrad zwischen beiden Ehepartnern ist, umso wahrscheinlicher kommt es zu einer Verbindung zweier Heterozygoter. Patienten mit einer autosomal-rezessiven Erkrankung sind also unter den Nachkommen aus Verwandtenehen häufiger zu finden als rein zufällig zu erwarten wäre (s. Kap. 5.3.4).

Je nach der sozio-ökonomischen Situation in einer Gesellschaft oder einem Kulturkreis ist die Häufigkeit von Verwandtenehen unterschiedlich groß. In Industrieländern sind Verwandtenehen sehr selten. In Deutschland liegt ihr Anteil im Durchschnitt bei 0,1–0,3 %. In manchen Bevölkerungsgruppen, z. B. in einzelnen Inseldörfern Japans, in arabischen Ländern, der Türkei und in Südindien ist der Anteil der Verwandtenehen größer. In der Türkei liegt er im Durchschnitt bei 20 %. Betrachtet man die einzelnen Regionen in der Tür-

Übersicht 9.5. Häufigkeit der Verwandtenehen in verschiedenen Regionen der Türkei in %. (Nach Ulusoy, Tunçbileu 1987)

Verwandtschaftsgrad	West	Ost	Zentral	Nord	Süd
Vetter und Cousine ersten und zweiten Grades	16.58	17.79	25.05	12.31	28.28

kei (Übersicht 9.5), so fällt je nach der geographischen und sozio-ökonomischen Lage ein regionaler Unterschied auf. Kommt es in einer Population ohnehin häufiger zu Verwandtenehen, dann ist die Korrelation einer bestimmten Krankheit mit Verwandtenehen weniger sicher als in den Populationen, in denen es nur selten zu Verwandtenehen kommt.

Inzwischen leben in mitteleuropäischen Ländern viele Familien aus Kulturkreisen, in denen Verwandtenehen häufig vorkommen. Bei einer genetischen Beratung dieser Familien muß durch eine sorgfältige Stammbaumanalyse der Verwandtschaftsgrad der Ratsuchenden geklärt werden. Oft kann man zwar, wenn die Diagnose eines Krankheitsbildes nicht feststeht, aus der Tatsache, daß die Eltern als Vetter und Cousine verwandt sind, den Schluß ziehen, daß eine autosomal-rezessive Erkrankung vorliegen könnte. Jedoch ist diese Schlußfolgerung kein Nachweis, sondern ein zusätzlicher, richtungsgebender Hinweis für die Diagnosestellung.

Die häufige Frage lautet: Wie hoch ist das Risiko für eine genetische Erkrankung in einer Partnerschaft von Vetter und Cousine ersten Grades. Wir wissen, daß Vetter und Cousine ersten Grades 1/8 der Erbanlagen gemeinsam von ihren Großeltern erhalten haben. Ist jemand für eine rezessive Erbanlage heterozygot, so findet sich diese mit einer Wahrscheinlichkeit von 1/8 auch bei seinen Vettern oder Cousinen. Der Verwandtschafts- und Inzuchtkoeffizient ist in Abb. 9.5 zusammengestellt.

Ist die Häufigkeit einer autosomal-rezessiven Erkrankung wie bei der **Phenylketonurie** in einer Bevölkerung 1 zu 10.000,

so beträgt die Heterozygotenhäufigkeit 1 zu 50. Daher sind die Kinder aus einer Vetter-Cousine-Ehe 1/50 x 1/8 = 1/400 heterozygot für dieses bestimmte Gen. 1/4 der Kinder aus solchen heterozygoten Verbindungen sind homozygot krank, also 1/400 x 1/4 = 1/1.600. Kinder aus solchen Verbindungen sind also 6mal häufiger als Kinder von nicht verwandten Personen betroffen. Abb. 9.6 zeigt die Risikoberechnung für eine autosomal-rezessive Erkrankung, wenn zweifache Konsanguinität besteht.

Häufig auftretende autosomal-rezessive Erkrankungen, wie z. B. die **Mukoviszidose**, treten in Verwandtenehen kaum häufiger auf als in Ehen Nichtverwandter, weil häufige Mutationen auch ohne Verwandtenehen relativ oft homozygot auftreten können. Dagegen tritt eine seltene Krankheit bei Blutsverwandtschaft der Eltern häufiger auf.

Bei der genetischen Beratung von verwandten Partnern muß deutlich gemacht werden, daß wir heute über 2.000 rezessive Anlagen mit meist krankmachenden Eigenschaften kennen. Eine genaue Berechnung des Risikos für den Einzelnen ist nicht möglich, weil für viele dieser Anlagen die Heterozygotenhäufigkeit gar nicht bekannt ist. Jeder von uns trägt mehrere defekte Gene, die im homozygoten Zustand zu einer Krankheit führen würden.

Gibt es in der Familienanamnese keinen Anhaltspunkt für eine genetische Belastung, so besteht kein ausreichender Grund, in einer solchen Situation von Kindern abzuraten. Jedoch muß im Rahmen einer genetischen Beratung erwähnt werden, daß das Allgemeinrisiko für autosomal-rezessive und multifaktorielle Erkran-

	Verwandtschafts-grad	Verwandtschafts-koeffizient	Inzucht-koeffizient
Onkel - Nichte Tante - Neffe	zweiter Grad	1/4	1/8
zweifach Vetter - Cousine 1. Grades	zweiter Grad	1/4	1/8
Vetter - Cousine 1. Grades	dritter Grad	1/8	1/16
Halbonkel - Nichte Halbtante - Neffe	dritter Grad	1/8	1/16
Vetter - Cousine 1. Grades mit Generationsverschiebung	vierter Grad	1/16	1/32
Vetter - Cousine 2. Grades	fünfter Grad	1/32	1/64
Vetter - Cousine 2. Grades mit Generationsverschiebung	fünfter Grad	1/64	1/128
Vetter - Cousine 3. Grades	fünfter Grad	1/128	1/256

Abb. 9.5. Die wichtigsten Typen der Verwandtenehen, deren Verwandtschaftskoeffizient und Inzuchts-koeffizient

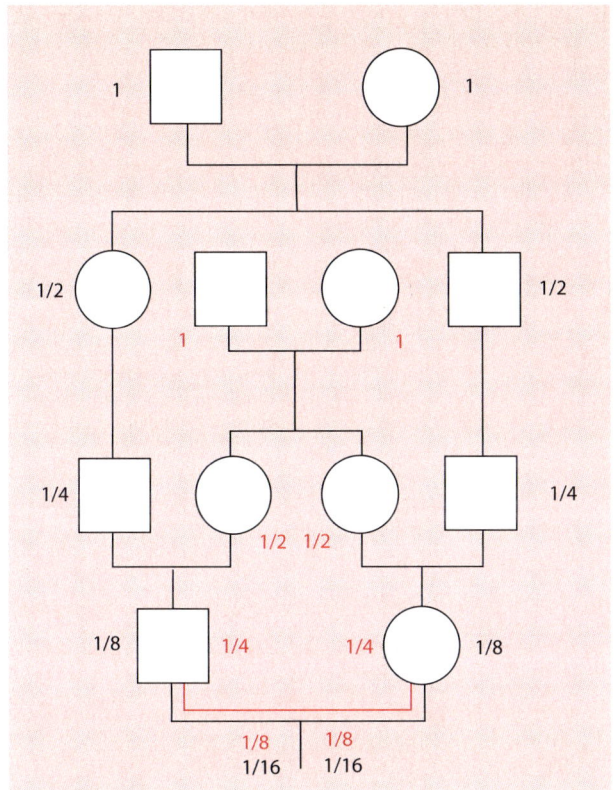

Abb. 9.6. Risikoberechnung für zweifache Konsanguinität

kungen sowie für Fehl- und Totgeburten im Vergleich zur Durchschnittsbevölkerung erhöht ist.

9.7 Wiederholungsrisiko bei autosomal-dominanten Erkrankungen

Bei der autosomal-dominanten Vererbung wird die krankmachende Anlage vom betroffenen Elternteil auf die Hälfte der Kinder (50 %) unabhängig von ihrem Geschlecht übertragen. Bei einigen autosomal-dominanten Erkrankungen werden oft unauffällige Anlageträger beobachtet. Hier spricht man von *verminderter Penetranz.* Das Erkrankungsrisiko ist in solchen Fäl-

len geringer als 50 %, obwohl die Wahrscheinlichkeit für eine Anlageträgerschaft gleich bleibt. Bestimmte Extremitätenfehlbildungen – beispielsweise *Spalthand* –, die autosomal-dominant vererbt werden und in mehreren Generationen auftreten können, überspringen gelegentlich eine Generation (Abb. 9.7).

Bei einem Teil der autosomal-dominanten Erkrankungen kann die phänotypische Ausprägung unterschiedlich sein. Man spricht hier von einer *variablen Expressivität.* Die Expressivität kann manchmal so schwach sein, daß die Krankheit übersehen wird. Durch Verfeinerung der diagnostischen Methoden ist es heute möglich, mehr und mehr Patienten mit Mikrosymptomen zu erkennen.

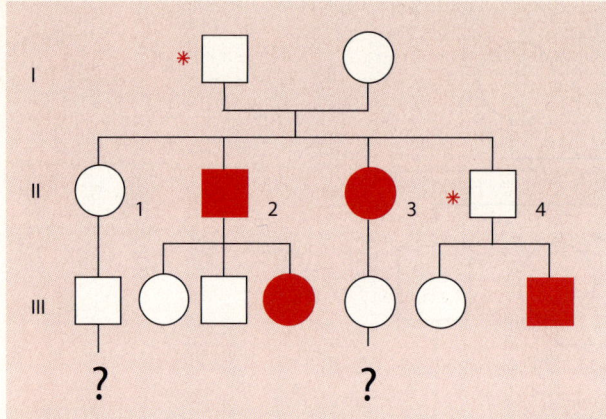

Abb. 9.7. Stammbaum einer Familie mit Spalthand mit verminderter Penetranz

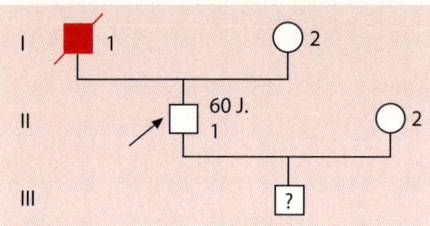

Abb. 9.8. Stammbaum einer Ratsuchenden, deren Vater an Chorea Huntington erkrankt war

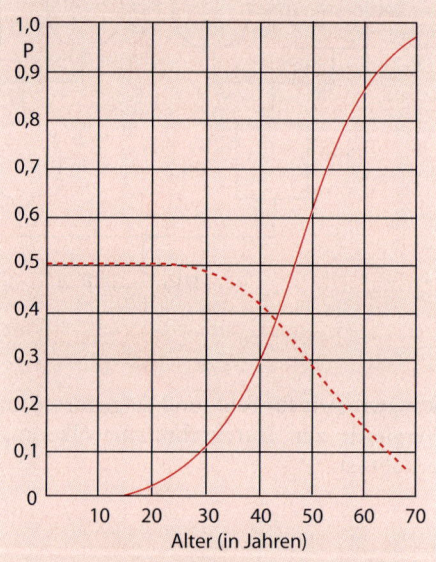

Abb. 9.9. Die Wahrscheinlichkeit, daß eine Person mit dem Gen für Chorea Huntington die Krankheit in einem bestimmten Alter entwickeln wird (*ausgezogene Linie*). Die Wahrscheinlichkeit, daß das gesunde Kind eines kranken Elternteils das Gen für die Chorea Huntington in einem bestimmten Alter hat (*unterbrochene Linie*). (Nach Harper et al. 1979 und ergänzenden Daten von R. Newcombe)

Ein weiteres Problem ist die klinische Manifestation bei einer Reihe von *spät manifest* werdenden Erkrankungen wie z. B. *Chorea Huntington, Myotone Dystrophie* oder die adulte Form der *polyzystischen Nierenerkrankung.* Bei dieser Gruppe werden in der Regel klinisch gesunde Familienmitglieder beraten, die sich über ihr eigenes Erkrankungsrisiko und die Vererbung auf die Nachkommen informieren wollen.

Die klinisch gesunden Ratsuchenden müssen zunächst von Spezialisten auf Mikrosymptome hin untersucht werden. Darüber hinaus ist es heute möglich, bei einer Reihe von spät manifest werdenden Krankheiten durch *prädiktive DNA-Diagnostik* die Anlageträgerschaft festzustellen. Die Schwierigkeit liegt bei den Krankheiten, bei denen das Erkennen der Anlageträgerschaft nicht möglich ist. Zusätzliche

Informationen aus dem Stammbaum sind hier sehr hilfreich. Das statistische Risiko kann hier nach dem *Bayes-Theorem* berechnet werden.

Übersicht 9.6. Risikoberechnung nach Bayesschem Theorem bei Chorea Huntington

	Anlageträger II/1	*Kein Anlageträger II/1*
A-priori-Risiko	1/2	1/2
Bedingtes Risiko	1/5	1
Kombiniertes Risiko	1/2 × 1/5 = 1/10	1 × 1/2 = 1/2 bzw. 5/10
A-posteriori-Risiko	$\dfrac{1/10}{1/10 + 5/10} = 1/6 = 16\,\%$	$\dfrac{5/10}{1/10 + 5/10} = 5/6$

Das Risiko für seinen Sohn: $16 \times \frac{1}{2} = 8{,}5\,\%$ (entsprechend Textbeispiel)

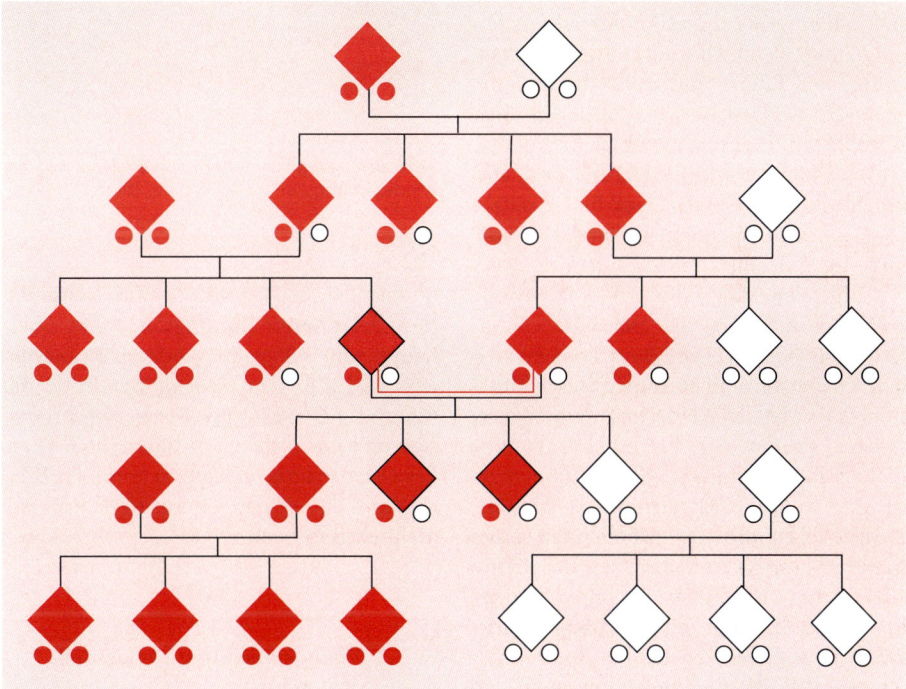

Abb. 9.10. Kreuzungsmöglichkeiten bei einer autosomal-dominanten Erkrankung

Ein 60jähriger Mann, dessen Vater an Chorea Huntington gestorben ist, fragt beispielsweise nach dem Risiko für seine Kinder (Abb. 9.8). Für ihn selbst besteht ein a-priori-Risiko von 50 %. Chorea Huntington wird im Alter von 60 Jahren bei etwa 80 % der Anlageträger manifest (Abb. 9.9). Sein bedingtes Risiko beträgt ca. 20 % und die Wahrscheinlichkeit, daß er gesund ist, weil er das defekte Gen nicht trägt, ist 100 %.

Somit errechnet sich eine kombinierte Wahrscheinlichkeit von 10 % und 50 %. Daraus ergibt sich das a-posteriori-Risiko von 16 %, daß er Anlageträger ist. Für seinen Sohn ergibt sich ein Risiko von 8,5 % im Gegensatz zu einem Risiko von 25 %, wenn man das Alter des Ratsuchenden nicht in Betracht gezogen hätte (Übersicht 9.6).

Homozygotie bei autosomal-dominanten Erkrankungen ist sehr selten. Sie kann eintreten, wenn zwei heterozygot Kranke gemeinsam ein Kind bekommen. Die verschiedenen Kreuzungsmöglichkeiten der autosomal-dominanten Erkrankungen sind in Abb. 9.10 dargestellt.

9.7.1 Neumutation

Tritt ein autosomal-dominantes Erbleiden nur ein einziges Mal auf, dann kann es sich um eine Neumutation handeln. Allerdings muß durch eine sorgfältige Untersuchung der Eltern und evtl. vorhandener gesunder Geschwister das Vorliegen eines Krankheitsbildes mit variabler Expressivität und/oder verminderter Penetranz ausgeschlossen werden. Oft sind hier zusätzliche Laboruntersuchungen oder die Vorstellung bei Spezialisten notwendig.

Eine Neumutation ist ein einziges und zufälliges Ereignis, das nur eine einzige Keimzelle betrifft. Die Eltern des betroffenen Kindes sind nicht Träger dieser Mutation. Daher ist das Wiederholungsrisiko für weitere Kinder der betroffenen Familie nicht höher als in der Allgemeinbevölkerung (Abb. 9.11). Als weiteres ist hier die Berücksichtigung der Möglichkeit eines *Keimzellmosaiks* unabdingbar. Ein Keimzellmosaik entsteht, wenn eine Mutation im frühen Stadium der Gonadenentwicklung eines Elternteils in der Embryonalphase stattfindet und neben den normalen Zelllinien auch Zellen mit mutiertem Gen in den Gonaden vorliegen. Bei einigen Krankheiten sind Geschwisterfälle aufgrund von Keimzellmosaiken bekannt. Aus diesem Grund sollte bei einer autosomal-dominanten Erkrankung, auch wenn eine Neumutation als Ursache angenommen wird, trotzdem ein Wiederholungsrisiko von ca. 5% angegeben werden.

Bei autosomal-dominanten Erkrankungen sind Neumutationen verschieden häufig. Es gibt Krankheiten, wie z.B. das *Apert-Syndrom*, mit einer sehr hohen Neu-

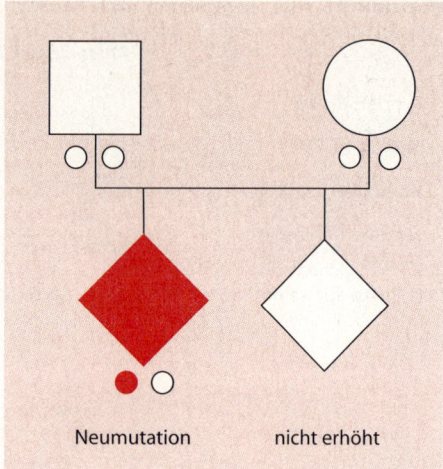

Abb. 9.11. Autosomal-dominanter Erbgang; das Wiederholungsrisiko bei Neumutation

mutationsrate. Dagegen ist eine Neumutation bei *Chorea Huntington*, wenn überhaupt, sehr selten. Bei anderen Krankheiten, wie z.B. dem *Marfan-Syndrom,* der tuberösen *Hirnsklerose*, der *Neurofibromatose* und der autosomal-dominanten Form *der Osteogenesis imperfecta* kommen Neumutationen vor, jedoch ist die Häufigkeit nicht extrem hoch.

9.7.2 Phänokopien und somatische Mutationen

Phänotypisch gleiche Krankheiten oder Anomalien können genetisch bedingt oder durch exogene Einflüsse während der Organentwicklungsphase hervorgerufen werden. Ein sporadischer Fall, der phänotypisch einer autosomal-dominanten Erkrankung ähnlich ist, muß daher nicht unbedingt eine dominante Neumutation sein. Es kann hier auch eine *Phänokopie* vorliegen. Die *Thalidomid-Embryopathie* ist ein exogen bedingter Fehlbildungskomplex, der in vielen Symptomen dem *Holt-Oram-*

Übersicht 9.7. Genetische Risiken für die Nachkommenschaft bei einseitigem Retinoblastom. (Nach Fuhrmann, Vogel 1982)

Ratsuchender	Risiko
Genetisches Risiko bei einseitigem Retinoblastom	
Erkrankt, bei gleichzeitig erkranktem Elternteil oder Geschwister	45 %
Nicht erkrankt, ein Elternteil und Geschwister oder zwei Geschwister erkrankt	4,5 %
Erkrankt, keine anderen erkrankten Verwandten	ca. 6,0 %
Nicht erkrankt, ein erkranktes Kind	1,3 %
Nicht erkrankt, ein erkranktes Geschwister	< 1 %
Genetische Risiken bei doppelseitigem Retinoblastom	
Erkankt, andere Familienmitglieder erkrankt	45 %
Erkrankt, keine anderen Familienmitglieder erkrankt	45 %
Nicht erkrankt, ein erkranktes Kind	4–5 %
Nicht erkrankt, ein erkranktes Geschwister	< 1 %

Syndrom, einem autosomal-dominanten Leiden mit Extremitätenfehlbildung und angeborenem Herzfehler, ähnlich ist.

Mutationen, die nicht die Erbanlagen der Keimzellen, sondern der Somazellen betreffen, werden als *somatische Mutationen* bezeichnet. Viele Tumoren oder lokalisierte Dysplasien entstehen durch somatische Mutationen. Es gibt z. B. sporadisch auftretende und nur auf einen Sektor beschränkte Anomalien, wie die *segmentale Neurofibromatose* bzw. die nicht erblich bedingte Form des *Retinoblastoms*. Für die genetische Beratung sind solche Situationen besonders problematisch.

Das *Retinoblastom* (Abb. 9.12) ist ein bösartiger, von der Retina ausgehender Tumor mit einer Häufigkeit von 1:20.000, der unbehandelt wegen hoher Malignität zum Tode führt. In den meisten Fällen tritt er vor dem 5. Lebensjahr auf. 60 % der Fälle sind sporadisch, die anderen 40 % werden mit unvollständiger Penetranz autosomal-dominant vererbt. Etwa 75 % der Fälle haben einseitige und 25 % beidseitige Tumoren, die gleichzeitig oder nacheinander auftreten können. Bei den nicht erblich bedingten Formen ist in der Regel nur ein Auge betroffen, während die erblich bedingten Formen unilateral oder bilateral bzw. multifokal auftreten. Die erblich

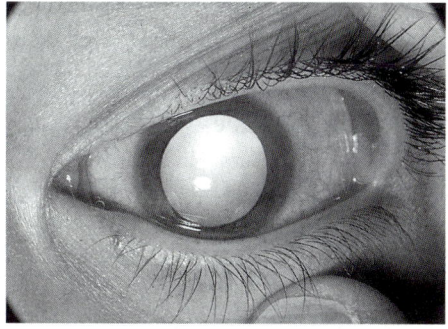

Abb. 9.12. Patient mit Retinoblastom. (Mit freundlicher Genehmigung von Prof. F. Vogel, Heidelberg)

bedingten Formen treten meist früher auf als die nicht erblich bedingten. Die doppelseitigen sporadischen Fälle sind alle Neumutationen, während von den einseitigen Fällen nur etwa 10–15 % Neumutationen sind. Der Rest besteht aus Phänokopien. Klinisch kann man die beiden voneinander nicht unterscheiden. Das Gen liegt auf dem Chromosom Nr. 13 (13q14). Ein weiteres Problem beim Retinoblastom ist die unvollständige Penetranz von 90 %, d. h., daß von den Heterozygoten 10 % nicht erkanken, obwohl sie das defekte Gen besitzen. Alle diese Besonderheiten machen die genetische Beratung bei sporadischen Fällen problematisch (über die Entstehung des Retinoblastoms siehe Kap. 5). Wiederholungsrisiken können der Übersicht 9.7 entnommen werden.

9.8 Wiederholungsrisiko bei X-chromosomalen Erkrankungen

9.8.1 X-chromosomal-rezessive Erkrankungen

Von den annähernd 9.000 monogenen Erkrankungen sind über 500 X-chromosomale Erkrankungen bzw. X-chromosomale Marker. Zum größten Teil werden sie X-chromosomal-rezessiv vererbt, weshalb in der Regel nur Männer erkranken. Allgemeine Kriterien in der X-chromosomalen Vererbung sind in Kap. 5.4.2 erläutert. Tritt eine X-chromosomal-rezessive Erkrankung bei einer Frau auf, dann sollte man an folgende Möglichkeiten denken:

- Turner-Syndrom (45,X) (s. Kap. 4.2.1),
- testikuläre Feminisierung (s. Kap. 3.2.3),
- Folge der Lyonisierung (X-Inaktivierung) (s. Kap. 3.3),
- Deletion des kurzen Arms des X-Chromosoms (s. Kap. 4.4.4).

Die verschiedenen Kreuzungsmöglichkeiten bei X-chromosomal-rezessiven Erkrankungen sind in Abb. 9.13 dargestellt. Für die Söhne einer Konduktorin besteht ein Wiederholungsrisiko von 50 %. Die Hälfte ihrer Töchter werden wiederum heterozygot wie die Mutter selbst sein. Die Töchter eines betroffenen Mannes sind alle heterozygot, sie können erkranken, wenn die Mutter zufällig Anlageträgerin ist. In einer genetische Beratung bei einer X-chromosomal-rezessiven Erkrankung wollen sich in der Regel die Töchter bzw. Schwestern eines betroffenen Mannes oder andere Frauen aus der mütterlichen Linie über ihre Anlageträgerschaft und das Wiederholungsrisiko bei ihren Nachkommen informieren.

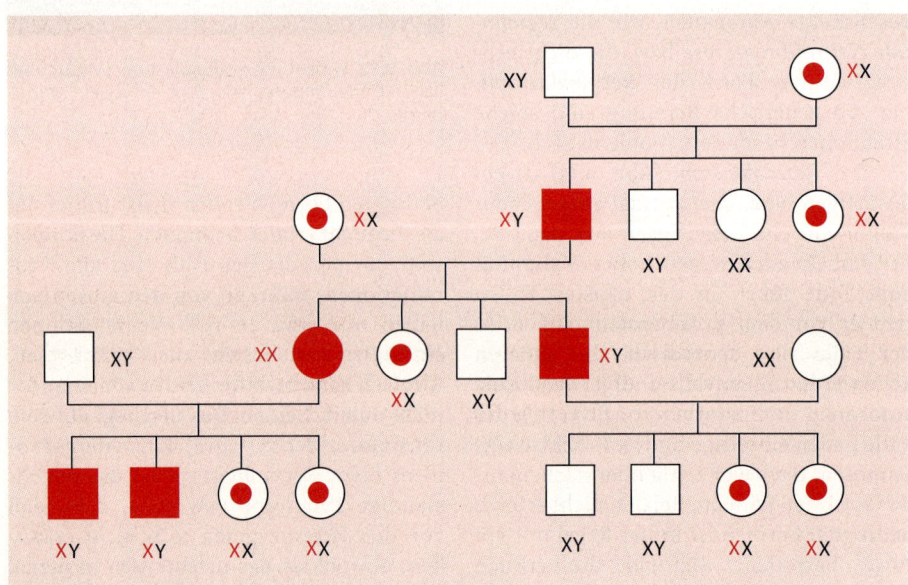

Abb. 9.13. Kreuzungsmöglichkeiten bei einer X-chromosomal-rezessiven Erkrankung

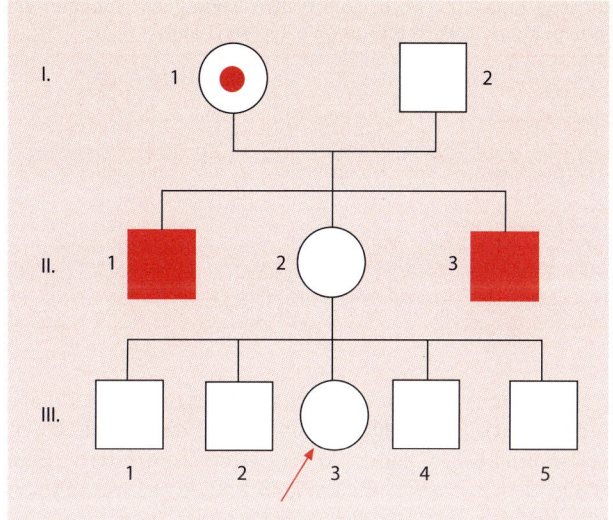

Abb. 9.14. Stammbaum einer ratsuchenden Familie mit X-chromosomal-rezessiver Erkrankung, z. B. Muskeldystrophie Typ Duchenne

Die obligaten Heterozygoten allein nach der Stammbaumanalyse sind:

- alle Töchter eines erkrankten Mannes,
- Frauen, die zwei erkrankte Söhne haben,
- Frauen, die einen erkrankten Sohn und einen erkrankten Bruder haben,
- zwei Schwestern, die je einen erkrankten Sohn haben,
- Frauen, die einen erkrankten Sohn und einen erkrankten Onkel (mütterlicherseits) haben.

Wie kann nun die Heterozygotenwahrscheinlichkeit einer Frau in einer Familie mit einer X-chromosomal-rezessiven Erkrankung abgeschätzt werden, wenn sie nicht zu einer der oben erwähnten Gruppen gehört und kein sicherer Heterozygotentest zur Verfügung steht? In Abb. 9.14 fragt die Ratsuchende III/3, ob sie Anlageträgerin für die *Muskeldystrophie Typ Duchenne* ist. I/1 ist eine sichere Heterozygote, weil sie zwei erkrankte Söhne hat. Die Heterozygotenwahrscheinlichkeit für II/2 ist a priori 50 % und für die Ratsuchende (III/3) 25 %. Die zusätzliche Information aber, daß sie vier gesunde Brüder hat, verringert ihre Heterozygotenwahrscheinlichkeit.

Unter Anwendung des *Bayes-Theorems* kann diese Wahrscheinlichkeit genauer errechnet werden: Zunächst muß man die Heterozygotenwahrscheinlichkeit für ihre Mutter (II/2) berechnen. II/2 ist die Tochter von einer obligaten Heterozygoten (I/1). Demzufolge beträgt ihre Heterozygotenwahrscheinlichkeit a priori 50 %. Sie hat aber vier gesunde Söhne. Nun ist ihre bedingte Wahrscheinlichkeit, daß sie heterozygot ist, aber ihre Söhne nicht betroffen sind, $(1/2)^4$ bzw. 1/16. Die bedingte Wahrscheinlichkeit, daß ihre vier Söhne nicht betroffen sind, weil sie nicht heterozygot ist, beträgt 1 bzw. 100 %. Nun kann aus der a-priori-Wahrscheinlichkeit und der bedingten Wahrscheinlichkeit die kombinierte Wahrscheinlichkeit für eine Anlageträgerschaft bzw. Nicht-Anlageträgerschaft errechnet werden. Die kombinierte Wahrscheinlichkeit für II/2 mit vier gesunden Söhnen beträgt 1/2 x 1/16 = 1/32. die kombinierte Wahrscheinlichkeit, daß sie nicht Anlageträgerin ist, beträgt 1/2 x 1 = 1/2. Nun ergibt sich aus den Verhältnissen der kombinierten Wahrscheinlichkeit für die

Übersicht 9.8. Risikoberechnung für eine Anlageträgerschaft nach dem Bayesschem Theorem bei einer X-chromosomal-rezessiven Erkrankung, z. B. Muskeldystrophie Typ Duchenne

	Anlageträger II/2	Kein Anlageträger II/2
A-priori-Risiko	1/2	1/2
Bedingtes Risiko (zwei gesunde Söhne)	$(1/2)^4 = 1/16$	1
Kombiniertes Risiko	$1/16 \times 1/2 = 1/32$	$1 \times 1/2 = 1/2$ bzw. 16/32
A-posteriori-Risiko	$\dfrac{1/32}{1/32 + 1/2} = 1/17$	$\dfrac{1/2}{1/32 + 1/2} = 16/17$

Heterozygotie und der Summe von beiden mit allen Möglichkeiten die a-posteriori-Wahrscheinlichkeit (bzw. das tatsächliche Risiko). In unserem Fall beträgt das Risiko, für II/2 heterozygot zu sein 1/17 und für die Nicht-Anlageträgerschaft 16/17 (Übersicht 9.8). Daraus ergibt sich das Risiko für III/3 heterozygot zu sein zu 1/34.

Durch Einbeziehung weiterer Daten der entfernten Verwandtschaft sowie der Ergebnisse des Heterozygotentests kann das Risiko für eine Anlageträgerschaft weiter eingeengt werden.

Schwierig ist es, wenn in einer Familie ein isolierter Fall auftritt. Es ist unmöglich zu unterscheiden, ob es sich um eine Neumutation handelt oder eine familiäre Vererbung vorliegt. Um dies herauszufinden, muß man Informationen über die Mutationsrate in männlichen und weiblichen Keimzellen und die Fortpflanzungsfähigkeit des Merkmalträgers haben. So gibt es z. B. bei einem isolierten Fall mit *Duchenne-Muskeldystrophie* drei Möglichkeiten:

- Entweder ist das betroffene Kind Resultat einer Neumutation. In solchen Fällen ist keine weibliche Person in der Familie Anlageträger. Allerdings muß man hier die Möglichkeit des Keimzellmosaiks mit berücksichtigen.
- Es kann sein, daß die Mutter Anlageträgerin aufgrund einer Neumutation ist. In einem solchen Fall haben ihre Töchter eine Wahrscheinlichkeit von

50 %, auch heterozygot zu sein, dementsprechend auch die Enkeltöchter, aber keine ihrer Schwestern bzw. keine anderen Frauen in ihrer mütterlichen Linie.

- Es kann sein, daß die Großmutter des Patienten Anlageträgerin ist und die Mutter von ihr die Anlage geerbt hat. In einem solchen Fall besteht dann eine erhöhte Heterozygotenwahrscheinlichkeit für alle weiblichen Personen der Familie.

Die Wahrscheinlichkeit für alle drei Möglichkeiten beträgt 1/3. Dies kann anhand der Haldane-Formel errechnet werden:

$$m = \frac{(1-f)\,\mu}{2\,\mu + \nu}$$

Dabei ist

- m = Anteil der durch Neumutation in der Eizelle der Mutter verursachten unter allen Trägern einer (seltenen) X-chromosomal-rezessiven Erbkrankheit;
- f = Fortpflanzungsrate der Merkmalsträger im Verhältnis zum Bevölkerungsdurchschnitt;
- μ = Mutationsrate in Keimzellen von Frauen;
- ν = Mutationsrate in Keimzellen von Männern.

Wenn sich die Kranken überhaupt nicht fortpflanzen können, wie das bei der Muskeldystrophie Typ Duchenne der Fall ist, so vereinfacht sich diese Formel zu:

$$m = \frac{\mu}{2\,\mu + \nu} \text{ oder wenn } \mu = \nu, \ m = \frac{1}{2}$$

Heute kann mit Hilfe von molekulargenetischen Methoden der Heterozygotenstatus bei einigen X-chromosomal-rezessiven Erkrankungen abgeklärt werden.

9.8.2 X-chromosomal-dominante Erkrankungen

X-chromosomal-dominante Erkrankungen können von der Mutter sowohl auf die Töchter als auch auf die Söhne übertragen werden. Das Risiko für beide Geschlechter beträgt 50 %. Die Töchter eines erkrankten Mannes werden alle krank. Die X-chromosomal-dominanten Erkrankungen sind bei Frauen etwas schwächer ausgeprägt als bei Männern. Die verschiedenen Kreuzungsmöglichkeiten bei X-chromosomal-dominanten Erkrankungen sind in Abb. 9.15 dargestellt.

Besondere Aufmerksamkeit erfordert die Beratung von Krankheiten mit letalem Faktor für die männlichen Hemizygoten, wie z. B. bei der *Incontinentia pigmenti*, dem *orofaziodigitalen Syndrom Typ I* und der *fokalen, dermalen Hypoplasie*. Allerdings gibt es hier auch seltene Ausnahmesituationen. Bei diesen Krankheitsgruppen werden nur heterozygote Frauen betroffen, und die lebend geborenen Söhne einer heterozygoten Frau sind in der Regel gesund, weil die Erkrankung bei den männlichen Hemizygoten in der Regel so schwerwiegend ist, daß die Embryonen intrauterin absterben. Da die Expressivität stark schwankt und die Symptome, vor allem der Incontinentia pigmenti sich mit zunehmendem Alter der Frau abschwächen, sollte man bei den sporadischen Fällen die Mütter sorgfältig untersuchen. Wenn bei der Mutter eines betroffenen Kindes die Krankheit nach einer sorgfältigen Untersuchung ausgeschlossen ist und sie keinen Frühabort hatte, dann kann es sich um eine Neumutation handeln.

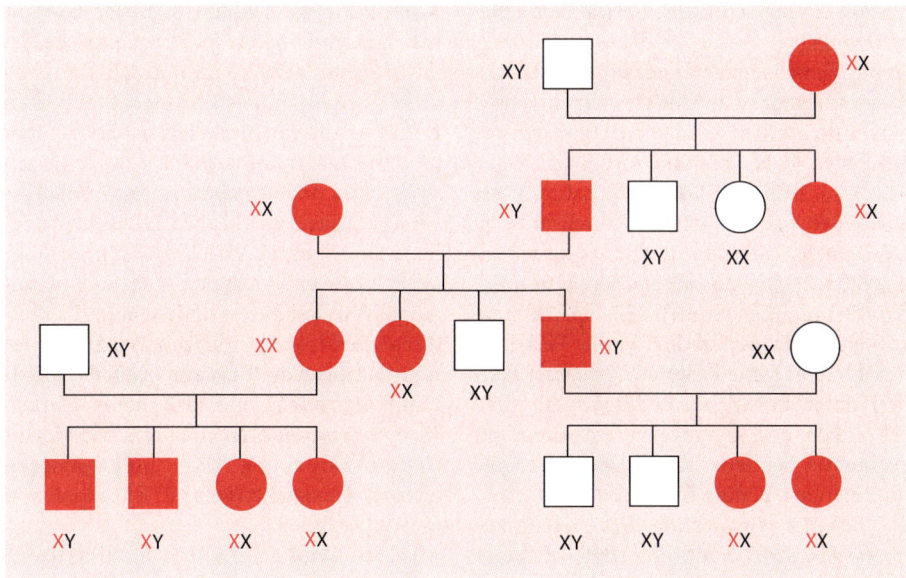

Abb. 9.15. Kreuzungsmöglichkeiten bei einer X-chromosomal-dominanten Erkrankung

9.9 Wiederholungsrisiko bei multifaktoriellen Erkrankungen

Multifaktorielle Erkrankungen oder Fehlbildungen werden im Gegensatz zu monogenen Krankheiten nicht durch ein einziges Gen, sondern durch Interaktion von mehreren Genen (polygen) und Umweltfaktoren verursacht (Kap. 6). Bevor eine Krankheit oder eine Fehlbildung als multifaktoriell bezeichnet werden kann, muß man klären, ob es sich nicht um ein bestimmtes Syndrom oder Krankheitsbild mit Mendelschem Erbgang handelt. In Einzelfällen kann es schwierig sein, die monogenen, multifaktoriellen oder rein exogen bedingten Krankheiten voneinander zu unterscheiden.

Multifaktorielle Erkrankungen sind häufiger als monogene. So erkranken etwa 10 bis 15 % der Bevölkerung an irgendeiner Form von *atopischen Krankheiten*, 10–20 % an *Hypertonie*, etwa 5 % an *Diabetes mellitus*, 1 % an *Schizophrenie*, 4 % an *manisch-depressiver Psychose* (s. Kap. 6). Die Verteilung richtet sich etwa nach einer normalen Verteilung in der Bevölkerung, wobei die meisten Personen einen mittleren Dispositionsgrad aufweisen. Diejenigen an den Enden der Verteilungskurve zeigen eine geringere bzw. höhere Auffälligkeit (s. Abb. 6.6). Eine multifaktorielle Erkrankung wird bei vorhandenen Umweltfaktoren häufig nach Überschreiten einer bestimmten Grenze der genetischen Disposition voll zur Ausprägung kommen. Hier spricht man von einem *Schwellenwert*. Einige Personen mit höherer genetischer Disposition werden unter günstigen Bedingungen nicht erkranken und umgekehrt Personen mit geringerer genetischer Disposition bei ungünstigen Bedingungen erkranken.

Bei der Ermittlung des Wiederholungsrisikos von multifaktoriellen Erkrankungen bzw. Fehlbildungen sind wir auf *empirische Risikoziffern* angewiesen. Sie werden dadurch gewonnen, daß man eine systematische und auslesefreie Zusammenstellung von Patienten und deren Familien in einer bestimmten Population durchführt und die Erkrankungswahrscheinlichkeit errechnet. Faktoren wie Geschlecht oder Erkrankungsalter bei spät manifestierenden Krankheiten sowie Heterogenität müssen berücksichtigt werden. Für jeden Verwandtschaftsgrad, das heißt für Geschwister, Eltern, Kinder, Vettern, Cousinen, Tanten und Onkel muß jeweils getrennt gerechnet werden. Die Größe der empirischen Risikoziffer ist davon abhängig, welche Person mit welchem Verwandtschaftsgrad erkrankt ist und ob eine oder mehrere Personen betroffen sind. Grundlegend entspricht das Wiederholungsrisiko für Verwandte ersten Grades eines Patienten mit multifaktorieller Erkrankung etwa der *Quadratwurzel* aus der Häufigkeit in der Bevölkerung. Im folgenden soll die genetische Beratung bei einigen multifaktoriellen Erkrankungen besprochen werden.

Neuralrohrdefekt

Normalerweise schließt sich das Neuralrohr am Ende der 4. Embryonalwoche. Ist aus irgendeinem Grund dieser Vorgang gestört, so kommt es zu unterschiedlichen Defekten, die von *Spina bifida occulta* über die *Meningomyelozele* (Abb. 9.16) zu *Rachischisis* und *Anenzephalus* reichen. All diese verschiedenen Formen der Neuralrohrdefekte sind multifaktoriell, sie können aber auch bei verschiedenen Chromosomenstörungen oder verschiedenen Fehlbildungs-Syndromen mit monogenem oder multifaktoriellem Erbgang als Teilsymptomatik auftreten, wie z. B. beim *Meckel-Gruber-Syndrom*, einer autosomal-rezessiven Erkrankung mit polyzystischen Nieren, Hexadaktylie und Enzephalozele (s. Abb. 7.22a-c).

Die Häufigkeit der multifaktoriell bedingten Neuralrohrdefekte ist in verschiedenen geographischen Regionen und

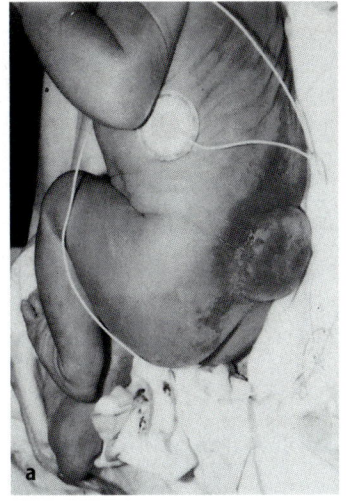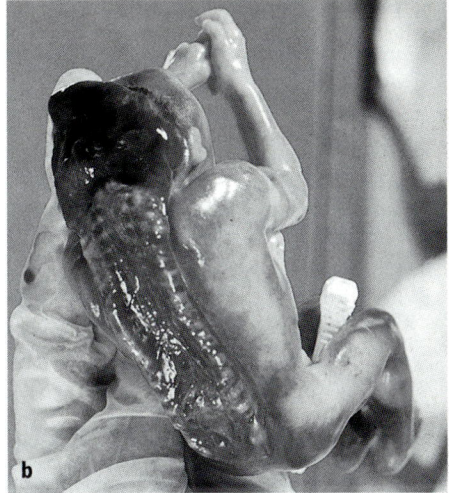

Abb. 9.16. a Spina bifida; **b** Rachischisis

Übersicht 9.9. Wiederholungsrisiko für Neuralrohrdefekte

Spina bifida + Anenzephalus	*Verwandte* *1. Grades*	*2. Grades*	*3. Grades*
nach 1 erkrankten Kind	2–4 %	1,5 %	0,6 %
nach 2 erkrankten Kindern	10 %	–	–

in verschiedenen ethnischen Gruppen unterschiedlich. So liegt sie in der Bundesrepublik bei etwa 1:1.000 und in Irland bei 7–8:1.000. Das Wiederholungsrisiko für Verwandte ersten Grades beträgt etwa 4 % nach einem betroffenen Kind und ca. 9 %, wenn zwei Kinder betroffen sind (Übersicht 9.9). In den Gebieten mit einer höheren Häufigkeit nimmt man einen Einfluß von Ernährungsfaktoren an. Eine präkonzeptionelle Verabreichung von Folsäure reduziert das Wiederholungsrisiko von Frauen mit einem betroffenen Kind. Neuralrohrdefekte können heute pränatal diagnostiziert werden (Kap. 9.12).

Angeborene Herzfehler

Die Häufigkeit der angeborenen Herzfehler beträgt ca. 0,8–1 %. Etwa 90 % der isolier-ten angeborenen Herzfehler sind multifaktoriell bedingt. Wie andere Organfehlbildungen können auch angeborene Herzfehler als Teilsymptomatik bei verschiedenen Chromosomenstörungen oder Fehlbildungssyndromen auftreten. Herzfehler können aber auch exogen, z. B. durch Infektion während der Schwangerschaft oder chemische Noxen wie Alkohol, Thalidomid oder durch mütterliche Stoffwechselstörungen wie maternale Phenylketonurie, induziert werden. Das Wiederholungsrisiko für verschiedene Herzfehler ist in der Übersicht 9.10 zusammengestellt.

Lippen-Kiefer-Gaumen-Spalte

Vor der genetischen Beratung sollten der Patient mit einer Lippen-Kiefer-Gaumen-Spalte sowie seine Eltern gründlich unter-

	Wiederholungsrisiko (%)	
	Geschwister	Kinder
Ventrikelseptumdefekt	2–4	4
Vorhofseptumdefekt	2–3	3
Fallotsche Tetralogie	2–3	4
Offener Ductus arteriosus Botalli	2–4	4
Pulmonalstenose	2	2–4
Pulmonalatresie	1	~
Trikuspidalatresie	1	~
Transposition der großen Gefäße	1–2	~
Aortenstenose (ohne subvalvuläre u. supravulvuläre A. S.)	2–3	4
Aortenisthmusstenose	2	2–3
Endokardfibroelastose	4	~
Hypoplastisches Linksherzsyndrom	2	~
Ebstein-Anomalie	1	~

sucht werden, weil bei einigen Fehlbildungs-Syndromen die Ausprägung dieses Defektes sehr diskret sein kann. Die Lippen-Kiefer-Gaumen-Spalte kann z. B. bei einer Chromosomenstörung, wie der *Trisomie 13* (s. Abb. 4.11), oder bei einer Reihe von Fehlbildungen mit monogenem Erbgang oder bei einer *Holoprosenzephalie* mit unvollständiger Ausprägung (s. Abb. 7.7) vorkommen oder multifaktoriell bedingt sein.

Die isolierte Lippen-Kiefer-Gaumen-Spalte ist multifaktoriell bedingt und kommt mit einer Häufigkeit von 1:500

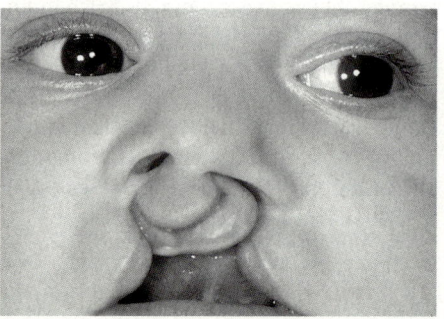

Abb. 9.17. Lippen-Kiefer-Gaumen-Spalte. (Mit freundlicher Genehmigung von Prof. F. Vogel, Heidelberg)

vor (Abb. 9.17). Die Gaumenspalte alleine ist mit 1:2.500 seltener. Das Wiederholungsrisiko für die multifaktoriell bedingte Lippen-Kiefer-Gaumen-Spalte und die isolierte Gaumen-Spalte ist in der Übersicht 9.11 u. 9.12 zusammengefaßt.

Hypertrophe Pylorusstenose

Die Hypertrophe Pylorusstenose tritt bei Jungen etwa 5mal häufiger als bei Mädchen auf. In einer umfangreichen Studie wurde festgestellt, daß bei Verwandten von befallenen Mädchen die Pylorusstenose weit öfter auftritt als bei den entsprechenden Verwandten der befallenen Knaben (Übersicht 9.13). Daraus resultiert eine quantitative Verteilung der genetischen Disposition für die Pylorusstenose *(Carter-Effekt)*. Wenn unspezifische, geschlechtsabhängige Faktoren die Manifestation der Gene bei Mädchen unterdrücken, müssen erkrankte Mädchen eine besonders starke genetische Disposition aufweisen, also eine Vielzahl von entsprechenden Genen besitzen, um zu erkranken. Da Verwandte ersten Grades die Hälfte der Gene gemeinsam haben, besitzen auch Verwandte betroffener Mädchen entsprechend mehr kranke Gene als Verwandte betroffener Knaben. Die Kna-

Übersicht 9.11. Wiederholungsrisiko für die Lippen-Kiefer-Gaumen-Spalte für nahe Verwandte von Merkmalsträgern nach verschiedenen Serien der Literatur. (Nach Fuhrmann, Vogel 1983)

Familiensituation		Wiederholungsrisiko für Lippen-Kiefer-Gaumenspalte (%)
Gesunde Eltern	1 betroffenes Kind	4
	2 betroffene Kinder	9
1 Elternteil betroffen	1. Kind	3–4
	bereits 1 betroffenes Kind	15–17
Beide Eltern betroffen		? > 35

Übersicht 9.12. Wiederholungsrisiko für isolierte Gaumenspalten für nahe Verwandte von Merkmalsträgern nach verschiedenen Serien der Literatur. (Nach Fuhrmann, Vogel 1983)

Familiensituation		Wiederholungsrisiko für Gaumenspalte (%)
Gesunde Eltern	1 betroffenes Kind	2
	2 betroffene Kinder	10
1 Elternteil betroffen	1. Kind	6
	bereits 1 betroffenes Kind	15–17

Übersicht 9.13. Wiederholungsrisiko für Pylorusstenose. (Harper 1993)

Geschlecht der Probanden	Brüder	Schwestern	Söhne	Töchter	Neffen	Nichten	Vettern	Cousinen
♂	3,8 %	2,7 %	5,5 %	2,4 %	2,3 %	0,4 %	0,9 %	0,2 %
♀	9,2 %	3,8 %	18,9 %	7,0 %	4,7 %	~	0,7 %	0,3 %

ben erkranken mit einer relativ geringen genetischen Disposition.

Epilepsie

Epileptische Anfälle können bei einer Reihe nicht behandelter monogener Stoffwechselstörungen als Teilsymptomatik auftreten. Isolierte, sog. idiopathische Epilepsien folgen bis auf wenige Ausnahmen einem multifaktoriellen Erbgang. Wiederholungsrisiken für die verschiedenen Formen der Epilepsie sind in Übersicht 9.14 u. 9.15 zusammengestellt. Bei der genetischen Beratung muß auf teratogene Effekte antiepileptischer Medikamente hingewiesen werden. Es sollte bereits vor der Konzeption die Dosis sowie die Art und Kombination der antiepileptischen Mittel mit einem Spezialisten ausführlich besprochen und so eingestellt werden, daß die Patientin durch eine günstige Medikation möglichst anfallsfrei bleibt. Das Basisrisiko für angeborene Fehlbildungen ist, unabhängig von der Art der Medikation, höher als in der Allgemeinbevölkerung. Eine engmaschige und gezielte Ultraschalluntersuchung sowie pränatale Diagnostik zum Ausschluß von Neuralrohrdefekten ist bei der Beratung von epileptischen Müttern in Erwägung zu ziehen.

Übersicht 9.14 Empirisches Risiko für einige Epilepsieformen, außer der idiopathischen Form. (Nach Blandfort et al. 1987)

Epilepsietypen	Wiederholungsrisiko in %	
	Kind	Geschwister
Myoklonisch-astatischer Petit mal (Doose)	2	10–12
Absence (Pyknolepsie)	8–10	4–6
Impulsiver Petit mal, Aufwach-Grand mal	8–12	4–6
Photosensitive Epilepsie	6–10	6–10
BNS-Krämpfe	2	1–2
Komplexe fokale Epilepsie	1–3	1–3
Rolando-Epilepsie	12–15	12–15
Alle partiellen und sekundären generalisierten Epilepsien	2–4	2–4
Fieberkrämpfe	10	10–20

Übersicht 9.15. Empirisches Risiko für idiopathische Epilepsie

Verwandtschafsgrad	Erkrankungsrisiko %
Ein Elternteil	4
Beide Eltern	15
1 Geschwisterkind und ein Elternteil	10
Geschwister:	8
Erkrankungsalter < 10	6
Erkrankungsalter > 25	1–2

Diabetes mellitus

Der Diabetes mellitus ist eine heterogene Erkrankung. Grundsätzlich unterscheidet man verschiedene Typen, einen *insulinabhängigen Diabetes Typ I* und *einen insulinunabhängigen Diabetes Typ II.* Die immunologischen Untersuchungen haben gezeigt, daß beim Diabetes Typ I eine Assoziation mit HLA-Typ DR3 oder DR4 besteht. Diese beiden diabetischen Formen werden multifaktoriell vererbt. Darüber hinaus gibt es einen *Majority-Onset-Diabetes-of-the-Young (MODY),* der autosomal-dominant vererbt wird. Seit neuestem kennt man eine Sonderform, die mitochondrial bedingt ist. Das Wiederholungsrisiko für multifaktoriell bedingten Diabetes mellitus ist in Übersicht 9.16 dargestellt.

Bei der genetischen Beratung von Diabetikerinnen soll die perinatale Mortilität und postnatale Gefährdung angesprochen werden und eine sorgsame Betreuung in einer Diabetiker-Sprechstunde während der Schwangerschaft gewährleistet sein.

Angeborene Fehlbildungen bei Kindern diabetischer Mütter sind etwa 3mal häufiger als in der Allgemeinbevölkerung. Besondes bei der *kaudalen Dysplasie* wird häufig ein mütterlicher Diabetes beobachtet. Bei schweren Formen, bei denen die diabetische Mutter bereits vaskuläre Komplikationen zeigt (diabetische Retinopathie), ist die Fehlbildungsrate bei Nachkommen deutlich größer.

Die empirischen Risikoziffern für einige weitere multifaktorielle Erkrankungen sind in den Übersichten 9.17 bis 9.20 zusammengestellt.

Übersicht 9.16. Wiederholungsrisiko für Diabetes mellitus. (Nach Rotter et al. 1992)

Diabetes	Risikopatienten	Risikoeinschätzung
Typ I (IDDM)	Geschwister ohne HLA Typisierung	7
	keine identische HLA	1
	1 HLA-Hayplotyp identisch	5
	2 HLA-Hayplotypen identisch	16
	mit HLA Typ DR3/DR4 assoziiert	20–25
	Kinder	4
	von erkrankten Müttern	2–2,5
	von erkrankten Vätern	5
	Häufigkeit in der Bevölkerung:	0,2
	mit HLA Typ DR3 oder DR4	0,25
	mit HLA Typ DR3/3 oder HLA DR4/4	0,75
	mit HLA Typ DR3/4	2,5
Typ II (NIDDM)	Verwandte ersten Grades	10–15
	Häufigkeit in der Bevölkerung	5

Übersicht 9.17. Empirische Belastungsziffern bei Schizophrenie

Verwandtschaftsgrad	Erkrankungswahrscheinlichkeit %
Ein Elternteil	5–10
Beide Eltern	45
Kinder	9–16
Geschwister	8–14
Geschwister und ein Elternteil	15
Halbgeschwister	4
Zweieiige Zwillinge	5–16
Eineiige Zwillinge	20–75
Enkel	2–8
Onkel/Tante	3
Vettern und Basen	2–6
Neffen und Nichten	1–4
Häufigkeit in der Bevölkerung	1

Übersicht 9.18. Erkrankungsrisiko für affektive Psychosen, alterskorrigiert. (Gershon et al., 1976)

Art der Erkrankung	Erkrankungsalter	% der erkrankten Verwandten 1. Grades
Bipolar	< 40	19,9
	> 40	11,2
Unipolar	< 40	16,7
	> 40	9,5

Übersicht 9.19. Wiederholungsrisiko für Hüftgelenkluxation

Geschlecht der Probanden	Brüder	Schwestern	Söhne	Töchter	Neffen	Nichten
♂	1–2%	13,0%	1%	~	~	7,6%
♀	2,0%	13,4%	5,9%	17,1%	~	~

Übersicht 9.20. Empirisches Wiederholungsrisiko für die Atopieformen unter Verwandten 1. Grades nach der Atopieform bei dem Probanden. Zum Vergleich ist die Häufigkeit in der Bevölkerung (i. d. B.) angegeben. (Nach Lubs 1972)

Atopie beim Probanden	Verwandte 1. Grades Atopieform	Häufigkeit
Asthma (Häufigkeit i. d. B. 3,8%)	Asthma	9,2%
	Heuschnupfen	25,2%
	Neurodermitis atopica	4,3%
Heuschnupfen (Häufigkeit i. d. B. 14,8%)	Asthma	6,0%
	Heuschnupfen	24,1%
	Neurodermitis atopica	3,3%
Neurodermitis atopica (Häufigkeit i. d. B. 2,5%)	Asthma	6,2%
	Heuschnupfen	20,1%
	Neurodermitis atopica	7,7%

9.10 Wiederholungsrisiko bei Krankheiten mit einer Chromosomenaberration

Gründe für eine genetische Beratung bei Chromosomenstörungen sind:

- Vorangegangenes Kind mit einer Chromosomenstörung,
- altersabhängiges Risiko für eine numerische Chromosomenstörung,
- habituelle Aborte aufgrund einer familiären balancierten Translokation.

9.10.1 Wiederholungsrisiko nach Geburt eines Kindes mit Chromosomenstörung

Der zytogenetische Befund eines erkrankten Kindes hat eine sehr wichtige Bedeutung für die Beratung. Wurde ein verstorbenes Kind mit Down-Syndrom nicht zytogenetisch untersucht, dann müssen sich die Eltern zum Ausschluß einer familiären Translokation einer solchen Untersuchung unterziehen.

Liegt bei dem erkrankten Kind eine *freie Trisomie 21* vor, dann ist das Wiederholungsrisiko für das Down-Syndrom im Vergleich zu gleichaltrigen Müttern in der Allgemeinbevölkerung leicht erhöht und beträgt ca. 1–2%, wenn das mütterliche Alter unter 35 Jahren liegt. Hat ein zweites Kind aus der gleichen Verbindung eine freie Trisomie 21, dann ist das Wiederholungsrisiko wesentlich höher und liegt etwa bei 10%. Wenn in einer Familie ein Kind eine Trisomie 21 hat und bei einem weiteren Kind eine andere numerische Chromosomenstörung gefunden wird, z.B. Trisomie 13 oder Klinefelter-Syndrom, so wird man ebenfalls mit einem wesentlich

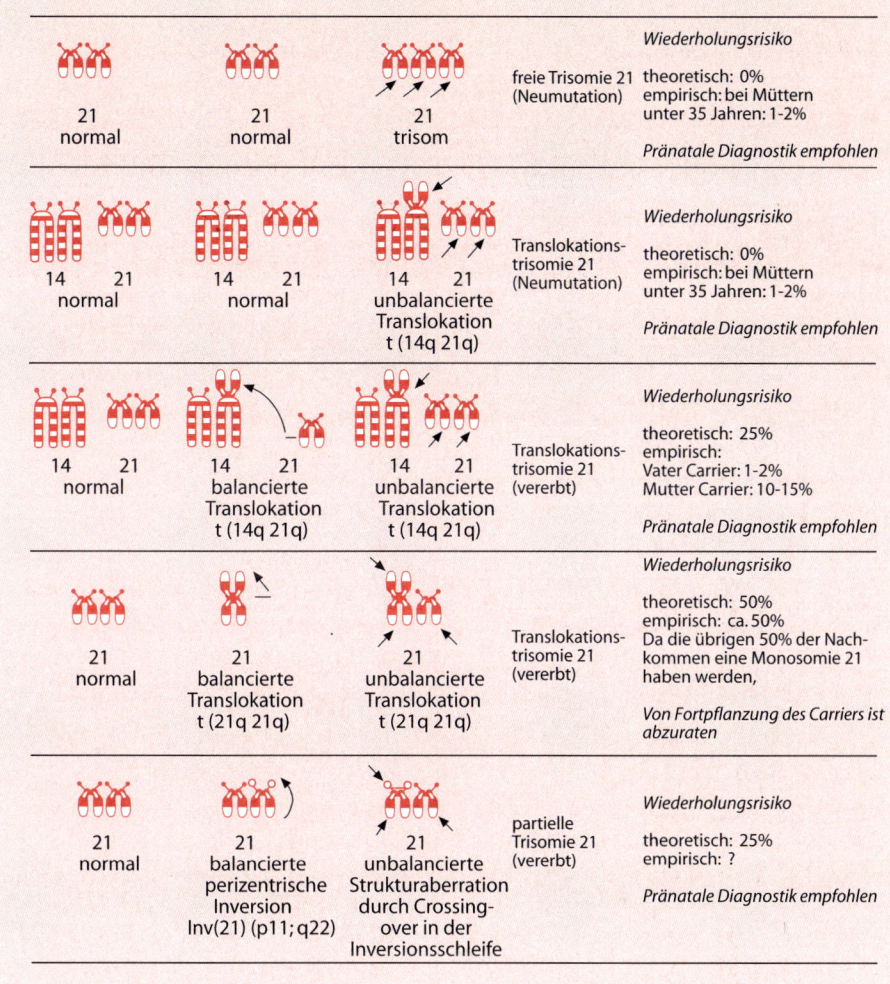

				Wiederholungsrisiko
21 normal	21 normal	21 trisom	freie Trisomie 21 (Neumutation)	theoretisch: 0% empirisch: bei Müttern unter 35 Jahren: 1–2% *Pränatale Diagnostik empfohlen*
14 21 normal	14 21 normal	14 21 unbalancierte Translokation t (14q 21q)	Translokations- trisomie 21 (Neumutation)	Wiederholungsrisiko theoretisch: 0% empirisch: bei Müttern unter 35 Jahren: 1–2% *Pränatale Diagnostik empfohlen*
14 21 normal	14 21 balancierte Translokation t (14q 21q)	14 21 unbalancierte Translokation t (14q 21q)	Translokations- trisomie 21 (vererbt)	Wiederholungsrisiko theoretisch: 25% empirisch: Vater Carrier: 1–2% Mutter Carrier: 10–15% *Pränatale Diagnostik empfohlen*
21 normal	21 balancierte Translokation t (21q 21q)	21 unbalancierte Translokation t (21q 21q)	Translokations- trisomie 21 (vererbt)	Wiederholungsrisiko theoretisch: 50% empirisch: ca. 50% Da die übrigen 50% der Nach- kommen eine Monosomie 21 haben werden, *Von Fortpflanzung des Carriers ist abzuraten*
21 normal	21 balancierte perizentrische Inversion Inv(21) (p11; q22)	21 unbalancierte Strukturaberration durch Crossing- over in der Inversionsschleife	partielle Trisomie 21 (vererbt)	Wiederholungsrisiko theoretisch: 25% empirisch: ? *Pränatale Diagnostik empfohlen*

Abb. 9.18. Zytogenetische Aberrationstypen und ihre Bedeutung für die Familienberatung am Bei- spiel der Trisomie 21 (Down-Syndrom). Der Termi- nus Wiederholungsrisiko bedeutet das Risiko für das Wiederauftreten der gleichen oder einer anderen Chromosomenaberration; pränatales Diagnosedatum, 2. Schwangerschaftstrimenon. (Nach Boue, Boue und Galalno et al. 1989)

höheren Wiederholungsrisiko rechnen müssen. In all diesen Situationen kann im Falle einer Schwangerschaft die präna- tale Chromosomendiagnostik angeboten werden.

Liegt bei einem Kind eine *Robertson-* oder *reziproke Translokationstrisomie* vor, dann müssen die Eltern vor der geneti- schen Beratung zytogenetisch untersucht werden. Findet man bei den Eltern keine balancierte Translokation, dann ist das Wiederholungsrisiko gegenüber der Allge- meinbevölkerung kaum erhöht. Liegt bei einem der Eltern eine balancierte Translo- kation vor, dann besteht für weitere Kinder entsprechend dem Translokationstyp ein erhöhtes Risiko. Das theoretische Risiko einer 14/21 Robertson-Translokation liegt

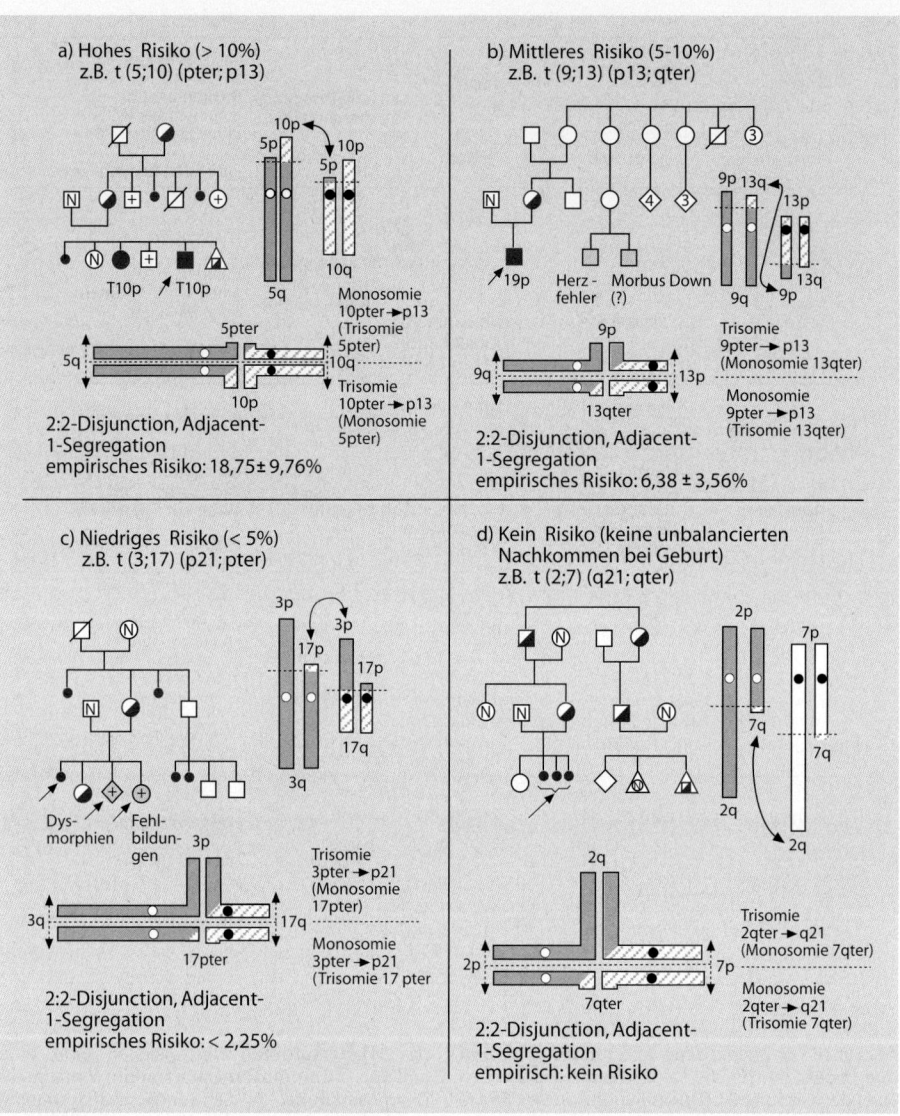

Abb. 9.19. Risiko für unbalancierte Nachkommen (bei Geburt) bei balancierten elterlichen Translokationen (Einzelsegmentinbalancen). (Nach Stengel-Rutkowski et al. 1989)

bei 25 %, jedoch ist das tatsächliche Risiko wesentlich geringer, etwa 10–15 %, wenn die Mutter Translokationsträgerin ist, etwa 2 %, wenn der Vater Translokationsträger ist (Abb. 9.18).

Liegt der Erkrankung des Kindes eine *reziproke Translokation* zugrunde und

weist einer der Eltern die entsprechende balancierte Translokation auf, dann ist das Wiederholungsrisiko je nach Art der beteiligten Chromosomen, Lage der Bruchpunkte und Größe des translozierten Stükkes unterschiedlich. Während der meiotischen Teilung kommt es zu verschiedenen

Kombinationen. Die meisten entstandenen Keimzellen überleben nicht oder es sterben die Früchte kurz nach der Befruchtung ab. Das Risiko für eine nicht balancierte Chromosomenstörung ist wesentlich geringer als theoretisch zu erwarten (Abb. 9.19)

9.10.2 Altersbedingtes Risiko für eine Chromosomenstörung

Das Risiko, ein Kind mit einer numerischen Chromosomenstörung zu bekommen, steigt mit dem Alter der Mutter (Abb. 9.20). Während das Risiko für ein lebend geborenes Kind mit Down-Syndrom bei einer 35jährigen Frau etwa 0,25 % beträgt, ist es bei einer 44jährigen Frau mit 2,5 % um das Zehnfache erhöht. In der Übersicht 9.21 ist die Häufigkeit

der Trisomie 21 in Abhängigkeit vom mütterlichen Alter zusammengestellt.

9.10.3 Habituelle Aborte

Habituelle Aborte können durch unterschiedliche Faktoren verursacht werden. Wenn bei wiederholten Fehlgeburten eine gynäkologische, endokrinologische und immonologische Ursache ausgeschlossen ist, sollte eine chromosomale Ursache abgeklärt werden. Etwa 50–60 % aller erkennbaren Spontanaborte – vor allem im ersten Trimenon – werden durch Chromosomenstörungen verursacht. Sie entstehen in der Mehrzahl der Fälle durch Nondisjunction während der Meiose oder im ersten Teilungsstadium der Zygote. Sie können aber auch durch eine *balancierte*

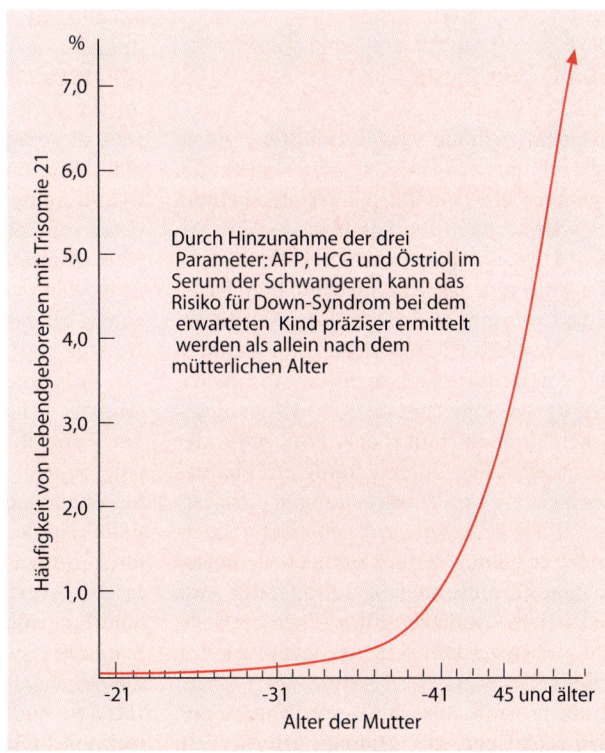

Durch Hinzunahme der drei Parameter: AFP, HCG und Östriol im Serum der Schwangeren kann das Risiko für Down-Syndrom bei dem erwarteten Kind präziser ermittelt werden als allein nach dem mütterlichen Alter

Abb. 9.20. Die Häufigkeit des Down-Syndroms bei Lebendgeborenen in Abhängigkeit vom mütterlichen Alter

Übersicht 9.21. Das Risiko für ein Kind mit Down-Syndrom in Abhängigkeit vom mütterlichen Alter

Alter	Geburt	Amniozentese (AC)	Chorionbiopsie (CVS)
20	1 : 1500	1 : 1200	1 : 750
25	1 : 1350	1 : 1000	1 : 675
30	1 : 900	1 : 700	1 : 450
35	1 : 380	1 : 300	1 : 240
37	1 : 250	1 : 190	1 : 130
39	1 : 150	1 : 120	1 : 75
40	1 : 100	1 : 75	1 : 55
41	1 : 85	1 : 70	1 : 40
43	1 : 50	1 : 40	1 : 25
45	1 : 30	1 : 25	1 : 15

Translokation eines Elternteils hervorgerufen werden. Da in der Regel nicht immer das Abortmaterial zytogenetisch untersucht wird, ist nach wiederholten Spontanaborten eine Chromosomenanalyse der Eltern indiziert, um eine familiäre Chromosomenaberration auszuschließen.

9.11 Infertilität

Besteht bei einem Paar unerfüllter Kinderwunsch über längere Zeit, sollte bei beiden Partnern eine ausführliche Untersuchung zur Abklärung durchgeführt werden. In der Regel sucht in solchen Fällen zuerst die Frau einen medizinischen Rat. Es ist jedoch bekannt, daß ca. 50 % der Sterilitätsursachen beim Mann liegen. Im Rahmen der Abklärung der Infertilität sind neben der gynäkologischen und endokrinologischen Untersuchung der Frau und der andrologischen Untersuchung des Mannes auch genetische Untersuchungen erforderlich. Dazu gehört die zytogenetische Untersuchung beider Partner, denn eine gonosomale Chromosomenaberration oder eine balancierte Translokation können die Ursache der Infertilität sein. Weiterhin ist eine molekulargenetische Analyse des Y-Chromosoms zum Ausschluß von Mutationen der AZF-Gene des Mannes erforderlich,

wenn durch die vorher genannten Untersuchungen keine pathologischen Befunde als Ursache gefunden werden.

Auch eine komplette oder partielle Verschlußstörung oder Aplasie des Ductus deferens kann eine Ursache der Infertilität sein. Diese kann durch eine Infektion verursacht werden, es kann aber auch eine kongenitale **bilaterale** bzw. **unilaterale Aplasie** des Ductus deferens vorliegen **(CBAVD, CUAVD).** Bei etwa 6 % der Männer mit Azoospermie liegt eine CBAVD vor, bei 70 % dieser Männer mit CBAVD findet man eine Mutation im CFRT-Gen. Aus diesem Grund sollte im Rahmen der Abklärung einer Infertilität beim Mann mit CBAVD eine molekulargenetische Analyse des CFRT-Gens durchgeführt werden. Sehr häufig findet man hier eine Compound-Heterozygotie der CF-Mutation.

Aufgrund der technischen Entwicklung der assistierten Reproduktion werden die Paare mit unerfülltem Kinderwunsch von einem multidisziplinären Team, bestehend aus Vertretern der Gynäkologie, Endokrinologie, Dermatologie, Biologie und Humangenetik, betreut. Neben der In vitro-Fertilisierung stehen heute Behandlungsmethoden wie die Intrazytoplasmatische Spermatozoen-Injektion (ICSI), die mikroepididymale Spermienaspiration (MESA) und die testikuläre Spermienextraktion (TESE) zur Verfügung.

9.12 Pränatale Diagnostik

In der Vergangenheit hatten die ratsuchenden Eltern mit einem hohen Risiko für eine schwerwiegende Krankheit die Entscheidungen zu treffen, entweder das Risiko zu tragen oder auf eigene Kinder zu verzichten und im Falle einer Schwangerschaft eine Interruptio durchführen zu lassen. Heute ist es möglich, eine Reihe von Krankheiten und Fehlbildungen pränatal zu erkennen. Durch diese Entwicklung in der medizinischen Genetik haben sich die Inhalte der Beratungsgespräche und die Entscheidungsmöglichkeiten der Ratsuchenden verändert. Inzwischen ist die Erläuterung von Techniken und die Sicherheit der Methoden sowie die daraus folgende Konsequenz ein wesentlicher Bestandteil der genetischen Beratung geworden. Für einige Krankheiten, die pränatal festgestellt werden können, stehen heute prä- und postnatale Therapiemöglichkeiten zur Verfügung. Auch diese müssen im Rahmen des Beratungsgespräches erörtert werden.

Die pränatale Diagnostik impliziert im Falle eines pathologischen Befundes nicht zwangsläufig einen Schwangerschaftsabbruch, dieser steht jedoch im Mittelpunkt der Diskussion, und es können Konfliktsituationen entstehen. Aus diesem Grund soll die pränatale Diagnostik nach einer ausführlichen Beratung durchgeführt werden. Dies gilt auch für die Befundmitteilung im Falle eines pathologischen Ergebnisses. In der Praxis der pränatalen Diagnostik werden zwangsläufig Spezialisten der verschiedenen Disziplinen involviert. Dazu gehören neben dem klinischen Genetiker ein Zytogenetiker, Molekulargenetiker, Gynäkologe, Biochemiker, Pathologe sowie ggf. ein Pädiater, Kinderchirurg, Psychologe und Sozialarbeiter. Aus diesem Grund sollen je nach vorliegender Fragestellung und Situation im Rahmen einer pränatalen Diagnostik die erforderlichen Spezialisten informiert und zu Rate gezogen werden.

9.12.1 Indikationen für die Pränataldiagnostik

Die Indikationen für eine Pränataldiagnostik sollten nach einer ausführlichen Beratung gestellt werden. Dabei werden folgende Punkte angesprochen:

- Schwere der zu diagnostizierenden Krankheit,
- Therapiemöglichkeiten und deren Erfolgschancen,
- Sicherheit und Fehlerquote der Untersuchungsmethode,
- Risiken für Mutter und Kind.

Durch die Einführung der ultraschallgesteuerten Materialgewinnung ist die Sicherheit dieser Methoden verbessert worden. Das Risiko für das Kind ist das Risiko der Fehlgeburt, das bei der Amniozentese ca. 0,3–1 % und bei der Chorionzottenbiopsie etwa 1–2 % beträgt. Verletzungen des Kindes kommen kaum vor. Fehlbildungen oder Anomalien sind nach Amniozentese oder Chorionzottenbiopsie nicht häufiger aufgetreten. Komplikationen für die Mutter sind die Auslösung vorzeitiger Wehen und das Auftreten leichter abdomineller Schmerzen.

Indikationen für eine invasive pränatale Diagnostik sind:

- Erhöhtes Alter der Mutter,
- vorangegangenes Kind mit einer Chromosomenaberration,
- balancierte Translokation bei einem Elternteil,
- Risiko für eine monogene Erkrankung, die pränatal diagnostiziert werden kann,
- Risiko eines Neuralrohrdefektes bzw. eines Anenzephalus

Vor Eintritt der Schwangerschaft:
- DNA-Analyse (HLA Kl. I und II) bei den Eltern und dem betroffenen Geschwisterkind
- Serologische HLA-Typisierung der Eltern und des betroffenen Geschwisterkindes

Während der Schwangerschaft:

Zeit	Diagnostik	Ergebnis	Therapie
1. SSW	Schwangerschaftstest	positiv	Dexamethason (0,5 mg 2 ×/dies)
9.–11. SSW	Chorionzottenbiopsie Geschlechtsdiagnostik	männlich	Absetzung der Therapie
		weiblich	Fortsetzung der Therapie
	DNA-Diagnostik HLA-Serotypisierung in kultivierten Chorionzottenzellen	betroffenes Mädchen	Fortsetzung der Therapie
		nicht betroffenes Mädchen	Absetzung der Therapie
15. SSW	Amniozentese, wenn die Untersuchung durch Chorionzottenbiopsie nicht möglich war		
	Geschlechtsdiagnostik	wie oben	wie oben
	HLA-Typisierung in Amnionzellen	wie oben	wie oben
	17-OH-Progesteron in Amnionflüssigkeit		

9.12.2 Praktisches Vorgehen und Zeitplan der pränatalen Diagnostik

Die Notwendigkeit der genetischen Beratung vor der Durchführung einer Pränataldiagnose haben wir bereits erwähnt. Die Beratung soll zeitlich so eingeplant sein, daß der Schwangeren und ihrer Familie genügend Zeit zur Verfügung steht, sich nach Abwägen der Risiken und Chancen der Untersuchung zu entscheiden. Bei manchen Krankheiten empfiehlt sich die Beratung vor Eintritt einer Schwangerschaft, damit rechtzeitig abgeklärt werden kann, ob eine Untersuchung gerade bei dieser ratsuchenden Familie erforderlich ist und durchgeführt werden kann. Vor allem ist dies notwendig, wenn eine Pränataltherapie zur Verfügung steht. In Über-

sicht 9.22 ist das Vorgehen bei pränataler Diagnose und Therapie des 21-Hydroxylasedefektes zusammengestellt.

Eine Amniozentese wird in der Regel ab der 14. Schwangerschaftswoche durchgeführt. Der günstigste Zeitpunkt für die Beratung liegt dann etwa in der 12. Schwangerschaftswoche. Die Chorionbiopsie kann ab der 8. Schwangerschaftswoche durchgeführt werden, wird aber meist in der 10. Woche vorgenommen. Der günstigste Zeitpunkt für die Durchführung einer Hautbiopsie bzw. Fetoskopie liegt zwischen der 18. und 22. Schwangerschaftswoche. In dieser Zeit können die meisten Fehlbildungen durch eine gezielte Ultraschalluntersuchung erkannt bzw. ausgeschlossen werden. Der genaue Zeitplan ist in Abb. 9.21 zusammengestellt.

Übersicht 9.23. Methoden der pränatalen Diagnostik.

	Entnahmetechnik	Untersuchungen	Erkennen von
Invasive Methoden	**Amniozentese (AC)** **Chorionbiopsie (CVS)** **Plazentazentese**	Alpha-Fetoproteinbestimmung (nur bei AC) sonstige biochemische Untersuchung Chromosomenanalyse DNA – Diagnostik	Neuralrohrdefekte (nur bei AC), Chromosomenstörungen, monogene Erkrankungen (Übersicht 9.24 u. 9.25)
	Nabelschnur-punktion	Virologische Untersuchung Hämatologische Untersuchung Gerinnungsanalyse u. U. DNA-Diagnostik und/oder Chromosomenanalyse	Virusinfektionen: Hämoglobinopathien, die auf DNA-Ebene nicht erkannt werden können. Koagulopathien
	Hautbiopsie	Ultrastrukturanalyse der fetalen Haut	genetische Hauterkrankung (Übersicht 9.29)
	Leberbiopsie	Biochemische Untersuchung	Stoffwechselkrankheiten, die nur in Leberzellen nachweisbar sind
	Fetoskopie (wird heute kaum noch durchgeführt)	direkte Beobachtung des äußeren Körperbaus	Fehlbildungen
Nicht-invasive Methoden	**Ultraschall**	indirekte Beobachtung des Kindes u. verschiedener Organe	Reifegrad des Kindes und der Plazenta Organfehlbildungen
	Mütterliches Serum	AFP-Bestimmung	Neuralrohrdefekte
		sog. Triple-Test, Bestimmung von: Alpha-Fetoprotein HCG Östriol	Risikoberechnung für Down-Syndrom (hier handelt es sich nicht um eine diagnostische Methode, sondern um eine Methode zur Risikoberechnung)
		Antikörperbestimmung	Ausschluß v. frischen Infektionen
	Fetale Zellen aus mütterlichem Blut	Chromosomenanalyse oder molekulargenetische Untersuchung (noch nicht in der Routine etabliert)	siehe oben

9.12.3 Pränataldiagnostische Methoden

Pränataldiagnostische Untersuchungen sowie Methoden der Gewinnung von fetalem Untersuchungsmaterial sind in der Übersicht 9.23 zusammengestellt.

Nicht invasive Methoden

Zu den nicht invasiven Methoden gehört die *Ultraschalluntersuchung.* Durch sie wird nicht nur das Wachstum des Feten, die Lage der Plazenta und die Fruchtwassermenge kontrolliert, sondern es werden

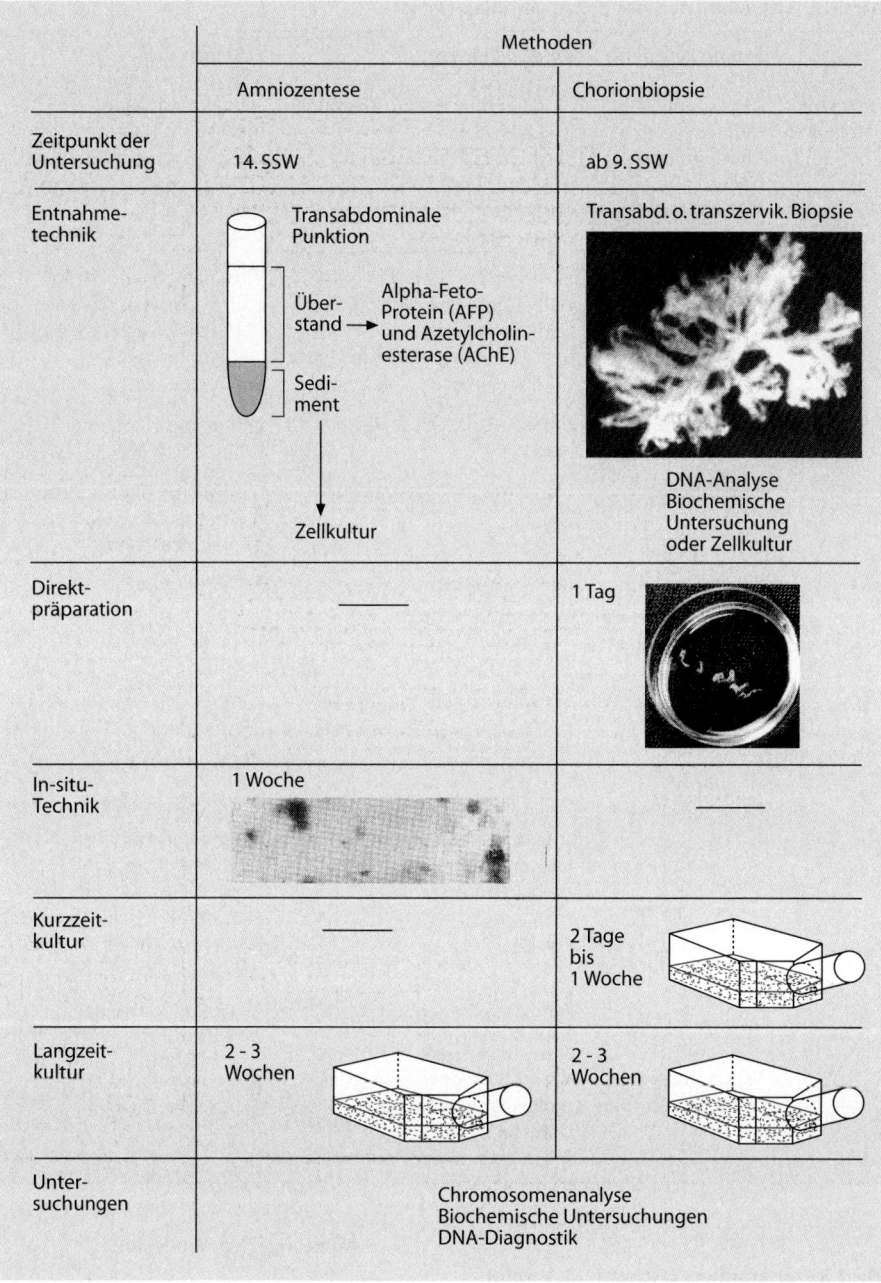

	Methoden	
	Amniozentese	Chorionbiopsie
Zeitpunkt der Untersuchung	14. SSW	ab 9. SSW
Entnahme-technik	Transabdominale Punktion — Überstand → Alpha-Feto-Protein (AFP) und Azetylcholin-esterase (AChE), Sediment → Zellkultur	Transabd. o. transzervik. Biopsie — DNA-Analyse Biochemische Untersuchung oder Zellkultur
Direkt-präparation	—	1 Tag
In-situ-Technik	1 Woche	—
Kurzzeit-kultur	—	2 Tage bis 1 Woche
Langzeit-kultur	2 - 3 Wochen	2 - 3 Wochen
Unter-suchungen	Chromosomenanalyse Biochemische Untersuchungen DNA-Diagnostik	

Abb. 9.21. Zeitplan für verschiedene Methoden der pränatalen Diagnostik

Methoden	
Nabelschnurpunktion	Hauptbiopsie
ab 18. SSW	ab 20. SSW

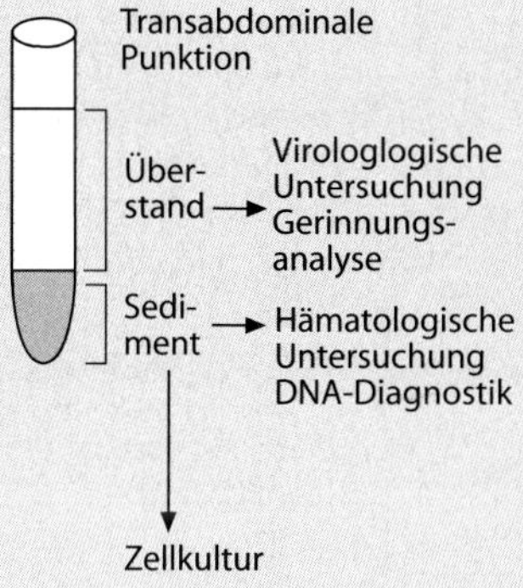

Transabdominale Punktion

Überstand → Virologlogische Untersuchung Gerinnungsanalyse

Sediment → Hämatologische Untersuchung DNA-Diagnostik

Zellkultur

4 Tage bis 1 Woche

Transabdominale Ultraschallsicht oder durch Fetoskopie

Nabelschnurpunktion	Hauptbiopsie
Chromosomenanalyse Biochemische Untersuchungen DNA-Diagnostik	Ultrastrukturelle Diagnostik von erblichen Hautkrankheiten

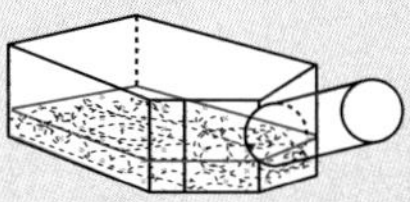

Übersicht 9.24. Einige im Ultraschall erkennbare Fehlbildungen, die isoliert oder als Leitsymptome bei Dysmorphiesyndromen vorkommen

Fehlbildungen der inneren Organe	**Skelettfehlbildungen**
Anorektalatresie	Radius- oder Ulnardefekt
Ösophagusatresie	Transversale Defekte
Gastroschisis	Polydaktylie
Omphalozele	Oligodaktylie
Zwerchfelldefekt	Skelettdysplasie
Nierendysgenesie	Spalthand/Spaltfuß
Nierendysplasie	Osteogenesis imperfecta (Typ II)
Polyzystische Nieren	Kurze Rippen
Obstruktive Uropathie	Anomalie der Wirbelsäule
Herzfehler	
	Fetale Tumoren
ZNS-Fehlbildungen	Teratome
Anenzephalie	Lymphangiektasien
Enzephalozele	Zystische Hygrome
Spina bifida	Rhabdomyosarkome
Hydrozephalie	Neuroblastome
Mikrozephalie	
Holoprosenzephalie	
Choroidzyste	
Dandy-Walker-Malformation	
Balkenagenesie	

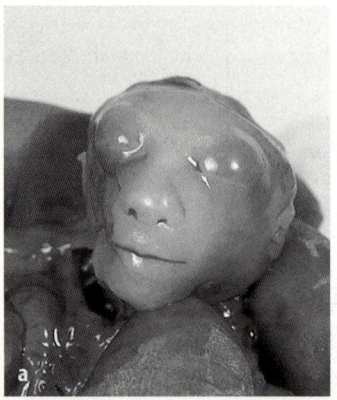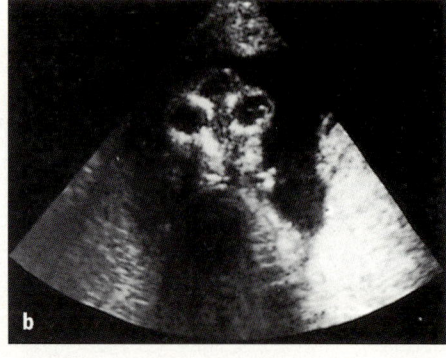

Abb. 9.22. a Gesicht eines Fetus mit Anenzephalus; **b** Ultraschallbefund. (Mit freundlicher Genehmigung von Prof. Chr. Sohn, Univ. Frauenklinik Heidelberg)

darüber hinaus Fehlbildungen rechtzeitig erkannt (Übersicht 9.24). Durch die Entwicklung hochempfindlicher Ultraschallgeräte hat sich die Treffsicherheit der Ultraschalluntersuchung deutlich verbessert. Diese kann durch eine Untersuchung mit gezielter Fragestellung und Zusammenarbeit von verschiedenen Fachspezialisten nochmals optimiert werden (Abb. 9.22).

Ein weiteres, nicht invasives Verfahren ist die *Alpha-Fetoprotein-Bestimmung* im mütterlichen Serum. In der 15.–19. Schwangerschaftswoche kann mit einer Treffsicherheit von 90 % eine *Anenzephalie*

Übersicht 9.25. Wahrscheinlichkeit für ein Down-Syndrom bei zwei angenommenen extremen Wertekombinationen von AFP, nE3 (nicht konjugiertes = freies Östriol) und HCG bei unterschiedlichem mütterlichem Alter

Risiko für Down-Syndrom	Mütterliches Alter				
	20 1:1530	25 1:1350	30 1:910	35 1:365	40 1:110
Wertekombination 1: AFP(0,5MoM) nE3(0,5MoM) HCG(2,0MoM)	1:120	1:100	1:70	1:30	1:10
Wertekombination 2: AFP(1,9MoM) nE3(2,0MoM) HCG(0,5MoM)	1:130 000	1:110 000	1:76 000	1:32 000	1:9400

(Die Zahlen wurden mit dem Waldschen Computerprogramm ermittelt von Dr. Th. Voigtländer, Institut für Humangenetik d. Univ. Heidelberg)

und von ca. 60 % eine *Spina bifida* aus AFP im mütterlichen Serum erkannt werden.

Eine genetische Untersuchung an fetalen Zellen, die aus mütterlichem Blut gewonnen werden können, ist in Entwicklung und kann in absehbarer Zeit in die Routine eingeführt werden.

Bei dem sog. *Triple-Test*, der auf der Bestimmung des Alpha-Fetoproteins, des HCGs und des Östriols im mütterlichen Serum basiert, handelt es sich *nicht* um eine pränatale Diagnostik, sondern um eine Untersuchung, mit der das Risiko für eine numerische Chromosomenstörung – in erster Linie für das Down-Syndrom – während der Schwangerschaft präzisiert werden kann (Übersicht 9.25).

Invasive Methoden

Die invasiven Methoden beziehen sich nur auf die Gewinnung von genetischem Material. Dazu gehören:

- Amniozentese (Abb. 9.23),
- Chorionzottenbiopsie (Abb. 9.24),
- Chordozentese(Abb. 9.25),
- Plazentazentese,
- Hautbiopsie,
- Leberbiopsie,

- ggf. Fetoskopie (die heute kaum noch durchgeführt wird).

Chordozentese

Die Indikation für eine Nabelschnurpunktion besteht, wenn der Verdacht auf eine fetale Infektion oder eine schwerwiegende hämatologische Erkrankung vorliegt. Die Nabelschnurpunktion wird auch durchgeführt, wenn die Aussagekraft der Untersuchung nach Amniozentese bzw. Chorionzottenbiopsie keine eindeutige Sicherheit bietet. Im Prinzip können in den fetalen Blutzellen alle Untersuchungen durchgeführt werden. Auch bei einer fetalen Therapie, z. B. Bluttransfusion oder Medikamentenverabreichung, kann eine Nabelschnurpunktion indiziert sein.

Hautbiopsie

Bei einer Reihe von Krankheiten kann durch Ultrastrukturanalyse der Haut in der Fetalperiode die Krankheit diagnostiziert werden. In Übersicht 9.29 sind einige Hautkrankheiten, die pränatal festgestellt werden können, zusammengefaßt. Einige dieser Krankheiten können heute durch direkten Mutationsnachweis erkannt bzw. ausgeschlossen werden.

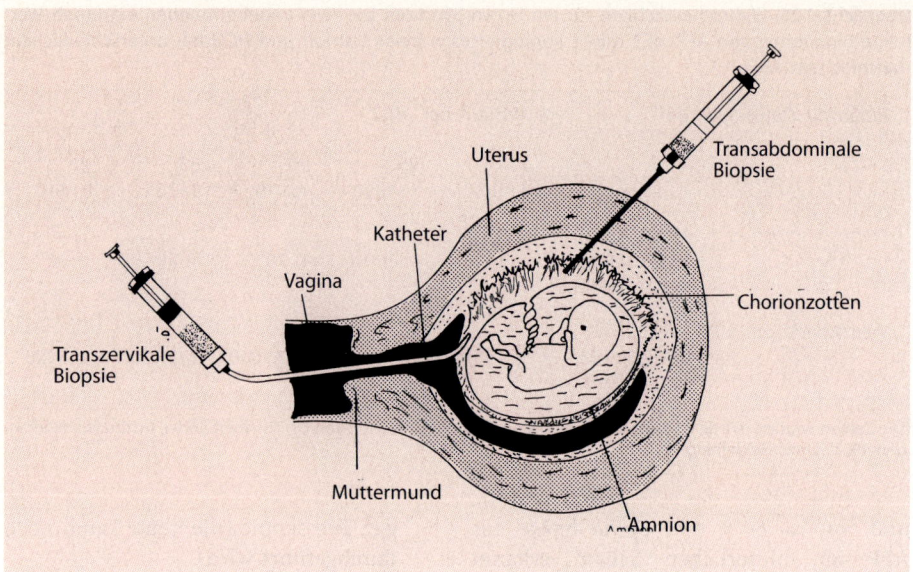

Abb. 9.23. Schematische Darstellung der technischen Durchführung der transabdominellen und transzervikalen Chorionzottenbiopsie

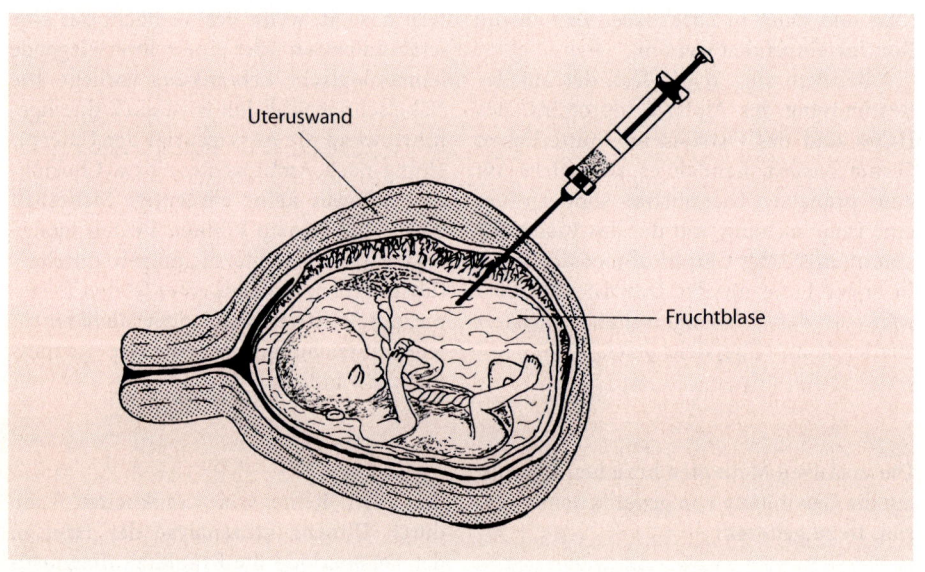

Abb. 9.24. Schematische Darstellung der technischen Durchführung der Amniozentese

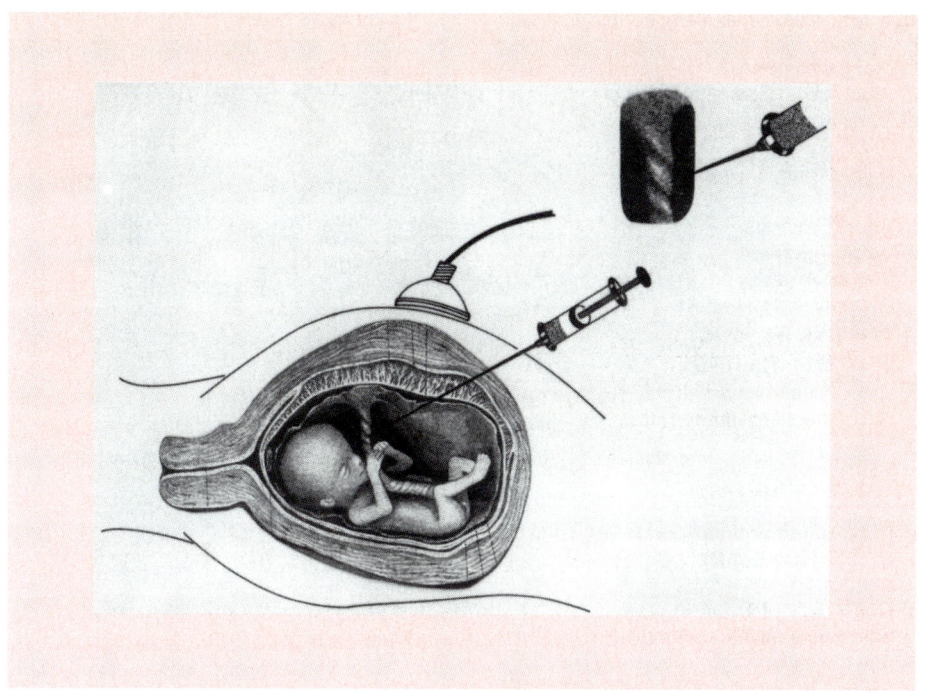

Abb. 9.25. Schematische Darstellung der technischen Durchführung der Nabelschnurpunktion

9.12.4 Laboruntersuchungen

Aus den durch die Amniozentese und Chorionzottenbiopsie gewonnenen kindlichen Zellen können nicht nur Chromosomenstörungen sondern auch eine Anzahl anderer genetischer Krankheiten diagnostiziert werden. Durch die Bestimmung von Alpha-Fetoprotein und Acetylcholinesterase im zellfreien Fruchtwasser kann mit hoher Treffsicherheit ein offener Neuralrohrdefekt erkannt bzw. ausgeschlossen werden. Unter Umständen kann die Interpretation der erhöhten Alpha-Fetoprotein-Werte (AFP) im Fruchtwasser Schwierigkeiten bereiten. AFP kann auch bei *Omphalozele, kongenitaler Nephrose, Abortus imminens* und anderen Fehlbildungen erhöht sein (Übersicht 9.26). Zusätzliche Untersuchungen wie z. B. Ultraschallkontrollen oder Azetylcholinesterase-Bestimmungen können hier weiterhelfen.

Viele angeborene Stoffwechselstörungen können durch biochemische Untersuchungen an kindlichen Zellen pränatal diagnostiziert werden. In der Übersicht 9.27 sind einige Krankheiten, die biochemisch pränatal nachgewiesen werden können, zusammengestellt.

Molekulargenetische Untersuchungen

Neben zytogenetischen Untersuchungen und biochemischen Analysen haben heute in der medizinischen Genetik molekulargenetische Methoden ein neues Feld eröffnet. Mit diesen Methoden können einige genetische Krankheiten oder die Anlageträgerschaft pränatal bzw. prädiktiv erkannt werden. Das Prinzip der Untersu-

Übersicht 9.26. Fetale Befunde mit erhöhtem AFP im Fruchtwasser (außer Neuralrohrdefekte)

Drohender Abort
„Fetal distress", der zu intrauterinem Fruchttod führt
Kongenitale Nephrose
Omphalozele und Gastroschisis
Meckel-Gruber-Syndrom
Fetales Teratom
Turner-Syndrom
Ösophagusatresie
Duodenalatresie
Kongenitale Hautdefekte
Plazentahämangiome
Blasenektopien

Übersicht 9.27. Einige Krankheiten, die durch biochemische Untersuchungen pränatal nachgewiesen werden können

Krankheit	Erbgang
Ahorn-Sirup-Krankheit	AR
Galaktosämie	AR
Gammaglutamylsynthetasedefekt	AR
GM 1 Gangliosidose (alle Typen)	AR
GM 2 Gangliosidose (Tay Sachs, Sandhoff)	AR
Glutarazidurie	AR
Glykogenspeicherkrankheit Typ II, III, IV, VIII	AR, XR (VIII)
Hämozystinurie	AR
Histidinämie	AR
Hypercholesterinämie, Typ II	AD
Hyperglyzinämie nichtketonischer Form	AR
21-Hydroxylasedefekt	XR
Lesch-Nyhan-Syndrom	AR
Manosidose	AR
Menkes-Syndrom	XR
Metachromatische Leukodystrophie	AR
Methylmalonazidämie	AR
Morbus Fabry	AR
Morbus Gaucher Typ I, II, III	AR
Morbus Krabbe	AR
Morbus Niemann-Pick Typ A, B, C	AR
Morbus Refsum	AR
Morbus Wolman	AR
Mukolipidose Typ I–IV	AR
Mukopolysaccharidose Typ I–IV, VI und VII	AR, XR (Typ II)
Propionazidämie	AR
Pyruvatdehydrogenasemangel	AR
Sialidosis	AR
Tyrosinämie	AR
Zystinose	AR

chung ist in Kap. 1.3.1 ausführlich geschildert. Es gibt praktisch zwei Methoden der DNA-Diagnostik:

- Indirekter Nachweis des krankmachenden Gens durch eng gekoppelte DNA-Marker,
- direkter Nachweis der die Krankheit verursachenden Mutation.

Indirekte DNA-Diagnostik

Die indirekte DNA-Diagnostik beruht auf dem Prinzip der *Kopplungsanalyse* (Kap. 1.3.2). Gene, die auf einem Chromosom lokalisiert sind, werden in der Regel gemeinsam von einer Generation zur anderen übertragen. Sie sind gekoppelt.

Bei der indirekten DNA-Genotypendiagnostik folgt man der Segregation einer DNA-Sequenzvariante, die mit dem defekten Allel gekoppelt ist. Hieraus können Rückschlüsse auf die Vererbung eines defekten Gens, das nicht direkt nachweisbar ist, gezogen werden. Da diese Methode auf dem Prinzip der Kopplungsanalyse beruht und auch bei eng gekoppelten Genen Crossing-over möglich ist, handelt es sich hier immer um eine Wahrscheinlichkeitsdiagnose. Je enger die Kopplung zwischen dem defekten Allel und der DNA-Sequenzvariante ist, desto unwahrscheinlicher ist das Auftreten von Crossing-over.

Die indirekte DNA-Diagnostik verlangt zwingend eine Familienuntersuchung; durch die alleinige Untersuchung der Restfamilie, z. B. wenn der Indexpatient verstorben ist, können nicht in jedem Fall zuverlässige Aussagen gemacht werden. Ebenso ist die Methode nicht für eine Diagnosestellung bzw. Bestätigung einer Verdachtsdiagnose geeignet. Voraussetzung für die indirekte, pränatale DNA-Diagnostik ist die Eignung der betroffenen Familie für die Untersuchung.

Bei *autosomal-rezessiven Erkrankungen* werden die Eltern, der Patient und ggf. die gesunden Geschwister untersucht.

Die Familie ist *informativ*, wenn die Eltern heterozygot und der Patient homozygot für das RFLP-Allel ist. Liegt eine andere Konstellation vor, dann ist nur eine begrenzte Aussage möglich.

Beispiel: Die Ratsuchenden haben ein Kind, das an *Phenylketonurie* (Kap. 8.2) erkrankt ist. Sie erwarten ihr zweites Kind und wollen die pränatale Diagnostik in Anspruch nehmen (Abb. 9.26). Es werden die Eltern, das erkrankte Kind und der Fetus untersucht. Sind die Eltern heterozygot für die DNA-Marker A und B und das kranke Kind homozygot für den DNA-Marker B, so ergibt sich daraus, daß das kranke Gen mit dem DNA-Marker B gekoppelt ist.

Wenn der Fetus homozygot für den DNA-Marker A oder heterozygot für die beiden DNA-Marker ist, dann ist er mit großer Wahrscheinlichkeit nicht betroffen. Aufgrund des möglichen Crossing-over bleibt ein geringes Restrisiko, das je nach Abstand zwischen dem defekten Gen und dem DNA-Marker ausgerechnet werden muß. Sind die Eltern und das kranke Kind heterozygot für die DNA-Marker A und B, dann kann nur eine beschränkte Aussage gemacht werden. Ist der Fetus homozygot für einen der beiden DNA-Marker, so ist er mit großer Wahrscheinlichkeit heterozygot für das kranke Gen und gesund. Ist er aber heterozygot für die beiden DNA-Marker, dann kann keine sichere Aussage gemacht werden.

Bei den *autosomal-dominanten Erkrankungen* sollten drei Generationen und ggf. eine große Geschwisterreihe des Patienten untersucht werden. Die Familie ist informativ, wenn der Patient für die RFLPs heterozygot ist.

Beispiel: Ein Ratsuchender und sein Vater leiden an der adulten Form der *polyzystischen Nierenerkrankung*. Das Gen für die adulten Zystennieren liegt auf dem kurzen Arm von Chromosom 16 und wird autosomal-dominant vererbt. Für seine Nachkommen besteht ein Risiko von 50 %, und er möchte die Möglichkeit der pränatalen

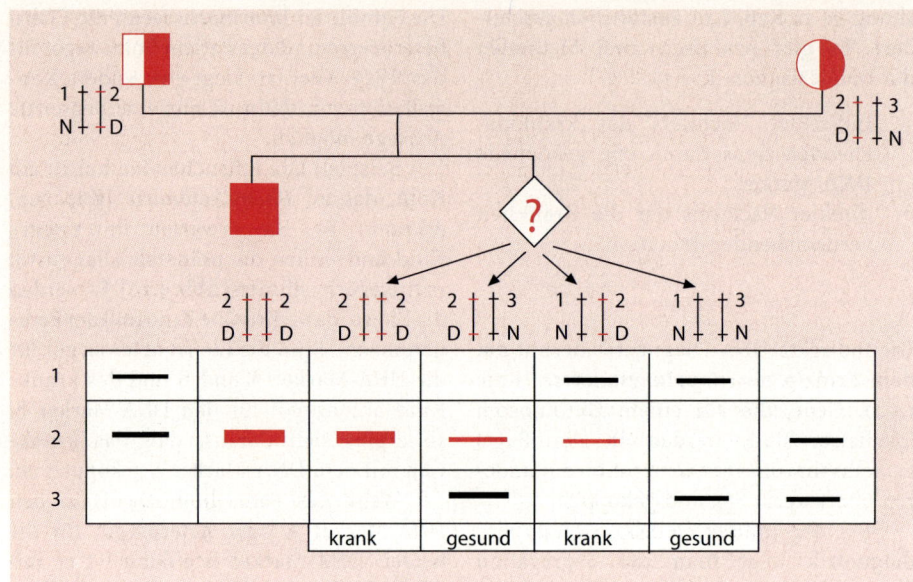

Abb. 9.26. Indirekte Genotypdiagnostik bei einer autosomal-rezessiven Erkrankung (z. B. PKU)

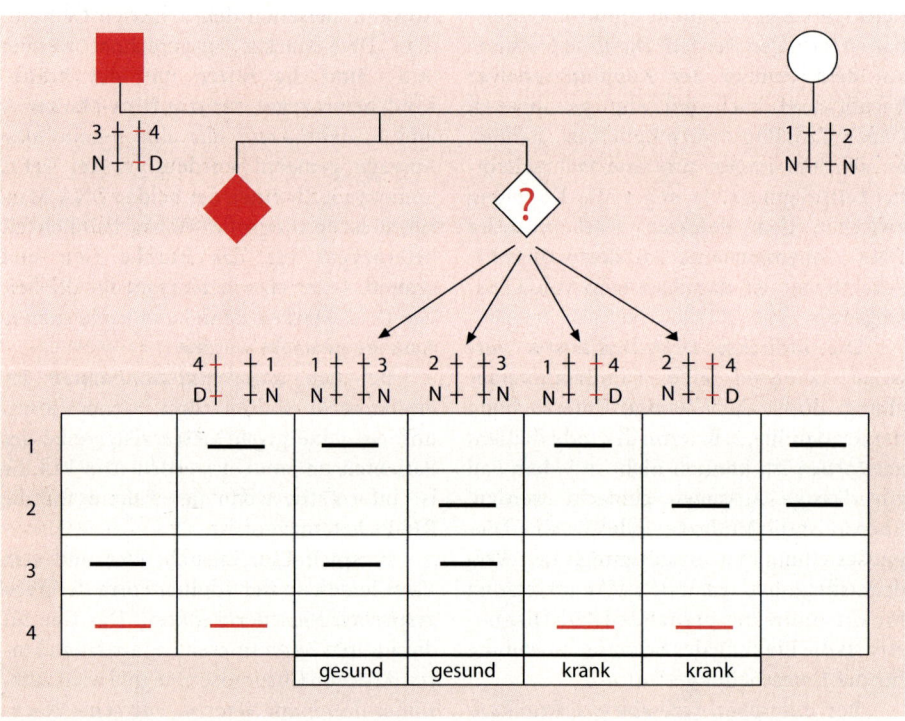

Abb. 9.27. Indirekte Genotypdiagnostik bei einer autosomal-dominanten Erkrankung (z. B. polyzystische Nierenerkrankung)

Genotypdiagnostik in Anspruch nehmen. Die Genotypanalyse ergibt, daß die Krankheit mit dem DNA-Marker D gekoppelt ist. Das erwartete Kind ist nicht betroffen, wenn es nicht das Allel D des DNA-Markers besitzt. Es bleibt nur ein geringes Risiko aufgrund der Möglichkeit eines Crossing-over bestehen (Abb. 9.27).

Bei einer **X-chromosomal-rezessiven Erkrankung** sollten der Vater und der Großvater mütterlicherseits mituntersucht werden. Ist der Patient einer Familie nicht mehr am Leben, kann u. U. durch die Untersuchung der gesunden Brüder die Anlageträgerschaft der Frau abgeklärt werden.

Beispiel: Die Ratsuchende hat einen Bruder, der an **Duchenne-Muskeldystrophie** (DMD) erkrankt ist. Der Onkel mütterlicherseits ist an DMD verstorben. Sie erwartet ihr erstes Kind und möchte wissen, ob sie Anlageträgerin ist, und möchte ggf. die pränatale Diagnose in Anspruch nehmen

Ihr a-priori-Risiko beträgt 50 %, heterozygot für das DMD-Gen zu sein. Aus der indirekten DNA-Untersuchung, die vor Eintritt der Schwangerschaft durchgeführt wurde, geht hervor, daß in dieser Familie die DMD-Mutation mit dem Allel 2 der DNA-Marker gekoppelt ist. Die Ratsuchende hat von ihrem gesunden Vater das Allel 1 bekommen und von ihrer Mutter das Allel 2 der DNA-Marker. Sie ist also mit großer Wahrscheinlichkeit heterozygot für das DMD-Gen. Nur ein Crossing-over in den mütterlichen Gameten könnte dazu geführt haben, daß sie das DMD-Gen nicht erhalten hat.

Wenn das erwartete Kind ein Junge ist und von der Mutter das Allel 1 der DNA-Marker erhalten hat, dann wird es mit großer Wahrscheinlichkeit nicht betroffen sein. Wie bei allen indirekten Genotypendiagnosen bleibt hier aufgrund der Möglichkeit eines Crossing-over in den mütterlichen Gameten ein Restrisiko bestehen (Abb. 9.28).

Der Vorteil der indirekten DNA-Diagnostik liegt darin, daß Krankheiten, deren zugrundeliegender Gendefekt lokalisiert ist, ohne genaue Kenntnisse der Genstruktur diagnostiziert werden können. Eine indirekte pränatale Diagnose ist auch ohne Feststellung der Anlageträgerschaft für eine spät manifest werdende Krankheit bei einem Elternteil möglich. Hierbei kann festgestellt werden, ob das zu erwartende Kind das gleiche Risiko wie der entsprechende Elternteil oder nur ein ganz geringes Risiko hat.

Direkte DNA-Diagnostik

Bei einigen Krankheiten kann man die Genmutation direkt nachweisen, wenn die Mutation eine Schnittstelle für ein Restriktionsenzym zerstört oder neu hergestellt hat. Dadurch entstehen Fragmente, die für das normale bzw. mutierte Gen charakteristisch sind. Die Schnittstelle ist zwar durch das mutierte Gen neu entstanden, der RFLP steht aber nicht in ursächlichem Zusammenhang mit der Erkrankung; deshalb muß die Segregation der RFLP-Allele in der Familie geprüft werden.

Eine Punktmutation kann auch durch synthetische **Oligonukleotidsonden** nachgewiesen werden (Kap. 1.3.1).

Krankheiten, die durch eine molekulare Deletion verursacht werden (wie z. B. **Thalassämie**, ein Teil der **Duchenne-Muskeldystrophien** sowie etwa 70 % der **Mukoviszidose-Fälle**), können mit spezifischen **DNA-Sonden** nachgewiesen werden (Abb. 9.29 und 9.30).

Ist bei einer Krankheit die Mutation bekannt, kann die direkte DNA-Genotypdiagnostik ohne Familienuntersuchung pränatal durchgeführt werden. Diese Untersuchung ist praktisch irrtumsfrei. In Übersicht 9.28 sind einige Krankheiten, die durch DNA-Diagnostik erkannt werden können, zusammengestellt.

Übersicht 9.28. Einige Krankheiten, die durch direkte oder indirekte Genotypendiagnostik erkannt werden können

α-1-Antitrypsin-Mangel	Kongenitale spondyloepiphysäre Dysplasie
21-Hydroxylasedefekt	M. Krabbe
Achondroplasie	Krankheiten mit Kraniosynostosen
Adulte polyzystische Nieren	(Übersicht 7.3)
Angelman-Syndrom	Langer-Giedion-Syndrom
Anhidrotische ektodermale Dysplasie	Leber'sche Optikusatrophie (LHON)
Apert-Syndrom	Leigh-Syndrom
Apolipoprotein-Defekte B, E	Lesch-Nyhan-Syndrom
Central Core Erkrankung	Lowe-Syndrom
Charcot-Marie-Tooth (X)	Mamma-/Ovarial-CA
Charcot-Marie-Tooth 1A	Marfan-Syndrom
Chorea Huntington	MEN I, II
Chorioideremie	Mitochondropathie Typ MELAS und MERFF
Coffin-Lowry-Syndrom	Miller-Dieker-Syndrom
Chronisch-progressive externe	Myotone Dystrophie
Ophthalmoplegie CPEO	Neurofibromatose Typ I/II
DiGeorge-Syndrom	Norrie-Syndrom
Dentato-rubro-pallidoluysiane Atrophie (DRPLA)	Okulärer Albinismus
Dopa-sensitive Dystonie	OTC-Defizienz
Muskeldystrophie Typ Duchenne/Becker	Phenylketonurie (PKU)
Muskeldystrophie Emerey-Dreifuss	Prader-Willi-Syndrom
Muskeldystrophie, fazio-skapulo-humerale (FSHD)	Retinitis pigmentosa
Muskeldystrophie Gliedergürtel Typ 2A	Retinoblastom
Ehlers-Danlos-Syndrom Typ VII	Retinoschisis
Familiäre Hypercholesterinämie	Shprintzen-Syndrom
Familiäre Polyposis coli (FAP)	Spinale Muskelatrophie
Fragiles-X-Syndrom A	Spinobulbäre Muskelatrophie
Fragiles-X-Syndrom E	Spinozerebelläre Ataxien Typ I–III, VI
Friedreich-Ataxie	Tay-Sachs-Syndrom
Hämoglobinopathien	Testikuläre Feminisierung
Hämophilie A und B	Thanatophore Dysplasie I, II
Hereditäre spastische Paraplegie (HSP)	Tuberöse Hirnsklerose
Hunter-Syndrom (MPS Typ II)	Von Hippel-Lindau-Syndrom
Hydrozephalus (XL)	Waardenburg-Syndrom Typ I/II
Hypochondroplasie	WAGR-Syndrom
Hypophosphatämie	Wilson-Erkrankung
Ichthyosis (XL)	Wiscott-Aldrich-Syndrom
Kallmann-Syndrom	Zystinosen
Kearns-Sayre-Syndrom	Zystische Fibrose
Kolonkarzinom (HNPCC)	

3 N Y
2 4 D N
1 N Y
2 3 D N
2 D Y
3 N Y
2 1 D N
?
oder
1 N Y
2 D Y
1
2
3
4
gesund
krank

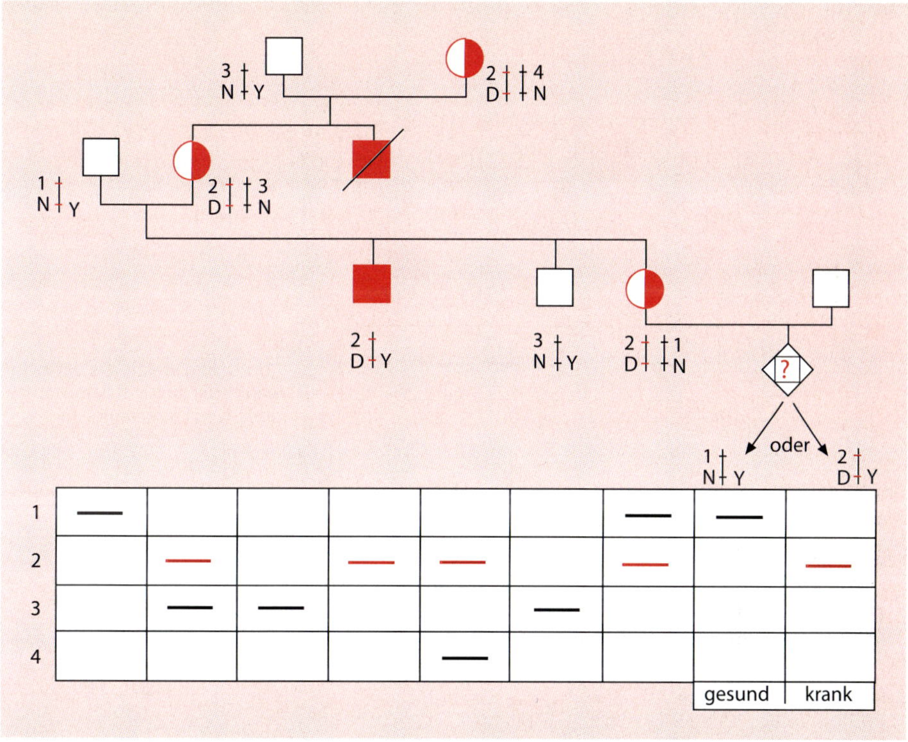

Abb. 9.28. Indirekte Genotypdiagnostik bei einer X-chromosomal-rezessiven Erkrankung (z. B. Muskeldystrophie Typ Duchenne)

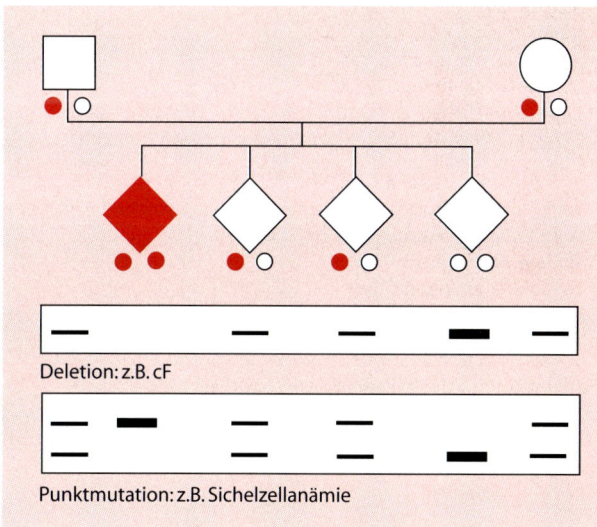

Deletion: z.B. cF
Punktmutation: z.B. Sichelzellanämie

Abb. 9.29. Direkte Genotypdiagnostik bei autosomal-rezessiver Erkrankung

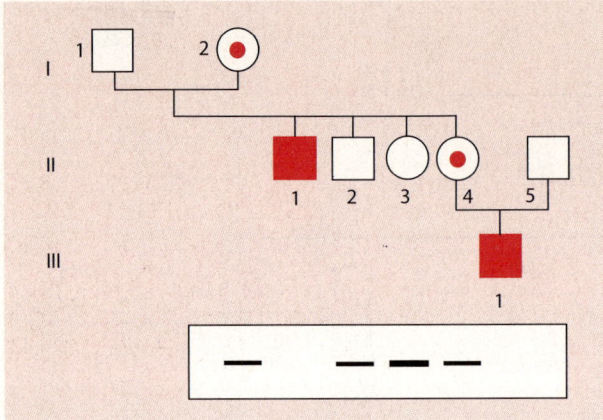

Abb 9.30. Direkte Genotyp-diagnostik bei X-chromosomal-rezessiver Erkrankung

Übersicht 9.29. Hautkrankheiten, die pränatal durch Hautbiopsie diagnostiziert werden können. (Nach Anton-Lamprecht)

Krankheiten	Erbgang
Epidermolysis bullosa	
EB atrophicans generalisata gravis Herlitz	AR
EB atrophicans generalisata mitis	AR
EB atrophicans inversa	AR
EB dystrophica recessiva Hallopeau-Siemens	AR
EB dystrophica albopapuloidea Pasini	AD
EB herpetiformis Dowling-Meara	AD
Ichthyosen	
Bullöse Erythrodermie congenitale ichthyosiforme Brocq	AD
Sjögren-Larsson-Syndrom	AR
Harlekin-Ichthyosis	AR
Ichthyosis congenita Typ II	AR
Ichthyosis congenita Typ IV	AR
Lamelläre Ichthyose	AR
(Trichothiodystrophie, Tay-Syndrom: erst nach 24. SSW)	AR
Ektodermaldysplasien	
Anhidrotische Ektodermaldysplasie (Christ-Siemens-Touraine-Syndrom)	XR
Anhidrotische Ektodermaldysplasie	AR
Andere Krankheiten	
Okulokutaner Albinismus	AR
Chediak-Higashi-Syndrom	AR
(Incontinentia pigmenti Bloch-Sulzberger?)[a]	XD

[a] bei negativem Befund ist ein sicherer Ausschluß nicht möglich!

9.13 Präimplantationsdiagnostik

Eine Methode, die sich in der Reproduktionsmedizin allmählich etabliert, ist die Präimplantationsdiagnose. Bei dieser Methode wird nach einer *In vitro-Fertilisierung* die befruchtete Eizelle bis zum etwa 8. Zellstadium im Labor kultiviert, eine Zelle herausgelöst und unter Anwendung der PCR-Methode die in Frage stehende Diagnostik durchgeführt.

Bei einer Reihe von genetisch bedingten Krankheiten stehen heute Therapie- und Präventivmöglichkeiten zur Verfügung. Einige Stoffwechselkrankheiten können allein durch eine spezielle Diät erfolgreich behandelt werden. Beispielsweise entwickeln sich Patienten mit Phenylketonurie durch eine rechtzeitige phenylalaninarme Diät altersentsprechend normal, wenn in den ersten Lebenstagen vor Eintritt der klinischen Symptome die Behandlung begonnen wird. Es ist besonders wichtig, daß die Patientinnen mit PKU bis ins gestationsfähige Alter behandelt werden, bzw. wenn die diätetische Behandlung abgeschlossen ist, im Falle einer Familienplanung die diätetische Therapie vor der Konzeption erneut begonnen wird, weil ein hohes Risiko für einen teratogenen Schaden durch maternale Hyperphenylalaninämie besteht.

Bei einer anderen Gruppe von Krankheiten kann durch Vermeidung von exogenen Faktoren der Verlauf entscheidend verbessert oder sogar in Einzelfällen die Manifestation vermieden werden. Beispiele dafür sind Glukose-6-Phosphatdehydrogenase-Varianten, Pseudocholinesterasedefekt, Leberazetylasedefekt oder Porphyrien durch Vermeidung von manchen Arzneimitteln sowie bei Menschen mit α-1-Antitrypsindefekt durch Auswahl von entsprechend günstiger beruflicher Ausübung (Berufe, die in staubhaltigen Räumen ausgeübt werden, müssen vermieden werden) oder Vermeidung von aktivem und passivem Rauchen.

Als weitere Maßnahmen sind chirurgische Korrekturoperationen zu nennen, die bei einer Reihe von Fehlbildungen, wie z. B. Lippen-Kiefer-Gaumen-Spalte, Atresien bzw. Stenosen des Magen-Darm-Kanals oder Bauchdefekten, durchgeführt werden können.

Bei manchen genetischen Erkrankungen, die eine hohe Inzidenz für maligne Entartung zeigen, wie beispielsweise bei familiärer Dickdarm-Polyposis, kann die Entartung durch eine Operation verhindert werden. Weitere Maßnahme sind Organtransplantationen, wie die Knochenmarkstransplantation bei Fanconi-Anämie, oder Nierentransplantation bei der adulten Form der polyzystischen Nierenerkrankung, die durch die Fortschritte in der Transplantationsmedizin erfolgversprechend sind.

Auch medikamentöse Therapien stehen bei einzelnen genetisch bedingten Erkrankungen zur Verfügung. Der Virilisierungseffekt beim 21-Hydroxylasemangel kann durch rechtzeitige Kortisongabe verhindert werden.

Von besonderer Bedeutung sind die Förderung der Entwicklung sowie die Verhütung von medizinischen Komplikationen bei Kindern mit Chromosomenstörungen oder psychomotorischen Entwicklungsstörungen mit anderen Ursachen. Förderungsmöglichkeiten, wie krankengymnastische Übungen, Beschäftigungstherapie, sensorische Integration und Sprachtherapie können heute in verschiedenen Formen angeboten werden.

Eine Reihe von Genprodukten kann heute durch Rekombinantentechnik hergestellt und substituiert werden. Beispiele

Pharmakon	Anwendungsgebiet
Blutgerinnungsfaktor VIII	Hämophilie A
Blutgerinnungsfaktor IX	Hämophilie B
DNase	Zystische Fibrose
Erythropoetin	Anämie bei chronischem Nierenversagen
G-CSF	Neutropenie nach Chemotherapie
Glukagon-Hydrochlorid	Diabetes bei Unterzuckerungs-Schock
GM-CSF	Knochenmarkstransplantationen
Hepatitis-B-Impfstoff	Hepatitis B
Hämophilius-B-Impfstoff	Hämophilius B
Humaninsulin	Diabetes
α-Interferon	Leukämie, chronische Hepatitis
β-Interferon	Multiple Sklerose
γ-Interferon	chronische Polyarthritis
Interleukin 2	Nierenkarzinom
Somatotropin	Wachstumshormon-Mangel
TPA	akuter Herzinfarkt

sind in Übersicht 10.1 zusammengefaßt. Für eine kausale Behandlung der genetisch bedingten Krankheiten besteht die Hoffnung auf eine Gentherapie, die hier besprochen wird.

10.1 Pharmakaherstellung durch Expressionsklonierung

Sobald ein menschliches Gen kloniert ist, kann man es über Expressionsklonierung zur Produktion des Genproduktes veranlassen und auf diese Weise Arzneimittel herstellen. Üblicherweise geschieht dies in Bakterien aber nicht zwingend. Man kann hierfür auch eukaryonte Zellen wie Hefezellen oder Säugerzellen verwenden, nämlich dann, wenn die bakterielle Posttranslation z. B. zu anderen Glykosilierungsmustern führt. Ein weiterer Weg ist der, Zellsysteme zu verlassen und ganze Tiere, sog. transgene Tiere, denen man das Gen in die Zygote injiziert hat, zu verwenden (Abb. 10.1).

1982 wurde in den USA mit einem *Humaninsulin* das erste gentechnisch hergestellte Medikament zugelassen. 15 Jahre danach sind 30 Präparate im Handel und 230 weitere Medikamente und Diagnostika in der Entwicklung. 120 werden bereits klinisch erprobt. Drei der im Handel befindlichen stehen sogar auf der Bestsellerliste der 10 umsatzstärksten Arzneimittel weltweit. Es sind dies *Erythropoetin, Humaninsulin* und *Interferon.* Die Umsätze liegen jeweils bei 1,5 Milliarden US-Dollar und höher. Wie haben nun diese neu eingeführten Medikamente die Situation für den Patienten verändert? Das Humaninsulin hat weitgehend das bis dahin verwendete Schweine- oder Rinderinsulin verdrängt. die aufgrund von Speziesunterschieden in der Aminosäuresequenz potentiell immunogen sind. Das humane Insulin ist besonders nützlich für Menschen mit hochgradiger Immunreaktion.

Das wichtige Wachstumshormon *Somatotropin* muß nicht mehr aus den Hypophysen frisch Verstorbener gewonnen werden. Nach dieser alten Methode,

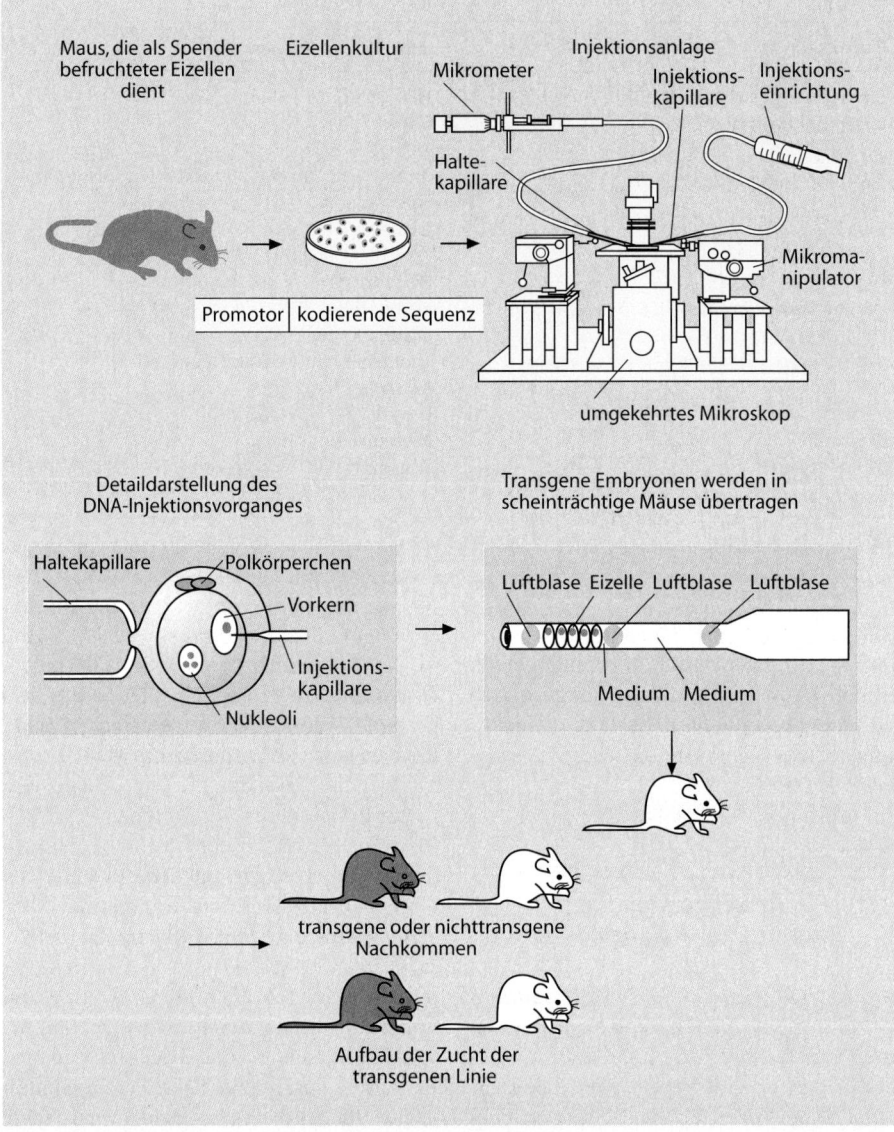

Abb. 10.1. Schema zur Erstellung transgener Labormäuse

bei der man zur Extraktion gepoolte ungeprüfte Hypophysen verwendete, haben einige Patienten die Creutzfeld-Jakob-Krankheit bekommen, das menschliche Äquivalent zu BSE.

Der *Faktor VIII*, den Hämophile nicht selbst in funktionsfähiger Form bilden, kann nun wirkungsvoll eingesetzt werden, da die bisherige äußerst teure Isolierung aus menschlichem Blut überflüssig wird. Die Krankenkassen werden allein hier erhebliche Beträge einsparen, da die lebenslange konventionelle Behandlung eines einzigen Hämophilen bisher Millionenbeträge erforderte. Zudem sind in den letzten Jahren viele Bluter an AIDS erkrankt, weil sie mit Präparaten behandelt worden waren, die aus dem Blut von nicht HIV-getesteten Personen stammten. Allerdings zeigte uns der gentechnisch gewonnene Faktor VIII auch eine andere Problematik. Das Immunsystem von Patienten, denen das Normalprodukt bisher fehlte, kann darauf überreagieren. Dies ist bei einigen Patienten passiert, die mit gentechnisch hergestelltem Faktor VIII behandelt wurden.

Das Produkt *Erythropoetin*, ein Wachstumsfaktor für Erythrozyten, erspart nierenkranken Dialysepatienten die sonst häufigen Bluttransfusionen.

Große Hoffnungen werden auch in eine Gruppe von körpereigenen Substanzen gesetzt. Es handelt sich um *die koloniestimulierenden Faktoren G-CSF* und *GM-CSF*. Sie fördern bei der Entwicklung von Blutzellen die Differenzierung und das Wachstum von Vorstufen unterschiedlicher Zelltypen, wobei der vorangestellte Buchstabe für die Zielzelle steht, G für Granulozyt und M für Monozyt oder Makrophage. Beide Pharmaka werden bei der Krebstherapie eingesetzt, GM-CSF zur Behandlung von Patienten, die wegen einer Leukämie eine Knochenmarktransplantation erhalten haben. Die Dauer der Leukopenie wird dadurch verkürzt. G-CSF unterstützt die Chemotherapie bzw. erlaubt eine aggressivere Therapie. Dies könnte bei einigen Tumoren zu Heilungschancen verhelfen, bei denen bisher wegen des Zusammenbruchs des Immunsystems eine weitere Therapie abgebrochen werden mußte. *γ-Interferon* verzögert den Krankheitsverlauf bei multipler Sklerose und der *Gewebsplasminogenaktivator (TPA)* wird als Thrombolytikum bei akutem Herzinfarkt eingesetzt.

Auch war es für einige Viren bisher kaum möglich, Antigene für Impfstoffe in ausreichendem Maße konventionell zu isolieren. Der erste Impfstoff gegen Hepatitis B wurde aus Blutplasma von Patienten mit chronischer Hepatitis B isoliert. Auch

hier bestand ein potentielles HIV-Risiko. Nun können gentechnisch Hepatitis-Virus-Antigene produziert werden. Hiermit sind *Hepatitis-Impfstoffe* hergestellt worden (Übersicht 10.1).

Dies alles verdeutlicht die Bedeutung der Klonierung von medizinisch wichtigen menschlichen Genen. Es sind einerseits Pharmaka herstellbar, die sonst nicht oder nur mit unvergleichlich höherem Aufwand produzierbar wären. Andererseits werden Risiken der oben beschriebenen Art ausgeschlossen. Allerdings, und das sei am Schluß dieses Abschnittes erwähnt, ist auch diese Technologie nicht ganz ohne Risiko. Menschliche Gene können nämlich auch bei der Expressionsklonierung mutieren und dazu reicht ein einziges Bakterium. Hierdurch können z. B. in der Aminosäuresequenz veränderte Proteine als Verunreinigung entstehen, die dann eine Immunantwort bei der Anwendung als Pharmaka auslösen. Es sind bereits solche Zwischenfälle bekannt geworden. Entsprechende Prüfverfahren für die einzelnen Chargen befinden sich in der Entwicklung.

10.2 Somatische Gentherapie

Das Wunschstreben, genetische Defekte durch Einbau „gesunder" Gene heilen zu können, blieb lange Utopie. Nachdem es zunehmend gelang, viele Gene zu isolieren und zu klonieren, war es dann am 14. September 1990 soweit, daß der erste Gentherapie-Versuch unternommen wurde. Natürlich liegt der Gedanke nahe, die Therapie genetischer Defekte nicht nur auf Genproduktebene, sondern durch Einschleusung von Genen in somatische Zellen zu versuchen. Dabei ist der Grundgedanke der, eine Substitution des Defektgens mit dem sozusagen normalen Gen zu erreichen. Da die Substitution von somatischen Zellen nicht zu Veränderungen der Keimbahn führt und sich damit tatsächlich nur direkt auf den Patienten und nicht auf seine Nachkommen auswirkt, unterscheidet sich die somatische Gentherapie nicht so sehr von der Therapie auf Genproduktebene. Daher wurden auch kaum ethische Bedenken gegen solche Überlegungen je geäußert. Aber um es gleich vorweg zu nehmen, neben den theoretischen Hoffnungen und durchaus auch einigen Therapieerfolgen haben sich auch eine Reihe gegenwärtig noch nicht überwindbarer Limitierungen herausgestellt, so daß die somatische Gentherapie, was die Behandlung genetischer Erkrankungen anbetrifft, mindestens gegenwärtig noch in den Kinderschuhen steckt.

In anderen Bereichen, wie in der Krebsforschung, bestehen hoffnungsvollere Ansätze und hier laufen auch zahlreiche Studien zur Gentherapie bei Krebs. Allerdings scheint auch hier – bei allen Schwierigkeiten – das Problem leichter faßbar, geht es doch letztlich darum, unkontrolliert wachsende Zellen gezielt zu töten, entweder von außen oder durch Verstärkung der Immunantwort.

Die amerikanische Gesundheitsbehörde National Institute of Health hat dies Ende 1995 mit den Worten zusammengefaßt: „Obwohl die Erwartungen und Hoffnungen bei der Gentherapie groß sind, konnte eine klinische Wirkung bis jetzt in keinem Gentherapie-Protokoll definitiv gezeigt werden." Dies mag nach so kurzer Zeit der Erfahrung nicht verwunderlich sein und sollte auch nicht entmutigen. „Die Gentherapie muß eben ihren Platz im therapeutischen Arsenal der Medizin erst noch finden", wie es ein Pionier auf diesem Gebiet ausdrückte. Dennoch ist es notwendig, dies am Anfang dieses Abschnittes zu erwähnen, um übertrieben euphorische Hoffnungen zu dämpfen.

10.3 Allgemeine genetische Voraussetzungen für eine erfolgreiche Gentherapie

Monogene rezessive Erkrankungen, die sich durch den Mangel oder die Abwesenheit eines einzigen definierten Genproduktes, wie z. B. Enzymdefekte, auszeichnen, sind am besten für eine somatische Gentherapie geeignet. Bei Funktionsverlustmutationen kann schon dann eine erfolgreiche Wirkung eintreten, wenn die in Somazellen eingebauten Gene nur eine schwache Exprimierung zeigen. Wir erinnern uns, daß bei rezessivem Erbgang bei Heterozygoten normalerweise bereits wenige Prozent des Genproduktes ausreichen, um zur Normalfunktion zu führen. Weiterhin sollte das Zielgewebe möglichst leicht zugänglich sein. Auch sollte die zu transferierende kodierende DNA nicht zu groß sein, da sie dann leichter in Vektoren zu überführen ist. Dominante Erkrankungen sind dagegen weniger geeignet, da die betroffenen Patienten selbst bei Funktionsverlust-Mutationen in der Regel noch 50 % des normalen Genproduktes produzieren. Man müßte hier häufig die Expression des mutierten Gens blockieren oder den Gendefekt direkt reparieren können.

Aber auch bei rezessiven Funktionsverlust-Mutationen kann es Probleme geben. So wären beispielsweise β-Thalassämien prinzipiell ideale Kandidaten für eine somatische Gentherapie, zumal das β-Globingen kloniert und sehr klein ist. Hunderttausende von Menschen könnten davon profitieren. Es muß aber genau so viel β- wie α-Globin produziert werden, da es bei einem Überschuß von β-Globin zu α-Thalassämie kommt. Genau diese Kontrolle aber kann man bisher nicht steuern.

Natürlich sind vor einer Gentherapie extensive Untersuchungen in vitro und in vivo an Tieren notwendig. Für die eigentliche Therapie gibt es im wesentlichen zwei

Strategien. Entweder es werden dem Patienten Zellen entnommen, in Kultur genommen, dort mit dem Zielgen substituiert und dann wieder reinplantiert *(ex-vivo-Strategien)*. Oder die Ziel-DNA wird über Vektoren direkt dem Patienten verabreicht, in der Hoffnung, daß sie in die Zielzellen oder auch in andere Zellen eingebaut wird, die über die Produktion des Genproduktes den Defekt kompensieren können *(in-vivo-Strategien)*. Die Wahl der Vektoren ist ein weiteres Problem. Verschiedene Strategien sind hier vorhanden. Der Vektor soll quasi als „Gen-Taxi" das erwünschte Gen an seinen Zielort verbringen. Grundsätzlich geeignet sind hierzu Viren, wobei es zwei verschiedene Klassen gibt, die von ihren grundsätzlichen Eigenschaften her verschieden arbeiten. Die erste Klasse von Viren befördert ihre Gen-Fracht nur bis in den Zellkern, während die zweite Klasse die Erbinformation direkt in die Chromosomen einbringt.

Ein Verbringen nur in den Zellkern bedeutet ein „Parken" der Gene gleichsam im Foyer der genetischen Bibliothek. Auch hier wird die Information gelesen und das Genprodukt synthetisiert. Teilt sich allerdings die substituierte Zelle, so wird beim Kopieren das zusätzliche Gen nicht mitberücksichtigt. Die eingeschleuste Information geht mit der Zeit verloren. Der Therapieerfolg ist also ein zeitlich begrenzter und die Therapie muß in der Regel nach einigen Wochen wiederholt werden. Für diese Art des Gentransfers hat man bisher z. B. **Adenoviren** benutzt, denen man die Virulenz genommen hat, indem die viruseigenen Gene entfernt und dafür das Zielgen eingebaut wurde.

Bei der zweiten viralen Klasse handelt es sich um **Retroviren**, welche von ihrem Genom bekanntlich eine DNA-Kopie erstellen und diese in das Wirkgenom einbauen. Um sie gentherapeutisch einsetzen zu können, werden auch diese Viren verkrüppelt. Sie können dann immer noch in die Zellen eindringen und sich ins Genom integrieren. Allerdings ist ihnen die Fähigkeit genommen, sich weiter zu vermehren und dadurch ein Krankheitsrisiko im Normalfall ausgeschlossen.

Dennoch ist es theoretisch denkbar, daß die eingeschleusten viralen Gene mit endogenen Retroviren rekombinieren und so genetisch veränderte Folgeviren entstehen, die zu einer Infektion fähig sind. Realistisch viel größer ist aber ein anderes Risiko. Die Retroviren transportieren das zu verbringende Gen nämlich nicht an eine gezielte Stelle im Genom, sondern integrieren es irgendwo. So kann das Gen natürlich auch an einer Stelle landen, wo es nicht exprimiert wird, z. B. in einer stark kondensierten heterochromatischen Region. Die Integration kann auch zum Tod der Wirtszelle führen, wenn das Gen in ein anderes essentielles Gen integriert wird. Dies alles ist jedoch vernachlässigbar, da diese Konsequenzen jeweils einzelne von vielen Zellen treffen. Viel bedenklicher ist die Möglichkeit einer Krebsentstehung. So kann das Expressionsmuster von Genen durcheinandergeraten, die für die Kontrolle der Zellteilung zuständig sind. Es kann ein Onkogen oder ein Tumorsupressorgen aktiviert oder ein Gen für Apoptose inaktiviert werden. Hier reicht tatsächlich ein einziges solches Ereignis in einer Zelle, um einen Tumor entstehen zu lassen. Dieses Risiko ist natürlich bei der ex-vivo-Strategie geringer als bei der in-vivo-Strategie, da man die kultivierten Zellen auf neoplastische Transformation hin untersuchen kann.

Neben Viren als Gentaxis – und wegen der Bedenken gegen sie – gibt es in der Zwischenzeit noch eine Reihe weiterer Ansätze, wie beispielsweise die DNA in **Liposomen** zu verpacken, die dann mit der Plasmamembran fusionieren. Andere Methoden arbeiten über die direkte Injektion der DNA, über Partikelbeschuß mit Metallkügelchen, die mit DNA beschichtet sind, über rezeptorvermittelte Endozytose usw., um die Risiken bei der in-vivo-Therapie zu reduzieren.

Neben der zufälligen Integration des Zielgens gibt es zwischenzeitlich eine Reihe von Überlegungen und experimentelle Ansätze über eine zielgerechte Verbringung, auf die jedoch hier nicht weiter eingegangen werden soll, da sie bisher noch nicht in die praktische Anwendung umgesetzt werden konnten und auch wohl noch recht weit davon entfernt sind.

10.4 Bisherige und geplante gentherapeutische Behandlungen

Die Geburtsstunde der Gentherapie wurde bereits erwähnt. 1990 wurde die vier Jahre alte Ashanti De Silva, die an dem rezessiv erblichen Mangel an *Adenosindesaminase (ADA)* litt, therapiert.

ADA wird in vielen unterschiedlichen Zelltypen hergestellt und dient der Purinrückgewinnung beim Nukleinsäureabbau. Ein Mangel dieses Enzyms wirkt sich vor allem auf die T-Lymphozyten, einem Hauptzelltyp des Immunsystems, aus und führt daher zu Immunschwäche. Es gibt zwar für den ADA-Mangel alternative Therapieformen, die beste ist die Knochenmarkstransplantation mit passendem HLA-Typ von einem nahen Verwandten. Ein weiterer Ansatz ist die ADA-Injektion, die aber letztlich nicht befriedigend ist, da die Lebenserwartung durch den T-Zelldefekt und die fehlende T-Zellkontrolle dennoch erheblich reduziert wird.

Die Vorgehensweise war die folgende. Das recht kleine ADA-Gen wurde in einen Retrovirus-Vektor kloniert und in ADA-T-Lymphozyten der Patientin ex vivo übertragen. ADA-Zellen wurden selektioniert, kultiviert und der Patientin reimplantiert. Natürlich muß diese Prozedur, die zu einer stabilen Genexpression über Wochen führt, immer wieder wiederholt werden. Insofern handelt es sich nicht um eine Heilung. Hierzu müßte man das Gen stabil in Stammzellen des Knochenmarks einbauen können, die aber bis jetzt schwer zu isolieren sind. Auch ist die effiziente Verbringung der Retroviren in Stammzellen schwierig.

Dennoch war die Therapie außerordentlich erfolgreich, das Immunsystem erholte sich schnell, Infektionen gingen zurück und die Patientin kann, mit Ausnahme der Wiederholungen der Therapie alle 3–6 Monate, ein normales Leben führen. Da allerdings die konventionelle medikamentöse Therapie aus ethischen Gründen parallel weiter erfolgen mußte, kann man den ausschließlichen Erfolg dieser Gentherapie schwer abschätzen. Daher auch die eingangs erwähnte Stellungnahme des National Instituts of Health. Die somatische Gentherapie bei ADA-Mangel wurde zwischenzeitlich bei anderen Patienten, wie z. B. einem Jungen aus Sizilien 1992, wiederholt.

Übersicht 10.2. Somatische Gentherapie beim Menschen – laufende Gentherapieansätze

Gendefekt	Zielzellen	Strategie
ADA	T-Zellen	Retroviren, ex vivo
Zystische Fibrose	Ephitelzellen	Adenovieren, in vivo, Liposomen
Familiäre Hypercholesterinämie	Leberzellen	Retroviren, ex vivo
Gaucher-Krankheit	hämatopoetische Stammzellen	Retroviren, ex vivo

Krankheit	Frequenz	Gewebe
Adenosindesaminase und Nukleosidphosphorylase-Mangel	sehr selten	Knochenmark
Gaucher Krankheit	1 in 3 000 (Ashkenazi-Juden)	Leber
Zystische Fibrose	1 in 2 500 (Weiße)	Lunge
Familiäre Hypercholesterinämie	1 in 500 (heterozygot) 1 in 1 000 000 (homozygot)	Leber
Hämophilie A und B	1 in 10 000 (Männer)	? jedes Organ
Hämoglobinopathien	1 in 600 (ethnische Gruppen)	Knochenmark
Leukozytenadhäsionsmangel	sehr selten	Knochenmark
Harnstoffzyklus-Erkrankungen	1 in 30 000 (alle Typen)	Leber
PKU	1 in 12 000	Leber
α-1-Antitrypsin-Mangel	1 in 3 500	Leber
Glykogenspeicherkrankheiten	1 in 100 000	Leber
Duchenne-Muskeldystrophie	1 in 3 000 (Männer)	Muskel
Lysosomale Speicherkrankheiten	1 in 1 500 (alle Typen)	Gehirn (für viele)
Lesch-Nyhan-Syndrom	selten	Gehirn

Bis jetzt weniger erfolgreich war man bei der *Zystischen Fibrose*. Mutationen im CFTR-Gen, das einen c-AMP-kontrollierten Chloridkanal kodiert, führen vor allem zu pulmonalen und intestinalen Symptomen (s. Kap. 5.3.2). Trotz konventioneller Fortschritte stirbt etwa die Hälfte der Patienten vor dem 25. Lebensjahr an den Folgen der pulmonalen Komplikationen. Im Gegensatz zum ADA-Mangel handelt es sich hier um keine seltene, sondern um die häufigste autosomal-rezessive Erkrankung der weißen Rasse überhaupt mit einer Heterozygotenhäufigkeit von 5 % und einer Homozygotierate von 1:2.000 (40.000 betroffene Patienten in Deutschland).

Bereits eine alemannische Ammenweisheit, die besagt: „Das Kleinkind stirbt bald, wenn ein Kuß auf seine Stirn salzig schmeckt", spielt auf diese Erkrankung an. 1993 wurde der erste gentherapeutische Versuch auf der Basis von Adenoviren durchgeführt. Mit dem CFTR-Gen substituierte Viren wurden Patienten auf Bereiche des Nasenepitels und in das Lungenepitel eingebracht. Der Chlorid-Transport ließ sich für eine gewisse Zeit wiederherstellen. Das Gen wurde also tatsächlich von den Zellen aufgenommen. Allerdings war die Effizienz des Gentransports durch die Viren gering. Da die meisten Zellen in Epithelgeweben nach einigen Monaten erneuert werden, müßte eine solche Therapie mehrmals jährlich durchgeführt werden; zumindest so lange, bis man die seltenen langlebigen Nachschubzellen erreicht hätte, die dann ein normals CFTR-Gen vielleicht dauerhaft ins Erbgut aufnehmen

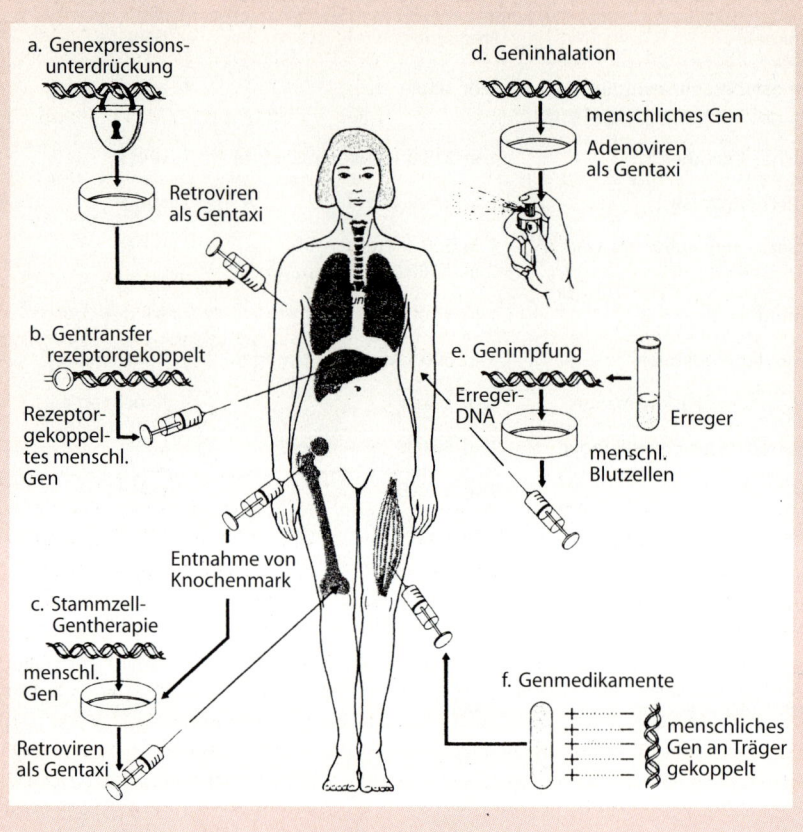

Abb. 10.2 a–f. Die Wege zum somatischen Gentransfer beim Menschen. Nur ein Teil davon ist allerdings bis zur Praxisreife erprobt. **a** Unterdrückende Gene könnten die Wucherung von Krebszellen stoppen. **b** An Rezeptoren gekoppelt könnte ein Gen spezifisch in bestimmte Zellen transportiert werden. **c** Das korrekte Gen wird in Stammzellen verbracht. Hiermit könnte z. B. der ADA-Defekt dauerhaft korrigiert werden. **d** Adenoviren können als Gentaxis in die Lungenzellen verwendet werden. Erprobt wurde dieses Verfahren bei der zystischen Fibrose. **e** Erregergene könnten in menschliche Blutzellen verbracht werden und deren Zelloberfläche so verändern, daß die zelluläre Abwehr eines Patienten in Gang gesetzt wird. Man denkt an solche Konzepte bei AIDS und Hepatitis. **f** Die Injektion von an Trägersubstanzen gekoppelten Genen könnte direkt in die erkrankten Körperteilen erfolgen, und dort könnten diese in die Zellen aufgenommen werden. Denkbare Zielerkrankung wäre die Muskeldystrophie Typ Duchenne

würden. Der Versuch läßt sich allerdings nicht beliebig wiederholen, da der Organismus gegen Adenoviren eine Immunreaktion aufbaut, die sie schließlich eliminiert und die absichtliche Infektion der Zellen verhindert. Gegenwärtig laufen deswegen weitere Gentherapieversuche mit Liposomen als Trägermoleküle.

Bei der familiären *Hypercholesterinämie* beruht die Störung auf einem dominant vererbten Mangel an LDL-Rezeptoren. Dies führt zu Verengung der Herzkranzgefäße. Besonders Homozygote erleiden in der Regel einen frühen Herztod. Ein Gentherapieversuch wurde bei fünf Patienten unternommen, indem man chirurgisch einen relativ großen Teil der Leber entfernte (20 %–35 %) und eine Hepatozytenkultur anlegte. Normale LDL-Rezeptorgene wurden über Retroviren in diese Hepatozyten übertragen und die so behandelten Zellen über einen Zweig des Portalvenensystems zurückinjiziert. Die Zellen finden von selbst in die Leber zurück. Eine Verbesserung des LDL/HDL-Verhältnisses konnte über längere Zeit aufrecht erhalten werden (Übersicht 10.2).

Zur Gesamtbeurteilung dieses Gentherapieversuches sei F. Vogel zitiert: „Die Ergebnisse waren nicht beeindruckend." (Aus Vogel, Motulsky: Human Genetics, Problems and Aproaches, 1996). Aufgrund von in-vitro-Versuchen und von Untersuchungen am Tier laufen noch weitere Gentherapieversuche oder stehen unmittelbar bevor. Erwähnt seien hier die **Duchenne-Muskeldystrophie** (man hat das Gen Adenovirus-vermittelt in vivo auf Muskelfasern übertragen), die **Gaucher-Krankheit**, die **Fanconi-Anämie** und der a_1-**Antitrypsin-Mangel** (Übersicht 10.3 und Abb. 10.2).

10.5 Gentransfer in Keimzellen

1983 gelang erstmals experimentell die Einschleusung eines Wachstumsgens in Zygoten von Mäusen und die Erzeugung von Riesenmäusen. Seitdem werden in vielen Laboratorien *transgene Mäuse* für unterschiedliche experimentelle Zwecke erzeugt. Derartige Untersuchungen werfen die Frage auf, ob man damit rechnen muß, daß ähnliche Manipulationen in der Zukunft auch an menschlichen Keimzellen ausgeführt werden könnten. Es ist heute die überwiegende Meinung aller Beobachter – Wissenschaftler, Ärzte und Außenstehender –, daß eine Gentherapie an menschlichen Keimzellen – jedenfalls auf absehbare Zeit – nicht in Frage komme. Auch wird von Theologen und Philosophen das Argument vorgebracht, eine „genetische Manipulation" des ganzen Menschen verstoße gegen die Menschenwürde. Es sei ein Ausdruck von Hybris, den Menschen nach seinem Idealbild verändern zu wollen.

> **!** Bei allen an der Diskussion Beteiligten besteht eine breite Übereinstimmung: Therapieversuche an menschlichen Zygoten dürfen nicht durchgeführt werden.

Hierfür besteht auch keine medizinische Indikation. Um dies zu verdeutlichen, sollte man nochmals auf den oben angesprochenen ADA-Mangel zurückkommen. Der Erbgang ist wie bei sehr vielen schweren Krankheiten rezessiv. Wenn bekannt ist, daß beide Eltern heterozygot sind, besteht jedoch nur ein Risiko von 25 %, daß ein homozygotes Kind entsteht. Bevor man also eine Gentherapie ins Auge fassen könnte, müßte man feststellen, ob die frisch befruchtete Zygote tatsächlich homozygot für das Defektgen ist. Nehmen wir an, dies sei einmal mit Hilfe der Methoden der DNA-Diagnostik möglich (Präimplantations-Diagnostik). Wäre es dann nicht viel einfacher und ungefährlicher, eine andere normale Zygote des Paares zu implantieren? Diese einfachere und vor allem sicherere Alternative bestünde in praktisch jedem Fall. In Deutschland ist durch das Embryonenschutzgesetz die Präimplantationsdiagnostik an Embryonen, die noch aus omnipotenten Zellen bestehen, gesetzlich verboten. Zusammenfassend ist diese heute so leidenschaftlich diskutierte Methode schlichtweg überflüssig.

Eine tiefgreifende Furcht besteht vor der Vision, einen „normalen" Menschen verbessern zu wollen, etwa durch Einführung von Genen für erhöhte Intelligenz, ausgeglichenere Persönlichkeit, bessere Muskelentwicklung oder ähnliches. Hier bestünde in der Tat die ernsthafte Gefahr, daß der Mensch sich zum Halbgott erhebt und eine absolute Grenze muß zweifellos gesetzt werden.

11 Bedeutung der Zwillingsmethoden in der humangenetischen Forschung

Im Zusammenhang mit der multifaktoriellen Vererbung wurden mehrfach eineiige und zweieiige Zwillinge verglichen, um die genetische Beteiligung innerhalb der phänotypischen Varianz abzuschätzen. Damit ist bereits der Grundgedanke der Zwillingsmethode beschrieben.

> **!** Die Zwillingsmethode ist geeignet, um den genetischen Anteil an der Ausprägung eines Merkmals quantitativ abzuschätzen, ohne daß man die dafür verantwortlichen Erbanlagen kennen muß.

Die Zwillingsmethode hat eine überragende Rolle in der Geschichte der Humangenetik gespielt. Sie überzeugt durch das Naturphänomen der Existenz eineiiger Zwillinge – also genetisch gesehen der doppelten Ausgabe eines Individuums – gerade den „genetischen Laien".

Es ist wiederum das Verdienst von *Francis Galton*, 1875 die Zwillingsmethode in die Wissenschaft eingeführt zu haben. Wahrscheinlich wußte er noch nichts von der Existenz *monozygoter* und *dizygoter Zwillinge;* dieses Phänomen wurde gerade ein Jahr zuvor beschrieben. Galton hat wohl die Bedeutung dieser Methode geahnt, er hatte aber noch kein geeignetes Konzept für ihre biologisch richtige Anwendung gefunden. Dies gelang von *Siemens* (1924), welcher den Vergleich mono- und dizygoter Zwillinge einführte. Siemens erkannte folgendes: Monozygote Zwillinge haben 100 % ihrer genetischen Anlagen gemeinsam; dizygote Zwillinge sind sich mit durchschnittlich 50 % so ähnlich wie normale Geschwister, allerdings unterscheiden sie sich von ihnen durch denselben Geburtszeitpunkt und damit eine ähnlichere Umwelt. Letzteres haben sie mit monozygoten Zwillingen gemeinsam.

Gleichzeitig gelang es ihm, die beiden Gruppen durch die Einführung eines vielparametrigen Vergleiches voneinander zu unterscheiden.

11.1 Mechanismen der Zwillingsentstehung

Entstehung eineiiger Zwillinge

Eineiige Zwillinge entstehen, indem sich im frühen Embryonalstadium die *Blastomeren,* die aus einer Zygote hervorgegangen sind, aus bisher unbekannten Gründen, wahrscheinlich jedoch durch eine kurzfristige Störung der Embryonalentwicklung, in *zwei Tochterindividuen* teilen.

Beim Menschen sind die Blastomeren noch im 4-Zellstadium omnipotent und zeigen eine relativ geringe Adhäsion, die mechanisch leicht lösbar ist. Erst ab dem 8-Zellstadium setzt eine Kompaktierung der Morula ein, und der eigentliche Differenzierungsprozeß beginnt. Ein Zerfallen in zwei omnipotente Organismen durch eine exogene Noxe ist in diesem Stadium noch relativ leicht möglich (Abb. 11.1 und 11.2). Da sich so entstandene Zwillinge

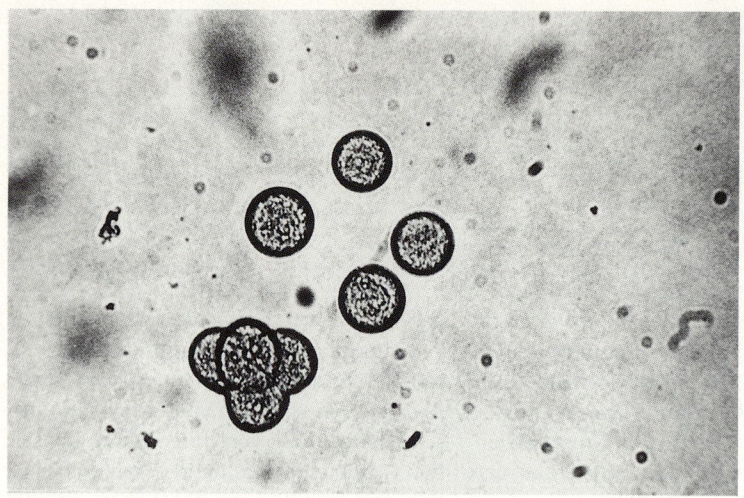

Abb. 11.1. Embryosplitting bei einem 4-Zellstadium der Maus in vier einzelne Blastomeren. Die Auflösung in Einzelblastomeren erfolgt mechanisch durch Aufziehen in einer dünnen Pipette

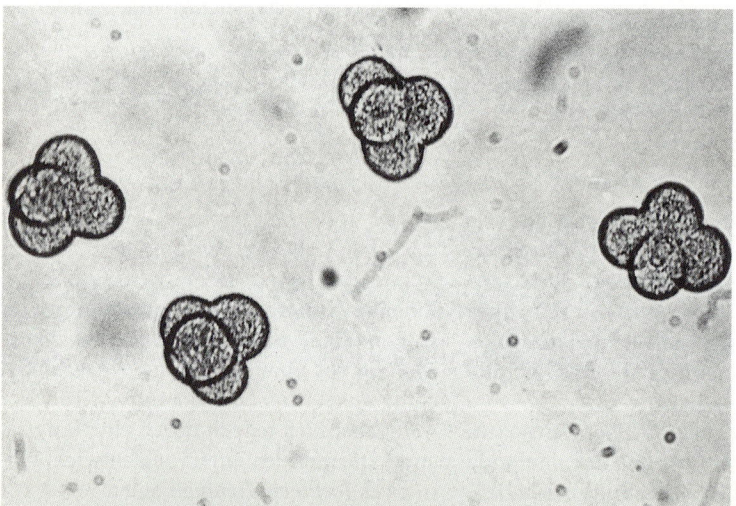

Abb. 11.2. Weiterentwicklung künstlich aus einer Zygote durch Embryosplitting erzeugter eineiiger Mehrlinge der Maus zum 4-Zellstadium in Kultur

aus einer Verschmelzung einer Oozyte mit einem Spermium entwickelt haben, sind sie *erbgleich.*

Die früheste Entwicklung eineiiger Zwillinge erfolgt also auf dem 2-Zell- oder 4-Zellstadium. In diesem Falle ent-wickeln sich zwei getrennte Keime innerhalb einer Zona pellucida. Nach Auflösung der Zona pellucida, nidieren die beiden Blastozysten getrennt, und jeder Embryo entwickelt eine eigene Plazenta und ein eigenes Chorion.

In vielen Fällen erfolgt jedoch die *Durchschnürung des Embryos* im frühen Blastozystenstadium. Der innen gelegene *Embryoblast* spaltet sich in zwei getrennte Zellhaufen auf, die so entstandenen beiden Embryonen besitzen eine gemeinsame Plazenta und ein gemeinsames Chorion, haben aber getrennte Amnionhöhlen.

Selten erfolgt die Trennung auch noch später, nämlich auf dem Stadium der *zweiblättrigen Keimscheibe* kurz vor der Entwicklung des Primitivstreifens. Es entstehen dann Zwillinge mit gemeinsamem Chorion und Amnion in einer einzigen Plazenta (Abb. 11.3). Diese Entwicklung kann bis etwa zum 10. Tage nach der Befruchtung vonstatten gehen.

Entstehung zweieiiger Zwillinge

Zweieiige Zwillinge entstehen dagegen durch die ausnahmsweise Befruchtung zweier Eizellen in demselben Zyklus durch zwei verschiedene Spermien. Sie haben, wie normale Geschwister, durchschnittlich die Hälfte ihrer Gene gemeinsam.

Beide Zygoten nidieren getrennt im Uterus und bilden ihre eigene Plazenta und ihr eigenes Chorion und Amnion. Es kann jedoch zu Verschmelzungen kommen, wenn sich die beiden Plazenten dicht nebeneinander befinden. Dann können sich die Chorionhüllen aneinanderlegen und miteinander verschmelzen.

Eihautbefunde

Einige Daten zur Häufigkeit der verschiedenen Eihautbefunde sollen angeführt werden. In einer Untersuchung mit 65 eineiigen Zwillingspaaren wurden 12 mit getrenntem Chorion, 13 dichorische mit sekundärer Verschmelzung, 38 monochorische und diamniotische und 1 monoamniotisches Paar gefunden. In der gleichen Studie wurden 113 zweieiige Zwillingspaare untersucht. 69 hatten ein getrenntes Chorion und 44 waren dichorisch mit sekundärer Verschmelzung (Übersicht 11.1).

> **!** Bezüglich der Eihautbefunde ist nur eine monochorische monoamniotische Plazenta ein Beweis für die Eineiigkeit, alle anderen Formen lassen keine eindeutige Aussage zu.

Monoamniotische eineiige Zwillinge werden selten gefunden. Sie zeigen gehäuft

Übersicht 11.1. Eihautbefunde bei eineiigen (EZ) und zweieiigen (ZZ) Zwillingen

EZ Abb.	Embryonalstadium bei der Trennung	Plazenta	Chorion	Amnion	Häufigkeit
7.3.a	2-4 Zellstadium	getrennt	getrennt oder sekundär verschmolzen	getrennt	recht häufig
7.3.b	frühe Blastozyste	gemeinsam	gemeinsam	getrennt	häufigste Form
7.3.c	Zweiblättrige Keimscheibe	gemeinsam	gemeinsam	gemeinsam	selten
ZZ	von vornherein getrennte Entwicklung	getrennt	getrennt	getrennt	häufigste Form
		getrennt	sekundär verschmolzen	–	recht häufig

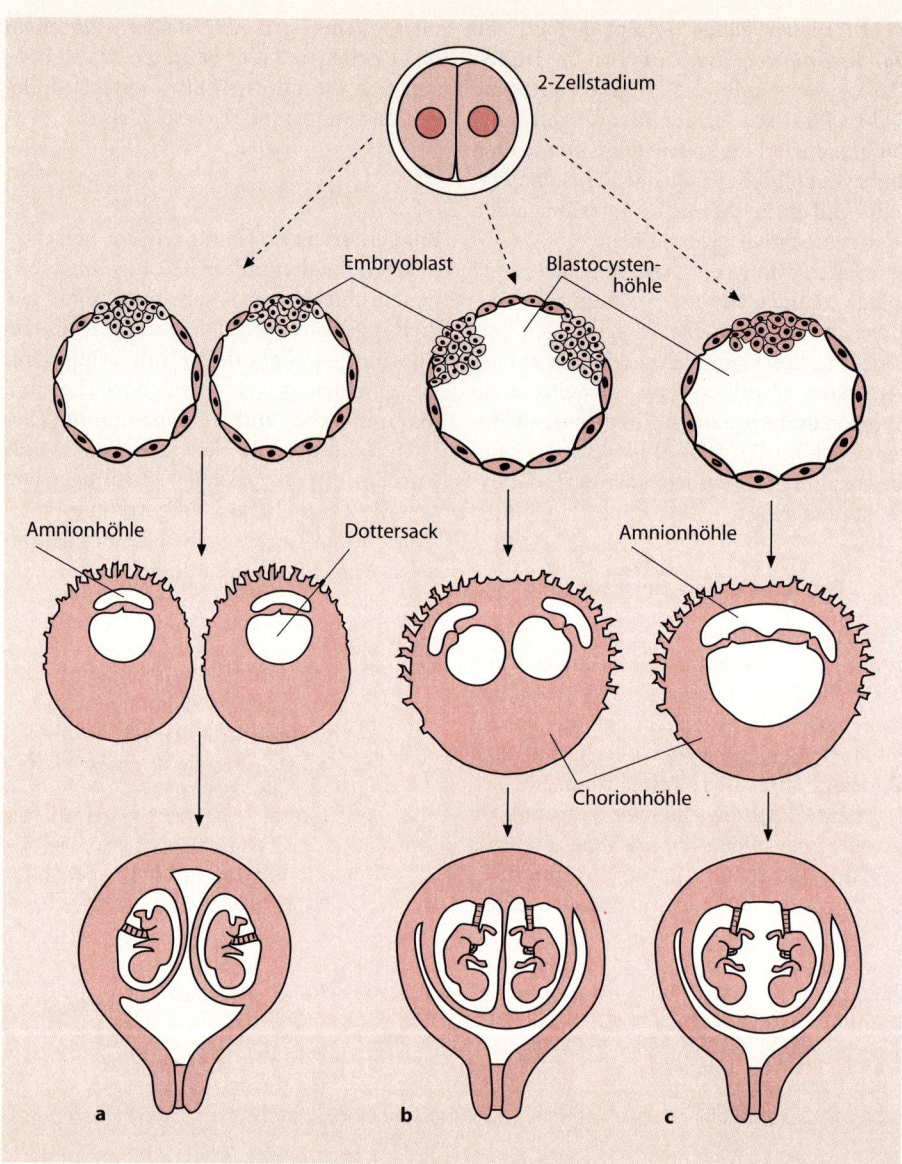

Abb. 11.3 a–c. Die verschiedenen Möglichkeiten bei der Bildung der Eihäute bei eineiigen Zwillingen. **a** Aufspaltung im 2-Zellstadium. Jeder Embryo besitzt eine eigene Plazenta, ein eigenes Amnion und Chorion. **b** Aufspaltung des Embryoblasten in zwei getrennte Zellhaufen. Die Embryonen haben eine gemeinsame Plazenta und ein gemeinsames Chorion, jedoch zwei getrennte Amnionhöhlen. **c** Noch spätere Aufspaltung des Embryoblasten. Die Embryonen besitzen eine gemeinsame Plazenta, ein gemeinsames Amnion und Chorion. (Mod. nach Langmann 1989)

Übersicht 11.2. Häufigkeit von Zwillingsgeburten pro 1000 Geburten. (Nach Propping, Krüger 1976)

Herkunft		Periode	ZZ/1000 Geburten	EZ/1000 Geburten
Spanien		1951–1953	5,9	3,2
Portugal		1955–1956	6,5	3,6
Frankreich		1946–1951	7,1	3,7
Österreich		1952–1956	7,5	3,4
Schweiz		1943–1948	8,1	3,6
Bundesrepublik Deutschland		1950–1955	8,2	3,3
Schweden		1946–1955	8,6	3,2
Italien		1949–1955	8,6	3,7
England und Wales		1946–1955	8,9	3,6
US-Weiße		1905–1959	6,7	3,9
US-Neger	Kalifornien	1905–1959	11,0	3,9
US-Chinesen		1905–1959	2,2	4,8
US-Japaner		1905–1959	2,1	4,6
Japaner		1955–1962	2,4	4,0

Fehlbildungen, teilweise bei nur einem der beiden.

 Auch bei Trennung von Plazenta, Chorion und Amnion kann Eineiigkeit vorliegen.

Zwillingshäufigkeit

Zweieiige Zwillinge sind je zur Hälfte gleich- bzw. verschiedengeschlechtlich. Etwas mehr als 1 % (ca. 1:80 Geburten) aller Geburten in Mitteleuropa sind Zwillingsgeburten. Etwa 40 % aller Zwillinge sind eineiig, 60 % sind zweieiig.

Eineiige Zwillinge sind auf der Welt überall gleich häufig. Dagegen ist die Zahl der zweieiigen bei verschiedenen ethnischen Gruppen unterschiedlich. Zwillinge sind unter Mongoliden am seltensten. So haben Japaner etwa 0,2 % zweieiige Zwillingsgeburten, die Yorubas in Nigeria mehr als 4 % und die Afrikaner insgesamt über 1 %, womit in Afrika die höchste Rate zweieiiger Zwillingsgeburten erreicht wird. Die Europäer liegen mit 0,6 %–0,8 % zwischen den Extremgruppen (Übersicht 11.2).

Weiterhin haben das *Alter der Mutter* und der Geburtenrang Einfluß auf die Rate der zweieiigen Zwillingsgeburten.

Als Einfluß einer modernen Familienplanung ist seit der Mitte der 50er Jahre unseres Jahrhunderts ein Rückgang der zweieiigen Zwillingsgeburten zu beobachten. Dies erklärt sich dadurch, daß die sog. „überfruchtbaren Frauen", d.h. die Frauen, die statistisch eher zu Mehrfachovulationen und damit zu einer erhöhten Fruchtbarkeitsrate neigen, nicht mehr überproportional an der Fortpflanzung teilnehmen. Die Rate eineiiger Zwillinge bleibt davon unberührt, da der beschriebene Entstehungsmechanismus ein anderer ist.

Die Entstehung eineiiger Zwillinge ist unabhängig vom Alter der Mutter, während der Anteil von zweieiigen Zwillingsgeburten mit dem Alter der Mutter ansteigt. Für Frauen, die bei der ersten Schwangerschaft Zwillinge zur Welt bringen, ist die Wahrscheinlichkeit für weitere Zwillingsgeburten um das 3- bis 5fache erhöht.

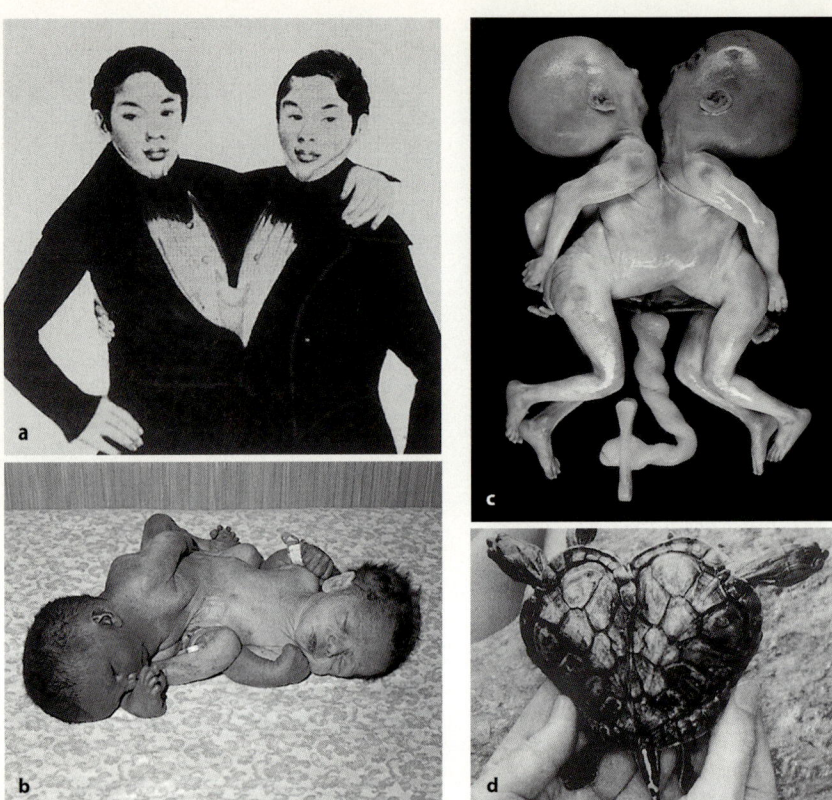

Abb. 11.4. a Die siamesischen Zwillinge Chang und Eng; **b,c** siamesische Zwillingsgeburten; **d** Beispiel von siamesischen Zwillingen im Tierreich: amerikanische Schmuckschildkröten. (Aus Stern 1990)

Fehlbildungen

Bei einer Teilung in einem späten Entwicklungsstadium (nach dem 13. Tag) kommt es zu einer unvollständigen Durchschnürung im Axialbereich der Keimscheibe. Hierdurch kommt es zu Mehrfachbildungen oder Doppelmißbildungen. Abhängig von Art und Ausmaß der Verwachsungen unterscheidet man **Thorakopagus, Pygopagas** (pägnymi = ich verbinde) und **Kraniopagus.** In seltenen Fällen sind eineiige Zwillinge durch eine gemeinsame Hautbrücke oder durch eine gemeinsame Leberbrücke verbunden (**Siamesische Zwillinge,** benannt nach den in Abb. 11.4 dargestellten Siamesischen Zwillingen Chang und Eng). Es ist

mehrfach gelungen, siamesische Zwillinge erfolgreich zu trennen, wobei der Erfolg vom Ausmaß der Verwachsungen abhängt.

Bei **monozygoten Zwillingen** können in höherem Maße Fehlbildungen vorliegen. 15 % zeigen eine einzelne und 3,3 % multiple Fehlbildungen. Die Fehlbildungen entstehen einerseits aufgrund der gleichen primären Ursache wie die Zwillingsbildung selbst, andererseits durch Störungen der Gefäßversorgung, und schließlich entstehen Deformitäten aufgrund des Platzmangels. Zu den frühen Fehlbildungen der monozygoten Zwillinge gehören **sakrokokzygeale Teratome** (Abb. 11.5 a), **Sirenomelie** (Abb. 11.5 b), Extrophie der Kloake, Extrophie der Blase, Analatresie, tracheoösopha-

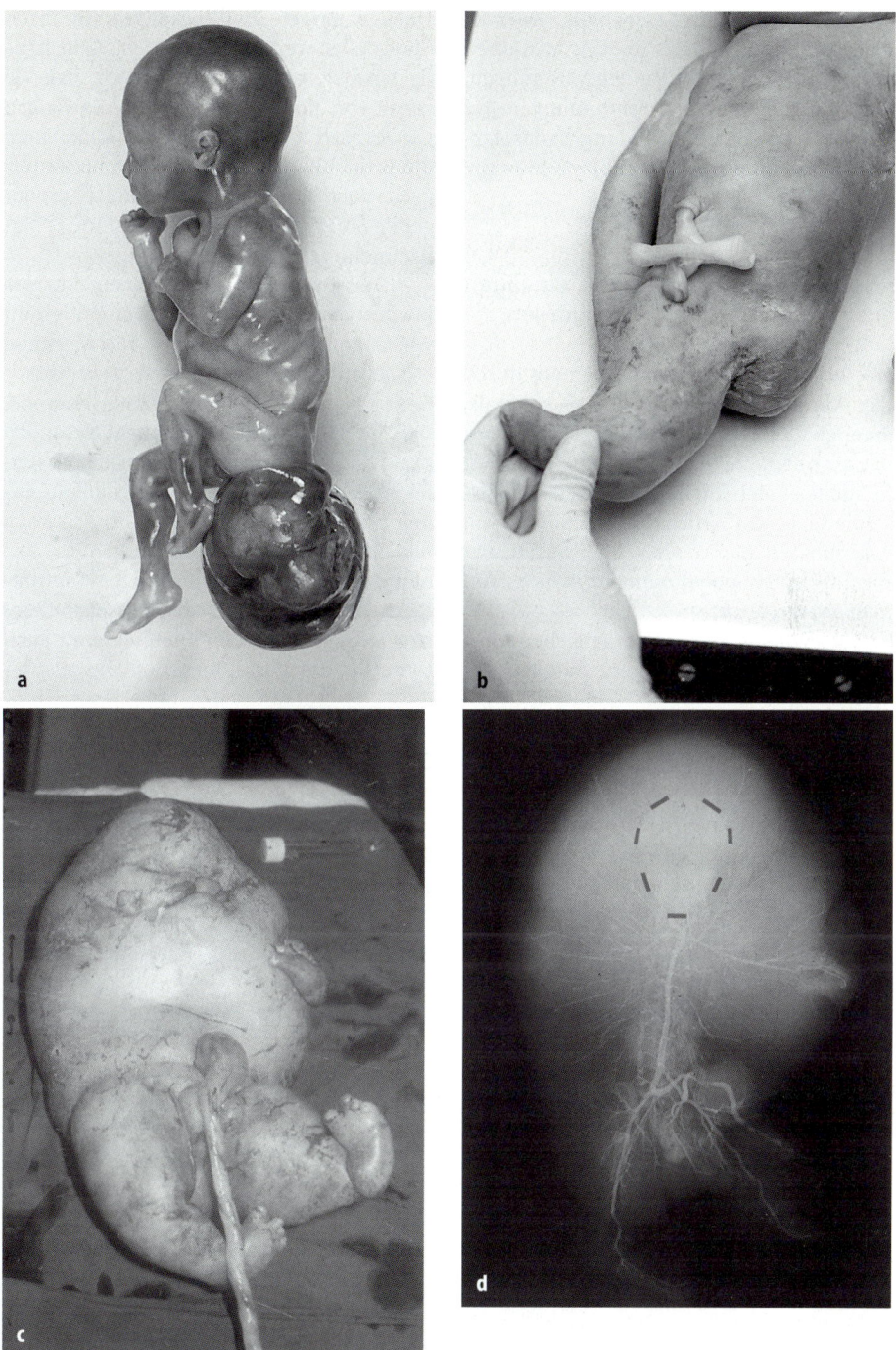

Abb. 11.5. a Sakrokokzygeales Teratom; **b** Sirenomelie; **c** Azephalus-Akardie-Syndrom; **d** Röntgen-Aufnahme von c (Schädelskelett markiert)

geale Fistel, Holoprosenzephalie, Zwerchfelldefekte und andere Spaltassoziationen und multiple Mittellinienfehlbildungen. Eine der bekanntesten Fehlbildungen der monozygoten Zwillingsbildung ist das *Azephalus-Akardie-Syndrom* (Abb. 11.5c u. d).

11.2 Unterscheidung von eineiigen und zweieiigen Zwillingen

Wie beschrieben, gelang es Siemens durch den Vergleich vieler Parameter erstmals, eineiige und zweieiige Zwillinge voneinander zu unterscheiden. Zur damaligen Zeit handelte es sich um den Vergleich von ausschließlich äußerlichen morphologisch erkennbaren Merkmalen. Man bezeichnet dies als einen *polysymptomatischen Ähnlichkeitsvergleich.*

Nach dem polysymptomatischen Ähnlichkeitsvergleich stimmen die Partner eines eineiigen Zwillingspaares in ihren Merkmalen weitgehend überein. Sehr häufig sind sie einander so ähnlich, daß sie sogar von ihren Eltern und Geschwistern verwechselt werden. Hieraus kann man die Erblichkeit körperlicher Merkmale folgern, auch dann, wenn für ihre überwiegende Mehrzahl der Vererbungsmodus bisher nicht geklärt werden konnte.

Dies kommt daher, daß für ein einziges körperliches Merkmal häufig eine Vielzahl von Genen verantwortlich ist. Das Merkmal „Nasenrückenprofil" kommt z. B. durch Gene für das Knochenwachstum zustande, die die Form der knöchernen Nasenöffnung und die Form und Stellung des Nasenfortsatzes am Stirnbein und der Nasenbeine bestimmen. Andere Gene bestimmen den knorpeligen Unterbau der Nase, wie den dreieckigen und viereckigen Septum-Rücken-Knorpel und den Nasenspitzen- bzw. Flügelknorpel. Schließlich sind auch Gene für die Ausbildung des Muskels der

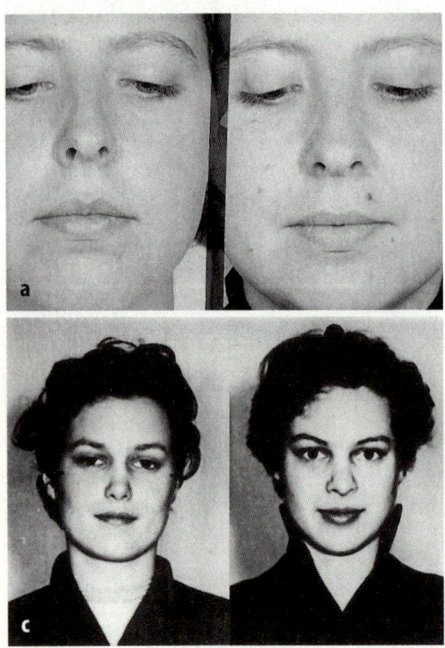
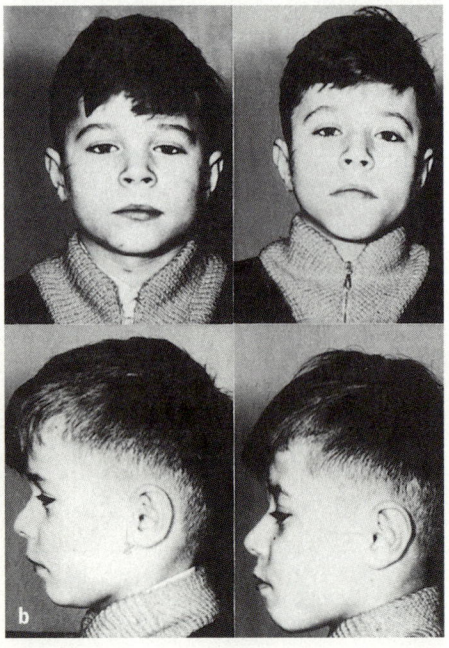

Abb. 11.6 a–c. Porträts ähnlicher und unähnlicher eineiiger Zwillinge und ähnlicher zweieiiger Zwillinge. **a** Beispiel ähnlicher EZ, **b** Beispiel unähnlicher EZ, **c** Beispiel ähnlicher ZZ

Stirn und Nase und für die Ausbildung des dazwischenliegenden Bindegewebes verantwortlich. Auch Manifestationsschwankungen können eine Rolle spielen. Schließlich beeinflussen Umweltfaktoren, die sehr wohl bereits vorgeburtlich im Mutterleib wirken können, die Ausprägung eines Merkmals. Streng genommen muß man annehmen, daß nur Merkmale völlig übereinstimmen, die vollständig penetrant sind. Nur dann kann eine 1:1 Beziehung zwischen Genotyp und Phänotyp bestehen.

Nur eine Vielzahl von Merkmalen kann daher ausreichende Sicherheit bei der Einordnung mono- oder dizygoter Zwillinge bieten. Man berücksichtigt bei der Befunderhebung die Farbe und Form des Kopfhaares und die Hautfarbe, die Farbe und Struktur der Iris, Formmerkmale von Kopf, Stirn und Gesicht, Merkmale der Augengegend, wie Variationen der Augenbrauen, Ober-

und Unterlidraum, Formmerkmale der äußeren Nase, Merkmale der Mund- und Kinnregion und Formvariationen des äußeren Ohres. Darüber hinaus werden vielfältige Merkmale im Hand- und Fußbereich, aber auch und gerade das Hautleistensystem berücksichtigt (Abb. 11.6 und 11.7). Etwa vorhandene pathologische Merkmale müssen ebenfalls einbezogen werden.

Beim polysymptomatischen Ähnlichkeitsvergleich basiert die Diagnose also auf der Summation von Ähnlichkeiten und Unähnlichkeiten. Je mehr Merkmale betrachtet werden, desto sicherer wird die Diagnose.

Heute hat der polysymptomatische Ähnlichkeitsvergleich nur noch historische Bedeutung. Er ist durch die Bestimmung genetischer Polymorphismen auf Protein- und DNA-Ebene abgelöst. Hierfür werden

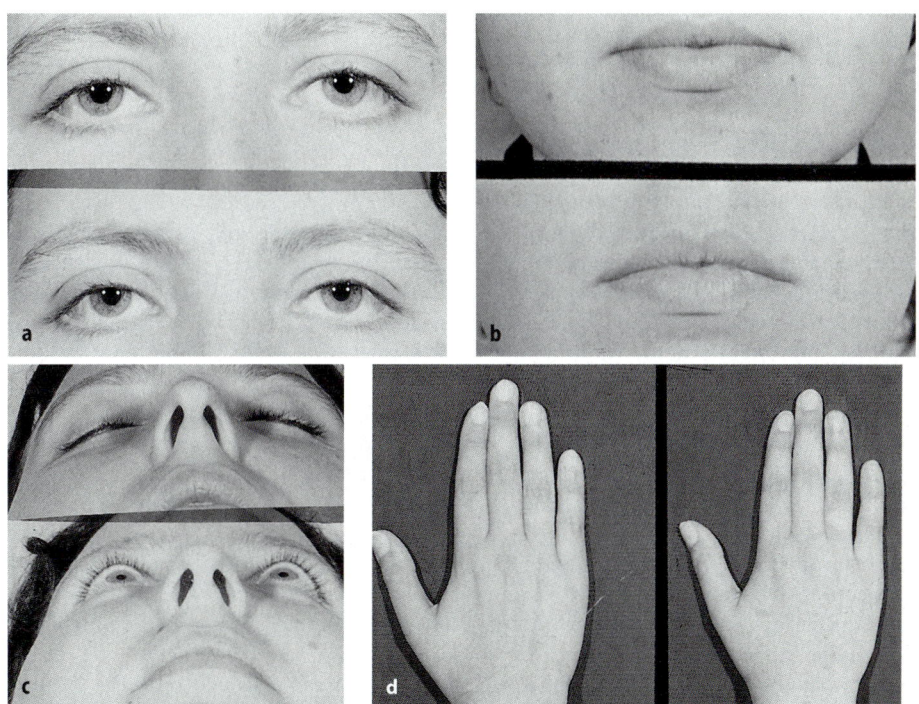

Abb. 11.7. a Augenbereich, **b** Mundpartie, **c** Nasenboden und **d** Hände von eineiigen Zwillingen

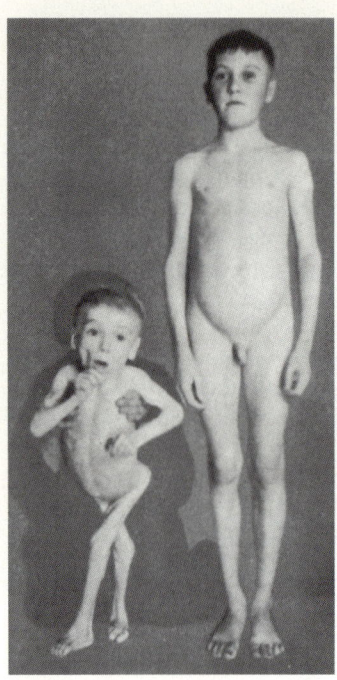

Abb. 11.8. Extrembeispiel der Diskordanz monozygoter Zwillinge. Es handelt sich um zwei Jungen im Alter von 10 Jahren. (Nach Grebe 1959)

Bei eineiigen Zwillingen, genauso wie zur Isogenitätsbestimmung bei Laborinzuchtstämmen von Tieren, ist von Hauttransplantaten das Ausbleiben einer *Abstoßreaktion* zu fordern. Diese Methode der reziproken Hauttransplantation bei Zwillingen soll nur der Vollständigkeit halber erwähnt werden. Sie ist bei der Sicherheit, die andere Methoden bieten, ethisch heute nicht mehr vertretbar und auch nicht mehr notwendig.

11.3 Prinzip der Zwillingsmethode

Das Prinzip der Zwillingsmethode läßt sich in 3 Strategien unterteilen:

- Der Vergleich zwischen eineiigen und zweieiigen Zwillingen, die in einer gemeinsamen Umwelt aufwachsen.
- Der Vergleich getrennt aufgewachsener eineiiger Zwillinge.
- Die Methode von eineiigen Zwillingen als Vergleichspersonen („Co-twin-control").

Vergleich gemeinsam aufwachsender Zwillinge

Zweifellos hat die erste dieser drei Strategien die quantitativ größte Bedeutung. Sie beruht darauf, daß bei einer überwiegenden genetischen Bedingtheit eines Merkmals eineiige Zwillinge eine wesentlich höhere *Konkordanz* aufweisen müssen als zweieiige (Abb. 11.9).

Ist dagegen die *Diskordanz* eines Merkmals bei eineiigen und zweieiigen Zwillingen gleich, so spricht dies gegen eine genetische Beteiligung bei der beobachteten Varianz. Die Merkmalsausprägung ist also umweltbedingt. Allerdings leiden Zwillingsstudien dieser Art unter der Gefahr der Überrepräsentation von eineiigen Zwillingen. Deshalb muß die Zusammensetzung einer Zwillingsserie in Bezug auf Eiigkeit und Geschlechtsverteilung

monogene Merkmale, wie serologische Merkmalsgruppen herangezogen. Es sind die *Erythrozyten-Membranantigene, Serumproteinsysteme, Erythrozyten-Enzymsysteme* und das *HLA-System*. Bei einer völligen Übereinstimmung der Art, wie sie in Kap. 13 beschrieben wird, ist Eineiigkeit belegt. Auf DNA-Ebene ist die Bestimmung von *Restriktionsfragment-Längenpolymorphismen* die Methode der Wahl. Es gibt verschiedene Methoden vom klassischen „*genetischen Fingerabdruck"* bis zu *Single-Lokus-Systemen*, wie sie auch zur Personenidentifikation eingesetzt werden. Hiermit ist ebenso eine eindeutige Bestimmung der Eiigkeit möglich. Von seltenen Mutationen einmal abgesehen, werden mit diesen neueren Methoden also nicht Ähnlichkeiten, sondern 100 %ige Übereinstimmung geprüft (Abb. 11.8).

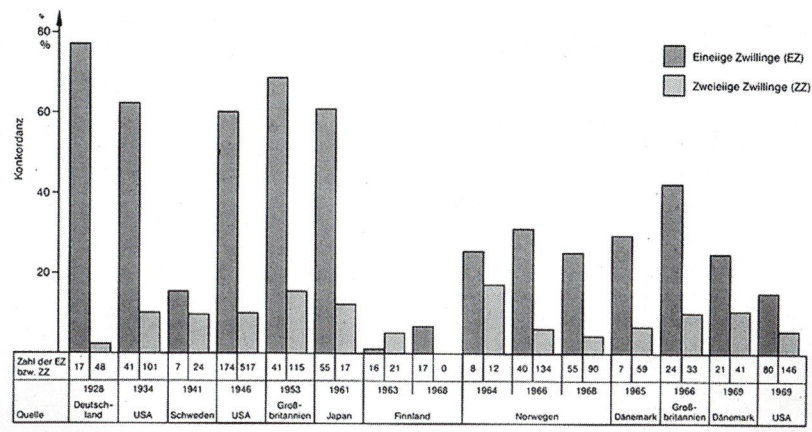

Abb. 11.9. Konkordanz und Diskordanz für Schizophrenie in ein-und zweieiigen Zwillingen aus verschiedenen Populationen

auf ihre Übereinstimmung mit den Erwartungswerten geprüft werden. Dabei ist besonders eine Überrepräsentation der eineiigen Zwillinge eine Gefahr, die für das untersuchte Merkmal konkordant sind. Dies läßt sich dadurch erklären, daß konkordante Zwillinge eher auffallen und man sich eher an sie erinnert.

Basieren Zwillingsstudien auf solchermaßen erfaßten Zwillingen, also auf einer *Interessantheitsauslese*, so besteht das Risiko einer Überschätzung des genetischen Einflusses.

Versucht man die Zwillingsuntersuchungen der Literatur zu ordnen, so gelingt dies am besten aufgrund der untersuchten Merkmale. Es gibt nämlich kontinuierlich verteilte Merkmale und solche mit alternativer Verteilung.

Kontinuierlich verteilte Merkmale. Bei kontinuierlich verteilten Merkmalen wird der genetische Anteil an einer beobachteten Gesamtvarianz mittels der *Heritabilität* abgeschätzt. Bei multifaktoriellen Merkmalen, wie Körperhöhe, Blutdruck, Intelligenz wurden bereits Beispiele beschrieben. Es gibt verschiedene Methoden aufgrund von

Zwillingsdaten die Heritabilität eines Merkmals abzuschätzen.

Alternativ verteilte Merkmale. Bei alternativ verteilten Merkmalen wird dagegen, wie bereits erwähnt, die Konkordanzrate von eineiigen und zweieiigen Zwillingen verglichen. Die Qualität der Untersuchung hängt dabei von der Auslesefreiheit der Stichproben ab. Ein weiterer wesentlicher Faktor ist die Art der Erfassung. Sie beeinflußt die ermittelte Konkordanzrate. Man kann unterscheiden:

- *Fallweise Erfassung*, bei der alle konkordanten Paare unabhängig von der Art der Erfassung gezählt werden.
- *Paarweise Erfassung*, bei der die konkordanten Paare nur zur Hälfte gezählt werden, da ein konkordantes Paar eine doppelt so hohe Wahrscheinlichkeit der Erfassung hat.
- *Probandenmethode*, bei der alle unabhängig erfaßten Probanden gezählt werden.

Die Probandenmethode liefert dabei wohl die neutralsten Befunde. Die mit ihr errechneten Konkordanzraten sind direkt

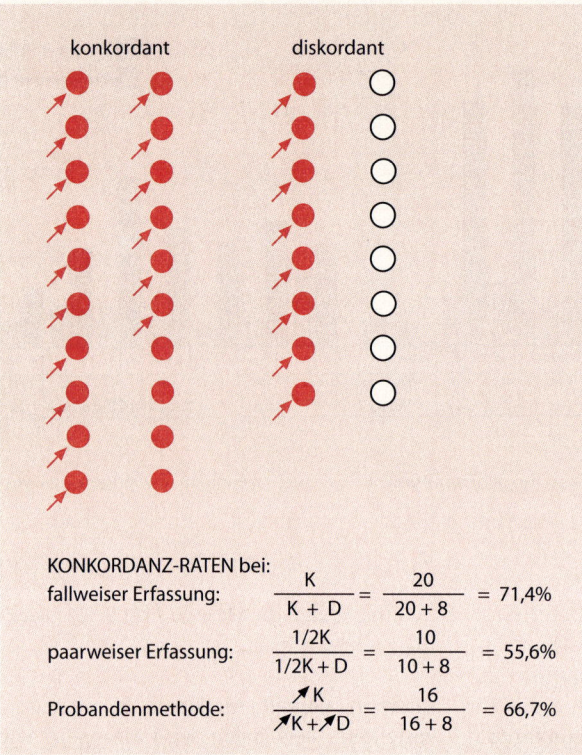

KONKORDANZ-RATEN bei:

fallweiser Erfassung:
$$\frac{K}{K+D} = \frac{20}{20+8} = 71,4\%$$

paarweiser Erfassung:
$$\frac{1/2K}{1/2K+D} = \frac{10}{10+8} = 55,6\%$$

Probandenmethode:
$$\frac{\nearrow K}{\nearrow K + \nearrow D} = \frac{16}{16+8} = 66,7\%$$

Abb. 11.10. Beispiel von 10 für ein Merkmal konkordanten und 8 diskordanten Zwillingspaaren. Die Pfeile bezeichnen die als unabhängige Probanden erfaßten Merkmalträger, während die Merkmalträger ohne Pfeil nur über das betroffene Geschwister bekannt geworden sind. Die ermittelte Konkordanzrate hängt von der Berechnung ab. (Nach Propping 1983)

mit empirischen Wiederholungsziffern von Familienuntersuchungen vergleichbar (Abb. 11.10 und 11.11).

Vergleich getrennt aufwachsender Zwillinge

Die zweite Methode gibt Aufschluß über den Einfluß der Umwelt auf körperliche und seelische Merkmale. Man kann mit dieser Methode das Ausmaß größerer Umweltunterschiede messen.

Die Methode wurde häufig angewandt, um zu überprüfen, ob eineiige Zwillinge deswegen vor allem auf dem Gebiet der Intelligenz (gemessen am IQ) so hohe Konkordanzraten aufwiesen, weil sie sich ein ähnlicheres Milieu in einer gemeinsamen Umwelt schaffen als zweieiige.

Faßt man die bisherigen Befunde zusammen, so konnte bezüglich des IQ gezeigt werden, daß immer eine höhere Konkordanz bei eineiigen Zwillingen vorhanden ist als bei zweieiigen, gleich ob diese in getrennter Umwelt aufwachsen oder gemeinsam. Die wohl wesentlichste Studie auf diesem Gebiet ist die *Minneapolis-Studie* von Lykken und Bauchard. Sie wird in einer Publikation von Bauchard et al. 1990 inhaltlich zusammengefaßt: „Seit 1979 wurden in einer kontinuierlichen Untersuchung von mono- und dizygoten Zwillingen, die in der Kindheit getrennt wurden und getrennt aufwuchsen, mehr als 100 getrennt aufgewachsene Zwillinge und Drillinge eine Woche lang intensiv psychologischen und physiologischen Tests unterworfen. Wie in früheren kleineren Studien von getrennt aufgewachsenen monozygoten Zwillingen wurde ca. 70 % der Varianz im IQ als mit genetischen Faktoren assoziiert gefunden. In multiplen

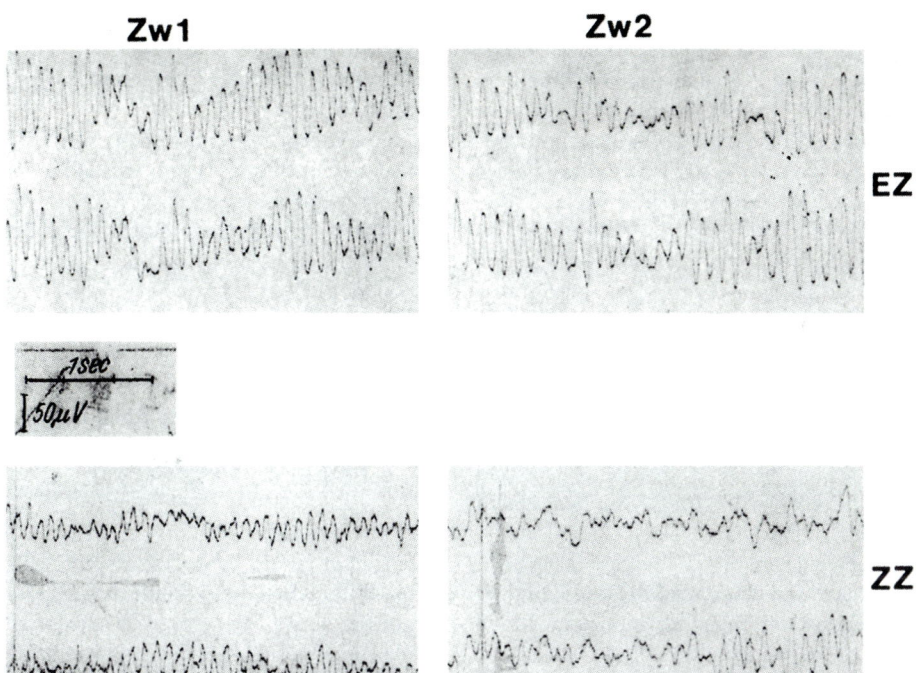

Zw 1   **Zw 2**

EZ

ZZ

Abb. 11.11. Vergleich der EEGs eineiiger Zwillinge und der EEGs zweieiiger Zwillinge. Die EEGs von eineiigen Zwillingen zeigen keine größeren Abweichungen als 2 Ableitungen von einer Person zu verschiedenen Zeiten. Es handelt sich um eine unipolare Ableitung gegen seitengleiches Ohr okzipital links und rechts. (Mit freundl. Genehmigung von Prof. F. Vogel, Heidelberg)

Messungen von Persönlichkeit, Temperament, beruflichen- und Freizeitinteressen und Sozialverhalten sind getrennt aufgewachsene monozygote Zwillinge ähnlich den gemeinsam aufgewachsenen. Dies macht eine strenge Heritabilität für die meisten psychologischen Parameter offensichtlich".

Eine inhaltliche Interpretation dieser Aussagen soll hier nicht unternommen werden. Die Methode des Vergleichs getrennt aufgewachsener Zwillinge hat jedoch bisher keine wesentlich neuen Befunde, die gegensätzlich zur klassischen Methode zu interpretieren wären, erbracht.

Co-twin-control

Bei dieser Methode werden eineiige Zwillinge als Vergleichspersonen untersucht. Ein Zwilling wird dem zu untersuchenden Einfluß ausgesetzt, der andere nicht. Man erforscht also den Einfluß des Faktors, der nur den einen Zwilling trifft. Es handelt sich dabei theoretisch um eine perfekte experimentelle Anordnung, die man mit der Benutzung von Inzuchtstämmen in der experimentellen Medizin vergleichen könnte. Entwickelt wurde diese Methode ursprünglich, um erzieherische Einflüsse auf menschliche Verhaltenscharakteristiken zu studieren.

Die Methode kann aber auch in erweiterter Form angewendet werden, z. B.

inwieweit bestimmte therapeutische Maßnahmen sinnvoll sind oder nicht. Solche
Untersuchungen an diskordanten eineiigen
Zwillingen weisen sowohl die relative
Bedeutungslosigkeit des Einflusses vermu-
teter Faktoren als auch die Bedeutung eines
Einflusses im positiven Sinne nach. So wurden in einer Studie 22 monozygote und 28
dizygote Zwillinge mit psychologischen
Testanordnungen untersucht, um herauszufinden, ob bestimmte Aspekte der Intelligenz durch psychologische Übungen verbessert werden können.

Die ersten Tests führte man ohne vor-
hergehendes Training aus. Danach wurde
der Zwilling mit der schlechteren Leistung
einmal pro Woche für 5 Wochen einem
Training unterzogen. Nach Ablauf der 5
Wochen wurden die Zwillinge wieder getestet. Man fand eine Zunahme der Fähigkeit
bei den trainierten Zwillingen, nicht jedoch
bei den untrainierten.

In einer anderen Studie, die in Schwe-
den durchgeführt wurde, verglich man die
Qualität verschiedener Methoden, Lesen
und Schreiben zu lernen. 10 monozygote
Zwillinge und 8 dizygote gleichen Geschlechts wurden mit der sog. Ganzheitsmethode und der analytischen Methode
vergleichend getestet. Während man bei
der Ganzheitsmethode durch die Einprägung ganzer Wörter Lesen und Schreiben
lernt, geschieht dies bei der analytischen
Methode über einzelne Buchstaben. Der
bis dahin behauptete Vorteil der Ganzheitsmethode konnte nicht belegt werden, dagegen zeigte sich ein Vorteil bei der analytischen Methode. Sicherlich kann man
diese schwedische Untersuchung nicht ver-
allgemeinern, da die Art besser Lesen und
Schreiben zu lernen möglicherweise auch
von sprachtypischen Gegebenheiten abhängt. Das Beispiel verdeutlicht aber die
Anwendungsstärken der Methode.

Eine weitere Studie untersuchte 128
Zwillingspaare, von denen jeweils einer
ein Hirntrauma durchgemacht hatte. Die
Konsequenzen auf den Gesundheitszu-

stand, die Persönlichkeit und das Lebens-
schicksal konnten frei von der sonstigen
genetischen Vielfalt der Bevölkerung
untersucht werden.

Ein anderes Anwendungsgebiet ist die
Arzneimittelprüfung. Durch die Methode
von eineiigen Zwillingen als Vergleichspersonen kann hier die individuelle Variabilität, die sich sonst störend auswirkt, vermieden werden.

11.4 Faktoren, die die Aussage-
fähigkeit der Zwillings-
methode einschränken

Mit Zwillingsuntersuchungen will man
Aussagen erhalten, die nicht nur für Zwillinge Gültigkeit haben, sondern verallge-
meinerbar sind.

Vor Anwendung der Zwillingsmethode
muß man daher prüfen, ob sich Zwillinge
für die gegebene Fragestellung von der Allgemeinbevölkerung unterscheiden oder ob
die Ergebnisse problemlos übertragbar
sind. Zwillingsspezifische Einflüsse schmä-
lern die Validität eines Ergebnisses. In der
Tat gibt es eine Reihe von zwillingsspezifi-
schen Besonderheiten, deren Einflußmög-
lichkeit bedacht werden muß:

- Gentische Besonderheiten:
  - Eineiige Zwillinge unterscheiden
    sich immer im Muster der X-Inakti-
    vierung (wenn sie weiblich sind), in
    der Anzahl mitochondrialer DNA-
    Moleküle, in somatischen Mutatio-
    nen und im Repertoire an Antikör-
    pern und T-Zell-Rezeptoren.
- Medizinische Besonderheiten:
  - Zwillinge sind häufig Frühgeburten;
    sie werden im Durchschnitt wegen
    der intrauterinen Enge ca. 4 Wochen
    zu früh geboren und haben dadurch
    ein herabgesetztes Geburtsgewicht.
    Dabei sind sich eineiige Zwillinge
    im Geburtsgewicht wegen der intra-

uterinen Ernährungsbedingungen durchschnittlich unähnlicher als zweieiige.

- Zwillinge, die als zweite geboren werden, haben ein wesentlich höheres Risiko für zerebrale Schädigung. Perinatalschäden sind doppelt bis viermal so häufig wie bei Einlingsgeburten.
- Zwillingsschwangerschaften zeigen eine höhere Abortrate und eine höhere Rate an Frühmortalität als Einlingsschwangerschaften. Zudem sind angeborene Fehlbildungen häufiger, wobei eineiige Zwillinge stärker als zweieiige und Einlinge betroffen sind. Hierdurch werden eineiige Zwillinge tendentiell eher unähnlich.

● Psychologische Besonderheiten:
- Der durchschnittliche IQ von beiden, eineiigen und zweieiigen Zwillingen, ist gegenüber der Normalbevölkerung etwas reduziert. Dieser Unterschied konnte in einer Untersuchung selbst noch am Ende der 2. Lebensdekade festgestellt werden. Der verminderte IQ kann sowohl durch die zu frühe Geburt, als auch durch verminderte elterliche Zuwendung durch die vermehrte Arbeitsbelastung erklärt werden. Auch die schlechtere intrauterine Ernährung spielt eine Rolle. Schwachsinn ist bei Zwillingen durchschnittlich 2mal häufiger als bei Einlingen.
- In der Kindesentwicklung tendieren Zwillinge, eineiige mehr als zweieiige, eine Sozialgruppe zu bilden. Nicht selten entwickeln sie eine Art von Privatsprache, wobei eineiige Zwillinge durchschnittlich mehr Zeit miteinander verbringen als zweieiige. Dies vermindert die Kontakte zur sonstigen Umwelt. Hierin sind sich eineiige und zweieiige Zwillinge tendentiell gleich, eineiige sind jedoch stärker betroffen.

- Durch elterliche Tradition, wie gleiche Kleidung oder gar ähnlich klingende Vornamen bei eineiigen Zwillingen, kommt es in der Kindheit zu einer stärkeren gegenseitigen Bindung. Um den Zeitpunkt der Pubertät mit einem stärker werdenden Wunsch nach Individualität kann dies in gewissem Umfang ins Gegenteil umschlagen. Eineiige Zwillinge ziehen sich dann bewußt verschieden an oder tragen verschiedene Frisuren. Dies führt zu gruppendynamischen Besonderheiten, die auch bei zweieiigen Zwillingen vorhanden sind.
- Ein anderes Phänomen ist die Rollendifferenzierung. Ein Zwilling kann mehr dominieren, der andere mehr die untergeordnete Rolle spielen. Der eine Zwilling übernimmt besondere Außenaufgaben für die Zweiergruppe, er ist z. B. der Sprecher, der andere ist mehr der, der die Entscheidungen fällt.

Für den Vergleich von Zwillingsdaten, die zu verschiedenen Zeiten erhoben wurden, ist es wichtig zu wissen, ob sich kulturelle oder erzieherische Gewohnheiten geändert haben. So wurde früher die gegenseitige Identifikation eher unterstützt, z. B. durch das Anziehen identischer Kleidung oder den Besuch derselben Klasse in derselben Schule. Heute will man dagegen die Individualentwicklung bei Zwillingen mehr fördern. Diese unterschiedliche Behandlung über die Zeit mag Einflüsse auf die *Persönlichkeitsentwicklung* haben, die besonders dann zum Tragen kommen, wenn man in diese Richtung sensible Fragestellungen bearbeitet.

Ein in diese Richtung sensibles Gebiet ist die *Verhaltensgenetik*. Gerade aber auf diesem Teilgebiet wurde und wird die Zwillingsmethode besonders häufig angewandt. Das liegt nicht daran, daß man sie dort für besonders geeignet hält, sondern eher daran, daß andere Methoden nur spärlich zur Verfügung stehen.

Auch bei der Untersuchung *getrennt aufgewachsener Zwillinge* gibt es Einschränkungen in der Aussagefähigkeit, obwohl diese Methode bei vordergründiger Betrachtung als geradezu idealer theoretischer Ansatz erscheint. Tatsächlich wachsen aber solche Kinder häufig in vergleichbarem sozialem Milieu auf. Auch ist die Trennung häufig nicht vollständig. Sie werden erst einige Zeit nach der Geburt getrennt. Mindestens jedoch war die intrauterine Umwelt gleich. In sozial sehr differierendem Umfeld aufgewachsene Zwillingspaare sind so selten, daß entsprechende Studien in der Regel an der kleinen Zahl scheitern. Bereits das Auffinden getrennt aufgewachsener Zwillinge in ausreichender Zahl ist ein sehr aufwendiger Ansatz.

Schließlich sollte man nicht vergessen, daß die normalerweise zu eineiigen Zwillingen benutzte *Vergleichsgruppe*, nämlich zweieiige Zwillinge, alles andere ist, als das, was man bei normalen Geschwistern findet. Zwar besteht Übereinstimmung im Anteil der gemeinsamen Gene von durchschnittlich 50 %. Normale Geschwister haben aber immer eine Altersdifferenz von etwa mindestens einem Jahr. Zweieiige Zwillinge nehmen bezüglich der Aussagefähigkeit eher eine Zwischenstellung zwischen eineiigen Zwillingen und normalen Einlingen ein.

Mit der Beschreibung dieser Einschränkungen der Aussagefähigkeit soll nicht etwa die Methode an sich in Frage gestellt werden. Mit der Zwillingsmethode in ihren verschiedenen Ansätzen wurden wichtige Ergebnisse erarbeitet, die sonst in dieser Form nicht vorhanden wären. Allerdings kann man feststellen, daß ältere Zwillingsstudien häufiger zu höheren Konkordanzraten bei eineiigen Zwillingen kommen als neuere. Dies spricht für einen differenzierteren Umgang mit dieser Methode in unserer Zeit. Bei der Bewertung älterer Daten hat man den Eindruck, daß Gemeinsamkeiten gesucht und folglich auch eher gefunden wurden.

Heute erscheinen die Befunde weiterführend und interessant, die Unterschiede herausgearbeitet haben. Das Problem der zugrundeliegenden Mechanismen von individuellen Unterschieden erscheint interessanter und wichtiger als der relative Anteil von genetischen und Umweltfaktoren an diesen Unterschieden.

Individuen existieren, weil es Gene gibt. Folglich haben wir bisher mehr vom Individuum zum Gen geblickt. Das Schicksal eines Individuums wurde als Folge einer spezifischen Zusammenstellung „seiner" Gene gesehen. Umgekehrt ist aber auch das Schicksal von Genen eng an das Schicksal von Individuen geknüpft. Individuen bewegen sich in *Populationen.* Folglich wird sich die Entwicklung von Genen in Populationen, die aus Individuen bestehen, entscheiden. Dabei ist die Zukunft eines bestimmten Gens von der Kombination vieler Gene in einem Organismus abhängig. Das Gen ist aber genauso abhängig vom Genotyp anderer Individuen, von seiner Häufigkeit und Konkurrenzlage in der Population, von der Größe der Population, von Gegebenheiten für die Population in ihrer Umwelt und von ihrer Beziehung zu anderen Populationen.

Für den Erhalt einer Art ist der einzelne Organismus von geringerer Bedeutung; darüber entscheidet die Summe des Verhaltens aller Organismen einer Population. Populationen sind also die Träger für die Verbreitung von Organismen. Sie entscheiden durch den Fluß und die Veränderung aller in ihnen enthaltenen Gene über das Schicksal jedes einzelnen Gens.

! Die Populationsgenetik beschäftigt sich mit den Auswirkungen der Mendelschen Gesetze auf die Zusammensetzung einer Population. Dabei wird die Struktur einer Population durch die Konsequenzen aus Mutationen, Selektion, Migration und die Fluktuationsveränderungen von Genfrequenzen geprägt.

Populationsgenetische Kenntnisse sind in vielerlei Hinsicht bedeutungsvoll. So helfen sie, die Epidemiologie genetischer Erkrankungen zu verstehen. Durch das breite Spektrum der Methoden ist es möglich, eine wirkungsvolle Planung für präventive Messungen zu betreiben, um eine genetische Schädigung durch Umweltagentien zu verhindern. Populationsgenetik trägt zum besseren Verständnis der menschlichen Evolution bei und ermöglicht zukünftige Entwicklungen unter dem Eindruck vielfältiger Veränderungen der Umwelt abzuschätzen.

Im folgenden soll zunächst die Population im genetischen Sinn definiert werden. Anschließend wollen wir uns mit der Beschreibung von Populationen, ihrer genetischen Zusammensetzung und verändernden Einflüssen auf den menschlichen Genpool beschäftigen.

12.1 Definition des Populationsbegriffs

Eine Population im genetischen Sinne ist eine Gruppe von Individuen, die sich miteinander fortpflanzen oder fortpflanzen können.

Man kann eine solche Gruppe auch als *Mendelsche Population* bezeichnen, da sich die Mendelschen Gesetze für die Weitergabe von Genen auf die Individuen dieser Gruppe anwenden lassen. Populationen können in ihrer Größe schwanken. Sie werden aber in der Regel als *lokale Gruppe* definiert, die durch gegenseitige Fortpflanzungsfähigkeit und gleiche Fortpflanzungschancen (Panmixie) aller Mitglieder gekennzeichnet ist.

Die Gesamtheit aller Gene einer Population ist der *Genpool.* Der Genpool einer Population kann durch Hinzukommen neuer Gene verändert werden *(Genfluß)*, was gerade bei der heutigen Mobilität von Bedeutung ist.

Ein weiteres Kennzeichen von Populationen sind *Genhäufigkeiten.*

12.2 Genhäufigkeiten

12.2.1 Hardy-Weinberg-Gleichgewicht

> **!** Genhäufigkeit bezeichnet die Anteile der verschiedenen Allele eines Gens in einer Population.

Dabei sollte der Begriff „Gen" besser durch den Begriff „Allel" ersetzt werden, da dies den Sachverhalt korrekter beschreiben würde.

Bei der Beschreibung der Mendelschen Erbgänge in Kap. 5 wurde verdeutlicht, daß rezessive Allele nur bei einem Viertel der Nachkommen Heterozygoter phänotypisch sichtbar werden. Dominante Allele werden dagegen bei 50 % der Nachkommen beobachtet. Daraus könnte man irrigerweise annehmen, daß rezessive Allele mit der Zeit abnehmen und dominante zunehmen müßten.

Hardy und Weinberg haben 1908 etwa zur gleichen Zeit mathematisch abgeleitet, daß das nicht der Fall ist, sondern daß bei entsprechend großer Population und unter Berücksichtigung aller möglichen Paarungstypen dominante und rezessive Merkmale im Gleichgewicht stehen. Die Genhäufigkeiten und damit die Häufigkeiten der beiden homozygoten Genotypen und des Heterozygoten bleiben von Generation zu Generation konstant, wenn weder Auslese noch Inzucht wirksam sind. Diese Erkenntnis wird als *Hardy-Weinberg-Gesetz* bezeichnet. Die Bedeutung des Gesetzes liegt darin, daß es die Beziehung zwischen den Häufigkeiten der Allele und denen der Heterozygoten und Homozygoten formuliert.

Beispiel: Gehen wir von den beiden Allelen A und a eines autosomalen Gens aus, denn nur dort sind die Genhäufigkeiten in männlichen und weiblichen Individuen gleich. Das Allel A sei – wie bereits die Schreibweise zeigt – dominant über a. Die Heterozygoten wären dann Aa und entsprächen phänotypisch dem homozygot

Übersicht 12.1. Population mit den Genotypen 0,40 AA, 0,40 Aa und 0,20 aa

	AA 0,40	Aa 0,40	aa 0,20
AA 0,40	0,16 1.	0,16 2.	0,08 3.
Aa 0,40	0,16 4.	0,16 5.	0,08 6.
aa 0,20	0,08 7.	0,08 8.	0,04 9.

dominanten Phänotyp. Wenn man nun eine Ausgangspopulation mit einer gegebenen Anzahl von Genotypen betrachtet, dann läßt sich errechnen, wie die Häufigkeit dieser Allele nach vielen Generationen aussieht. Nehmen wir für unsere Demonstrationspopulation ein Verhältnis von

0,40 AA : 0,40 Aa : 0,20 aa

an. Die Genhäufigkeiten betragen dann

0,40 + 0,20 = 0,60 A und 0,20 + 0,20 = 0,40 a.

Bei freier Partnerwahl und Paarung aller Mitglieder der Ausgangspopulation, sind 9 verschiedene Arten von Paarungen möglich, von denen drei reziprok zueinander sind, entsprechend dem Beispiel

AA × aa = aa × AA.

Die Paarungen sind:

	Paarungen	Häufigkeiten
1.	AA × AA	0,16
2. + 4.	AA × Aa	0,32
3. + 7.	AA × aa	0,16
5.	Aa × Aa	0,16
6. + 8.	Aa × aa	0,16
	aa × aa	0,04
		1,00

Es gibt also 6 verschiedene Kombinationsmöglichkeiten, bei denen sich die in Übersicht 12.1 angegebenen und neben den Paarungen vermerkten Häufigkeiten miteinander multiplizieren lassen.

Wie der Übersicht 12.2 zu entnehmen ist, haben sich die *Genotypenhäufigkeiten* verändert, die Genhäufigkeiten sind dagegen unverändert geblieben: nämlich

$$0,36 + 1/2 \ (0,48) = 0,60 \text{ für A und}$$
$$0,16 + 1/2 \ (0,48) = 0,40 \text{ für a.}$$

Unter den angegebenen Bedingungen bleiben, unabhängig von den Anfangshäufigkeiten der drei Genotypen, die Genhäufigkeiten in der nachfolgenden Generation die gleichen wie in der Elterngeneration. Folglich hängt – unbeeinflußt von der Häufigkeit der Genotypen in der vorherigen Generation – die Genhäufigkeit einer bestimmten Generation von der Häufigkeit der Allele in der vorherigen Generation ab. Die Häufigkeit der verschiedenen Genotypen wiederum, die hierbei entstehen, ist mit den Genhäufigkeiten verknüpft.

Die Beziehung zwischen Genhäufigkeit und Genotypenhäufigkeit bleibt über alle weiteren Generationen erhalten, solange *Panmixie* herrscht. (Panmixie bedeutet, daß jedes Individuum die gleiche Chance hat, sich mit jedem Individuum des anderen Geschlechts mit gleicher Fruchtbarkeit zu paaren und daß keine

Übersicht 12.2. Häufigkeit der Genotypen nach allen Arten von Paarungen mit den beiden Allelen A und a

Vorherige Generation		Folgegeneration			Häufigkeit der Genotypen		
Paarung	Häufigkeit	AA	Aa	aa	AA	Aa	aa
AA x AA	0,16	(0,16)			0,16		
AA x Aa	0,32	$1/2(0,32) + 1/2(0,32)$			0,16	0,16	
AA x aa	0,16		(0,16)			0,16	
Aa x Aa	0,16	$1/4(0,16) + 1/4(0,16) + 1/4(0,16)$			0,04	0,08	0,04
Aa x aa	0,16		$1/2(0,16) + 1/2(0,16)$			0,08	0,08
aa x aa	0,04			(0,04)			0,04
					0,36	0,48	0,16

Mutationen oder Selektion und kein Genimport oder -export erfolgt.) Dies kann als **Gleichgewichtsverteilung der Genotypen** betrachtet werden. Genetische Unterschiede bleiben, falls keine Veränderungen von außen eingreifen, in einer Population mit Panmixie konstant.

Gehen wir wieder von den Allelen A und a aus, so kann man die Häufigkeit des Allels A mit **p** und die des Allels a mit **q** bezeichnen. Falls es keine weiteren Allele an diesem Lokus gibt, gilt p + q = 100 %, oder wenn man wie bisher Genhäufigkeiten in Bruchteilen von 1 ausgibt:

$$p + q = 1$$

Diese Formel bezeichnet dann die **Gesamthäufigkeit der Allele** an diesem Genort.

Man kann die Gleichgewichtshäufigkeiten der Genotypen in folgender Form ausdrücken:

$$p^2(AA), 2\,pq(Aa), q^2(aa)$$

oder

$$(p + q)^2 = p^2 + 2pq + q^2 = 1$$

Man bezeichnet dies als das **Hardy-Weinberg-Gleichgewicht.**
Dabei ist p^2 = die Häufigkeit des homozygoten Genotyps für das dominante Allel,
$2pq$ = die Häufigkeit des heterozygoten Genotyps,
q^2 = die Häufigkeit des homozygoten Genotyps für das rezessive Allel.

Für jeden Wert von p und q wird in einer Generation die Gleichgewichtssituation für die Häufigkeit von Genen und Genotypen erreicht. Dieses Gleichgewicht bleibt erhalten, solange sich an der Häufigkeit der Gene nichts ändert.

Für einen Genlokus mit 3 Allelen gilt entsprechend

$$(p + q + r)^2 = 1$$

Das Erreichen eines Gleichgewichts nach einer Generation gilt jedoch nur dann, wenn man *einen* Genort betrachtet. Betrachtet man *mehrere* Genorte gleichzeitig – die Berechnung würde hier zu weit führen – so werden entsprechend mehr Generationen zur Erreichung eines Gleichgewichts benötigt. Dies ändert nichts an der grundsätzlichen Aussage, daß in einer entsprechend großen Population und unter Berücksichtigung aller möglichen Paarungssysteme die Genhäufigkeiten und damit die Häufigkeiten bei den homozygoten Genotypen und den Heterozygoten von Generation zu Generation konstant bleiben.

Nach der Betrachtung eines Genlokus in einer künstlichen Population wollen wir nun zur **Anwendung des Hardy-Weinberg-Gesetzes** zu natürlichen Populationen kommen.

Hier ist primär die Schätzung der Genhäufigkeit und der Heterozygotenhäufigkeit bei rezessiv erblichen Krankheiten von Bedeutung.

Dabei wird zur Berechnung der Genhäufigkeiten von dem Genotyp ausgegangen, dessen Häufigkeit bekannt ist. Dies sind die rezessiv Homozygoten (aa), da man den heterozygoten Genotyp (Aa) vom dominant homozygoten Genotyp (AA) phänotypisch nicht unterscheiden kann. Wir wissen, daß unter den oben genannten Voraussetzungen die Genotypenhäufigkeiten

$$p^2\,AA \quad 2pq\,Aa \quad q^2\,aa$$

betragen. Die interessierende Gruppe, die rezessiv Homozygoten, hat die Häufigkeit q^2 (= Quadrat der Häufigkeit des rezessiven Allels).

Bei der Phenylketonurie ist unter 10.000 Geburten ein Kind homozygot für Phenylketonurie. Dies bedeutet:

$$q^2 = \frac{1}{10.000}$$

Damit errechnet sich die Häufigkeit des rezessiven Allels:

$$q = \sqrt{\frac{1}{10000}} = \frac{1}{100}$$

Die Häufigkeit des dominanten Allels ist dann:

$$p = 1-q \text{ da } p + q = 1$$

$$p = 1 - \frac{1}{100} = \frac{99}{100}$$

Die Häufigkeit der Heterozygoten beträgt 2pq:

$$2pq = 2 \times \frac{99}{100} \times \frac{1}{100} = 0,0198$$

Bei einer Häufigkeit von homozygot Erkrankten von 1:10.000 errechnet sich eine Heterozygotenhäufigkeit von ca. 2 %. Solche Zahlen sind erstaunlicherweise, wenn auch mathematisch selbstverständlich, die Regel. Während die tatsächlich Erkrankten relativ selten sind, sind die heterozygoten Genträger in der Bevölkerung recht häufig. Lediglich die Wahrscheinlichkeit, daß zwei heterozygote Genträger zusammentreffen und ein Kind mit dem homozygotrezessiven Genotyp hervorbringen, beträgt 1:10.000. Dies gilt in gleicher Weise für andere rezessive Erkrankungen und zeigt gleichzeitig, daß Maßnahmen gegen homozygote Genträger, wie sie in der jüngeren deutschen Geschichte aus ethischer Pervertierung vorkamen, schon vom theoretischen Standpunkt aus wirkungslos sind. Populationsgenetisch wird sich damit die Frequenz der homozygoten Genträger nicht vermindern.

12.2.2 Voraussetzungen für die Annahme eines Hardy-Weinberg-Gleichgewichts und Ursachen für Abweichungen

Die Voraussetzungen für die Annahme eines Hardy-Weinberg-Gleichgewichts wurden im vorhergehenden Abschnitt mehrfach angesprochen und sollen hier nochmals zusammengefaßt werden.

- In einer Population wird vorausgesetzt, daß jedes seiner Individuen die gleiche Chance hat, sich mit jedem Individuum des anderen Geschlechts mit gleicher Fruchtbarkeit zu paaren.
- Es dürfen weiterhin keine Mutationen erfolgen; Selektion ist ausgeschlossen.
- Genimport oder -export darf nicht stattfinden.

Panmixie

Die Gleichheit der Paarungschancen bezeichnet man als Panmixie oder *„random mating"*.

In natürlichen Populationen gilt diese Voraussetzung jedoch nur eingeschränkt. Hier findet eine *Auslese* zugunsten eines bestimmten Genotyps statt. So kann es zu Verschiebungen des Genotypengleichgewichts durch *ausgewählte Paarungen* (*„assortative mating"*) kommen. Partner ähnlichen Phänotyps und damit ähnlichen Genotyps bevorzugen sich also.

Bekannte Beispiele, bei denen keine Panmixie bei der Partnerwahl herrscht, sind Körpergröße und Intelligenz, bei denen genetische Faktoren bei der Ausprägung des Phänotyps bereits erörtert wurden.

Weiterhin gibt es den sog. *Selten-Paarungsvorteil (,,rare mating")*. Hierbei verbreiten sich seltene Genotypen in der Population dadurch überproportional, daß sie relativ leicht und häufig einen Partner finden. Ein Beispiel ist die bekannte Tatsache, daß Gehörlose häufig untereinander heiraten, weil sie über gemeinsame Ausbildung und über entsprechende Vereinigungen eine größere Wahrscheinlichkeit des gegenseitigen Kennenlernens haben.

Panmixie gilt also nur bezüglich solcher genetischer Faktoren, die keinen Einfluß in irgendeiner Art auf die Partnerwahl haben. Einsichtig ist dies z. B. für die Blutgruppen, denn niemand wird seinen Partner nach der Blutgruppe auswählen.

Als Sonderfall einer nicht zufälligen Partnerwahl, der jedoch populationsgenetisch in den meisten Populationen bedeutungslos ist, sind *Verwandtenehen* zu nennen. In einzelnen Populationen kann dies bedeutsam sein, wie z. B. in Indien, wo in einigen Regionen die Onkel-Nichte-Ehe die bevorzugte Eheform ist. Dies weist auf einen anderen Faktor hin, der zu Abweichungen von den erwarteten Werten bei Annahme eines Hardy-Weinberg-Gleichgewichts führen kann.

In den meisten Populationen ist nämlich – auch heute noch, wenngleich in abnehmendem Maße – der Aktionsradius der Mitglieder und damit auch die Verbreitungsmöglichkeit für die Gameten begrenzt. Dies trifft in besonderem Maße für *Isolate* zu. So heiraten Mitglieder solcher Isolate aus verschiedenen sozialen, religiösen oder geographischen Faktoren bevorzugt in der eigenen Gruppe. Man spricht dann von *Paarungssiebung*. Bei Isolaten sollte man nicht nur an exotische Populationen denken. Auch ein Alpental oder eine Gemeinde im Odenwald oder überhaupt kleinere Gemeinden waren bis vor nicht allzu langer Zeit noch in gewisser Weise Isolate. Die Partnerwahl erfolgte weit häufiger aus der eigenen Gemeinde als von außen. Damit soll der Begriff des Isolats keineswegs „überdehnt" werden; es soll nur gezeigt werden, daß Menschen das Bestreben haben, sich mit solchen zu verbinden, die in ihrer Nähe sind. Dadurch erfolgen die Paarungen in einer Population keineswegs zufällig und der Genpool einer Population besteht in Wirklichkeit aus einer meist großen Anzahl von *Subpools,* die alle etwas vom Genbestand des Gesamtpools abweichen. So können sich aber neue Genhäufigkeiten in solchen Subpools festigen und auch von der Hauptpopulation abtrennen.

Durch all diese Faktoren kommt es letztlich zu Beschränkungen in der Populationsgröße, bei der *Inzucht* häufiger werden kann. Zwar ändert Inzucht, wie man errechnen kann, auch bei häufigerem Auftreten die Gesamthäufigkeit nur in geringem Ausmaß, es kommt aber zu einer Häufung von Homozygoten. Dies hat ein gehäuftes Auftreten autosomal-rezessiver Krankheiten zur Folge. Beispiele hierfür sind das gehäufte Auftreten von okulokutanem Albinismus bei Hopi-Indianern oder das gehäufte Auftreten einer Form des Adrenogenitalen Syndroms bei bestimmten Alaska-Eskimos.

Selektion und Mutationen

Bei der Annahme eines Hardy-Weinberg-Gleichgewichts dürfen weder Mutation noch Selektion vorhanden sein. Tatsächlich haben jedoch *Spontanmutationen*, die nicht repariert werden und die keine stummen Mutationen sind, verändernde Einflüsse auf den Genpool. Methoden zur Mutationsratenschätzung wurden bereits in Kapitel 2.2.1 behandelt.

Das Ausmaß des Einflusses von einzelnen Mutationen wird durch die *Selektion* bestimmt.

> **!** Selektion wirkt immer über Fortpflanzungsunterschiede.

Ein Selektionsvorteil kann zu einer langsamen Veränderung des Genpools führen. Er läßt das mutierte Gen häufiger werden, ein Selektionsnachteil läßt es dagegen seltener werden.

Ein Selektionsvorteil führt immer zur Erzeugung von mehr Individuen mit der entsprechenden Mutation, ein Selektionsnachteil wirkt in umgekehrter Richtung. Dabei spielen verschiedene Faktoren eine Rolle wie

- Veränderungen der sexuellen Attraktivität,
- bessere oder schlechtere Adaptation an das vorhandene oder ein verändertes Nahrungsangebot,
- Temperatur- und Feuchtigkeitsschwankungen,
- Klima ganz allgemein etc.

Man kann Selektion als einen Vorgang der Prüfung an der Natur betrachten. Er setzt bei der Lebensfähigkeit, der Lebensdauer oder der Fruchtbarkeit der Keimzellen an und führt zu ungleicher Reproduktivität. Deshalb spricht man auch von *reproduktiver Fitneß.*

Bei einer Selektion gegen Neumutationen – und dies ist aus humangenetischer Sicht von größerer Bedeutung – kommt es darauf an, ob das mutierte Allel dominant oder rezessiv ist. Dominante Allele werden schneller eliminiert, da die Selektion sowohl bei den Homozygoten als auch bei den Heterozygoten ansetzt. Bei rezessiven Allelen besteht nur ein Selektionsdruck gegen die Homozygoten, oder bei X-chromosomal-rezessiven Allelen gegen Hemizygote.

Bei kleinen Populationen können erhebliche Variationen der Genhäufigkeiten und der Genotypenverteilung durch *zufällige genetische Drift* zustande kommen. Wegen der kleinen Populationsgröße kann nämlich ein Allel durch Zufall vermindert oder überhaupt nicht an die nächste Generation weitergegeben werden. Bei größeren Populationen sind solche Zufallsabweichungen weniger wahrscheinlich. Bei kleinen kann auf diese Weise ein Allel gänzlich aus der Population verschwinden und ein anderes fixiert sich.

Zufällige genetische Drift ist die Ursache für bemerkenswerte Häufungen bestimmter Blutgruppen in kleinen Isolaten. Sie ist auch für das häufige Auftreten einzelner genetischer Erkrankungen mit rezessiver Genwirkung in Isolaten mitverantwortlich. Allerdings gibt es dafür noch andere Ursachen, wie etwa den *Gründereffekt.* Der Gründereffekt beschreibt das häufige Vorkommen eines seltenen Allels, das sich von einem Gründer ausgehend in Folgegenerationen ausgebreitet hat. Das bekannteste Beispiel hierfür ist die hohe Frequenz für die Tay-Sachs-Krankheit (Lipidspeicherkrankheit), eine schwere degenerative Nervenkrankheit in der ashkenazisch-jüdischen Bevölkerung der Vereinigten Staaten (minimale Genfrequenz 0,0051 gegenüber 0,0015 in anderen nicht-jüdischen Populationen). In dieser Bevölkerung hat man eigens ein Screening-Verfahren eingeführt, mit dem man Paare identifizieren kann, bei denen beide Partner heterozygot sind und deren Kinder ein Erkrankungsrisiko von 25 % haben. Die pränatale Diagnose hat mittlerweile die Geburt vieler betroffener Kinder verhindert. Dieses Allel wurde durch einige Einwandererfamilien nach Pennsylvania eingeführt. Vermehrung in isolierter Umgebung und Inzucht machten das Gen dann häufig.

Genimport und -export

Neben Gründereffekten kann das Hardy-Weinberg-Äquilibriumsprinzip noch durch *Genfluß* infolge *Migration* gestört werden. Unter Migration versteht man die Vermischung mit Angehörigen einer anderen Bevölkerungsgruppe, die verschiedene Genhäufigkeiten besitzen. Hierdurch wird die Zusammensetzung des genetischen Bestandes einer Population verändert.

Die unterschiedliche Allelfrequenz des ABO-Blutgruppensystems in Europa und Asien kann durch solche Vorgänge sowie geographische und soziale Trennung erklärt werden. So ist die Häufigkeit der Blutgruppe B in Asien über 25 %, während sie in Westeuropa weniger als 10 % beträgt.

Übersicht 12.3. Ursachen für Abweichungen vom Hardy-Weinberg-Gleichgewicht

Auslese	Verschiebung des Genotypengleichgewichts durch „assortative mating" oder „rare mating".
Inzucht	Fördert seltene Gene und ist besonders in kleinen Populationen von Bedeutung. Wird besonders wirksam im Zusammenhang mit Gründereffekt.
Spontanmutationen	Nicht stumme Mutationen, die nicht repariert und anschließend der Selektion unterworfen werden.
Selektion	Führt über Fortpflanzungsunterschiede zu langsamen Veränderungen des Genpools.
Fitneß	Die möglichst frühzeitige und zahlreiche Produktion von Nachkommen.
Genetische Drift	Verschiebung der Genhäufigkeiten und der Genotypenverteilung durch zufällige Änderung im Allelbestand. Besonders in kleinen Populationen von Bedeutung.
Gründereffekt	Das häufige Vorkommen eines seltenen Allels, das sich von einem Gründer ausgehend in Folgegenerationen ausgebreitet hat.
Migration	Vermischung mit Mitgliedern einer anderen Bevölkerungsgruppe, die verschiedene Genhäufigkeiten besitzen.

Migration hat vor allem in der Zeit der Völkerwanderungen eine Rolle gespielt. Durch das Aufbrechen praktisch aller Isolate in der heutigen Gesellschaft, ist sie ebenfalls von Bedeutung. Allerdings wird die Mobilität der heutigen Menschheit zu einer langsamen, aber zunehmenden Nivellierung von noch bestehenden unterschiedlichen Genhäufigkeiten in verschiedenen Bevölkerungen beitragen.

Die Ursachen für Abweichungen vom Hardy-Weinberg-Gleichgewicht nennt Übersicht 12.3.

12.3 Unterschiede in Genhäufigkeiten zwischen verschiedenen Bevölkerungen

Biologisch gesehen gehören alle Menschen einer Spezies an. Dennoch besteht innerhalb der Spezies Homo sapiens eine erhebliche, genetisch bedingte, interindividuelle Variabilität. So gibt es Unterschiede in äußerlich sichtbaren Merkmalen wie Körpergröße, Gestalt, Physiognomie oder Pigmentierung von Haut und Haaren. Es gibt Unterschiede in Blutgruppenmerkmalen und Transplantationsantigenen, in Serum- und Enzymmerkmalen, aber auch in Mutationen, die zu genetischen Erkrankungen führen. All dies ist zurückzuführen auf Unterschiede in den Genhäufigkeiten zwischen verschiedenen Bevölkerungen.

Rassendefinition

Innerhalb dieser vieldimensionalen Variabilität (Abb. 12.1) variieren viele Merkmale unabhängig voneinander. Teilweise gibt es Korrelationen zwischen verschiedenen Merkmalen, aber auch komplexe Korrelationsschwerpunkte mit vielen Merkmalen. Bevölkerungsgruppen, die durch viele Merkmale korrelierbar sind, bezeichnet man als *Rassen.* Beim Menschen unterscheidet man 3 Hauptrassen:

Abb. 12.1. Rassen. (Mit freundlicher Genehmigung der Fa. Hoechst AG)

- Mongolide,
- Europide
- Negride.

Die klassische *morphologische Rassendefinition* war hauptsächlich auf äußere Unterschiede gegründet (s. oben). Die *populationsgenetische Rassendefinition*, die die biologisch sinnvollere ist, gründet sich auf Gemeinsamkeiten und Unterschiede im Genbestand, d. h. auf die Frequenz von Genpolymorphismen. Die folgenden drei Beispiele für Rassendefinitionen sollen dies erläutern:

- Eine Rasse ist eine genetisch mehr oder weniger isolierte Gruppe von Menschen, die einen gemeinsamen Genbestand aufweisen, der von dem der Angehörigen aller anderen ähnlichen Isolate verschieden ist (Stern 1955).
- Eine Rasse ist eine Population (Fortpflanzungsgemeinschaft), die sich von anderen Populationen derselben Subspezies im Genpool wesentlich unterscheidet (Knußmann R (1980).

In: Vergleichende Biologie des Menschen. Gustav Fischer, Stuttgart).
- Eine Rasse ist eine große Population von Individuen, die signifikante Anteile ihrer Gene gemeinsam haben und die von anderen Rassen durch ihren gemeinsamen Genpool unterschieden werden kann (Vogel F, Motulsky AG (1986). In: Human Genetics. Springer, Berlin Heidelberg New York Tokyo).

Rassen und Rassenunterschiede darf man nach moderner wissenschaftlicher Anschauung nicht mehr als starre Gebilde auffassen, sondern als etwas Dynamisches. Dies gilt in ganz besonderem Maße für die menschlichen Rassen in einem Zeitalter, in dem durch moderne Technik praktisch alle Isolate aufgebrochen sind und eine zunehmende Vermischung der Rassen zu beobachten ist.

Der amerikanische Genetiker Dobzhansky beschrieb dies mit den Worten: „Rasse ist ein Prozeß".

> **!** Rasse ist die kleinste, sich ständig wandelnde systematische Einheit. In diese Einheit greift die Evolution ständig verändernd ein.

Auf einer wissenschaftlichen Arbeitstagung, die der UNESCO-Konferenz „Gegen Rassismus, Gewalt und Diskriminierung" Mitte 1995 in Österreich vorausging, wurde von einem Gremium internationaler namhafter Anthropologen eine neue Stellungnahme zur „Rassenfrage" abgegeben. Diese soll nach Verabschiedung durch die UNESCO-Gremien Bestandteil einer umfassenden Deklaration werden. Um den Wandel über den Begriff Rasse zu verdeutlichen, seien einige Auszüge hier wiedergegeben:

„Die Revolution in unserem Denken über Populationsgenetik und molekulare

Genetik hat zu einer Explosion des Wissens über Lebewesen geführt. Zu den Vorstellungen, die sich tiefgreifend gewandelt haben, gehören die Konzepte zur *Variation des Menschen. Das Konzept der „Rasse", das aus der Vergangenheit in das 20. Jahrhundert übernommen wurde, ist völlig obsolet geworden.* Dessen ungeachtet ist dieses Konzept dazu benutzt worden, gänzlich unannehmbare Verletzungen der Menschenrechte zu rechtfertigen. Ein wichtiger Schritt, einem solchen Mißbrauch genetischer Argumente vorzubeugen, besteht darin, das überholte Konzept der „Rasse" durch Vorstellungen und Schlußfolgerungen zu ersetzen, die auf einem gültigen Verständnis genetischer Variation beruhen, das für menschliche Populationen angemessen ist.

„Rassen" des Menschen werden traditionell als genetisch einheitlich, aber untereinander verschieden angesehen. Diese Definition wurde entwickelt, um menschliche Vielfalt zu beschreiben, wie sie beispielsweise mit verschiedenen geographischen Orten verbunden ist. Neue, auf den Methoden der molekularen Genetik und mathematischen Modellen der Populationsgenetik beruhende Fortschritte der modernen Biologie zeigen jedoch, daß diese Definition völlig unangemessen ist. Die neuen wissenschaftlichen Befunde stützen nicht die frühere Auffassung, daß menschliche Populationen in getrennte „Rassen", wie „Afrikaner", „Eurasier" (einschließlich „eingeborener Amerikaner"), oder irgendeine größere Anzahl von Untergruppen klassifiziert werden könnten. [ ]

Darüber hinaus hat die Analyse von Genen, die in verschiedenen Versionen (Allelen) auftreten, gezeigt, daß die genetische Variation zwischen den Individuen innerhalb jeder Gruppe groß ist, während im Vergleich dazu die Variation zwischen den Gruppen verhältnismäßig klein ist.

Es ist leicht, zwischen Menschen aus verschiedenen Teilen der Erde Unterschiede in der äußeren Erscheinung (Hautfarbe, Morphologie des Körpers und des Gesichts, Pigmentierung etc.) zu erkennen, *aber die zugrundeliegende genetische Variation selbst ist viel weniger ausgeprägt.* [ ]

Die Wahrnehmung von morphologischen Unterschieden kann uns irrtümlicherweise verleiten, von diesen auf wesentliche genetische Unterschiede zu schließen. [ ]

Die Notwendigkeit der Anpassung an extreme unterschiedliche Umweltbedingungen hat nur in einer kleinen Untergruppe von Genen, die die Empfindlichkeit gegenüber Umweltfaktoren betrifft, Veränderungen bewirkt. [ ]"

Diese Stellungnahme bedeutet den Abschied vom anthropologischen Rassebegriff, dem sich die Autoren anschließen möchten. Wenn in den nachfolgenden Texten dennoch die Terminologie beibehalten wird, so liegt dies nur daran, daß die Evolution der Änderung des wissenschaftlichen Wortschatzes noch nicht entsprechend vorangekommen ist. Andererseits ist wohl mit dieser Deklaration auch nicht gemeint, daß der Begriff Rasse bis in alle Biologie-Bücher der Schulen getilgt werden sollte, sondern daß man sich besser bewußt wird, daß alle Menschen eben den größten Teil ihrer Gene gemeinsam haben.

Beispiel Hautpigmentierung. Die Populationsgenetik untersucht Mechanismen (s. Kap. 12.2), die für die Erzeugung und die Erhaltung genetischer Unterschiede innerhalb und zwischen Populationen verantwortlich sind. Bei Betrachtung der menschlichen Hauptrassenkreise ist der sicherlich auffälligste Unterschied die unterschiedliche *Hautpigmentierung.* Sie ist auch ein gutes Beispiel dafür, wie Rassenunterschiede entstehen. Der wichtigste Faktor in der Evolution im allgemeinen – und bei der Bildung von Rassen im besonderen – ist die *natürliche Selektion* in Adaption an verschiedene Umweltbedingungen.

Der Himalaya und das Altai-Gebirge zusammen mit ihren glazialen Arealen separierten Eurasien in drei Gebiete. Dies schuf die Voraussetzung für die Entstehung der Europiden im Westen, der Mongoliden im Osten und der Negriden im Süden.

Da die meisten subhumanen Primaten dunkel pigmentiert sind, war wahrscheinlich auch die ursprüngliche menschliche Population dunkel pigmentiert. Warum sind dann aber Europide und Mongolide heller pigmentiert? Nach einer plausiblen Hypothese stellt diese Hellerpigmentierung eine Adaption an eine geringere ultraviolette Einstrahlung in den Gebieten dieser beiden Hauptrassen dar. UV-Licht ist notwendig, um Provitamin D in der menschlichen Haut zu Vitamin D umzuwandeln. Vitamin D wird zur Kalzifikation der Knochen benötigt. Eine zu geringe Verfügbarkeit führt zu Rachitis. Ein rachitisch verformtes Becken führt unter primitiven Lebensbedingungen häufig zum Tod von Mutter und Kind während der Geburt. Dieser Effekt hat einen starken Selektionsdruck in Richtung hellerer Pigmentierung zufolge, da in hellerer Haut bei gleicher UV-Einstrahlung mehr Provitamin D zu Vitamin D umgesetzt wird und damit entsprechend heller pigmentierte einen Selektionsvorteil besitzen.

Beispiel Laktasepersistenz. Ein anderes Beispiel für natürliche Auslese beim Leben unter verschiedenen Umweltbedingungen ist die große Häufigkeit der Laktasepersistenz hauptsächlich in der Bevölkerung

Nordwesteuropas. Die meisten Menschen können den Milchzucker Laktose nur so lange verdauen, wie sie durch Muttermilch ernährt werden. Danach verlieren sie diese Fähigkeit durch die genetisch determinierte Verminderung der Aktivität des Enzyms Laktase, das im Dünndarm die Laktose verdaut. Die überwiegende Mehrheit aller Menschen nordwesteuropäischer Abstammung behält nun die Fähigkeit, Laktose zu verdauen, das ganze Leben lang. Der Regelmechanismus, der Laktase reguliert, existiert hier nicht. Während die meisten Negriden und Mongoliden nach Milchgenuß unter Durchfällen und anderen Beschwerden leiden, können die Nordwesteuropäer ohne Verdauungsbeschwerden Milch trinken. Nur etwa die Hälfte der Südeuropäer und sehr wenige Individuen anderer Rassengruppen tragen diese Mutation. Auch in einigen wenigen, relativ kleinen Bevölkerungsgruppen Afrikas und Asiens ist diese Mutation vorhanden. Diese Mutation könnte man mit der Milchwirtschaft in diesen Gebieten in Verbindung bringen und so einen Selektionsvorteil für die Mutation zur Erhaltung der Laktaseaktivität postulieren. Andererseits gab es in Nordwesteuropa – zumindest soweit wir wissen – niemals eine Zeit, während der ein großer Bevölkerungsteil hauptsächlich auf Milch als Eiweißquelle angewiesen gewesen wäre. Man muß daher nach anderen Selektionsvorteilen zur Erklärung des Phänomens suchen. Auch hier könnte, nach einer anderen Hypothese, Rachitis von Bedeutung sein. Es konnte gezeigt werden, daß die Absorption von Galaktose und Glukose, in die die Laktose durch Laktase gespalten wird, auch die Resorption von Kalzium fördert. Kalzium wiederum wird für die Stabilisierung der Knochen und die Verminderung der Rachitis benötigt.

Wir sehen bereits an diesen beiden Beispielen, daß die Zusammensetzung der Weltbevölkerung stark durch *Selektionsfaktoren* der Vergangenheit beeinflußt wird. Zu solchen Selektionsfaktoren zählt

Übersicht 12.4. Die Frequenz von PKU in verschiedenen Populationen. (Nach Talhammer 1975)

Region	PKU
Warschau, Polen	1: 7 782
Prag, Tschechische Republik	1: 6 618
Ostdeutschland	1: 9 329
Ostösterreich	1: 8 659
Westösterreich	1: 18 809
Schweiz	1: 16 644
Evian, Frankreich	1: 13 715
Hamburg	1: 9 081
Münster, Deutschland	1: 10 934
Heidelberg, Deutschland	1: 0 178
Dänemark	1: 11 897
Stockholm, Schweden	1: 43 226
Finnland	1: 71 111
London, England	1: 18 292
Liverpool, England	1: 10 215
Manchester, England	1: 7 707
Westirland	1: 7 924
Ostirland	1: 5 343
Boston, Mass., USA.	1: 13 914
Portland, Oregon, USA.	1: 11 620
Montreal, Kanada	1: 69 442
Auckland, Neuseeland	1: 18 168
Sydney, Australien	1: 9 818
Japan	1: 210 851
Ashkenazi (Israel)	1: 180 000
Non-Ashkenazi (Israel)	1: 8 649

auch unterschiedliche Anfälligkeit oder Resistenz gegenüber Infektionskrankheiten. Es gibt zunehmend Hinweise, daß selbst bei der Verteilung der klassischen ABO-Blutgruppen Selektionsvorgänge auf dieser Ebene eine Rolle gespielt haben.

Beispiel Phenylketonurie. Ein weiteres Beispiel für Verteilungsunterschiede von Genhäufigkeiten in verschiedenen Populationen – dieses Mal aus dem Bereich der klinischen Genetik – ist die Phenylketonurie (PKU) (Übersicht 12. 4).

Innerhalb von Europa findet sich eine höhere Häufigkeit für PKU im Osten, als im Westen und Süden. Der Unterschied zwischen Ost- und Westösterreich paßt in dieses Bild. Die skandinavische Bevölkerung – besonders die Finnen – zeigt eine besonders niedrige Frequenz. Dabei ist interes-

sant, daß die finnische Bevölkerung auch in anderen genetischen Aspekten sich vom Rest der Europäer unterscheidet. Hohe Frequenzen finden sich wiederum in Irland. Unterschiede innerhalb Großbritanniens, wie die hohe Frequenz in Manchester, reflektieren Migration von Irland.

In der USA sind die Werte von Bonston und Portland den eurpäischen vergleichbar. In Montreal, im französischsprachigen Teil von Kanada, ist wiederum eine weit geringere Frequenz als in den USA und Europa. Auch ist die Rate signifikant geringer als in Frankreich, woher die Bevölkerung ursprünglich stammt. In Japan ist die Frequenz besonders gering, nur vergleichbar mit der in Finnland und mit den Ashkenazi-Juden in Israel.

Woher sich solche Unterschiede in Genhäufigkeiten entwickelt haben, ist bisher unbekannt. Faktoren, wie in Kapitel 12.2 beschrieben, müssen aber dafür verantwortlich sein.

12.4 Zusammenwirken von Mutation und Selektion

Die Häufigkeit von Genen und Erbkrankheiten in Bevölkerungen ist in einer Reihe von gut bewiesenen Fällen abhängig von natürlichen Selektionsmechanismen der Vergangenheit.

Selektionsvorteil

Das am besten untersuchte Beispiel ist hier die Häufigkeit von Mutanten der Hämoglobingene in einigen Bevölkerungen tropischer und subtropischer Länder. Das *Sichelzellgen (HbS)* ist in den meisten schwarzafrikanischen Bevölkerungen häufig. Diese Mutation der Hämoglobin-ß-Kette führt im homozygoten Zustand zu einer hämolytischen Anämie und verschiedenen anderen Krankheitszeichen. Durch die schwere Behinderung der Homozygoten haben sich diese fast niemals fortgepflanzt. Man kann sich nun fragen, warum trotz des Selektionsnachteils der Homozygoten das Gen in den beschriebenen Populationen so häufig wurde.

Die Mutationsrate des Genlokus ist nicht erhöht. Daher muß man als einzige Möglichkeit einen Selektionsvorteil der Heterozygoten in der Vergangenheit annehmen. Tatsächlich konnte ein solcher Selektionsvorteil auch gefunden und bewiesen werden. Das Risiko der Heterozygoten an der Malaria tropica, die durch Plasmodium falciparum übertragen wird, zu erkranken, ist deutlich vermindert. Dabei wurden wegen der starken Verbreitung der Malaria in diesen Gebieten die meisten Kinder bis vor wenigen Jahren bereits in den ersten Lebensjahren infiziert. Viele erlagen der Infektion.

Wegen der schlechteren Vermehrungsfähigkeit der Plasmodien in den sichelzellförmigen Erythrozyten hat die Heterozygotie die Kinder vor schweren klinischen Formen dieser Erkrankung geschützt. Heute ist Heterozygotie für das Sichelzellgen wegen des Rückgangs der Malaria tropica eher ein Selektionsnachteil. Wegen der deutlichen Verminderung des selektiven Faktors wird sich die Genhäufigkeit in Zukunft vermutlich vermindern (s. auch Kap. 2.3.1).

Neben HbS gibt es noch andere in tropischen und subtropischen Gebieten häufige Hämoglobinkrankheiten. So findet man beispielsweise *Hämoglobin E* oft in den Mon-Khmer sprechenden Gruppen, vor allem in Thailand, Kampuchea und anderen südostasiatischen Ländern.

Auch *Thalassämien* sind in tropischen und subtropischen Gebieten häufig. Auch bei diesen Hämoglobinopathien wird die Häufigkeit der Allele in den entsprechenden Bevölkerungen mit einem Selektionsvorteil der Heterozygoten gegenüber Malaria in Zusammenhang gebracht.

Heterozygote mit *Glukose-6-Phosphat-Dehydrogenase-Mangel* sind ebenfalls resistenter gegen Malaria tropica.

Selektionsrelaxation

Im Gegensatz zu den Hämoglobinopathien, die in der Vergangenheit einen Selektionsvorteil hatten, ist die Situation beim *Retinoblastom*, einem malignen Augentumor von Kindern, umgekehrt. Die überwiegende Anzahl aller Fälle tritt sporadisch auf; allerdings sind auch familiäre Fälle mit einem autosomal-dominanten Erbgang häufig. Dabei besteht eine relativ hohe Penetranz von ungefähr 90 %.

Patienten mit Retinoblastom starben früher bereits in der Kindheit und hatten daher niemals Nachkommen. Dies änderte sich 1865, als man die Enukleierung des erkrankten Auges einführte und später durch Bestrahlung und Lichtkoagulations-

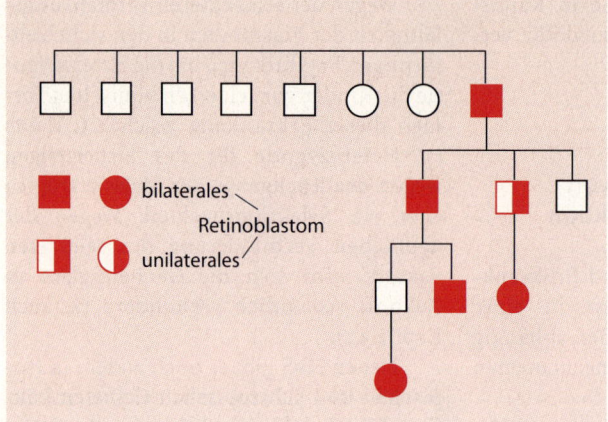

Abb. 12.2. Stammbaum mit dominanter Vererbung des Retinoblastoms über 4 Generationen. (Nach Vogel 1979)

methoden die Therapiemöglichkeiten verbesserte. Heute können 90 % der unilateralen und 80 % der bilateralen Fälle geheilt werden und nehmen folglich an der Fortpflanzung teil. Eine Übertragung von Eltern auf Kinder findet also statt, und man kennt bereits Stammbäume bis zu 4 Generationen (Abb. 12.2).

Bei sporadischen Fällen muß man in der Erbprognose zwischen doppelseitig befallenen und einseitig befallenen Patienten unterscheiden. Während erstere Neumutationen sind, die in der Keimzelle eines Elternteils entstanden sind, gehen letztere zu annähernd 90 % auf somatische Mutationen in Zellen der embryonalen Retina zurück.

Bei ersteren besteht also ein Wiederholungsrisiko von 50 %. Die unilateralen Fälle müssen in solche unterteilt werden, bei denen eine Keimzellmutation vorliegt (ca. 10–12 %), und solche – das ist die Mehrheit –, bei denen kein erhöhtes erbliches Risiko vorliegt. Da man beim Retinoblastom eine relativ vollständige Erfassung aller Kranken vornehmen kann, ist eine zuverlässige Schätzung der Mutationsrate von $5 –10 \times 10^{-6}$ möglich (Übersicht 12.5).

Das Gen, dessen Mutation zum Retinoblastom führt, ist auf Chromosom 13 und zwar in der Bande 13q14 lokalisiert (s. Kap. 4.8.1).

Doch kommen wir nun auf das Hauptthema dieses Abschnittes zurück. Während bei der Sichelzellanämie ein Selektionsvorteil der Vergangenheit das Gen häufig werden ließ, findet sich beim Retinoblastom durch den Einfluß der modernen ärztlichen Behandlung eine *Selektionsrelaxation.* Dadurch wächst der Anteil der dominant erblichen Fälle gegenüber den sporadischen somatischen Mutationen. Populationsgenetische Berechnungen schätzen den Anstieg nach Selektionsrelaxation ab. Je nach Annahme der Höhe des verbleibenden Selektionsdruckes gegen das Allel nach Einführung der medizinischen Therapie wird sich ein neues Äquilibrium auf höherer Ebene einstellen oder es könnte sogar ein linearer Anstieg der Fälle ohne Äquilibrium eintreten.

Es gibt Untersuchungen von 13 Stichproben zur Häufigkeit der X-chromosomalen *Rot-Grün-Farbenblindheit* bei primitiven Populationen im Vergleich zu zivilisierten Populationen. Eskimos, australische Ureinwohner, Einwohner der Fiji-Inseln, nord- und südamerikanische Indianer u. a. haben eine Häufigkeit von 2 % für alle Typen der Rot-Grün-Blindheit. In zivilisierten Bevölkerungen liegt die Häufigkeit bei ungefähr 5 %. Im Jäger- und Sammlerstadium ist Rot-Grün-Blindheit sicher ein Handicap für das Überleben, das in

Übersicht 12.5. Schätzungen der Mutationsrate pro zur Befruchtung kommende Keimzelle für das dominant erbliche Retinoblastom. (Nach Vogel 1985)

Bevölkerung	Mutationsrate	Zahl der Mutationen pro 1 Million Keimzellen
England, Schweiz, Michigan (USA), Deutschland	$6\text{--}7 \times 10^{-6}$	6–7
Ungarn	6×10^{-6}	6
Niederlande	$1{,}23 \times 10^{-5}$	12,3
Japan	8×10^{-6}	8
Frankreich	5×10^{-6}	5
Neuseeland	$9{,}3\text{--}10{,}9 \times 10^{-6}$	9,3–10,9

zivilisierten Populationen nicht existiert. Auch wenn diagnostische Fehler bei der Untersuchung der ursprünglichen Populationen bei diesem Vergleich nicht ganz ausgeschlossen werden können, so hat der weitgehende Wegfall des natürlichen Selektionsdruckes offensichtlich zu einem Anstieg geführt. Ähnliche Untersuchungen gibt es für Refraktionsanomalien, Hörschärfe und anderes. Sicherlich sind manche dieser Daten kritikwürdig, aber die Gesamtaussage, daß ursprüngliche Völker sich von zivilisierten in solchen Faktoren unterscheiden, ist richtig und auf eine Selektionsrelaxation zurückzuführen. Das Entfallen der natürlichen Selektion bedingt jedoch nicht zwangsläufig den Wegfall jeglicher Selektionsmechanismen.

Zusammenfassung

Zusammenfassend ist also festzustellen, daß Veränderungen in den Selektionsmechanismen Einfluß auf die Häufigkeit von Genen und Erbkrankheiten in der Bevölkerung haben. Allerdings ändern sich Genhäufigkeiten nur langsam, so daß der Effekt häufig überschätzt wird. Berechnungen, daß nach rechtzeitiger Erfassung, Behandlung und voller Teilnahme an der Fortpflanzung aller Homozygoter für Phenylketonurie, eine Verdoppelung des Gens nach 36 Generationen zu erwarten wäre, lassen das Problem in der richtigen Relation erscheinen.

Die Therapie genetischer Erkrankungen wird zwar langfristig zu Veränderungen im Genpool führen. Wir sollten jedoch nicht vergessen, daß wir seit Christi Geburt und damit seit Beginn der neuen Zeitrechnung erst eine Folge von etwa 60 Generationen haben, und daß Verdoppelungsraten von Genen für genetische Erkrankungen auch in den ungünstigsten Fällen immer mehrere Generationen betragen. Verschiebungen des Äquilibriums zwischen neumutierten und infolge Krankheit eliminierten Genen durch ärztliche Behandlung, Umweltfaktoren wie Ernährung und Infektionskrankheiten oder gesellschaftliche und kulturelle Faktoren haben keinen raschen Einfluß auf die Erkrankungswahrscheinlichkeiten der folgenden Generationen. Es gibt daher auch keine Begründung für eine populationsgenetische Sicht bei der genetischen Beratung. Vielmehr sollte man aus der bisherigen medizinischen Entwicklung, die viele Antworten auf ehemals offene Fragen geben konnte, ableiten, daß solche spekulativen Berechnungen in die Zukunft eben gerade vom Ist-Stand ausgehen und das bis dorthin Mögliche nicht berücksichtigen.

12.5 Balancierter genetischer Polymorphismus

Wenn heterozygote Genträger wegen eines Selektionsvorteils gegenüber Homozygo-

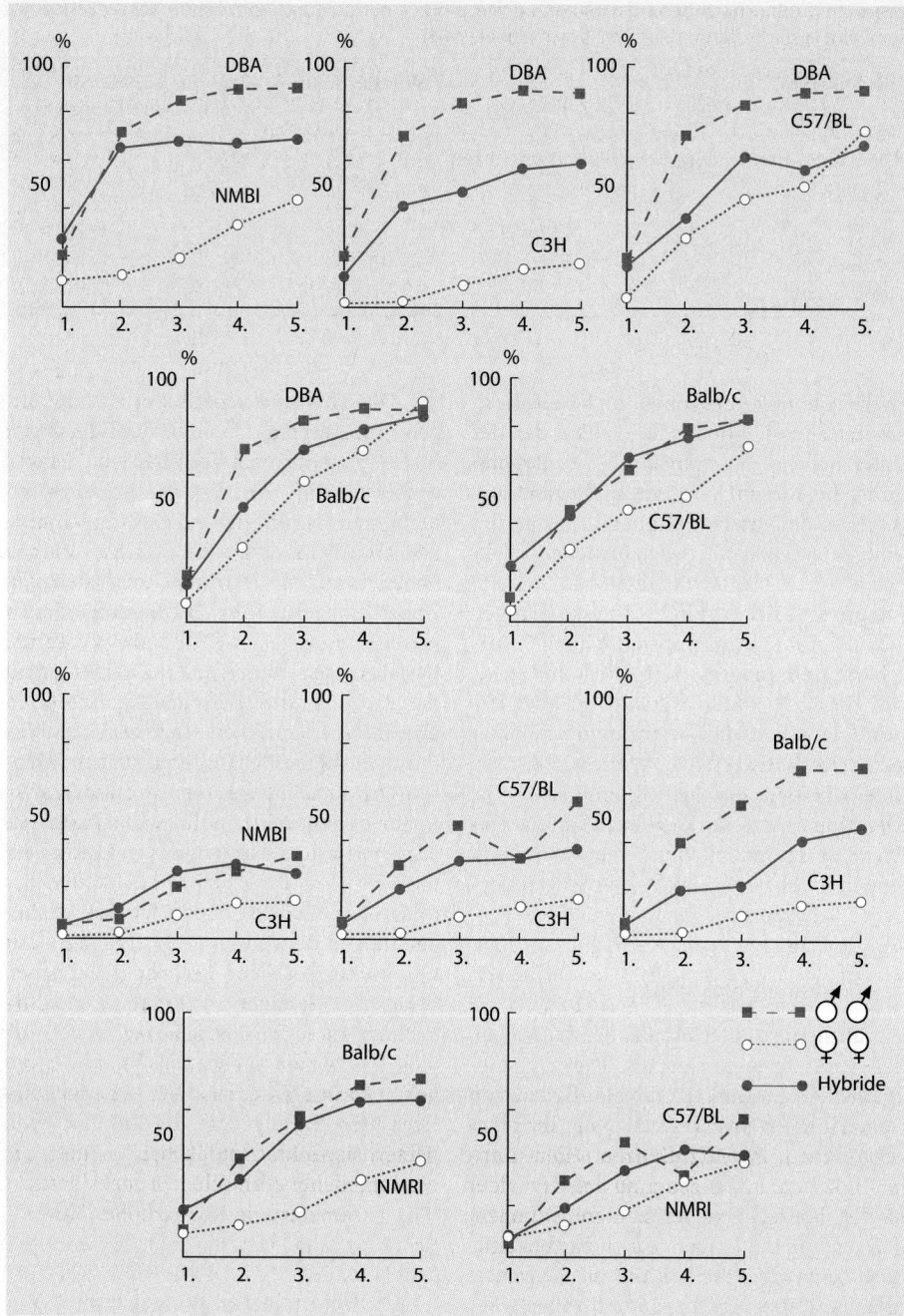

Abb. 12.3. Konditionierung von 5 Mäuseinzuchtstämmen und 10 Hybridkreuzungen bezüglich Vermeidungslernen. Es ist die prozentuale Zunahme der Lernleistung über 5 Tage angezeigt. (Aus Buselmaier et al. 1978)

ten mit den Normalallelen in ihrer Häufigkeit erhalten bleiben und eine Gleichgewichtssituation vorhanden ist, so spricht man von einem balancierten genetischen Polymorphismus. In der Regel handelt es sich dabei um den Heterozygotenvorteil eines an sich nachteiligen Gens, das im homozygoten Zustand zu schweren Krankheitserscheinungen führt. Daß sich ein Gleichgewichtszustand einstellt, liegt ausschließlich an der exogenen Noxe, die der Heterozygotie einen Selektionsvorteil verschafft. Wir haben mehrfach solche Selektionsvorteile beschrieben. Das berühmteste Beispiel ist die Sichelzellanämie, bei der Heterozygote einen Selektionsvorteil bei der durch Plasmodium falciparum ausgelösten Malaria tropica besitzen.

> ! Einen Selektionsvorteil der Heterozygoten gegenüber beiden Homozygoten nennt man Heterosis.

Heterosis verschafft dem heterozygoten Status eine größere Fitneß. Ein Heterosiseffekt ist bei Selektionsprozessen insofern ein Sonderfall, als die Selektion normalerweise zu einer Zunahme eines Allels zum Nachteil eines anderen führt. Wird jedoch der heterozygote Zustand durch die Selektion bevorzugt, so stellt sich ein stabiler Zustand ein, ohne daß es zu einer systematischen Veränderung der Genfrequenzen kommt.

Heterosisvorteile hatten und haben bedeutende Konsequenzen vor allem für die Zucht von Nutzpflanzen. Hier führte die konsequente Erzeugung von Hybriden zu kräftigeren und resistenteren Pflanzen mit größerem landwirtschaftlichem Nutzen. Die Entdeckung solcher *Heterosiseffekte* war vor allem in den 50er Jahren der große erste Durchbruch, den die experimentelle Genetik auf einem Gebiet praktischer Anwendung erzielte. Es ist daher nicht verwunderlich, daß man in der Folgezeit bei Tieren und beim Menschen nach ähnlichen Effekten suchte. Auch bei Haustieren mögen Hybride, die Nachteile genetisch unsystematisch betriebener Rassezuchten teilweise ausgleichen. Hierbei handelt es sich jedoch um einen Sonderfall, da häufig Defektgene herausgezüchtet wurden, weil sie in besonderem Maße einem Rasseideal entsprachen. Untersucht man jedoch bei Tieren, z. B. bei Labormäusen, Parameter, die keiner züchterischen Selektion unterlagen, so findet man in der Regel kodominantes Verhalten. Als Beispiel hierfür möge das Lernverhalten von 10 Hybridkreuzungen aus 5 Inzuchtstämmen von Mäusen dienen. Die Tiere sollten eine drohende elektrische Reizung vermeiden lernen, die ihnen durch ein Lichtsignal angezeigt wurde. Durch Wechsel in ein anderes Kompartiment der Versuchsanlage konnten die Tiere diesem Reizstrom entgehen. Nach 5tägiger Konditionierung lernten die Tiere abhängig vom Inzuchtstamm unterschiedlich gut. Die Hybriden der F1-Generation befanden sich in ihrer Lernleistung immer zwischen den beiden Elternstämmen (Abb. 12.3). Also lag kodominante Vererbung vor. Das gewählte Beispiel eignet sich besonders gut, weil durch Kreuzungsanalysen und statistische Verfahren weiterhin gezeigt werden konnte, daß die Verhaltensreaktion durch ein einziges Gen gesteuert wird. Dieses Gen liegt in den verschiedenen Inzuchtstämmen in verschiedenen Allelen reinerbig vor, wobei die unterschiedlichen Allele zu verschieden guten Lernleistungen befähigen.

Auch beim Menschen hat man nach Heterosiseffekten durch die Vermischung verschiedener ethnischer Gruppen gesucht. Für Parameter wie Körperhöhe, Morbidität, Mortalität u. a. hat man bisher solche Effekte jedoch nicht nachweisen können.

Der genetische Abstammungsnachweis wird in Fällen *ungeklärter Paternität* herangezogen. Dabei hat der analytische Fortschritt in den letzten Jahrzehnten eine enorme Entwicklung genommen, wobei sich der Inhalt der Untersuchungen erheblich verändert hat. Der *polysymptomatische morphologische Merkmalsvergleich* der anthropologisch-erbbiologischen Abstammungsgutachten, also der Vergleich einer Vielzahl von Merkmalen und Merkmalskomplexen, wie Farbe und Form des Kopfhaares, Augenfarbe und Struktureinzelheiten der Iris, Formenmerkmale von Kopf und Gesicht, von Händen und Füßen sowie des Hautleistensystems, hat wegen der extremen Variabilität dieser hochpolygenen Merkmale für die Analyse keine Bedeutung mehr. An seine Stelle ist eine hochspezialisierte Laboratoriumsdiagnostik mit Techniken aus der Immunologie, der Biochemie und der Molekularbiologie getreten. Gerade letztere Disziplin hat in allerjüngster Zeit zu spektakulären Identifikationen und Ausschlüssen geführt, die wohl eindrucksvoll die Stärke dieser Verfahren zeigen.

So gelang es an neun bei Jekaterinenburg, Rußland, 1994 aufgefundenen Skeletten die letzte russische Zarenfamilie zu identifizieren, welche kurz nach der Nacht des 16. Juli 1918 durch Bolschewiken hingerichtet wurde. Herangezogen wurden X- und Y-spezifische DNA-Proben zur Geschlechtsdeterminierung. *„Short tandem repeats"* (Kap. 13.2) bewiesen, daß tatsächlich eine Familie in dem Grab vorhanden war (fünf der neun aufgefundenen Skelette; es wurden der Leibarzt und drei Diener mit erschossen). Der Vergleich mitochondrialer DNA-Sequenzen, die bekanntlich entgegen den Mendelschen Regeln in rein mütterlicher Linie vererbt werden, mit mütterlichen Nachkommen (Prinz Philipp, Herzog von Edinburgh, einem Großneffen der Zarin, einem Groß-Groß-Enkel von Luise von Hessen-Kassel und einer Groß-Groß-Groß-Enkelin von Luise von Hessen-Kassel als Verwandte des Zaren) identifizierte Zar Nicolai II, Zarin Alexandra und drei Töchter ihrer insgesamt fünf Kinder. In einer Folgeuntersuchung wurde Anastasia alias Anna Anderson, die zeitlebens behauptet hatte, die jüngste, dem Massaker entgangene, Zarentochter zu sein, als Schwindlerin entlarvt, und dies, obwohl ein vor Jahrzehnten durchgeführtes anthropologisch-erbbiologisches Gutachten ihre Abstammung von der Zarenfamilie wahrscheinlich gemacht hatte.

Mindestens ebenso spektakulär ist eine Abstammungsuntersuchung, die 1996 an Blutspuren des vor 164 Jahren ermordeten Findelkindes Kaspar Hauser durchgeführt wurde. Wiederum war es der Vergleich mitochondrialer DNA-Sequenzen mit lebenden Nachfahren der präsumptiv mütterlichen Linie des Fürstenhauses Baden. Auch diesmal ergab sich eine Ausschlußkonstellation: Kaspar Hauser war nicht der Erbprinz von Baden. Über 2.000 Bücher und 15.000 Broschüren, Artikel, Gedichte und Lieder der Kaspar-Hauser-Literatur wurden durch eine einzige DNA-Untersuchung korrigiert.

Abstammungsgutachten haben auch im Zeitalter von AIDS, Safer Sex und Empfängniskontrolle nichts an ihrer Bedeutung verloren. 1994 listete das statistische Bundesamt insgesamt 126.000 Verfahren zur Vaterschaftsfeststellung. Die freiwillige Anerkennung nach Ermittlung schwankte zwischen West- (83,5 %) und Ostdeutschland (95,6 %). Per Gerichtsentscheid wurden in Westdeutschland 7,4 %, in Ostdeutschland 3,0 % der Verfahren abgeschlossen. Bei dem restlichen Anteil wurde aus anderen Gründen der Vater nicht ermittelt.

Weiterhin wird der genetische Abstammungsnachweis neben Fällen ungeklärter Paternität für *Ehelichkeitsanfechtungen* benötigt, d. h. für Fälle, bei denen der gesetzliche Vater die biologische Vaterschaft an einem Kinde bestreitet und durch Klage eine Klärung herbeizuführen sucht. Dabei gilt in der Bundesrepublik Deutschland jedes Kind primär als ehelich, das während einer Ehe geboren wurde, unabhängig vom Zeitpunkt der Eheschließung und Zeugung.

Vereinzelt sind entsprechende Gutachten auch zur Klärung von *Kindsvertauschung* oder zur *Familienzusammenführung* notwendig.

Die Mindestanforderungen an ein Standardgutachten sind nach den Richtlinien für die Erstattung von Abstammungsgutachten (Novellierung 1996) die Untersuchung von mindestens 10 Loki mit unabhängigem Erbgang. Dabei sollten mindestens vier der nachfolgend beschriebenen Systemkategorien erfaßt werden. Etwas zurückhaltend ist man gegenwärtig noch – und das ist sicherlich eine Übergangsphase – mit DNA Polymorphismen, also dem System mit dem höchsten Polymorphismuspotential. Sie sollten genauso wie das HLA-System nur in Verbindung mit weiteren herkömmlichen Systemen eingesetzt werden. Gründe hierfür sind teilweise noch methodische Schwierigkeiten und teilweise noch fehlende sichere

Daten über Allelhäufigkeiten in Vergleichspopulationen. Die insgesamt für eine Untersuchung ausgewählten Systeme sollten eine Aussagefähigkeit von 99,99 % erreichen.

13.1 Abstammungsgutachten durch genetische Unterschiede in Proteinpolymorphismen des Blutes

Die Kenntnis der Blutgruppen geht auf die grundlegende Arbeit von Landsteiner (1901) mit dem Titel „Über Agglutinationserscheinungen normaler menschlicher Blute" zurück. Im Laufe der Zeit wurden immer mehr Merkmalsgruppen gefunden, die für Abstammungsuntersuchungen genutzt werden können. Dabei müssen die herangezogenen Merkmale einige Grundvoraussetzungen erfüllen:

- Es muß ein Polymorphismus für das jeweilige Merkmal in der Bevölkerung vorliegen, d. h. es müssen mindestens zwei verschiedene Allele vorhanden sein.
- Der Erbgang muß einfach mendelnd dominant und gesichert sein.
- Die Verteilung der Genfrequenzen muß günstig sein, und zwischen Genotyp und Phänotyp muß eine 1:1-Beziehung bestehen.
- Die Merkmale müssen alters- und umweltstabil, d. h. auch bei Kleinkindern nachweisbar sein.

Bei den Voraussetzungen eines einfach mendelnden Erbganges dürfen Ausnahmen eine bestimmte niedrige Zahl nicht überschreiten (z. B. das Vorkommen nicht direkt nachweisbarer bzw. stummer Allele). Dies ist dann gegeben, wenn 500 Mutter/Kind-Paare oder sichere Familien mit der *kritischen Konstellation* keine Ausnahmen erkennen lassen. Dabei ist bei dem angegebenen Zahlenverhältnis eine Sicherheit von

3 σ, dies entspricht 99,78 %, zugrunde gelegt.

Bezüglich der Verteilung eines Genotyps in der Bevölkerung muß ein nennenswerter Anteil Genotypen vorhanden sein. Dabei wäre eine Konstellation von 50:50 die ideale Situation, eine Konstellation von 99:1 eine außerordentlich ungünstige.

Je nach Ausprägung der Genotypen in verschiedenen Bestandteilen des Blutes unterscheidet man die folgenden *serologischen Merkmalsgruppen:*

● **Erythrozyten-Membranantigene:** Dies sind die klassischen Systeme der Blutgruppenserologie, wie ABO-System, Rh-System, MN-System u. a. Noch vor ca. 30 Jahren waren diese Systeme die einzigen, die der forensischen Serologie zur Verfügung standen. Ein Abstammungsnachweis war hiermit nur in sehr begrenztem Umfang möglich;
● **Serum-Proteinsysteme,**
● **Erythrozyten-Enzymsysteme,**
● **Antigene der Leukozyten bzw. Thrombozyten** mit Schwerpunkt auf das **HLA-System.**

Für einen Teil dieser Merkmale konnte Kopplung festgestellt werden, d. h. sie werden nicht unabhäng vererbt. In einer Reihe von Fällen ist der exakte Genort auf den Chromosomen bekannt.

Techniken

Verschiedene Techniken werden für den Nachweis der Merkmale herangezogen, wobei zwei Hauptprinzipien zugrunde gelegt werden können:

● Das erste betrifft Membranmerkmale und auch einzelne Merkmale der anderen Gruppen. Diese werden unter Verwendung von Antiseren durch eine **Antigen-Antikörper-Reaktion** bestimmt. Als Störfaktoren sind hier Bluttransfusionen oder Schwangerschaften zu beachten, bei denen Blut des Kindes in den Kreislauf der Mutter gelangen kann. Falls einer der Probanden eine Bluttransfusion erhalten hat, darf die Blutentnahme erst nach einer Wartezeit von 3 Monaten erfolgen.

● Das zweite Prinzip berücksichtigt die unterschiedliche elektrische Ladung der verschiedenen Varianten eines Proteins. Hier wird als Technik die **Elektrophorese** und die **isoelektrische Fokussierung** eingesetzt.

Bei der **Elektrophorese** wandern Partikel entsprechend ihrer Ladung in einem elektrischen Feld verschieden schnell, wobei die Proben auf Stärkegele, Polyakrylamidgele, Gele aus Agar oder aus Zellulose-Azetat-Folien aufgetragen werden. Nach spezifischer Anfärbung kann man nach Abschluß der Elektrophorese dann die Proteinbanden sichtbar machen.

Die zweite Methode der Trennung von Proteinen ist die **isoelektrische Fokussierung**. Der Ladungszustand eines Proteins hängt vom pH-Wert des umgebenden Mediums ab. Deshalb muß es abhängig von der Struktur und chemischen Zusammensetzung der Molekülarten einen pH-Wert geben, bei dem eine Nettoladung von 0 vorliegt. Diesen pH-Wert bezeichnet man als den **isoelektrischen Punkt** eines Proteins. Er ist eine physikochemische Konstante und somit für jedes Protein eine charakteristische Größe, in der es sich von anderen unterscheidet. Zur Durchführung muß im Gel, nach Anlegung einer bestimmten Spannung, ein linearer und stabiler pH-Gradient aufgebaut werden. Diesen erzeugt man durch **Trägerampholyten**, die aus einer Vielzahl niedermolekularer (300–1.000) Polyaminopolykarbonsäuren bestehen. Die Proteine ordnen sich auf diesem linearen pH-Gradienten am pH-Wert ihres isoelektrischen Punktes und fokussieren dort als schmale Zone. Der Vorteil dieser Methode ist eine höhere Trennschärfe, z. B. bei Isoenzymen.

Es sollen nun die verschiedenen polymorphen Systemkategorien an Beispielen betrachtet werden.

13.1.1 Erythrozyten-Membranantigene

ABO-System

Im ABO-System existieren die in Übersicht 13.1 aufgeführten Geno- und Phänotypen. Dabei ist A_1, A_2 und B dominant gegenüber 0 und A_1 dominant gegenüber A_2. Die ABO-Blutgruppenbestimmung besteht

- im Nachweis der Erythrozyteneigenschaften mit einem A-, B- und 0-Serum,

- aus der sog. Gegenprobe unter Verwendung des zu untersuchenden Serums gegen A-, B- und 0-Blutkörperchen sowie

- aus der Bestimmung der A-Untergruppen.

Anti-A und Anti-B wird dabei von Personen gewonnen, deren Antikörpertiter durch Immunisierung gesteigert ist. Die A-Untergruppenbestimmung erfolgt mit Phytohämagglutininen (blutgruppenspezifischen Antikörpern, die man aus Pflanzen gewinnt). Ein Reaktionsschema zeigt die Abb. 13.1, wobei die A-Untergruppen nicht berücksichtigt sind.

Ein Vaterschaftsausschluß ist dann gegeben, wenn das Kind ein Merkmal besitzt, das es von seiner Mutter nicht

Übersicht 13.1. Die Phänotypen und Genotypen im AB0-Blutgruppensystem

Phänotyp	Genotyp
A_1	$A_1 0$, $A_1 A_1$, $A_1 A_2$
A_2	$A_2 0$, $A_2 A_2$
B	B0, BB
$A_1 B$	$A_1 B$
$A_2 B$	$A_2 B$
0	00

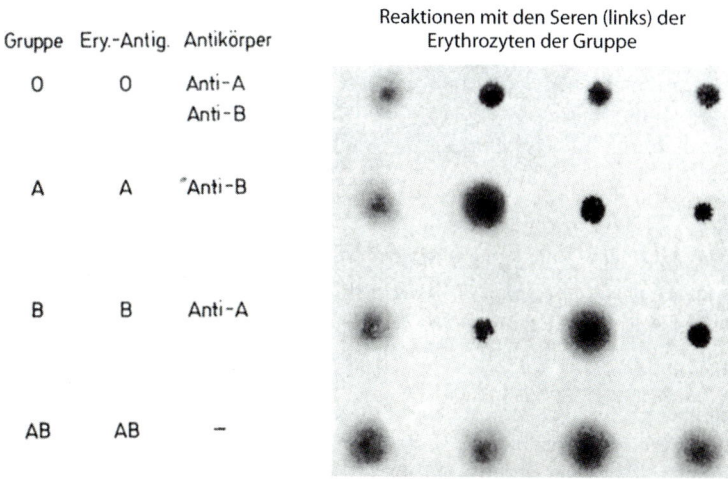

Gruppe	Ery.-Antig.	Antikörper	Reaktionen mit den Seren (links) der Erythrozyten der Gruppe
0	0	Anti-A Anti-B	
A	A	Anti-B	
B	B	Anti-A	
AB	AB	–	

Abb. 13.1. Reaktionsschema der vier Blutgruppen mit Antikörpern der jeweiligen Gruppen. (Nach Ritter 1975)

Übersicht 13.2. Eltern und mögliche Kinder im AB0-Blutgruppensystem

Eltern	Eltern	Kinder
A_1	A_1	A_1, A_2, 0
A_1	A_2	A_1, A_2, 0
A_1	B	A_1, A_2, B, A_1B, A_2B, 0
A_1	0	A_1, A_2, 0
A_1	A_1B	A_1, B, A_1B, A_2B
A_1	A_2B	A_1, A_2, A_1B, A_2B, B
A_2	A_2	A_2, 0
A_2	B	A_2, B, A_2B, 0
A_2	0	A_2, 0
A_2	A_1B	A_1, A_2B, B
A_2	A_2B	A_2, A_2B, B
B	B	B, 0
B	0	B, 0
B	A_1B	A_1, A_1B, B
B	A_2B	A_2, A_2B, B
0	0	00
0	A_1B	A_1, B
0	A_2B	A_2, B
A_1B	A_1B	A_1, A_1B, B
A_1B	A_2B	A_1, A_1B, A_2B, B
A_2B	A_2B	A_2, A_2B, B

Übersicht 13.3. Die Phänotypen und Genotypen im MNSs-System

Phänotyp	Genotyp	Reaktion Anti-			
		M	N	S	s
MS	MS/MS	+	−	+	−
MSs	MS/MSs	+	−	+	+
Ms	Ms/Ms	+	−	−	+
MNS	MS/NS	+	+	+	−
MNSs	MS/Ns oder Ms/NS	+	+	+	+
MNs	Ms/Ns	+	+	−	+
NS	NS/NS	−	+	+	−
NSs	NS/Ns	−	+	+	+
Ns	Ns/Ns	−	+	−	+

geerbt haben kann und das auch der Beklagte nicht besitzt. Dies wäre beispielsweise der Fall, wenn die Mutter die Blutgruppe 0 besitzt, der Beklagte die Blutgruppe A und das Kind die Blutgruppe B. Bei der Bestimmung des Genotyps eines Beklagten können Untersuchungen blutsverwandter Familienangehöriger Aufschluß geben, wobei dies allerdings bei der Vielfalt der Systeme heute nicht mehr praktiziert wird, und zudem auch bei Familienangehörigen Fälle illegitimer Paternität nicht ausgeschlossen werden können.

Beispiel: Nehmen wir an, die Mutter hätte die Blutgruppe B, der Beklagte besitzt die Blutgruppe A und das Kind 0. Der Beklagte wäre auszuschließen, wenn der Genotyp A_1A_1 oder A_1A_2 nachweisbar wäre. Dies wäre mit der oben erwähnten Einschränkung sicher der Fall, wenn seine Eltern beide die Blutgruppe AB hätten. Besitzt aber die Mutter Blutgruppe 0, so wäre der Beklagte nicht auszuschließen, da er offensichtlich den Genotyp A0 besitzt.

Durch das AB0-Blutgruppensystem gelingt es, 18 % der zu Unrecht benannten Väter auszuschließen (Übersicht 13.2).

MNSs-System

Das MNSs-System, das auf dem langen Arm von Chromosom 4 kodiert ist, unterliegt einem kodominanten Erbgang. Bezüglich der zuerst entdeckten Merkmale M und N sei auf die Abb. 5.1 verwiesen. Später fand man heraus, daß dieses System mit einem weiteren gekoppelt ist, das man als S und s bezeichnet. Bei einer Untersuchung mit allen vier Antiseren finden sich die in der Übersicht 13.2 angegebenen Geno- bzw. Phänotypen. Lediglich in Doppelt-Heterozygoten (MNSs) kann in diesem System der Genotyp nicht unmittelbar ohne Familienuntersuchungen erkannt werden. Bei allen anderen Kombinationen können die zugrundeliegenden Genotypen ohne Schwierigkeiten aus dem Phänotyp erkannt werden. (Beispiele: MSs = MS/Ms oder MNs = Ms/Ns).

Durch das MNSs-System gelingt es, 32 % der zu Unrecht benannten Väter auszuschließen (Übersicht 13.3).

Rhesus-System

Das Rhesus-(Rh-)System, lokalisiert auf Chromosom 1p und wird ebenso wie das MNSs-System durch ein komplexes genetisches System gesteuert. Es soll an dieser Stelle nicht auf die notwendige Berücksichtigung des Rh-Systems bei Bluttransfusionen eingegangen werden und auch nicht auf die Gefährdung der Nachkommen von (rh -)Müttern und (Rh +)-Vätern durch Rh-Inkompatibilität, sondern ausschließlich auf die Bedeutung des Systems bei der Vaterschaftsbegutachtung.

> **!** Genetisch geht man von 3 eng gekoppelten Genorten oder von 3 eng benachbarten Mutationen eines einzigen Genortes aus.

Für jeden dieser Genorte bzw. Mutationen gibt es zwei oder mehr Allele. Man bezeichnet die Genorte bzw. Allele mit C, c, Cw, D, d, E und e. Es gibt sehr viele Kombinationsmöglichkeiten, und dem Phänotyp können bis zu 6 verschiedene Genotypen zugrunde liegen, wobei der Genkomplex als Einheit vererbt wird (z. B. DCe oder dce).

Übersicht 13.4. Die vermutlichen Genotypen des Rh-Systems mit 5 Antiseren, bezogen auf die Häufigkeit

Vermutlicher Genotyp	Häufig- keit %	Zweite Möglichkeit des Genotyps	Häufig- keit %	Reaktionen mit Anti- D	C	E	c	e
DCe/dce	32,7	DCe/Dce	2,2	+	+	○	+	+
DCe/DCe	17,7	DCe/dce	0,8	+	+	○	○	+
DCe/DcE	12,0	DCe/dcE oder	1,0	+	+	+	+	+
		DcE/dCe	0,3					
DcE/dce	11,0	DcE/Dce	0,7	+	○	+	+	+
DcE/DcE	2,0	DcE/dcE	0,3	+	○	+	+	○
Dce/dce	2,0	Dce/Dce	0,1	+	○	○	+	+
dce/dce	15,0	–	–	○	○	○	+	+
dCe/dce	0,8	–	–	○	+	○	+	+
dcE/dce	0,9	–	–	○	○	+	+	+

Zur Bestimmung der Rh-Antigene verwendet man sechs verschiedene Antiseren. Dies sind Anti-D, Anti-C, Anti-c, Anti-Cw, Anti-E und Anti-e. Die Rh-Genotypen sind vereinfacht (bei Reaktion mit 5 Antiseren) in Übersicht 13.4 dargestellt, die auch über die Häufigkeiten Auskunft gibt. Aus der Übersicht geht hervor, daß der Genotyp nicht immer eindeutig zu bestimmen ist, so daß die Wahrscheinlichkeit des Vorliegens des einen oder anderen Genotyps aus den Frequenzen der Genkomplexe errechnet werden muß.

Die Ausschlußwahrscheinlichkeit beträgt bei dem Rh-System 29 %.

Kidd- und Duffy-System

Im *Kidd-System* werden die Allele Jk^a und Jk^b bestimmt. Allerdings stehen sichere Antiseren nicht immer zur Verfügung.

Das *Duffy-System* besteht aus den 4 Allelen Fy^a, Fy^b, Fy^x und Fy. Dabei ist Fy ein stummes und Fy^x ein schwach ausgeprägtes Allel. Wegen dieser Schwierigkeiten wird ein Ausschluß nur über Fy^a voll bewertet. Das Gen ist auf Chromosom 1q lokalisiert.

13.1.2 Serum-Proteinsynthese

Die Plasmaproteine stellen ein heterogenes Gemisch von über 100 verschiedenen Eiweißkörpern dar. Elektrophoretisch lassen sich 5 Fraktionen auftrennen, die teilweise als Vaterschaftsausschlußsysteme verwendet werden. Es sind Albumin (59,2 %), α_1-Globuline (3,9 %), α_2-Globuline (7,5 %), β-Globuline (12,1 %) und γ-Globuline (17,3 %). Die Albumine sind wasserlöslich und besitzen Transport- und osmotische Funktionen. Die heterogene Gruppe der Globuline ist dagegen schwer oder gar nicht wasserlöslich.

Aus Platzgründen werden nur exemplarisch einige Systeme besprochen.

Gc-System

Auch die *gruppenspezifischen Komponenten* (Gc = „Group specific component") gehören der α_2-Globulin-Fraktion an. Es handelt sich bei den Gc-Proteinen um Glykoproteine, deren biologische Aufgabe darin besteht, Vitamin D_3 und 25-Hydroxivitamin D_3 im menschlichen Organismus zu binden und zu transportieren. Der Syntheseort der Gc-Proteine ist die Leber. Es handelt sich bei dem Gc-Polymorphismus, wie er sich nach der Immunelektrophorese zeigt, um ein Diallelmodell, lokalisiert auf Chromosom 4q. Die zwei Allele Gc1–1 und Gc2–2 unterliegen einem autosomal-kodominanten Erbgang (heterozygoter Typ Gc2–1). Die Frequenz eines stummen Allels ist hier sehr selten und liegt bei 0,001.

Die Phänotypenfrequenz zeigt eine günstige Verteilung. Die allgemeinen Vaterschaftsausschlußchancen dieses Systems liegen bei 15 % und lassen sich durch Subtypisierung auf 30 % erhöhen.

Haptoglobin

Das in der forensischen Serologie wichtige Haptoglobin (Genort auf Chromosom 16q), dessen Aufgabe es ist, freies Hämoglobin zu binden und aus dem Kreislauf zu eliminieren, gehört der α_2-Globulin-Fraktion an. Der Polymorphismus des Haptoglobins besteht aus den Haupttypen Hp1–1, Hp2–1 und Hp2–2. Sie unterscheiden sich in der elektrophoretischen Auftrennung durch die Zahl der Fraktionen, ihre Laufstrecke und durch die Intensität der Anfärbung. Weiterhin gibt es eine Reihe von selteneren Allelen und das stumme Allel HP^0, welches bei Heterozygoten entgegengesetzte Reinerbigkeit vortäuschen kann. Es ist in der negriden Rasse häufiger als bei Weißen.

Die Ausschlußchance durch Haptoglobin beträgt 18 %, wobei man wegen des stummen Allels auf Konstellationen entgegengesetzter Reinerbigkeit achten muß.

Transferrin-System

Die Transferrine sind Glykoproteine und gehören ebenfalls zu den β-Globulinen. Transferrine binden und transportieren Eisen und spielen vermutlich auch eine Rolle im Eisenstoffwechsel und bei der Infektabwehr. Der wahrscheinliche Syntheseort ist die Leber. Der häufigste Typ ist mit 99 % Ff(C). Durch Elektrofokussierung erfolgt eine Auftrennung in zahlreiche Phänotypen, denen mindestens 8 Allele zugrunde liegen. 3 davon sind häufig. Darüber hinaus gibt es 20 weitere Transferrinallele, deren Frequenz allerdings unter 1 % liegt. Der Genort ist auf Chromosom 3 lokalisiert.

Die Vaterschaftsausschlußchancen dieses Systems liegen bei 18 %.

C3-System

Zu den Faktoren des Komplementsystems gehört als dritte Komponente C3. Die Faktoren des Komplementsystems sind den β-Globulinen zuzuordnen. Der Polymorphismus geht auf zwei häufige Allele und ca. 23 seltene Varianten zurück. Der Genort befindet sich auf Chromosom 19. Die homozygoten Typen der beiden häufigsten Typen werden als C3F und C3S bezeichnet, der heterozygote Typus als C3FS. Allerdings können Schwierigkeiten mit den Varianten auftreten. Der C3-Faktor ist relativ instabil. Das System ist daher in den Richtlinien nicht aufgeführt.

Sonstige Systeme

Neben den besprochenen Systemen gibt es noch weitere, wie das *Bf-System*, Properdin-Faktor B, welches zum Komplementsystem gehört und das *a_1-Antitrypsin-(P1)-System*, ein Glykoproteid, das die Aktivität von Trypsin und anderen proteolytischen Enzymen hemmt. Es gibt auch von *Plasminogen (PGL),* der inaktiven Vorstufe des Blutgerinsel abbauenden Plasmins, 2 häufige und viele seltene Allele, die zum Abstammungsnachweis herangezogen werden können. Auch *Orosomukoid (ORM)* zeigt bezüglich seiner auf 9q gelegenen Genorte einen Polymorphismus mit zwei häufigen Allelen. Weiter wären zu nennen *Faktor 13B* und *Alpha-2-HS.*

Diese Systeme sollen hier jedoch nur aufgezählt und nicht weiter besprochen werden (Übersicht 13.6).

13.1.3 Erythrozyten-Enzymsysteme

Die betreffenden Enzyme sind entsprechend ihren unterschiedlichen biochemischen Funktionen in vier verschiedene Klassen zuzuordnen. Dies sind:

- Oxidoreduktasen,
- Transferasen,
- Hydrolasen,
- Lyasen.

Letzteres sind Enzyme, die die Spaltung einer Verbindung ohne Hydrolyse durchführen.

Phosphoglukomutase (PGM)

Die Phosphoglukomutase gehört zu den Phosphotransferasen. Beim Abbau der Glukose katalysiert sie den Phosphattransfer von Position 1 (Glukose-1-Phosphat) auf Position 6 (Glukose-6-Phosphat) im Glukosemolekül. Es sind 3 verschiedene Genorte bekannt. PGM_1 befindet sich auf dem kurzen Arm von Chromosom 1, der PGM_2-Lokus ist auf dem kurzen Arm von Chromosom 4 und der von PGM_3 auf dem langen Arm von Chromosom 6 lokalisiert. Routinemäßig werden nur die Phänotypen des PGM_1-Systems bestimmt, mit den Allelen PGM_1^1 und PGM_1^2. Der Erbgang ist autosomal-kodominant. Neben den 3 häufigen Phänotypen kann man mit der Agarosegel-Elektrophorese noch 6 weitere Allele an diesem Lokus unterscheiden; ebenso wurde ein stummes Allel mehrfach beschrieben.

Die Vaterschaftsausschlußchance in diesem System beträgt 14–16 %. Das klassische Nachweissystem kann mit Hilfe der isoelektrischen Fokussierung weiter unterteilt und erweitert werden. Durch Aufspaltung der ursprünglichen Allele kann man anstelle von 3 Phänotypen 10 unterscheiden.

Diese Subtypisierung erhöht die Vaterschaftsausschlußchance auf annähernd 82 %, womit die PGM_1 nach dem noch zu beschreibenden HLA-System die aussagekräftigste Methode der Serologie darstellt.

Saure Erythrozytenphosphatase (SEP, ACP)

Die saure Erythrozytenphosphatase gehört zu den Hydrolasen. Ihre Funktion ist die Hydrolyse von Monophosphatestern. Das Gen ist auf dem kurzen Arm von Chromosom 2 lokalisiert. Die Bezeichnung ist nicht einheitlich. So wird als Abkürzung sowohl *SEP* als auch *ACP* (= „acid phosphatase") verwendet. Die 3 häufigsten Allele P^a, P^b und P^c werden nach einem kodominanten Erbgang vererbt, so daß sechs Phänotypen resultieren. Weiterhin gibt es seltene Allele und ein stummes Allel. Die Merkmalsverteilung in der Bevölkerung ist günstig.

Die Vaterschaftsausschlußchance beträgt 25 %. Auch hier muß man das stumme Allel beachten, da im Falle einer Nichterkennung entgegengesetzte Reinerbigkeit zu einem irrtümlichen Vaterschaftsausschluß führen kann. Da die SEP ein relativ instabiles Enzym ist, sollte zur Vermeidung von Fehltypisierungen die Bestimmung immer aus frischem Hämolysat vorgenommen werden.

Glyoxalase 1 (GLO)

Durch GLO wird die Reaktion Glutathion + Methylglyoxal zu S-Laktoyl-Glutathion katalysiert, Genort auf 6p in Kopplung mit MHC. Das System ist noch nicht lange in die Begutachtung mit einbezogen, besitzt aber gute Vaterschaftsausschlußchancen. Bestimmt werden die Allele 1 und 2.

Esterase D (ESD)

Das Enzym gehört zu den Hydrolasen und hydrolisiert 4-Methyl-Umbelliferyl-Azetat und -Butyrat. Der Genlokus liegt auf Chromosom 13q. Es existieren mehrere Allele und ein stummes Allel, die gut typisierbar sind, wozu besonders auch die isoelektrische Fokussierung beiträgt.

Die Vaterschaftsausschlußchance beträgt 10 %.

Sonstige Systeme

Neben den beschriebenen Systemen gibt es noch weitere wie z.B. das der *Glutamat-Pyuvat-Transaminase* (Genort Chromosom 8), die in verschiedenen Laboratorien angewandt und bei der Begutachtung beachtet werden.

13.1.4 HLA-System

Die Bezeichnung HLA steht für *Human Lymphocyte System A* oder *Human-Leukozyten-Antigene*. Zur Zeit der ersten Herztransplantationen war über die Histokompatibilitätsantigene noch wenig bekannt. Heute wissen wir um die große Bedeutung dieses Systems in der Transplantationschirurgie.

> **!** Die HLA-Antigene spielen als prädisponierende Faktoren für die Auslösung multifaktorieller Krankheiten, besonders Autoimmunerkrankungen, eine bedeutende Rolle.

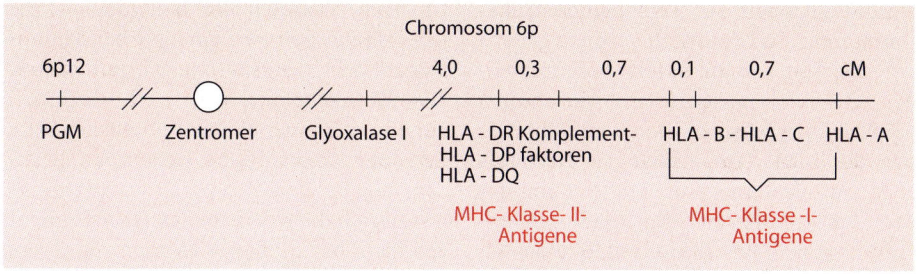

Abb. 13.2. Die Lage der HLA-Antigene auf Chromosom 6

Beim HLA-System handelt es sich um ein hoch polymorphes System, wobei der HLA-Genkomplex auf dem kurzen Arm von Chromosom 6 in der Region p21–p23 lokalisiert ist.

Wegen des außerordentlich hohen Polymorphismus wurde das System in die Vaterschaftsbegutachtung eingeführt. Es handelt sich um ein kompliziert aufgebautes multipel alleles System. Die Hauptloki werden als *HLA-A, -B, -C, -DR, -DP* und *DQ* bezeichnet und liegen vom terminalen Ende aus gesehen in der Reihenfolge ACBD auf dem Chromosom (Abb. 13.2).

Der HLA-Komplex ist 15cM vom Genlokus für PGM$_3$ entfernt und 10cM vom Lokus für das Enzym Glyoxalase. In derselben Region sind andere Genloki lokalisiert, die in die Immunantwort involviert sind, wie die Genloki für Komplementfaktoren. Jeder HLA-Lokus ist multipel allel. Es sind ungefähr 120 Allele bekannt, wobei sich die Zahl ständig erhöht. Die HLA-Merkmale werden ähnlich wie beim Rh-System in Komplexen vererbt, die man als *Haplotypen* bezeichnet. Jedes Individuum besitzt seinen ganz speziellen Satz an HLA-Antigenen und ist in dieser Richtung einmalig. (Natürlich bilden eineiige Zwillinge hier eine Ausnahme.)

Alle Antigene sind Glykoproteine. Man unterscheidet Klasse-I-Antigene und Klasse-II-Antigene. Die *Klasse-I-Antigene* bestehen aus zwei Polypeptidketten. Die schwere Kette ist in der Membran veran- kert, die leichtere mit der schwereren nicht- kovalent verknüpft. Die schwerere Kette besteht aus 5 Domänen, 3 davon sind extra- zellulär, eine transmembran und eine zyto- plasmatisch. Die beiden aminoterminalen Domänen stellen variable Bereiche dar, die in Richtung der Zellmembran zeigende ist konstant. Die *Klasse-II-Antigene* bestehen aus 2 membranintegrierten Pep- tidketten, sind also Heterodimere. Jede der beiden Ketten besitzt 4 Domänen, 2 davon sind extrazellulär, eine transmem- bran und eine zytoplasmatisch. Die Domäne am aminoterminalen Ende ist wie- derum in der Aminosäuresequenz variabel, die andere konstant. Die Klasse-I-Antigene kommen auf allen kernhaltigen Zellen vor, die Klasse II Antigene werden auf B-Zellen, Makrophagen, aktivierten T-Zellen und Endothelzellen exprimiert.

Die große Bedeutung des HLA-Systems liegt also in der großen Zahl verschiedener Allele bzw. Haplotypen, wobei jedes selbst eine geringe Frequenz besitzt. Die Bestim- mung der gut definierten breiten Spezifität des A- und B-Lokus wird im Regelfall als ausreichend nach den Richtlinien ange- sehen.

13.2 DNA-Polymorphismen

Die bisher behandelten Proteinpolymor- phismen, die bis in die 70er Jahre die einzige Möglichkeit zur Personenidentifikation waren, sind natürlich genauso genetische Marker, wie die neu zu beschreibenden DNA-Polymorphismen. Variationen bei Proteinen beruhen immer auf Mutationen der DNA. Nur erfolgt der Nachweis eben auf Proteinebene. Mit Beginn der 8oer Jahre entdeckte man, daß sich mit Hilfe von Restriktionsendonukleasen kleine DNA-Variationen nachweisen ließen, die über das gesamte menschliche Genom verstreut vorliegen, die sogenannten Restriktionsfragment-Längenpolymorphismen oder RFLPs. Dies war der Beginn einer enormen Entwicklung in der individualisierenden Analyse, denn die Variationsmöglichkeiten von DNA-Polymorphismen sind weitaus weniger begrenzt als die der Proteinpolymorphismen. Dies liegt darin begründet, daß der überwiegende Teil des Genoms aus nicht kodierenden Regionen besteht und Polymorphismen in diesen Regionen ohne selektiven Druck entstehen. Mutationen in Proteinen dagegen können sich nur stabilisieren, wenn sie die Proteinstruktur nicht nachteilig verändern.

Die Darstellung von RFLPs erfolgt bekanntermaßen über das Southern Blot-Verfahren, eine Methode, die bereits ausführlich beschrieben wurde. RFLPs besitzen einen hohen Individualisierungsgrad, was sie für Abstammungsgutachten geeignet macht. Kaum zwei Menschen weisen das gleiche Fragmentmuster auf. Auch werden RFLPs nach den Mendelschen Regeln vererbt und sind somit Allelen vergleichbar.

Man kann Restriktionsfragment-Längenpolymorphismen in zwei verschiedene Typen unterteilen, die *Multi-Lokus-Systeme (MLS)* und die *Single-Lokus-Systeme (SLS)*.

Bei den MLS erfolgt die Darstellung durch Multi-Lokus-Sonden, die mit DNA-Sequenzen hybridisieren, welche über das gesamte Genom verstreut sind. Somit weist man zahlreiche Fragmente gleichzeitig nach, wodurch ein individuelles, für jeden Menschen einzigartiges Bandenmuster entsteht, der *genetische Fingerabdruck.* Die Wahrscheinlichkeit, nach der zwei zufällig aus einer Population ausgewählte Personen verschiedene Genotypen besitzen, liegt bei den MLS bei $1{:}10^{11}$. Allerdings lassen sich die so erhaltenen DNA-Sequenzen nicht bestimmten Genorten zuordnen, womit formalgenetische Berechnungen wie Mutationsraten-Bestimmung, Bestimmung der Bandenfrequenz usw. versagen. Eine statistische Absicherung ist nicht möglich. Dies läßt die Anwendung der Methode für Abstammungsgutachten als nicht sinnvoll erscheinen, zumal die Banden in einem Muster unterschiedlicher Intensität auftreten, was zu Interpretationsfehlern führen kann. Da zudem Abstammungsnachweise in der Regel in Laboratorien durchgeführt werden, die sich auch mit forensischen Spurengutachten zu beschäftigen haben, gibt es für diesen Bereich hier noch größere Einschränkungen, wie zu große benötigte DNA-Mengen, Fehler bei Banden längerer Fragmente durch teilweise degradierte DNA, Unmöglichkeit der Analyse von Mischspuren, da eine Zuordnung des Bandenmusters zu einer Person nicht möglich ist, usw. Durch all diese Einschränkungen findet der genetische Fingerabdruck heute kaum noch Anwendung in der forensischen Humangenetik.

Viel besser geeignet sind dagegen die Single-Lokus-Systeme, die man nach den MLS entwickelt hat. Den SLS liegen Längenpolymorphismen zugrunde mit einem definierten Lokus. Jede Person besitzt hier nur zwei Fragmente, die mit markierten DNA-Sonden über Southern Blot nachgewiesen werden. Bei Heterozygoten lassen sich zwei, bei Homozygoten eine Bande darstellen. Somit sind die SLS weniger polymorph als die MLS, eine Erstellung eines genetischen Fingerabdrucks ist hiermit nicht möglich, was sich aber durch die Kombination mehrerer Systeme ausgleichen läßt. Hierdurch werden Genotypenhäufigkeiten erzielt, die denen der MLS entsprechen. Die Wahrscheinlichkeit, daß zwei zufällig aus einer Population gewählte Personen verschiedene Genotypen besitzen, ist also genau so groß wie bei MLS, der Informationswert des Systems enorm. Formalgenetische Einschränkungen existieren nicht, das System ist für Abstammungsnachweise genauso geeignet wie zur Personenidentifikation bei Kriminalfällen, mindestens dann, wenn für letztere Fälle hochmolekulare DNA zur Verfügung steht.

Dennoch sollte das Verfahren noch einmal revolutioniert werden, nämlich durch die Einführung der PCR-Methode. Vor allem die Sensitivität dieser Methode schuf völlig neue Perspektiven, was der RFLP-Analyse rasch Konkurrenz machte. Gerade die Schwachstellen der RFLP-Analyse, nämlich die mögliche Degradation der DNA, die benötigten relativ großen DNA-Mengen und damit ihre Sensitivität sind die Stärken der PCR-Methode, die mit DNA-Mengen von wenigen Nanogramm auskommt, was vor allem eben auch für die Spurenanalyse von Bedeutung ist.

Nun basieren einige spezielle SLS auf einem Längenpolymorphismus, welcher durch ein bestimmtes Basenmotiv entsteht, das in einer unterschiedlichen Anzahl von Wiederholungen vorkommt. Man bezeichnet dieses Motiv als *„Repeat"* und direkt hintereinander liegende Repeats als *„Tandem Repeat"* (s. Kap. 1.1.2). Der Polymorphismus wird mit **VNTR (= Variable Number of Tandem Repeat)** oder als **Minisatellitensequenz** bezeichnet. Mit den VNTRs waren 1985 die bisher informativsten Polymorphismen gefunden, da sie viel variabler als andere sind.

Die PCR-Methode verhalf diesen VNTRs in der forensischen Medizin zum Durchbruch, wobei man solche, die zur Amplifikation in der PCR geeignet sind, als **AmpFLPs (= amplifizierbare Fragmentlängen-Polymorphismen)** bezeichnet. (Es handelt sich um solche mit Längen von wenigen 100bp–2kb). AmpFLPs besitzen

eine genau definierte Allelverteilung, Allelunterschiede von einem oder wenigen Basenpaaren und damit die genaue Genotypenbestimmung macht von der Auftrennung her keine Probleme. Die Methode ist zudem schnell, hoch sensitiv und unempfindlich gegenüber Degradation. Vor wenigen Jahren entdeckte man schließlich eine zweite Generation von VNTRs, es sind die **Short-Tandem-Repeats (STR)** oder **Mikrosatellitensequenzen.** Sie bestehen, verglichen mit den AmpFLPs, aus noch kürzeren Sequenzen von 100–500 bp, die tandemartigen hintereinander liegenden Wiederholungsmotive werden von 2–6 bp gebildet. Der Polymorphismus besteht in der unterschiedlichen Allelsituation bei verschiedenen Personen, die auf einer unterschiedlichen Anzahl von Repeats beruht. Je höher die Anzahl der Repeats ist, desto höher ist der Grad an Polymorphie. Die Loki der STRs sind über das ganze Genom verstreut, hauptsächlich in nicht kodierenden Sequenzen, in Introns, in Flankenregionen von Genen, aber auch innerhalb von Genen (dort jedoch dem Code entsprechend als trimere Repeats). Ihre Häufigkeit wird auf 1 STR/10 kb geschätzt, sie sind also viel häufiger als andere VNTRs. Es wurde auch gezeigt, daß die Allele nach Mendel vererbt werden.

Diese beschriebenen Eigenschaften machen die STRs zu idealen Markern für Abstammungsuntersuchungen, wobei natürlich eine Kombination mehrerer STR-Systeme notwendig ist, um ein komplexes DNA-Profil und damit einen hohen Identifikationsgrad (entsprechend einem genetischen Fingerabdruck) zu erreichen. Es ist anzunehmen, daß STR-Systeme eines Tages alle bisher gebräuchlichen Systeme ersetzen werden. Hierzu sind allerdings noch einige wissenschaftliche Voraussetzungen in der Zukunft zu erfüllen, wie z. B. die genaue Bestimmung von Allelfrequenzen der einzelnen STRs in regionalen Populationen, um genaue statistische

Restriktionsfragment-Längenpolymorphismus (RFLP)

Multi-Lokus-Systeme (MLS)	Single-Lokus-Systeme (SLS)
⇓	⇓
Methode: Southern Blot	Methode: Southern Blot
⇓	⇓
genetischer Fingerabdruck	kein genetischer Fingerabdruck da zwei Allel-System
⇓	⇓
statistische Absicherung nicht möglich keine Zuordnung zu bestimmten Allelen hoher Personenidentifikationsgrad **Dennoch für Abstammungsnachweis ungeeignet**	statistische Absicherung möglich, hoher Personen- identifikationsgrad durch Kombination mehrerer Systeme (gilt für alle Folgesysteme)
	Weiterentwicklung
	spezielle SLSs = Variable Number of Tandem Repeats VNTR (Minisatelliten) Methode: Southern Blot
	⇓
	spezielle VNTRs Amplifizierbarer Fragmentlängen-Polymorsphismus Zuordnung zu Allelen gegeben **AmpFLP**
	⇓
	Methode: PCR
	⇓
	spezielle AmpFLPs Short-Tandem-Repeats **STR (Mikrosatelliten)**
	⇓
	Methode: PCR **Für Abstammungsnachweis bestens geeignet**

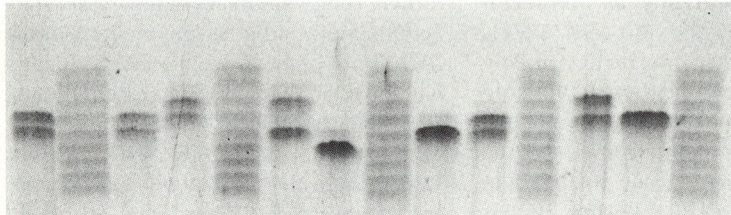

Abb. 13.3. Darstellung des STR-Markers HUMvWA (= humaner von Willebrand-Faktor im nativen Poly-acrylamidgel nach Silberfärbung. Spur 2,5,8,11 und 14 Allelleiter (Allele 13–21), Spur 1,3, 10: Genotyp 16–17, Spur 4,12: Genotyp 15–16, Spur 6: Genotyp 15–17, Spur 7: Genotyp 18 homozygot, Spur 9: Genotyp 17 homozygot, Spur 13: Genotap 16 homozygot. (Mit freund-licher Genehmigung von Dr. W. Reichert, Institut für Rechts- und Verkehrsmedizin der Universität Heidelberg)

Wahrscheinlichkeitsberechnungen zu ermöglichen (Abb. 13.3 und Übersicht 13.5).

Abschließend sei zu diesem Abschnitt noch erwähnt, daß die eingangs erwähnten Untersuchungen mitochondrialer DNA natürlich nicht zum Regelinventar von Personenidentifizierungen dienen. Mitochondriale DNA wird dann verwendet, wenn man sich die rein mütterliche Vererbung zu Nutze machen kann, um über lange Zeiträume Verwandtschaftsbeziehungen zu klären, da diese DNA – von spontanen Mutationen einmal abgesehen – unverändert durch die Generationen weitergegeben wird. Dies steht im Gegensatz zur Kern-DNA, die in jeder Generation sozusagen neu gemischt wird.

13.3 Schlußfolgerungen

> **!** Die vorgestellten Verfahren erlauben einen Vaterschaftsausschluß von 99,99 % der zu Unrecht als Väter bezeichneten Männer.
> Umgekehrt kann man in etwa 99 % der Fälle statistisch eine so hohe Wahrscheinlichkeit für die biologische Vaterschaft errechnen, daß man diese als bewiesen ansehen kann.

Der Vaterschaftsausschluß wird durch das umfassende serologische, immunologische und molekularbiologische Spektrum meist durch Ausschlußkonstellationen in mehreren voneinander unabhängigen Systemen geführt. Damit kann man eine solche Ausschlußkonstellation als eine sichere Aussage ansehen (Übersicht 13.6).

Umgekehrt bleibt die Feststellung einer Vaterschaft immer ein Befund, der durch statistische Wahrscheinlichkeit berechnet wird. Primär sind die vorgestellten Verfahren Verfahren, die Ausschlußkonstellatio-

Übersicht 13.6. Systeme nach den Richtlinien für die Erstattung von Abstammungsgutachten – Novellierung 1996

Erythrozyten-Membranantigene
ABO
MNSs
RH (Rhesus)
JK (Kidd)
FY (Duffy)

Serum-Proteinsysteme
GC (Group specific component)
P1 (Alpha-1-Antitrypsin)
F13B (Faktor 13B)
HP (Haptaglobin)
A2HS (Alpha-2-HS)
ORM (Orosomukoid)
TF (Transferrin)
PLG (Plasminogen)
B F (Properdin-Faktor B)
C 3 (3 Komplementkomponente)

Erythrozyten-Enzymsysteme
PGM1 (Phosphoglukomutase 1)
ACP (Acid phosphatase)
GPT (Glutamat-Pyruvat-Transaminase)
GLO (Glyoxalase)
ESD (Esterase-D)

HLA-System
Serologisch nachweisbare Antigene der weißen Blutkörperchen

DNA-Single-Lokus-Polymorphismen

---

nen prüfen, wobei die Ausschlußwahrscheinlichkeit von der Genotypen-Konstellation bei Mutter, Kind und Präsumptivvater abhängt. Positive Hinweise für eine biologische Vaterschaft ergeben sich daraus, daß ein Beklagter als Vater nicht ausgeschlossen werden kann. Es wird dann aus der Merkmalskonstellation bei Mutter, Kind und Präsumptivvater statistisch die Wahrscheinlichkeit ermittelt, mit welcher er der Vater des Kindes ist. Als hinreichend hohe Wahrscheinlichkeit wird im Regelfall die Überschreitung analog zur 3σ-Vertrauensgrenze angesehen.

Das Ziel jeder wissenschaftlichen Begutachtung muß es sein, sowohl bei Aus-

Abb. 13.4. Zum Vaterschafts-
nachweis

schließung als auch beim positiven Vater-
schaftshinweis eine möglichst hohe Sicherheit zu erzielen.

Der Sachverständige wird beim geneti-
schen Abstammungsnachweis auf Auftrag
tätig, Dieser kann entweder auf einem
Gerichtsbeschluß oder auf freiwilliger
Übereinkunft der Beteiligten beruhen
(Abb. 13.4).

Glossarium der verwendeten Fachausdrücke

Das nachfolgende Glossarium soll dazu beitragen, die verwendeten Fachausdrücke zu vertiefen. Es wiederholt die im Text eingeführten Definitionen nochmals in kurzer, leicht einprägsamer Form und kann daher in mehrerlei Weise verwendet werden: Erstens direkt bei der Bearbeitung des Textes, zweitens soll es bei der geistigen Nachverarbeitung des Stoffes dazu dienen, eventuelle begriffliche Unklarheiten direkt nachschlagen zu können, ohne diese erst im Text aus dem Zusammenhang heraussuchen zu müssen. Als dritte Möglichkeit bietet sich nach dem Studium des Textes das nochmalige systematische Lernen der Fachtermini an, was sicherlich einer dauerhaften Einprägung dient.

Achondroplasie: Chondrodystrophie. Dominant erbliche Erbanlage mit Zwergwuchs, eingesunkener Nasenwurzel, großem Kopf, gelegentlicher Hydrozephalie, kurzen Gliedmaßen bei nomaler Rumpflänge. Sakralwirbelsäule gegen Lumbalwirbelsäule geknickt.

Adenoviren: Doppelsträngige DNA-Viren, die zu Erkrankungen des Respirationstraktes, fieberhaften Katarrhen, Pharyngitis oder Konjunktivitis führen. Sie sind in der Lage, Genmutationen zu induzieren.

Adipositas: Fettleibigkeit.

Adrenogenitale Syndrome (AGS): Oberbegriff für Krankheitsbilder, die als Folge einer Über- oder Fehlproduktion von Nebennierenandrogenen entstehen und bei denen die Genitalsphäre in männlicher Richtung verändert wird. Die Ursache ist eine autosomal-rezessive Störung der Kortisolbiosynthese oder nicht genetisch bedingt erworben.

Affektive Psychosen: Psychosen mit schweren Affektstörungen (endogene Depression, Manie bzw. manisch-depressive Erkrankung).

AIDS: Aquired Immunodeficiency Syndrome.

Aktin: Bestandteil des Muskeleiweißes, kommt als globuläres monomeres und dimeres G-Aktin und als fibrilläres polymeres F-Aktin vor. F-Aktin ist Bestandteil des Grundgerüsts der Muskelfibrillen. G-Aktin enthält 1 Mol ATP pro monomere Einheit; durch Aufspaltung in ADP entsteht F-Aktin-ADP, das durch Dialyse in G-Aktin-ADP übergeht und mit ATP wieder zu F-Aktin-ADP zu polymerisieren vermag. F-Aktin bildet mit Myosin die reversible Komplexverbindung Aktomyosin.

Allele: Alternative Formen von Genen, die denselben Lokus im Chromosom einnehmen. Die verschiedenen Allele unterscheiden sich voneinander durch ein oder mehrere mutative Veränderungen. Allele sind also Mutanten eines Gens.

Allel, stummes: Allel, das sich dem Nachweis entzieht.

Alloenzyme: Enzymproteine, die sehr ähnliche bzw. identische Enzymaktivitäten am Substrat ausüben, in ihrem Molekülaufbau jedoch mehr oder weniger verschieden sind. Alloenzyme entstehen durch Mutationen eines Genlokus, sind also Enzymvarianten, die auf verschiedenen Allelen desselben Genortes basieren.

Amelogenesis imperfecta: Erbleiden mit autosomal-dominanter (häufigste Form), autosomal-rezessiver, X-chromosomal-dominanter oder X-chromosomal rezessiver Vererbung. Auf den Zahnschmelz begrenzte Hypoplasie und Dysplasie.

Ames-Test: Mutagenitäts- und Kanzerogenitätstestsystem, welches Genmutationen an Bakterien nachweist nach Verstoffwechselung einer Prüfsubstanz durch isolierte Lebermikrosomen.

Antikodon: Spezifisches Nukleotidtriplet der t-RNA, komplementär zum Nukleotidtriplet der m-RNA, das als Kodon bezeichnet wird.

Antizipation: Der zunehmende Schweregrad oder der frühere Beginn einer genetisch bedingten Krankheit bei aufeinander folgenden Generationen.

Apert-Syndrom: Distinkte Skelettdysplasie mit Mittelgesichtshypoplasie, kompletter Syndaktylie von Fingern und Zehen. Die Ursache ist ein autosomal-dominantes Gen, wobei fast ausschließlich Neumutationen beobachtet werden; väterlicher Alterseffekt ist nachgewiesen.

Apoptose: Programmierter Zelltod.

Assortative mating: Ausgewählte Paarungen. Es bevorzugen sich Partner ähnlichen Phänotyps und damit ähnlichen Genotyps (z. B. bei Intelligenz).

Assoziation: Nicht zufällige Kombination von Allelen enggekoppelter Loki.

Auslese: Auswahl zugunsten eines bestimmten Genotyps.

Autosomen: Alle Chromosomen eines Chromosomensatzes mit Ausnahme der Geschlechtschromosomen.

Balancierter genetischer Polymorphismus: Eine Gleichgewichtssituation zwischen heterozygoten und homozygoten Genträgern.

Bardet-Biedl-Syndrom: Autosomal-rezessives Erbleiden, Kombination verschiedener Symptome, wie geistiger Entwicklungsrückstand, Adipositas, tapetoretinale Degeneration, postaxiale Polydaktylie und Genitalhypoplasie.

Barr-Body: Sexchromatin, repräsentiert das inaktivierte X-Chromosom.

Basedow: Hyperthyreose, Überfunktion der Schilddrüse.

Blastomeren: Embryonale Zellen zwischen 2-Zellstadium und Morula.

Blastozyste: Embryonalstadium nach der Morula mit innerer Zellmasse (Embryoblast), äußerer Zellschicht (Trophoblast) und Blastozystenhöhle.

Bloom-Syndrom: Autosomal-rezessiv erbliche Erkrankung mit beträchtlicher Wachstumsverzögerung sowie teleangiektatischem Erythem der Gesichtshaut und „Vogelprofil". Es findet sich in den Zellen eine Chromosomeninstabilität.

Branch site: Konservierte Intronsequenz in der Nähe des Endes von Introns, die für das splicing wichtig ist.

Cap: Nach der Transkription modifiziertes 5′-Ende von eukaryontischen m-RNAs.

Chorea Huntington: Autosomal-dominant erbliches Nervenleiden mit choreatischen Bewegungen, langsamem körperlichem Zerfall und zunehmenden psychischen Veränderungen bis zur Demenz schweren Grades. Ausprägung meist zwischen dem 30. und 45. Lebensjahr.

Christmas-Faktor: Faktor IX, welcher bei der Hämophilie B mutiert ist.

Chromatin: Material, aus dem die Chromosomen aufgebaut sind. Es besteht aus DNA, Histonen, Nicht-Histonproteinen und RNA in geringen Mengen. Es wird durch Anfärbung sichtbar gemacht.

Chromosomenmutationen: Jede mikroskopisch sichtbare und dauerhafte Veränderung der Struktur von Chromosomen. Es resultieren Deletionen, Duplikationen, Insertionen, Inversionen und Translokationen.

Chromosomen-Satelliten: Ort für kodierende mittelrepetitive Sequenzen auf den Chromosomen 13–15, 21 und 22.

Chromosome painting: Besondere Form der FISH-Technik zur Darstellung aller Chromosomen mit Fluoreszensfarbstoffen.

Colchizin: Synthetisches pflanzliches Produkt, mit dem es für Chromosomenanalysen möglich ist, die Zellen in den für die Analyse günstigen Metaphasen zu arretieren.

Cosmid: Vektor, bei dem COS-Sequenzen des Bakteriophagen Lamba in ein Plasmid verbracht werden. In Cosmiden kann Fremd-DNA von 30–45 kb kloniert werden.

Co-twin-control-Methode: Methode von eineiigen Zwillingen als Vergleichspersonen.

CpG-Dinukleotide: Dinukleotide mit einem Cytosin am 5′-Ende über eine Phosphodiesterbindung mit einem Guanin am 3′-Ende verbunden. Im Säugergenom sehr selten.

Cri-du-chat-Syndrom: Deletion eines kurzen Arms des Chromosoms 5 beim Menschen (Katzenschrei-Syndrom).

Debilität: Schwachsinn, IQ-Bereich zwischen 50–70.

Deletion: Strukturelle Chromosomenaberration: Verlust eines Teils eines Chromosoms.

Differentielle Genaktivität: Zustand, bei dem in verschieden differenzierten Zellen verschiedene Gene aktiv sind, je nach Funktion der Zelle.

Diktyotänstadium: Wartestadium von Oozyten vom Zeitpunkt der Geburt bis zur präovulatorischen Phase innerhalb der 1. meiotischen Teilung und unter Erhaltung von Chiasmata.

DNA-Marker: Genetische Polymorphismen, die über Kopplungsanalysen zur molekularbiologischen Diagnose von genetischen Erkrankungen benutzt werden.

Dominanter Letaltest: Mutagenitätstestsystem, das dominant-letal wirkende Mutationen, die in den Keimzellen eines Versuchstieres ausgelöst wurden, über abgestorbene Feten nachweist. Eines der ältesten Mutagenitätsprüfsysteme überhaupt, welches genetische Schädigungen über die Keimzellen nachweisen kann.

Dominanz: Im strengen Sprachgebrauch bezeichnet man ein Allel als dominant, wenn beim Heterozygoten neben seiner Wirkung die Wirkung des anderen Allels nicht erkennbar ist. In der Humangenetik ist es üblich, von Dominanz zu sprechen, wenn ein Gen bereits im heterozygoten Zustand eine deutlich erkennbare Wirkung hat, ob diese mit der des homozygoten Zustands (der oft auch unbekannt ist) gleich ist oder nicht.

Doppelhelix: Struktur zweier gegenläufiger DNA-Moleküle.

Down-Syndrom: Trisomie 21.

Duplikation: Strukturelle Chromosomenaberration: Zweimaliges Auftreten ein und desselben Chromosomensegments im haploiden Chromosomensatz.

Ehlers-Danlos-Syndrom: Heterogene Gruppe von vererbbaren Bindegewebsstörungen. Gegenwärtig werden 10 Typen klassifiziert, darunter autosomal-dominante, autosomal-rezessive und X-chromosomale Störungen. Befallen sein können Haut, Band- und Gelenkapparat, Augen, Gefäße und innere Organe.

Einzelstrang-Konformationspolymorphismus; Single-strand conformational polymorphism (SSCP, PSCA): Methode um Punktmutationen aufzufinden.

Elektrophorese: Auftrennungsverfahren für Proteine, welches auf ihrer Ladung im elektrischen Feld beruht. Die Elektrophorese ist also die Wanderung geladener Teilchen im elektrischen Feld.

Elliptozytose: Dominant erbliche Erkrankung, bei der Elliptozyten im Blut auftreten. Hierdurch besteht eine Disposition zu hämolytischen Anämien. (Bis 10 % gelten als Normalbefund.)

Elongation: Kettenverlängerung bei der Translation.

Embryoblast: Teil der Blastozyste, aus dem sich der Embryo entwickelt.

Enhancer: Kurze DNA-Sequenzelemente, die die Transkription eines Gens verstärken.

Enzym: Protein, das chemische Reaktionen im lebenden Organismus ermöglicht und kontrolliert, wobei es unverändert aus der Reaktion hervorgeht (Biokatalysator).

Erbgang, autosomal-dominant: Vererbungsmodus von dominant wirkenden Genen, die auf den Autosomen lokalisiert sind.

Erbgang, autosomal-rezessiv: Vererbungsmodus von rezessiv wirkenden Genen, die auf den Autosomen lokalisiert sind.

Erbgang, geschlechtsbegrenzt: Erbgang, bei dem die Gene unabhängig vom Geschlecht vererbt werden, jedoch ausschließlich oder bevorzugt (relative Geschlechtsbegrenzung) in einem Geschlecht zur Wirkung gelangen.

Erbgang, geschlechtsgebunden: Vererbung von Genen, die auf dem X-Chromosom lokalisiert sind. [Das Y-Chromosom kann vernachlässigt werden, da dort bisher außer SRY sehr wenige Gene bekannt sind]. Die Vererbung wird durch das chromosomale Geschlecht und die Art der Genwirkung (dominant oder rezessiv) definiert.

Erbgang, intermediär: Vererbungsmodus von allelen Genen, bei denen im heterozygoten Zustand beide Genprodukte unabhängig nebeneinander vorkommen und sich beide phänotypisch manifestieren. Der heterozygote Phänotyp nimmt eine Mittelstellung zwischen den beiden homozygoten Formen ein.

Erbgang, kodominant: Vererbungsmodus von allelen Genen, bei denen im heterozygoten Zustand beide Genprodukte unabhängig voneinander vorkommen und sich beide phänotypisch manifestieren.

Erbgang, multifaktoriell: Genetische Determinierung eines Phänotyps nicht durch ein einziges Gen, sondern durch das Zusammenwirken vieler Gene und Umweltfaktoren.

Erbgang, X-chromomal-dominant: Vererbungsmodus von dominant wirkenden, auf dem X-Chromosom gelegenen, Genen.

Erbgang, X-chromosomal-rezessiv: Vererbungsmodus von rezessiv wirkenden, auf dem X-Chromosom gelegenen, Genen.

Erythropoetin: Wird in der Niere gebildet und stimuliert die Erythropoese. Durch zu hohe Werte kommt es zur Polyglobulie, bei reduzierter Erythropoetin-Produktion kommt es zu Anämien.

Erythrozytenphosphatase, saure: Enzym, das für die Hydrolyse von Monophosphatestern verantwortlich ist. Das Gen ist auf dem kurzen Arm von Chromosom 1 lokalisiert. Wegen des vorhandenen Polymorphismus wird die Enzymbestimmung bei Fällen strittiger Paternität eingesetzt.

Erythrozytose: Vermehrung der roten Blutkörperchen über die normale Zahl (4–5 Millionen/mm^3).

Euchromatin: Chromatin des Interphasekerns, das in entspiralisierter Form vorliegt und als aktives Genmaterial angesehen wird.

Eukaryonten: Alle Organismen mit Ausnahme der Bakterien und Blaualgen.

Exon: Kodierender Teil der DNA bzw. m-RNA.

Expressivität: Art der Ausprägung eines Gens.

Faktor VIII: Antihämophiles Globulin, welches bei der Hämophilie A mutiert ist.

Faktor IX: Christmas-Faktor, welcher bei der Hämophilie B mutiert ist.

Fall-Kontrollstudie: Retrospektive, einzeitige, nicht bevölkerungsbezogene epidemiologische Studie.

Fanconi-Anämie: Autosomal-rezessiv erbliche Erkrankung. Chronisch fortschreitende hyperchrome makrozytäre Anämie infolge Panmyelopathie, die außerdem von chronischer Leukopenie und Thrombopenie begleitet ist. Es findet sich in den Zellen eine Chromosomeninstabilität.

F-Body: Die langen Arme des Y-Chromosoms, die, mit fluoreszierenden Kernfarbstoffen gefärbt, sich durch intensives Leuchten auszeichnen.

Fibrinfasern: Faserstoff des Blutes; hochmolekulares nicht wasserlösliches Protein, das bei der Blutgerinnung durch enzymatische Einwirkung von Thrombin auf Fibrinogen entsteht.

Fluoreszens-in situ-Hybridisierung (FISH): In situ-Hybridisierung mit Fluoreszenzfarbstoffen.

Flush-Phänomen: Hautdurchblutung, vor allem im Kopfbereich, die man bei Asiaten nach Alkoholkonsum beobachtet und die durch eine atypische Variante der Alkoholdehydrogenase hervorgerufen wird.

Frame-shift-Mutation: Mutation, die zu einem Leserasterwechsel führt durch Deletion oder Insertion eines oder zweier Nukleotide.

Funktionsspezifische Klonierung: Identifizierung eines Gens über Funktionsinformation.

Gaucher-Krankheit: Autosomal-rezessive Lipidspeicherkrankheit, verursacht durch den Defekt einer lysosomalen Hydrolase. Subtypen mit verschiedenem neurodegenerativem Verlauf und verschiedenem Manifestationsalter sind bekannt.

Gegensinnstrang: DNA-Strang, der von der RNA-Polymerase als Matrize benutzt wird.

Gen: Ein Gen ist ein DNA-Abschnitt, der für ein funktionelles Produkt kodiert.

Genetische Drift: Verschiebung der Genhäufigkeiten und der Genotypenverteilung durch zufällige Änderungen im Allelbestand. Besonders in kleinen Populationen von Bedeutung.

Genetische Genkarte: Genkartierung mit Hilfe von Familienuntersuchungen.

Genetischer Fingerabdruck: Mit Multi-Lokus-Sonden erstelltes Personen identifizierendes DNA-Fragment-Muster.

Genfamilie: Eine Gruppe von Genen, die aus dem gleichen Vorläufergen hervorgegangen sind.

Genfluß: Zwischen zwei Populationen der langsame Austausch von Genen.

Genhäufigkeiten: Anteil der verschiedenen Allele eines Gen in einer Population.

Genkopplung: Gene auf dem gleichen Chromosom in enger Lagebeziehung, die häufig gemeinsam vererbt werden.

Genmutation: Mutation, die im submikroskopischen Bereich liegt. In der engeren Begriffsfassung wird unter Genmutation eine mutative Veränderung innerhalb der Grenzen eines einzigen Gens verstanden, in der engsten Begriffsfassung der Austausch einer einzigen Base. Als Ergebnis von solchen Genmutationen entstehen alternative Formen von Genen, die sog. Allele.

Genomanalyse: Moderner Ausdruck zur Analyse von Krankheitsanfälligkeiten auf Ebene der DNA. Sequenzanalyse des Genoms.

Genomic Imprinting: Unterschiedliche Expression der Gene, je nachdem, ob sie vom Vater oder von der Mutter stammen. Dieser geschlechtsspezifische Einfluß der Gene ist unabhängig davon, ob sie auf den Autosomen oder auf den Geschlechtschromosomen lokalisiert sind (nicht geschlechtsgebunden). Genomic Imprinting beeinflußt die embryonale Entwicklung und die Expression der genetischen Krankheiten.

Genommutationen: Führen zu Hyper-, Hypo- und Polyploidien.

Genotypendiagnostik: Nachweisverfahren zur Erkennung oder zum Ausschluß monogener Erkrankungen auf DNA-Ebene (direkte und indirekte G.).

Genpool: Gesamtheit aller Gene einer Population.

Gonosomen: Geschlechtschromosomen (im Gegensatz zu den Autosomen).

Gründereffekt: Das häufige Vorkommen eines seltenen Allels, das sich von einem Gründer ausgehend in Folgegenerationen ausgebreitet hat.

Hämophilie A: Bluterkrankheit, X-chromosomal-rezessiv erblich; Faktor-VIII-Mangel. Im Vordergrund stehen Blutungen insbesondere in Gelenke und Muskeln.

Haplotyp: Der von der mütterlichen bzw. väterlichen Seite vererbte Komplex gekoppelter Allele.

Haptoglobin: Zuckerhaltiges Plasmaprotein, das Hämoglobin binden kann. Der Haptoglobin-Polymorphismus spielt eine Rolle bei Fällen strittiger Paternität.

Hardy-Weinberg-Gesetz: Die Genhäufigkeiten und damit die Häufigkeiten der beiden homozygoten Genotypen und des heterozygoten bleiben von Generation zu Generation konstant, wenn weder Auslese noch Inzucht wirksam sind.

Haushaltsgene: „House keeping genes".

Hemizygotie: Vererbungsmodus von Genen, die nur einmal im Genotyp vorhanden sind (üblicherweise gebraucht bei Genen, die auf dem einzigen X-Chromosom des Mannes lokalisiert sind).

Heritabilität: Erblichkeit.

Hermaphroditismus: Zustandsform, bei der sowohl Hoden- als auch Ovarialgewebe entwickelt ist. Man unterteilt in lateralen, bilateralen und unilateralen H.

Heterochromatin: Chromatin des Interphasekerns, das in spiralisierter Form vorliegt und als inaktives Genmaterial betrachtet wird.

Heterogene nukleäre RNA (hn-RNA): Kopie der DNA, die genau die Sequenz des Genoms wiedergibt und die zur m-RNA zurechtgeschnitten wird.

Heterogenität: Die Entstehung gleichartiger erblicher Merkmale, oder zumindest solcher, die nicht sicher unterscheidbar sind, aufgrund von Mutationen nichtalleler Gene.

Heterosis: Selektionsvorteil der Heterozygoten gegenüber beiden Homozygoten.

Heterozygotentest: Test, der mit biochemischen oder molekularbiologischen Methoden erlaubt, heterozygote Träger eines rezessiven Erbleidens festzustellen.

Heterozygotie: Bei eukaryonten (diploiden) Organismen das Vorhandensein von verschiedenen Allelen an sich entsprechenden genetischen Loki in homologen Chromosomensegmenten.

High Resolution Banding: Färbemethode für Prometaphasen. Es können im haploiden Satz ca. 500–800 Banden aufgelöst werden.

Histone: Heterogene Gruppe von Proteinen, reich an basischen Aminosäuren. Sie werden im Komplex mit chromosomaler DNA gefunden.

HLA-System: Human Lymphocyte System A oder Human-Leukozyten-Antigene. Der HLA-Genkomplex ist auf dem kurzen Arm von Chromosom 6 in der Regel p21–p23 lokalisiert.

Hochrepetitive DNA: Hintereinandergeschaltete relativ kurze Sequenzen von Nukleotiden, die vor allem im Zentromerbereich und an den Enden von Chromosomen vorkommen und möglicherweise eine Rolle bei der Aufrechterhaltung der Chromosomenstruktur spielen.

Hoden-Agenesie: Testikuläre Störung, bei der sich die primär embryonal vorhandene Hodenanlage wegen zu geringer Testosteronproduktion zurückbildet. Das äußere Genitale ist weiblich oder intersexuell, eine Vagina fehlt.

Homogamie: Nur gleiche Geno- bzw. Phänotypen befruchtend.

Homozygotie: Bei eukaryonten (diploiden) Organismen das Vorhandensein von identischen Allelen an sich entsprechenden Loki in homologen Chromosomensegmenten.

House keeping genes: Gene, die für die allgemeinen Aufgaben des Zellstoffwechsels verantwortlich und daher in jeder Zelle aktiv sind.

Hox-Gen: Homöobox-Gen eines der vier wichtigen Homöoboxcluster, die für die zeitliche und örtliche Embryonalentwicklung von Bedeutung sind.

Hüftluxation, kongenitale: Bereits bei der Geburt ausgeprägte Hüftluxation.

Hyperploidie: Eines oder mehrere zusätzliche Chromosomen oder Chromosomensegmente in Zellen oder Individuen.

Hypoploidie: Das Ergebnis des Verlustes von einem oder mehreren Chromosomen oder Chromosomensegmenten in Zellen oder Individuen.

Idiotie: Schwachsinn, IQ-Bereich zwischen 0–19.

Illegitimes Crossing-over: Paarung und Stückaustausch von nicht-homologen DNA-Abschnitten. Das Ergebnis ist eine Verlängerung des einen und eine Verkürzung des anderen DNA-Stranges.

Imbezillität: Schwachsinn, IQ-Bereich zwischen 20–49.

Immununelektrophorese: Kombination der Eiweißelektrophorese und der Immundiffusion zur Untersuchung von z. B. Plasmaproteinen. Nach der elektrophoretischen Auftrennung läßt man aus einer Rille entlang der Wanderungsrichtung Immunserum diffundieren. Hierdurch entstehen charakteristische Linien (Immunpräzipitat).

Incontinentia pigmenti: X-chromosomaldominant erbliche kongenitale Pigmentdermatose mit multiplen Fehlbildungen. Zwei Genorte Xp11 und Xp28 sind bekannt.

Initiation: Beginn der Translation.

Insertion: Strukturelle Chromosomenaberration: Hinzufügung eines Segmentes in ein Chromosom.

In-situ-Hybridisierung: Methode zur Lokalisation von Single-copy-Sequenzen auf der DNA durch Hybridisation von radioaktiver RNA oder DNA an Metaphasechromosomen.

Intersex: Das Vorhandensein von Merkmalen beider Geschlechter. Es handelt sich um eine Diskrepanz zwischen chromosomalem, gonodalem und/oder genitalem Geschlecht. Häufig ist ein unklarer Phänotyp der Geschlechtsmerkmale.

Intron: Nichtkodierender Teil der DNA bzw. hn-RNA, der durch splicing beseitigt wird.

Inversion: Strukturelle Chromosomenaberration: Drehung eines Chromosomenstückes innerhalb eines Chromosoms um 180°.

Ionenpore: Mechanismus zur Aufnahme von Ionen durch die Zellmembran.

Isoelektrische Fokussierung: Methode zur Auftrennung von Proteinen. Die Proteine fokussieren in einem stabilen pH-Gradienten am pH-Wert ihres isoelektrischen Punktes, welcher eine physikochemische Konstante und somit eine charakteristische Größe für jedes Protein darstellt.

Isoelektrischer Punkt: Physikochemische Konstante von Proteinen. Der pH-Bereich, an dem ein Protein keine Nettoladung trägt und deshalb auch nicht im elektrischen Feld wandert.

Jacob- und Monod-Modell: Hypothese zur Regulation der Transkription.

Kandidatengen: Gen, das aufgrund seiner Eigenschaften als potentieller Lokus für bestimmte Krankheitsgene betrachtet werden kann.

Karyogramm: Summe aller Chromosomen einer Zelle nach morphologischen Kriterien geordnet.

Karyotyp: Chromosomensatz eines Individuums, definiert sowohl durch Zahl als auch durch Morphologie der Chromosomen, wie sie in der mitotischen Metaphase mikroskopisch sichtbar sind.

Keratin: Schwefelreiches Skleroprotein in Haaren, Nägeln und oberster Hautschicht.

Keratosis follicularis spinalosa decalvans: Beschrieben sind autosomal-dominanter, X-chromosomal gebundener rezessiver und X-chromosomal gebundener dominanter Erbgang. Vernarbende follikuläre Dys-/Hyperkeratose mit Hornhauttrübung, Zilien- und Augenbrauenverlust sowie Alopezie.

Klinefelter-Syndrom: Trisomie der Geschlechtschromosomen vom Typ XXY.

Klon-Contig: Zusammenhängende Region im Genom aus einer Reihe überlappender DNA-Klone bestehend.

Klonierung: Vermehrung von DNA in einem Vektor.

Kodominanz: Gene verhalten sich kodominant, wenn bei einem heterozygoten Allelpaar beide Genprodukte unabhängig voneinander vorkommen und sich beide phänotypisch manifestieren.

Kollagenfibrillen: Gerüstprotein, hauptsächlich aus Monoaminosäuren bestehend.

Konduktorin: Heterozygote Überträgerin eines rezessiven Erbleidens. (Üblicherweise gebraucht bei X-chromosomal-rezessiver Vererbung. Beispiel: Bluterkrankheit,

Konduktorin gesund, hemizygote Söhne krank.)

Kopplung: Gene oder andere DNA-Sequenzen, die aufgrund räumlicher Nähe auf einem Chromosom gemeinsam vererbt werden.

Kopplungsanalyse: Studie über Genkopplung, die zu Risikoberechnungen für Erbkrankheiten benutzt wird.

Kopplungsgleichgewicht: Nicht zufällige Kombination von Allelen an gekoppelten Loki.

Korrelationskoeffizient: Maß für die Unterschiede zwischen den auf Ähnlichkeit zu prüfenden Individuen und den Unterschieden beliebiger Individuen der Bevölkerung, der sie angehören.

Kraniopagus: Doppelmißbildung, die an den Köpfen zusammengewachsen ist.

Lesch-Nyhan-Syndrom: X-chromosomal-rezessive Erkrankung; Überproduktion von Harnsäure mit Dysfunktion des Zentralnervensystems.

Linker-DNA: Synthetische Nukleotide einer vorgegebenen Sequenz zum Einbau von Fremd-DNA in einen Plasmid-Vektor. Auch Verbindung zwischen Nukleosomen im Eukaryontenchromosom.

LINE: (Long Interspersed Nuclear Element) Mittelrepetitive DNA-Sequenzen aus unterschiedlichen Sequenzfamilien mit langer Konsenssequenz.

LOD-Score: Maß für die Wahrscheinlichkeit einer genetischen Kopplung zweier Loki. Wert größer +3 = Kopplung, unter –2 keine Kopplung vorhanden.

Lyon-Hypothese: Hypothese, nach der in weiblichen Zellen eines der beiden X-Chromosomen inaktiviert ist. Hiermit wird funktionell eine Dosiskompensation bei den Gonosomen beider Geschlechter erreicht.

Makroorchismus: Pathologische Vergrößerung der Testes.

Marfan-Syndrom: Autosomal-dominant erbliche, generalisierte Bindegewebskrankheit. Veränderungen des Habitus, der Augen und des kardiovaskulären Systems. Häufigkeit ca. 1:10.000.

Marker-Chromosom: Chromosom, das man von seinem homologen Partner unterscheiden kann und das in allen oder zumindest in einem signifikanten Teil der Zellen eines Individuums gefunden werden kann.

Martin-Bell-Syndrom: Geschlechtsgebundene Schwachsinnsform mit fragiler Stelle am X-Chromosom. Molekularbiologisch liegen expandierende Trinukleotide vor.

MELAS: Mitochondriale Enzephalomyopathie, lactic acidosis and stroke like Episodes.

MERRF: Myoclonic epilepsy + RRF.

Methämoglobinämie: Vermehrung von Methämoglobin im Blut entweder durch zu schnelle Oxidation des Hämoglobins oder durch nicht ausreichende Reduktion des normalerweise entstehenden Methämoglobins.

MHC (Major Histocompatibility Complex): Hauptthistokompatibilitätskomplex auf dem kurzen Arm von Chromosom 6, der die MHC-Antigene kodiert. Der genetische Komplex enthält beim Menschen ungefähr 2.000 Gene.

Migration: Vermischung von Mitgliedern einer anderen Bevölkerungsgruppe, die verschiedene Genhäufigkeiten besitzen.

Mikronukleustest: Mutagenitätstestsystem, welches Mikronuklei als die sichtbaren Folgen von Chromosomenfragmenten in Interphase-Zellkernen nachweist.

Mikrotubuli: Röhrenförmige Zellstrukturen, die aus gleichförmigen Proteinuntereinheiten zusammengesetzt sind, die sich in Längsfibrillen in 13er Zahl anordnen.

Minisatelliten-DNA: Kurze sich wiederholende DNA-Sequenzen (0,1–20 kb). Hypervariable Minisatelliten-DNA wird bei Fingerprinting als VNTR-Marker eingesetzt.

Mittelrepetitive DNA: ca. 30 % der DNA, davon 1 % kodierende DNA z. B. für ribosomale RNA.

MN-Blutgruppen: Blutgruppensystem, das vorwiegend bei Fällen strittiger Paternität eine Rolle spielt, da ein Polymorphismus in der Population vorhanden ist.

Morbus Bechterew: Spondylarthritis ankylopoetica. Chronische, entzündliche, degenerative, wahrscheinlich rheumatische extrem androtrope Krankheit der Wirbelsäulengelenke und wirbelsäulennaher Gelenke mit fortschreitender Fibrose und Verknöcherung.

Morgan-Einheit: Maßeinheit für Chromosomen, die auf der Rekombinationshäufigkeit beruht. Eine Rekombinationshäufigkeit von 1 % entspricht etwa 1 cM, was etwa 1.000 kb entspricht.

Morula: Maulbeerkeim, ein frühes Embryonalstadium, das beim Menschen etwa 4 Tage nach der Befruchtung erreicht wird.

Müller-Gang: Embyronaler Geschlechtsgang, der bei der Frau zu Tube, Uterus und oberer Vagina wird, beim Mann zum Appendix testis und Utriculum prostaticus.

Multiple Allelie: Existieren mehr als zwei Allele eines bestimmten Gens, so spricht man von multiplen Allelen, bzw. multipler Allelie.

Muskeldystrophie Typ Duchenne: X-chromosomal-rezessiv erbliche Erkrankung. Muskelschwäche vorwiegend der Beine, Pseudohypertrophie, meist Tod vor 20. Lebensjahr.

Mutagene: Mutationserzeugende Stoffe; dazu gehören bestimmte Chemikalien (auch aus der Gruppe der Pharmaka) und ionisierende Strahlen.

Mutagenitätstestungen: Experimentelle Untersuchungen zum Nachweis einer möglichen genetischen Gefährdung des Menschen durch vorwiegend Chemikalien und ionisierende Strahlen.

Mutation: Jeder erkennbare erbliche Veränderung im genetischen Material, die auf die Tochterzellen vererbt wird.

Mutationsrate: Häufigkeit von Mutationen pro Gen pro Generation.

Mutatorgene: Klasse von Genen, deren Mutation zu einem Tumor führt

Mykoplasmen: Bakterienähnliche Mikroorganismen, die keine Zellwand besitzen und von quallenartiger Plastizität sind.

Myosin: Bestandteil des Muskeleiweißes; fibrilläres Protein mit α-Helix-Struktur.

Myositis ossificans: Die Entzündung des gefäßführenden interstitiellen Bindegewebes in (Skelett-) Muskeln unter sekundärer Beteiligung der Muskelfasern. Örtliche heterotope Kalkeinlagerung bzw. Knochenbildung. Dies kann spontan oder nach örtlicher Verletzung geschehen.

Nagel-Patella-Syndrom: Hypo- oder Aplasie der Finger- und Zehennägel und der Kniescheibe als Teilerscheinung des Turner-Kieser-Syndroms.

Neumutation: Mutation, die bei einem Träger erstmals auftritt und eine Generation vorher noch nicht vorhanden war.

Neurofibromatose: Dominant erbliche Krankheit mit multiplem Auftreten von knotigen, weichen Neurofibromen des zentralen, peripheren und vegetativen Nervensystems.

Niemann-Pick-Krankheit: Autosomal-rezessiv erbliche degenerative Lipidstoffwechselstörung mit Speicherung von Sphingomyelinen in verschiedenen Geweben und Organen.

N-Lost: Stickstofflost (Trichlortriäthanolamin, Trichler-Triäthylamin) $N = (CH_2\text{-}CH_2Cl)_3$; wurde im 2. Weltkrieg als Kampfstoff vorgeschlagen.

Non-disjunction: Irreguläre Verteilung von Schwester-Chromatiden (mitotisch) oder homologen Chromosomen (meiotisch) zu den Zellpolen. Folge: Hyper- und Hypoploidien.

Nukleosomencore: Oktaeder aus den Histon-Dimeren H2A, H2B, H3 und H4 mit DNA-Faden in 1,8 Linkswindungen umwickelt.

Nukleosomen-Fiber: Feinstruktur des Eukaryonten-Chromosoms aus Nukleosomen aufgebaut.

Nukleus-Organisator-Region: Chromosomenregion, die Gene für r-RNA enthält. Beim Menschen findet man auf den Chromosomen 13, 14, 15, 21 und 22 solche Regionen.

Obese-Mäuse: Tiermodell mit monogener Grundlage für Fettsucht.

Oligophrenie: Schwachsinn.

Onkogen: Gen, das an der Kontrolle der Zellprolifertion beteiligt ist. Durch Überexpression kann aus einer normalen Zelle eine Tumorzelle werden.

Operator-Gen: Gen, das die Aktivität der funktionell zu ihm gehörenden Strukturgene steuert.

Osteogenesis imperfecta: Bindegewebserkrankung, sehr variabel und durch vermehrte Knochenbrüchigkeit charakterisiert. Unterschiedliche Defekte des Typ-I-Kollagens und möglicherweise anderer Strukturproteine führen zu einer großen Zahl ähnlicher Krankheitsbilder. Klinisch gibt es verschiedene Typen, wobei autosomal-dominanter und rezessiver Vererbungsmodus vorkommt.

Paarungssiebung: Entsteht durch bevorzugte Heirat in die eigene Gruppe.

Pankreasfibrose, zystische: Mukoviszidose; autosomal-rezessiv erbliche Erkrankung, allgemeine Störung der Ausscheidung von Drüsenabsonderungen mit fortschreitenden zystisch-fibrotischen Veränderungen vor allem an der Bauchspeicheldrüse und den Bronchien.

Panmixie: Gleichheit der Paarungschancen für jedes Individuum des einen Geschlechts mit jedem Individuum des anderen Geschlechts bei gleicher Fruchtbarkeit.

Papovaviren: Doppelsträngige DNA-Viren, zu denen Polyoma-, Papilloma- und SV40-Viren gehören. Sie sind in der Lage, Genmutationen zu induzieren.

PAX-Gen: Paired box-Gen, konservierte DNA-Sequenz, die bei der Entwicklung der Neuralwülste eine entscheidende Rolle spielt.

PCR-Methode: Polymerasekettenreaktion. Methode zur schnellen, gezielten Vervielfältigung bestimmter DNA-Sequenzen.

Penetranz: Anteil (in %) mit dem ein (dominantes oder homozygot rezessives) Gen oder eine Genkombination sich im Phänotyp des Trägers manifestiert.

Peptidbindung: Reaktion zwischen Carboxylgruppe und Aminogruppe zweier Aminosäuren unter Wasserabspaltung; entscheidende Bindung beim Aufbau von Polypeptidketten.

Phenylketonurie: Rezessiv erbliche Stoffwechselstörung, bei der Phenylalanin nicht zu Tyrosin umgesetzt werden kann. Die Folge davon ist der Phenylbrenztraubensäure-Schwachsinn.

Philadelphia-Chromosom: Translokation zwischen den langen Armen der Chromosomen 9 und 22, die häufig bei chronischer myeloischer Leukämie auftritt.

Physikalische Genkarte: Lokalisation von DNA-Sequenzen auf „physikalische" Abschnitte von Chromosomen.

Phytohämagglutinin: Pflanzliches Lektin, das ruhende Zellen zur Mitose anregt.

Plasmid: Selbst replizierendes, extrachromosomales DNA-Molekül.

Pleiotropie: Die Erscheinung, daß ein Gen auf unterschiedliche Merkmale einwirken kann.

Polyacrylamid-Gel: Trägermedium für elektrophoretische Verfahren (Gelelektrophorese).

Polygene Vererbung: Vererbung, die durch das Zusammenspiel vieler Gene zustande kommt.

Polymorphismus: Das gleichzeitige Vorkommen von zwei oder mehr Genotypen am gleichen Lokus innerhalb einer Population oder von chromosomalen Struktur-Varianten an homologen Chromosomen.

Polyadenylierung: Anheftung von 100–200 AMP an das 3′-OH-Ende der hn-RNA.

Polyploidie: Der Besitz von drei (triploid), vier (tetraploid), fünf (pentaploid) oder mehr kompletten Chromosomensätzen anstelle von zwei (wie bei Diplonten) in einer Zelle oder in jeder Zelle eines Individuums.

Polysom: Multiribosomale Struktur, repräsentiert durch eine lineare Anordnung von Ribosomen, zusammengehalten durch m-RNA.

Population: Gruppe von Individuen, die sich miteinander fortpflanzen oder fortpflanzen können.

Positionelle Klonierung: Identifizierung eines Gens über bekannte chromosomale Teilregion.

Pribnow-Box: Promotorregion, die eine Sequenz von 6 Nukleotiden beinhaltet, die bei allen untersuchten Promotoren ähnlich ist.

Primärstruktur: Proteinstruktur, die durch die genetische Information festgelegt wird.

Primitivstreifen: In der menschlichen Embryonalentwicklung besteht nach etwa zweiwöchiger Entwicklung die Keimscheibe aus zwei übereinanderliegenden Keimblättern, dem Ektoderm und dem Entoderm. Zu dieser Zeit erscheint auf dem Ektoderm am Boden der Amnionhöhle ein unscharf begrenzter Streifen, der Primitivstreifen. Sein kranialer Abschnitt heißt Primitivknoten. Ektodermzellen wandern an der Oberfläche der Keimscheibe auf den Primitivstreifen zu und in die Primitivrinne hinein (Invagination). Sie wandern zwischen Ektoderm und Entoderm nach lateral und bilden das mittlere Keimblatt, das Mesoderm.

Processing: Veränderung der hn-RNA durch Capping, Polyadenylierung und Splicing zur translationsfähigen m-RNA.

Prokaryonten: Bakterien und Blaualgen werden ihrem einfachen Zellaufbau entsprechend als Prokaryonten zusammengefaßt und allen anderen Organismen, den Eukaryonten, gegenübergestellt.

Promotor: RNA-Polymerase-Erkennungsort; Sequenz auf der DNA, an der die Transkription startet.

Protisten: Mikroorganismen.

Protomeren: Untereinheiten der Quartärstruktur eines Proteins.

Protoonkogen: Gen, das durch Mutation falsch exprimiert und so zu einem Onkogen wird.

Pseudoautosomale Region: Endregion der Geschlechtschromosomen, die während der männlichen Meiose rekombiniert.

Pseudodominanz: Spezialfall rezessiver Vererbung. Bei Kindern zwischen einem homozygoten Genträger und einem heterozygoten Genträger ist der Erwartungswert, Merkmalträger zu sein, 50 %.

Pseudogene: Nicht mehr funktionierende Gene, die durch Gen-Duplikation entstanden sind und anschließend durch Mutationen modifiziert wurden.

Pseudohermaphroditismus masculinus und femininus: Form der Intersexualität mit eindeutigem chromosomalem Geschlecht (XX oder XY) und dazu passenden Keimdrüsen, aber davon abweichenden oder nicht eindeutigen (intersexuellen) Geschlechtsorganen und sekundären Geschlechtsmerkmalen.

Pubertas praecox: Vor dem 6. bzw. bei Jungen vor dem 8. Lebensjahr einsetzende Pubertät.

Punktmutation: Mutation, die nur ein einziges Basenpaar betrifft.

Pygopagus: Doppelmißbildung mit Verwachsung am Kreuzbein.

Pylorusstenose, hypertrophische: Angeborener krampfhafter Verschluß des Pylorus.

Quartärstruktur: Aufbau aus mehreren Polypeptidketten in oft räumlich komplizierter Anordnung.

Rachitis, familiäre hypophosphatämische: Erbliche Rachitis mit X-chromosomal-dominantem Erbgang infolge einer kombinierten Störung von Phosphatrückresorption und Regulation des Vitamin-D-Stoffwechsels im proximalen Nierentubulus.

Random mating: Panmixie.

Rare mating: Selten-Paarungs-Vorteil. Es verbreiten sich seltene Genotypen in der Population überproportional dadurch, daß sie relativ leicht und häufig einen Partner finden.

Rasse: Man unterscheidet zwischen der morphologischen und der populationsgenetischen Rassendefinition, wobei letztere die biologisch sinnvollere ist. Unter den leicht verschieden formulierten Rassendefinitionen der Populationsgenetik mag die folgende als Beispiel dienen: Eine Rasse ist eine große Population von Individuen, die signifikante Anteile ihrer Gene gemeinsam haben und die von anderen Rassen durch ihren gemeinsamen Genpool unterschieden werden kann. Die Wissenschaft ist dabei sich vom Rassebegriff zu trennen. Er wird in der neueren Lieteratur mehr und mehr durch den Begriff „ethnische Gruppe" ersetzt.

Regulator-Gen: Gen, dessen Funktion es ist, die Aktivität der Strukturgene eines Operons zu steuern. Die Steuerung erfolgt über sog. Repressoren.

Rekombination: Neukombination von Genen auf einem Chromosom durch Austausch homologer Genloki von Nicht-Schwesterchromatiden.

Replikon: Initiatorproteine und ein spezifischer Abschnitt auf der DNA, der Startpunkt oder Origin, bilden als regulatorische Einheit das Replikon.

Reproduktive Fitness: Die möglichst frühzeitige und zahlreiche Produktion von Nachkommen.

Response-Elemente (RE): Ca. 1 kb von der Transkriptionstartstelle entfernte DNA-Sequenzen, die über Signalmoleküle am Start der Transkription beteiligt sind.

Restriktionsendonuklease: Spezifische Nuklease, die spezifische DNA-Sequenzen erkennt und schneidet.

Restriktionsenzym: → Restriktionsendonuklease.

Restriktionsfragmentlängen-Polymorphismus (RFLP): Längenvariabilität von Restriktionsfragmenten.

Restriktionskartierung: Karte, die die Restriktionsschnittstellen in einer DNA angibt.

Retinitis pigmentosa: Degenerativer Prozeß mit Engstellung der Gefäße, Optikusatrophie, Zugrundegehen der nervösen Elemente der Netzhaut und Ablagerung von Pigment von der Peripherie her zum Zentrum fortschreitend.

Retinoblastom: Autosomal-dominant erbliche Erkrankung, sehr häufig Neumutationen. Maligner Augentumor aus embryonalen Netzhautelementen, im Säuglings- oder Kleinkindalter auftretend, häufig Knochenmetastasen. Ein Gen, dessen Mutation zum Retinoblastom führt, ist auf Chromosom 13 in der Bande 13q14 lokalisiert. Während bei doppelseitig befallenen Patienten Neumutationen auf solche in den Keimzellen der Eltern zurückgehen, gehen einseitig sporadische Fälle auf somatische Mutationen zurück.

Retroviren: RNA-Viren, die mit reverser Transkriptase DNA aus RNA synthetisieren.

Rett-Syndrom: Eine progrediente neurodegenerative Erkrankung, die in einer Häufigkeit von ca. 1:10000 nur bei Mädchen auftritt. Die Patientinnen entwickeln sich in der Regel zunächst altersentsprechend; etwa mit 1 ½ Jahren tritt eine Regression der geistigen und motorischen Entwicklung, autistisches Verhalten, stereotypische Handbewegungen, Rumphaproxie, ataktischer Gang und Decelleration des Kopfwachstums auf, die schrittweise bis zur Mehrfachbehinderung fortschreiten.

Rezessivität: Ein Gen verhält sich nach dem strengen Sprachgebrauch rezessiv gegenüber seinem Allel, wenn seine Wirkung im heterozygoten Zustand nicht phänotypisch erkennbar ist. Es macht sich demnach nur im Phänotyp bemerkbar, wenn es homozygot vorhanden ist. In der Humangenetik entspricht dieser strengen Definition nur ein Teil der als rezessiv bezeichneten Gene. Üblicherweise nennt man Gene rezessiv, wenn sie erst im homozygoten Zustand eine deutlich erfaßbare Wirkung zeigen, selbst dann, wenn auch im heterozygoten Zustand Teilmanifestationen sichtbar werden.

Robertson-Translokation: Reziproke Translokation, bei der die langen Arme von zwei akrozentrischen Chromosomen verschmelzen und ein metazentrisches bilden (zentrische Fusion).

RRF: Ragged-red Fibres.

Säkulare Akzeleration: Zunahme der durchschnittlichen Körperlänge in der Neuzeit.

Same-sense-Mutation: Mutation, die nicht zu einer Veränderung der Aminosäuresequenz führt.

Satelliten-DNA: Lange Folge von DNA-Sequenzen (100 kb – mehrere Mb), die sich wiederholen, nicht transkribiert werden und den größten Teil des Heterochromatins ausmachen

SCE-Test: Mutagenitätstestsystem, das auf der Analyse von Schwesterchromatid-Austausch (sisterchromatid exchange = SCE) beruht.

Schwellenwerteffekt: Bei multifaktorieller Vererbung, wenn ein Merkmal erst nach Überschreiten einer bestimmten Grenze der genetischen Prädisposition, dann aber voll zur Ausprägung kommt.

Scafold attachment regions (SARs): Gerüstkopplungsbereiche, wahrscheinlich die Bereiche der DNA, die an zentrale Gerüstproteine binden.

Sekundärstruktur: Proteinstruktur, die aus der Primärstruktur durch die Absättigung von Nebenvalenzen entsteht.

Selektionsrelaxation: Nachlassen eines Selektionsdruckes, der zuvor bestanden hat (z. B. durch Verringerung von Erregern, für die ein Heterozygotenvorteil bestand oder durch Fortschritte der Medizin).

Seltene genetische Varianten: Kommen in meist weit geringerer Häufigkeit als 1–2 % vor, sind also weit seltener als genetische Polymorphismen.

Sendaivirus: Paramyxovirus, welches bei Schweinen und bei neugeborenen Kindern Pneumonie hervorrufen kann. Wird experimentell zur Zellfusionierung verwendet.

Sex determining region of the Y (SRY): Gen, das das männliche Geschlecht determiniert.

Sexchromatin oder Geschlechtschromatin: Ein, in pathologischen Fällen mehr als ein, plankonvexes sphärisches oder pyramidales und feulgenpositives intranukleäres Körperchen, gewöhnlich an der Peripherie des Interphasekerns gelegen (Barr-Körperchen). Es repräsentiert eines der beiden X-Chromosomen der Frau in inaktiver Form. Sind im pathologischen Fall mehr als zwei Gonosomen vorhanden, so findet man für jedes weitere X-Chromosom ein Barr-Körperchen.

Sichelzellanämie: Rezessiv-erbliche Hämoglobinopathie, bei der in der β-Kette des Hämoglobins in Position 6 Glutaminsäure durch Valin ersetzt ist.

Silencer: Kurze DNA-Sequenzelemente, die die Transkription eines Gens unterdrükken.

SINE: (Short Interspersed Repetiv Element) Mittelhochrepetitive DNA-Sequenzen aus unterschiedlichen Sequenzfamilien, jede mit kurzer Konsenssequenz.

Single-copy DNA: Einzelkopie-Elemente der DNA mit Genen.

Sinnstrang: DNA-Strang, der mit der transkribierten RNA-Sequenz übereinstimmt.

Southern-blot-Hybridisierung: DNA-Technik zur Erkennung spezifischer DNA-Sequenzen.

Spacer-DNA : Repetitive DNA zwischen Genen.

Spliceosom: Komplexe Struktur, die das Schneiden und Wiederverknüpfen beim splicing katalysiert.

Splicing: Herausschneiden nicht-kodierender Sequenzen aus der hn-RNA.

Stammbaum: Aufzeichnungsform der verschiedenen Generationen einer Familie, die eine Analyse zugrunde liegender genetischer Defekte erleichtert. Die Symbolik hierfür ist international standardisiert.

Strukturgene: Gene für die Produktion von Enzymen und anderen Proteinen.

Syntänie: Begriff für zwei genetische Loki, die sich auf einem Chromosom befinden, aber normalerweise nicht als Kopplungsgruppe vererbt werden.

Tandem-Repeats: Direkt hintereinander liegende Repeats der DNA.

TATA-Box: Häufiges Element von Promotoren.

Tay-Sachs-Erkrankung: Autosomal-rezessiv erbliche degenerative Nervenkrankheit.

TDF: Testes determining Faktor, für die Entwicklung des männlichen Geschlechts notwendig.

Termination: Beendigung der Transkription.

Tertiärstruktur: Dreidimensionale Struktur eines ganzen Proteinmoleküls.

Testicular feminization mutation-Lokus: Tfm-Lokus, Mutation des Androgen-Rezeptor-Lokus auf dem X-Chromosom, die zur Testikulären Feminisierung führt.

Testikuläre Feminisierung: Häufigste Form des Hermaphroditismus masculinus. Verantwortlich ist ein X-chromosomales Gen, welches die Körperzellen mit Testosteron-Rezeptoren ausstattet. Es handelt sich um den Tfm-(Testicular feminization mutation) Lokus, der die Zellen unempfindlich für Testosteron macht.

Thalassämien: Hämoglobinopathien, die durch eine ungenügende oder fehlende Synthese der einen oder anderen Hämoglobinkette gekennzeichnet sind.

Thoralkopagus: Doppelmißbildung mit Verwachsung am Brustkorb.

Transgene Mäuse: Mäuse mit einem in sie transferiertem, zusätzlichen Gen. Der Gentransfer erfolgt im Pronukleusstadium. Transgene Mäuse sind moderne Tiermodelle u. a. zur Grundlagenforschung bei genetisch bedingten Erkrankungen. Ein anderes Verwendungsgebiet ist die experimentelle Pharmakologie.

Transition: Substitution einer Purin- durch eine Purinbase oder einer Pyrimidin- durch eine Pyrimidinbase.

Transkription: Kopierung der DNA-Nukleotidsequenz und somit der DNA-Information auf hn-RNA und deren Processing zur m-RNA.

Transkriptionsfaktor: Bezeichnung für Proteine, die nötig sind, die Transkription bei Eukaryonten zu starten oder zu kontrollieren.

Translation: Umsetzung der m-RNA-Information in Protein.

Translokation: Strukturelle Chromosomenveränderung, charakterisiert durch eine Änderung in der Position von Chromosomensegmenten innerhalb des Karyotyps.

Transposition: Verlagerung genetischer Information im Genom.

Transposon: Bewegliche DNA-Sequenz, an den Enden von repetitiven Sequenzen flankiert, die Gene trägt, die für Transpositionsfunktion kodieren.

Transversion: Substitution einer Purin- durch eine Pyrimidinbase oder umgekehrt einer Pyrimidinbase durch eine Purinbase.

Triple-X-Syndrom: Trisomie X.

Tuberöse Hirnsklerose: Autosomal-dominantes Erbleiden mit stark wechselnder Expressivität. Adenoma sebaceum, „White Spots", zahlreiche Hirnrindenknoten, verkalkende Hirnventrikel, Tumore, Netzhautgliome und Nagelfalzfibrome gehören zu den häufigsten, charakteristischen Symptomen dieser Erkrankung.

Tumorsupressorgen: Gen, zu dessen Aufgabe die Unterdrückung der Tumorentstehung zählt.

Tunnelprotein: Protein, das eine selektive Einschleusung von Molekülen in die Zelle bewerkstelligt.

Turner-Syndrom: Monosomie der Geschlechtschromosomen; Karyotyp XO, 2. Geschlechtschromosom (X oder Y) fehlt.

Two-Hit-Hypothese: Besagt, daß bei erblichen Krebsformen zwei aufeinanderfolgende Mutationen zur Entartung führen.

Uniparentale Diploidie: Anwesenheit aller Chromosomen von einem Elter in einem Karyotyp.

Uniparentale Disomie: Anwesenheit zweier Chromosomen von einem Elter.

Urethan: Carbamidsäureäthylester.

Viroid: Nackte infektiöse RNA.

Wobble-Hypothese: Fähigkeit bestimmter Basen, an der dritten Stelle im Antikodon einer t-RNA auf verschiedene Weise Wasserstoffbrücken zu bilden, die zur Paarung mit verschiedenen möglichen Kodons führt.

Wolff-Gang: Urnierengang.

YAC: Yeast Artificial Chromosome, künstliches Hefechromosom, dient als Vektor, in dem man bis zu 300 kb große DNA-Fragmente klonieren kann.

Zelldifferenzierung: Aufgabe der Omnipotenz einer Zelle durch differentielle Genaktivität.

Zellfusion: Bildung mehrkerniger Zellkomplexe durch Verschmelzung über die Zellmembran.

Zellulose-Azetat-Folien: Trägermedium für elektrophoretische Verfahren.

Zinkfinger: Polypeptidmotiv, stabilisiert durch Bindung eines Zinkatoms, das Proteinen ermöglicht, gezielt bestimmte DNA-Sequenzen zu binden. Sie befinden sich häufig in Transkriptionsfaktoren.

Zona pellucida: Schicht aus extrazellulärem, aus Glykoproteinen bestehendem Material auf der Oberfläche der Oozyte. Nach Eindringen des Spermiums ändert sich die Permeabilität schlagartig und verhindert somit ein weiteres Eindringen von Spermien.

Zytostatika: Im weitesten Sinne alle Substanzen, die die Zelle an Wachstum und Vermehrung hindern, aber auch solche, die die Metastasierung verhüten. (Im allgemeinen Substanzen, die maligne entartete Zellen schädigen und daher für die Chemotherapie maligner Tumoren Anwendung finden.)

Quellenverzeichnis der Abbildungen

Abb. 1.3. Stubblfield E (1973) International Review of Cytology 35. Academic Press, New York London

Abb. 1.9. Gitschier J et al. (1984) Characterization of the human factor VIII gene. Nature 312, 326–330

Abb. 1.13. Bresch C, Hausmann R (1972) Klassische und molekulare Genetik, 3. Aufl Springer, Berlin Heidelberg New York

Abb. 1.16. Bresch C, Hausmann R (1972) Klassische und molekulare Genetik, 3. Aufl Springer, Berlin Heidelberg New York

Abb. 1.19. Alberts B, Francisco J (1995) Molekularbiologie der Zelle, 3. Aufl Wiley-VCH, Weinheim

Abb. 1.21. Buselmaier W (1998) Biologie für Mediziner, 8. Aufl Springer, Berlin Heidelberg New York Tokyo

Abb. 1.24. Guselle JF et al. (1983) A polymorphic DNA marker genetically linked to Huntington's disease. Nature 306:234–238

Abb. 1.26. McKusick VA (1990) Mendelian inheritance in man, 9th edn The Johns Hopkins Univ Press, Baltimore London

Abb. 1.27. Collins (1995) Positional Cloning Moves from Perditional to Traditional. Nature Genetics: 347–350

Abb. 2.3. Buselmaier B (1976) Elimination von induzierten Chromosomenmutationen in der Embryogenese der Maus. Dissertation, Universität Heidelberg

Abb. 2.11. Strachan T (1994) Das menschliche Genom. Spektrum Akademischer Verlag, Heidelberg Berlin Oxford

Abb. 2.12. Lenz W (1983) Medizinische Genetik, 6. Aufl Thieme, Stuttgart New York

Abb. 2.13. Vogel F, Motulsky AG (1986) Human genetics, problems and approaches, 2nd edn Springer, Berlin Heidelberg New York Tokyo

Abb. 2.14. Hennig W (1998) Genetik, 2. Aufl Springer, Berlin Heidelberg New York Tokyo

Abb. 2.15. Reichert W, Haunsmann J, Röhrborn G (1975) Chromosome anomalies in mouse oocytes after irradiation. Humangenetik 28:35–38

Abb. 2.23. Motulsky AG (1970) Biochemical genetics of hemoglobins and enzymes as a model for birth defects research. In: Fraser FC, McKusick VA (eds) Congenital malformations. Excerpta Medica, Amsterdam

Abb. 3.6. Vogel F, Motulsky AG (1996) Human genetics, problems and approaches, 3rd edn Springer, Berlin Heidelberg New York Tokyo

Abb. 3.7. Vogel F, Motulsky AG (1996) Human genetics, problems and approaches, 3rd edn Springer, Berlin Heidelberg New York Tokyo

Abb. 3.12. Wilkins L (1957) The diagnosis and treatment of endocrine disorders in childhood and adolescence, 2nd edn Springfield, Ill, Charles Thomas

Abb. 3.13. Hamerton JL (1971) Human cytogeneties, vol II. Academic Press, New York, London

Abb. 4.9. Vogel F, Motulsky AG (1996) Human genetics, problems and approaches, 3rd edn Springer, Berlin Heidelberg New York Tokyo

Abb. 4.15. Vogel F, Motulsky AG (1996) Human genetics, problems and approaches, 3rd edn Springer, Berlin Heidelberg New York Tokyo

Abb. 4.16. Connors JM, Ferguson-Smith MA (1989) Essential Medical Genetics, 2nd ed Blackwell, Oxford London Edinburgh

Abb. 4.17. Vogel F, Motulsky AG (1986) Human genetics, problems and approaches, 2nd edn Springer, Berlin Heidelberg New York Tokyo

Abb. 4.18. Vogel F, Motulsky AG (1996) Human genetics, problems and approaches, 3rd edn Springer, Berlin Heidelberg New York Tokyo

Abb. 4.27. Ballabio A et al. (1989) Contiguous gene syndrome due to deletions in the distal short arm of the human X chromosome. Proc Natl Acad Sci vol 86. p 10003

Abb. 4.29. Smith DW (1982) Recognizable patterns of human malformation. W. B. Saunders, Philadelphia London Toronto

Abb. 4.30. Smith DW (1982) Recognizable patterns of human malformation. W. B. Saunders, Philadelphia London Toronto

Abb. 4.32. Auerbach AD (1981) Aus Schroeder-Kurth TM, Auerbach AD, Obe G (eds) (1989) Fanconi anemia. Springer, Berlin Heidelberg New York Tokyo

Abb. 5.3. Fuhrmann W, Vogel F (1982) Genetische Familienberatung, 3. Aufl Springer, Berlin Heidelberg New York

Abb. 5.5. Vogel F (1989) Humangenetik in der Welt von heute. Springer, Berlin Heidelberg New York Tokyo

Abb. 5.6. Vogel F (1989) Humangenetik in der Welt von heute. Springer, Berlin Heidelberg New York Tokyo

Abb. 5.7. Passarge E (1994) Taschenatlas der Genetik. Thieme, Stuttgart New York

Abb. 5.10. Ramirez F (1996) Fibrillin mutations in Marfan syndrome and related phenotypes. Curr Opin Genet Dev 6 (3): 309-15

Abb. 5.13. Tsui L, Buchwald M (1991): Adv Hum Genet 20:153-266

Abb. 5.21. Vogel F, Motulsky AG (1986) Human genetics, problems and approaches, 2nd edn Springer, Berlin Heidelberg New York Tokyo

Abb. 5.22. Antonarakis SE, Kazazion HH (1988) The molecular basis of hemophilia A in man. Trends in Genetics 4:233–237

Abb. 5.34. Winters RW et al. (1957) A genetic study of familial hypophosphatemia and vitamin D-resistant rickets. Trans Assoc Am Physcans 70:234–242

Abb. 5.36. Wilichowiskie B (1990) Mitochondria. In: Siemes H (Hrsg) Myopathien und Enzephalomyopathien (Pädiatrie aktuell 3). Zuckschwerdt, München Bern Wien San Francisco

Abb. 5.38. Rosing HS et al (1985) Maternally inherited mitochondriale myopathy and myoclonic epilepsy. Annal of Neurology 17/3:228-237

Abb. 5.45. Strachan T, Read A (1996) Molekulare Humangenetik. Spektrum Akademischer Verlag, Heidelberg Berlin Oxford

Abb. 6.2 a. Hagen, Paschlau und Paschlau. Zitiert nach Knussmann R (1983) Vergleichende Biologie des Menschen. Gustav Fischer, Stuttgart

Abb. 6.2 b. Tanner (1962), Behrenberg (1975). Zitiert nach Knussmann R (1983) Vergleichende Biologie des Menschen. Gustav Fischer, Stuttgart

Abb. 6.3. Bouchard TJ, McGue M (1981) Familial studies of intelligence: a review. Science 212:1055–1059

Abb. 6.4. Hagberg B, Kyllerman M (1983) Epidemiology of mental retardation – a Swedish survey. Brain Dev 5:441–449

Abb. 6.5. Hagberg B, Kyllerman M (1983) Epidemiology of mental retardation – a Swedish survey. Brain Dev 5:441–449

Abb. 7.1. Spranger J et al. (1982) Errors of morphogenesis: concept and terms. Journal of Pediatrics 100:160–165

Abb. 7.2. Spranger J et al. (1982) Errors of morphogenesis: concept and terms. Journal of Pediatrics 100:160–165

Abb. 7.5. Webster MK Donoghue DJ (1997) FGFR activation in Skeletal disorders: too much of a good thing, TIG 13 (5):178-182

Abb. 7.24. Moore KI (1988) The developing Human, 4th edn Saunders Company, Philadelphia London Toronto

Abb. 8.12. Propping P (1978) Pharmakogenetics. Rev Physiol Biochem Pharmacol 83:124–173

Abb. 8.13. Rogers DA et al. (1963) Alcohol preference as a function of its caloric utility in mice. J Conp Physid Psychol 56:666–671

Abb. 9.3. Fuhrmann W, Vogel F (1982) Genetische Familienberatung. Springer, Berlin Heidelberg New York

Abb. 9.9. Harper PS et al. (1979) Practical genetic counselling. Wright, London Boston Singapore Toronto

Abb. 9.18. Boue, Boue und Galano et al. Zitiert nach Stengel-Rutkowski S (1989) Pädiatrie in Praxis und Klinik, 2. Aufl Thieme, Stuttgart New York

Abb. 9.19. Stengel-Rutkowski S et al. (1989) Pädiatrie in Praxis und Klinik, 2. Aufl Thieme, Stuttgart New York

Abb. 11.3. Langmann J (1989) Medizinische Embryologie, 8. Aufl Thieme, Stuttgart New York

Abb. 11.4. Aus Stern 1990

Abb. 11.8. Grebe H (1959) Erblicher Zwergwuchs. Ergeb Inn Med Kinderheilkd 12:343–427

Abb. 11.10. Propping P (1983) Zwillingsforschung. In: Autumn H, Wolf U (Hrsg) Humanbiologie. Springer, Berlin Heidelberg New York Tokyo, S 143–153

Abb. 12.2. Vogel F (1979) Genetics of retinoblastoma. Human Genetics 52, 1

Abb. 12.3. Buselmaier W et al. (1978) Monogene inheritance of learning speed in DBA and OH mice. Human Genetics 40:209–214

Abb. 13.1. Ritter CH (1975) Forensische Serologie. In: Müller B (ed) Gerichtliche Medizin. Springer, Berlin Heidelberg New York, S 1225–1285

Übersicht 1.11. Vogel F., Motulsky AG (1996) Human genetics, problems and approaches, 3rd edn Springer, Berlin Heidelberg New York Tokyo

Übersicht 2.5. Strachan T, Read AT (1996) Molekulare Humangenetik. Spektrum, Heidelberg

Übersicht 2.7. Vogel F, Motulsky AG (1996) Human genetics, problems and approaches, 3rd edn Springer, Berlin Heidelberg New York Tokyo

Übersicht 2.8. Vogel F, Motulsky AG (1996) Human genetics, problems and approaches, 3rd edn Springer, Berlin Heidelberg New York Tokyo

Übersicht 4.1. Müller HJ (1989) Pädiatrie in Praxis und Klinik. Thieme, Stuttgart New York

Übersicht 4.2. Connor JM, Ferguson-Smith MA (1987) Essential medical genetics, 2nd edn Blackwell, Oxford London Edinburgh

Übersicht 4.3. Mueller RF, Young ID (1995) Emery's Elements of Medical Genetics, Churchill Livingstone, Edinburgh

Übersicht 4.4. Mueller RF, Young ID (1995) Emery's Elements of Medical Genetics, Churchill Livingstone, Edinburgh

Übersicht 4.5. Murken J, Cleve H (Hrsg) (1988) Humangenetik, 4. Aufl Enke, Stuttgart

Übersicht 4.7. Lenz W (1983) Medizinische Genetik, 6. Aufl Thieme, Stuttgart New York

Übersicht 4.8. Lenz W (1983) Medizinische Genetik, 6. Aufl Thieme, Stuttgart New York

Übersicht 4.11. Schinzel A (1980) Klinische Genetik in der Pädiatrie. Thieme, Stuttgart New York (2. Symposion Mainz)

Übersicht 6.2. Gottschaldt K (1986) Begabung und Vererbung. Phänogenetische Befunde zum Begabungsproblem. In: Roth H (Hrsg) Begabung und Lernen. Klett, Stuttgart, S 129–150

Übersicht 7.1. Optiz J (1991) 2nd International Workshop on Fetal Genetic Pathology, Big Sky, Montana

Übersicht 7.2. Connor JM, Ferguson-Smith MA (1993) Essential medical genetics, 3rd edn Blackwell, Oxford Lndon Edinburgh

Übersicht 7.4. Stieve TE (1978) Zitiert nach Fuhrmann W, Vogel F (1982) Genetische Familienberatung, 3. Aufl Springer, Berlin Heidelberg New York

Übersicht 7.5. Stieve TE (1978) Zitiert nach Fuhrmann W, Vogel F (1982) Genetische Familienberatung, 3 Aufl. Springer, Berlin Heidelberg New York

Übersicht 7.7. Lenz W (1983) Medizinische Genetik, 6. Aufl Thieme, Stuttgart New York

Übersicht 7.8. Lenz W (1983) Medizinische Genetik, 6. Aufl Thieme, Stuttgart New York

Übersicht 8.2. Spranger J (1989) Pädiatrie in Praxis und Klinik. Thieme, Stuttgart New York

Übersicht 8.4. Propping P (1978) The microgenetics Rev Physiol Biochem Pharmacol 83:123–173

Übersicht 8.5. Propping P (1980) Neue Entwicklungen in der Pharmakogenetik. Kinderarzt 9:422–434

Übersicht 9.2. Online Mendelian inheritance in man. (1998) OMIM: http://www.NCBI.NLM.NIH.GOV./OMIM

Übersicht 9.5. Ulusoy M, Tunçbileu E (1987) Türk J Popul Stud 9

Übersicht 9.7. Fuhrmann W, Vogel F (1982) Genetische Familienberatung, 3. Aufl Springer, Berlin Heidelberg New York

Übersicht 9.11. Fuhrmann W, Vogel F (1982) Genetische Familienberatung, 3. Aufl Springer, Berlin Heidelberg New York

Übersicht 9.12. Fuhrmann W, Vogel F (1982) Genetische Familienberatung, 3. Aufl Springer, Berlin Heidelberg New York

Übersicht 9.13. Harper P (1993) Practical Genetic Counselling, Herworth-Heinemann, Oxford

Übersicht 9.14. Blandfort M et al. (1987) Genetic counselling in the epilepsy. Human Gentics 76, 303–331

Übersicht 9.16. Rotter et al (1992) Genetic Basis of Common Disease. Oxford University Press, Oxford

Übersicht 9.18. Gershon et al (1976) The inheritance of affective disorders, a review of data and of hypothesis. Behaviour Genetics 6:277–261

Übersicht 9.20. Lubs MLE (1972) Zitiert nach Propping P, Vogtländer V (1983) Was ist gesichert in der Genetik der Atopien? Allergologie Jh 5, 160–188

Übersicht 9.29. Anton-Lamprecht I (persönliche Mitteilung)

Übersicht 10.3. Vogel F, Motulsky AG (1996) Human genetics, problems and approaches, 3rd edn Springer, Berlin Heidelberg New York Tokyo

Übersicht 11.2. Propping P, Krüger J (1976) Über die Häufigkeit von Zwillingsgeburten. Dtsch Med Wochenschr 101:506–512

Übersicht 12.4. Talhammer O (1975) Frequency of inborn errors of metabolism, especially PKU in some representative newborn screening center around the world, A collaborative study. Human Genetics 30:273–86

Übersicht 12.5. Vogel F (1985) Genetik des Retinoblastoms in Theorie und Praxis. In: Hammerstein W, Lisch W (Hrsg) Ophthalmologische Genetik. Enke, Stuttgart

Sachverzeichnis

MERRF 219
MESA 338
Messenger-RNA (m-RNA) 23
Metaphasechromosom 16
Methämoglobinämie 83
Methylmalonazidämie 348
MIDAS 159
Migration 389, 390
Mikrodeletionssyndrom 155, 158, 159
– X-chromosomales 158
Mikroepididymale Spermienaspiration
  (MESA) 338
Mikronukleustest 76
Mikrophthalmie 159
Mikrosatellit 11, 18, 19, 173, 411
– DNA 11
– Instabilität 173
– Sequenz 411
Mikrozephalie 344
Miller-Dieker-Syndrom 155, 157
Minderwuchs 159
Minisatellit 11, 12, 18, 19, 411
– DNA 11, 12
– Sequenz 411
Minneapolis-Studie 378
Mismatch-Repairsystem 173
Mitochondrien 7
MN-Blutgruppe 178
MNSs-System 178, 404, 405
MODY 332
Monosomie 126, 131, 144, 147, 150–152
– 18p 152
– 18q 151
– partielle 4p 147
– partielle 5p 150
– tertiäre 144
– 45,X 126
Monozytenleukämie, akute 169
Morbus
– Basedow 224
– Bechterew 224, 246
– Crohn 246
– Fabry 348
– Gaucher 191, 196, 348, 362, 363
– Hunter 291, 292
– Krabbe 191, 348
– Maroteaux-Lamy 291, 292
– Morquio 291, 292
– Niemann-Pick 348
– Refsum 348
– Sanfilippo 291, 292
– Schleie 292
– Wilson 191
– Wolman 348
Mosaik 125, 212, 229
– genetisches 212
– Bildung 125
m-RNA 23
MRX 159

Mukolipidose 348
Mukopolysaccharidose 203, 223, 348
– Typ II 203
Mukoviszidose (s. auch Zystische Fibrose)
  51, 191, 315, 351
Mulbrey-Nanism-Syndrom 273
Multicolor Spectral Karyotypisierung 96
Multi-Lokus-System 410
Muskelatrophie 193, 191, 194, 234
– spinale 191, 193, 194
– spinobuläre (s. auch Kennedy-Syndrom)
  234
Muskeldystrophie 72, 119, 203–205, 222, 223,
  325, 326
– Emery-Dreifuss 222
– fazio-skapulo-humoraler Typ 222
– Gliedergürteltyp 222
– kongenitale 222
– Typ Becker-Kiener 205
– Typ Duchenne (s. auch Duchenne-Muskel-
  dystrophie) 72, 119, 203–205, 325, 326
– Typ Duchenne/Becker 222
Mutagenitätstestung 76
Mutation 55, 56, 69, 74, 211, 229, 322, 323,
  395, 396
– induzierte 74
– somatische 229, 322, 323
– Ursachen 69
Mutationsrate 69, 70, 71
Mutatorgen 170, 171
MYC-Onkogen 169
Myeloblastenleukämie, akute 169
Myelom, multiples 169
Myelozytenleukämie, chronische 169
Myopathie, mitochondriale 219
Myositis ossificans 73, 74
Myotonia congenita 223

N

Nabelschnurpunktion 341
Neoplasie 54, 175
– multiple endokrine 175
Nephrose, kongenitale 347
Neumutation 69, 314, 322
Neuralrohrdefekt 328, 329
Neuroblastom 169, 344
Neurodermitis atopica 334
Neurofibromatose 69, 72, 172, 183, 225, 226,
  229, 322, 323
– segmentale 323
– Typ I 183, 225, 226
– Typ II 183
Nicht-Polyposis Dickdarmkrebs 54
Niemann-Pick-Krankheit 196
Niere 51, 69, 169, 183, 228, 229, 320, 344, 356
– adulte polyzystische 69, 228
– Dysgenesie 344

Pseudohermaphroditismus 111, 113
- femininus 113
- masculinus 111
Pseudothalidomid-Syndrom 167
Psychose 253, 328, 333
- affektive 253
- manisch-depressive 328
Pubertas praecox 224
Punktmutation 64
Pygopagas 372
Pylorushypertrophie, plastische 224
Pylorusstenose 246, 254, 330, 331
- hypertrophe 330
Pyruvatdehydrogenasemangel 348